建筑消防工程设计与施工手册

第二版

石敬炜　主编

·北京·

本书以国家住房和城乡建设部最新颁布实施的《建筑设计防火规范》(GB 50016—2014)、《火灾自动报警系统设计规范》(GB 50116—2013)、《二氧化碳灭火系统设计规范(2010年版)》(GB 50193—1993)、《泡沫灭火系统设计规范》(GB 50151—2010)等规范、标准为依据，主要介绍了建筑防火材料，民用建筑防火设计，厂房、仓库和材料堆场防火设计，建筑防火构造与设施，建筑消防系统设计，火灾自动报警与消防联动系统，建筑防火与减灾系统，室内消火栓系统，自动喷水灭火系统，自动气体和泡沫灭火系统，建筑灭火器的配置，消防系统供电，建筑消防系统的布线及接地等内容。

本书可供建筑设备与环境工程、消防工程、安全工程等专业人员使用，也可供建筑施工现场设计人员、施工人员、监理人员等学习参考。

图书在版编目(CIP)数据

建筑消防工程设计与施工手册/石敬炜主编.—2版.—北京：化学工业出版社，2019.2（2023.9重印）
ISBN 978-7-122-33456-5

Ⅰ.①建… Ⅱ.①石… Ⅲ.①建筑物-消防-设计-技术手册②建筑物-消防-工程施工-技术手册Ⅳ.①TU998.1-62

中国版本图书馆CIP数据核字(2018)第286511号

责任编辑：徐　娟
责任校对：边　涛　　　　　　装帧设计：刘丽华

出版发行：化学工业出版社（北京市东城区青年湖南街13号　邮政编码100011）
印　　装：北京盛通数码印刷有限公司
787mm×1092mm　1/16　印张23½　字数656千字　　2023年9月北京第2版第5次印刷

购书咨询：010-64518888　　　　售后服务：010-64518899
网　　址：http://www.cip.com.cn
凡购买本书，如有缺损质量问题，本社销售中心负责调换。

定　　价：88.00元

编写人员名单

主　　编： 石敬炜

编写人员：

于化波	王晓蕾	卢平平	石　琳
刘玉峰	刘金刚	江　宁	齐丽丽
吴吉林	张　健	张兴文	张秀娟
李　娜	李文胜	苏　迪	远程飞
邵　晶	邹　剑	姜　鸣	姜鸿昊
洪　峙	徐海涛	郭　凯	崔永祥
曹连强	程　慧	韩少锋	白雅君

前言

在建筑艺术充分发展的今天，建筑往往是财富和经济技术水平的象征。建筑物通过宏伟的体量、创意的造型来表达其内涵。然而，建筑艺术的发展会给消防安全带来许多新的问题，这就要求我们运用消防科学理论和技术去解决这些问题。建筑必须充分考虑消防安全，消防设计与施工必须为建筑服务。性能化的设计、安全合理的施工，是我们当前首要的工作。本书第一版出版后至今销售很好，考虑到相关规范的更新，我们对本书进行了修订和补充。

本书以国家住房和城乡建设部最新颁布实施的《建筑设计防火规范》(GB 50016—2014)、《火灾自动报警系统设计规范》(GB 50116—2013)、《二氧化碳灭火系统设计规范(2010年版)》(GB 50193—1993)、《泡沫灭火系统设计规范》(GB 50151—2010)等规范、标准为依据，结构体系上重点突出、详略得当。本书的主要内容包括：建筑防火材料，民用建筑防火设计，厂房、仓库和材料堆场防火设计，建筑防火构造与设施，建筑消防系统设计，火灾自动报警与消防，联动系统，建筑防火与减灾系统，室内消火栓系统，自动喷水灭火系统，自动气体和泡沫灭火系统，建筑灭火器的配置，消防系统供电，建筑消防系统的布线及接地。

本书结合最新的政策、法规、标准、规范及实践经验，具有很强的针对性和适用性。编写时注重理论与实践相结合，更注重实际经验的运用；结构体系上重点突出、详略得当，还注意了知识的融贯性，突出整合性的编写原则。

本书在编写过程中参考了一些规范、标准和资料，在此一并致谢。由于时间仓促以及编者水平有限，虽经反复推敲核实，仍存在许多不足之处，恳请广大读者批评指正，提出宝贵意见。

编者

2018年9月

第一版前言

建筑消防工程是一项重要工作，关系到人们的生命财产安全。随着城市化发展及生产经营的需要，大型综合商业建筑、地下建筑和大空间建筑迅速崛起，这些建筑规模大、投资高、建筑功能复杂、火灾隐患大、发生火灾造成的损失大。建筑火灾的严重性，时刻提醒人们要加大防火工作的力度，做到防患于未然。分析众多建筑发生火灾、造成大量人员伤亡和财产损失的根源，不仅是在主体建筑的施工过程中，其主要的一点是在于建筑设计不符合建筑防火技术规范的规定，或者建筑防火设计技术措施没有在实际工程中得到落实，为建筑火灾留下了安全隐患。这就对从事建筑消防工程的设计、施工、监测、运行维护人员的要求大大增加，对从业人员的知识积累、技能要求、学习能力提出了更高的要求。

为满足建筑消防设计、施工人员全面系统学习的需求，结合我国近几年来各种建筑的消防安全设计、施工、管理等方面的经验，遵循“预防为主，防消结合”的消防工作方针，培养更多的掌握建筑消防法律法规、设备消防安全技术、防灭火工程技术等技术的人才，我们组织从事建筑防火设计和施工的专业人员编写了此书。

本书共分为 13 章，内容包括：建筑防火材料，民用建筑防火设计，厂房、仓库和材料堆场防火设计，建筑防火构造与设施，建筑消防系统设计，火灾自动报警与消防联动系统，建筑防火与减灾系统，室内消火栓系统，自动喷水灭火系统，自动气体和泡沫灭火系统，建筑灭火器的配置，消防系统供电及建筑消防系统的布线及接地内容。本书结合最新的政策、法规、标准、规范及实践经验，具有很强的针对性和适用性。内容上理论与实践相结合，更注重实际经验的运用；结构体系上重点突出、详略得当，还注意了知识的融贯性、整合性的编写原则。

本书编写过程中，参考了相关的规范标准和资料，在此表示感谢。由于时间仓促以及编者水平有限，虽经反复推敲核实，仍存在许多不足之处，恳请广大读者批评指正，提出宝贵意见。

编者

2013. 10

目录

1

建筑防火材料

2

民用建筑防火设计

5 建筑消防系统设计

6 火灾自动报警与消防联动系统

1 建筑防火材料

1.1 防火板材

防火板材可以在各类建筑中起到防火装修、防火分隔以及防火保护等多种作用，因其具有优良的防火性能，可以让被保护的可燃性基材或结构构件在火灾中免受侵害。

1.1.1 石膏板材

1.1.1.1 纸面石膏板

纸面石膏板是以建筑石膏为主要原料制成的，此外还需加入一些适量的辅助材料如纤维、黏结剂、发泡剂、促凝剂和缓凝剂等，再经加水搅拌而形成料浆。生产时，将料浆浇注在行进中的面纸上，待成型后再覆以上层面纸，然后经固化、切割、烘干、切边等工艺而制成的两面为纸、中间是石膏芯材的薄板状制品即为纸面石膏板。

（1）板材种类与标记　纸面石膏板可分为普通纸面石膏板、耐水纸面石膏板、耐火纸面石膏板以及耐水耐火纸面石膏板四种。

① 普通纸面石膏板（代号 P）。以建筑石膏为主要原料，掺入适量纤维增强材料和外加剂等，在与水搅拌后，浇注于护面纸的面纸与背纸之间，并与护面纸牢固地黏结在一起。

② 耐水纸面石膏板（代号 S）。以建筑石膏为主要原料，掺入适量纤维增强材料和耐水外加剂等，在与水搅拌后，浇注于耐水护面纸的面纸与背纸之间，并与耐水护面纸牢固地黏结在一起，旨在改善防水性能的建筑板材。

③ 耐火纸面石膏板（代号 H）。以建筑石膏为主要原料，掺入无机耐火纤维增强材料和外加剂等，在与水搅拌后，浇注于护面纸的面纸与背纸之间，并与护面纸牢固地黏结在一起，旨在提高防火性能的建筑板材。

④ 耐水耐火纸面石膏板（代号 SH）。以建筑石膏为主要原料，掺入耐水外加剂和无机耐火纤维增强材料等，在与水搅拌后，浇注于耐水护面纸的面纸与背纸之间，并与耐水护面纸牢

固地黏结在一起，旨在改善防水性能和提高防火性能的建筑板材。

(2) 棱边形状与代号　纸面石膏板按棱边形状分为：矩形（代号 J）、倒角形（代号 D）、楔形（代号 C）和圆形（代号 Y）四种（图 1-1～图 1-4），也可根据用户要求生产其他棱边形状的板材。

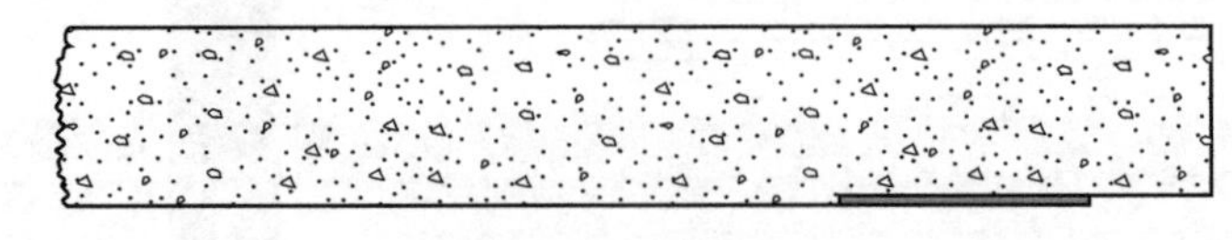

图 1-1　矩形棱边

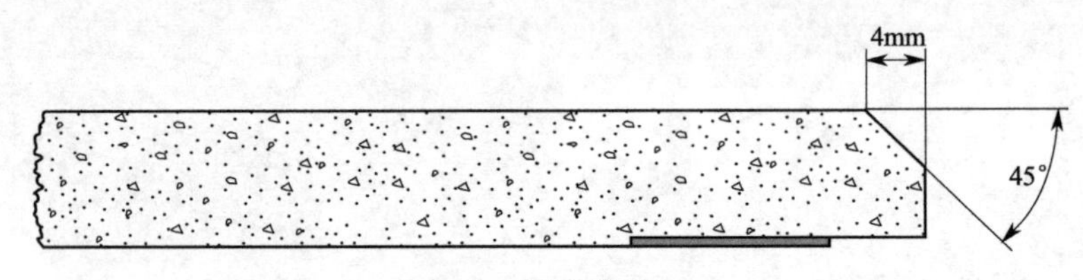

图 1-2　倒角形棱边

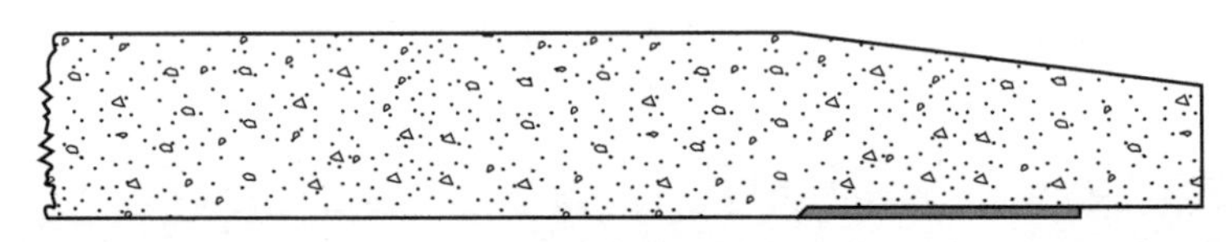

图 1-3　楔形棱边

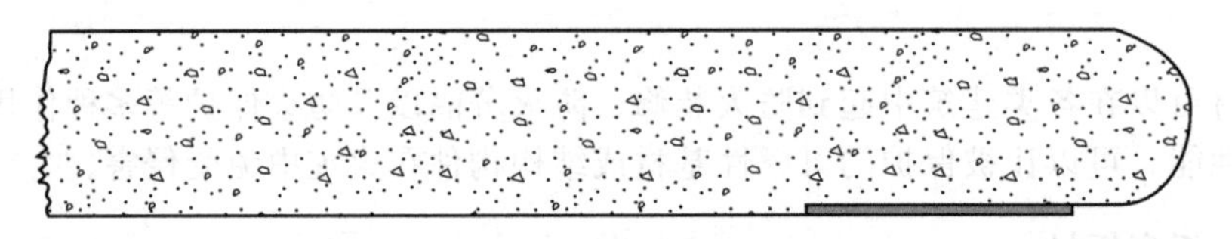

图 1-4　圆形棱边

(3) 规格尺寸

① 板材的公称长度：1500mm、1800mm、2100mm、2400mm、2440mm、2700mm、3000mm、3300mm、3600mm 和 3660mm。

② 板材的公称宽度：600mm、900mm、1200mm 和 1220mm。

③ 板材的公称厚度：9.5mm、12.0mm、15.0mm、18.0mm、21.0mm 和 25.0mm。

(4) 技术要求

① 外观质量。纸面石膏板板面平整，不应有影响使用的波纹、沟槽、亏料、漏料和划伤、破损、污痕等缺陷。

② 尺寸偏差。板材的尺寸偏差应符合表 1-1 的规定。

表 1-1　板材的尺寸偏差　　单位：mm

项　目	长　度	宽　度	厚　度	
			9.5	≥12.0
尺寸偏差	−6～0	−5～0	±0.5	±0.6

③ 对角线长度差。板材应切割成矩形，两对角线长度差应不大于 5mm。

④ 楔形棱边断面尺寸。对于棱边形状为楔形的板材，楔形棱边宽度应为 30～80mm，楔形棱边深度应为 0.6～1.9mm。

⑤ 面密度。板材的面密度应不大于表1-2的规定。

表1-2 板材的面密度

板材厚度/mm	面密度/(kg/m³)	板材厚度/mm	面密度/(kg/m³)
9.5	9.5	18.0	18.0
12.0	12.0	21.0	21.0
15.0	15.0	25.0	25.0

⑥ 断裂荷载。板材的断裂荷载应不小于表1-3的规定。

表1-3 板材的断裂荷载

板材厚度/mm	断裂荷载/N			
	纵向		横向	
	平均值	最小值	平均值	最小值
9.5	400	360	160	140
12.0	520	460	200	180
15.0	650	580	250	220
18.0	770	700	300	270
21.0	900	810	350	320
25.0	1100	970	420	380

⑦ 硬度。板材的棱边硬度和端头硬度应不小于70N。

⑧ 抗冲击性。经冲击后，板材背面应无径向裂纹。

⑨ 护面纸与芯材黏结性。护面纸与芯材应不剥离。

⑩ 吸水率（仅适用于耐水纸面石膏板和耐水耐火纸面石膏板）。板材的吸水率应不大于10%。

⑪ 表面吸水量（仅适用于耐水纸面石膏板和耐水耐火纸面石膏板）。板材的表面吸水量应不大于160g/m²。

⑫ 遇火稳定性（仅适用于耐火纸面石膏板和耐水耐火纸面石膏板）。板材的遇火稳定性时间应不少于20min。

1.1.1.2 装饰石膏板

装饰石膏板是以建筑石膏为主要原料，掺入适量纤维增强材料和外加剂，与水一起搅拌成均匀的料浆，经浇注成型、干燥而成的不带护面纸的装饰板材。

装饰石膏板具有轻质、防潮、高强、不变形、隔热、防火、可自动微调室内湿度等优点；并且其施工方便、快速（一般多采用将其四边搭装于T形金属龙骨两翼上的安装方式来进行施工，通常都组装成明龙骨吊顶）；而且其可加工性能好，可以进行锯、钉、刨、钻加工，还可以进行粘接。

(1) 类型与规格　根据板材正面形状和防潮性能的不同，装饰石膏板的分类及代号见表1-4。

装饰石膏板为正方形，其棱边断面形式有直角型和倒角型两种。规格有500mm×500mm×9mm、600mm×600mm×11mm两种。

表1-4 装饰石膏板的分类及代号

分类	普通板			防潮板		
	平板	孔板	浮雕板	平板	孔板	浮雕板
代号	P	K	D	FP	FK	FD

(2) 技术要求

① 外观质量。装饰石膏板正面不应有影响装饰效果的气孔、污痕、裂纹、缺角、色彩不

均匀和图案不完整等缺陷。

② 板材尺寸允许偏差、不平度和直角偏离度。板材尺寸允许偏差、不平度和直角偏离度应不大于表 1-5 的规定。

表 1-5 板材尺寸允许偏差、不平度和直角偏离度 单位：mm

项目	指标	项目	指标
边长	+1;-2	不平度	2.0
厚度	±10	直角偏离度	2

③ 物理力学性能。产品的物理力学性能应符合表 1-6 的要求。

表 1-6 物理力学性能

项目		指标					
		P,K,FP,FK			D,FD		
		平均值	最大值	最小值	平均值	最大值	最小值
单位面积质量/(kg/m^2)≤	厚度 9mm	10.0	11.0	—	13.0	14.0	—
	厚度 11mm	12.0	13.0	—	—	—	—
含水率/%	≤	2.5	3.0	—	2.5	3.0	—
吸水率/%	≤	8.0	9.0	—	8.0	9.0	—
断裂荷载/N	≥	147	—	132	167	—	150
受潮挠度/mm	≤	10	12	—	10	12	—

注：D 和 FD 的厚度指棱边厚度。

1.1.1.3 嵌装式装饰石膏板

嵌装式装饰石膏板是以建筑石膏为主要原料，掺入适量的纤维增强材料和外加剂，与水一起搅拌成均匀的料浆，经浇注成型、干燥而成的不带护面纸的板材。板材背面四边加厚，并带有嵌装企口，板材正面可为平面、带孔或带浮雕图案。

嵌装式装饰石膏板同装饰石膏板一样，都具有密度适中的特点，并且还具有一定的强度以及良好的防火性能、隔声性能（当嵌装式装饰石膏板的背面复合有耐火、吸声材料时），同时它还具有施工安装简便、快速的特点。由于其制作工艺为采用浇注法成型，所以能制成具有浮雕图案的并且风格独特的板材。除此之外，嵌装式装饰石膏板最大的特点是板材背面四边被加厚，并且带有嵌装企口，因此可以采用嵌装的形式来进行吊顶的施工，所以施工完毕后的吊顶表面既无龙骨显露（称为暗龙骨吊顶），又无紧固螺钉帽显露（采用嵌装方式施工时，板材不用任何紧固件固定），吊顶显得美观、大方、典雅。

(1) 类型和规格

① 形状。嵌装式装饰石膏板为正方形，其棱边断面形式有直角形和倒角形两种。

② 类型和代号。产品分为普通嵌装式装饰石膏板（代号为 QP）和吸声用嵌装式装饰石膏板（代号为 QS）两种。

③ 规格。嵌装式装饰石膏板的规格如下：

a. 边长 600mm×600mm，边厚不小于 28mm；

b. 边长 500mm×500mm，边厚不小于 25mm。

其他形状和规格的板材，由供需双方商定。

(2) 技术要求

① 外观质量。嵌装式装饰石膏板正面不得有影响装饰效果的气孔、污痕、裂纹、缺角、色彩不均和图案不完整等缺陷。

② 尺寸及允许偏差。板材边长（L）、敷设高度（H）和厚度（S）（图 1-5）的允许偏差、不平度和直角偏离度（δ）应符合表 1-7 的规定。

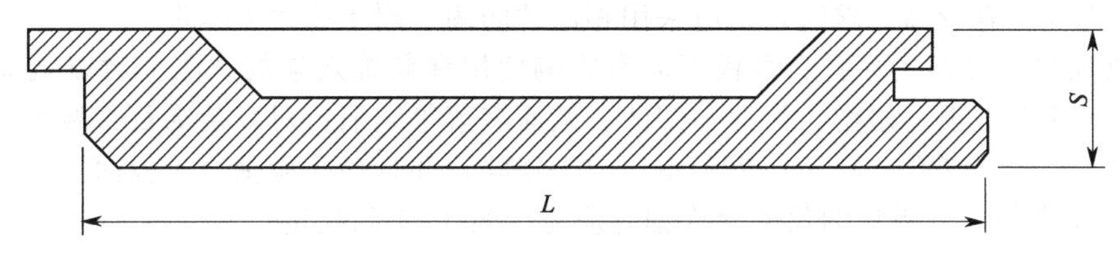

图 1-5　产品构造示意

表 1-7　尺寸及允许偏差　　单位：mm

项　目		技术要求	项　目	技术要求
边长 L		±1	敷设高度 H	±1.0
边厚 S	$L=500$	≥25	不平度	≤1.0
	$L=600$	≥28	直角偏离度 δ	≤1.0

③ 物理力学性能。板材的单位面积重量、含水率和断裂荷载应符合表 1-8 的规定。

表 1-8　物理力学性能

项　目		技术要求	项　目		技术要求
单位面积重量/(kg/m^2)	平均值	≤16.0	含水率/%	最大值	≤4.0
	最大值	≤18.0	断裂荷载/N	平均值	≥157
含水率/%	平均值	≤3.0		最大值	≥127

④ 对吸声板的附加要求。嵌装式吸声石膏板必须具有一定的吸声性能，125Hz、250Hz、500Hz、1000Hz、2000Hz 和 4000Hz 六个频率混响室法平均吸声系数 $\alpha_s \geqslant 0.3$。

对于每种吸声石膏板产品必须附有贴实和采用不同构造安装的吸声频谱曲线。

穿孔率、孔洞形式和吸声材料种类由生产厂自定。

1.1.1.4　吸声用穿孔石膏板

(1) 分类和规格

① 棱边形状。板材棱边形状分为直角型和偏角型两种。

② 规格尺寸。边长规格为 500mm×500mm 和 600mm×600mm；厚度规格为 9mm 和 12mm。孔径、孔距规格与穿孔率见表 1-9。

表 1-9　孔径、孔距规格与穿孔率

孔径/mm	孔距/mm	穿孔率/%	
		孔眼正方形排列	孔眼三角形排列
$\phi 6$	18	8.7	10.1
	22	5.8	6.7
	24	4.9	5.7
$\phi 8$	22	10.4	12.0
	24	8.7	10.1
$\phi 10$	24	13.6	15.7

注：其他形状和规格的板材，由供需双方商定。

③ 基板与背覆材料。根据板材的基板不同与有无背覆材料，其分类和标记见表 1-10。

表 1-10　基板与背覆材料

基板与代号	背覆材料代号	板类代号
装饰石膏板　K	无背覆材料　W	WK、YK
纸面石膏板　C	有背覆材料　Y	WC、YC

(2) 技术要求

① 使用条件。吸声用穿孔石膏板主要用于室内吊顶和墙体的吸声结构中。在潮湿环境中

使用或对耐火性能有较高要求时，则应采用相应的防潮、耐水或耐火基板。

② 外观质量。吸声用穿孔石膏板不应有影响使用和装饰效果的缺陷。对以纸面石膏板为基板的板材不应有破损、划伤、污痕、凹凸、纸面剥落等缺陷；对以装饰石膏板为基板的板材不应有裂纹、污痕、气孔、缺角、色彩不均匀等缺陷，并且穿孔应垂直于板面。

③ 尺寸允许偏差。板材的尺寸允许偏差应符合表 1-11 的规定。

表 1-11 板材的尺寸允许偏差 单位：mm

项 目	技术指标	项 目	技术指标
边长	+1；−2	直角偏离度	≤1.2
厚度	±1.0	孔径	±0.6
不平度	≤2.0	孔距	±0.6

④ 含水率。板材的含水率应不大于表 1-12 中的规定值。

表 1-12 板材的含水率 单位：%

含水率	技术指标
平均值	2.5
最大值	3.0

⑤ 断裂荷载。板材的断裂荷载应不小于表 1-13 中的规定值。

表 1-13 板材的断裂荷载

孔径/孔距/mm	厚度/mm	技术指标/N	
		平均值	最小值
ϕ6/18 ϕ6/22 ϕ6/24	9	130	117
	12	150	135
ϕ6/22 ϕ6/24	9	90	71
	12	100	90
ϕ10/24	9	80	72
	12	90	81

1.1.1.5 石膏空心条板

石膏空心条板是以建筑石膏为基材，掺加适量的水泥和粉煤灰等无机轻集料，并加入少量的无机增强纤维（或适量膨胀珍珠岩），经料浆拌和、浇注成型、抽芯、干燥等工艺而制成的一种轻质空心板材，代号为 SGK。它具有质量轻、强度高、隔热、隔声、防火等各项优异的性能，可进行锯、刨、钻加工，施工简便，主要用作工业与民用建筑物的非承重内墙。

（1）外形和规格

① 外形。石膏空心条板的断面和外形分别如图 1-6 和图 1-7 所示，空心条板的长边应设榫头和榫槽或双面凹槽。

② 规格。石膏空心条板的规格见表 1-14。

表 1-14 石膏空心条板的规格 单位：mm

长度 L	宽度 B	厚度 T
2100～3000	600	60
		90
2100～3600		120

（2）技术要求

① 外观质量。外表面不应有影响使用的缺陷，具体应符合表 1-15 的规定。

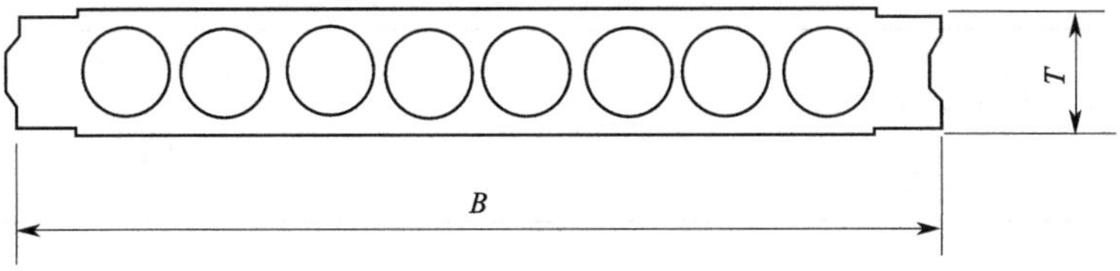

图 1-6 石膏空心条板断面示意

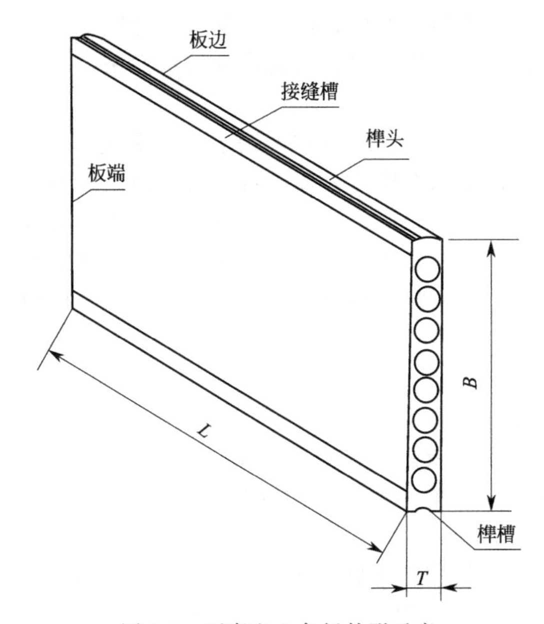

图 1-7 石膏空心条板外形示意

表 1-15 石膏空心条板的外观质量

项目	指标
缺棱掉角,长度×宽度×深度(25mm×10mm×5mm)~(30mm×20mm×10mm)	不多于 2 处
板面裂纹,长度小于 30mm,宽度小于 1mm	
气孔,大于 5mm,小于 10mm	
外露纤维、贯穿裂缝、飞边毛刺	不应有

② 尺寸及尺寸偏差。石膏空心条板的尺寸及尺寸偏差应符合表 1-16 的规定。

表 1-16 石膏空心条板的尺寸及尺寸偏差 单位：mm

项目	技术指标	项目	技术指标
长度偏差	±5	板面平整度	≤2
宽度偏差	±2	对角线差	≤6
厚度偏差	±1	侧面弯曲	≤L/1000

注:L 为条板长度。

③ 孔与孔之间和孔与板面之间的最小壁厚应不小于 12.0mm。

④ 面密度。石膏空心条板的面密度应符合表 1-17 的规定。

表 1-17 石膏空心条板的面密度

项目	厚度 T/mm		
	60	90	120
面密度/(kg/m^2)	≤45	≤60	≤75

⑤ 物理力学性能。物理力学性能应符合表 1-18 的规定。

表 1-18 石膏空心条板的物理力学性能

项 目	指 标
抗弯破坏荷载,板自重倍数	≥1.5
抗冲击性能	无裂纹
单点吊挂力	不破坏

1.1.1.6 石膏砌块

石膏砌块是以建筑石膏为主要原料，经料浆拌和、浇注成型、自然干燥或烘干等工艺制成的一种轻质块型隔墙材料。在实际生产中，还可以加入各种轻集料、填充料、纤维增强材料和发泡剂等各种辅助材料。也可以使用高强石膏粉或部分水泥来替代建筑石膏，并掺加粉煤灰以生产石膏砌块。

石膏砌块具有质轻、防火、隔热、隔声和可调节室内湿度等诸多良好的性能，并且可锯、可钉、可钻，表面平坦光滑，不用在墙体表面进行抹灰，施工简便。使用石膏砌块作墙体能够有效地减轻建筑物的自重，降低基础造价，提高抗震能力，并且可以增加建筑物内的有效使用面积，主要可以作为工业和民用建筑物中的框架结构以及其内部的非承重内隔墙材料使用。石膏砌块既可以用作一般的分室隔墙材料使用，也可以采取复合结构用于砌筑对隔声要求较高的隔墙。

(1) 分类

① 按石膏砌块的结构分类

a. 空心石膏砌块：带有水平或垂直方向预制孔洞的砌块，代号 K。

b. 实心石膏砌块：无预制孔洞的砌块，代号 S。

② 按石膏砌块的防潮性能分类

a. 普通石膏砌块：在成型过程中未做防潮处理的砌块，代号 P。

b. 防潮石膏砌块：在成型过程中经防潮处理，具有防潮性能的砌块，代号 F。

(2) 规格 石膏砌块的规格尺寸见表 1-19。若需要其他规格，可由供需双方商定。

表 1-19 石膏砌块的规格尺寸 单位：mm

项 目	公称尺寸
长度	600、666
高度	500
厚度	80、100、120、150

(3) 技术要求

① 外观质量。外表面不应有影响使用的缺陷，具体应符合表 1-20 的规定。

表 1-20 石膏砌块的外观质量

项 目	指 标
缺角	同一砌块不应多于 1 处,缺角尺寸应小于 30mm×30mm
板面裂缝、裂纹	不应有贯穿裂缝;长度小于 30mm、宽度小于 1mm 的非贯穿裂纹不应多于 1 条
气孔	直径为 5～10mm 的气孔不应多于 2 处;大于 10mm 的气孔不应有
油污	不应有

② 尺寸和尺寸偏差。石膏砌块的尺寸和尺寸偏差应符合表 1-21 的规定。

表 1-21 石膏砌块的尺寸和尺寸偏差 单位：mm

项 目	指 标	项 目	指 标
长度偏差	±3	孔与孔之间和孔与板面之间的最小壁厚	≥15.0
高度偏差	±2	平整度	≤1.0
厚度偏差	±1.0		

③ 物理力学性能。石膏砌块的物理力学性能应符合表1-22的规定。

表1-22 石膏砌块的物理力学性能

项目		要求	项目	要求
表观密度/(kg/m³)	实心石膏砌块	≤1100	断裂荷载/N	≥2000
	空心石膏砌块	≤800	软化系数	≥0.6

1.1.2 硅酸钙板材

硅酸钙材料的密度范围较广，大致为100～2000kg/m³。轻质产品适宜用作保温或填充材料使用；中等密度（400～1000kg/m³）的制品，主要用作墙壁材料和耐火覆盖材料使用；密度为1000kg/m³以上的制品，主要用作墙壁材料、地面材料或绝缘材料使用。

硅酸钙板是一种平板状硅酸钙绝热制品。它是将硅质材料、钙质材料及纤维增强材料（含石棉纤维或非石棉纤维）等主要原料和大量的水混合并经搅拌、凝化、成型、蒸压、养护、干燥等工序制作而成的一种轻质、防火的建筑板材。该板材中纤维分布均匀，排列有序，密实性好。它还具有较好的防火、隔热、防潮、不霉烂变质、不被虫蛀、不变形和耐老化的特性。板材的正表面较平整光洁，边缘整齐，没有裂纹、缺角等缺陷。可以在板材表面任意涂刷各种涂料，也可以印刷花纹，还可以粘贴各种墙布和壁纸。并且它具有和木板一样的锯、刨、钉、钻等可加工性能，可以根据实际需要裁截成各种规格的尺寸。

1.1.2.1 分类和规格

（1）硅酸钙板密度分为四类：D0.8、D1.1、D1.3、D1.5。

（2）硅酸钙板表面处理状态分为未砂板（NS）、单面砂光板（LS）及双面砂光板（PS）。

（3）硅酸钙板抗折强度分为四个等级：Ⅱ级、Ⅲ级、Ⅳ级、Ⅴ级。

（4）硅酸钙板的规格尺寸见表1-23。

表1-23 硅酸钙板的规格尺寸

项目	公称尺寸/mm
长度	500～3600 (500、600、900、1200、2400、2440、2980、3200、3600)
宽度	500～1250 (500、600、900、1200、1220、1250)
厚度	4、5、6、8、9、10、12、14、16、18、20、25、30、35

注：1. 长度、宽度规定了范围，括号内尺寸为常用的规格，实际产品规格可在此范围内按建筑模数的要求进行选择。
2. 根据用户要求，可按供需双方合同要求生产其他规格的产品。

1.1.2.2 技术要求

（1）外观质量　硅酸钙板的外观质量应符合表1-24的规定。

表1-24 硅酸钙板的外观质量

项目	质量要求	项目	质量要求
正表面	不得有裂纹、分层、脱皮，砂光面不得有未砂部分	掉角	长度方向≤20mm，宽度方向≤10mm，且一张板≤1个
背面	砂光板未砂面积小于总面积的5%	掉边	掉边深度≤5mm

（2）形状与尺寸偏差　硅酸钙板的形状与尺寸偏差应符合表1-25的规定。

表 1-25　硅酸钙板的形状与尺寸偏差

<table>
<tr><th colspan="2">项　目</th><th>形状与尺寸偏差</th><th colspan="2">项　目</th><th>形状与尺寸偏差</th></tr>
<tr><td rowspan="3">长度 L/mm</td><td><1200</td><td>±2</td><td rowspan="3">厚度不均匀度</td><td>NS</td><td>≤5%</td></tr>
<tr><td>1200～2440</td><td>±3</td><td>LS</td><td>≤4%</td></tr>
<tr><td>>2440</td><td>±5</td><td>PS</td><td>≤3%</td></tr>
<tr><td rowspan="3">宽度 H/mm</td><td rowspan="2">≤900</td><td>0</td><td colspan="2">边缘直线度/mm</td><td>≤3</td></tr>
<tr><td>−3</td><td rowspan="3">对角线差/mm</td><td>长度<1200</td><td>≤3</td></tr>
<tr><td>>900</td><td>±3</td><td>长度 1200～2440</td><td>≤5</td></tr>
<tr><td rowspan="3">厚度 e/mm</td><td>NS</td><td>±0.5</td><td>长度>2440</td><td>≤8</td></tr>
<tr><td>LS</td><td>±0.4</td><td colspan="2" rowspan="2">平整度/mm</td><td rowspan="2">未砂面≤2;
砂光面≤0.5</td></tr>
<tr><td>PS</td><td>±0.3</td></tr>
</table>

(3) 物理性能　硅酸钙板的物理力学性能应符合表 1-26 的规定。

表 1-26　硅酸钙板的物理力学性能

类　别	D0.8	D1.1	D1.3	D1.5
密度(ρ)/(g/cm³)	≤0.05	0.95<ρ≤1.20	1.20<ρ≤1.40	>1.40
热导率/[W/(m·K)]	≤0.20	≤0.25	≤0.30	≤0.35
含水率	≤10%			
湿涨率	≤0.25%			
热收缩率	≤0.50%			
不燃性	《建筑材料及制品燃烧性能分级》(GB 8624—2012)A 级,不燃材料			
不透水性	—			24h 检验后允许板反面出现湿痕,但不得出现水滴
抗冻性	—			经 25 次冻融循环,不得出现破裂、分层

(4) 抗折强度　硅酸钙板的抗折强度应符合表 1-27 的规定。

表 1-27　硅酸钙板的抗折强度

强度等级	D0.8	D0.1	D1.3	D1.5	纵横强度比
Ⅱ级	5	6	8	9	≥58%
Ⅲ级	6	8	10	13	
Ⅳ级	8	10	12	16	
Ⅴ级	10	14	18	22	

注：1. 蒸压养护制品试样龄期为出压蒸釜后不小于 24h。

2. 抗折强度为试件干燥状态下测试的结果，以纵、横向抗折强度的算术平均值为检验结果；纵横强度比为同块试件纵向抗折强度与横向抗折强度之比。

3. 干燥状态是指试样在 (105±5)℃干燥箱中烘干一定时间时的状态，当板的厚度≤20mm 时，烘干时间不低于 24h，而当板的厚度>20mm 时，烘干时间不低于 48h。

4. 表中列出的抗折强度指标为抗折强度评定时的标准低限值 (L)。

1.1.3　纤维增强水泥板材

纤维增强水泥板材是指以水泥为基本材料和胶结料，以石棉或玻璃纤维等纤维材料进行增强而制成的一种板状材料。这种板材具有厚度小、质量轻、抗拉强度和抗冲击强度高、耐冷热、不受气候变化影响、不燃烧等诸多优点，可加工性能好，可用于制作各种墙体及复合墙体。所用的增强纤维材料包括石棉纤维、人造纤维以及石棉纤维和人造纤维的混合纤维等几种类型；所用的水泥基料有普通硅酸盐水泥和低碱度水泥等。

1.1.3.1　维纶纤维增强水泥平板

(1) 分类和规格　维纶纤维增强水泥平板 (VFRC) 按密度分为维纶纤维增强水泥板 (A 型板) 和维纶纤维增强水泥轻板 (B 型板)。A 型板主要用于非承重墙体、吊顶、通风道等；

B型板主要用于非承重内隔墙、吊顶等。维纶纤维增强水泥平板的规格尺寸见表1-28。

表1-28 维纶纤维增强水泥平板的规格尺寸

项　　目	公称尺寸/mm
长度	1800,2400,3000
宽度	900,1200
厚度	4,5,6,8,10,12,15,20,25

注：其他规格平板可由供需双方协商产生。

(2) 技术要求

① 外观质量

a. 板的正表面应平整，边缘整齐，不得有裂纹、缺角等缺陷。

b. 边缘平直度，长度、宽度的偏差均不应大于2mm/m。

c. 边缘垂直度的偏差不应大于3mm/m。

d. 板厚度$e\leqslant$20mm时，表面平整度不应超过4mm；板厚度e在20mm$<e\leqslant$25mm时，表面平整度不应超过3mm。

② 尺寸允许偏差。平板的尺寸允许偏差应符合表1-29规定。

表1-29 维纶纤维增强水泥平板的尺寸允许偏差

项　　目		尺寸允许偏差
长度/mm		±5
宽度/mm		±5
厚度/mm	e=4,5,6时	±0.5
	e=8,10,12,15,20,25时	±0.1e
厚度不均匀度/%		<10

注：1. 厚度不均匀度是指同块板最大厚度与最小厚度之差除以公称厚度。
2. e为平板的公称厚度。

③ 物理力学性能。平板的物理力学性能应符合表1-30规定。

表1-30 维纶纤维增强水泥平板的物理力学性能

项　　目		A型板	B型板
密度/(g/cm^3)		1.6～1.9	0.9～1.2
抗折强度/MPa	≥	13.0	8.0
抗冲击强度/(kJ/m^2)	≥	2.5	2.7
吸水率/%	≤	20.0	—
含水率/%	≤	—	12.0
不透水性		经24h试验,允许板底面有洇斑,但不得出现水滴	—
抗冻性		经25次冻融循环,不得有分层等破坏现象	—
干缩率/%	≤	—	0.25
燃烧性		不燃	不燃

注：1. 试验时，试件的龄期不小于7d。
2. 测定B型板的抗折强度、抗冲击强度时，采用气干状态的试件。

1.1.3.2 玻璃纤维增强水泥（GRC）轻质多孔隔墙条板

(1) 分类、规格和分级

① GRC轻质多孔隔墙条板的型号按板的厚度分为两类：90型、120型。

② GRC轻质多孔隔墙条板的型号按板型分为四类：普通板（PB）、门框板（MB）、窗框板（CB）、过梁板（LB）。

③ GRC轻质多孔隔墙条板采用不同企口和开孔形式，规格尺寸应符合表1-31的规定。图

1-8 和图 1-9 所示分别为一种企口与开孔形式的外形和断面示意。

表 1-31 产品型号及规格尺寸 单位：mm

型号	长度(L)	宽度(B)	厚度(T)	接缝槽深(a)	接缝槽宽(b)	壁厚(c)	孔间肋厚(d)
90	2500～3000	600	90	2～3	20～30	≥10	≥20
120	2500～3500	600	120	2～3	20～30	≥10	≥20

注：其他规格尺寸可由供需双方协商解决。

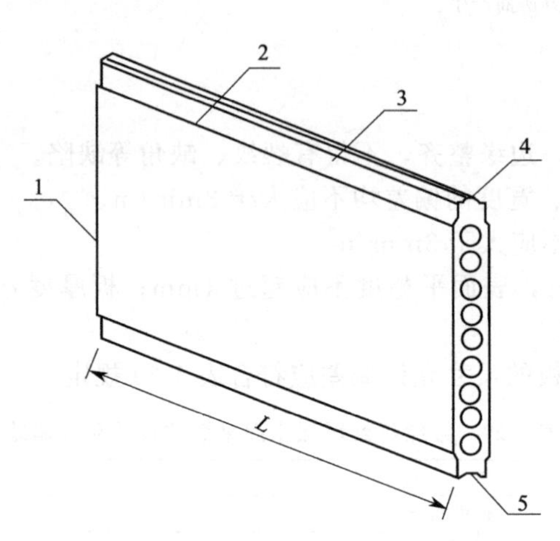

图 1-8 GRC 轻质多孔隔墙条板外形示意

1—板端；2—板边；3—接缝槽；4—榫头；5—榫槽

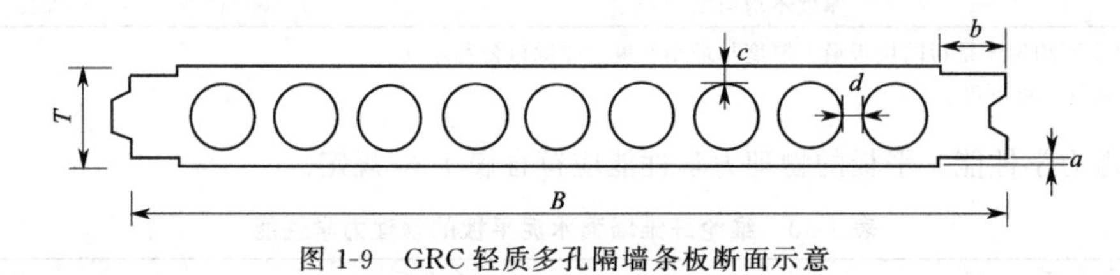

图 1-9 GRC 轻质多孔隔墙条板断面示意

④ GRC 轻质多孔隔墙条板按其外观质量、尺寸偏差及物理力学性能分为一等品（B）、合格品（C）。

（2）技术要求

① GRC 轻质多孔隔墙条板的外观质量应符合表 1-32 中的规定。

表 1-32 GRC 轻质多孔隔墙条板的外观质量

项目			等级	
			一等品	合格品
缺棱掉角	长度/mm	≤	20	50
	宽度/mm	≤	20	50
	数量	≤	2 处	3 处
板面裂缝			不允许	
蜂窝气孔	长径/mm	≤	20	30
	宽径/mm	≤	4	5
	数量	≤	1 处	3 处
飞边毛刺			不允许	
壁厚/mm		≥	10	
孔间肋厚/mm		≥	20	

② GRC 轻质多孔隔墙条板的尺寸偏差允许值应符合表 1-33 规定。

表 1-33 GRC 轻质多孔隔墙条板的尺寸偏差允许值　　单位：mm

项　目	长度	宽度	厚度	侧向弯曲	板面平整度	对角线差	接缝槽宽	接缝槽深
一等品	±3	±1	±1	≤1	≤2	≤10	+2;0	+0.5;0
合格品	±5	±2	±2	≤2	≤2	≤10	+2;0	+0.5;0

③ GRC 轻质多孔隔墙条板的物理力学性能应符合表 1-34 规定。

表 1-34 GRC 轻质多孔隔墙条板的物理力学性能

项　目			一等品	合格品
含水率/%	采暖地区	≤	10	
	非采暖地区	≤	15	
气干面密度/(kg/m^2)	90 型	≤	75	
	120 型	≤	95	
抗折破坏荷载/N	90 型	≥	2200	2000
	120 型	≥	3000	2800
干燥收缩值/(mm/m)		≤	0.6	
抗冲击性(30kg,0.5m 落差)			冲击 5 次,板面无裂缝	
吊挂力/N		≥	1000	
空气声计权隔声量/dB	90 型	≥	35	
	120 型	≥	40	
抗折破坏荷载保留率(耐久性)/%		≥	80	70
放射性比活度	I_{Re}	≤	1.0	
	I_{γ}	≤	1.0	
耐火极限/h		≥	1	
燃烧性能			不燃	

1.1.3.3 玻璃纤维增强水泥外墙板

(1) 分类

① 按照板的构造分类时，四种类型板的代号与主要特征见表 1-35。

表 1-35 按照板的构造分类时，四种类型板的代号与主要特征

类　型	代　号	主要特征
单层板	DCB	小型或异形板,自身形状能够满足刚度和强度要求
有肋单层板	LDB	小型板或受空间限制不允许使用框架的板(如柱面板),可根据空间情况和需要加强的位置,做成各种形状的肋
框架板	KJB	大型板,由 GRC 面板与轻钢框架或结构钢框架组成,能够适应板内部热量变化或水分变化引起的变形
夹芯板	JXB	由两个 GRC 面板和中间填充层组成

② 按照板有无装饰层将其分为有装饰层板和无装饰层板。

(2) 技术要求

① 外观。板应边缘整齐，外观面不应有缺棱掉角，非明显部位缺棱掉角允许修补。侧面防水缝部位不应有孔洞；一般部位孔洞的长度不应大于 5mm、深度不应大于 3mm，每平方米板上孔洞不应多于 3 处，有特殊表面装饰效果要求时除外。

② 尺寸允许偏差。玻璃纤维增强水泥外墙板的尺寸允许偏差不得超过表 1-36 中的规定。

表 1-36 玻璃纤维增强水泥外墙板的尺寸允许偏差

项　目	主 要 特 征
长度	墙板长度≤2m 时,允许偏差:±3mm/m; 墙板长度>2m 时,总的允许偏差:≤±6mm/m
宽度	墙板宽度≤2m 时,允许偏差:±3mm/m; 墙板宽度>2m 时,总的允许偏差:≤±6mm/m

续表

项　目	主 要 特 征
厚度	0～3mm
板面平整度	≤5mm；有特殊表面装饰效果要求时除外
对角线差(仅适用于矩形板)	板面积小于 $2m^2$ 时，对角线差≤5mm；板面积等于或大于 $2m^2$ 时，对角线差≤10mm

③ 物理力学性能。GRC 结构层的物理力学性能应符合表 1-37 规定。

表 1-37　GRC 结构层的物理力学性能指标

性　　能		指 标 要 求
抗弯比例极限强度/MPa	平均值	≥7.0
	单块最小值	≥6.0
抗弯极限强度/MPa	平均值	≥18.0
	单块最小值	≥15.0
抗冲击强度/(kJ/m^2)		≥8.0
体积密度(干燥状态)/(g/cm^3)		≥1.8
吸水率/%		≥14.0
抗冻性		经 25 次冻融循环，无起层、剥落等破坏现象

1.1.3.4　玻璃纤维增强水泥（GRC）外墙内保温板

（1）分类和规格

① GRC 外墙内保温板按板类型分为普通板、门口板和窗口板，其代号见表 1-38。

表 1-38　GRC 外墙内保温板的类型及其代号

类　　型	普通板	门口板	窗口板
代号	PB	MB	CB

② GRC 外墙内保温板的普通板为条板型式，规格尺寸见表 1-39，其断面及外形分别如图 1-10、图 1-11 所示。

表 1-39　GRC 外墙内保温板普通板的规格尺寸　　单位：mm

类　　型	公 称 尺 寸		
	长度 L	宽度 B	厚度 T
普通板	2500～3000	600	60,70,80,90

注：其他规格由供需双方商定。

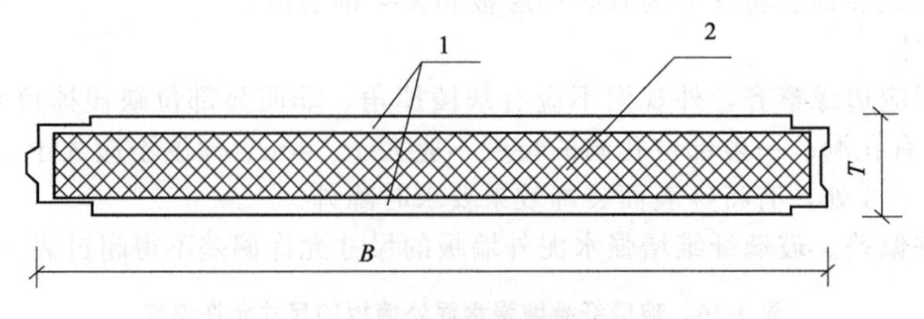

图 1-10　GRC 外墙内保温板断面示意

1—面板；2—芯层绝热材料

（2）技术要求

① 外观质量。GRC 外墙内保温板的外观质量应符合表 1-40 的规定。

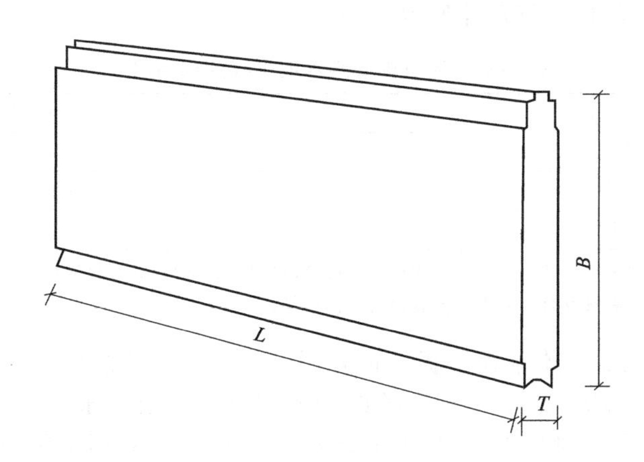

图 1-11 GRC 外墙内保温板外形示意

表 1-40 GRC 外墙内保温板的外观质量

项 目	允许缺陷
板面外露纤维,贯通裂纹	无
板面裂纹	长度≤30mm,不多于 2 处
蜂窝气孔	长径 55mm,深度≤2mm,不多于 10 处
缺棱掉角	深度≤10mm,宽度≤20mm,长度≤30mm,不多于 2 处

② 尺寸允许偏差。GRC 外墙内保温板的尺寸允许偏差应符合表 1-41 的规定。

表 1-41 GRC 外墙内保温板的尺寸允许偏差 单位：mm

项 目	长 度	宽 度	厚 度	板面平整度	对角线差
允许偏差	±5	±2	±1.5	≤2	≤10

③ 物理力学性能。GRC 外墙内保温板的物理力学性能应符合表 1-42 的规定。

表 1-42 GRC 外墙内保温板的物理力学性能

检验项目			技术指标
气干面密度/(kg/m^3)		≤	50
抗折荷载/N		≥	1400
抗冲击性			冲击 3 次,无开裂等破坏现象
主断面热阻/[(m^2·K)/W] ≥		T=60mm	0.90
		T=70mm	1.10
		T=80mm	1.35
		T=90mm	1.35
面板干缩率/%		≤	0.08
热桥面积率/%		≤	8

1.1.3.5 纤维水泥平板

纤维水泥平板是以有机合成纤维、无机矿物纤维或纤维素纤维为增强材料，以水泥或水泥中添加硅质、钙质材料代替部分水泥为胶凝材料（硅质、钙质材料的总用量不超过胶凝材料总量的 80%），经成型、蒸汽或高压蒸汽养护制成的板材。

（1）无石棉纤维水泥平板　无石棉纤维水泥平板是用非石棉类纤维作为增强材料制成的纤维水泥平板，制品中石棉成分含量为零。

① 分类等级和规格。无石棉纤维水泥平板的产品代号为 NAF。

根据密度可分为三类：低密度板（代号 L)、中密度板（代号 M)、高密度板（代号 H)。根据抗折强度可分为五个强度等级：Ⅰ级、Ⅱ级、Ⅲ级、Ⅳ级、Ⅴ级。

无石棉纤维水泥平板的规格尺寸见表1-43。

表1-43 无石棉纤维水泥平板的规格尺寸 单位：mm

项 目	公称尺寸
长度	600～3600
宽度	600～1250
厚度	3～30

注：1. 上述产品规格仅规定了范围，实际产品规格可在此范围内按建筑模数的要求进行选择。

2. 根据用户需要，可按供需双方合同要求生产其他规格的产品。

② 技术要求。无石棉纤维水泥平板的正表面应平整、边缘整齐，不得有裂纹、分层、脱皮。当有掉角时要求长度方向≤20mm，宽度方向≤10mm，且一张板≤1个。

无石棉纤维水泥平板的形状与尺寸偏差应符合表1-44的规定，物理性能应符合表1-45的规定。

表1-44 无石棉纤维水泥平板的形状与尺寸偏差

项 目		形状与尺寸偏差
长度/mm	<1200	±3
	1200～2440	±5
	>2440	±8
宽度/mm	≤1200	±3
	>1200	±5
厚度/mm	<8	±0.5
	8～20	±0.8
	>20	±1.0
厚度不均匀度/%		≤6
边缘直线度/mm	<1200	≤2
	≥1200	≤3
边缘垂直度/(mm/m)		≤3
对角线差/mm		≤5

表1-45 无石棉纤维水泥平板的物理性能

类 别	密度(ρ)/(kg/cm^3)	吸水率/%	含水率/%	不透水性	湿胀率/%	抗冻性
低密度	0.8≤ρ≤1.1	—	≤12	—	蒸压养护制品≤0.25；蒸汽养护制品≤0.5	—
中密度	1.1<ρ≤1.4	≤40	—	24h检验后允许板反面出现湿痕，但不得出现水滴		—
高密度	1.4<ρ≤1.7	≤28	—			经25次冻融循环不得出现破裂、分层

无石棉纤维水泥平板的力学性能应符合表1-46的规定。

表1-46 无石棉纤维水泥平板的力学性能

强度等级	抗折强度/MPa		强度等级	抗折强度/MPa	
	气干状态	饱水状态		气干状态	饱水状态
Ⅰ	4	—	Ⅳ	16	13
Ⅱ	7	4	Ⅴ	22	18
Ⅲ	10	7			

注：1. 蒸汽养护制品试样龄期不小于7d。

2. 蒸压养护制品试样龄期为出釜后不小于1d。

3. 抗折强度为试件纵、横向抗折强度的算术平均值。

4. 气干状态是指试件应存放在温度不低于5℃、相对湿度（60±10）%的试验室中，当板的厚度≤20mm时，最少存放3d，而当板厚度≥20mm时，最少存放7d。

5. 饱水状态是指试样在5℃以上水中浸泡，当板的厚度≤20mm时，最少浸泡24h，而当板的厚度≥20mm时，最少浸泡48h。

(2) 湿石棉纤维水泥平板　湿石棉纤维水泥平板是以水泥为主要原料，以石棉纤维为增强材料，经过打浆、真空抄取、堆垛、加压、蒸汽养护、空气养护等工艺而制成的一种薄型建筑平板。亦可掺加适量耐久性能好、对制品性能不起有害作用的其他纤维，但代用纤维的含量不得超过纤维总用量的30%。

① 分类等级和规格。石棉水泥平板的产品代号为AF。

根据石棉板的密度分为三类：低密度板（代号L）、中密度板（代号M）、高密度板（代号H）。根据对石棉板的抗折强度可分为五个强度等级：Ⅰ级、Ⅱ级、Ⅲ级、Ⅳ级、Ⅴ级。

湿石棉纤维水泥平板的规格尺寸见表1-47。

表1-47　湿石棉纤维水泥平板的规格尺寸　　单位：mm

项　目	公称尺寸
长度	595～3600
宽度	595～1250
厚度	3～30

注：1. 上述产品规格仅规定了范围，实际产品规格可在此范围内按建筑模数的要求进行选择。
2. 报据用户需要，可按供需双方合同生产其他规格的产品。

② 技术要求。湿石棉纤维水泥平板的正表面应平整、边缘整齐，不得有裂纹、分层、脱皮。当有掉角时，长度方向≤20mm，宽度方向≤10mm，且一张板≤1个。

湿石棉纤维水泥平板的形状与尺寸偏差应符合表1-48的规定。

表1-48　湿石棉纤维水泥平板的形状与尺寸偏差

项　目		形状与尺寸偏差
长度/mm	<1200	±3
	1200～2440	±5
	>2440	±8
宽度/mm		±3
厚度/mm	<8	±0.3
	8～20	±0.5
	>20	±0.8
厚度不均匀度/%		≤6
边缘直线度/mm	<1200	≤2
	≥1200	≤3
边缘垂直度/(mm/m)		≤3
对角线差/mm		≤5

湿石棉纤维水泥平板的物理性能应符合表1-49的规定，力学性能应符合表1-50的规定。

表1-49　湿石棉纤维水泥平板的物理性能

类别	密度 ρ/(kg/cm^3)	吸水率/%	含水率/%	不透水性	抗　冻　性
低密度	0.9≤ρ≤1.2	—	≤12	—	—
中密度	1.2<ρ≤1.5	≤30	—	24h检验后允许板反面出现湿痕，但不得出现水滴	—
高密度	1.5<ρ≤2.0	≤25	—		经25次冻融循环不得出现破裂、分层

表1-50　湿石棉纤维水泥平板的力学性能

强度等级	抗折强度/MPa		抗冲击强度/(kJ/m^2)	抗冲击性
	气干状态	饱水状态	e≤14	e>14
Ⅰ	12	—	—	—
Ⅱ	16	8	—	—

续表

强度等级	抗折强度/MPa		抗冲击强度/(kJ/m²)	抗冲击性
	气干状态	饱水状态	$e\leqslant14$	$e>14$
Ⅲ	18	10	1.8	落球法试验冲击1次，板面无贯通裂纹
Ⅳ	22	12	2.0	
Ⅴ	26	15	2.2	

注：1. 蒸汽养护制品试样龄期不小于7d。

2. 蒸压养护制品试样龄期为出釜后不小于1d。

3. 抗折强度为试件纵、横向抗折强度的算术平均值。

4. 气干状态是指试件应存放在温度不低于5℃、相对湿度（60±10）%的试验室中，当板的厚度≤20mm时，最少存放3d，而当板厚度≥20mm时，最少存放7d。

5. 饱水状态是指试样在5℃以上水中浸泡，当板的厚度≤20mm时，最少浸泡24h，而当板的厚度≥20mm时，最少浸泡48h。

湿石棉纤维水泥平板具有防火、防潮、防腐、耐热、隔声、绝缘、轻质、高强等特点。板面质地均匀、着色力强，并可进行锯、钻、钉加工，施工简便，可用于现装隔墙、复合隔墙板和复合外墙板。

用湿石棉纤维水泥平板制作复合隔墙板时，一般都采用湿石棉纤维水泥平板和石膏板复合的方式来制作，主要用于居室和厨房、卫生间之间的隔墙。靠居室一面用石膏板，靠厨房、卫生间一面用湿石棉纤维水泥平板（板面经防水处理），复合用的龙骨可用石膏龙骨或石棉水泥龙骨，两面板材和龙骨之间用胶黏剂进行粘接。单层石棉水泥平板与50mm厚的岩棉板、采用轻钢龙骨为骨架时所制成的复合板的耐火极限可以达到104min；若在岩棉板两侧均复合湿石棉纤维水泥平板时，耐火极限可以达到126min。

1.1.3.6 钢丝网水泥板

钢丝网水泥板是以钢丝网或钢丝网和加筋为增强材料，水泥砂浆为基材组合而成的一种薄壁结构材料。

（1）分类、级别和规格

① 钢丝网水泥板按用途分为钢丝网水泥屋面板（代号：GSWB）和钢丝网水泥楼板（代号：GSLB）两类。

② 钢丝网水泥屋面板按可变荷载和永久荷载分为四个级别，见表1-51。

③ 钢丝网水泥楼板按可变荷载分为四个级别，见表1-52。

表1-51 钢丝网水泥屋面板级别 单位：kN/m²

级别	Ⅰ	Ⅱ	Ⅲ	Ⅳ
可变荷载	0.5	0.5	0.5	0.5
永久荷载	1.0	1.5	2.0	2.5

表1-52 钢丝网水泥楼板级别 单位：kN/m²

级 别	Ⅰ	Ⅱ	Ⅲ	Ⅳ
可变荷载	2.0	2.5	3.0	3.5

④ 钢丝网水泥板外形如图1-12所示。

钢丝网水泥屋面板规格尺寸见表1-53。

表1-53 钢丝网水泥屋面板规格尺寸 单位：mm

公称尺寸	长×宽($L\times B$)	高(h)	中肋高(h_L)	肋宽(b)		板厚(t)
				边肋宽(b_b)	中肋(b_z)	
2000×2000	1980×1980	160、180	120、140	32～35	35～40	16、18
2121×2121	2101×2101	180、200	140、160	32～35	35～40	18、20

续表

公称尺寸	长×宽($L \times B$)	高(h)	中肋高(h_L)	肋宽(b)		板厚(t)
				边肋宽(b_b)	中肋(b_z)	
2500×2500	2480×2480	180、200	140、160	32～35	35～40	18、20
2828×2828	2808×2808	180、200	140、160	32～35	35～40	18、20
3000×3000	2980×2980	180、200	140、160	32～35	35～40	18、20
3500×3500	3480×3480	200、220	160、180	32～35	35～40	18、20
3536×3536	3516×3516	200、220	160、180	32～35	35～40	18、20
4000×4000	3980×3980	220、240	180、200	32～35	35～40	18、20

注：根据供需双方协议也可生产其他规格尺寸的屋面板。

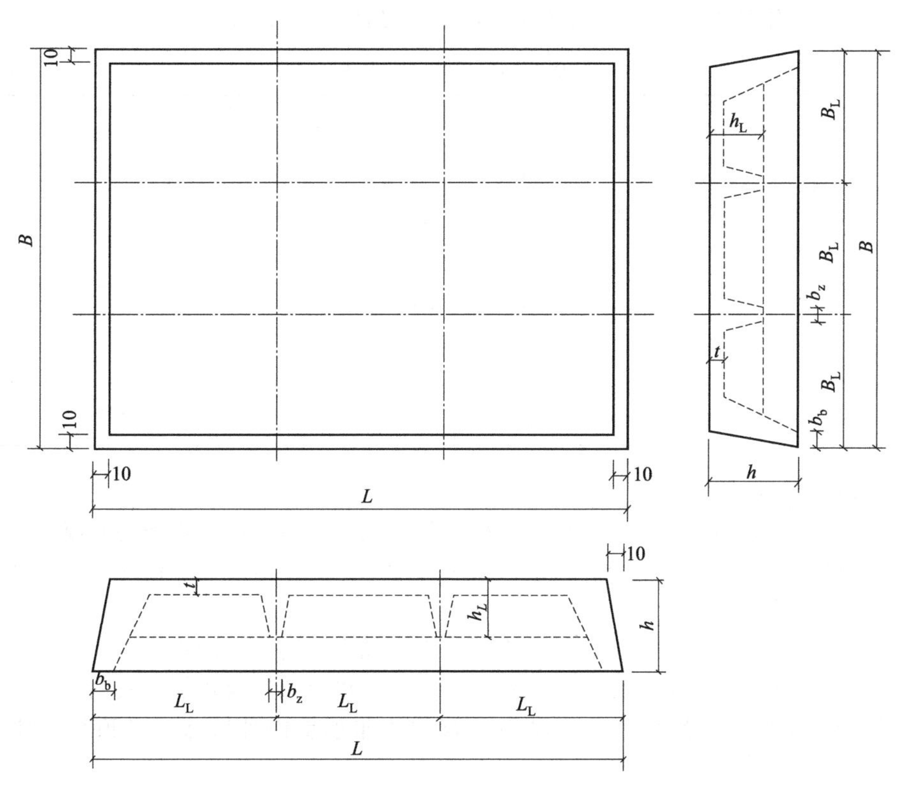

图 1-12 钢丝网水泥板外形（单位：mm）

L_L—中肋长；B_L—中肋宽

钢丝网水泥楼板规格尺寸见表 1-54。

表 1-54 钢丝网水泥楼板规格尺寸 单位：mm

公称尺寸	长×宽($L \times B$)	高(h)	中肋高(h_L)	肋宽(b)		板厚(t)
				边肋宽(b_b)	中肋(b_z)	
3300×5000	3270×4970	250、300	160、200	32～35	35～40	18、20、22
3300×4800	3270×4770	250、300	160、200	32～35	35～40	18、20、22
3300×1240	3270×1210	200、250	140、180	32～35	35～40	18、20、22
3580×4450	3820×4420	250、300	160、200	32～35	35～40	18、20、22

注：根据供需双方协议也可生产其他规格尺寸的楼板。

（2）技术要求

① 外观质量。钢丝网水泥板的外观质量应符合表 1-55 规定。

表 1-55 外观质量

项目	外观质量要求
露筋露网	任何部位不应有
孔洞	不应有
蜂窝	总面积不超过所在面积的 1%，且每处不大于 $100cm^2$
裂缝	任何部位均不应有宽度大于 0.05mm 的裂缝
连接部位缺陷	①肋端疏松不应有 ②其他缺陷经整修不应有
外形缺陷	修整后无缺棱掉角
外表缺陷	麻面总面积不超过所在面积的 5%，且每处不大于 $300cm^2$
外表沾污	经处理后，表面无油污和杂物

② 尺寸偏差。钢丝网水泥板的尺寸允许偏差应符合表 1-56 规定。

表 1-56 尺寸允许偏差 单位：mm

项目	尺寸允许偏差	项目		尺寸允许偏差
长度	+10	侧向弯曲		≤L/750
	−5	板面平整		5
宽度	+10	主筋保护层厚度		+4
	−5			−2
高度	+5	对角线差		10
	−3	翘曲		6≤L/750
肋高、肋宽	+5	预埋件	中心位置偏差	5
	−3			
面板厚度	+3		与砂浆面平整	5
	−2			

1.1.3.7 水泥木屑板

水泥木屑板属于难燃性材料，是以普通硅酸盐水泥和矿渣硅酸盐水泥为胶凝材料，木屑为主要填料，木刨花或木丝为加筋材料，加入水和外加剂，经平压成型、保压养护、调湿处理等工艺而制成的一种建筑板材。

水泥木屑板具有质量轻、强度高、防水、防火、隔声、防腐、防虫蛀鼠咬等特性，并且具有良好的可加工性能（可以进行锯、钉、钻、刨加工，也可以用自攻螺钉紧固，还可以进行粘接），施工简便，主要用于各种工业与民用建筑物的非承重内外墙板、吊顶板、地板、封檐板等。

(1) 规格 水泥木屑板通常为矩形，其规格为：长度（l）2400～3600mm；宽度（b）900～1250mm；厚度（e）6～40mm。在具体使用时允许双方协商，生产所需的规格产品。

(2) 外观质量

① 外观缺陷。水泥木屑板外观缺陷不得超出表 1-57 的规定。

表 1-57 水泥木屑板的外观缺陷

项目	要求	项目	要求
掉角	不允许	坑包、麻面	长度和宽度两个方向不得同时超过 10mm
非贯穿裂纹	不允许	污染板面	长度和宽度两个方向不得同时超过 50mm

② 平直度。长度或宽度的平直度不得超过±1.0mm/m。

③ 方正度。方正度不得超过±2.0mm/m。

④ 平整度。平整度不得超过±5.0mm。

(3) 尺寸允许偏差

① 长度（l）和宽度（b）的允许偏差为±5.0mm。

② 厚度（e）的允许偏差应符合表1-58的规定。

表1-58 厚度允许偏差 单位：mm

公称厚度	6≤e≤12	12＜e≤20	e＞20
厚度允许偏差	±0.7	±1.0	±1.5

（4）物理力学性能 水泥木屑板的物理力学性能应符合表1-59的规定。

表1-59 物理力学性能

项目	要求
密度(含水率为9%时)/(kg/m^3)	≥1000
含水率/%	≤12.0
浸水24h厚度膨胀率/%	≤1.5
抗冻性	不得出现可见的裂痕或表面无变化
抗折强度/MPa	≥9.0
浸水24h后抗折强度/MPa	≥5.5
弹性模量/MPa	≥3000

1.1.3.8 水泥刨花板

水泥刨花板也属于难燃性材料。它是以水泥为胶结材料，以木刨花作为增强材料，并加入适量的添加剂和水，经搅拌、成型、加压、养护等工艺过程而制成的一种薄型建筑平板。水泥刨花板具有自重轻、强度高、防火、防水、保温、隔声、防蛀等诸多优点，并具有较好的可加工性能，可以进行锯、钉、钻、胶合等各种形式的加工，施工工艺较简便，便于抛光和表面处理。

水泥刨花板可用作工业与民用建筑的内外墙板、吊顶板、装饰板、保温顶棚板、壁橱板、货架板、地板以及门芯材料使用，也可以制成通风烟道、碗橱、窗帘盒等部件，还可以与其他轻质板材一起制成复合板使用。当水泥刨花板用作表面板使用时，其表面一般都要做装饰处理，如涂刷涂料或粘贴墙纸、墙布、瓷砖、玻璃马赛克等。

（1）分类

① 按板的结构分：单层结构水泥刨花板、三层结构水泥刨花板、多层结构水泥刨花板、渐变结构水泥刨花板。

② 按使用的增强材料分：木材水泥刨花板、麦秸水泥刨花板、稻草水泥刨花板、竹材水泥刨花板、其他增强材料的水泥刨花板。

③ 按生产方式分：平压水泥刨花板、模压水泥刨花板。

（2）技术要求

① 水泥刨花板按产品外观质量和理化性能分为优等品和合格品。

② 水泥刨花板的公称厚度为4mm、6mm、8mm、10mm、12mm、15mm、20mm、25mm、30mm、36mm、40mm等。

③ 水泥刨花板的长度为2440～3600mm；水泥刨花板的宽度为615～1250mm。

④ 水泥刨花板的板边缘直度、翘曲度、垂直度允许偏差应符合表1-60规定。

表1-60 水泥刨花板的板边缘直度、翘曲度和垂直度允许偏差

项目	指标
板边缘直度/(mm/m)	±1
翘曲度①/%	≤1.0
垂直度/(mm/m)	≤2

① 厚度≤10mm的不测。

⑤ 水泥刨花板的长度和宽度的允许偏差为±5mm。厚度允许偏差应符合表1-61的规定。

表1-61 水泥刨花板厚度允许偏差 单位：mm

公称厚度	未砂光板				砂光板
	<12mm	12mm≤h<15mm	15mm≤h<19mm	≥19mm	
允许偏差	±0.7	±1.0	±1.2	±1.5	±0.3

⑥ 水泥刨花板的物理化学性能应符合表1-62的规定。

表1-62 水泥刨花板的物理化学性能指标

项目	优等品	合格品	项目	优等品	合格品
密度①/(kg/m³)	≥1000		弹性模量/MPa	≥3000	
含水率/%	6～16		浸水24h静曲强度/MPa	≥6.5	≥5.5
浸水24h厚度膨胀率/%	≤2		垂直板面握螺钉力/N	≥600	
静曲强度/MPa	≥10.0	≥9.0	燃烧性能	B级	
内结合强度/MPa	≥0.5	≥0.3			

① 含水率为9%时所测得的密度。

⑦ 水泥刨花板的外观质量应符合表1-63规定。

表1-63 水泥刨花板的外观质量

缺陷名称	产品等级	
	优等品	合格品
边角残损	不允许	<10mm,不计； ≥10mm且≤20mm,不超过3处
断裂透痕		<10mm,不计； ≥10mm且≤20mm,不超过1处
局部松软		宽度<5mm不计； 宽度≥5mm且≤10mm,或长度≤1/10板长,1处
板面污染		污染面积≤100mm²

1.1.4 岩棉板

1.1.4.1 岩棉

岩棉是采用天然岩石（如玄武岩、花岗岩、白云岩或辉绿岩等）为基本原料，也可以加入一定量的辅料（如石灰石等），经高温熔融后，用离心法或喷射法制成的一种人造无机纤维。它具有不燃、质轻、热导率低、吸声性能好、绝缘性能好、防腐、防蛀以及化学稳定性强的优点，可以作为某些防火构件的填充材料使用，也可以用热固型树脂为胶黏剂制成防火隔热板材等各类制品加以应用。

岩棉及制品的纤维平均直径应不大于7.0μm。棉及制品的渣球含量（粒径大于0.25mm）应不大于10.0%（质量分数）。岩棉的物理性能指标应符合表1-64的规定。

表1-64 岩棉的物理性能指标

性能	指标
密度/(kg/m³)	≤150
热导率(平均温度70^{+5}_{0}℃,试验密度150kg/m³)/[W/(m·K)]	≤0.044
热荷重收缩温度/℃	≥650

注：密度系指表观密度，压缩包装密度不适用。

在岩棉纤维中加入一定量的胶黏剂、增强剂和防尘油等助剂，经配料、混合、干燥、成型、固化、切割、贴面等工序处理后即可加工成各种岩棉制品，它们是一种新型的保温、隔热、吸声材料。按形状进行划分，岩棉制品可以分为岩棉保温板、缝毡、保温带、管壳、吸声板等。岩棉制品在建筑及工业热力设备上应用时均具有较好的节能效果。以上制品还可以在表面粘贴或缝上各种贴面材料，如玻璃纤维薄毡（B)、玻璃纤维网格布（C)、玻璃布（D)、牛皮纸（N)、涂塑牛皮纸（S)、铝箔（L)、铁丝网（T）等。

岩棉制品用途很广泛，适用于建筑、石油、电力、冶金、纺织、国防、交通运输等各行业，是管道、贮罐、锅炉、烟道、热交换器、风机、车船等工业设备的理想的隔热、隔声材料；船舶舱室以不燃的岩棉材料取代可燃材料的应用，在国内外都已得到了普遍的重视；在建筑业中（尤其是在高层建筑中)，要求使用抗震、防火、隔热、吸声等多功能建筑材料已成为必然的趋势。岩棉在国外应用得极为普遍，我国的应用结果也证明其使用效果良好，经济效益十分优越。

1.1.4.2 岩棉板

岩棉板是以岩棉为主要原料，再经加入少量的胶黏剂加工而成的一种板状防火绝热制品。它是一种新型的轻质绝热防火板材，在建筑工程中广泛作为建筑物的屋面材料和墙体材料得到应用。此外，还可以作为门芯材料用于防火门的生产中。由于板材在成型加工过程中所掺加的有机物含量一般均低于4%，故其燃烧性能仍可达到A级，是良好的不燃性板材，可以长期在400～100℃的工作温度下进行使用。岩棉用于建筑保温时，大体可包括墙体保温、屋面保温、房门保温和地面保温等几个方面。

岩棉板的外观质量要求表面平整，不得有妨碍使用的伤痕、污迹、破损。岩棉板的尺寸及允许偏差应符合表1-65的规定。其他尺寸可由供需双方商定。

岩棉板的物理性能指标应符合表1-66的规定。

表1-65 岩棉板的尺寸及允许偏差 单位：mm

<table>
<tr><th>长度</th><th>长度允许偏差</th><th>宽度</th><th>宽度允许偏差</th><th>厚度</th><th>厚度允许偏差</th></tr>
<tr><td>910
1000
1200
1500</td><td>+10
−3</td><td>500
600
630
910</td><td>+5
−3</td><td>30～200</td><td>+3
−3</td></tr>
</table>

表1-66 岩棉板的物理性能指标

<table>
<tr><th rowspan="2">密度
/(kg/m³)</th><th colspan="2">密度允许偏差/%</th><th rowspan="2">热导率(平均温度 70^{+5}_{0}℃)
/[W/(m·K)]</th><th rowspan="2">有机物
含量/%</th><th rowspan="2">燃烧性能</th><th rowspan="2">热荷重收
缩温度/℃</th></tr>
<tr><th>平均值与标称值</th><th>单值与平均值</th></tr>
<tr><td>40～80</td><td rowspan="4">±15</td><td rowspan="4">±15</td><td rowspan="2">≤0.044</td><td rowspan="4">≤4.0</td><td rowspan="4">不燃材料</td><td>≥500</td></tr>
<tr><td>81～100</td><td rowspan="3">≥600</td></tr>
<tr><td>101～160</td><td>≤0.043</td></tr>
<tr><td>161～300</td><td>≤0.044</td></tr>
</table>

注：其他密度产品，其指标由供需双方商定。

岩棉板的直角偏离度应不大于5mm/m；平整度偏差应不超过6mm；酸度系数应不小于1.6；长度、宽度和厚度的相对变化率均不大于1.0%；质量吸湿率应不大于1.0%；憎水率应不小于98.0%；短期吸水量（部分浸入）应不大于1.0kg/m^2。

岩棉板的热导率（平均温度25℃）应不大于0.040W/(m·K)，有标称值时还应不大于其标称值。

1.1.5 膨胀珍珠岩板

1.1.5.1 膨胀珍珠岩板

膨胀珍珠岩板是一种板状的膨胀珍珠岩绝热制品。它是以膨胀珍珠岩为主要骨料，并掺加不同种类的胶黏剂后，经搅拌、成型、干燥、焙烧或养护工艺而制成的一种不燃性板材，可长期在 900℃的工作条件下使用。

膨胀珍珠岩板按所采用的胶黏剂种类的不同可分为水泥膨胀珍珠岩板、磷酸盐膨胀珍珠岩板和水玻璃膨胀珍珠岩板等几类。按产品的密度分为 200 号、250 号两种，密度越小热导率越低。若在产品中添加憎水剂，即可降低制品表面的亲水性能而制得憎水型的膨胀珍珠岩制品。因此，还可按制品有无憎水性而将其分为普通型和憎水型（用 Z 表示）两类。膨胀珍珠岩板按质量分为优等品（用 A 表示）和合格品（用 B 表示）两类。

(1) 尺寸、尺寸偏差及外观质量

① 尺寸。平板：长度 400～600mm；宽度 200～400mm；厚度 40～100mm。弧形板：长度 400～600mm；内径＞1000mm；厚度 40～100mm。

② 膨胀珍珠岩绝热制品的外观质量及尺寸偏差应符合表 1-67 的要求。

表 1-67 外观质量及尺寸偏差

项目		指标	
		平板	弧形板、管壳
外观质量	垂直度偏差/mm	≤2	≤5
	合缝间隙/mm	—	≤2
	弯曲/mm	≤3	≤3
	裂纹	不允许	
	缺棱掉角	不允许有三个方向投影尺寸的最小值大于 10mm 和最小值大于 4mm 的角损伤	
	弯曲度/mm	优等品：≤3，合格品：≤5	
尺寸允许偏差	长度/mm	±3	±3
	宽度/mm	±3	—
	内径/mm	—	+3 +1
	厚度/mm	+3 −1	+3 −1

(2) 燃烧性能　对于掺有可燃性材料的产品，用户有不燃性要求时，其燃烧性能级别应达到《建筑材料及制品燃烧性能分级》(GB 8624—2012) 中规定的 A (A1) 级。

由于膨胀珍珠岩板具有密度小、热导率低、承压能力较强、施工方便、经济耐用等诸多优点，广泛用作热力管道、供热设备以及其他的工业管道设备和工业建筑上的保温绝热材料，在工业与民用建筑中还可以广泛用作围护结构的保温、隔热和吸声材料使用。因其热稳定性高、绝热效果好，还常常作为钢结构构件的防火保护被覆材料使用。

1.1.5.2 膨胀珍珠岩装饰吸声板

膨胀珍珠岩装饰吸声板是以膨胀珍珠岩为骨料，再配合适量的胶黏剂、填充剂、阻燃剂和增强材料，经过搅拌、成型、干燥、焙烧或养护等工艺处理而制成的一种多孔性吸声材料。按所用的胶黏剂类型进行划分，有水玻璃膨胀珍珠岩吸声板、水泥膨胀珍珠岩吸声板、聚合物膨胀珍珠岩吸声板等几类。按板材的表面结构形式进行划分，可分为不穿孔、半穿孔、穿孔、凹凸及复合吸声板等几类。该类板材具有质量轻、装饰效果好、防火、防潮、防蛀、耐腐蚀、不发霉、耐酸、吸声、保温、隔热、施工装配化、可锯割加工等优点，尤其是具有优良的防火性能、吸声性能和装饰效果。

常见膨胀珍珠岩装饰吸声板的规格为：400mm×400mm、500mm×500mm、600mm×600mm：厚度分别为 15mm、17mm、20mm。膨胀珍珠岩装饰吸声板的密度、吸湿率、吸声系数、燃烧性能等级和断裂荷载参见表 1-68 和表 1-69。

表 1-68 膨胀珍珠岩装饰吸声板的密度、吸湿率、吸声系数和燃烧性能等级

板材类别[①]	密度/(kg/m^3)	吸湿率/%			表面吸水量/g	吸声系数(混响室法)/%	燃烧性能等级
		优等品	一等品	合格品			
PB	≤500	≤5	≤6.5	≤8	—	0.40～0.60	不燃
FB		≤3.5	≤4	≤5	0.6～2.5	0.35～0.45	

① 膨胀珍珠岩装饰吸声板按其防水性能可分为两种：普通板（代号为 PB）和防水板（代号为 FB）。

表 1-69 膨胀珍珠岩装饰吸声板的断裂荷载

板材类别[①]	断裂荷载[②]/N			板材类别[①]	断裂荷载[②]/N		
	优等品	一等品	合格品		优等品	一等品	合格品
PB	245	196	157	FB	294	245	176

① 板材类别按其防水性能可分为两种：普通板（代号为 PB）和防水板（代号为 FB）。

② 断裂荷载为均布加荷抗弯断裂荷载。

膨胀珍珠岩装饰吸声板常用于影剧院、礼堂、播音室、录像室、餐厅、会议室等公共建筑的音质处理以及工厂、车间的噪声控制，同时也可用于民用公共建筑的顶棚、室内墙面的装修。其密度通常为 250～350kg/m^3，热导率为 0.058～0.08W/(m·K)。在工程实际应用中，可按普通天花板及装饰吸声板的施工方法进行安装。

1.2 防火涂料

1.2.1 饰面型防火涂料

1.2.1.1 饰面型防火涂料的技术性能

饰面型防火涂料是指涂覆于可燃基材（如木材、纤维板、纸板及其制品）表面，能形成具有防火阻燃保护及一定装饰作用涂膜的防火涂料。

饰面型防火涂料的技术指标见表 1-70。

表 1-70 饰面型防火涂料的技术指标

项目		技术指标
在容器中的状态		无结块，搅拌后呈均匀状态
细度/μm		≤90
干燥时间	表干/h	≤5
	实干/h	≤24
附着力/级		≤3
柔韧性/mm		≤3
耐冲击性/cm		≥20
耐水性		经 24h 试验，涂膜不起皱，不剥落
耐湿热性		经 48h 试验，涂膜无起泡、无脱落
耐燃时间/min		≥15
难燃性		试件燃烧的剩余长度平均值应≥150mm，其中没有一个试件的燃烧剩余长度为零；每组试验通过热电偶所测得的平均烟气温度不应超过 200℃
质量损失/g		≤5.0
炭化体积/cm^2		≤25

饰面型防火涂料在规定的存放期内，应是均匀的液态或稠状、浆状的流体，没有硬化、结皮或明显的颜填料沉淀现象，允许轻微的分层，但经搅拌后即可变成均匀、悬浮的体系。

饰面型防火涂料可用刷涂、喷涂、辊涂和刮涂中任何一种或多种方法方便地施工，能在通常的自然环境条件下干燥、固化。成膜后表面无明显凹凸或条痕，没有脱粉、气泡、龟裂、斑点等现象，能形成平整的饰面。

1.2.1.2 饰面型防火涂料的施工要点

在对可燃性基材进行防火处理前应根据工程的结构特点提出具体可行的施工方案。

(1) 基材的前处理　为了得到性能优异的涂膜，施工前应对被涂基材的表面进行处理。如表面有洞眼、缝隙和凹凸不平等缺陷时，应用砂纸打磨平整或用防火涂料填堵补平，并将尘土、浮灰、油污等杂物彻底清除干净，以保证涂料与基材的黏结良好。

(2) 溶剂型饰面防火涂料的施工要求　由于防火涂料的固含量较大，较易沉淀，使用前应将涂料充分地搅拌均匀。如涂料太稠时，可在涂料中加入适量的溶剂进行稀释，将涂料的黏度调整到便于施工即可，调整黏度的原则以施工时不产生流坠现象为宜。使用喷涂或辊涂工艺进行施工时，涂料的黏度应比采用刷涂工艺时低。

施工应在通风良好的环境条件下进行，并且施工现场的环境温度宜在－5～40℃的条件下、相对湿度应小于90%，基材表面有结露时不能施工。施工好的涂料在未完全固化以前不能受到雨淋的破坏，也不能受到雾水和表面结露的影响。施工好的涂料，涂层不能有空鼓、开裂、脱落等问题。还需注意的是，溶剂型防火涂料中的溶剂属于易燃品并且对人体有害，所以在施工过程中应注意防火安全以及对人员的健康保护。在整个施工过程中都应严格禁止明火。

通常，溶剂型饰面防火涂料的施工应分次进行，并且每次涂刷作业必须在前一遍的涂层基本干燥或固化后进行。除在大面积的防火涂料施工或在高空作业时，采用以机具喷涂为主、手工操作为辅的施工工艺以外，其他情况下一般都采用刷涂或辊涂工艺进行施工。

(3) 水性饰面防火涂料的施工要求　水性饰面型防火涂料的施工环境条件一般为：环境温度宜在5～40℃，相对湿度不大于85%。当温度在5℃以下、相对湿度在85%以上时施工效果会受到影响。基材表面有结露时不能施工。施工好的涂料在未完全固化以前不能受到雨淋的破坏，也不能受到雾水的侵蚀以及表面结露的影响。施工好的涂料，涂层不能出现空鼓、开裂、脱落等问题。

使用前应将涂料充分地搅拌均匀。如涂料太稠，可加入适量水进行稀释。应将涂料的黏度调整到便于施工为宜，调整原则以施工时不产生流淌和下坠现象为宜。采用喷涂或辊涂工艺施工时，涂料的黏度应比采用刷涂工艺施工时低些。

水性饰面型防火涂料的施工应分次进行，并且每次涂刷作业必须待前一遍涂层基本干燥或固化后进行。除了在大面积的防火涂料施工或在高空作业中采用以机具喷涂涂装为主、手工操作为辅的施工工艺以外，其他情况下大多采用刷涂或辊涂工艺进行施工。在施工过程中严禁混有有机溶剂和其他涂料。

(4) 饰面型防火涂料的验收要求

① 材料的参考用量为湿涂覆比500g/m^2。

② 涂层无漏涂、空鼓、脱粉、龟裂现象。

③ 涂层与基材之间、各涂层之间应黏结牢固，无脱层现象。

④ 涂料的颜色与外观符合设计要求，涂膜平整、光滑。

1.2.2 钢结构防火涂料

1.2.2.1 钢结构防火涂料的技术性能

钢结构防火涂料是指施涂于建筑物及构筑物的钢结构表面，能形成耐火隔热保护层以提高钢结构耐火极限的涂料。

1.2.2.2 钢结构防火涂料的分类和技术要求

(1) 钢结构防火涂料的分类

① 钢结构防火涂料按使用场所不同可分为室内钢结构防火涂料和室外钢结构防火涂料。

室内钢结构防火涂料：用于建筑物室内或隐蔽工程的钢结构表面。

室外钢结构防火涂料：用于建筑物室外或露天工程的钢结构表面。

② 钢结构防火涂料按使用厚度不同可分为超薄型钢结构防火涂料、薄型钢结构防火涂料和厚型钢结构防火涂料。

超薄型钢结构防火涂料：涂层厚度小于或等于 3mm。

薄型钢结构防火涂料：涂层厚度大于 3mm 且小于或等于 7mm。

厚型钢结构防火涂料：涂层厚度大于 7mm 且小于或等于 45mm。

(2) 钢结构防火涂料的技术要求　室内钢结构防火涂料的技术性能应符合表 1-71 中的规定。室外钢结构防火涂料的技术性能应符合表 1-72 中的规定。

表 1-71　室内钢结构防火涂料技术性能

检验项目	技术指标		
	NCB	NB	NH
在容器中的状态	经搅拌后呈均匀细腻状态，无结块	经搅拌后呈均匀液态或稠厚流体状态，无结块	经搅拌后呈均匀稠厚流体状态，无结块
干燥时间(表干)/h	≤8	≤12	≤24
外观与颜色	涂层干燥后，外观与颜色同样品相比应无明显差别	涂层干燥后，外观颜色同样品相比应无明显差别	—
初期干燥抗裂性	不应出现裂纹	允许出现 1～3 条裂纹，其宽度≤0.5mm	允许出现 1～3 条裂纹，其宽度应≤1mm
黏结强度/MPa	≥0.20mm	≥0.15mm	≥0.04
抗压强度/MPa	—	—	≥0.03
干密度/(kg/m^3)	—	—	≤500
耐水性/h	≥24 涂层应无起层、发泡、脱落现象	≥24 涂层应无起层、发泡、脱落现象	≥24 涂层应无起层、发泡、脱落现象
耐冷热循环性/次	≥15 涂层应无开裂、剥落、起泡现象	≥15 涂层应无开裂、剥落、起泡现象	≥15 涂层应无开裂、剥落、起泡现象
耐火性能　涂层厚度(不大于)/mm	2.00±0.20	5.0±0.5	25±2
耐火性能　耐火极限(不低于)/h(以 I36b 或 I40b 标准工字钢梁作基材)	1.0	1.0	2.0

注：裸露钢梁耐火极限为 15min (I36b、I40b 验证数据)，作为表中 0mm 涂层厚度耐火极限基础数据。

表 1-72　室外钢结构防火涂料技术性能

检验项目	技术指标		
	WCB	WB	WH
在容器中的状态	经搅拌后呈均匀细腻状态，无结块	经搅拌后呈均匀液态或稠厚流体状态，无结块	经搅拌后呈均匀稠厚流体状态，无结块
干燥时间(表干)/h	≤8	≤12	≤24
外观与颜色	涂层干燥后，外观与颜色同样品相比应无明显差别	涂层干燥后，外观颜色同样品相比应无明显差别	—
初期干燥抗裂性	不应出现裂纹	允许出现 1～3 条裂纹，其宽度≤0.5mm	允许出现 1～3 条裂纹，其宽度应≤1mm
黏结强度/MPa	≥0.20mm	≥0.15mm	≥0.04
抗压强度/MPa	—	—	≥0.5
干密度/(kg/m^3)	—	—	≤650
耐曝热性/h	≥720 涂层应无起层、脱落、空鼓、开裂现象	≥720 涂层应无起层、脱落、空鼓、开裂现象	≥720 涂层应无起层、脱落、空鼓、开裂现象
耐湿热性/h	≥504 涂层应无起层、脱落现象	≥504 涂层应无起层、脱落现象	≥504 涂层应无起层、脱落现象
耐冻融循环性/次	≥15 涂层应无开裂、脱落、起泡现象	≥15 涂层应无开裂、脱落、起泡现象	≥15 涂层应无开裂、脱落、起泡现象

续表

检验项目	技术指标		
	WCB	WB	WH
耐酸性/h	≥360 涂层应无起层、脱落、开裂现象	≥360 涂层应无起层、脱落、开裂现象	≥360 涂层应无起层、脱落、开裂现象
耐碱性/h	≥360 涂层应无起层、脱落、开裂现象	≥360 涂层应无起层、脱落、开裂现象	≥360 涂层应无起层、脱落、开裂现象
耐盐雾腐蚀性/次	≥30 涂层应无起泡，明显的变质、软化现象	≥30 涂层应无起泡，明显的变质、软化现象	≥30 涂层应无起泡，明显的变质、软化现象
耐火性能：涂层厚度(不大于)/mm	2.00±0.20	5.0±0.5	25±2
耐火性能：耐火极限(不低于)/h(以I36b或I40b标准工字钢梁作基材)	1.0	1.0	2.0

注：裸露钢梁耐火极限为15min（I36b、I40b验证数据），作为表中0mm涂层厚度耐火极限基础数据，耐久性项目（耐曝热性、耐湿热性、耐冻融循环性、耐酸性、耐碱性、耐盐雾腐蚀性）的技术要求除表中规定外，还应满足附加耐火性能的要求，方能判定该对应项性能合格。耐酸性和耐碱性可仅进行其中一项测试。

1.2.2.3 钢结构防火涂料的选择

钢结构防火涂料在工程中的实际应用涉及多方面的问题，对涂料品种的选用、产品质量和施工质量的控制都需加以重视。

目前市场上的钢结构防火涂料根据其技术特点和使用环境的不同，分为很多品种及型号，它们是分别按照不同的标准进行检测的。例如，用于室内的钢结构防火涂料，是按照室内钢结构防火涂料的技术标准进行检测的；用于室外的钢结构防火涂料，其耐久性以及耐候性方面的要求更高，需严格按照室外的钢结构防火涂料检验标准进行检验。如果将室内型钢结构防火涂料用到室外的环境中去，必然会导致防火涂料"失效"问题的发生。

另外，从钢构件在建筑中的使用部位来看，其承载形式及承载强度的差异，也必然导致对钢构件的耐火性能要求的不同。根据建筑物的使用特点及火灾发生时危险与危害程度的差异，我国建筑设计防火规范中对建筑内各部位构件的耐火极限要求也从0.5～3.0h不等。正是由于这些差异的存在，科学合理地选择防火涂料来对钢构件进行防火保护就显得至关重要了。因此，为了保障建筑物的防火安全，应以确保产品质量和施工质量为前提，不宜过分强调降低造价，否则将难以保证涂料的产品质量和涂层厚度，最终将影响对钢结构的防火保护。一般来说，选用钢结构防火涂料时需遵循如下几个基本原则。

（1）要求选用的钢结构防火涂料必须具有国家级检验中心出具的合格的检验报告，其质量应符合有关国家标准的规定。不要把饰面型防火涂料用于钢结构的防火保护上，因为它难以达到提高钢结构耐火极限的目的。

（2）应根据钢结构的类型特点、耐火极限要求和使用环境来选择符合性能要求的防火涂料产品。室内的隐蔽部位、高层全钢结构及多层钢结构厂房，不建议使用薄型和超薄型钢结构防火涂料。

① 根据建筑部位来选用防火涂料。建筑物中的隐蔽钢结构，对涂层的外观质量要求不高，应尽量采用厚型防火涂料。裸露的钢网架、钢屋架以及屋顶承重结构，由于对装饰效果要求较高并且规范规定的耐火极限要求在1.5h及以下时，可以优先选择超薄型钢结构防火涂料；但在耐火极限要求为2.0h以上时，应慎用超薄型钢结构防火涂料。

② 根据工程的重要性来选用防火涂料。对于重点工程如核能、电力、石化、化工等特殊行业的工程应主要以厚型钢结构防火涂料为主；对于民用工程如市场、办公室等工程可以主要采用薄型和超薄型钢结构防火涂料。

③ 根据钢结构的耐火极限要求来选用防火涂料。耐火极限要求超过2.5h时，应选用厚型防火涂料；耐火极限要求为1.5h以下时，可选用超薄型钢结构防火涂料。

④ 根据使用环境要求来选用防火涂料。露天钢结构要受到日晒雨淋的影响，高层建筑的顶层钢结构上部安装透光板或玻璃幕墙时，涂料也会受到阳光的曝晒，因而应用环境条件较为苛刻，此时应选用室外型钢结构防火涂料，不能把技术性能仅满足室内要求的涂料用于这些部位的钢构件的防火保护上。

1.2.2.4 钢结构防火涂料施工要点

（1）通用要求　钢结构防火涂料作为初级产品，必须通过进入市场被选用，并通过施工人员将其涂装在钢构件表面且成型以后，才算是完成了钢结构防火涂料生产的全过程。防火涂料的施工过程即是它的二次生产过程，如果施工不当最终也会影响涂料工程的质量。

总体来说，钢结构防火喷涂施工已经成为一种新技术，从施工到验收都已经制订了严格的标准。根据国内外的成功经验来看，钢结构防火喷涂施工应由经过培训合格的专业单位进行组织，或者由专业技术人员在施工现场直接指导施工为好。

对于防火涂料的专业生产及施工单位还应注意以下几方面的问题。

① 基材的前处理。在喷涂施工前需严格按照工艺要求进行构件的检查，清除尘埃、铁屑、铁锈、油脂以及其他各种妨碍黏附的物质，并做好基材的防锈处理。而且要在钢结构安装就位，与其相连的吊杆、马道、管架等相关联的构件也全部安装完毕并且验收合格以后，才能进行防火涂料的喷涂施工。若不按顺序提前施工，既会影响与钢结构相连的吊杆、马道、管架等构件的安装过程，又不便于钢结构工程的质量验收，而且施涂的防火涂层还会被损坏，留下缺陷，成为火灾中的薄弱环节，最终将影响钢结构的耐火极限。

② 涂装工艺。施涂防火涂料应在室内装修之前和不被后续工程所损坏的条件下进行。既要求施涂时不能影响和损坏其他工程，又要求施涂的防火涂层不要被其他工程所污染和损坏。若在施工时与其他工程项目的施工同时进行，被破坏的现象就会较为严重，将造成大量材料的浪费。若室内钢构件在建筑物未做顶棚时就开始施工，遇上雨淋或长时间曝晒时，涂层将会剥落或被污染损坏，这样不仅浪费材料，而且还会给涂层留下缺陷，因此应在结构封顶后再进行涂料的施工。

实际上，不同厂家的防火涂料在其应用技术说明中都规定了施工工艺条件以及施工过程中和涂层干燥固化前的环境条件。例如，施工过程中和涂层干燥固化前的环境温度宜保持在 5～38℃，相对湿度不宜大于 90%，空气应流通。若温度太低或湿度太大，或风速较大，或雨天和构件表面有结露时都不宜作业。这些规定都是为了确保涂层质量而制订的，应严格执行。此外，还应强调的是在涂料施工过程中，必须在前一遍涂层基本干燥固化以后，再进行后一遍的施工。涂料的保护方式、施工遍数以及保护层厚度均应根据施工设计要求确定。一般来讲，每一遍的涂覆厚度应适中，不宜过厚，以免影响干燥后涂层的质量。

总之，为了保证涂层的防火性能，应严格按照涂装工艺要求进行施工，切忌为抢工期而给建筑留下安全隐患。

③ 涂层维护。钢结构防火保护涂层施工验收合格以后，还应注意维护管理，避免遭受其他操作或意外的冲击、磨损、雨淋、污染等损害，否则将会使局部或全部涂层形成缺陷从而降低涂层整体的性能。

（2）厚型钢结构防火涂料

① 基层要求。清除铁锈、油污，保证涂料与基材的粘接良好，涂二道防锈漆。

② 配料。按配方要求的比例进行配料并快速搅拌均匀。

③ 施工施工现场的环境温度宜为 10～30℃。每次喷涂厚度不宜过厚，第一遍喷涂的厚度可以控制在 4～5mm，以后每遍的喷涂厚度可以控制在 9～10mm。前道涂层干燥后方可喷涂下一道涂层，直至喷涂到所要求的厚度为止。也可以采用抹涂法进行施工。

（3）薄型钢结构防火涂料

① 基层要求。清除铁锈、油污，保证涂料与基材的粘接性。

② 环境要求。施工环境温度要求为5～40℃，相对湿度小于90%。

③ 施工。施涂前，涂料应用手持式自动搅拌机搅拌均匀。若涂料分为多层，其施工顺序应为：喷涂底涂料→喷涂中涂料→刷涂面涂料。底层及中层涂料的施工喷涂采用自重式喷枪，用小型空压机气源喷涂施工，喷涂时将气泵压力调至0.4～0.6MPa。注意喷涂涂料的稠度，以喷涂时不往下坠为宜。一般喷涂需分3～5次进行，每次喷涂厚度为1～2mm，待前遍涂层基本干燥后再喷下一遍。涂面层前应检查底层厚度是否符合要求，并在底层干燥以后进行。面层可以采用涂料喷枪进行喷涂或用毛刷进行刷涂，但无论是采用喷涂还是刷涂工艺，都要保持各部位的均匀一致，不得漏底。若涂料仅有一层，则应采用自重式喷枪分遍喷涂至要求的厚度，注意两道施工之间的时间间隔应能保证涂层很好的干燥。

（4）超薄型钢结构防火涂料

① 基层要求。清除铁锈及油污，保证涂料与基材的黏结性。

② 环境要求。施工环境温度为10～30℃，相对湿度<85%。

③ 施工。施涂前，涂料应用手持式自动搅拌机搅拌均匀。若涂料分为多层，其施工顺序应为：喷涂（刷涂）底涂料—喷涂中涂料—刷涂面涂料。并且应注意在底涂、中涂施工时，每道涂层的厚度应控制在0.5mm以下，前道涂层干燥后方可进行后道施工，直至涂到设计的厚度为止。若要求涂层表面平整，可对最后一道做压光处理。然后进行面涂施工，面涂的施工采用羊毛辊刷或涂料刷子，涂刷二道。若涂料仅有一层，则应喷涂或刷涂至要求的厚度，注意两道施工之间的时间间隔应能保证涂层很好的干燥。

（5）钢结构防火涂料的施工验收　钢结构防火保护工程完工并且涂层完全干燥固化以后方能进行工程验收。

① 厚型钢结构防火涂料

a. 涂层厚度符合设计要求。

b. 涂层应完整，不应有露底、漏涂。

c. 涂层不宜出现裂缝。如有个别裂缝，则每一构件上裂纹不应超过3条，其宽度应小于1mm，长度应小于1m。

d. 涂层与钢基材之间、各道涂层之间应粘接牢固，无空鼓、脱层和松散等现象存在。

e. 涂层表面应无突起。有外观要求的部位，母线不直度和失圆度允许偏差应不大于8mm。

② 薄型钢结构防火涂料

a. 涂层厚度符合设计要求。

b. 涂层应完整，无漏涂、脱粉、明显裂缝等缺陷。如有个别裂缝，则每一构件上裂纹不应超过3条，其宽度应不大于0.5mm。

c. 涂层与钢基材之间以及各道涂层之间应粘接牢固，无脱层、空鼓等现象。

d. 颜色与外观应符合设计规定，轮廓清晰、接槎平整。

③ 超薄型钢结构防火涂料

a. 涂层厚度符合设计要求。

b. 涂层应完整，无漏涂，无脱粉，无龟裂。

c. 涂层与钢结构之间、各涂层之间应黏结牢固，无脱层、无空鼓。

d. 颜色与外观应符合设计规定，涂层平整，有一定的装饰效果。

1.2.3 混凝土结构防火涂料

1.2.3.1 混凝土结构防火涂料性能

混凝土结构防火涂料是指涂覆在石油化工储罐区防火堤等建（构）筑物内和公路、铁路、城市交通隧道混凝土表面，能形成耐火隔热保护层以提高其结构耐火极限的防火涂料。

(1) 混凝土结构防火涂料的分类 混凝土结构防火涂料按使用场所不同分为防火堤防火涂料和隧道防火涂料。

① 防火堤防火涂料(DH)。用于石油化工储罐区防火堤混凝土表面的防护。

② 隧道防火涂料(SH)。用于公路、铁路、城市交通隧道混凝土结构表面的防护。

(2) 混凝土结构防火涂料的技术要求 防火堤防火涂料的技术要求应符合表1-73中的规定。

表1-73 防火堤防火涂料的技术要求

检验项目	技术指标	缺陷分类
在容器中的状态	经搅拌后呈均匀液态或稠厚液体,无结块	C
干燥时间(表干)/h	≤24	C
黏结强度/MPa	≥0.15(冻融前)	A
	≥0.15(冻融后)	
抗压强度/MPa	≥0.15(冻融前)	B
	≥1.35(冻融后)	
干密度/(kg/m^3)	≤700	C
耐水性/h	≥720,试验后,涂层不开裂、起层、脱落,允许轻微发胀和变色	A
耐酸性/h	≥360,试验后,涂层不开裂、起层、脱落,允许轻微发胀和变色	B
耐碱性/h	≥360,试验后,涂层不开裂、起层、脱落,允许轻微发胀和变色	B
耐曝热性/h	≥720,试验后,涂层不开裂、起层、脱落,允许轻微发胀和变色	B
耐温热性/h	≥720,试验后,涂层不开裂、起层、脱落,允许轻微发胀和变色	B
耐冻融循环试验/次	≥15,试验后,涂层不开裂、起层、脱落,允许轻微发胀和变色	B
耐盐雾腐蚀性/次	≥30,试验后,涂层不开裂、起层、脱落,允许轻微发胀和变色	B
产烟毒性/h	不低于《银氧化锡电触头材料技术条件》(GB/T 20235—2006)规定材料产烟毒性危险分级ZA$_1$级	B
耐火性能/h	≥2.00(标准升温)	A
	≥2.00(HC升温)	
	≥2.00(石油化工升温)	

注:1. A为致命缺陷,B为严重缺陷,C为轻缺陷。
2. 型式检验时,可选择一种升温条件进行耐火性能的检验和判定。

隧道防火涂料的技术要求应符合表1-74中的规定。

表1-74 隧道防火涂料的技术要求

检验项目	技术指标	缺陷分类
在容器中的状态	经搅拌后呈均匀液态或稠厚液体,无结块	C
干燥时间(表干)/h	≤24	C
黏结强度/MPa	≥0.15(冻融前)	A
	≥0.13(冻融后)	
干密度/(kg/m^3)	≤700	C
耐水性/h	≥720,试验后,涂层不开裂、起层、脱落,允许轻微发胀和变色	A
耐酸性/h	≥360,试验后,涂层不开裂、起层、脱落,允许轻微发胀和变色	B
耐碱性/h	≥360,试验后,涂层不开裂、起层、脱落,允许轻微发胀和变色	B
耐温热性/h	≥720,试验后,涂层不开裂、起层、脱落,允许轻微发胀和变色	B
耐冻融循环试验/次	≥15,试验后,涂层不开裂、起层、脱落,允许轻微发胀和变色	B
产烟毒性/h	不低于《银氧化锡电触头材料技术条件》(GB/T 20235—2006)规定材料产烟毒性危险分级ZA$_1$级	B
耐火性能/h	≥2.00(标准升温)	A
	≥2.00(HC升温)	
	升温≥1.50,降温≥1.83(RABT升温)	

注:1. A为致命缺陷,B为严重缺陷,C为轻缺陷。
2. 型式检验时,可选择一种升温条件进行耐火性能的检验和判定。

1.2.3.2 混凝土结构防火涂料施工要点

混凝土构件防火涂料的一般施工要求如下。

(1) 根据建筑物的耐火等级、混凝土结构构件需要达到的耐火极限要求和外观装饰性要求，来选用适宜的防火涂料，确定防火涂层的厚度与外观颜色。

(2) 应在混凝土结构构件吊装就位，缝隙用水泥砂浆填补抹平，经验收合格并在防水工程完工之后，再对混凝土构件进行防火保护施工。

(3) 施工应在建筑物内装修之前和不被后续工序所损坏的条件下进行。对不需做防火保护的门窗、墙面及其他物件，应进行遮挡保护。

(4) 施工过程中和涂层干燥固化前，环境温度宜保持在5～38℃（以10℃以上为佳），相对湿度小于90%，风速不应大于5m/s。

具体操作如下。

(1) 喷涂前，应将防火涂料按照产品说明书的要求调配并搅拌均匀，使涂料的黏度和稠度适宜，颜色均匀一致。

(2) 采用喷涂工艺进行施工。可用压挤式灰浆泵、口径为2～8mm的斗式喷枪进行喷涂，调整气泵的压力约为0.4～0.6MPa，喷嘴与待喷面的距离约为50cm。

(3) 喷涂宜分遍成活。喷涂底层涂料时，每遍喷涂的厚度宜为1.5～2.5mm，喷涂1～2遍。喷涂中间层涂料时，必须在前一遍涂层基本干燥后再进行下一遍喷涂。喷涂面层涂料时，应在中间层涂料的厚度达到设计要求并基本干燥后进行，并应全部覆盖住中间层涂料。若涂料为单一配方，则应分遍喷涂至规定的厚度，喷涂第一遍涂料时基本盖底即可，待涂层表干后再喷第二遍。所得涂层要均匀，外观应美观。

(4) 在室内混凝土结构上喷涂时，喷涂后可用抹子抹平或用花辊子辊平，也可在涂层表面使用不影响涂料粘接性能的其他装饰材料。

混凝土结构防火保护工程施工完毕，并且涂层完全干燥固化后方能进行工程验收。验收要求一般为：

① 涂层厚度达到防火设计要求规定的厚度；

② 涂层完整，不出现露底、漏涂和明显的裂纹；

③ 涂层与混凝土结构之间、各层涂料之间应粘接牢固，没有空鼓、脱层和松散现象存在；

④ 涂层基本平整，无明显突起，颜色均匀一致。

1.3 防火玻璃

防火玻璃是一种在规定的耐火试验中能够保持其完整性和隔热性的特种玻璃，其在防火时的作用主要是控制火势的蔓延或隔烟，是一种措施型的防火材料，其防火效果以耐火性进行评价。

1.3.1 防火玻璃的分类

(1) 防火玻璃按结构不同可分为复合防火玻璃和单片防火玻璃。

① 复合防火玻璃（FFB）。由两层或两层以上玻璃复合而成或由一层玻璃和有机材料复合而成，并满足相应耐火性能要求的特种玻璃。复合防火玻璃适用于建筑物房间、走廊、通道的防火门窗及防火分区和重要部位防火隔断墙。

② 单片防火玻璃（DFB）。由单层玻璃构成，并满足相应耐火性能要求的特种玻璃。单片防火玻璃适用于外幕墙、室外窗、采光顶、挡烟垂壁以及无隔热要求的隔断墙。

(2) 防火玻璃按耐火性能不同可分为隔热型防火玻璃（A类）和非隔热型防火玻璃（C类）。

① 隔热型防火玻璃（A类）。耐火性能同时满足耐火完整性、耐火隔热性要求的防火玻璃。

② 非隔热型防火玻璃（C类）。耐火性能仅满足耐火完整性要求的防火玻璃。

（3）防火玻璃按耐火极限可分为五个等级：0.50h、1.00h、1.50h、2.00h、3.00h。

1.3.2 防火玻璃的技术要求

（1）尺寸、厚度的允许偏差　防火玻璃的尺寸、厚度允许偏差应符合表1-75、表1-76的规定。

表1-75　复合防火玻璃的尺寸、厚度允许偏差　单位：mm

玻璃的公称厚度 d	长度或宽度(L)允许偏差		厚度允许偏差
	L≤1200	1200<L≤2400	
5≤d<11	±2	±3	±1.0
11≤d<17	±3	±4	±1.0
17≤d<24	±4	±5	±1.3
24≤d<35	±5	±6	±1.5
d≥35	±5	±6	±2.0

注：当L大于2400mm时，尺寸允许偏差由供需双方商定。

表1-76　单片防火玻璃尺寸、厚度允许偏差　单位：mm

<table>
<tr><th rowspan="2">玻璃公称厚度</th><th colspan="3">长度或宽度(L)允许偏差</th><th rowspan="2">厚度允许偏差</th></tr>
<tr><th>L≤1000</th><th>1000<L≤2000</th><th>L>2000</th></tr>
<tr><td>5
6</td><td>+1
−2</td><td rowspan="3">±3</td><td rowspan="4">±4</td><td>±0.2</td></tr>
<tr><td>8
10</td><td rowspan="2">+2
−3</td><td>±0.3</td></tr>
<tr><td>12</td><td>±0.3</td></tr>
<tr><td>15</td><td>±4</td><td>±4</td><td>±0.5</td></tr>
<tr><td>19</td><td>±5</td><td>±5</td><td>±6</td><td>±0.7</td></tr>
</table>

（2）外观质量　防火玻璃的外观质量应符合表1-77、表1-78中的规定。

表1-77　复合防火玻璃的外观质量

缺陷名称	要　求
气泡	直径300mm圆内允许长0.5～1.0mm的气泡1个
胶合层杂质	直径500mm圆内允许长2.0mm以下的杂质2个
划伤	宽度≤0.1mm，长度≤50mm的轻微划伤，每平方米面积内不超过4条
	0.1mm<宽度<0.5mm，长度≤50mm的轻微划伤，每平方米面积内不超过1条
爆边	每米边长允许有长度不超过20mm，自边部向玻璃表面延伸深度不超过厚度一半的爆边4个
叠差、裂纹、脱胶	脱胶、裂纹不允许存在；总叠差不应大于3mm

注：符合防火玻璃周边15mm范围内的气泡、胶合层杂质不作要求。

表1-78　单片防火玻璃的外观质量

缺陷名称	要　求
爆边	不允许存在
划伤	宽度≤0.1mm，长度≤50mm的轻微划伤，每平方米面积内不超过2条
	0.1mm<宽度<0.5mm，长度≤50mm的轻微划伤，每平方米面积内不超过1条
结石、裂纹、缺角	不允许存在

（3）耐火性能　隔热型防火玻璃（A类）和非隔热型防火玻璃（C类）的耐火性能应满足表1-79的要求。

表 1-79 防火玻璃的耐火性能

分类名称	耐火极限等级/h	耐火性能要求
隔热型防火玻璃（A类）	3.00	耐火隔热性时间≥3.00h，且耐火完整性时间≥3.00h
	2.00	耐火隔热性时间≥2.00h，且耐火完整性时间≥2.00h
	1.50	耐火隔热性时间≥1.50h，且耐火完整性时间≥1.50h
	1.00	耐火隔热性时间≥1.00h，且耐火完整性时间≥1.00h
	0.50	耐火隔热性时间≥0.50h，且耐火完整性时间≥0.50h
非隔热型防火玻璃（C类）	3.00	耐火完整性时间≥3.00h，耐火隔热性无要求
	2.00	耐火完整性时间≥2.00h，耐火隔热性无要求
	1.50	耐火完整性时间≥1.50h，耐火隔热性无要求
	1.00	耐火完整性时间≥1.00h，耐火隔热性无要求
	0.50	耐火完整性时间≥0.50h，耐火隔热性无要求

（4）弯曲度　防火玻璃的弓形弯曲度不用超过 0.3%，波形弯曲度不应超过 0.2%。

（5）可见光透射比　防火玻璃的可见光透射比应符合表 1-80 中的要求。

表 1-80　防火玻璃的可见光透射比

项　　目	允许偏差最大值（明示标称值）	允许偏差最大值（未明示标称值）
可见光透射比	±3%	≤5%

1.4 防火封堵材料

1.4.1 有机防火堵料

有机防火堵料是以有机树脂为黏结剂，再添加防火剂、填料等原料经碾压而成的。有机防火堵料除了具有优异的耐火性能以外，还具有优异的理化性能，并且可塑性好，长久不固化，能够重复使用。在高温或火焰的作用下它能够迅速膨胀凝结为坚硬的固体，即使完全碳化后也能保持外形不变。由于有机防火堵料受热后会发生膨胀以有效地堵塞洞口，因此封堵时可以留有一定的缝隙而不必完全封堵得很严密，这样有利于电缆等贯穿物的散热。

有机防火堵料已经广泛应用于发电厂、变电所、供电隧道、冶金、石油、化工、民用建筑等各类建筑工程中的贯穿孔洞的防火封堵。但在多根电缆集束敷设和层状敷设的场合，这种堵料很难完全堵塞住电缆贯穿部分的孔隙，需与无机防火堵料配合使用。

1.4.1.1 防火机理

有机防火堵料在高温和火焰的作用下首先会发生体积膨胀而后固化，形成一层坚硬致密的釉状保护层。由于堵料的体积膨胀和釉状层的形成过程都是吸热反应过程，因而可以消耗大量的热量，有利于整个体系温度的降低。膨胀所形成的釉状保护层具有较好的隔热性能，可以起到良好的阻火、堵烟和隔热的作用。

1.4.1.2 技术指标

有机防火堵料的技术指标要求见表 1-81。

表 1-81　有机防火堵料的技术指标

项　　目	技术指标	项　　目		技术指标
外观	塑性固体，具有一定柔韧性	腐蚀性/d		≥7
密度/(kg/m^3)	≤2.0×10^3	耐火性能/min	一级	≥180
耐水性/d	≥3，无溶胀		二级	≥120
耐油性/d	≥3，无溶胀		三级	≥60

1.4.1.3 施工工艺

有机防火堵料进行孔洞封堵时的应用工艺如下。

(1) 施工前，首先清除干净电缆表面的尘土和油污。当使用溶剂清除油污时，应注意工程现场的防火安全。

(2) 将电缆束穿过孔洞，用堵料均匀地分隔并粘贴电缆，然后用堵料填塞电缆之间、电缆与墙壁之间的孔隙。堵料的填塞厚度应与孔洞的深度一致。

(3) 当气温过低，堵料较硬不便施工时，可事先将堵料置于 20℃左右的室内预热或适当拉伸捏揉，待堵料变软后再进行施工。

(4) 在封堵通风管道穿过墙壁留下的孔洞时，先将堵料铺贴于通风管道连接处的密封表面，再连接通风管道完成装配。

1.4.2 无机防火堵料

无机防火堵料，又称速固型防火堵料或防火封灌料。通常以快干水泥为基料，再添加防火剂、耐火材料等原料经研磨、混合而制成，使用时在现场加水调制。该类堵料不仅能达到所需的耐火极限，而且还具有相当高的机械强度，与楼层水泥板的硬度相差无几。无机防火堵料的防火效果显著，灌注方便，在常温下即可迅速固化，从而有效地填塞各种孔隙，而且使用寿命较长。它对管道或电线电缆的贯穿孔洞，尤其是较大的孔洞、楼层间孔洞的封堵效果较好，还特别适用于细小孔隙的防火封堵。

目前，无机防火堵料已广泛应用于电气、仪表、电子、通信、建筑等诸多领域中。

1.4.2.1 防火机理

无机防火堵料属于不燃性材料，在高温和火焰的作用下，可以形成一层坚硬致密的保护层，但堵料的体积基本上不发生变化。该保护层的热导率较低，具有良好的防火隔热作用。另外，堵料中的某些组分遇到火的作用时产生（或通过相互反应生成）不燃性气体的吸热反应过程，还可以降低整个体系的温度。由于无机防火堵料的防火隔热效果显著，能封堵各种开口、孔洞和缝隙，阻止火焰和有毒气体以及浓烟的扩散，因而具有很好的防火密封效果。

1.4.2.2 技术指标

无机防火堵料的技术指标要求见表 1-82。

表 1-82 无机防火堵料的技术指标

项目	技术指标	项目		技术指标
外观	均匀粉末,无结块	抗压强度/MPa		$0.8\leqslant R\leqslant 6.5$
干密度/(kg/m^3)	$\leqslant 2.5\times 10^3$	初凝时间/min		$15\leqslant t\leqslant 45$
耐水性/d	≥3,无溶胀	耐火性能/min	一级	≥180
耐油性/d	≥3,无溶胀		二级	≥120
腐蚀性/d	≥7		三级	≥60

1.4.2.3 施工工艺

无机防火堵料进行孔洞封堵时的应用工艺如下。

(1) 施工前，应根据孔洞的大小估算堵料的用量（每千克堵料可封堵体积大小约为 650cm^2 的孔洞）。

(2) 为了便于施工，可用托架及托板将电缆通道分隔好，并清除掉电缆表面的杂质和油污。

(3) 按比例将定量的水倒入搅拌机中，在搅拌的情况下缓慢地加入堵料，待搅拌成均匀的堵料浆后立即使用。配好的料浆应尽快用完，以免固化（一般 1kg 堵料需加 0.5～0.6kg 水）。

(4) 将配好的料浆注入托架、托板组成的间隙中，以便封堵住电缆孔洞。

(5) 封堵较大的孔洞时，可加适量的钢筋以提高堵料层的强度。

1.4.3 阻火包

阻火包的外包装通常为玻璃纤维布或经过阻燃处理的织物，内部填充在受到高温或火焰作用时能够发生化学反应迅速膨胀的复合粉状或粒状材料。包内的填充材料大多是以水性黏结剂(如聚乙烯醇改性丙烯酸乳液和苯乙烯-丙烯酸复合型乳液等）作为基料，并添加防火阻燃剂、耐火材料、膨胀轻质材料等各种原材料，经研磨、混合均匀而制成的。该产品安装施工方便，可重复拆卸使用，对环境及人体无毒无害，遇火膨胀后具有良好的阻火隔烟性能。

1.4.3.1 防火机理

在遇到火焰或高温的作用时，阻火包内的填充物迅速膨胀发泡，形成蜂窝状的保护层，具有很好的防火隔热效果，用于封堵各种开口、孔洞及缝隙时，能极为有效地将火灾控制在局部范围之内。

1.4.3.2 技术指标

阻火包的技术指标要求见表1-83。

表 1-83 阻火包的技术指标

项目		技术指标
外观		包体完整，无破损
松散密度/(kg/m^3)		≤1.2×10^3
耐水性/d		≥3，内装材料无明显变化，包体完整，无破损
耐油性/d		≥3，内装材料无明显变化，包体完整，无破损
抗压强度/MPa		≤0.05
抗跌落性		5m高处自由落在混凝土水平地面上，包体无破损
耐火性能/min	一级	≥180
	二级	≥120
	三级	≥60

1.4.3.3 施工工艺

采用阻火包进行孔洞封堵时的应用工艺如下。

(1) 制作防火隔墙　根据电缆隧道和电缆沟的有关间距规定，在需要设置防火隔墙的地方，将阻火包垒成一个完整的墙体即可。电缆贯穿部分的缝隙，可用有机防火堵料填平。

(2) 制作耐火隔层　根据电缆竖井的有关间距规定，在需要设置耐火隔层的地方，用阻火网或防火板作为支撑，然后将阻火包平铺于其中，垒制成隔层。电缆贯穿部位的缝隙，可用有机防火堵料填平。

(3) 封堵大的孔洞　封堵大的孔洞时，可用阻火包平整地垒制成墙体，并和建筑物墙体平齐，在电缆贯穿部分的缝隙用有机防火填料进行填平。

阻火包在施工时可以堆砌成各种形态的墙体对大的孔洞进行封堵，还可以根据要求垒成各种形式的防火墙和防火隔热层，起到隔热阻火的作用。目前，阻火包已广泛应用于公共建筑、发电厂、变电站、工矿和地下工程中，用于对电缆隧道和电缆竖井或管道、电线电缆等穿过墙体及楼板后所形成的较大的孔洞进行封堵，并具有一定的透气性，检修更换电线电缆十分方便。施工时应注意在管道或电线电缆表皮处配合使用有机防火堵料。

1.4.4 阻火圈

阻火圈是由金属等材料制作的壳体和阻燃膨胀芯材组成的一种套圈。使用时将阻火圈套在相应规格的塑料管道外壁，并用螺钉固定在墙体或楼板面上，它主要适用于各类塑料管道穿过墙体和楼板时所形成的孔洞的防火封堵。在火灾发生时，阻火圈内的阻燃膨胀芯材受热后迅速膨胀，并挤压管道使之封堵，以阻止火势沿管道的蔓延。

1.4.4.1 防火机理

阻火圈的防火机理是：当火灾发生时，阻火圈内的芯材受火后急速膨胀，形成具有一定强度的碳化层，并向内挤压软化或炭化的管材，在较短的时间内就能封堵住管道软化或炭化脱落后所形成的洞口，阻止火势的蔓延。

1.4.4.2 技术指标

（1）分类

① 根据建筑排水硬聚氯乙烯管道的公称外径 d_e，阻火圈可以划分为：75、110、125、160、200（mm）等系列。

② 按阻火圈所适用塑料管道的安装方向，可分为水平（SP）和垂直（CZ）两种。

③ 按阻火圈的安装方式，可分为明装（MZ）和暗装（AZ）两种。

④ 按阻火圈的耐火性能，可分为极限耐火时间 1.00h、1.50h、2.00h、2.50h、3.00h 共 5 个等级。

（2）型号 阻火圈型号编制方法如下。

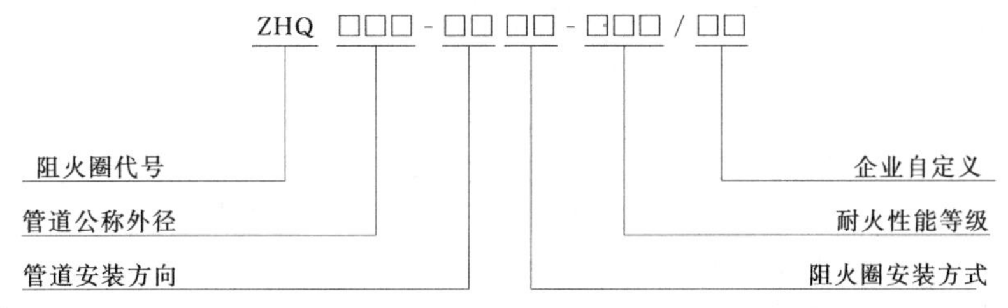

（3）要求

① 耐火性能。阻火圈的耐火性能应符合表 1-84 的规定。

表 1-84 阻火圈的耐火性能

检验项目	极限耐火时间/h				
耐火性能	1.00	1.50	2.00	2.50	3.00

② 理化性能。阻火圈的理化性能应符合表 1-85 的规定。

表 1-85 阻火圈的理化性能

<table>
<tr><th>序号</th><th>检验项目</th><th colspan="4">技术指标</th></tr>
<tr><td rowspan="2">1</td><td rowspan="2">外观</td><td>壳体</td><td colspan="3">不应出现缺角、断裂、脱焊等现象；表面不应出现肉眼可见锈迹和锈点；有覆盖层的其覆盖层不应出现开裂、剥落或蜕皮等现象</td></tr>
<tr><td>芯材</td><td colspan="3">不应出现粉化现象</td></tr>
<tr><td rowspan="7">2</td><td rowspan="7">尺寸/mm</td><td rowspan="3">壳体基材</td><td colspan="2">材质</td><td>厚度</td></tr>
<tr><td colspan="2">不锈钢板</td><td>≥0.6</td></tr>
<tr><td colspan="2">其他</td><td>≥0.8</td></tr>
<tr><td rowspan="4">芯材</td><td>管道公称外径</td><td>芯材厚度</td><td>芯材高度</td></tr>
<tr><td>$R<110$</td><td>≥10</td><td>≥40</td></tr>
<tr><td>$110\leqslant R<160$</td><td>≥13</td><td>≥48</td></tr>
<tr><td>$R\geqslant160$</td><td>≥23</td><td>≥70</td></tr>
<tr><td>3</td><td>膨胀性能</td><td colspan="4">芯材的初始膨胀体积 $\bar{n}$ 与企业公布的膨胀体积 n_0 的偏差不应大于±15%</td></tr>
<tr><td>4</td><td>耐盐雾腐蚀性</td><td colspan="4">壳体经 5 个周期，共 120h 的盐雾腐蚀试验后，其外观应无明显变化</td></tr>
<tr><td>5</td><td>耐水性</td><td colspan="4" rowspan="4">5d 试验后，芯材不溶胀、不开裂、不粉化，试验后测得芯材的膨胀体积与初始膨胀体积 $\bar{n}$ 的偏差不应大于±15%</td></tr>
<tr><td>6</td><td>耐碱性</td></tr>
<tr><td>7</td><td>耐酸性</td></tr>
<tr><td>8</td><td>耐湿热性</td></tr>
<tr><td>9</td><td>耐冻融循环试验</td><td colspan="4">15 次试验后，芯材不溶胀、不开裂、不粉化，试验后测得芯材的膨胀体积与初始膨胀体积 $\bar{n}$ 的偏差不应大于±15%</td></tr>
</table>

1.4.4.3 施工工艺

在实际工程使用时，将阻火圈套在相应规格的塑料管外壁，并用螺钉将其固定在墙面和楼板上即可。

根据需要可选用明装和暗装两种安装方式。明装是把阻火圈安装在楼板下面或墙体的两侧；暗装则是把阻火圈安装在楼板或墙体内部，并和楼板下表面或墙体两面平齐。

1.4.5 常用的防火封堵方法

1.4.5.1 水泥灌注法

对于竖井，早期人们曾用水泥灌注法进行封堵，但是固化后的封堵层在火灾发生后会产生爆裂现象，致使封堵失效。就封堵本身而言，在灌注时还容易擦伤电缆外皮，并且固化后要增减电缆是很难实现的。

1.4.5.2 岩棉封堵法

岩棉封堵法具有价格低廉、封堵简单、增加的建筑荷载小等优点，耐火性能也很好，但是无法对电缆束孔隙进行严密的封堵，纤维间的孔隙也无法封堵。其结果是火灾发生时，虽然具有明显的阻火作用，但由孔隙透过来的烟气仍足以使人窒息。此外，在施工过程中存在的短纤维对人体也是有害的。

1.4.5.3 无机防火堵料封堵法

无机防火堵料封堵法与水泥灌注法基本上是一样的。但该堵料固化层不怕火烧，遇火不迸裂，因而能够有效地起到防火作用。其缺点是不易拆卸。

1.4.5.4 有机防火堵料封堵法

有机防火堵料对于火和烟气都有较好的封堵效果，也便于拆换。但是由于有机防火堵料一般都较为柔软，仅在封堵面积较小的洞口时才适用，因此也有一定的局限性。所以单纯使用有机防火堵料时多是对小型的孔洞进行封堵。

1.4.5.5 阻火包封堵技术

阻火包的耐火性能优异，便于封堵和拆卸，受到大火的作用时包内填充物能够迅速膨胀并封堵住烟道，有效地阻挡住浓烟和火焰的蔓延。唯一的缺点是在火灾初期堵不住浓烟的流窜，透过封堵层的有害浓烟会严重地威胁到室内人员的生命安全，引起他们的中毒、窒息甚至是伤亡。因此其应用也是有缺陷的。

1.4.5.6 套装阻火圈封堵技术

这是专门针对塑料管材所实施的最新型的防火封堵技术。有相应规格的阻火圈与塑料管相匹配，可适用于各类塑料管穿过墙壁和楼板时所形成的孔洞的防火封堵。

从实际应用情况来看，单一的封堵材料都或多或少地存在着弊病。因此，目前常将无机防火堵料、有机防火堵料、阻火包和阻火圈等各类防火封堵材料结合起来使用以完成对建筑内孔洞的防火封堵。

民用建筑防火设计

2.1 建筑分类及耐火等级

2.1.1 民用建筑分类

民用建筑应根据其使用性质、火灾危险性、疏散和扑救难度等进行分类，并应符合表 2-1 的规定。

表 2-1　建筑分类

名称	高层民用建筑及其裙房		单层或多层民用建筑
	一类	二类	
住宅建筑	建筑高度大于 54m 的住宅建筑（包括设置商业服务网点的住宅建筑）	建筑高度大于 27m，但不大于 54m 的住宅建筑（包括设置商业服务网点的住宅建筑）	建筑高度不大于 27m 的住宅建筑（包括设置商业服务网点的住宅建筑）
公共建筑	（1）建筑高度大于 50m 的公共建筑 （2）建筑高度 24m 以上部分任一楼层建筑面积大于 $1000m^2$ 的商店、展览、电信、邮政、财贸金融建筑和功能组合建筑 （3）医疗建筑、重要公共建筑、独立建造的老年人照料设施 （4）省级及以上的广播电视和防灾指挥调度建筑、网局级和省级电力调度 （5）藏书超过 100 万册的图书馆、书库	除一类高层公共建筑外的其他高层公共建筑	（1）建筑高度大于 24m 的单层公共建筑 （2）建筑高度不大于 24m 的其他公共建筑

注：1. 表中未列入的建筑，其类别应根据本表类比确定。

2. 除另有规定外，宿舍、公寓等非住宅类居住建筑的防火要求，应符合有关公共建筑的规定。

3. 除另有规定外，裙房的防火要求应符合有关高层民用建筑的规定。

2.1.2 民用建筑耐火等级

（1）民用建筑的耐火等级应分为一～四级。除另有规定者外，不同耐火等级民用建筑物相应构件的燃烧性能和耐火极限不应低于表 2-2 的规定。

表 2-2 不同耐火等级民用建筑相应构件的燃烧性能和耐火极限 单位：h

构件名称		耐火等级			
		一级	二级	三级	四级
墙	防火墙	不燃烧体 3.00	不燃烧体 3.00	不燃烧体 3.00	不燃烧体 3.00
	承重墙	不燃烧体 3.00	不燃烧体 2.50	不燃烧体 2.00	难燃烧体 0.50
	非承重外墙	不燃烧体 1.00	不燃烧体 1.00	不燃烧体 0.50	燃烧体
	楼梯间、前室的墙、电梯井的墙 住宅建筑单元之间的墙和分户墙	不燃烧体 2.00	不燃烧体 2.00	不燃烧体 1.50	难燃烧体 0.50
	疏散走道两侧的隔墙	不燃烧体 1.00	不燃烧体 1.00	不燃烧体 0.50	难燃烧体 0.25
	房间隔墙	不燃烧体 0.75	不燃烧体 0.50	难燃烧体 0.50	难燃烧体 0.25
柱		不燃烧体 3.00	不燃烧体 2.50	不燃烧体 2.00	难燃烧体 0.50
梁		不燃烧体 2.00	不燃烧体 1.50	不燃烧体 1.00	难燃烧体 0.50
楼板		不燃烧体 1.50	不燃烧体 1.00	不燃烧体 0.50	燃烧体
屋顶承重构件		不燃烧体 1.50	不燃烧体 1.00	燃烧体 0.50	燃烧体
疏散楼梯		不燃烧体 1.50	不燃烧体 1.00	不燃烧体 0.50	燃烧体
吊顶(包括吊顶搁栅)		不燃烧体 0.25	难燃烧体 0.25	难燃烧体 0.15	燃烧体

注：1. 耐火等级低于四级的原有建筑物，其耐火等级可按四级确定；除另有规定者外，以木柱承重且以不燃烧材料作为墙体的建筑，其耐火等级应按四级确定。

2. 住宅建筑构件的耐火极限和燃烧性能可按《住宅建筑规范》(GB 50368—2005) 的规定执行。

(2) 民用建筑的耐火等级应根据建筑的火灾危险性和重要性等确定，并应符合下列规定：

① 地下、半地下建筑（室），一类高层建筑的耐火等级不应低于一级；

② 单层、多层重要公共建筑，裙房和二类高层建筑的耐火等级不应低于二级。

③ 除木结构建筑外，老年人照料设施的耐火等级不应低于三级。

(3) 一级、二级耐火等级的建筑的屋顶，其屋面板的耐火极限分别不应低于 1.50h 和 1.00h。

(4) 一级、二级耐火等级建筑的屋面板应采用不燃烧材料，当屋面板的耐火极限不低于 1.00h 时，屋面板上的屋面防水层和绝热层材料的燃烧性能不应低于 B2 级，且应采取防止火灾蔓延的构造措施。对于其他情况，屋面板上的屋面防水层和绝热层材料的燃烧性能不应低于 B1 级。

(5) 二级耐火等级的建筑，当房间隔墙采用难燃烧体时，其耐火极限不应低于 0.75h；当房间的建筑面积不超过 $100m^2$ 时，其隔墙可采用耐火极限不低于 0.50h 的难燃烧体或耐火极限不低于 0.30h 的不燃烧体。

二级耐火等级多层住宅建筑的楼板采用预应力钢筋混凝土楼板时，该楼板的耐火极限不应低于 0.75h。

(6) 二级耐火等级建筑的吊顶采用不燃烧体时，其耐火极限不限。

三级耐火等级的医疗建筑、中小学校的教学建筑、老年人照料设施建筑及托儿所、幼儿园的儿童用房和儿童游乐厅等儿童活动场所的吊顶，应采用不燃材料；当采用难燃材料时，其耐火极限不应低于 0.25h。

二级、三级耐火等级建筑中的门厅、走道的吊顶应采用不燃烧体。

(7) 预制钢筋混凝土构件的节点缝隙或金属承重构件节点的外露部位，必须采取防火保护措施，且经防火保护后的构件整体的耐火极限不应低于相应构件的规定。

2.2 总平面布局与平面布置

2.2.1 总平面布局

在进行总平面设计时，应根据城市规划，合理确定建筑的位置、防火间距、消防车道和消防水源等。

民用建筑不宜布置在火灾危险性为甲、乙类厂（库）房，甲、乙、丙类液体和可燃气体储罐以及可燃材料堆场附近。

（1）民用建筑之间的防火间距不应小于表 2-3 的规定，与其他建筑之间的防火间距除本节的规定外，应符合其他章的有关规定。

表 2-3 民用建筑之间的防火间距 单位：m

建筑类别		高层民用建筑	裙房和其他民用建筑		
		一级、二级	一级、二级	三级	四级
高层民用建筑	一级、二级	13	9	11	14
裙房和其他民用建筑	一级、二级	9	6	7	9
	三级	11	7	8	10
	四级	14	9	10	12

注：1. 相邻两座建筑物，当相邻外墙为不燃烧体且无外露的燃烧体屋檐，每面外墙上未设置防火保护措施的门窗洞口不正对开设，且面积之和不大于该外墙面积的 5%时，其防火间距可按本表规定减少 25%。

2. 对于同一座建筑存在不同外形时的防火间距确定原则：

① 高层建筑主体之间间距应按两座不同建筑的防火间距确定；

② 两个不同防火分区的相对外墙之间的间距应满足不同建筑之间的防火间距要求；

③ 通过连廊连接的建筑物不应视为同一座建筑。

（2）相邻两座建筑符合下列条件时，其防火间距可不限。

① 两座建筑物相邻较高一面外墙为防火墙，或高出相邻较低一座一级、二级耐火等级建筑物的屋面 15m 及以下范围内的外墙为不开设门窗洞口的防火墙。

② 相邻两座建筑的建筑高度相同，且相邻两面外墙均为不开设门窗洞口的防火墙。

（3）相邻两座建筑符合下列条件时，其防火间距不应小于 3.5m；对于高层建筑，不宜小于 4.0m。

① 较低一座建筑的耐火等级不低于二级、屋顶不设置天窗、屋顶承重构件及屋面板的耐火极限不低于 1.00h，且相邻较低一面外墙为防火墙。

② 较低一座建筑的耐火等级不低于二级且屋顶不设置天窗，较高一面外墙的开口部位设置甲级防火门窗，或设置防火分隔水幕、防火卷帘。

（4）民用建筑与单独建造的终端变电所、单台蒸汽锅炉的蒸发量不大于 4t/h 或单台热水锅炉的额定热功率不大于 2.8MW 的燃煤锅炉房，其防火间距可按（2）的规定执行。

10kV 及以下的预装式变电站与建筑物的防火间距不应小于 3m。

（5）除高层民用建筑外，数座一级、二级耐火等级的住宅建筑或办公建筑，当建筑物的占地面积总和不大于 2500m^2 时，可成组布置，但组内建筑物之间的间距不宜小于 4m。组与组或组与相邻建筑物之间的防火间距不应小于表 2-3 的规定。

2.2.2 平面布置

（1）民用建筑的平面布置，应结合使用功能和安全疏散要求等因素合理布置。

厂房和仓库不应与民用建筑合建在同一座建筑内。

（2）经营、存放和使用甲、乙类物品的商店、作坊和储藏间，严禁设置在民用建筑内。

（3）托儿所、幼儿园的儿童用房，老年人活动场所和儿童游乐厅等儿童活动场所宜设置在独立的建筑内，且不应设置在地下或半地下；当采用一、二级耐火等级的建筑时，不应超过3层；采用三级耐火等级的建筑时，不应超过2层；采用四级耐火等级的建筑时，应为单层；确需设置在其他民用建筑内时，应符合下列规定：

① 设置在一、二级耐火等级的建筑内时，应布置在首层、二层或三层；

② 设置在三级耐火等级的建筑内时，应布置在首层或二层；

③ 设置在四级耐火等级的建筑内时，应布置在首层；

④ 设置在高层建筑内时，应设置独立的安全出口和疏散楼梯；

⑤ 设置在单、多层建筑内时，宜设置独立的安全出口和疏散楼梯。

（4）老年人照料设施宜独立设置。当老年人照料设施与其他建筑上、下组合时，老年人照料设施宜设置在建筑的下部，并应符合下列规定：

① 老年人照料设施部分的建筑层数、建筑高度或所在楼层位置的高度应符合《建筑设计防火规范》（GB 50016—2014）（2018年版）第5.3.1A条的规定；

② 老年人照料设施部分应与其他场所进行防火分隔，防火分隔应符合《建筑设计防火规范》（GB 50016—2014）（2018年版）第6.2.2条的规定。

（5）当老年人照料设施中的老年人公共活动用房、康复与医疗用房设置在地下、半地下时，应设置在地下一层，每间用房的建筑面积不应大于200m^{2}且使用人数不应大于30人。老年人照料设施中的老年人公共活动用房、康复与医疗用房设置在地上四层及以上时，每间用房的建筑面积不应大于200m^{2}且使用人数不应大于30人。

（6）商店建筑、展览建筑采用三级耐火等级建筑时，不应超过2层；采用四级耐火等级建筑时，应为单层。营业厅、展览厅设置在三级耐火等级的建筑内时，应布置在首层或二层；设置在三级耐火等级的建筑内时，应布置在首层。营业厅、展览厅不应设置在地下三层及以下楼层。地下或半地下营业厅、展览厅不应经营、储存和展示甲、乙类火灾危险性物品。

（7）歌舞厅、录像厅、夜总会、卡拉OK厅（含具有卡拉OK功能的餐厅）、游艺厅（含电子游艺厅）、桑拿浴室（不包括洗浴部分）、网吧等歌舞娱乐放映游艺场所，宜设置在一级、二级耐火等级建筑物内的首层、二层或三层的靠外墙部位，不宜布置在袋形走道的两侧或尽端。受条件限制必须布置在袋形走道的两侧或尽端时，最远房间的疏散门至最近安全出口的距离不应大于9m。受条件限制必须布置在建筑物内首层、二层或三层以外的其他楼层时，尚应符合下列规定。

① 不应布置在地下二层及二层以下。当布置在地下一层时，地下一层地面与室外出入口地坪的高差不应大于10m。

② 一个厅、室的建筑面积不应大于200m^2，并应采用耐火极限不低于2.00h的不燃烧体隔墙和不低于1.00h的不燃烧体楼板与其他部位隔开，厅、室的疏散门应设置乙级防火门。

（8）高层建筑内的观众厅、会议厅、多功能厅等人员密集的场所，应设在首层或二层、三层。当必须设置在其他楼层时，除规范另有规定外，尚应符合下列规定。

① 一个厅、室的疏散出口不应少于2个，且建筑面积不宜超过400m^2。

② 必须设置火灾自动报警系统和自动喷水灭火系统。

③ 幕布和窗帘应采用经阻燃处理的织物。

（9）住宅建筑与其他使用功能的建筑合建时，应符合下列规定。

① 居住部分与非居住之间应采用不开设门窗洞口的耐火极限不低于1.50h的不燃烧体楼板和不低于2.00h的不燃烧实体隔墙完全分隔，且居住部分的安全出口和疏散楼梯应独立设置。

② 为居住部分服务的地上车库应设置独立的疏散楼梯或安全出口，地下车库的疏散楼梯应按规定进行分隔。

③ 居住部分和非居住部分的其他防火设计，除规范另有规定外，应分别按照有关住宅建

筑和公共建筑的规定执行。

2.3 防火分区

防火分区就是用具有耐火能力的墙、楼板等分隔构件，作为一个区域的边界构件，能够在一定时间内把火灾控制在某一范围内的空间。防火分区是控制建筑物火灾的基本空间单元，在建筑物内采用划分防火分区这一措施，可以在建筑物一旦发生火灾时，有效地把火势控制在一定的范围内，减小火灾损失，同时还可以为人员安全疏散、消防扑救提供有利条件。

2.3.1 防火分区的类型

根据防火分隔设施在空间方向和部位上防止火灾扩大蔓延的功能，可将防火分区分为三类。

2.3.1.1 水平防火分区

水平防火分区是指在同一水平面内，利用防火分隔物将建筑平面分为若干防火分区或防火单元，如图 2-1 所示。水平防火分区通常是由防火墙壁、防火卷帘、防火门及防火水幕等防耐火非燃烧分隔物来达到防止火焰蔓延的目的。在实际设计中，当某些建筑的使用空间要求较大时，可以通过采用防火卷帘加水幕的方式，或者增设自动报警、自动灭火设备来满足防火安全要求。水平防火分区无论是对一般民用建筑、高层建筑、公共建筑，还是对厂房、仓库都是非常有效的防火措施。

图 2-1　水平防火分区示意

2.3.1.2 竖向防火分区

建筑物室内火灾不仅可以在水平方向上蔓延，而且还可以通过建筑物楼板缝隙、楼梯间等各种竖向通道向上部楼层延烧，可以采用竖向防火分区方法阻止火势竖向蔓延。竖向防火分区指上、下层分别用耐火极限不低于 1.5h 或 1h 的楼板等构件进行防火分隔，如图 2-2 所示。一般来说，竖向防火将每一楼层作为一个防火分区。对住宅建筑而言，上下楼板大多为非燃烧体的钢筋混凝土板，它完全可以阻止火灾的蔓延，可以起到防火分区的作用。

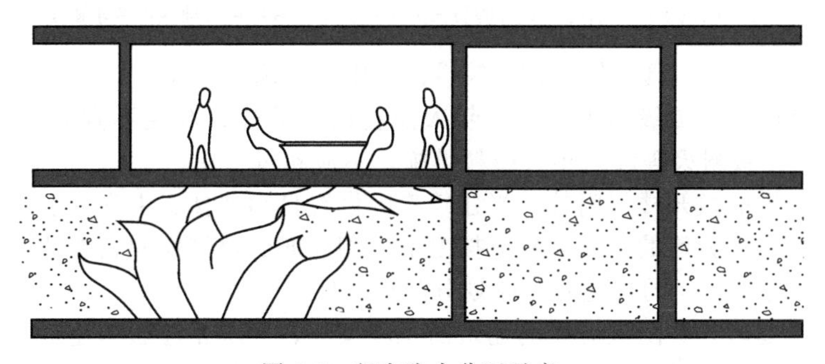

图 2-2　竖向防火分区示意

2.3.1.3 特殊部位和重要房间防火分隔

用具有一定耐火性能的防火分隔设施将建筑物内某些特殊部位和重要房间等加以分隔，可以使其不构成蔓延火灾的途径，防止火势迅速蔓延扩大，或者保证其在火灾时不受威胁，为火灾扑救、人员安全疏散创造可靠条件，保护贵重设备、物品，减少损失。特殊部位和重要房间主要包括各种竖向井道，附设在建筑物内的消防控制室、固定灭火装置的设备室（如钢瓶间、泡沫间）、通风空调机房，设置贵重设备和贮存贵重物品的房间，火灾危险性大的房间，避难间等。

2.3.2 防火分区设计标准

（1）建筑面积过大，室内容纳的人员和可燃物的数量相应增大，火灾时燃烧面积大，燃烧时间长，辐射热强烈，对建筑结构的破坏严重，火势难以控制，对消防扑救和人员、物资疏散都很不利。为了减少火灾损失，对建筑物防火分区的面积，按照建筑物耐火等级的不同给予相应的限制。

（2）一级、二级耐火等级民用建筑的耐火性能较高，除了未加防火保护的钢结构以外，导致建筑物倒塌的可能性较小，一般能较好地限制火势蔓延，有利于安全疏散和扑救火灾，所以，规定其防火分区面积为 2500m^2。三级建筑物的屋顶是可燃的，能够导致火灾蔓延扩大，所以，其防火灾分区面积比一级、二级要小，一般不超过 1200m^2。四级耐火等级建筑的构件大多数是难燃或可燃的，所以，其防火分区面积不宜超过 600m^2。同理，除了限制防火分区面积外，还对建筑物的层数和长度进行限制，详见表 2-4。

表 2-4 建筑的耐火等级、允许层数和防火分区允许建筑面积

<table>
<tr><th>名　称</th><th>耐火等级</th><th>建筑高度或允许层数</th><th>防火分区的允许建筑面积/m^2</th><th>备　注</th></tr>
<tr><td>高层民用建筑</td><td>一级、二级</td><td>符合表 2-1 的规定</td><td>1500</td><td rowspan="2">1. 体育馆、剧院的观众厅，其防火分区允许建筑面积可适当放宽
2. 当高层建筑主体与其裙房之间未设置防火墙等防火分隔设施时，裙房的防火分区允许建筑面积不应大于 1500m^2</td></tr>
<tr><td rowspan="3">裙房，单层或多层民用建筑</td><td>一级、二级</td><td>1. 单层公共建筑的建筑高度不限
2. 住宅建筑的建筑高度不大于 27m
3. 其他民用建筑的建筑高度不大于 24m</td><td>2500</td></tr>
<tr><td>三级</td><td>5 层</td><td>1200</td><td>—</td></tr>
<tr><td>四级</td><td>2 层</td><td>600</td><td>—</td></tr>
<tr><td>地下、半地下建筑（室）</td><td>一级</td><td>不宜超过 3 层</td><td>500</td><td>设备用房的防火分区允许建筑面积不应大于 1000m^2</td></tr>
</table>

注：1. 表中规定的防火分区的允许建筑面积，当建筑内设置自动灭火系统时，可按本表的规定增加 1.0 倍；局部设置时，增加面积可按该局部面积的 1.0 倍计算。

2. 裙房与高层建筑主体之间设置防火墙时，裙房的防火分区可按单、多层可按建筑的要求确定。

依据表 2-4 中的规定，具体体现在建筑设计图中，如图 2-3 所示。

（3）独立建造的一、二级耐火等级老年人照料设施的建筑高度不宜大于 32m，不应大于 54m；独立建造的三级耐火等级老年人照料设施，不应超过 2 层。

（4）除允许设置的敞开楼梯间外，当建筑物内设置自动扶梯、中庭、敞开楼梯等上下层相连通的开口时，其防火分区的建筑面积应按上下层相连通的建筑面积叠加计算。当相连通楼层的建筑面积之和大于表 2-4 的规定时，应划分防火分区。

建筑内设置中庭时，其防火分区的建筑面积应按上、下层相连通的建筑面积叠加计算；当叠加计算后的建筑面积大于表 2-4 的规定时，应符合下列规定。

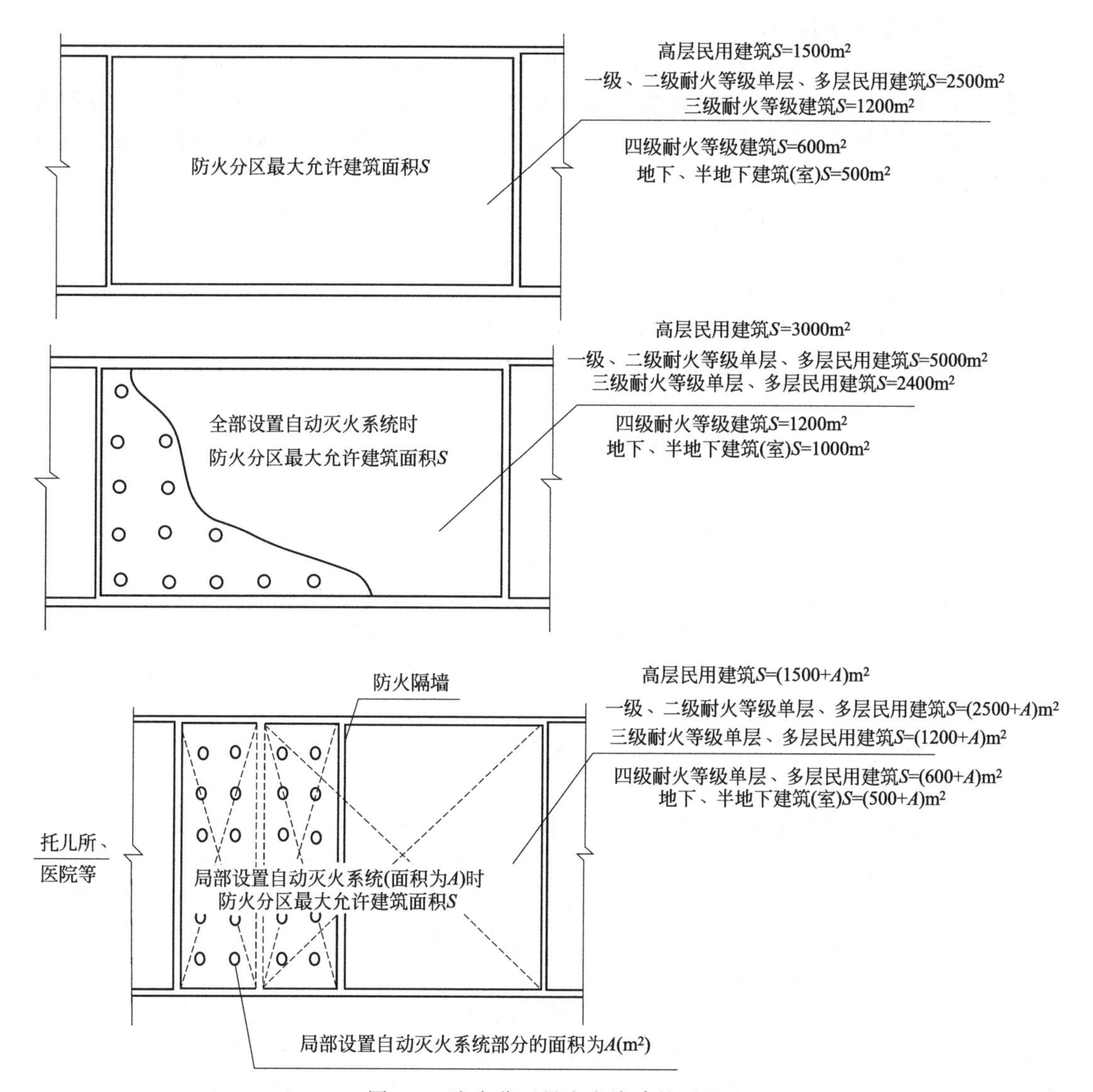

图 2-3 防火分区最大允许建筑面积

① 与周围连通空间应进行防火分隔：采用防火隔墙时，其耐火极限不应低于 1.00h；采用防火玻璃墙时，其耐火隔热性和耐火完整性不应低于 1.00h，采用耐火完整性不低于 1.00h 的非隔热性防火玻璃墙时，应设置自动喷水灭火系统进行保护；采用防火卷帘时，其耐火极限不应低于 3.00h，并应符合《建筑设计防火规范》(GB 50016—2014)(2018 年版) 第 6.5.3 条的规定；与中庭相连通的门、窗，应采用火灾时能自行关闭的甲级防火门、窗。

② 高层建筑内的中庭回廊应设置自动喷水灭火系统和火灾自动报警系统。

③ 中庭应设置排烟设施。

④ 中庭内不应布置可燃物。

(5) 防火分区之间应采用防火墙分隔，确有困难时，可采用防火卷帘等防火分隔设施分隔。

(6) 一、二级耐火等级建筑内的商店营业厅、展览厅，当设置自动灭火系统和火灾自动报警系统并采用不燃或难燃装修材料时，其每个防火分区的最大允许建筑面积应符合下列规定。

① 设置在单层建筑或仅设置在多层建筑的首层内时，不应大于 $10000m^2$。

② 设置在高层建筑内时，不应大于 $4000m^2$。

③ 设置在地下或半地下时，不应大于 2000 m^2。

(7) 总建筑面积大于 20000 m^2 的地下或半地下商店，应采用无门、窗、洞口的防火墙，耐火极限不低于 2.00h 的楼板分隔为多个建筑面积不大于 20000m^2 的区域。相邻区域确需局部连通时，应采用下沉式广场等室外开敞空间、防火隔间、避难走道、防烟楼梯间等方式进行连通，并应符合下列规定。

① 下沉式广场等室外开敞空间应能防止相邻区域的火灾蔓延和便于安全疏散，并应符合《建筑设计防火规范》(GB 50016—2014)(2018 年版) 第 6.4.12 条的规定。

② 防火隔间的墙应为耐火极限不低于 3.00h 的防火隔墙，并应符合《建筑设计防火规范》(GB 50016—2014)(2018 年版) 第 6.4.13 条的规定。

③ 避难走道应符合《建筑设计防火规范》(GB 50016—2014)(2018 年版) 第 6.4.14 条的规定。

④ 防烟楼梯间的门应采用甲级防火门。

(8) 餐饮、商店等商业设施通过有顶棚的步行街连接，且步行街两侧的建筑需利用步行街进行安全疏散时，应符合下列规定。

① 步行街两侧建筑的耐火等级不应低于二级。

② 步行街两侧建筑相对面的最近距离均不应小于《建筑设计防火规范》(GB 50016—2014)(2018 年版) 对相应高度建筑的防火间距要求且不应小于 9m。步行街的端部在各层均不宜封闭，确需封闭时，应在外墙上设置可开启的门窗，且可开启门窗的面积不应小于该部位外墙面积的一半。步行街的长度不宜大于 300m。

③ 步行街两侧建筑的商铺之间应设置耐火极限不低于 2.00h 的防火隔墙，每间商铺的建筑面积不宜大于 300m^2。

④ 步行街两侧建筑的商铺，其面向步行街一侧的围护构件的耐火极限不应低于 1.00h，并宜采用实体墙，其门、窗应采用乙级防火门、窗；当采用防火玻璃墙（包括门、窗）时，其耐火隔热性和耐火完整性不应低于 1.00h；当采用耐火完整性不低于 1.00h 的非隔热性防火玻璃墙（包括门、窗）时，应设置闭式自动喷水灭火系统进行保护。相邻商铺之间面向步行街一侧应设置宽度不小于 1.0m、耐火极限不低于 1.00h 的实体墙。

⑤ 当步行街两侧的建筑为多个楼层时，每层面向步行街一侧的商铺均应设置防止火灾竖向蔓延的措施，并应符合《建筑设计防火规范》(GB 50016—2014)(2018 年版) 第 6.2.5 条的规定；设置回廊或挑檐时，其出挑宽度不应小于 1.2m；步行街两侧的商铺在上部各层需设置回廊和连接天桥时，应保证步行街上部各层楼板的开口面积不应小于步行街地面面积的 37%，且开口宜均匀布置。

⑥ 步行街两侧建筑内的疏散楼梯应靠外墙设置并宜直通室外，确有困难时，可在首层直接通至步行街；首层商铺的疏散门可直接通至步行街，步行街内任一点到达最近室外安全地点的步行距离不应大于 60m。步行街两侧建筑二层及以上各层商铺的疏散门至该层最近疏散楼梯口或其他安全出口的直线距离不应大于 37.5m。

⑦ 步行街的顶棚材料应采用不燃或难燃材料，其承重结构的耐火极限不应低于 1.00h。步行街内不应布置可燃物。

⑧ 步行街的顶棚下檐距地面的高度不应小于 6.0m，顶棚应设置自然排烟设施并宜采用常开式的排烟口，且自然排烟口的有效面积不应小于步行街地面面积的 25%。常闭式自然排烟设施应能在火灾时手动和自动开启。

⑨ 步行街两侧建筑的商铺外应每隔 30m 设置 *DN*65 的消火栓，并应配备消防软管卷盘或消防水龙，商铺内应设置自动喷水灭火系统和火灾自动报警系统；每层回廊均应设置自动喷水灭火系统。步行街内宜设置自动跟踪定位射流灭火系统。

⑩ 步行街两侧建筑的商铺内外均应设置疏散照明、灯光疏散指示标志和消防应急广播

系统。

2.4 安全疏散

2.4.1 疏散安全分区

当建筑物内某一房间发生火灾，并达到轰燃时，沿走廊的门窗被破坏，导致浓烟、火焰涌向走廊。若走廊的吊顶上或墙壁上未设有效的阻烟、排烟设施，则烟气就会继续向前室蔓延，进而流向楼梯间。另一方面，发生火灾时，人员的疏散行动路线也基本上和烟气的流动路线相同，即：房间→走廊→前室→楼梯间。因此，烟气的蔓延扩散将对火灾层人员的安全疏散形成很大的威胁。为了保障人员疏散安全，最好能够使疏散路线上各个空间的防烟、防火性能逐步提高，而楼梯间的安全性达到最高。为了阐明疏散路线的安全可靠，需要把疏散路线上的各个空间划分为不同的区间，称为疏散安全分区，简称安全分区，并依次称之为第一安全分区、第二安全分区等。离开火灾房间后先要进入走廊，走廊的安全性就高于火灾房间，故称走廊为第一安全区；依此类推，前室为第二安全分区，楼梯间为第三安全分区。一般说来，当进入第三安全分区，即疏散楼梯间，即可认为达到了相当安全的空间。安全分区的划分如图 2-4 所示。

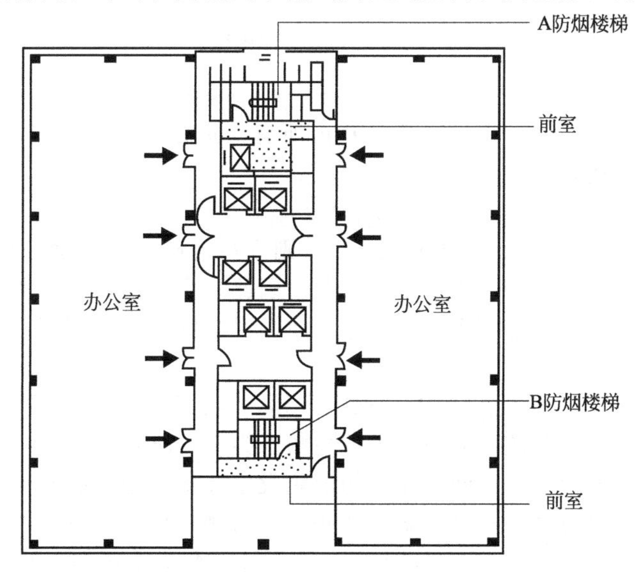

图 2-4 安全分区示意

如前所述，进行安全分区设计，主要目的是为了人员疏散时的安全可靠，而安全分区的设计，也可以减少火灾烟气进入楼梯间，并防止烟火向上层扩大蔓延。进一步讲，安全分区也为消防灭火活动提供了场地和进攻路线。

一类高层民用建筑及高度超过 32m 的二类高层民用建筑及高层厂房等要设防烟楼梯间。这样，建筑物的走廊为第一安全分区，防烟前室为第二安全分区，楼梯间为第三安全分区。由于楼梯间不能进入烟气，所以，人员疏散进入防烟楼梯间，便认为到达安全之地。

为了保障各个安全分区在疏散过程中的防烟、防火性能，一般可采用外走廊，或在走廊的吊顶上和墙壁上设置与感烟探测器联动的防排烟设施，设防烟前室和防烟楼梯间。同时，还要考虑各个安全分区的事故照明和疏散指示等，为火灾中的人员创造一条求生的安全路线。

2.4.2 安全疏散时间

2.4.2.1 可利用的安全疏散时间

建筑物火灾时，人员疏散时间的组成如图 2-5 所示。由图可见，人员疏散过程分可分解为三个阶段：察觉火警、决策反应和疏散运动。实际需要的疏散时间 t_{RSET} 取决于火灾探测报警的敏感性和准确性 t_{awa}，察觉火灾后人员的决策反应 t_{pre}，以及决定开始疏散行动后人员的疏散流动能力 t_{mov} 等，即：

$$t_{RSET}=t_{awa}+t_{pre}+t_{mov} \tag{2-1}$$

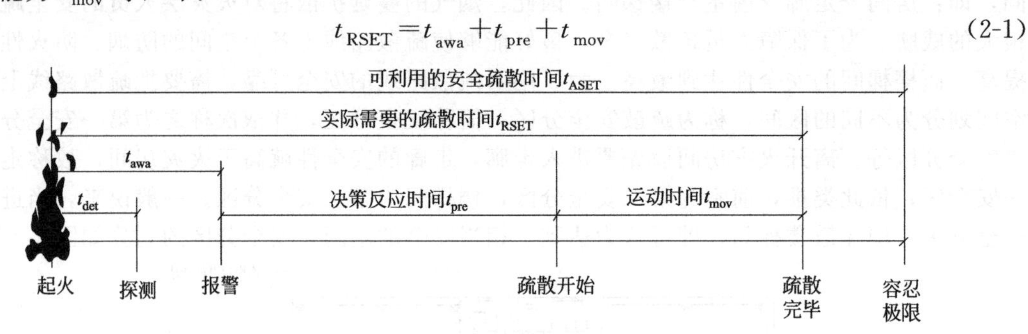

图 2-5 火灾时人员疏散时间

一旦发生火灾等紧急状态，需保证建筑物内所有人员在可利用的安全疏散时间 t_{ASET} 内，均能到达安全的避难场所，即：

$$t_{RSET}<t_{ASET} \tag{2-2}$$

如果剩余时间即 t_{ASET} 和 t_{RSET} 之差大于 0，则人员能够安全疏散。剩余时间越长，安全性越大；反之，安全性越小，甚至不能安全疏散。因此，为了提高安全度，就要通过安全疏散设计和消防管理来缩短疏散开始时间和疏散行动所需的时间；同时延长可利用的安全疏散时间 t_{ASET}。

可以利用的安全疏散时间 t_{ASET}，即自火灾开始，至由于烟气的下降、扩散、轰燃的发生以及恐慌等原因而致使建筑及疏散通道发生危险状态为止的时间。

建筑物可以利用的安全疏散时间与建筑物消防设施装备及管理水平、安全疏散设施、建筑物本身的结构特点、人员行为特点等因素密切相关。可利用的安全疏散时间一般只有几分钟。对于高层民用建筑，通常只有 5～7min；对于一级、二级耐火等级的公共建筑，允许疏散时间通常只有 6min；对于三级、四级耐火等级的建筑，可利用安全疏散时间只有 2～4min。

（1）火场空气温度的影响　建筑物火灾时，受到来自建筑物火灾现场辐射热的影响，不仅人员疏散能力急剧下降，疏散人员的身体也将会受到致命的伤害。

由于辐射热的数据难以直观地获得，常用火场空气温度来确定可利用的安全疏散时间。也可利用高于人眼特征高度（1.2～1.8m）的烟气层的平均烟气温度来反映辐射热对人员可利用安全疏散时间的影响。基本上，当人眼特征高度以上的烟气温度为 180℃，便可构成对人员的伤害。当烟气层面低于人眼特征高度时，对人的危害将是直接烧伤或吸入热气体引起的，此时烟气的临界温度略低，为 110～120℃。

（2）有害烟气成分的影响　根据对火灾中人员死亡原因的调查得知，烟气的毒性和烟尘颗粒堵塞呼吸通道，是造成火灾中人员窒息死亡的主要原因之一。在起火区，烟气的窒息作用还会造成人的不合理或无效的行为，如无目的地奔跑，在出口处用手抓门框而不是拧把手，返回建筑物，重返起火区等。

烟气对人员行为的抑制作用与受灾者在建筑物内对疏散通道的熟悉程度有很大关系。对于那些不熟悉建筑物的人来说，烟会造成心理上的不安。对于熟悉建筑物结构的人来讲，也要受到某些生理因素的影响，如降低步行速度和呼吸困难、流眼泪等，但心理上的影响不大。在起火建筑物内，为抵达安全场所，对于十分熟悉疏散路线的人来说，所谓疏散的减光系数可规定为是大部分研究人员开始发生心理动摇的0.5/m。由于烟气的减光作用，能见度下降，人的行走速度减慢。刺激性的烟气环境更加剧了人员行走速度的降低。当在熟悉的建筑物内，烟气的减光系数达到心理动摇的极限0.5/m时的步行速度为0.3m/s，与闭目状态的步行速度相同。

对于不熟悉建筑物的人来讲，疏散的起码可见距离可以是3～4m，对不熟悉建筑物的人来讲，如商业大厅、地下街的顾客、旅馆的旅客等，可见距离有必要确保在13m以上。

据对多次火灾的经验和学者们的试验观察，疏散时允许的烟浓度或必要的可见度列于表2-5。严格来讲，可见度并非是只由烟浓度来决定的，在有烟的环境中，可见度还受目标的亮度、颜色、环境和通道的亮度等因素的影响。所以烟浓度和可见度的对应关系不是绝对的。在实际的火灾情况中，情况可能比较复杂。比如在疏散通道中当烟的中性面降到视线以下时，直立行走会搅乱周围的烟，造成自身四周的小环境什么也看不见。所以上述值不能适用于所有场合。

表2-5 允许烟浓度与可能安全疏散的可见度

对建筑物的熟悉程度	烟浓度(减光系数)	可见度/m
不熟悉	0.15/m	13
熟悉	0.5/m	4

(3) 其他因素　就安全疏散而言，火灾室内疏散通道的结构安全亦是非常重要的。尤其是美国9·11恐怖袭击造成世贸大楼坍塌事件以来，建筑物火灾时的结构安全问题日益引起火灾安全领域研究人员和从业人员的重视。特别是如果建筑物大量采用了火灾时易于破损的玻璃，易于溶解和软化的塑料，或者其他易破损飞落的构件，有可能落在疏散人员的头上，而危及他们的安全。

以上的影响因素之间也是互相有联系的，以目前的技术水平进行参数的确定和计算还有一些难度。日本以烟气的下降高度距地面为1.8m作为可利用的安全疏散时间的一个判据，是有科学根据的，在一定程度上简化了火灾危险性的评价过程。也可以利用下式计算火灾烟气蔓延状态下最小的清晰高度，并以此判断可利用的安全疏散时间：

$$H_q = 1.6 + 0.1H \tag{2-3}$$

式中　H_q——最小清晰高度，m；

H——排烟空间的建筑高度，m。

2.4.2.2 实际安全疏散时间

疏散开始时间是由火灾发现方法、报警方法、发现火警人员的心理和生理状态、起火场所与发现人员位置、疏散人员状况、建筑物形态及管理状况、疏散诱导手段等条件决定的。疏散行动所需时间受建筑中疏散人员的行动能力、疏散通道的形状和布局、疏散指示、疏散诱导以及应急照明系统的设置等因素的影响。而危险来临时间会受建筑的形状、内装修情况、防排烟设施性能、自动喷水灭火装置及防火分区的设置状况等的限制。

(1) 确认火警所需的时间　火警确认阶段所需时间包含从起火、发出火警信息直到建筑物内居留人员确认了火警信息所需的时间。受建筑物内传递火灾信息的手段、火源和楼内人员的位置关系、建筑物内滞留人员的行为特点等因素影响，火警的确认可能是通过烟味的刺激、亲自听见或看见火灾的发生、通过自动报警系统或他人传来的信息等。

(2) 疏散决策反应时间　发现火警后，建筑物内滞留的待疏散人员在疏散行动开始前的决策反应时间，对于整个人员疏散行为过程的影响非常重要。可借助疏散行动开始时间参数t_{pre}对其进行评价。其中人的生理及心理特点、火灾安全的教育背景和经验、当时的工作状态等因素，对疏散行动开始前的决策过程起着非常重要的制约作用。

(3) 疏散行动所需时间　一旦决定开始疏散行动之后，不考虑人员个人心理特征等行为因素的影响，疏散行动所需时间的影响因素主要有人员步行速度、疏散通道的流动能力、疏散空间的几何特征等。

① 人员步行速度。一旦决定开始疏散行动之后，疏散人员将不断调整自己的行为决策，以受到的约束和障碍程度最小为原则，争取在最短的时间内到达当前的安全目标。建筑空间中人流密度是制约人员疏散行为心理和疏散流动能力的一个至关重要的因素。

在日常生活中，人的步行参数是随环境状态而变化的。统计资料表明，在市街上的步行速度通常在1～2m/s之间，步速的平均值为1.33m/s。上班或上学时，在时间压力下人们通常走得比较快，下班时则大约比上班时慢10%。

性别和年龄、烟气浓度、疏散通道照度对步行速度也有一定的影响。各种情况下的步行速度可参考表2-6。

表 2-6 各种情况下的步行速度

状 态	速度/(m/s)	状 态	速度/(m/s)
腿慢的人	1.00	没腰水中	0.30
腿快的人	2.00	暗中(已知环境)	0.70
标准小跑	2.33	暗中(未知环境)	0.30
中跑	3.00	烟中(淡)	0.70
快跑	6.00	烟中(浓)	0.30
赛跑	8.00	用肘和膝爬	0.30
百米记录	10.00	用手和膝爬	0.40
游泳记录	1.70	用手和脚爬	0.50
没膝水中	0.70	弯腰走	0.60

② 疏散通道的群集流动系数。我们用群集流动系数来描述人群通过某一疏散通道空间断面的流动情况。群集流动系数等于单位时间内单位空间宽度通过的人数，其单位是人/(m·s)。

2.4.3 安全疏散距离

安全疏散距离一般是指从房间门（住宅户门）到最近的外部出口或楼梯间的最大允许距离。限制安全疏散距离的目的，在于缩短疏散时间，使人们尽快疏散到安全地点。根据建筑物使用性质以及耐火等级情况的不同，对安全疏散的距离也会提出不同要求，以便各类建筑在发生火灾时，人员疏散有相应的保障。

（1）直通疏散走道的房间疏散门至最近安全出口的最大距离，应符合表2-7的要求。

表 2-7 直通疏散走道的房间疏散门至最近安全出口的最大距离 单位：m

名称		位于两个安全出口之间的疏散门			位于袋形走道两侧或尽端的疏散门		
		耐火等级			耐火等级		
		一、二级	三级	四级	一、二级	三级	四级
托儿所、幼儿园老年照料设施		25	20	15	20	15	10
歌舞娱乐游艺场所		25	20	15	20	15	—
单层或多层医院和疗养院建筑		35	30	25	20	15	10
高层医疗建筑院、疗养院	病房部分	24	—	—	12	—	—
	其他部分	30	—	—	15	—	—
教学建筑	单层或多层	35	30	25	22	20	10
	高层	30	—	—	15	—	—
高层旅馆、展览建筑		30	—	—	15	—	—
其他建筑	单层或多层	40	35	25	22	20	15
	高层	40	—	—	20	—	—

注：1. 建筑内开向敞开式外廊的房间疏散门至最近安全出口的直线距离可按本表的规定增加5m。

2. 直通疏散走道的房间疏散门至最近敞开楼梯间的直线距离，当房间位于两个楼梯间之间时，应按本表的规定减少5m；当房间位于袋形走道两侧或尽端时，应按本表的规定减少2m。

3. 建筑物内全部设置自动喷水灭火系统时，其安全疏散距离可按本表的规定增加25%。

（2）楼梯间应在首层直通室外，确有困难时，可在首层采用扩大的封闭楼梯间或防烟楼梯间前室。当层数不超过 4 层且未采用扩大的封闭楼梯间或防烟楼梯间前室时，可将直通室外的门设置在离楼梯间不大于 15m 处。

（3）房间内任一点至房间直通疏散走道的疏散门的直线距离，不应大于表 2-7 规定的袋形走道两侧或尽端的疏散门至最近安全出口的直线距离。

（4）一、二级耐火等级建筑内疏散门或安全出口不少于 2 个的观众厅、展览厅、多功能厅、餐厅、营业厅等，其室内任一点至最近疏散门或安全出口的直线距离不应大于 30m；当疏散门不能直通室外地面或疏散楼梯间时，应采用长度不大 10m 的疏散走道通至最近的安全出口。当该场所设置自动喷水灭火系统时，室内任一点至最近安全出口的安全疏散距离可分别增加 25%。

（5）除特殊规定者外，建筑中安全出口的门和房间疏散门的净宽度不应小于 0.9m，疏散走道和疏散楼梯的净宽度不应小于 1.1m。

高层建筑的疏散楼梯、首层疏散外门和疏散走道的最小净宽度应符合表 2-8 的规定。

表 2-8 高层建筑的疏散楼梯、首层疏散外门和疏散走道的最小净宽度 单位：m

高层建筑	疏散楼梯	楼梯间的首层疏散门、首层疏散外门	走道	
			单面布房	双面布房
医疗建筑	1.30	1.30	1.40	1.50
其他建筑	1.20	1.20	1.30	1.40

（6）人员密集的公共场所、观众厅的疏散门不应设置门槛，其净宽度不应小于 1.4m，且紧靠门口内外各 1.4m 范围内不应设置踏步。

人员密集的公共场所的室外疏散小巷的净宽度不应小于 3.0m，并应直通宽敞地带。

（7）剧院、电影院、礼堂、体育馆等人员密集场所的疏散走道、疏散楼梯、疏散门、安全出口的各自总宽度，应根据其通过人数和疏散净宽度指标计算确定，并应符合下列规定。

① 观众厅内疏散走道的净宽度应按每 100 人不小于 0.6m 的净宽度计算，且不应小于 1.0m；边走道的净宽度不宜小于 0.8m。

在布置疏散走道时，横走道之间的座位排数不宜超过 20 排；纵走道之间的座位数：剧院、电影院、礼堂等，每排不宜超过 22 个；体育馆，每排不宜超过 26 个；前后排座椅的排距不小于 0.9m 时，可增加 1.0 倍，但不得超过 50 个；仅一侧有纵走道时，座位数应减少一半。

② 剧院、电影院、礼堂等场所供观众疏散的所有内门、外门、楼梯和走道的各自总宽度，应按表 2-9 的规定计算确定。

表 2-9 剧院、电影院、礼堂等场所每 100 人所需最小疏散净宽度 单位：m

观众厅座位数/座			≤2500	≤1200
耐火等级			一级、二级	三级
疏散部位	门和走道	平坡地面	0.65	0.85
		阶梯地面	0.75	1.00
	楼梯		0.75	1.00

③ 体育馆供观众疏散的所有内门、外门、楼梯和走道的各自总宽度，应按表 2-10 的规定计算确定。

表 2-10 体育馆每 100 人所需最小疏散净宽度 单位：m

观众厅座位数范围/座			3000～5000	5001～10000	10001～20000
疏散部位	门和走道	平坡地面	0.43	0.37	0.32
		阶梯地面	0.50	0.43	0.37
	楼梯		0.50	0.43	0.37

注：表中较大座位数范围按规定计算的疏散总宽度，不应小于相邻较小座位数范围按其最多座位数计算的疏散总宽度。

④ 有等场需要的入场门不应作为观众厅的疏散门。

(8) 其他公共建筑中的疏散走道、安全出口、疏散楼梯和房间疏散门的各自总宽度，应按下列规定经计算确定。

① 每层疏散走道、安全出口、疏散楼梯和房间疏散门的每 100 人的净宽度不应小于表 2-11 的规定；当每层人数不等时，疏散楼梯的总宽度可分层计算，地上建筑中下层楼梯的总宽度应按其上层人数最多一层的人数计算；地下建筑中上层楼梯的总宽度应按其下层人数最多一层的人数计算。

表 2-11　疏散走道、安全出口、疏散楼梯和房间疏散门的每 100 人的净宽度　单位：m

建筑层数	耐火等级		
	一级、二级	三级	四级
地上一层、二层	0.65	0.75	1.00
地上三层	0.75	1.00	不适用
地上四层及四层以上	1.00	1.25	不适用
与地面出入口地面的高差不大于 10m 的地下层	0.75	不适用	不适用
与地面出入口地面的高差大于 10m 的地下层	1.00	不适用	不适用

② 地下或半地下人员密集的厅、室和歌舞娱乐放映游艺场所，其疏散走道、安全出口、疏散楼梯和房间疏散门的各自总宽度，应按其通过人数每 100 人不小于 1.0m 计算确定。

③ 首层外门的总宽度应按该层及该层以上人数最多的一层人数计算确定，不供楼上人员疏散的外门，可按本层人数计算确定。

④ 录像厅的疏散人数，应根据该厅的建筑面积按 1.0 人/m^2 计算确定；其他歌舞娱乐放映游艺场所的疏散人数，应根据该场所内厅、室的建筑面积按 0.5 人/m^2 计算确定。

⑤ 有固定座位的场所，其疏散人数可按实际座位数的 1.1 倍确定。

⑥ 商店的疏散人数应按每层营业厅建筑面积乘以表 2-12 规定的人员密度。对于家具、建材商店和灯饰展示建筑，其人员密度可按表 2-12 规定值的 30%～40%确定。

表 2-12　商店营业厅内的人员密度　单位：人/m^2

楼层位置	地下二层	地下一层	地上第一层、二层	地上第三层	地上第四层及以上各层
换算系数	0.56	0.60	0.430～0.60	0.39～0.54	0.30～0.42

2.4.4 避难

避难层（间）是高层建筑中用作消防避难的楼层，一般建筑高度超过 100m 的高层建筑都要设置。通过避难层（间）的防烟楼梯应在避难层（间）分隔、同层错位或上下层断开，但人员均必须经避难层（间）方能上下，使得人们遇到危险时能够安全逃生。

(1) 避难层（间）应符合的规定

① 第一个避难层（间）的楼地面至灭火救援场地地面的高度不应大于 50m，两个避难层（间）之间的高度不宜大于 50m。

② 通向避难层（间）的疏散楼梯应在避难层分隔、同层错位或上下层断开。

③ 避难层（间）的净面积应能满足设计避难人数避难的要求，并宜按 5.0 人/m 计算。

④ 避难层可兼作设备层。设备管道宜集中布置，其中的易燃、可燃液体或气体管道应集中布置，设备管道区应采用耐火极限不低于 3.00h 的防火隔墙与避难区分隔。管道井和设备间应采用耐火极限不低于 2.00h 的防火隔墙与避难区分隔，管道井和设备间的门不应直接开向避难区；确需直接开向避难区时，与避难层区出入口的距离不应小于 5m，且应采用甲级防火门。避难间内不应设置易燃、可燃液体或气体管道，不应开设除外窗、疏散门之外的其他开口。

⑤ 避难层应设置消防电梯出口。

⑥ 应设置消火栓和消防软管卷盘。

⑦ 应设置消防专线电话和应急广播。

⑧ 在避难层（间）进入楼梯间的入口处和疏散楼梯通向避难层（间）的出口处，应设置明显的指示标志。

⑨ 应设置直接对外的可开启窗口或独立的机械防烟设施，外窗应采用乙级防火窗。

（2）高层病房楼应在二层及以上的病房楼层和洁净手术部设置避难间。避难间应符合下列规定。

① 避难间服务的护理单元不应超过2个，其净面积应按每个护理单元不小于25.0m确定。

② 避难间兼作其他用途时，应保证人员的避难安全，且不得减少可供避难的净面积。

③ 应靠近楼梯间，并应采用耐火极限不低于2.00h的防火隔墙和甲级防火门与其他部位分隔。

④ 应设置消防专线电话和消防应急广播。

⑤ 避难间的入口处应设置明显的指示标志。

⑥ 应设置直接对外的可开启窗口或独立的机械防烟设施，外窗应采用乙级防火窗。

（3）3层及3层以上总建筑面积大于3000m^2（包括设置在其他建筑内三层及以上楼层）的老年人照料设施，应在二层及以上各层老年人照料设施部分的每座疏散楼梯间的相邻部位设置1间避难间；当老年人照料设施设置与疏散楼梯或安全出口直接连通的开敞式外廊、与疏散走道直接连通且符合人员避难要求的室外平台等时，可不设置避难间。避难间内可供避难的净面积不应小于12m^2，避难间可利用疏散楼梯间的前室或消防电梯的前室，其他要求应符合以上的规定。

另外，供失能老年人使用且层数大于2层的老年人照料设施，应按核定使用人数配备简易防毒面具。

3 厂房、仓库和材料堆场防火设计

3.1 厂房和仓库的耐火等级及平面布置

3.1.1 厂房、仓库的耐火极限

（1）厂房（仓库）的耐火等级可分为一级、二级、三级、四级。其构件的燃烧性能和耐火极限除另有规定者外，不应低于表 3-1 的规定。

表 3-1　不同耐火等级厂房和仓库建筑相应构件的燃烧性能和耐火极限　　单位：h

构件名称		耐火等级			
		一级	二级	三级	四级
墙	防火墙	不燃性 3.00	不燃性 3.00	不燃性 3.00	不燃性 3.00
	承重墙	不燃性 3.00	不燃性 2.50	不燃性 2.00	难燃性 0.50
	楼梯间和前室的墙 电梯井的墙	不燃性 2.00	不燃性 2.00	不燃性 1.50	难燃性 0.50
	疏散走道 两侧的隔墙	不燃性 1.00	不燃性 1.00	不燃性 0.50	难燃性 0.25
	非承重外墙 房间隔墙	不燃性 0.75	不燃性 0.50	难燃性 0.50	难燃性 0.25
柱		不燃性 3.00	难燃性 2.50	不燃性 2.00	难燃性 0.50
梁		不燃性 2.00	不燃性 1.50	不燃性 1.00	难燃性 0.50
楼板		不燃性 1.50	不燃性 1.00	不燃性 0.75	难燃性 0.50

续表

构件名称	耐火等级			
	一级	二级	三级	四级
屋顶承重构件	不燃性 1.50	不燃性 1.00	难燃性 0.50	可燃性
疏散楼梯	不燃性 1.50	不燃性 1.00	不燃性 0.75	可燃性
吊顶(包括吊顶搁栅)	不燃性 0.25	难燃性 0.25	难燃性 0.15	可燃性

(2) 高层厂房，甲、乙类厂房的耐火等级不应低于二级，建筑面积不大于 $300m^2$ 的独立甲、乙类单层厂房可采用三级耐火等级的建筑。

(3) 单、多层丙类厂房和多层丁、戊类厂房的耐火等级不应低于三级。使用或产生丙类液体的厂房和有火花、赤热表面、明火的丁类厂房，其耐火等级均不应低于二级；当为建筑面积不大于 $500m^2$ 的单层丙类厂房或建筑面积不大于 $1000m^2$ 的单层丁类厂房时，可采用三级耐火等级的建筑。

(4) 使用或储存特殊贵重的机器、仪表、仪器等设备或物品的建筑，其耐火等级不应低于二级。

(5) 锅炉房的耐火等级不应低于二级，当为燃煤锅炉房且锅炉的总蒸发量不大于 4t/h 时，可采用三级耐火等级的建筑。

(6) 油浸变压器室、高压配电装置室的耐火等级不应低于二级，其他防火设计应符合《火力发电厂与变电站设计防火规范》(GB 50229—2006) 等标准的规定。

(7) 高架仓库、高层仓库、甲类仓库、多层乙类仓库和储存可燃液体的多层丙类仓库，其耐火等级不应低于二级。单层乙类仓库，单层丙类仓库，储存可燃固体的多层丙类仓库和多层丁、戊类仓库，其耐火等级不应低于三级。

(8) 粮食筒仓的耐火等级不应低于二级；二级耐火等级的粮食筒仓可采用钢板仓。粮食平房仓的耐火等级不应低于三级；二级耐火等级的散装粮食平房仓可采用无防火保护的金属承重构件。

(9) 甲、乙类厂房和甲、乙、丙类仓库内的防火墙，其耐火极限不应低于 4.00h。

(10) 一、二级耐火等级单层厂房（仓库）的柱，其耐火极限分别不应低于 2.50h 和 2.00h。

(11) 采用自动喷水灭火系统全保护的一级耐火等级单、多层厂房（仓库）的屋顶承重构件，其耐火极限不应低于 1.00h。

(12) 除甲、乙类仓库和高层仓库外，一、二级耐火等级建筑的非承重外墙，当采用不燃性墙体时，其耐火极限不应低于 0.25h；当采用难燃性墙体时，不应低于 0.50h。

(13) 4 层及 4 层以下的一、二级耐火等级丁、戊类地上厂房（仓库）的非承重外墙，当采用不燃性墙体时，其耐火极限不限。

(14) 二级耐火等级厂房（仓库）内的房间隔墙，当采用难燃性墙体时，其耐火极限应提高 0.25h。

(15) 二级耐火等级多层厂房和多层仓库内采用预应力钢筋混凝土的楼板，其耐火极限不应低于 0.75h。

(16) 一、二级耐火等级厂房（仓库）的上人平屋顶，其屋面板的耐火极限分别不应低于 1.50h 和 1.00h。

(17) 一、二级耐火等级厂房（仓库）的屋面板应采用不燃材料。屋面防水层宜采用不燃材料、难燃材料；当采用可燃防水材料且铺设在可燃、难燃保温材料上时，防水材料或可燃、难燃保温材料应采用不燃材料作为防护层。

(18) 建筑中的非承重外墙、房间隔墙和屋面板，当确需采用金属夹芯板材时，其芯材应为不燃材料，且耐火极限应符合有关规定。

(19) 除另有规定外，以木柱承重且墙体采用不燃材料的厂房（仓库），其耐火等级可按四级确定。

(20) 预制钢筋混凝土构件的节点外露部位，应采取防火保护措施，且节点的耐火极限不应低于相应构件的耐火极限。

3.1.2 厂房和仓库的耐火等级、平面布置

(1) 厂房的耐火等级、层数和每个防火分区的最大允许建筑面积除另有规定者外，应符合表 3-2 的规定。

表 3-2 厂房的耐火等级、层数和防火分区的最大允许建筑面积

生产的火灾危险性类别	厂房的耐火等级	最多允许层数/层	每个防火分区的最大允许建筑面积/m^2			
			单层厂房	多层厂房	高层厂房	地下、半地下厂房，厂房的地下室、半地下室
甲	一级 二级	宜采用单层	4000 3000	3000 2000	不应采用 不应采用	不允许 不允许
乙	一级 二级	不限 6	5000 4000	4000 3000	2000 1500	不允许 不允许
丙	一级 二级 三级	不限 不限 2	不限 8000 3000	6000 4000 2000	3000 2000 不允许	500 500 不允许
丁	一级、二级 三级 四级	不限 3 1	不限 4000 1000	不限 2000 不允许	4000 不允许 不允许	1000 不允许 不允许
戊	一级、二级 三级 四级	不限 3 1	不限 5000 1500	不限 3000 不允许	6000 不允许 不允许	1000 不允许 不允许

注：1. 防火分区之间应采用防火墙分隔。除甲类厂房外的一级、二级耐火等级厂房，当其防火分区的建筑面积大于本表规定，且设置防火墙确有困难时，可采用防火卷帘或防火分隔水幕分隔。

2. 除麻纺厂房外，一级耐火等级的多层纺织厂房和二级耐火等级的单层或多层纺织厂房，其每个防火分区的最大允许建筑面积可按本表的规定增加 0.5 倍，但厂房内的原棉开包、清花车间与厂房内其他部位均应采用耐火极限不低于 2.50h 的防火隔墙分隔，需要开设门、窗、洞口时，应设置甲级防火门、窗。

3. 一级、二级耐火等级的单层或多层造纸生产联合厂房，其每个防火分区的最大允许建筑面积可按本表的规定增加 1.5 倍。一级、二级耐火等级的湿式造纸联合厂房，当纸机烘缸罩内设置自动灭火系统，完成工段设置有效灭火设施保护时，其每个防火分区的最大允许建筑面积可按工艺要求确定。

4. 一级、二级耐火等级的谷物筒仓工作塔，当每层工作人数不超过 2 人时，其层数不限。

5. 一级、二级耐火等级卷烟生产联合厂房内的原料、备料及成组配方、制丝、储丝和卷接包、辅料周转、成品暂存、二氧化碳膨胀烟丝等生产用房应划分独立的防火分隔单元，当工艺条件许可时，应采用防火墙进行分隔。其中制丝、储丝和卷接包车间可划分为一个防火分区，且每个防火分区的最大允许建筑面积可按工艺要求确定。但制丝、储丝及卷接包车间之间应采用耐火极限不低于 2.00h 的墙体和 1.00h 的楼板进行分隔。厂房内各水平和竖向分隔间的开口应采取防止火灾蔓延的措施。

6. 厂房内的操作平台、检修平台，当使用人员少于 10 人时，该平台的面积可不计入所在防火分区的建筑面积内。

（2）仓库的耐火等级、层数和面积除另有规定外，应符合表 3-3 的规定。

表 3-3 仓库的耐火等级、层数和面积

储存物品火灾危险性类别		仓库的耐火等级	最多允许层数/层	每座仓库的最大允许占地面积和每个防火分区的最大允许建筑面积/m^2						
				单层仓库		多层仓库		高层仓库		地下、半地下仓库或仓库的地下室、半地下室
				每座仓库	防火分区	每座仓库	防火分区	每座仓库	防火分区	防火分区
甲	3、4 项	一级	1	180	60	不允许	不允许	不允许	不允许	不允许
	1、2、5、6 项	一级、二级	1	750	250	不允许	不允许	不允许	不允许	不允许
乙	1、3、4 项	一、二级	3	2000	500	900	300	不允许	不允许	不允许
		三级	1	500	250	不允许	不允许	不允许	不允许	不允许
	2、5、6 项	一、二级	5	2800	700	1500	500	不允许	不允许	不允许
		三级	1	900	300	不允许	不允许	不允许	不允许	不允许
丙	1 项	一级、二级	5	4000	1000	2800	700	不允许	不允许	150
		三级	1	1200	400	不允许	不允许	不允许	不允许	不允许
	2 项	一级、二级	不限	6000	1500	4800	1200	4000	1000	300
		三级	3	2100	700	1200	400	不允许	不允许	不允许
丁		一级、二级	不限	不限	3000	不限	1500	4800	1200	500
		三级	3	3000	1000	1500	500	不允许	不允许	不允许
		四级	1	2100	700	不允许	不允许	不允许	不允许	不允许
戊		一级、二级	不限	不限	不限	不限	2000	6000	1500	1000
		三级	3	3000	1000	2100	700	不允许	不允许	不允许
		四级	1	2100	700	不允许	不允许	不允许	不允许	不允许

注：1. 仓库中的防火分区之间采用防火墙分隔，其中甲、乙类仓库中的防火分区之间应采用不开设门窗洞口的防火墙分隔。地下、半地下仓库或仓库的地下室、半地下室的占地面积，不应大于地上仓库的最大允许占地面积。

2. 石油库内桶装油品仓库应按《石油库设计规范》（GB 50074—2014）的有关规定执行。

3. 一级、二级耐火等级的煤均化库，每个防火分区的最大允许建筑面积不应大于 12000m^2。

4. 独立建造的硝酸铵仓库、电石仓库、聚乙烯等高分子制品仓库、尿素仓库、配煤仓库、造纸厂的独立成品仓库，当建筑的耐火等级不低于二级时，每座仓库的最大允许占地面积和每个防火分区的最大允许建筑面积可按本表的规定增加 1.0 倍。

5. 一级、二级耐火等级粮食平房仓的最大允许占地面积不应大于 12000m^2，每个防火分区的最大允许建筑面积不应大于 3000m^2；三级耐火等级粮食平房仓的最大允许占地面积不应大于 3000m^2，每个防火分区的最大允许建筑面积不应大于 1000m^2。

6. 一、二级耐火等级且占地面积不大于 2000m^2 的单层棉花库房，其防火分区的最大允许建筑面积不应大于 2000m^2。

7. 一级、二级耐火等级冷库的最大允许占地面积和防火分区的最大允许建筑面积，应按《冷库设计规范》（GB 50072—2010）的有关规定执行。

（3）厂房内设置自动灭火系统时，每个防火分区的最大允许建筑面积可按表 3-2 的规定增加 1.0 倍。当丁、戊类的地上厂房内设置自动灭火系统时，每个防火分区的最大允许建筑面积不限。厂房内局部设置自动灭火系统时，其防火分区的增加面积可按该局部面积的 1.0 倍计算。仓库内设置自动灭火系统时，除冷库的防火分区外，每座仓库的最大允许占地面积和每个防火分区的最大允许建筑面积可按表 3-3 的规定增加 1 倍。

（4）甲、乙类生产场所（仓库）不应设置在地下或半地下。

（5）员工宿舍严禁设置在厂房内。

（6）办公室、休息室等不应设置在甲、乙类厂房内，确需贴邻本厂房时，其耐火等级不应低于二级，并应采用耐火极限不低于 3.00h 的防爆墙与厂房分隔，且应设置独立的安全出口。办公室、休息室设置在丙类厂房内时，应采用耐火极限不低于 2.50h 的防火隔墙和 1.00h 的楼板与其他部位分隔，并应至少设置 1 个独立的安全出口。如隔墙上需开设相互连通的门时，应采用乙级防火门。

(7) 厂房内设置中间仓库时，应符合下列规定。

① 甲、乙类中间仓库应靠外墙布置，其储量不宜超过1昼夜的需要量。

② 甲、乙、丙类中间仓库应采用防火墙和耐火极限不低于1.50h的不燃性楼板与其他部位分隔。

③ 丁、戊类中间仓库应采用耐火极限不低于2.00h的防火隔墙和1.00h的楼板与其他部位分隔。

④ 仓库的耐火等级和面积应符合表3-3和上述第(3)条的规定。

(8) 厂房内的丙类液体中间储罐应设置在单独房间内，其容量不应大于5m^3。设置中间储罐的房间，应采用耐火极限不低于3.00h的防火隔墙和1.50h的楼板与其他部位分隔，房间门应采用甲级防火门。

(9) 变、配电室不应设置在甲、乙类厂房内或贴邻，且不应设置在爆炸性气体、粉尘环境的危险区域内。供甲、乙类厂房专用的10kV及以下的变、配电站，当采用无门、窗、洞口的防火墙分隔时，可一面贴邻，并应符合《爆炸危险环境电力装置设计规范》(GB 50058—2014)等标准的规定。乙类厂房的配电站确需在防火墙上开窗时，应采用甲级防火窗。

(10) 员工宿舍严禁设置在仓库内。办公室、休息室等严禁设置在甲、乙类仓库内，也不应贴邻。办公室、休息室设置在丙、丁类仓库内时，应采用耐火极限不低于2.50h的防火隔墙和1.00h的楼板与其他部位分隔，并应设置独立的安全出口。隔墙上需开设相互连通的门时，应采用乙级防火门。

(11) 物流建筑的防火设计应符合下列规定。

① 当建筑功能以分拣、加工等作业为主时，应按《建筑设计防火规范》(GB 50016—2014)(2018年版)有关厂房的规定确定，其中仓储部分应按中间仓库确定。

② 当建筑功能以仓储为主或建筑难以区分主要功能时，应按《建筑设计防火规范》(GB 50016—2014)(2018年版)有关仓库的规定确定，但当分拣等作业区采用防火墙与储存区完全分隔时，作业区和储存区的防火要求可分别按《建筑设计防火规范》(GB 50016—2014)(2018年版)有关厂房和仓库的规定确定。其中，当分拣等作业区采用防火墙与储存区完全分隔且符合下列条件时，除自动化控制的丙类高架仓库外，储存区的防火分区最大允许建筑面积和储存区部分建筑的最大允许占地面积，可按表3-3(不含注)的规定增加3倍。

③ 储存除可燃液体、棉、麻、丝、毛及其他纺织品、泡沫塑料等物品外的丙类物品且建筑的耐火等级不低于一级。

④ 储存丁、戊类物品且建筑的耐火等级不低于二级。

⑤ 建筑内全部设置自动水灭火系统和火灾自动报警系统。

(12) 甲、乙类厂房(仓库)内不应设置铁路线。需要出入蒸汽机车和内燃机车的丙、丁、戊类厂房(仓库)，其屋顶应采用不燃烧体或采取其他防火保护措施。

3.2 防火间距

3.2.1 厂房的防火间距

(1) 除有特殊规定者外，厂房之间及其与乙、丙、丁、戊类仓库、民用建筑等之间的防火间距不应小于表3-4的规定。

表 3-4　厂房之间及其与乙、丙、丁、戊类仓库、民用建筑等之间的防火间距　单位：m

名　称			甲类厂房	乙类厂房（仓库）			丙、丁、戊类厂房（仓库）				民用建筑				
			单层或多层	单层或多层		高层	单层或多层			高层	裙房，单层或多层			高层	
			一级、二级	一级、二级	三级	一级、二级	一级、二级	三级	四级	一级、二级	一级、二级	三级	四级	一类	二类
甲类厂房	单层、多层	一级、二级	12	12	14	13	12	14	16	13	25			50	
乙类厂房	单层、多层	一级、二级	12	10	12	13	10	12	14	13	25			50	
		三级	14	12	14	15	12	14	16	15	25			50	
	高层	一级、二级	13	13	15	13	13	15	17	13	25			50	
丙类厂房	单层或多层	一级、二级	12	10	12	13	10	12	14	13	10	12	14	20	15
		三级	14	12	14	15	12	14	16	15	12	14	16	25	20
		四级	16	14	16	17	14	16	18	17	14	16	18	25	20
	高层	一级、二级	13	13	15	13	13	15	17	13	13	15	17	20	15
丁、戊类厂房	单层或多层	一级、二级	12	10	12	13	10	12	14	13	10	12	14	15	13
		三级	14	12	14	15	12	14	16	15	12	14	16	18	15
		四级	16	14	16	17	14	16	18	17	14	16	18	18	15
	高层	一级、二级	13	13	15	13	13	15	17	13	13	15	17	15	13
室外变、配电站	变压器总油量/t	≥5，≤10	25	25	25	25	12	15	20	12	15	20	25	20	
		＞10，≤50					15	20	25	15	20	25	30	25	
		＞50					20	25	30	20	25	30	35	30	

注：1. 乙类厂房与重要公共建筑之间的防火间距不宜小于 50m，与明火或散发火花地点不宜小于 30m。单层或多层戊类厂房之间及其与戊类仓库之间的防火间距，可按本表的规定减少 2m。单层多层戊类厂房与民用建筑之间的防火间距可按表 3-2（在前面）规定执行。为丙、丁、戊类厂房服务而单独设立的生活用房应按民用建筑确定，与所属厂房之间的防火间距不应小于 6m。必须相邻建造时，应符合本表注 2、3 的规定。

2. 两座厂房相邻较高一面的外墙为防火墙时，其防火间距不限，但甲类厂房之间不应小于 4m。两座丙、丁、戊类厂房相邻两面的外墙均为不燃烧体，当无外露的燃烧体屋檐，每面外墙上的门窗洞口面积之和各不大于该外墙面积的 5%，且门窗洞口不正对开设时，其防火间距可按本表的规定减少 25%。

3. 两座一级、二级耐火等级的厂房，当相邻较低一面外墙为防火墙且较低一座厂房的屋顶耐火极限不低于 1.00h，或相邻较高一面外墙的门窗等开口部位设置甲级防火门窗或防火分隔水幕或按《建筑设计防火规范》（GB 50016—2014）（2018年版）的规定设置防火卷帘时，甲、乙类厂房之间的防火间距不应小于 6m；丙、丁、戊类厂房之间的防火间距不应小于 4m。

4. 发电厂内的主变压器，其油量可按单台确定。

5. 耐火等级低于四级的原有厂房，其耐火等级可按四级确定。

6. 当丙、丁、戊类厂房与丙、丁、戊类仓库相邻时，应符合本表注 2、3 的规定。

（2）甲类厂房与重要公共建筑之间的防火间距不应小于 50m，与明火或散发火花地点之间的防火间距不应小于 30m，与架空电力线的最小水平距离应符合下列规定。

① 甲、乙类厂房，甲、乙类仓库，可燃材料堆垛，甲、乙类液体储罐，液化石油气储罐，可燃、助燃气体储罐与架空电力线的最近水平距离不应小于电杆（塔）高度的 1.5 倍，丙类液体储罐与架空电力线的最近水平距离不应小于电杆（塔）高度的 1.2 倍。单罐容积大于 $200m^3$

或总容积大于 1000m^3 的液化石油气储罐（区）与 35kV 以上的架空电力线的最近水平距离不应小于 40m。

② 直埋地下的甲、乙、丙类液体储罐和可燃气体储罐与架空电力线的最近水平距离可按上述要求减小 50%。

(3) 散发可燃气体、可燃蒸气的甲类厂房与铁路、道路等的防火间距不应小于表 3-5 的规定，但甲类厂房所属厂内铁路装卸线当有安全措施时，其间距可不受表 3-5 规定的限制。

表 3-5 甲类厂房与铁路、道路等的防火间距 单位：m

名　称	厂外铁路线中心线	厂内铁路线中心线	厂外道路路边	厂内道路路边	
				主要	次要
甲类厂房	30	20	15	10	5

(4) 高层厂房与甲、乙、丙类液体储罐，可燃、助燃气体储罐，液化石油气储罐，可燃材料堆场（煤和焦炭场除外）的防火间距，应符合甲、乙、丙类液体、气体储罐（区）和可燃材料堆场防火间距的有关规定，且不应小于 13m。

(5) 当丙、丁、戊类厂房与民用建筑的耐火等级均为一级、二级时，其防火间距可按下列规定执行。

① 当较高一面外墙为不开设门窗洞口的防火墙，或比相邻较低一座建筑屋面高 15m 及以下范围内的外墙为不开设门窗洞口的防火墙时，其防火间距可不限。

② 相邻较低一面外墙为防火墙，且屋顶不设天窗、屋顶耐火极限不低于 1.00h，或相邻较高一面外墙为防火墙，且墙上开口部位采取了防火保护措施，其防火间距可适当减小，但不应小于 4m。

(6) 厂房外附设置有化学易燃物品的设备时，其室外设备外壁与相邻厂房室外附设设备外壁或相邻厂房外墙之间的距离，不小于表 3-4 的规定。用不燃烧材料制作的室外设备，可按一级、二级耐火等级建筑确定。

总储量不大于 15m^3 的丙类液体储罐，当直埋于厂房外墙外，且面向储罐一面 4m 范围内的外墙为防火墙时，其防火间距可不限。

(7) 同一座 U 形或山形厂房中相邻两翼之间的防火间距，不宜小于表 3-4 的规定，但当该厂房的占地面积小于每个防火分区的最大允许建筑面积时，其防火间距可为 6m。

(8) 除高层厂房和甲类厂房外，其他类别的数座厂房占地面积之和小于防火分区最大允许建筑面积（按其中较小者确定，但防火分区的最大允许建筑面积不限者，不应超过 10000m^2）时，可成组布置。当厂房建筑高度不大于 7m 时，组内厂房之间的防火间距不应小于 4m；当厂房建筑高度大于 7m 时，组内厂房之间的防火间距不应小于 6m。

组与组或组与相邻建筑之间的防火间距，应根据相邻两座耐火等级较低的建筑，按表 3-4 的规定确定。

3.2.2 仓库的防火间距

(1) 甲类仓库之间及其与其他建筑、明火或散发火花地点、铁路、道路等的防火间距不应小于表 3-6 的规定。厂内铁路装卸线与设置装卸站台的甲类仓库的防火间距，可不受表 3-6 规定的限制。

(2) 除另有规定者外，乙、丙、丁、戊类仓库之间及其与民用建筑之间的防火间距，不应小于表 3-7 的规定。

表 3-6 甲类仓库之间及其与其他建筑、明火或散发火花地点、铁路、道路等的防火间距 单位：m

名称		甲类仓库(储量,t)			
		甲类储存物品第 3、4 项		甲类储存物品第 1、2、5、6 项	
		≤5	＞5	≤10	＞10
高层民用建筑、重要公共建筑		50			
裙房、其他民用建筑、明火或散发火花地点		30	40	25	30
甲类仓库		20	20	20	20
厂房和乙、丙、丁、戊类仓库	一、二级	15	20	12	15
	三级	20	25	15	20
	四级	25	30	20	25
电力系统电压为 35kV～500kV 且每台变压器容量不小于 10MVA 的室外变、配电站，工业企业的变压器总油量大于 5t 的室外降压变电站		30	40	25	30
厂外铁路线中心线		40			
厂内铁路线中心线		30			
厂外道路路边		20			
厂内道路路边	主要	10			
	次要	5			

注：甲类仓库之间的防火间距，当第 3、4 项物品储量小于等于 2t，第 1、2、5、6 项物品储量小于等于 5t 时，不应小于 12m，甲类仓库与高层仓库之间的防火间距不应小于 13m。

(3) 当丁、戊类仓库与公共建筑的耐火等级均为一级、二级时，其防火间距可按下列规定执行。

① 当较高一面外墙为不开设门窗洞口的防火墙，或比相邻较低一座建筑屋面高 15m 及以下范围内的外墙为不开设门窗洞口的防火墙时，其防火间距可不限。

表 3-7 乙、丙、丁、戊类仓库之间及其与民用建筑之间的防火间距 单位：m

名称			乙类仓库			丙类仓库				丁、戊类仓库			
			单层或多层		高层	单层或多层			高层	单层或多层			高层
			一级、二级	三级	一级、二级	一级、二级	三级	四级	一级、二级	一级、二级	三级	四级	一级、二级
乙、丙、丁、戊类仓库	单层或多层	一级、二级	10	12	13	10	12	14	13	10	12	14	13
		三级	12	14	15	12	14	16	15	12	14	16	15
		四级	14	16	17	14	16	18	17	14	16	18	17
	高层	一级、二级	13	15	13	13	15	17	13	13	15	17	13
民用建筑	裙房，单层或多层	一级、二级	25			10	12	14	13	10	12	14	13
		三级	25			12	14	16	15	12	14	16	15
		四级	25			14	16	18	17	14	16	18	17
	高层	一类	50			20	25	25	20	15	18	18	15
		二类	50			15	20	20	15	13	15	15	13

注：1. 单层、多层戊类仓库之间的防火间距，可按本表减少 2m。

2. 两座仓库相邻较高一面外墙为防火墙，且总占地面积小于等于一座仓库的最大允许占地面积规定时，其防火间距不限。

3. 除乙类第 6 项物品外的乙类仓库，与民用建筑之间的防火间距不宜小于 25m，与重要公共建筑之间的防火间距不应小于 50m，与铁路、道路等的防火间距不宜小于表 3-6 中甲类仓库与铁路、道路等的防火间距。

② 相邻较低一面外墙为防火墙，且屋顶不设天窗、屋顶耐火极限不低于 1.00h，或相邻较高一面外墙为防火墙，且墙上开口部位采取了防火保护措施，其防火间距可适当减小，但不应小于 4m。

(4) 粮食筒仓与其他建筑之间及粮食筒仓组与组之间的防火间距，不应小于表 3-8 的规定。

表 3-8 粮食筒仓与其他建筑之间及粮食筒仓组与组之间的防火间距 单位：m

<table>
<tr><th rowspan="2">名称</th><th rowspan="2">粮食总储量 W/t</th><th colspan="3">粮食立筒仓</th><th colspan="2">粮食浅圆仓</th><th colspan="3">建筑的耐火等级</th></tr>
<tr><th>W≤40000</th><th>40000<W≤50000</th><th>W>50000</th><th>W≤50000</th><th>W>50000</th><th>一级、二级</th><th>三级</th><th>四级</th></tr>
<tr><td rowspan="4">粮食立筒仓</td><td>500<W≤10000</td><td rowspan="2">15</td><td rowspan="2">20</td><td rowspan="2">25</td><td rowspan="2">20</td><td rowspan="2">25</td><td>10</td><td>15</td><td>20</td></tr>
<tr><td>10000<W≤40000</td><td>15</td><td>20</td><td>25</td></tr>
<tr><td>40000<W≤50000</td><td>20</td><td>20</td><td>25</td><td>20</td><td>25</td><td>20</td><td>25</td><td>30</td></tr>
<tr><td>W>50000</td><td colspan="5">25</td><td>25</td><td>30</td><td>不适用</td></tr>
<tr><td rowspan="2">粮食浅圆仓</td><td>W≤50000</td><td>20</td><td>20</td><td>25</td><td>20</td><td>25</td><td>20</td><td>25</td><td>不适用</td></tr>
<tr><td>W>50000</td><td colspan="5">25</td><td>25</td><td>30</td><td>不适用</td></tr>
</table>

注：1. 当粮食立筒仓、粮食浅圆仓与工作塔、接收塔、发放站为一个完整工艺单元的组群时，组内各建筑之间的防火间距不受本表限制。

2. 粮食浅圆仓组内每个独立仓的储量不应大于 10000t。

（5）库区围墙与库区内建筑之间的间距不宜小于 5m，且围墙两侧的建筑之间还应满足相应的防火间距要求。

3.2.3 可燃材料堆场防火间距

（1）露天、半露天可燃材料堆场与建筑物的防火间距不应小于表 3-9 的规定。

当一个木材堆场的总储量大于 25000m^3 或一个稻草、麦秸、芦苇、打包废纸等材料堆场的总储量大于 20000t 时，宜分设堆场。各堆场之间的防火间距不应小于相邻较大堆场与四级耐火等级建筑的间距。

不同性质物品堆场之间的防火间距，不应小于本表相应储量堆场与四级耐火等级建筑之间防火间距的较大值。

表 3-9 露天、半露天可燃材料堆场与建筑物的防火间距 单位：m

<table>
<tr><th rowspan="2">名 称</th><th rowspan="2">一个堆场的总储量</th><th colspan="3">建筑物的耐火等级</th></tr>
<tr><th>一级、二级</th><th>三级</th><th>四级</th></tr>
<tr><td rowspan="2">粮食席穴囤 W(t)</td><td>10≤W<5000</td><td>15</td><td>20</td><td>25</td></tr>
<tr><td>5000≤W<20000</td><td>20</td><td>25</td><td>30</td></tr>
<tr><td rowspan="2">粮食土圆仓 W(t)</td><td>500≤W<10000</td><td>10</td><td>15</td><td>20</td></tr>
<tr><td>10000≤W<20000</td><td>15</td><td>20</td><td>25</td></tr>
<tr><td rowspan="3">棉、麻、毛、化纤、百货 W(t)</td><td>10≤W<500</td><td>10</td><td>15</td><td>20</td></tr>
<tr><td>500≤W<1000</td><td>15</td><td>20</td><td>25</td></tr>
<tr><td>1000≤W<5000</td><td>20</td><td>25</td><td>30</td></tr>
<tr><td rowspan="3">稻草、麦秸、芦苇、打包废纸等 W(t)</td><td>10≤W<5000</td><td>15</td><td>20</td><td>25</td></tr>
<tr><td>5000≤W<10000</td><td>20</td><td>25</td><td>30</td></tr>
<tr><td>W≥10000</td><td>25</td><td>30</td><td>40</td></tr>
<tr><td rowspan="3">木材等 V(m³)</td><td>50≤V<1000</td><td>10</td><td>15</td><td>20</td></tr>
<tr><td>1000≤V<10000</td><td>15</td><td>20</td><td>25</td></tr>
<tr><td>V≥10000</td><td>20</td><td>25</td><td>30</td></tr>
<tr><td rowspan="2">煤和焦炭 W(t)</td><td>100≤W<5000</td><td>6</td><td>8</td><td>10</td></tr>
<tr><td>W≥5000</td><td>8</td><td>10</td><td>12</td></tr>
</table>

注：露天、半露天稻草、麦秸、芦苇、打包废纸等材料堆场与甲类厂房（仓库）以及民用建筑的防火间距，应根据建筑物的耐火等级分别按本表的规定增加 25%，且不应小于 25m；与室外变、配电站的防火间距不应小于 50m；与明火或散发火花地点的防火间距，应按本表四级耐火等级建筑的相应规定增加 25%。

（2）露天、半露天可燃材料堆场与甲、乙、丙类液体储罐的防火间距，不应小于相应储量的堆场与四级耐火等级建筑之间防火间距的较大值。

（3）露天、半露天可燃材料堆场与铁路、道路的防火间距不应小于表 3-10 的规定。

表 3-10　露天、半露天可燃材料堆场与铁路、道路的防火间距　　单位：m

名　　称	厂外铁路线中心线	厂内铁路线中心线	厂外道路路边	厂内道路路边	
				主要	次要
稻草、麦秸、芦苇、打包废纸等材料堆场	30	20	15	10	5

注：未列入本表的可燃材料堆场与铁路、道路的防火间距，可根据储存物品的火灾危险性按类比原则确定。

3.3 厂房、仓库的防爆和安全疏散

3.3.1 厂房、仓库的防爆

（1）有爆炸危险的甲、乙类厂房宜独立设置，并宜采用敞开或半敞开式。其承重结构宜采用钢筋混凝土或钢框架、排架结构。

（2）有爆炸危险的厂房或厂房中有爆炸危险的部位应设置泄压设施。

（3）有爆炸危险的甲、乙类厂房，其泄压面积宜按下式计算，但当厂房的长径比大于 3 时，宜将该建筑划分为长径比不大于 3 的多个计算段，各计算段中的公共截面不得作为泄压面积：

$$A=10CV^{\frac{2}{3}} \tag{3-1}$$

式中　A——泄压面积，m^2；

V——厂房的容积，m^3；

C——厂房容积为 $1000m^3$ 时的泄压比，可按表 3-11 选取，m^2/m^3。

（4）泄压设施宜采用轻质屋面板、轻质墙体和易于泄压的门、窗等，不应采用普通玻璃。

泄压设施的设置应避开人员密集的场所和主要交通道路，并宜靠近有爆炸危险的部位。作为泄压设施的轻质屋面板和轻质墙体的单位质量不宜超过 $60kg/m^2$。屋顶上的泄压设施应采取防冰雪积聚措施。

表 3-11　厂房内爆炸性危险物质的类别与泄压比值　　单位：m^2/m^3

厂房内爆炸性危险物质的类别	C 值
氨以及粮食、纸、皮革、铅、铬、铜等 $K_{尘}<10MPa \cdot m/s$ 的粉尘	≥0.030
木屑、炭屑、煤粉、锑、锡等 $10MPa \cdot m/s \leqslant K_{尘} \leqslant 30MPa \cdot m/s$ 的粉尘	≥0.055
丙酮、汽油、甲醇、液化石油气、甲烷、喷漆间或干燥室以及苯酚树脂、铝、镁、锆等 $K_{尘}>30MPa \cdot m/s$ 的粉尘	≥0.110
乙烯	≥0.160
乙炔	≥0.200
氢	≥0.250

注：长径比为建筑平面几何外形尺寸中的最长尺寸与其横截面周长的积和 4.0 倍的该建筑横截面积之比。

（5）散发较空气轻的可燃气体、可燃蒸气的甲类厂房，宜采用轻质屋面板的全部或局部作为泄压面积。顶棚应尽量平整、避免死角，厂房上部空间应通风良好。

（6）散发较空气重的可燃气体、可燃蒸气的甲类厂房以及有粉尘、纤维爆炸危险的乙类厂房，应采用不发火花的地面。采用绝缘材料作整体面层时，应采取防静电措施。

散发可燃粉尘、纤维的厂房内表面应平整、光滑，并易于清扫。

厂房内不宜设置地沟，必须设置时，其盖板应严密，地沟应采取防止可燃气体、可燃蒸气及粉尘、纤维在地沟积聚的有效措施，且与相邻厂房连通处应采用防火材料密封。

（7）有爆炸危险的甲、乙类生产部位，宜设置在单层厂房靠外墙的泄压设施或多层厂房顶层靠外墙的泄压设施附近。

有爆炸危险的设备宜避开厂房的梁、柱等主要承重构件布置。

（8）有爆炸危险的甲、乙类厂房的总控制室应独立设置。

（9）有爆炸危险的甲、乙类厂房的分控制室宜独立设置，当贴邻外墙设置时，应采用耐火极限不低于3.00h的不燃烧体实体墙与其他部分隔开。

（10）有爆炸危险区域内的楼梯间、室外楼梯或与相邻区域连通处，应设置门斗等防护措施。门斗的隔墙应为耐火极限不应低于2.00h的实体墙，门应采用甲级防火门并应错位设置。

（11）使用和生产甲、乙、丙类液体厂房的管、沟不应和相邻厂房的管、沟相通，该厂房的下水道应设置隔油设施。

（12）甲、乙、丙类液体仓库应设置防止液体流散的设施。遇湿会发生燃烧爆炸的物品仓库应设置防止水浸渍的措施。

（13）有粉尘爆炸危险的筒仓，其顶部盖板应设置必要的泄压设施。

粮食筒仓的工作塔、上通廊的泄压面积应规定执行。有粉尘爆炸危险的其他粮食储存设施应采取防爆措施。

（14）有爆炸危险的仓库或仓库中有爆炸危险的部位，宜按本节规定采取防爆措施、设置泄压设施。

3.3.2 厂房的安全疏散

（1）厂房的安全出口应分散布置。每个防火分区、一个防火分区的每个楼层，其相邻2个安全出口最近边缘之间的水平距离不应小于5m。

（2）厂房的每个防火分区、一个防火分区内的每个楼层，其安全出口的数量应经计算确定，且不应少于2个；当符合下列条件时，可设置1个安全出口。

① 甲类厂房，每层建筑面积不大于$100m^2$，且同一时间的生产人数不超过5人。

② 乙类厂房，每层建筑面积不大于$150m^2$，且同一时间的生产人数不超过10人。

③ 丙类厂房，每层建筑面积不大于$250m^2$，且同一时间的生产人数不超过20人。

④ 丁、戊类厂房，每层建筑面积不大于$400m^2$，且同一时间的生产人数不超过30人。

⑤ 地下、半地下厂房或厂房的地下室、半地下室，其建筑面积不大于$50m^2$，经常停留人数不超过15人。

（3）地下、半地下厂房或厂房的地下室、半地下室，当有多个防火分区相邻布置，并采用防火墙分隔时，每个防火分区可利用防火墙上通向相邻防火分区的甲级防火门作为第二安全出口，但每个防火分区必须至少有1个独立直通室外的安全出口（图3-1）。

（4）厂房内任一点到最近安全出口的距离不应大于表3-12的规定。

表3-12　厂房内任一点到最近安全出口的距离　　单位：m

生产类别	耐火等级	单层厂房	多层厂房	高层厂房	地下、半地下厂房或厂房的地下室、半地下室
甲	一级、二级	30	25	不适用	不适用
乙	一级、二级	75	50	30	不适用
丙	一级、二级	80	60	40	30
	三级	60	40	不适用	不适用
丁	一级、二级	不限	不限	50	45
	三级	60	50	不适用	不适用
	四级	50	不适用	不适用	不适用
戊	一级、二级	不限	不限	75	60
	三级	100	75	不适用	不适用
	四级	60	不适用	不适用	不适用

（5）厂房内的疏散楼梯、走道、门的各自净宽度应根据疏散人数，按表3-13的规定经

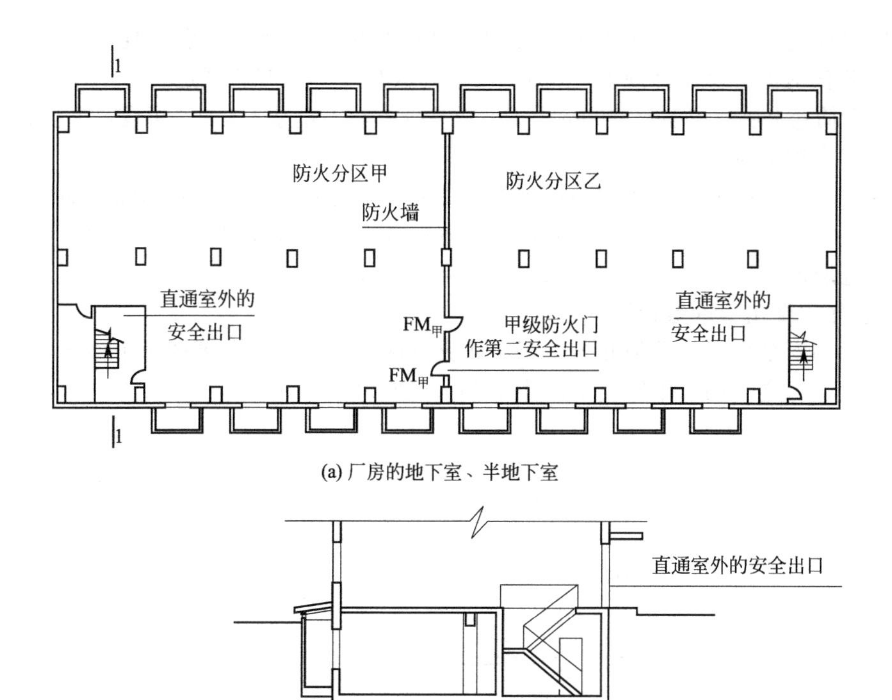

(a) 厂房的地下室、半地下室

(b) 1—1剖面图

图 3-1 厂房安全出口的设置

表 3-13 厂房疏散楼梯、走道和门的净宽度指标 单位：m/100 人

厂房层数	一层、二层	三层	≥四层
净宽度指标	0.6	0.8	1.0

计算确定。但疏散楼梯的最小净宽度不宜小于 1.1m，疏散走道的最小净宽度不宜小于 1.4m，门的最小净宽度不宜小于 0.9m。当每层人数不相等时，疏散楼梯的总净宽度应分层计算，下层楼梯总净宽度应按该层或该层以上人数最多的一层计算。

首层外门的总净宽度应按该层或该层以上人数最多的一层计算，且该门的最小净宽度不应小于 1.2m。

(6) 高层厂房和甲、乙、丙类多层厂房应设置封闭楼梯间或室外楼梯。建筑高度大于 32m 且任一层人数超过 10 人的高层厂房，应设置防烟楼梯间或室外楼梯。

3.3.3 仓库的安全疏散

3.3.3.1 仓库的安全疏散

(1) 仓库的安全出口应分散布置。每个防火分区、一个防火分区的每个楼层，其相邻 2 个安全出口最近边缘之间的水平距离不应小于 5m。

(2) 每座仓库的安全出口不应少于 2 个，当一座仓库的占地面积不大于 300m^2 时，可设置 1 个安全出口。仓库内每个防火分区通向疏散走道、楼梯或室外的出口不宜少于 2 个，当防火分区的建筑面积不大于 100m^2 时，可设置 1 个。通向疏散走道或楼梯的门应为乙级防火门。

(3) 地下、半地下仓库或仓库的地下室、半地下室的安全出口不应少于 2 个；当建筑面积不大于 100m^2 时，可设置 1 个安全出口。

地下、半地下仓库或仓库的地下室、半地下室当有多个防火分区相邻布置，并采用防火墙分隔时，每个防火分区可利用防火墙上通向相邻防火分区的甲级防火门作为第二安全出口，但每个防火分区必须至少有 1 个直通室外的安全出口。

(4) 粮食筒仓、冷库、金库的安全疏散设计应分别符合《冷库设计规范》(GB 50072—2010) 和《粮食钢板筒仓设计规范》(GB 50322—2011) 等的有关规定。

(5) 粮食筒仓上层面积小于 1000m^2，且该层作业人数不超过 2 人时，可设置 1 个安全出口。

(6) 高层仓库应设置封闭楼梯间。

(7) 除一级、二级耐火等级的多层戊类仓库外，其他仓库中供垂直运输物品的提升设施宜设置在仓库外，当必须设置在仓库内时，应设置在井壁的耐火极限不低于 2.00h 的井筒内。室内外提升设施通向仓库入口上的门应采用乙级防火门或防火卷帘。

3.3.3.2 仓库安全出口的数量要求

(1) 仓库的安全出口应分散布置。每个防火分区、一个防火分区的每个楼层，其相邻 2 个安全出口最近边缘之间的水平距离不应小于 5m (图 3-2)。

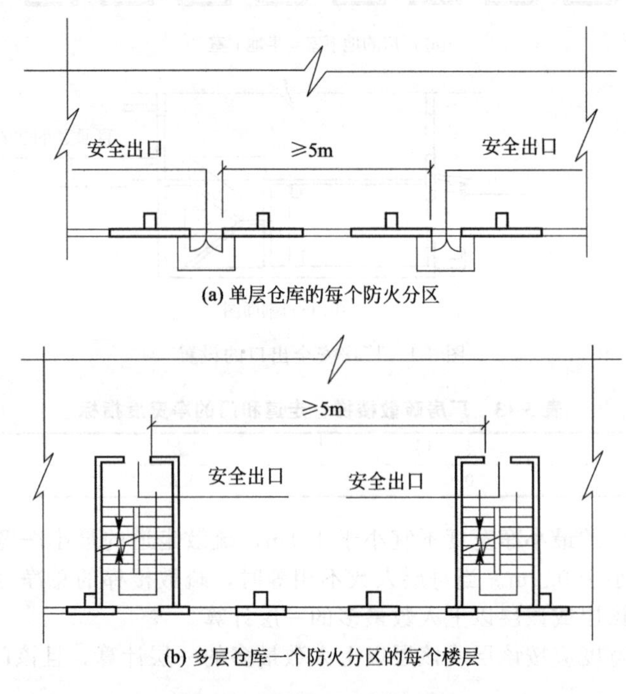

图 3-2 仓库安全出口的设置

(2) 仓库的安全出口数目，应符合下列规定。

① 每座仓库的安全出口数目不应少于 2 个，当一座仓库的占地面积小于等于 300m^2 时，可设置 1 个安全出口。仓库内每个防火分区通向疏散走道、楼梯或室外的出口不宜少于 2 个，当防火分区的建筑面积小于等于 100m^2 时，可设置 1 个。通向疏散走道或楼梯的门应为乙级防火门。

② 地下、半地下仓库或仓库的地下室、半地下室的安全出口不应少于 2 个；当建筑面积小于等于 100m^2 时，可设置 1 个安全出口。

地下、半地下仓库或仓库的地下室、半地下室当有多个防火分区相邻布置，并采用防火墙分隔时，每个防火分区可利用防火墙上通向相邻防火分区的甲级防火门作为第二安全出口，但每个防火分区必须至少有 1 个直通室外的安全出口。

③ 粮食筒仓、冷库、金库的安全疏散设计应分别符合《冷库设计规范》(GB 50072—2010) 和《粮食钢板筒仓设计规范》(GB 50322—2011) 等规范的相关规定。

④ 粮食筒仓上层面积小于 1000m^2，且该层作业人数不超过 2 人时，可设置 1 个安全出口。

4 建筑防火构造与设施

4.1 建筑防火构造

4.1.1 防火墙

防火墙是指用具有4h（高层建筑为3h）以上耐火极限的非燃烧材料砌筑在独立的基础（或框架结构的梁）上，以形成防火分区，控制火灾范围的部件。它可以根据需要而独立设置，也可以把其他隔墙、围护墙按照防火墙的构造要求砌筑而成。

防火墙应直接设置在建筑物的基础或钢筋混凝土框架、梁等承重结构上，其中，轻质防火墙体可不受此限制，如图4-1所示。钢筋混凝土框架、梁等承重结构的耐火极限不应低于防火墙的耐火极限。防火墙应从楼地面基层隔断至梁、楼板底面基层。

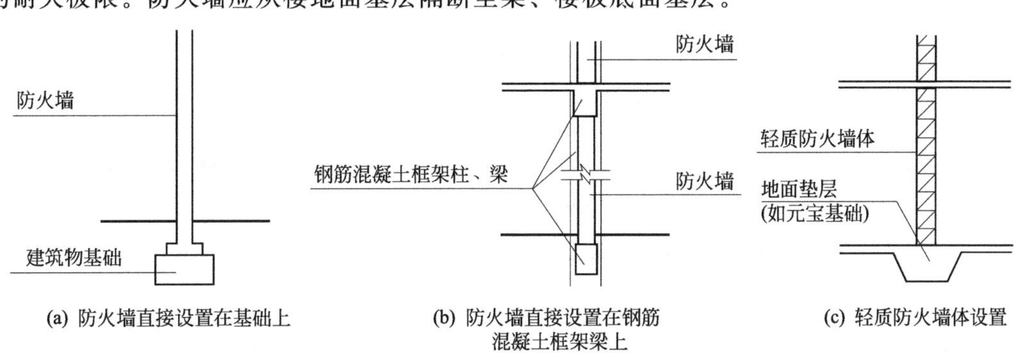

图4-1　防火墙与屋面连接处的构造

当屋顶承重结构和屋面板的耐火极限低于0.50h，高层厂房（仓库）屋面板的耐火极限低于1.00h时，防火墙应高出不燃烧体屋面0.4m以上，高出燃烧体或难燃烧体屋面0.5m以上。其他情况时，防火墙可不高出屋面，但应砌至屋面结构层的底面。如图4-2所示。

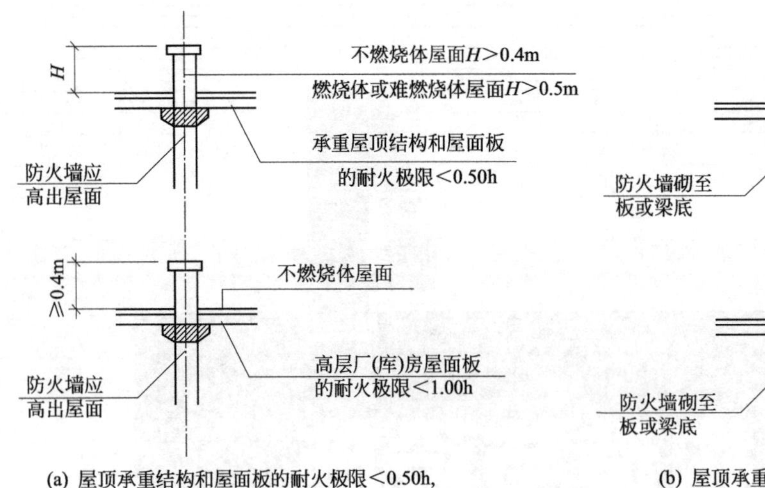

图 4-2 防火墙高度

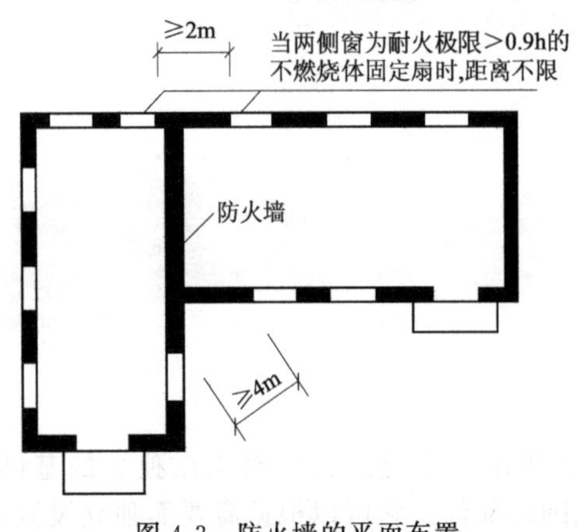

图 4-3 防火墙的平面布置

在建筑设计中，如果在靠近防火墙的两侧开窗，如图 4-3 所示，发生火灾时，从一个窗口窜出的火焰，很容易烧坏另一窗户，导致火灾蔓延到相邻防火分区。所以，防火墙两侧开的窗口的最近距离不应小于 2m。此外，还应当尽量避免在 U 形、L 形建筑物的转角处设防火墙，否则，防火墙一侧发生火灾，火焰突破窗口后很容易破坏另一侧的门窗，形成火灾蔓延的条件。但是，必须设在转角附近时，两侧门窗口的最近水平距离不应小于 4m。装有固定窗扇的乙级防火窗或火灾时可自动关闭的乙级防火窗等防止火灾水平蔓延的措施时，该距离可不限。

当建筑物的外墙为难燃烧体时，防火墙应凸出墙的外表面 0.4m 以上，且在防火墙两侧的外墙应为宽度均不小于 2m 的不燃烧体，其耐火极限不应低于该外墙的耐火极限。如图 4-4 所示。

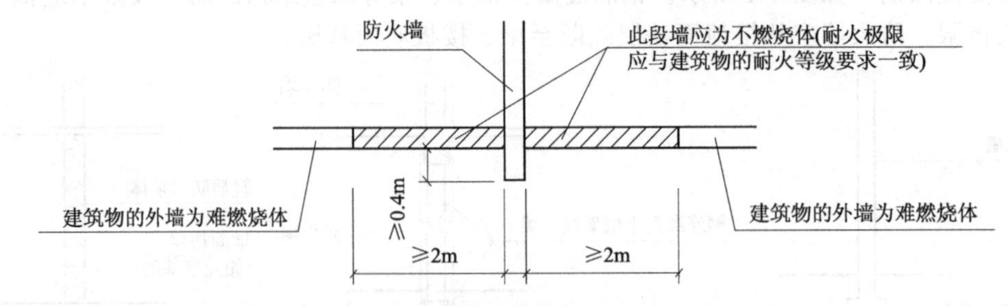

图 4-4 建筑物的外墙为难燃烧体时的防火墙要求

如图 4-5 所示，当建筑物的外墙为不燃烧体时，防火墙可以不凸出墙的外表面。紧靠防火墙两侧的门、窗洞口之间最近边缘的水平距离不应小于 2m；但装有固定窗扇的乙级防火窗或火灾时可自动关闭的乙级防火窗等防止火灾水平蔓延的措施时，该距离可不限制。

防火墙上不应开门窗洞口，当必须开设时，应采用耐火极限不低于 1.2h 的甲级防火门窗，并应能自行关闭。有些国家则要求防火墙上不得安置任何玻璃窗，并对不同隔墙上镶嵌丝玻璃的面积作了具体的规定，见表 4-1。

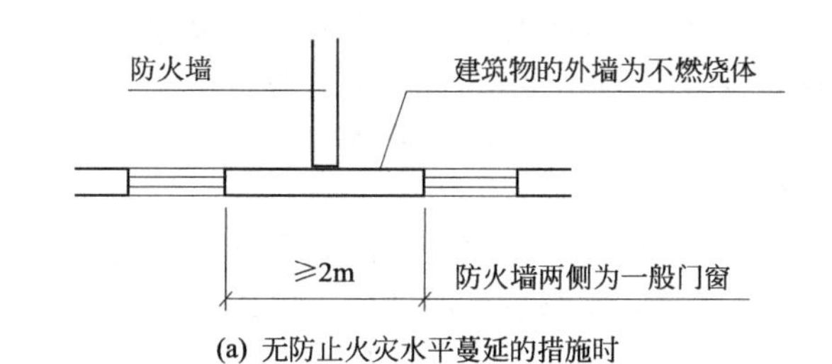

(a) 无防止火灾水平蔓延的措施时

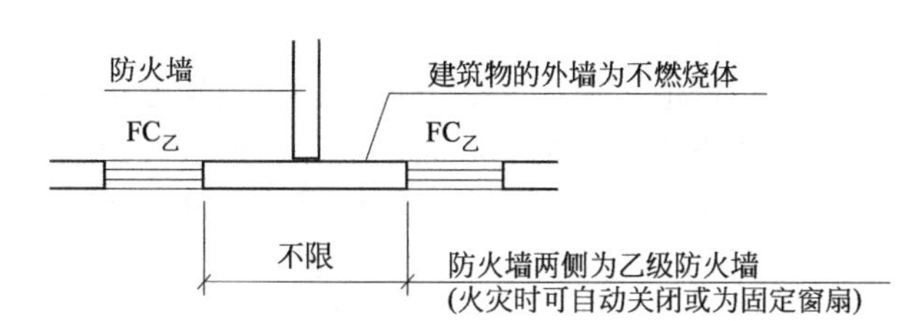

(b) 有防止火灾水平蔓延的措施时

图 4-5 防火墙的设置

表 4-1 防火墙及隔墙上开口的允许面积

类别	防火墙及隔板的位置	耐火极限/h	嵌丝玻璃允许的最大面积/in^2
A	防火墙和防火分区隔墙、垂直交通工具的围墙	3	不允许
B	具有 2h 耐火极限的楼梯及电梯的隔墙	1 或 1.5	100
C	走廊及房间隔墙	0.75	1291
D	可受到外部火焰强烈辐射的外墙	1.50	不允许
E	可受到外部火焰中等辐射的外墙	0.75	1291

注：1in=0.0254m。

可燃气体和甲、乙、丙类液体的管道严禁穿过防火墙。可燃气体和甲、乙、丙类液体的管道严禁穿过防火墙。其他管道不宜穿过防火墙，如果必须穿过，应采用防火封堵材料将墙与管道之间的空隙紧密填实。穿过防火墙处的管道保温材料，应采用不燃烧材料。可燃气体和甲、乙、丙类液体的管道严禁穿过防火墙。其他管道不宜穿过防火墙，当必须穿过且管道为难燃及可燃材质时，应在防火墙两侧的管道上采取防火措施。防火墙内不应设置排气道。

防火墙的构造应使防火墙任意一侧的屋架、梁、楼板等受到火灾的影响而破坏时，不致使防火墙倒塌。

4.1.2 建筑构件和管道井

(1) 剧院等建筑的舞台与观众厅之间的隔墙应采用耐火极限不低于 3.00h 的防火隔墙。

舞台上部与观众厅闷顶之间的隔墙可采用耐火极限不低于 1.50h 的防火隔墙，隔墙上的门应采用乙级防火门。

舞台下面的灯光操作室和可燃物储藏室应采用耐火极限不低于 2.00h 的防火隔墙与其他部位隔开。

电影放映室、卷片室应采用耐火极限不低于 1.50h 的防火隔墙与其他部分隔开。观察孔和放映孔应采取防火分隔措施。

(2) 医疗建筑内的手术室或手术部、产房、重症监护室、贵重精密医疗装备用房、储藏间、实验室、胶片室等，附设在建筑内的托儿所、幼儿园的儿童用房和儿童游乐厅等儿童活动场所、老年人照料设施，应采用耐火极限不低于 2.00h 的防火隔墙和 1.00h 的楼板与其他场所或部位分隔，墙上必须设置的门、窗应采用乙级防火门、窗。

(3) 建筑内的下列部位应采用耐火极限不低于 2.00h 的防火隔墙与其他部位分隔，墙上的门、窗应采用乙级防火门、窗，确有困难时，可采用防火卷帘，但应符合《建筑设计防火规范》(GB 50016—2014)（2018年版）第6.5.3条的规定：

① 甲、乙类生产部位和建筑内使用丙类液体的部位；

② 厂房内有明火和高温的部位；

③ 甲、乙、丙类厂房（仓库）内布置有不同火灾危险性类别的房间；

④ 民用建筑内的附属库房，剧场后台的辅助用房；

⑤ 除居住建筑中套内的厨房外，宿舍、公寓建筑中的公共厨房和其他建筑内的厨房；

⑥ 附设在住宅建筑内的机动车库。

(4) 建筑内的防火隔墙应从楼地面基层隔断至梁、楼板或屋面板的底面基层。住宅分户墙和单元之间的墙应隔断至梁、楼板或屋面板的底面基层，屋面板的耐火极限不应低于0.50h。

(5) 除另有规定外，建筑外墙上、下层开口之间应设置高度不小于1.2m的实体墙或挑出宽度不小于1.0m、长度不小于开口宽度的防火挑檐；当室内设置自动喷水灭火系统时，上、下层开口之间的实体墙高度不应小于0.8m。当上、下层开口之间设置实体墙确有困难时，可设置防火玻璃墙，但高层建筑的防火玻璃墙的耐火完整性不应低于1.00h，多层建筑的防火玻璃墙的耐火完整性不应低于0.50h。外窗的耐火完整性不应低于防火玻璃墙的耐火完整性要求。住宅建筑外墙上相邻户开口之间的墙体宽度不应小于1.0m；小于1.0m时，应在开口之间设置突出外墙不小于0.6m的隔板。实体墙、防火挑檐和隔板的耐火极限和燃烧性能，均不应低于相应耐火等级建筑外墙的要求。

(6) 建筑幕墙应在每层楼板外沿处采取符合上一条规定的防火措施，幕墙与每层楼板、隔墙处的缝隙应采用防火封堵材料封堵。

(7) 附设在建筑内的消防控制室、灭火设备室、消防水泵房和通风空气调节机房、变配电室等，应采用耐火极限不低于2.00h的防火隔墙和1.50h的楼板与其他部位分隔。设置在丁、戊类厂房内的通风机房，应采用耐火极限不低于1.00h的防火隔墙和0.50h的楼板与其他部位分隔。通风、空气调节机房和变配电室开向建筑内的门应采用甲级防火门，消防控制室和其他设备房开向建筑内的门应采用乙级防火门。

(8) 冷库、低温环境生产场所采用泡沫塑料等可燃材料作墙体内的绝热层时，宜采用不燃绝热材料在每层楼板处做水平防火分隔。防火分隔部位的耐火极限不应低于楼板的耐火极限。冷库阁楼层和墙体的可燃绝热层宜采用不燃性墙体分隔。

冷库、低温环境生产场所采用泡沫塑料作内绝热层时，绝热层的燃烧性能不应低于B1级，且绝热层的表面应采用不燃材料做防护层。

冷库的库房与加工车间贴邻建造时，应采用防火墙分隔，当确需开设相互连通的开口时，应采取防火隔间等措施进行分隔，隔间两侧的门应为甲级防火门。当冷库的氨压缩机房与加工车间贴邻时，应采用不开门窗洞口的防火墙分隔。

(9) 建筑内的电梯井等竖井应符合下列规定。

① 电梯井应独立设置，井内严禁敷设可燃气体和甲、乙、丙类液体管道，不应敷设与电梯无关的电缆、电线等。电梯井的井壁除设置电梯门、安全逃生门和通气孔洞外，不应设置其他开口。

② 电缆井、管道井、排烟道、排气道、垃圾道等竖向井道，应分别独立设置。井壁的耐火极限不应低于1.00h，井壁上的检查门应采用丙级防火门。

③ 建筑内的电缆井、管道井应在每层楼板处采用不低于楼板耐火极限的不燃材料或防火封堵材料封堵。

建筑内的电缆井、管道井与房间、走道等相连通的孔隙应采用防火封堵材料封堵。

④ 建筑内的垃圾道宜靠外墙设置，垃圾道的排气口应直接开向室外，垃圾斗应采用不燃材料制作，并应能自行关闭。

⑤ 电梯层门的耐火极限不应低于1.00h，并应符合《电梯层门耐火试验完整性、隔热性和热通量测定法》（GB/T 27903—2011）规定的完整性和隔热性要求。

（10）户外电致发光广告牌不应直接设置在有可燃、难燃材料的墙体上。

户外广告牌的设置不应遮挡建筑的外窗，不应影响外部灭火救援行动。

4.1.3 屋顶、闷顶和建筑缝隙

（1）在三级、四级耐火等级建筑的闷顶内采用可燃材料作绝热层时，其屋顶不应采用冷摊瓦。闷顶内的非金属烟囱周围0.5m、金属烟囱0.7m范围内，应采用不燃材料作绝热层。

（2）建筑层数超过2层的三级耐火等级建筑，当设置有闷顶时，应在每个防火隔断范围内设置老虎窗，且老虎窗的间距不宜大于50m。

（3）闷顶内有可燃物的建筑，应在每个防火隔断范围内设置不小于0.7m×0.7m的闷顶入口，且公共建筑的每个防火隔断范围内的闷顶入口不宜少于2个。闷顶入口宜布置在走廊中靠近楼梯间的部位。

（4）变形缝构造基层应采用不燃烧材料。电线电缆、可燃气体和甲、乙、丙类液体的管道不宜穿过建筑内的变形缝；当必须穿过时，应在穿过处加设不燃材料制作的套管或采取其他防变形措施，并应采用防火封堵材料封堵。

（5）防烟、排烟、采暖、通风和空气调节系统中的管道及建筑内的其他管道，在穿越防火隔墙、楼板及防火分区处的缝隙应采用防火封堵材料封堵。

（6）当风管穿过防火隔墙、楼板及防火分区处时，风管上的防火阀、排烟防火阀两侧各2.0m范围内的风管外壁应采取防火保护措施。采用金属管道时，风管的厚度不应小于2.0mm；采用其他管道时，其耐火极限不应低于1.50h。

（7）建筑中受高温或火焰作用易变形的管道，在其贯穿楼板部位和穿越耐火极限不低于防火隔墙两侧宜采取阻火措施。

（8）建筑屋顶上的开口与邻近建筑或设施之间，应采取防止火灾蔓延的措施。

4.1.4 楼梯间、楼梯

4.1.4.1 楼梯间

（1）疏散楼梯间应符合下列规定。

① 楼梯间应能天然采光和自然通风，并宜靠外墙设置。靠外墙设置时，楼梯间的窗口与两侧的门、窗洞口之间的水平距离不应小于1m；当不能自然通风时，应按防烟楼梯间的要求设置。

② 楼梯间内不应设置烧水间、可燃材料储藏室、垃圾道。

③ 楼梯间内不应有影响疏散的凸出物或其他障碍物。

④ 楼梯间内不应敷设甲、乙、丙类液体管道。

⑤ 封闭楼梯间、防烟楼梯间及其前室，不应设置卷帘。

⑥ 封闭楼梯间、防烟楼梯间及其前室内禁止穿过或设置可燃气体管道。敞开楼梯间内不应设置可燃气体管道，当住宅建筑的敞开楼梯间内确需设置可燃气体管道和可燃气体计量表时，应采用金属管和设置切断气源的阀门。

（2）封闭楼梯间除应上述（1）的规定外，应符合下列规定。

① 不能自然通风或自然通风不能满足要求时，应设置机械加压送风系统或采用防烟楼梯间。

② 除楼梯间的出入口和外窗外，楼梯间的墙上不应开设其他门、窗、洞口。

③ 高层建筑、人员密集的公共建筑、人员密集的多层丙类厂房以及甲、乙类厂房，

其封闭楼梯间的门应采用乙级防火门，并应向疏散方向开启；其他建筑，可采用双向弹簧门。

④ 楼梯间的首层可将走道和门厅等包括在楼梯间内形成扩大的封闭楼梯间，但应采用乙级防火门等与其他走道和房间分隔。

(3) 防烟楼梯间还应符合下列规定。

① 应设置防烟设施。

② 前室可与消防电梯间前室合用。

③ 前室的使用面积：公共建筑、高层厂房（仓库），不应小于 $6.0m^2$；住宅建筑，不应小于 $4.5m^2$。与消防电梯间前室合用时，合用前室的使用面积：公共建筑、高层厂房（仓库），不应小于 $10.0m^2$；住宅建筑，不应小于 $6.0m^2$。

④ 疏散走道通向前室以及前室通向楼梯间的门应采用乙级防火门。

⑤ 除住宅建筑的楼梯间前室外，防烟楼梯间和前室内的墙上不应开设除疏散门和送风口外的其他门、窗、洞口。

⑥ 楼梯间的首层可将走道和门厅等包括在楼梯间前室内形成扩大的前室，但应采用乙级防火门等与其他走道和房间分隔。

(4) 除通向避难层错位的疏散楼梯外，建筑内的疏散楼梯间在各层的平面位置不应改变。

除住宅建筑套内的自用楼梯外，地下或半地下建筑（室）的疏散楼梯间，应符合下列规定。

① 室内地面与室外出入口地坪高差大于 10m 或 3 层及以上的地下、半地下建筑（室），其疏散楼梯应采用防烟楼梯间；其他地下或半地下建筑（室），其疏散楼梯应采用封闭楼梯间。

② 应在首层采用耐火极限不低于 2.00h 的防火隔墙与其他部位分隔并应直通室外，确需在隔墙上开门时，应采用乙级防火门，如图 4-6 所示。

③ 建筑的地下或半地下部分与地上部分不应共用楼梯间，确需共用楼梯间时，应在首层采用耐火极限不低于 2.00h 的防火隔墙和乙级防火门将地下或半地下部分与地上部分的连通部位完全分隔，并应设置明显的标志（图 4-7、图 4-8）。

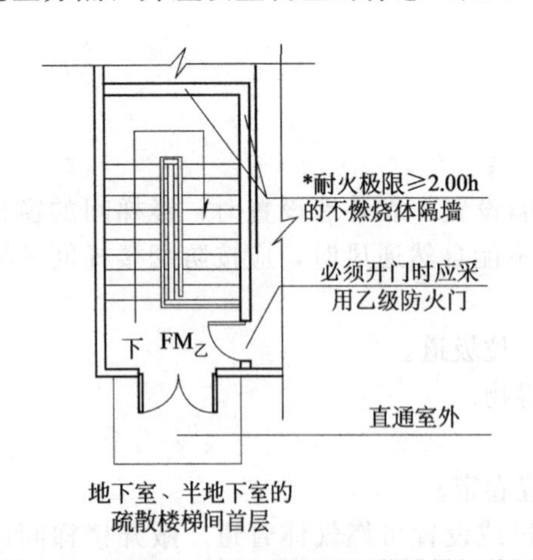

图 4-6 地下室、半地下室的疏散楼梯间首层

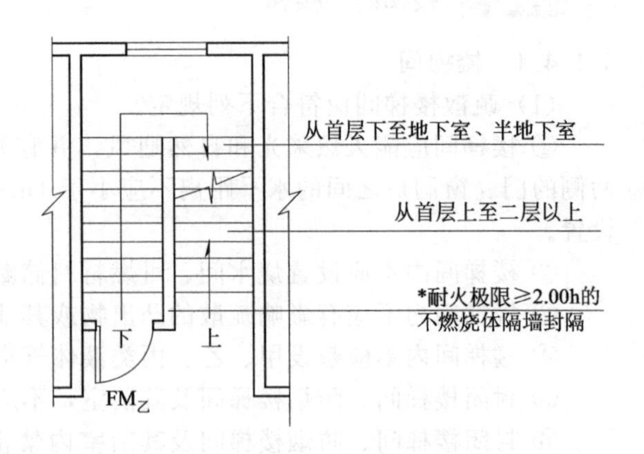

图 4-7 地下室、半地下室的设置

4.1.4.2 楼梯

(1) 室外疏散楼梯应符合下列规定。

① 栏杆扶手的高度不应小于 1.1m，楼梯的净宽度不应小于 0.9m。

② 倾斜角度不应大于 45°。

③ 楼梯段和平台均应采取不燃材料制作。平台的耐火极限不应低于 1.00h，梯段的耐火极限不应低于 0.25h。

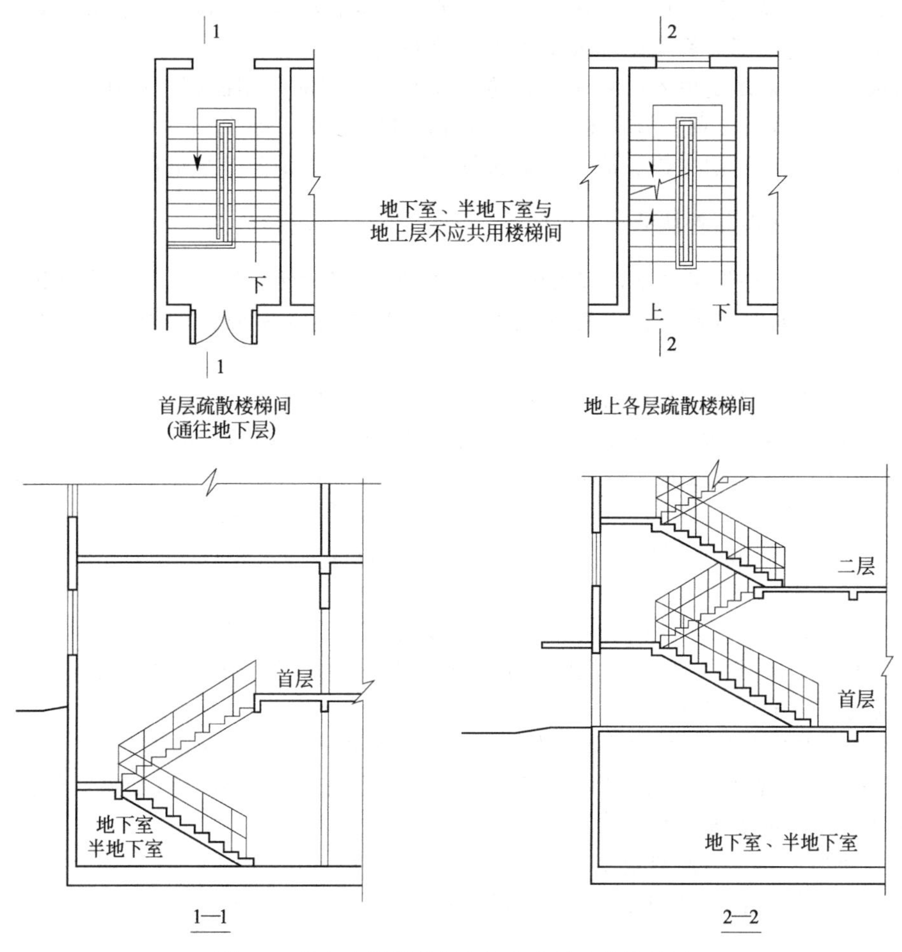

图 4-8 首层疏散楼梯间和地上各层疏散楼梯间

④ 通向室外楼梯的门宜采用乙级防火门，并应向室外开启；门开启时，不得减少楼梯平台的有效宽度。

⑤ 除疏散门外，楼梯周围 2m 内的墙面上不应设置门窗洞口。疏散门不应正对楼梯段。

(2) 用作丁、戊类厂房内第二安全出口的楼梯可采用金属梯，但其净宽度不应小于 0.9m，倾斜角度不应大于 45°。

丁、戊类高层厂房，当每层工作平台人数不超过 2 人且各层工作平台上同时生产人数总和不超过 10 人时，其疏散楼梯可采用敞开楼梯或利用净宽度不小于 0.9m、倾斜角度不大于 60° 的金属梯。

(3) 疏散楼梯和疏散通道上的阶梯不宜采用螺旋楼梯和扇形踏步。当必须采用时，踏步上下两级所形成的平面角度不应大于 10°，且每级离扶手 250mm 处的踏步深度不应小于 220mm。

(4) 公共建筑的室内疏散楼梯两梯段及扶手间的水平净距不宜小于 150mm。

(5) 高度大于 10m 的三级耐火等级建筑应设置通至屋顶的室外消防梯。室外消防梯不应面对老虎窗，宽度不应小于 0.6m，且宜从离地面 3.0m 高处设置。

(6) 避难走道的设置应符合下列规定。

① 走道两侧的墙体的耐火极限不应低于 3.00h，楼板的耐火极限不应低于 1.50h。

② 避难走道直通地面的出口不应少于 2 个，并应设置在不同方向；当避难走道仅与一个防火分区相通且该防火分区至少有 1 个直通室外的安全出口时，可设置 1 个直通地面的出口。任一防火分区通向避难走道的门至该避难走道最近直通地面的出口的距离不应大于 60m。

③ 避难走道的净宽度不应小于任一防火分区通向该避难走道的设计疏散总净宽度。

④ 避难走道的内部装修应全部采用 A 级装修材料。

⑤ 防火分区至避难走道入口处应设置防烟前室，前室的使用面积不应小于 $6m^2$，开向前室的门应为甲级防火门。前室开向避难走道的门应采用乙级防火门。

⑥ 避难走道应设置消火栓、消防应急照明、应急广播和消防专线电话。

4.1.5 建筑保温与外墙装饰

(1) 建筑的内、外保温系统，宜采用燃烧性能为 A 级的保温材料，不宜采用 B2 级保温材料，严禁采用 B3 级保温材料；设置保温系统的基层墙体或屋面板的耐火极限应符合有关规定。

(2) 建筑外墙采用内保温系统时，保温系统应符合下列规定。

① 对于人员密集场所，用火、燃油、燃气等具有火灾危险性的场所以及各类建筑内的疏散楼梯间、避难走道、避难间、避难层等场所或部位，应采用燃烧性能为 A 级的保温材料。

② 对于其他场所，应采用低烟、低毒且燃烧性能不低于 B1 级的保温材料。

③ 保温系统应采用不燃材料作防护层。采用燃烧性能为 B1 级的保温材料时，防护层的厚度不应小于 10mm。

(3) 建筑外墙采用保温材料与两侧墙体构成无空腔复合保温结构体时，该结构体的耐火极限应符合有关规定；当保温材料的燃烧性能为 B1、B2 级时，保温材料两侧的墙体应采用不燃材料且厚度均不应小于 50mm。

(4) 设置人员密集场所的建筑，其外墙外保温材料的燃烧性能应为 A 级。

(5) 除第 (3) 条规定的情况外，下列老年人照料设施的内、外墙体和屋面保温材料应采用燃烧性能为 A 级的保温材料：

① 独立建造的老年人照料设施；

② 与其他建筑组合建造且老年人照料设施部分的总建筑面积大于 $500m^2$ 的老年人照料设施。

(6) 与基层墙体、装饰层之间无空腔的建筑外墙外保温系统，其保温材料应符合下列规定。

① 住宅建筑

a. 建筑高度大于 100m 时，保温材料的燃烧性能应为 A 级。

b. 建筑高度大于 27m，但不大于 100m 时，保温材料的燃烧性能不应低于 B1 级。

c. 建筑高度不大于 27m 时，保温材料的燃烧性能不应低于 B2 级。

② 除住宅建筑和设置人员密集场所的建筑外，其他建筑：

a. 建筑高度大于 50m 时，保温材料的燃烧性能应为 A 级；

b. 建筑高度大于 24m，但不大于 50m 时，保温材料的燃烧性能不应低于 B1 级；

c. 建筑高度不大于 24m 时，保温材料的燃烧性能不应低于 B2 级。

(7) 除设置人员密集场所的建筑外，与基层墙体、装饰层之间有空腔的建筑外墙外保温系统，其保温材料应符合下列规定。

① 建筑高度大于 24m 时，保温材料的燃烧性能应为 A 级。

② 建筑高度不大于 24m 时，保温材料的燃烧性能不应低于 B1 级。

(8) 除第 (3) 条规定的情况外，当建筑的外墙外保温系统按本节规定采用燃烧性能为 B1、B2 级的保温材料时，应符合下列规定。

① 除采用 B1 级保温材料且建筑高度不大于 24m 的公共建筑或采用 B1 级保温材料且建筑高度不大于 27m 的住宅建筑外，建筑外墙上门、窗的耐火完整性不应低于 0.50h。

② 应在保温系统中每层设置水平防火隔离带。防火隔离带应采用燃烧性能为 A 级的材料，

防火隔离带的高度不应小于 300mm。

(9) 建筑的外墙外保温系统应采用不燃材料在其表面设置防护层，防护层应将保温材料完全包覆。除第 (3) 条规定的情况外，当按本小节规定采用 B1、B2 级保温材料时，防护层厚度首层不应小于 15mm，其他层不应小于 5mm。

(10) 建筑外墙外保温系统与基层墙体、装饰层之间的空腔，应在每层楼板处采用防火封堵材料封堵。

(11) 建筑的屋面外保温系统，当屋面板的耐火极限不低于 1.00h 时，保温材料的燃烧性能不应低于 B2 级；当屋面板的耐火极限低于 1.00h 时，不应低于 B1 级。采用 B1、B2 级保温材料的外保温系统应采用不燃材料作防护层，防护层的厚度不应小于 10mm。

当建筑的屋面和外墙外保温系统均采用 B1、B2 级保温材料时，屋面与外墙之间应采用宽度不小于 500mm 的不燃材料设置防火隔离带进行分隔。

(12) 电气线路不应穿越或敷设在燃烧性能为 B1 或 B2 级的保温材料中；确需穿越或敷设时，应采取穿金属管并在金属管周围采用不燃隔热材料进行防火隔离等防火保护措施。设置开关、插座等电器配件的部位周围应采取不燃隔热材料进行防火隔离等防火保护措施。

(13) 建筑外墙的装饰层应采用燃烧性能为 A 级的材料，但建筑高度不大于 50m 时，可采用 B1 级材料。

4.2 建筑防火设施

4.2.1 消防电梯

4.2.1.1 消防电梯的构造要求

(1) 建筑高度大于 32m 的住宅建筑，其他一类、二类高层民用建筑应设置消防电梯。消防电梯应分别设在不同的防火分区内，且每个防火分区不应少于 1 台。符合消防电梯要求的客梯或工作电梯可兼作消防电梯。

(2) 建筑高度大于 32m 且设置电梯的高层厂房或高层仓库，每个防火分区内宜设置 1 台消防电梯。符合消防电梯要求的客梯或货梯可兼作消防电梯。

符合下列条件的建筑可不设置消防电梯。

① 建筑高度大于 32m 且设置电梯，任一层工作平台人数不超过 2 人的高层塔架。

② 局部建筑高度大于 32m，且局部高出部分的每层建筑面积不大于 $50m^2$ 的丁类、戊类厂房。

(3) 建筑内设置的消防电梯，除下列情况外，应每层均能停靠。

① 地下、半地下建筑（室）层数小于等于 3 层且室内地面与室外出入口地坪高差小于 10m。

② 跃层住宅的跃层部分。

③ 住宅与其他使用功能上下组合建造，应分别考虑消防电梯的设置。

(4) 消防电梯应设置前室，并应符合下列规定。

① 前室的使用面积不应小于 $6m^2$，当与防烟楼梯间合用前室时应符合规定，前室的门应采用乙级防火门。

特别的，设置在仓库连廊、冷库穿堂或谷物筒仓工作塔内的消防电梯，可不设置前室。

② 前室宜靠外墙设置，在首层应设置直通室外的安全出口或经过长度不大于 30m 的通道通向室外。

(5) 消防电梯井、机房与相邻电梯井、机房之间，应采用耐火极限不低于 2.00h 的不燃烧体隔墙隔开；当在隔墙上开门时，应设置甲级防火门。

(6) 消防电梯的井底应设置排水设施，排水井的容量不应小于 $2m^3$，排水泵的排水量不应小于 10L/s。消防电梯间前室门口宜设置挡水设施。

(7) 消防电梯应符合下列规定。

① 消防电梯的载重量不应小于 800kg。

② 消防电梯从首层到顶层的运行时间不宜超过 60s。

③ 消防电梯的动力与控制电缆、电线、控制面板应采取防水措施。

④ 在首层的消防电梯入口处应设置供消防队员专用的操作按钮。

⑤ 消防电梯轿厢的内装修应采用不燃烧材料且其内部应设置专用消防对讲电话。

4.2.1.2 消防电梯的联动控制

消防电梯在火灾状态下应能在消防控制室和首层电梯门厅处明显的位置设有控制归底的按钮。在消防联动控制系统设计时，常用总线或多线控制模块来完成此项功能。消防电梯控制系统的结构如图 4-9 所示。

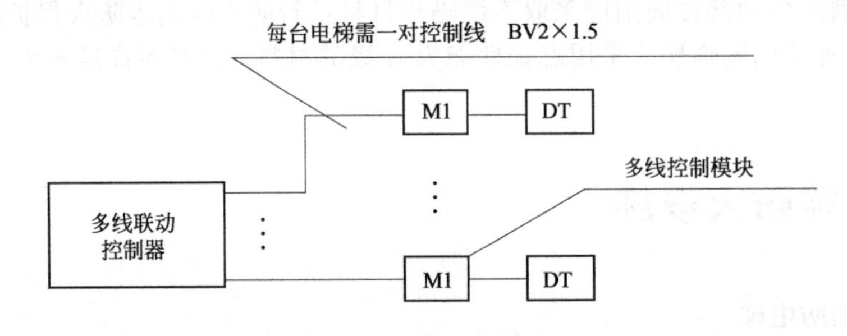

(a) 消防电梯多线制控制系统

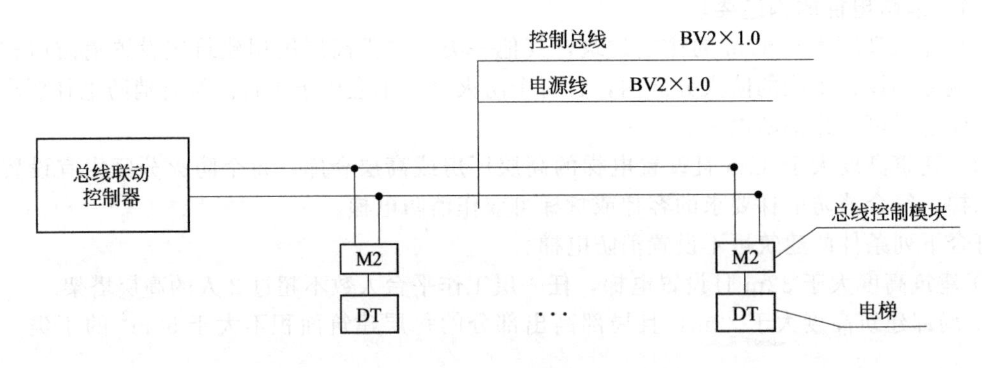

(b) 消防电梯总线制控制系统

图 4-9 消防电梯控制系统

消防电梯轿箱内应设有电话并应在首层设置消防队专用的操作按钮。在火灾发生期间，应保证对消防电梯的连续供电时间不小于 60min。大型公共建筑中有多部客梯与消防电梯，在首层应设消防队专用的操作按钮，其功能主要是供消防队员操作，使消防电梯按要求停靠在任何楼层，同时其他电梯从任何一个楼层位置降到底层并停止工作。消防电梯应与消防控制中心有电话联系，以便按控制中心指令把消防器材送到着火部位楼层。

灭火时为了防止电源电路造成二次灾害，应切断有关楼层或防火分区的非消防电源。为此，在各楼层配电箱进线电源开关处设置分励脱扣器，利用控制模块远动切除非消防电源。

上述指令均由消防控制中心发出，并有信号返回到消防控制中心。在消防中心设有电梯运行盘或电梯归底控制按钮，平时显示电梯运行状态。消防控制室在确认火灾后，应能控制全部电梯停于首层，切断所有非消防电梯的电源，并接收其反馈信号。即要求电梯的动作归底信号反馈给消防中心的报警控制装置，控制装置上的电梯归底显示灯亮。

非消防电梯电源的切除一般通过低压断路器的分励脱扣器完成。

对电梯的控制有两种方式：一种是将电梯的控制显示盘设在消防控制室，消防值班人员在必要时可直接进行操作；另一种是在人工确认真正发生火灾后，消防控制室向电梯控制室发出火灾信号及强制电梯下降的指令，所有电梯下行停于首层。电梯是纵向通道的主要交通工具，联动控制一定要安全可靠。在对自动化程度要求较高的建筑内，可用消防电梯前室的感烟探测器联动控制电梯。

为了避免消防队员在扑救火灾时发生触电事故，现代建筑中普遍在每一楼层配电箱处设置了1个强切信号输出模块。火灾报警时，主机按照预先编制的软件程序指令相应输出模块动作，使火灾层及上、下层的楼层配电箱中进线断路器动作，切断非消防电源。

4.2.2 防火门

4.2.2.1 防火门的分类

防火门除了具有一般门的功效外，还具有能保证一定时限的耐火、防烟隔火等特殊的功能，通常用于建筑物的防火分区以及重要防火部位，能在一定程度上阻止火灾的蔓延，并能确保人员的疏散。

防火门是指既具有一定的耐火能力，能形成防火分区，控制火灾蔓延，又具有交通、通风、采光功能的维护设施。

我国按照耐火极限把防火门分为甲、乙、丙三级。甲级防火门的耐火极限不低于1.2h，主要用于防火墙上；乙级防火门的耐火极限不低于0.9h，主要用于疏散楼梯间及消防电梯前室的门洞口，以及单元式高层住宅开向楼梯间的户门等；丙级防火门的耐火极限不低于0.6h，主要用于电缆井、管道井、排烟竖井等的检查门。

防火门还有非燃烧体和难燃烧体之分。非燃烧体防火门是由非燃烧的钢板、镀锌铁皮、石棉板、矿棉等制作，而难燃烧体防火门是在可燃的木材、毛毡等外侧钉上铁皮、石棉板等制成。

4.2.2.2 防火门的构造要求

防火门是由门框，门扇，控制设备和附件等组成，它们的构造和质量对防火门的防火和隔烟性能都有直接影响。确定防火门的耐火极限，主要是看门的稳定性，完整性是否被破坏和是否失去隔火作用。这主要与门扇的材料、构造、抗火烧能力（在一定时间内不垮塌、不发生穿透裂缝或孔洞），门扇与门框之间的间隙，门扇的热传导性能（需检测门扇背火面的平均温升或最高温升），以及所选用的铰链等附件（普通铰链火烧后可能失去支持能力而导致防火门的倒塌，或弹簧铰链中的弹簧因受热而失去弹性）等有关。各种等级的防火门其最低耐火极限分别为：甲级防火门1.20h；乙级防火门0.90h；丙级防火门0.60h。各种常用防火门的构造简述如下。

（1）单扇钢质防火门　工业用钢质防火门多为无框门（没有门框）。门扇由薄壁型钢或角钢制成框架，两面焊贴厚度为1.5～3mm的冷轧薄钢板，内填矿棉，门厚60mm。火灾时，门在平衡锤吊绳（易熔片系于绳的中段）断开后靠其自重沿斜轨下滑关闭，耐火极限可达1.5h。

民用钢质防火门多为有框门，门框用1.5mm冷轧薄钢板折弯成型，在中间的空腔中填满水泥砂浆或珍珠岩水泥砂浆；镶嵌在门洞中时与预埋铁件焊接；在门框与门扇的接合缝处宜设置能耐高温的密封条。门扇多用0.8～1.0mm冷轧薄钢板卷边与加强筋点焊制成，空腔中以硅酸铝纤维毡或岩棉加硅酸钙板填实，门的标准厚度为45mm。填料如需拼接，不宜对接，宜用榫接。为避免高温时填料体积收缩致使门的耐火性能下降，填充时应加高温黏结剂。

（2）双扇钢质防火门　门框及门窗的构造与单扇钢质防火门相同。需注意的是，门锁应有一定的耐火性能，特别是锁舌，不应在火灾初期就熔化了；铰链应有足够的强度，否则门扇容易掉角，使门缝局部扩大，失去隔火作用。双扇门的中缝是薄弱环节，门扇变形往往是中缝首先扩大，致使火灾蔓延。处理方法：一是将中缝做成半榫搭接；二是在中缝搭接的内拐角处设置密封条，可较好地防止烟火穿出。

(3) 单扇木质防火门　门框所用木料需经浸渍阻燃处理，或成型后涂刷防火涂料。在门框与门扇的接合缝处嵌防火密封条，以阻止烟火从门隙处窜出。门扇由面板，骨架及填芯材料组合而成。两面的面板用浸渍处理过的五层胶合板制成；中间的木骨架形成框档，在其中填充陶瓷棉或岩棉，并压实。填充料拼接及填充时的要求与钢制防火门相同。门扇的标准厚度为45mm。

(4) 双扇木质防火门　门框及门扇的构造与单扇木质防火门相同。对门锁、铰链和中缝的要求与双扇钢质防火门相同。

木质防火门由于自重轻，制作较为简便和装饰效果好，耐火性能基本上也能符合要求，因此应用较广泛。木板铁皮门和钢质防火门则主要在厂房、仓库中使用。

(5) 防火卷帘门　防火卷帘门由帘板、滚筒、托架、导轨及控制机构组成。整个组合体包括封闭在滚筒内的运转平衡器、自动关闭机构、金属防护罩及叶板等部分。阻挡烟火和热气流主要靠帘板，它是由钢板压制成型后扣合而成，有单片制成的普通卷帘门和由双片钢板扣合(中间加隔热材料)制成的复合式卷帘门，防火卷帘门的制作质量要求比较高，安装不当会影响其防火效果。

4.2.2.3　防火门的设置

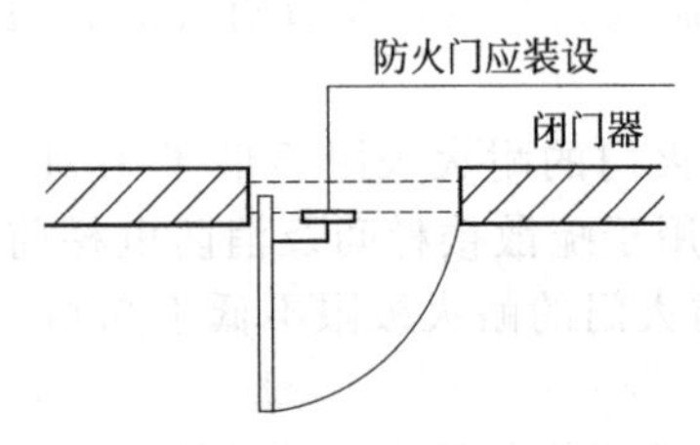

图 4-10　防火门的自闭功能

防火门的设置应符合下列规定。

(1) 防火门应具有自闭功能（图 4-10）。其目的是为了尽量避免火灾时烟气或火势通过门洞窜入人员的疏散通道内，以保证疏散通道的相对安全和人员的安全疏散，防火门在平时应处于关闭状态或在火灾时以及人员疏散后能自行关闭。

(2) 双扇防火门应具有按顺序关闭的功能（图 4-11）。其目的是为了保证防火门的防火、防烟性能以及人员疏散的需要，防火门的开启方式、方向等均应满足紧急情况下人员迅速开启、快捷疏散的需要。因此要求防火门具有自闭的功能，而对于双扇防火门应具有按顺序关闭的功能，否则容易出现由于关闭顺序混乱而导致防火门不能正常自行关闭。

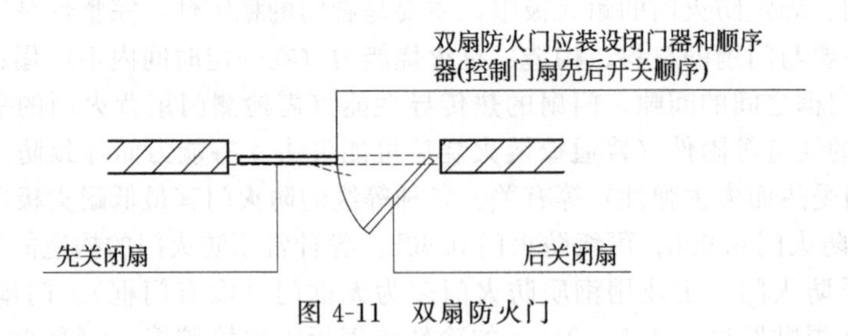

图 4-11　双扇防火门

(3) 设置在建筑内经常有人通行处的防火门宜采用常开防火门，除另有规定外，其他位置的防火门均应采用常闭防火门。常开防火门应能在火灾时自行关闭，并应有信号反馈的功能，如图 4-12 所示；常闭防火门应在其明显位置设置保持门关闭的提示性标志。建筑中设置的防火门，应保证其防火和防烟性能符合相应构件的耐火要求以及人员的疏散需要。常开的防火门应保证火灾发生时人员疏散后能够自行关闭，避免火灾时烟气或火势通

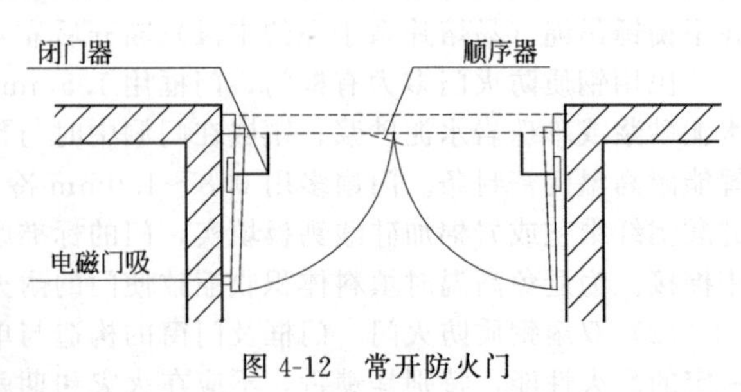

图 4-12　常开防火门

过门洞窜入人员的疏散通道内。此外，防火门应具有信号反馈的功能，便于控制火势。

常开防火门上应设闭门器（或自动闭门器）、顺序器和火灾时能使闭门器工作的释放器和信号反馈装置，由消防控制中心控制，做到发生火灾时，门能自动关闭。

（4）除特殊规定外，防火门应能在其内外两侧手动开启。

（5）设置在变形缝附近时，防火门开启后，其门扇不应跨越变形缝，并应设置在楼层较多的一侧（图 4-13、图 4-14）。发生火灾时，建筑中的变形缝是密闭性较差的部位，若设置在变形缝附近的防火门开启后其门扇跨越变形缝，难以形成防火分区间的相互独立性，因此应尽量避免防火门开启后的门扇跨越变形缝。

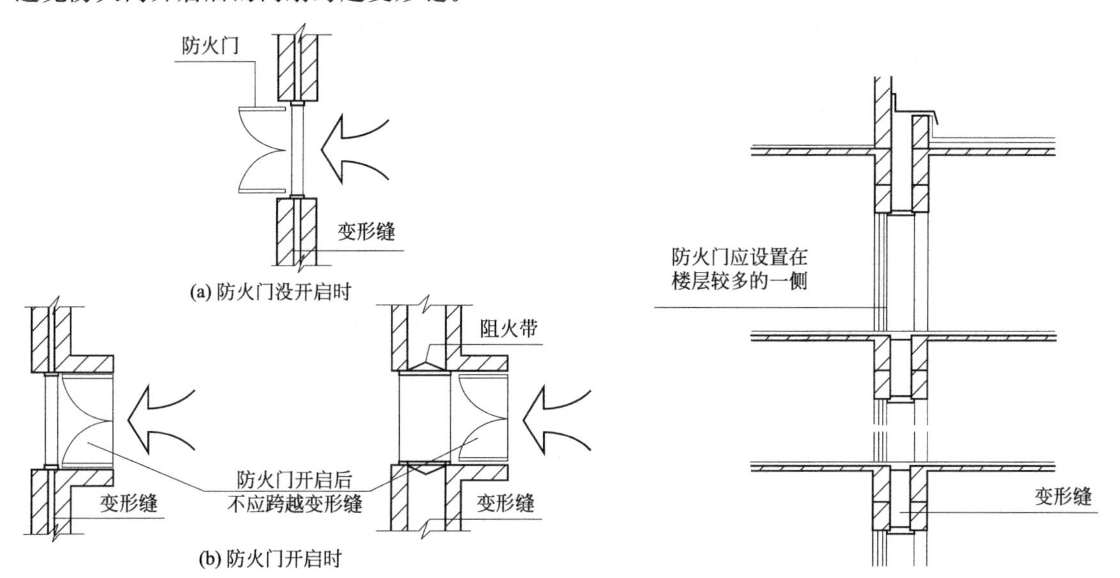

图 4-13 防火门设置在变形缝附近时的要求（一）　　图 4-14 防火门设置在变形缝附近时的要求（二）

4.2.2.4 防火门的联动控制

防火门作用在于防烟与防火，可用手动控制或电动控制。采用电动控制时需在防火门上配有相应的闭门器及释放开关。

释放开关有两种：一种是平时通电吸合，使防火门处于开启状态，火灾时电源被联动装置切断，这时装在门上的闭门器使防火门自动关闭；还有一种释放开关是将电磁铁、油压泵和弹簧做成一个整体装置，平时断电，防火门开启。当火灾时电磁铁通电将销子拔出，靠油压泵的压力将门慢慢关闭。

电动防火门的控制应符合以下要求。

（1）电动防火门应选用平时不耗电的释放器，且宜暗设，应有返回动作信号功能。

（2）门两侧应装设专用的感烟探测器组成的控制电路，当门任一侧的火灾探测器报警后，防火门应自动关闭，防火门关闭信号应送到消防控制室。

4.2.3 防火卷帘

4.2.3.1 防火卷帘的分类

防火卷帘一般由钢板或铝合金板材制成。钢质防火卷帘门因安装在建筑物中位置的不同而有区别，可分为外墙用防火卷帘门和室内防火卷帘门。其中外墙卷帘也可按耐风压强度和耐火极限区分。而室内用卷帘则按其耐火极限、防烟性能来区分。

（1）按耐火极限，普通型防火卷帘门可分为耐火极限 1.5h 和 2h 两种。复合型防火卷帘门可分为 2.5h 和 3h 两种。

（2）按耐风压强度，可分为 500N/m^2、800N/m^2、1200N/m^2 三种。

(3) 复合型钢质防火防烟卷帘门，也可分为耐火极限为2.5h、漏烟量（压力差为20Pa）小于$0.2m^3/(m^2 \cdot min)$以及耐火极限为3h、漏烟量（压力差为20Pa）小于$0.2m^3/(m^2 \cdot min)$两种。

(4) 普通型钢质防火防烟卷帘门，可分为耐火极限为1.5h、漏烟量（压力差为20Pa）小于$0.2m^3/(m^2 \cdot min)$以及耐火极限为2h、漏烟量（压力差为20Pa）小于$0.2m^3/(m^2 \cdot min)$两种。

4.2.3.2 防火卷帘的构造要求

防火卷帘由帘板、卷筒、导轨、传动装置、卷门机和控制系统等部分组成。防火卷帘的帘板平时卷在卷筒轴上，火灾发生时，可通过手动、电动、自动三种传动方式使卷筒轴转动，帘板沿导轨运动将门洞等部位关闭，从而阻止火势的蔓延。

(1) 上卷式金属防火卷帘　上卷式金属防火卷帘构造如图4-15所示。

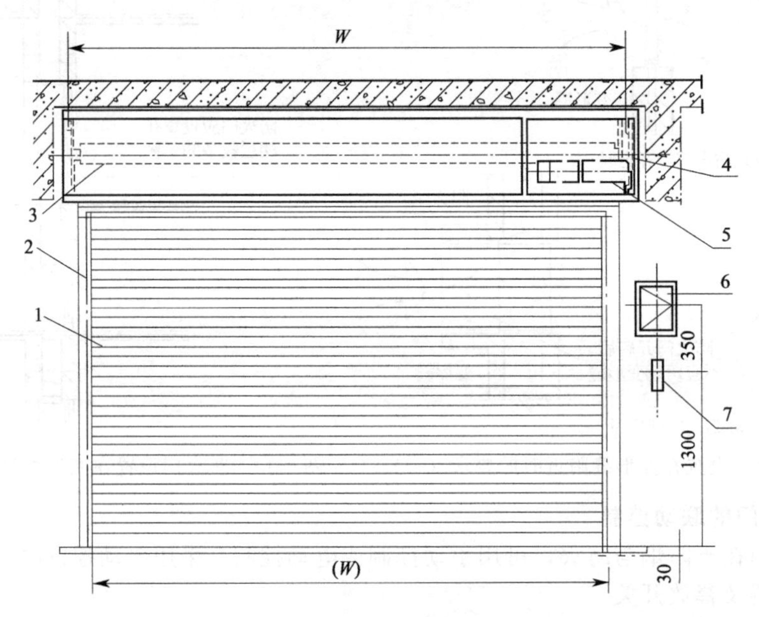

图4-15　金属上卷帘构造

1—帘板部分；2—导轨部分；3—卷筒部分；4—外罩部分；
5—电动和手动部分；6—控制箱；7—控制按钮
W—卷帘席宽；(W)—洞口宽

普通型防火卷帘的耐火极限为2.5h；复合型防火卷帘为4h。普通型防火卷帘的隔热性能为$0.4W/cm^2$；复合型防火卷帘为$0.19W/cm^2$。抗风压强度为$120kg/m^2$，启闭速度为2～9m/min。

(2) 侧卷式金属防火卷帘　金属侧卷式防火卷帘由帘板、帘板卷筒、绳卷筒、上下导轨、传动装置、手动机构、电器控制系统等部分组成。这是一种侧向移动形式的金属防火卷帘，其跨度大，适用于建筑物内部有较大尺寸的洞口或是大厅防火分区的防火分隔（如设有中庭的建筑和大跨度建筑的防火分隔）。

侧卷式金属防火卷帘的悬挂滑动构件包括钢制滑轨和滑轮组等。侧帘通过滑轮悬挂在滑轨内依靠牵引力随滑轮前移，使洞口封闭。按照滑轨敷设方式可分为埋设式滑轨和明设式滑轨。埋设式滑轨由于滑轨在火灾时不直接与烟火接触，耐火性能较好。但应采取防火防烟措施，防止烟火进入滑轨内腹，避免悬吊件直接受烟火作用；明设式滑轨直接暴露在外面的承重构件应采取可靠的耐火措施，并应采取防火防烟措施保护滑轨内腹和悬挂件免受烟火的直接作用。

(3) 无机复合防火卷帘　无机复合防火卷帘由卷帘、卷帘轴、导轴、支座、开闭机等组成。卷轴两端由特殊设计的机构支承，能补偿墙面的平面误差，使卷轴在任何情况下均能转动自如。这种防火卷帘的帘面采用无机纤维织物经过特殊处理后制成，具有相对体积小，重量轻，占用空间小，能降低建筑物的承载负荷，满足安装空间要求，背火面温度较低的特点。经国家法定检测部门检测，其耐火极限可达到 4.0h，能满足各种建筑防火分隔构件的耐火极限要求。

4.2.3.3 防火卷帘的设置

防火分区间采用防火卷帘分隔时，应符合下列规定。

(1) 除中庭外，当防火分隔部位的宽度不大于 30m 时，防火卷帘的宽度不应大于 10m；当防火分隔部位的宽度大于 30m 时，防火卷帘的宽度不应大于该防火分隔部位宽度的 1/3，且地下建筑不应大于 20m。

(2) 防火卷帘的耐火极限不应低于 3.00h（图 4-16）。当防火卷帘的耐火极限符合《门和卷帘的耐火试验方法》(GB/T 7633—2008) 有关背火面温升的判定条件时，可不设置自动喷水灭火系统保护；符合《门和卷帘耐火试验方法》(GB/T 7633—2008) 有关背火面辐射热的判定条件时，应设置自动喷水灭火系统保护。自动喷水灭火系统的设计应符合现行国家标准《自动喷水灭火系统设计规范》(GB 50084—2017) 的有关规定，但其火灾延续时间不应小于 3.0h。

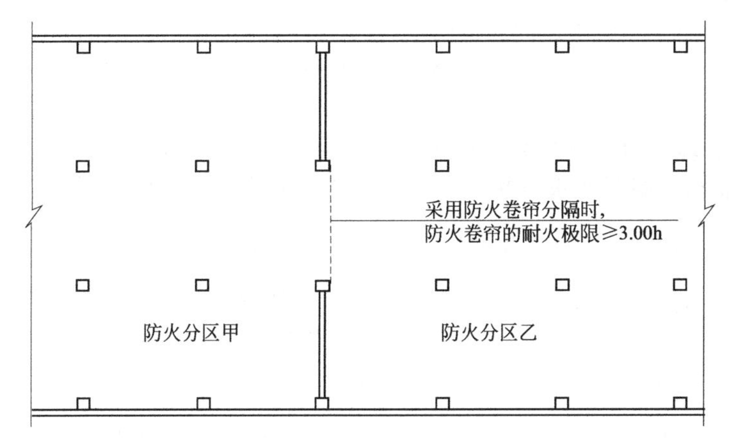

图 4-16 防火卷帘的耐火极限

(3) 防火卷帘应具有防烟性能，与楼板、梁和墙、柱之间的空隙应采用防火封堵材料封堵（图 4-17）。采用防火卷帘分隔是工业厂房和部分大型公共建筑的防火分隔措施之一，在采用防

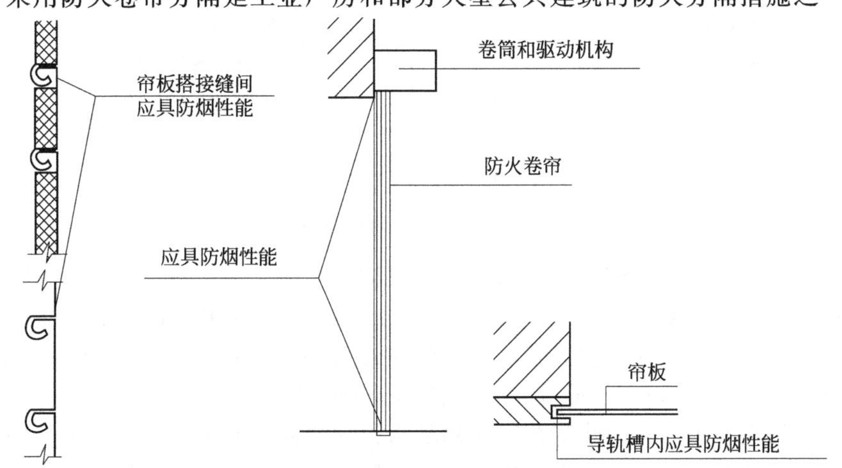

图 4-17 防火卷帘的防烟性能

注：防火卷帘的导轨、卷筒等各部位于墙、柱、梁、楼板之间的空隙均应用防火封堵材料封堵

火卷帘作防火分隔体时，应采用具有防烟性能的防火卷帘，认真考虑分隔空间的宽度、高度及其在火灾情况下高温烟气对卷帘面、卷轴及电机的影响，防止烟气和火势透过卷帘传播蔓延。

4.2.3.4 防火卷帘的联动控制

当火灾发生时可据消防控制室或探测器的联动指令或就地手动操作，使卷帘下降，水幕同步供水。用于疏散通道上的防火卷帘的两侧分别安装感烟、感温两种类型的火灾报警探测器组及手动控制按钮。

疏散通道上防火卷帘控制的过程如下。当感烟探测器发出火警信号后，主机按照预先编制的软件程序指令相应输出模块动作，使该防火卷帘门产生第一次下降，距地 1.8m；当感温探测器发出火警信号后，主机指令另一输出模块动作，使该防火卷帘产生第二次下降，使卷帘降落至地面，以达到人员紧急疏散、火灾区域隔水隔烟、控制火灾蔓延的目的。用于防火分区的防火卷帘接受感烟探测器的关闭信号后，下降到地。

用作防火分隔的防火卷帘，火灾探测器动作后，卷帘应一次降到底，报警信号和降到底的信号均应在消防控制室的控制装置上显示。

卷帘电动机为三相 380V，功率为 0.55～1.5kW，其容量视门体大小而定。控制电路电压为 DC 24V。控制方式有下列几种。

① 电动控制。用于一般用途的卷帘门上，以按钮操作控制卷帘门的升降。

② 手动控制。在电动控制的按钮上附加了手动控制装置，可用人工操作转柄使卷帘门降落。

③ 联动控制。即与消防中心实行联动控制，可实现集中控制防止火灾蔓延。可分为中心联动控制和模块联动控制两种联动方式。其联动控制方框图如图 4-18 所示。

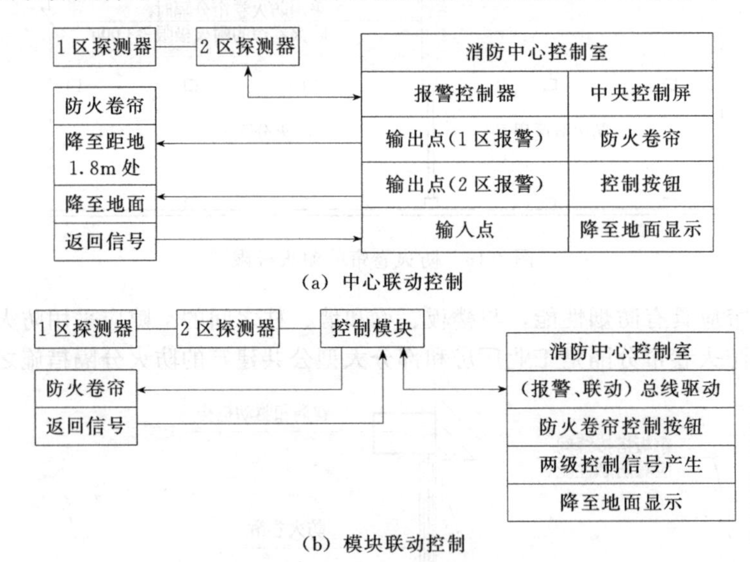

图 4-18 防火卷帘控制框图

防火卷帘还应具有在停电情况下，通过手动拉链或熔断器控制防火卷帘门下降的功能。

根据《火灾自动报警系统设计规范》(GB 50116—2013) 要求，设于疏散通道上的防火卷帘，应设置火灾探测器组及其警报装置，且两侧应设置手动控制按钮，当感烟探测器动作后，卷帘自动下降至距地（楼面）1.8m 处（一步降），当感温探测器动作后，卷帘自动下降到底（二步降）。此处防火卷帘门分两步降落的作用是当火灾初起时便于人员的疏散。用作防火分隔的防火卷帘，火灾探测器动作后，卷帘应当下降到底。例如，在无人穿越的共享大厅等处，防火卷帘可由感烟探测器控制一步降到底。

对防火卷帘可进行分别控制［图 4-19(a)］或分组控制［图 4-19(b)］，在共享大厅、自动扶梯、商场等处允许几个卷帘同时动作时，可采用分组控制。采用分组控制可大大减少控制模块和编码探测器的数量，进而减少投资。

模块与防火卷帘门电控箱接线如图 4-19 所示。其中，图 4-19(a) 中 KA_1 和 KA_2 为安装于防火卷帘门电控箱中的中间继电器，分别用于防火卷帘的两步下降控制。图 4-19(b) 中，中间继电器 KA_1～KA_3 分别安装于各防火卷帘门电控箱中，分别用于各防火卷帘的控制。

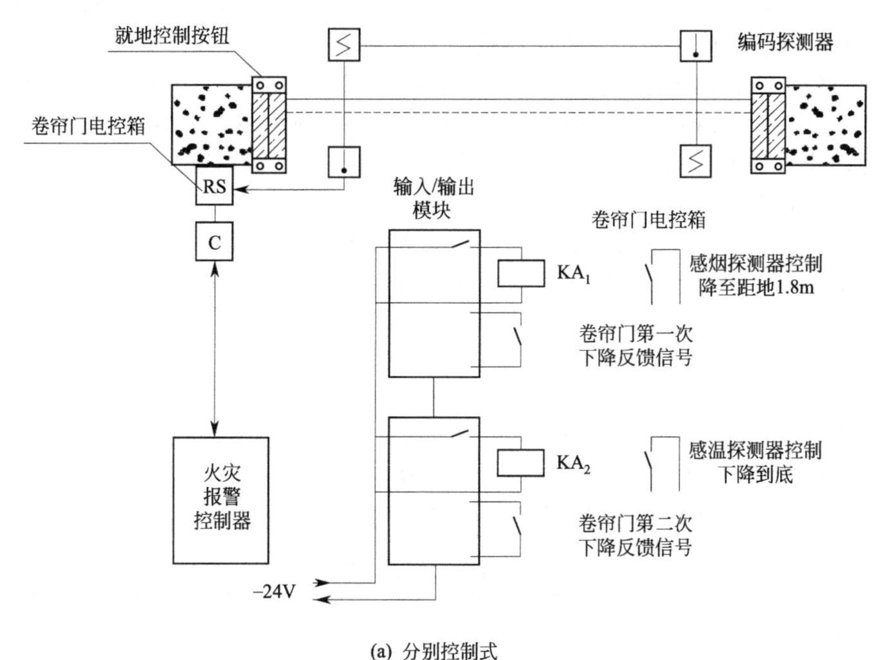

(a) 分别控制式

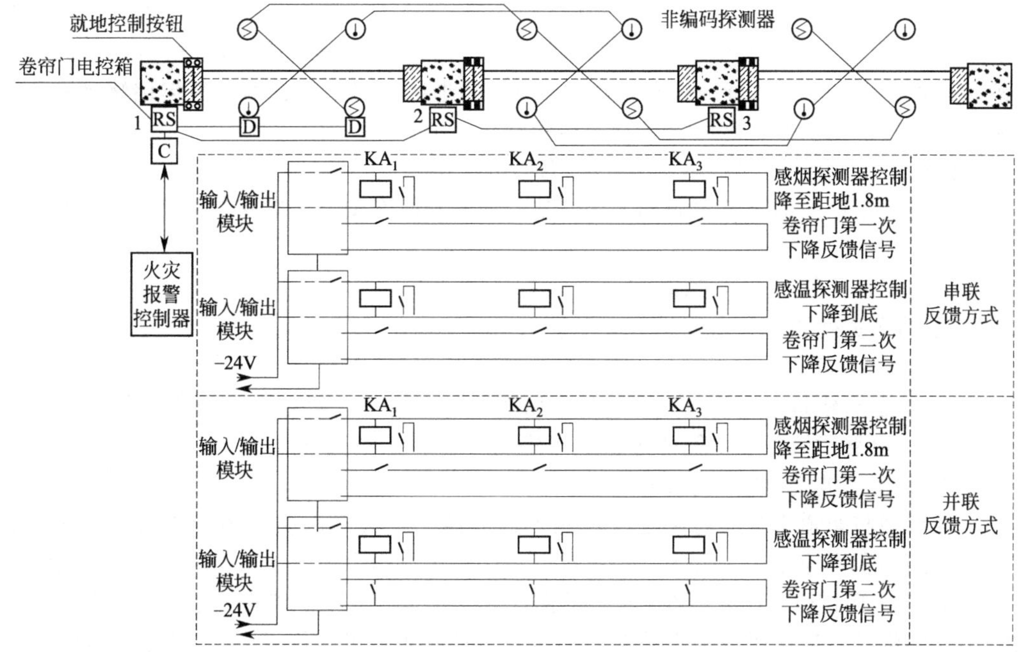

(b) 分组控制式

图 4-19 模块与防火卷帘门电控箱接线示意

4.2.4 消防道

(1) 街区内的道路应考虑消防车的通行，道路中心线间的距离不宜大于160m。当建筑物沿街道部分的长度大于150m或总长度大于220m时，应设置穿过建筑物的消防车道。确有困难时，应设置环形消防车道。

(2) 高层民用建筑，超过3000个座位的体育馆，超过2000个座位的会堂，占地面积大于3000m^{2}的商店建筑、展览建筑等单、多层公共建筑应设置环形消防车道，确有困难时，可沿建筑的两个长边设置消防车道；对于高层住宅建筑和山坡地或河道边临空建造的高层民用建筑，可沿建筑的一个长边设置消防车道，但该长边所在建筑立面应为消防车登高操作面。

(3) 工厂、仓库区内应设置消防车道。高层厂房，占地面积大于3000m^{2}的甲、乙、丙类厂房和占地面积大于1500m^{2}的乙、丙类仓库，应设置环形消防车道，确有困难时，应沿建筑物的两个长边设置消防车道。

(4) 有封闭内院或天井的建筑物，当内院或天井的短边长度大于24m时，宜设置进入内院或天井的消防车道；当该建筑物沿街时，应设置连通街道和内院的人行通道（可利用楼梯间），其间距不宜大于80m。

(5) 在穿过建筑物或进入建筑物内院的消防车道两侧，不应设置影响消防车通行或人员安全疏散的设施。

(6) 可燃材料露天堆场区，液化石油气储罐区，甲、乙、丙类液体储罐区和可燃气体储罐区，应设置消防车道。消防车道的设置应符合下列规定。

① 储量大于表4-2规定的堆场、储罐区，宜设置环形消防车道。

表4-2 堆场或储罐区的储量

名称	棉、麻、毛、化纤/t	秸秆、芦苇/t	木材/m^3	甲、乙、丙类液体储罐/m^3	液化石油气储罐/m^3	可燃气体储罐/m^3
储量	1000	5000	5000	1500	500	30000

② 占地面积大于30000m^{2}的可燃材料堆场，应设置与环形消防车道相通的中间消防车道，消防车道的间距不宜大于150m。液化石油气储罐区，甲、乙、丙类液体储罐区和可燃气体储罐区内的环形消防车道之间宜设置连通的消防车道。

③ 消防车道的边缘距离可燃材料堆垛不应小于5m。

(7) 供消防车取水的天然水源和消防水池应设置消防车道。消防车道的边缘距离取水点不宜大于2m。

(8) 消防车道应符合下列要求。

① 车道的净宽度和净空高度均不应小于4.0m。

② 转弯半径应满足消防车转弯的要求。

③ 消防车道与建筑之间不应设置妨碍消防车操作的树木、架空管线等障碍物。

④ 消防车道靠建筑外墙一侧的边缘距离建筑外墙不宜小于5m。

⑤ 消防车道的坡度不宜大于8%。

(9) 环形消防车道至少应有两处与其他车道连通。尽头式消防车道应设置回车道或回车场，回车场的面积不应小于12m×12m；对于高层建筑，不宜小于15m×15m；供重型消防车使用时，不宜小于18m×18m。消防车道的路面、救援操作场地、消防车道和救援操作场地下面的管道和暗沟等，应能承受重型消防车的压力。消防车道可利用城乡、厂区道路等，但该道路应满足消防车通行、转弯和停靠的要求。

(10) 消防车道不宜与铁路正线平交，确需平交时，应设置备用车道，且两车道的间距不应小于一列火车的长度。

4.2.5 救援场地和入口

(1) 高层建筑应至少沿一个长边或周边长度的1/4且不小于一个长边长度的底边连续布置消防车登高操作场地，该范围内的裙房进深不应大于4m。建筑高度不大于50m的建筑，连续布置消防车登高操作场地确有困难时，可间隔布置，但间隔距离不宜大于30m，且消防车登高操作场地的总长度仍应符合上述规定。

(2) 消防车登高操作场地应符合下列规定。

① 场地与厂房、仓库、民用建筑之间不应设置妨碍消防车操作的树木、架空管线等障碍物和车库出入口。

② 场地的长度和宽度分别不应小于15m和10m。对于建筑高度大于50m的建筑，场地的长度和宽度分别不应小于20m和10m。

③ 场地及其下面的建筑结构、管道和暗沟等，应能承受重型消防车的压力。

④ 场地应与消防车道连通，场地靠建筑外墙一侧的边缘距离建筑外墙不宜小于5m，且不应大于10m，场地的坡度不宜大于3%。

(3) 建筑物与消防车登高操作场地相对应的范围内，应设置直通室外的楼梯或直通楼梯间的入口。

(4) 厂房、仓库、公共建筑的外墙应在每层的适当位置设置可供消防救援人员进入的窗口。

(5) 供消防救援人员进入的窗口的净高度和净宽度均不应小于1.0m，下沿距室内地面不宜大于1.2m，间距不宜大于20m且每个防火分区不应少于2个，设置位置应与消防车登高操作场地相对应。窗口的玻璃应易于破碎，并应设置可在室外易于识别的明显标志。

4.2.6 直升机停机坪

(1) 建筑高度大于100m且标准层建筑面积大于2000m^{2}的公共建筑，宜在屋顶设置直升机停机坪或供直升机救助的设施。

(2) 直升机停机坪应符合下列规定。

① 设置在屋顶平台上时，距离设备机房、电梯机房、水箱间、共用天线等突出物不应小于5m。

② 建筑通向停机坪的出口不应少于2个，每个出口的宽度不宜小于0.90m。

③ 四周应设置航空障碍灯，并应设置应急照明。

④ 在停机坪的适当位置应设置消火栓。

⑤ 其他要求应符合国家现行航空管理有关标准的规定。

4.3 特殊部位防火分隔设计

4.3.1 玻璃幕墙的防火分隔

玻璃幕墙作为一种新型的建筑构件，以其自重轻、光亮、明快、挺拔、美观、装饰艺术效果好等优点，被大量应用在高层建筑之中。

4.3.1.1 玻璃幕墙的火灾危险性

玻璃幕墙是由金属构件和玻璃板组成的建筑外墙面围护结构，分明框、半明框和隐框玻璃幕墙三种。构成玻璃幕墙的材料主要有钢、铝合金、玻璃、不锈钢和粘接密封剂。玻璃幕墙多采用全封闭式，幕墙上的玻璃常采用热反射玻璃、钢化玻璃等。这些玻璃强度高，但耐火性能差，因此，一旦建筑物发生火灾，火势蔓延危险性很大，主要表现在以下几个方面。

(1) 建筑物一旦发生火灾，室内温度便急剧上升，用作幕墙的玻璃在火灾初期由于温度应力的作用即会炸裂破碎，导致火灾由建筑物外部向上蔓延。一般幕墙玻璃在 250℃左右即会炸裂、脱落，使大面积的玻璃幕墙成为火势向上蔓延的重要途径。

(2) 垂直的玻璃幕墙与水平楼板之间的缝隙，是火灾发生时烟火扩散的途径。由于建筑构造的要求，在幕墙和楼板之间留有较大的缝隙，若对其没有进行密封或密封不好，烟火就会由此向上扩散，造成蔓延。

4.3.1.2 玻璃幕墙的防火分隔措施

为了防止建筑发生火灾时通过玻璃幕墙造成大面积蔓延，在设置玻璃幕墙时应符合下列规定。

(1) 玻璃幕墙与每层楼板、隔墙处的缝隙，应采用非燃烧材料填塞密实（图 4-20、图 4-21）。

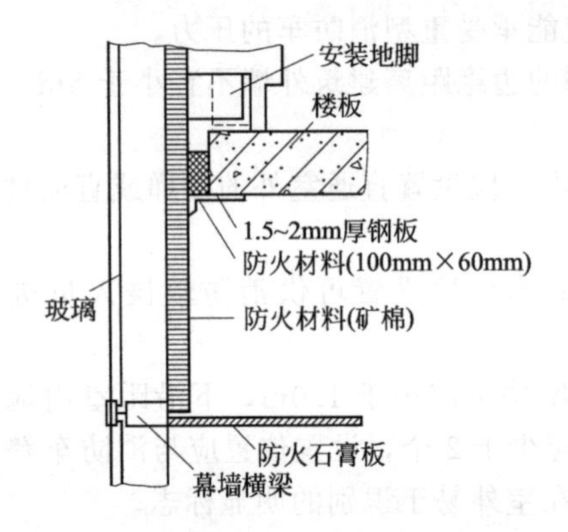

图 4-20 玻璃幕墙的防火分隔示意（一）

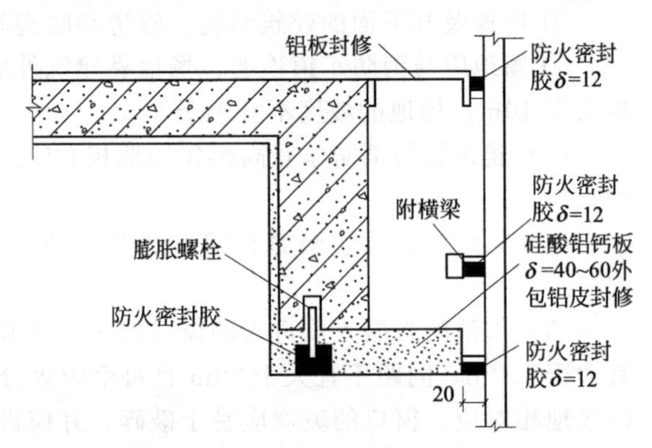

图 4-21 玻璃幕墙的防火分隔示意（二）（单位：mm）

δ—厚度

(2) 设有窗间墙、窗槛墙（窗下墙）的玻璃幕墙，其墙体的填充材料应用岩棉、矿棉、玻璃棉、硅酸铝棉等非燃烧材料。当其外墙面采用耐火极限不低于 1.0h 的非燃烧体时，其墙内封底材料可采用难燃烧材料。

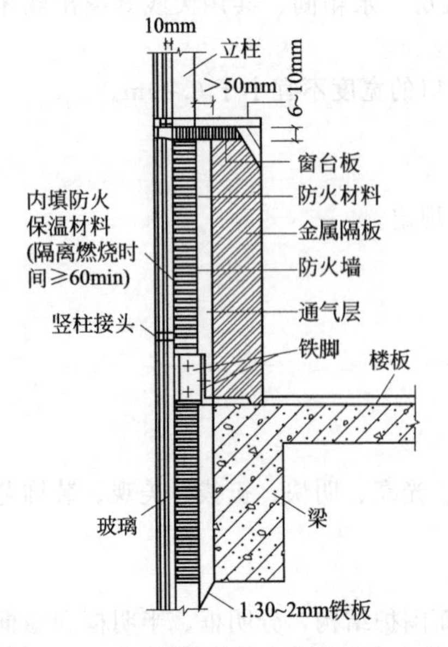

图 4-22 玻璃幕墙的防火分隔示意（三）

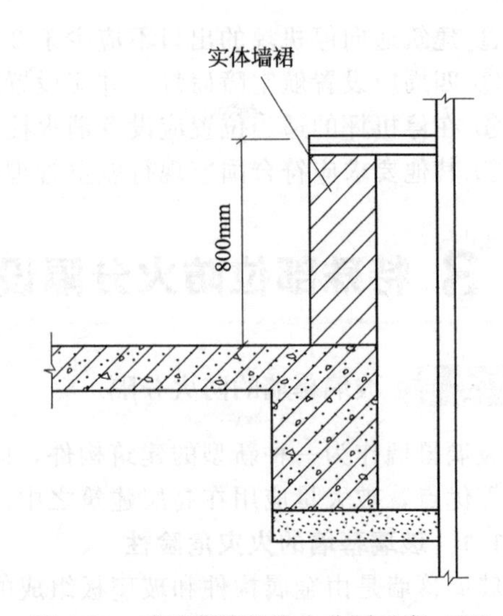

图 4-23 玻璃幕墙的防火分隔示意（四）

（3）无窗间墙、窗槛墙（窗下墙）的玻璃幕墙，应在每层楼板外沿设置耐火极限不低于1.0h、高度不低于0.8m的非燃烧实体裙墙（图4-22、图4-23）。

4.3.2 中庭的防火分隔

4.3.2.1 中庭空间的火灾危险性

设计中庭的建筑，最大的问题是发生火灾时，其防火分区被上下贯通的大空间所破坏。因此，当中庭防火设计不合理或管理不善时，有火灾急速扩大的可能性。其危险在于如下几方面。

（1）火灾不受限制地急剧扩大　中庭空间一旦失火，类似室外火灾环境条件，火灾由“通风控制型”燃烧转变为“燃料控制型”燃烧，因此，很容易使火势迅速扩大。

（2）烟气迅速扩散　由于中庭空间形似烟囱，因此易产生烟囱效应。若在中庭下层发生火灾，烟火就进入中庭；若在上层发生火灾，中庭空间未考虑排烟时，就会向周围楼层扩散，并进而扩散到整个建筑物。

（3）疏散危险　由于烟气迅速扩散，楼内人员会产生心理恐惧，人们争先恐后夺路逃命，极易出现伤亡。

（4）火灾易扩大　中庭空间的顶棚很高，因此采取以往的火灾探测和自动喷水灭火装置等方法不能达到火灾早期探测和初期灭火的效果。即使在顶棚下设置了自动洒水喷头，由于太高，而温度达不到额定值，洒水喷头就无法启动。

（5）灭火和救援过程可能受到的影响

① 同时可能出现要在几层楼进行灭火。

② 消防队员不得不逆着疏散人流的方向进入火场。

③ 火灾迅速多方位扩大，消防队难以围堵扑灭火灾。

④ 烟雾迅速扩散，严重影响消防活动。

⑤ 火灾时，屋顶和壁面上的玻璃因受热破裂而散落，对消防队员造成威胁。

⑥ 建筑物中庭的用途不固定，将会有大量不熟悉建筑情况的人员参与活动，并可能增加大量的可燃物，如临时舞台、照明设施、坐席等，将会加大火灾发生的概率，加大火灾时人员的疏散难度。

正因为中庭存在上述问题，所以必须采取有效措施，方可妥善解决。

4.3.2.2 中庭防火分隔设计

根据中庭的火灾特点，结合国内外高层建筑中庭防火设计的具体做法，参考国外有关防火规范的规定，贯通中庭的各层应按一个防火分区计算。当其面积大于有关建筑防火分区的建筑面积时，应采取以下防火分隔措施。

（1）房间与中庭回廊相通的门或窗，应采用火灾时可自行关闭的甲级防火门或甲级防火窗以控制火势向各层间蔓延。设置防火门时，其门扇在平时保持开启状态，火灾时通过自动释放装置自行关闭。

（2）与中庭相通的过厅、通道等处，应设置甲级防火门或耐火极限不小于3.00h的防火分隔物，以控制烟火向过厅、通道处蔓延扩散。

（3）对于高层民用建筑，中庭每层回廊应设自动喷水灭火系统。

（4）中庭每层回廊应设火灾自动报警系统，并与排烟设备和防火门联锁控制。

中庭的防火设计如图4-24所示。

4.3.3 竖井的防火分隔

楼梯间、电梯井、采光天井、通风管道井、电缆井、垃圾井等竖井串通各层的楼板，形成竖向连通孔洞。因使用要求，竖井不可能在各层分别形成防火分区（中断），而是要采用具有

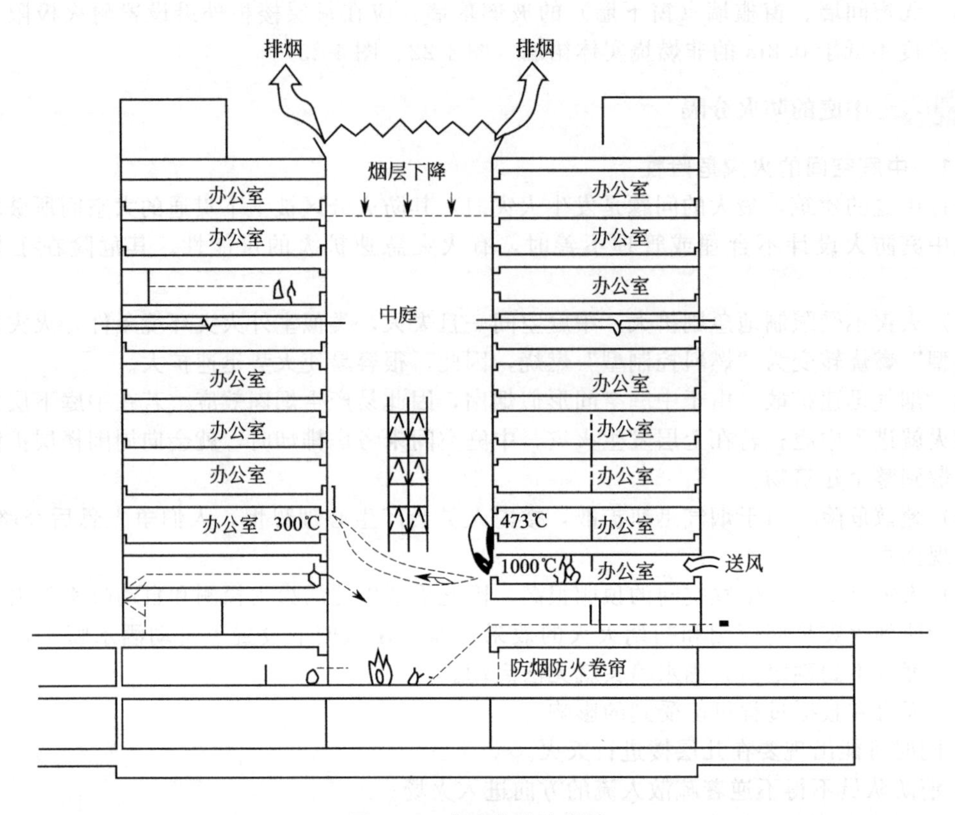

图 4-24 中庭的防火设计

1h 以上（电梯井为 2h）耐火极限的不燃烧体作井壁，必要的开口部位设耐火极限 0.6h 的防火门加以保护。这样就使得各个竖井与其他空间分隔开来，通常称为竖井分区，它是竖向防火分区的一个重要组成部分。应该指出的是，竖井应该单独设置，以防各个竖井之间互相蔓延烟火。若竖井分区设计不完善，烟火一旦侵入，就会形成火灾向上层蔓延的通道，其后果将不堪设想。

高层建筑各种竖井的防火要求见表 4-3。

表 4-3 高层建筑各种竖井的防火要求

名称	防火要求
电梯井	(1)应独立设置 (2)井内严禁敷设可燃气体和甲、乙、丙类液体管道，并不应敷设与电梯无关的电缆、电线等 (3)井壁应为耐火极限不低于 2h 的不燃烧体 (4)井壁除开设电梯门洞和通气孔洞外，不应开设其他洞口 (5)电梯门不应采用栅栏门
电缆井 管道井 排烟道 排气道	(1)这些竖井应分别独立设置 (2)井壁应为耐火极限不低于 1.0h 的不燃烧体 (3)墙壁上的检查门应采用丙级防火门 (4)高度不超过 100m 的高层建筑，其电缆井、管道井应每隔 2～3 层在楼板处用相当于楼板耐火极限的不燃烧体作防火分隔，建筑高度超过 100m 的建筑物，应每层作防火分隔 (5)电缆井、管道井与房间、吊顶、走道等相连通的孔洞，应用不燃烧材料严密填实
垃圾道	(1)宜靠外墙独立设置，不宜设在楼梯间内 (2)垃圾道排气口应直接开向室外 (3)垃圾斗宜设在垃圾道前室内，前室门采用丙级防火门 (4)垃圾斗应用不燃材料制作并能自动关闭

4.3.4 自动扶梯的防火分隔

4.3.4.1 自动扶梯的特点

自动扶梯是建筑物楼层间连续运输效率最高的载客设备，适用于车站、地铁、空港、商场及综合大厦的大厅等人流量较大的场所。自动扶梯可正逆向运行，在停机时，亦可作为临时楼梯使用。

随着建设标准的提高、规模扩大、功能综合化的发展，自动扶梯的使用越来越广。自动扶梯的平面与剖面如图 4-25 所示。

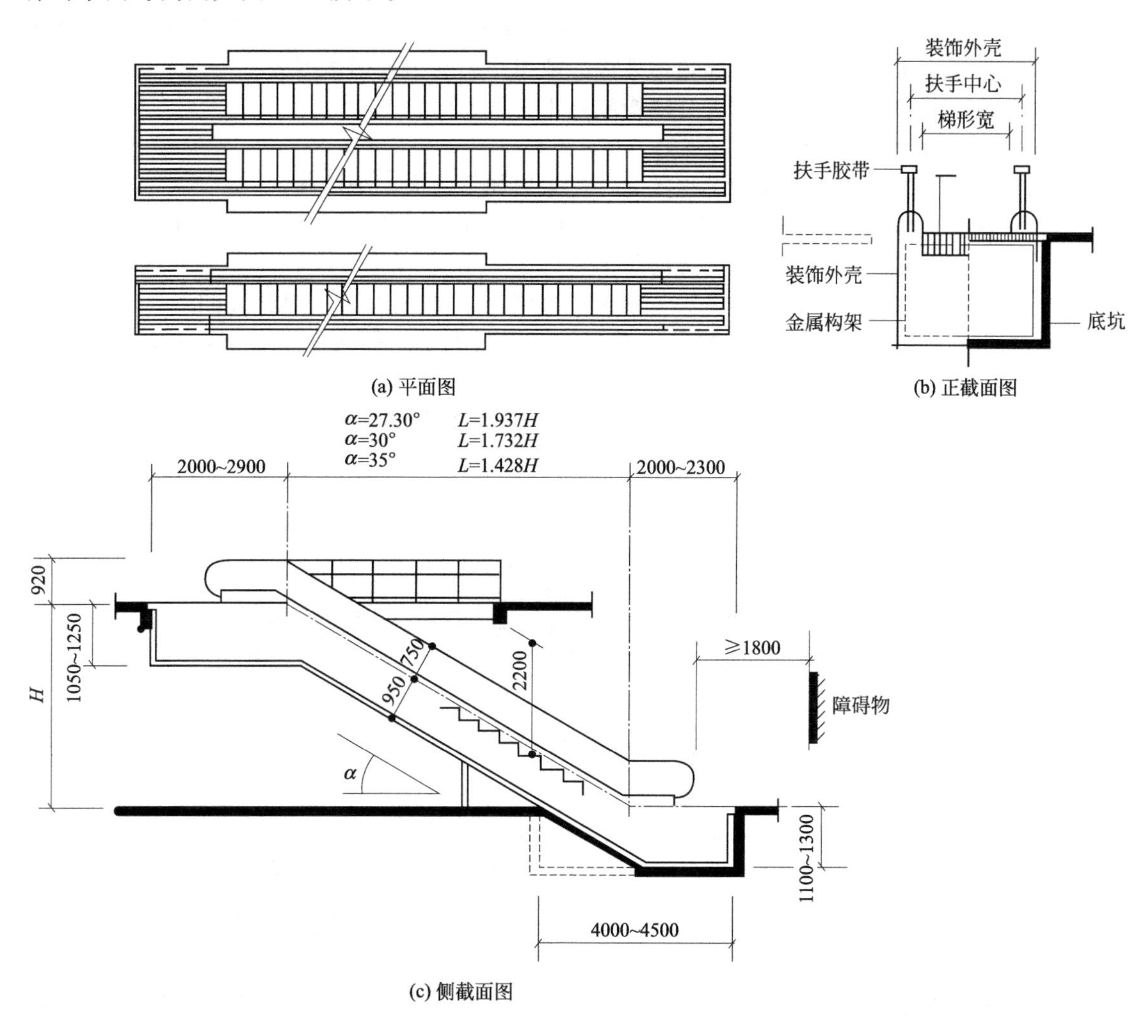

图 4-25 自动扶梯示意（单位：mm）

H—自动扶梯高度；*L*—电梯斜面长度；*α*—电梯倾角

4.3.4.2 自动扶梯的火灾危险性

首先，由于设置自动扶梯，使得数层空间连通，一旦某层失火，烟火很快会通过自动扶梯空间上蹿下跳，上下蔓延，形成难以控制之势。若以防火隔墙分隔，则不能体现自动扶梯豪华、壮观之势；若以防火卷帘分隔，会有卷帘之下空间被占用，卷帘长期不用失灵等问题。总之，自动扶梯的竖向空间形成了竖向防火分区的薄弱环节。自动扶梯安装的部位，是人员多的大厅（堂）。火灾实例证明，当某处着火，若发现晚，报警迟，往往形成大面积立体火灾，致使自动扶梯自身也遭火烧毁。

此外，自动扶梯本身运行及人们使用过程中，也会出现火灾事故。

（1）机器摩擦　机器在运行过程中，尤其是自动扶梯靠主拖动机械拖动，在扶梯导轨上运行时，因未及时加润滑油，或者未清除附着在机器轴承上面的落尘、杂废物，使机器发热，引起附着可燃物燃烧成灾。

（2）电气设备故障　自动扶梯在运行中离不开电，从过去的电气事故看，一是电动机长期运转，由于自动扶梯传动油泥等物卡住，负荷增大，致使电动机的电流增大，将电机烧毁而引起附着可燃物着火，酿成火灾；二是对电机和线路在运行过程中，缺乏严格检查制度，导致绝缘破坏，也未及时修理，养患成灾。

（3）吸烟不慎　自动扶梯设在人员密集、来往频繁的场所，络绎不绝的人群中吸烟者不少，有人随便扔烟头，抛到自动扶梯角落处或缝隙里，容易引起燃烧事故。

综上所述，对自动扶梯采取防火分隔措施是十分必要的。

4.3.4.3　自动扶梯防火分隔设计

根据自动扶梯的火灾危险性和工程实际，应采取如下防火安全措施。

（1）在自动扶梯上方四周加装喷水头，其间距为 2m，发生火灾时既可喷水保护自动扶梯，又起到防火分隔作用，以阻止火势向竖向蔓延。

（2）在自动扶梯四周安装水幕喷头，其流量采用 1L/s，压力为 350kPa 以上。

（3）在自动扶梯四周安装防火卷帘，或两对面安装卷帘，另两面设置固定轻质防火隔墙（轻质墙体）。

① 在四周安装防火卷帘如图 4-26 所示，此时应安装水幕保护。

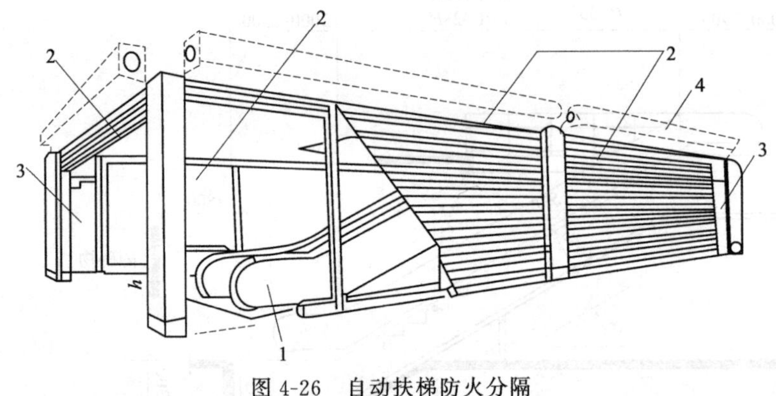

图 4-26　自动扶梯防火分隔

1—电动扶梯；2—卷帘；3—自动关闭的防火门；4—吊顶内的转轴箱

② 在出入的两对面设防火卷帘，非出入的两侧面设轻质防火隔墙，以阻止火势的蔓延，减少损失。

（4）采用不燃烧材料作装饰材料，自动扶梯分轻型和重型两种。按使用要求可制成全透明无支撑、全透明有支撑和半透明等结构形式。全透明无支撑是指扶梯两边的扶手下面的装饰挡板都采用透明的有机玻璃制成，从侧面可以看到踏步运行情况，造型美观大方。全透明有支撑就是在有机玻璃的装饰挡板中，每隔 600～800mm 处加装钢柱支撑，有机玻璃镶嵌在支撑之间。应提倡这种美观大方又具有耐火性质的设计，从防火安全来看，应尽量避免采用木质胶合板做自动扶梯的装饰挡板。

4.3.5　风道、管线、电缆贯通部位的防火分隔

风道、管线、电缆等贯通防火分区的墙体、楼板时，就会引起防火分区在贯通部位的耐火性能降低，所以应尽量避免管道穿越防火分区，不得已时，也应尽量限制开洞的数量和面积。为了防止火灾从贯通部位蔓延，所用的风道、管线、电缆等，要具有一定的耐火能力，并用不燃材料填塞管道与楼板、墙体之间的空隙，使烟火不得窜过防火分区。

4.3.5.1 风道贯通防火分区时的构造

空调、通风管道一旦窜入烟火，就会导致火灾在大范围蔓延。因此，在风道贯通防火分区的部位（防火墙），必须设置防火阀门。防火阀门如图 4-27 所示，必须用厚 1.5mm 以上的薄钢板制作，火灾时由高温熔断装置或自动关闭装置关闭。为了有效地防止火灾蔓延，防火阀门应该有较高的气密性。此外，防火阀门应该可靠地固定在墙体上，防止火灾时因阀门受热、变形而脱落，同时还要用水泥砂浆紧密填塞贯通的孔洞空隙。

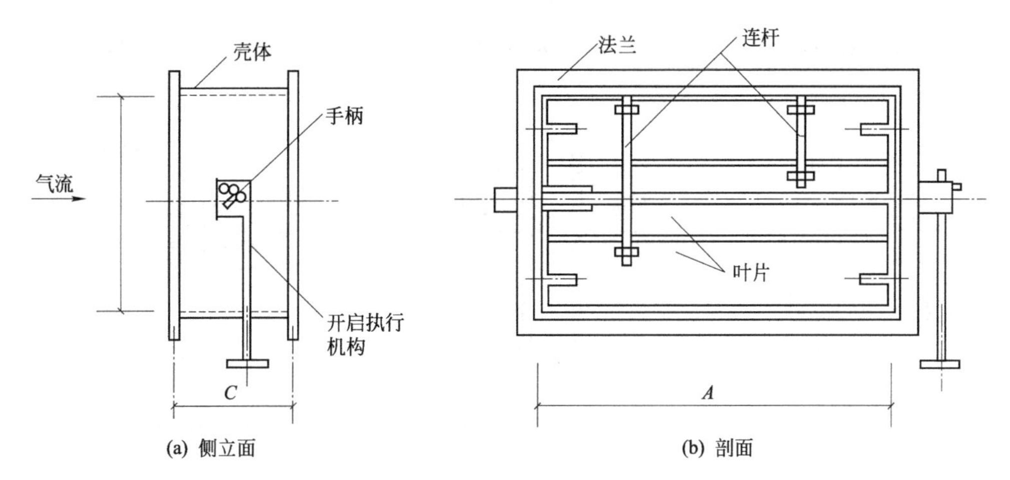

图 4-27 防火阀构造示意

C—宽度；A—长度

通风管道穿越变形缝时，应在变形缝两侧均设防火阀门，并在 2m 范围内必须用不燃烧保温隔热材料，如图 4-28 所示。

4.3.5.2 管道穿越防火墙、楼板时的构造

防火阀门在防火墙和楼板处应用水泥砂浆严密封堵，为安装结实可靠，阀门外壳可焊接短钢筋，以便与墙体、楼板可靠结合，如图 4-29 所示。

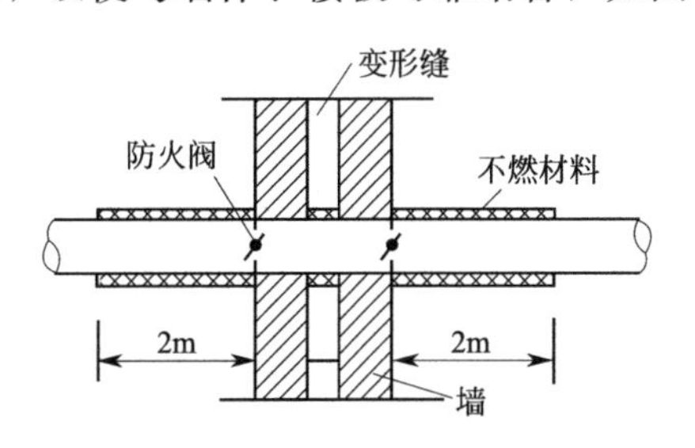

图 4-28 变形缝处防火阀门的安装示意

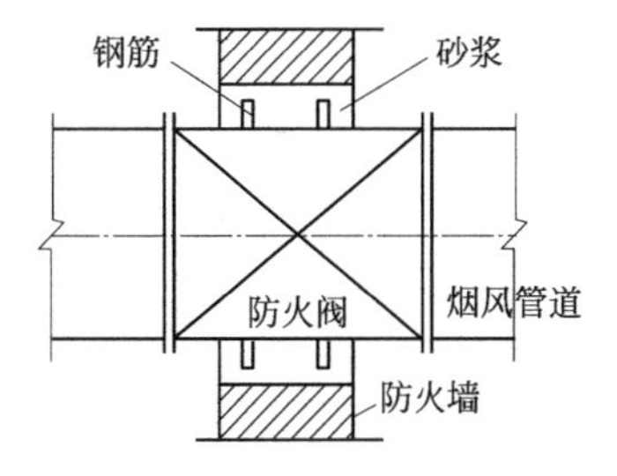

图 4-29 防火阀门的安装构造

如图 4-30 所示，对于贯通防火分区的给排水、通风、电缆等管道，也要与楼板或防火墙等可靠固定，并用水泥砂浆或石棉等紧密填塞管道与楼板、防火墙之间的空隙，防止烟、热气流窜出防火分区。

4.3.5.3 电缆穿越防火分区时的构造

当建筑物内的电缆使用电缆架布线时，因电缆保护层的燃烧，可能导致火灾从贯通防火分区的部位蔓延。电缆比较集中或者用电缆架布线时，危险性也特别大。因此，在电缆贯通防火分区的部位，用石棉或玻璃纤维等填塞空隙，两侧再用石棉硅酸钙板覆盖，然后用火的封面材料覆面，这样可以截断电缆保护层的燃烧和蔓延。

如上所述，贯通防火分区部位的耐火性能，与施工详图的设计和施工质量密切相关。贯通防火分区的孔洞面积虽然小，但是当施工质量不合格时，就会失去防火分区的作用。因此，对

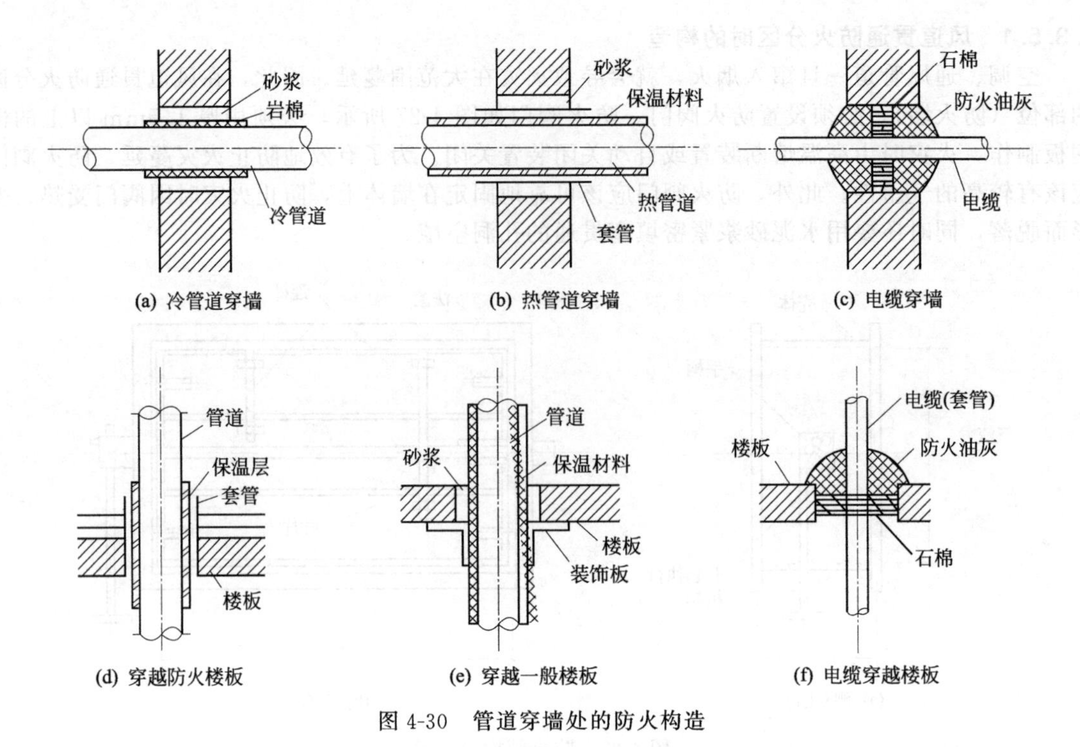

(a) 冷管道穿墙 (b) 热管道穿墙 (c) 电缆穿墙

(d) 穿越防火楼板 (e) 穿越一般楼板 (f) 电缆穿越楼板

图 4-30 管道穿墙处的防火构造

于防火分区贯通部位的耐火安全问题必须予以高度重视。最好在施工期间进行中期检查监督和隐蔽工程验收，以确保防火分区耐火性能可靠。

建筑消防系统设计

5.1 建筑内部装修防火设计

5.1.1 建筑内部装修的火灾危险性

建筑内部装修的火灾危险性主要表现在以下几个方面。

（1）建筑发生火灾的概率增大　建筑内部装修采用可燃材料多，适用范围广，接触火源的机会多，引发火灾的可能性增大。

（2）造成室内轰燃提前发生　建筑防火的一个重要方面，就是要在建筑物一旦发生火灾时，设法延长火灾初期的时间，以便有较为充分的时间疏散人员和物资，等待消防人员到达后组织灭火。内装修对火灾的影响主要表现在火灾初期，即在轰燃之前，它对初期火灾的发展速度影响很大。

轰燃发生之前，火灾处于初起阶段，火灾范围小，室内温度较低，是扑救火灾和人员疏散的有利时机。由于内装修的可燃物大量增加，室内一经火源点燃，就将会加热周围内部装修的可燃材料，并使之分解出大量的可燃气体，同时提高室内温度，当室内温度达到 600℃左右时，即会出现建筑火灾的特有现象——轰燃。轰燃是指在一限定空间内，可燃物的表面全部卷入燃烧的瞬间状态。在起火后一定时间内，随着室内火势增大，温度增高，未燃可燃物热分解生成的可燃气体逐渐增多，当可燃气体在室内聚集达到一定浓度，而且室内温度已达到或超过一定值时，就会发生轰燃。而一旦发生了轰燃，火灾即进入全面的猛烈燃烧阶段，室内人员已无法疏散，火灾扑救难度也随之明显增大。

建筑物发生轰燃的时间长短除与建筑物内可燃物品的性质、数量有关外，还与建筑物内是否进行装修及装修材料的燃烧性能关系极大。装修后建筑物内更加封闭，热量不易散发，加之可燃性装修材料导热性能差，比热容小，易积蓄热量，因此会促使建筑物内温度急剧上升，缩短轰燃前的发展过程。根据有关试验，一般建筑物轰燃发生的时间是：用可燃材料装修时约为

3min；用难燃材料装修时，为4～5min；用不燃材料装修时，为6～8min；未进行装修的则大于8min。室内火灾一旦达到轰燃，进入全面、猛烈的燃烧阶段，则可燃材料装修就成为火灾蔓延的重要途径，而使火灾蔓延扩大。

（3）传播火焰，使火势迅速蔓延扩大　建筑物发生火灾时，可燃、易燃性装修材料在被引燃、发生燃烧的同时，会把火焰传播开来，造成火势迅速蔓延。火势在建筑物内的蔓延可以通过顶棚、墙面和地面的可燃装修材料从房间蔓延到走道，再由走道扩散到竖向的孔洞、管道井，向上层蔓延。在建筑外部，火势可以通过外墙窗口等引燃上一层的窗帘、窗纱、窗帘盒等可燃装修材料而使火灾蔓延扩大，形成大面积火灾。

（4）增大了建筑内的火灾荷载　由于室内装修所采用的材料大部分是易燃、可燃的，它不但增大了建筑物内的火灾荷载，使火灾持续时间增长，燃烧更加猛烈，而且会出现持续性高温，对建筑结构产生严重危害，也使消防队抢险救火的难度加大。

（5）内装修材料燃烧能产生烟雾和有毒气体，使人们的疏散行动、火灾扑救工作难以进行，是造成火灾中人员伤亡的主要原因。

燃烧是一种复杂的物理、化学反应，尤其是高分子内装修材料，在剧烈的燃烧过程中会释放出大量的、多种毒性气体，不仅降低了火场的能见度，而且还会使人中毒，严重影响人员疏散和扑救。据统计，火灾中伤亡的人员，多数并不是被火烧死的，而是烟雾中毒和缺氧窒息致死的。

5.1.2　民用建筑内部装修防火设计

5.1.2.1　一般规定

（1）建筑内部装修不应擅自减少、改动、拆除、遮挡消防设施、疏散指示标志、安全出口、疏散出口、疏散走道和防火分区、防烟分区等。

（2）建筑内部消火栓箱门不应被装饰物遮掩，消火栓箱门四周的装修材料颜色应与消火栓箱门的颜色有明显区别或在消火栓箱门表面设置发光标志。

（3）疏散走道和安全出口的顶棚、墙面不应采用影响人员安全疏散的镜面反光材料。

（4）地上建筑的水平疏散走道和安全出口的门厅，其顶棚应采用A级装修材料，其他部位应采用不低于B1级的装修材料；地下民用建筑的疏散走道和安全出口的门厅，其顶棚、墙面和地面均应采用A级装修材料。

（5）疏散楼梯间和前室的顶棚、墙面和地面均应采用A级装修材料。

（6）建筑物内设有上下层相连通的中庭、走马廊、开敞楼梯、自动扶梯时，其连通部位的顶棚、墙面应采用A级装修材料，其他部位应采用不低于B1级的装修材料。

（7）建筑内部变形缝（包括沉降缝、伸缩缝、抗震缝等）两侧基层的表面装修应采用不低于B1级的装修材料。

（8）无窗房间内部装修材料的燃烧性能等级除A级外，应在《建筑内部装修设计防火规范》（GB 50222—2017）表5.1.1、表5.2.1、表5.3.1、表6.0.1、表6.0.5规定的基础上提高一级。

（9）消防水泵房、机械加压送风排烟机房、固定灭火系统钢瓶间、配电室、变压器室、发电机房、储油间、通风和空调机房等，其内部所有装修均应采用A级装修材料。

（10）消防控制室等重要房间，其顶棚和墙面应采用A级装修材料，地面及其他装修应采用不低于B1级的装修材料。

（11）建筑物内的厨房，其顶棚、墙面、地面均应采用A级装修材料。

（12）经常使用明火器具的餐厅、科研试验室，其装修材料的燃烧性能等级除A级外，应在《建筑内部装修设计防火规范》（GB 50222—2017）表5.1.1、表5.2.1、表5.3.1、表6.0.1、表6.0.5规定的基础上提高一级。

（13）民用建筑内的库房或贮藏间，其内部所有装修除应符合相应场所规定外，且应采用不低于 B1 级的装修材料。

(14) 展览性场所装修设计应符合下列规定。

① 展台材料应采用不低于 B1 级的装修材料。

② 在展厅设置电加热设备的餐饮操作区内，与电加热设备贴邻的墙面、操作台均应采用 A 级装修材料。

③ 展台与卤钨灯等高温照明灯具贴邻部位的材料应采用 A 级装修材料。

(15) 住宅建筑装修设计尚应符合下列规定。

① 不应改动住宅内部烟道、风道。

② 厨房内的固定橱柜宜采用不低于 B1 级的装修材料。

③ 卫生间顶棚宜采用 A 级装修材料。

④ 阳台装修宜采用不低于 B1 级的装修材料。

(16) 照明灯具及电气设备、线路的高温部位，当靠近非 A 级装修材料或构件时，应采取隔热、散热等防火保护措施，与窗帘、帷幕、幕布、软包等装修材料的距离不应小于 500mm；灯饰应采用不低于 B1 级的材料。

(17) 建筑内部的配电箱、控制面板、接线盒、开关、插座等不应直接安装在低于 B1 级的装修材料上；用于顶棚和墙面装修的木质类板材，当内部含有电器、电线等物体时，应采用不低于 B1 级的材料。

(18) 当室内顶棚、墙面、地面和隔断装修材料内部安装电加热供暖系统时，室内采用的装修材料和绝热材料的燃烧性能等级应为 A 级。当室内顶棚、墙面、地面和隔断装修材料内部安装水暖（或蒸汽）供暖系统时，其顶棚采用的装修材料和绝热材料的燃烧性能应为 A 级，其他部位的装修材料和绝热材料的燃烧性能不应低于 B1 级，且尚应符合有关公共场所的规定。

(19) 建筑内部不宜设置采用 B3 级装饰材料制成的壁挂、布艺等，当需要设置时，不应靠近电气线路、火源或热源，或采取隔离措施。

5.1.2.2 单层、多层民用建筑

(1) 单层、多层民用建筑内部各部位装修材料的燃烧性能等级，不应低于表 5-1 的规定。

表 5-1 单层、多层民用建筑内部各部位装修材料的燃烧性能等级

序号	建筑物及场所	建筑规模、性质	装修材料燃烧性能等级							
			顶棚	墙面	地面	隔断	固定家具	装饰织物		其他装修装饰材料
								窗帘	帷幕	
1	候机楼的候机大厅、贵宾候机室、售票厅、商店、餐饮场所等	—	A	A	B1	B1	B1	B1	—	B1
2	汽车站、火车站、轮船客运站的候车(船)室、商店、餐饮场所等	建筑面积＞10000m^2	A	A	B1	B1	B1	B1	—	B2
		建筑面积≤10000m^2	A	B1	B1	B1	B1	B1	—	B2
3	观众厅、会议厅、多功能厅、等候厅等	每个厅建筑面积＞400m^2	A	A	B1	B1	B1	B1	B1	B1
		每个厅建筑面积≤400m^2	A	B1	B1	B1	B2	B1	B1	B2
4	体育馆	＞3000 座位	A	A	B1	B1	B1	B1	B1	B2
		≤3000 座位	A	B1	B1	B1	B2	B2	B1	B2
5	商店的营业厅	每层建筑面积＞1500m^2 或总建筑面积＞3000m^2	A	B1	B1	B1	B1	B1	—	B2
		每层建筑面积≤1500m^2 或总建筑面积≤3000m^2	A	B1	B1	B1	B2	B1	—	—
6	宾馆、饭店的客房及公共活动用房等	设置送回风道(管)的集中空气调节系统	A	B1	B1	B1	B2	B2	—	B2
		其他	B1	B1	B2	B2	B2	B2	—	—

续表

序号	建筑物及场所	建筑规模、性质	装修材料燃烧性能等级							
			顶棚	墙面	地面	隔断	固定家具	装饰织物		其他装修装饰材料
								窗帘	帷幕	
7	养老院、托儿所、幼儿园的居住及活动场所	—	A	A	B1	B1	B2	B1	—	B2
8	医院的病房区、诊疗区、手术区	—	A	A	B1	B1	B2	B1	—	B2
9	教学场所、教学实验场所	—	A	B1	B2	B2	B2	B2	B2	B2
10	纪念馆、展览馆、博物馆、图书馆、档案馆、资料馆等的公众活动场所	—	A	B1	B1	B1	B2	B1	—	B2
11	存放文物、纪念展览物品、重要图书、档案、资料的场所	—	A	A	B1	B1	B2	B1	—	B2
12	歌舞娱乐游艺场所	—	A	B1	B1	B1	B1	B1	B1	B1
13	A、B级电子信息系统机房及装有重要机器、仪器的房间	—	A	A	B1	B1	B1	B1	B1	B1
14	餐饮场所	营业面积>$100m^2$	A	B1	B1	B1	B2	B1	—	B2
		营业面积≤$100m^2$	B1	B1	B1	B2	B2	B2	—	B2
15	办公场所	设置送回风道(管)的集中空气调节系统	A	B1	B1	B1	B2	B2	—	B2
		其他	B1	B1	B2	B2	B2	—	—	—
16	其他公共场所	—	B1	B1	B2	B2	B2	—	—	—
17	住宅	—	B1	B1	B1	B1	B2	B2	—	B2

(2) 除5.1.2.1中规定的场所和表5-1中序号为11～13规定的部位外，单层、多层民用建筑内面积小于$100m^2$的房间，当采用耐火极限不低于2.00h的防火隔墙和甲级防火门、窗与其他部位分隔时，其装修材料的燃烧性能等级可在表5-1的基础上降低一级。

(3) 除5.1.2.1中规定的场所和表5-1中序号为11～13规定的部位外，当单层、多层民用建筑需做内部装修的空间内装有自动灭火系统时，除顶棚外，其内部装修材料的燃烧性能等级可在表5-1规定的基础上降低一级；当同时装有火灾自动报警装置和自动灭火系统时，其装修材料的燃烧性能等级可在表5-1规定的基础上降低一级。

5.1.2.3 高层民用建筑

(1) 高层民用建筑内部各部位装修材料的燃烧性能等级，不应低于表5-2的规定。

表5-2 高层民用建筑内部各部位装修材料的燃烧性能等级

序号	建筑物及场所	建筑规模、性质	装修材料燃烧性能等级									
			顶棚	墙面	地面	隔断	固定家具	装饰织物				其他装修装饰材料
								窗帘	帷幕	床罩	家具包布	
1	候机楼的候机大厅、贵宾候机室、售票厅、商店、餐饮场所等	—	A	A	B1	B1	B1	B1	—	—	—	B1
2	汽车站、火车站、轮船客运站的候车(船)室、商店、餐饮场所等	建筑面积>$10000m^2$	A	A	B1	B1	B1	B1	—	—	—	B2
		建筑面积≤$10000m^2$	A	B1	B1	B1	B1	B1	—	—	—	B2
3	观众厅、会议厅、多功能厅、等候厅等	每个厅建筑面积>$400m^2$	A	A	B1	B1	B1	B1	B1	—	B1	B1
		每个厅建筑面积≤$400m^2$	A	B1	B1	B1	B2	B1	B1	—	B1	B1
4	商店的营业厅	每层建筑面积>$1500m^2$或总建筑面积>$3000m^2$	A	B1	B1	B1	B1	B1	B1	—	B2	B1
		每层建筑面积≤$1500m^2$或总建筑面积≤$3000m^2$	A	B1	B1	B1	B1	B1	B2	—	B2	B2

续表

序号	建筑物及场所	建筑规模、性质	装修材料燃烧性能等级									
			顶棚	墙面	地面	隔断	固定家具	装饰织物				其他装修装饰材料
								窗帘	帷幕	床罩	家具包布	
5	宾馆、饭店的客房及公共活动用房等	一类建筑	A	B1	B1	B1	B2	B1	—	B1	B2	B1
		二类建筑	A	B1	B1	B1	B2	B2	—	B2	B2	B2
6	养老院、托儿所、幼儿园的居住及活动场所	—	A	A	B1	B1	B2	B1	—	B2	B2	B1
7	医院的病房区、诊疗区、手术区	—	A	A	B1	B1	B2	B1	B1	—	B2	B1
8	教学场所、教学实验场所	—	A	B1	B2	B2	B2	B1	B1	—	B1	B2
9	纪念馆、展览馆、博物馆、图书馆、档案馆、资料馆等的公众活动场所	一类建筑	A	B1	B1	B1	B2	B1	B1	—	B1	B1
		二类建筑	A	B1	B1	B1	B2	B1	B2	—	B2	B2
10	存放文物、纪念展览物品、重要图书、档案、资料的场所	—	A	A	B1	B1	B2	B1	—	—	B1	B2
11	歌舞娱乐游艺场所	—	A	B1	B1	B1	B1	B1	B1	B1	B1	B1
12	A、B级电子信息系统机房及装有重要机器、仪器的房间	—	A	A	B1	B1	B1	B1	B1	—	B1	B1
13	餐饮场所	—	A	B1	B1	B1	B2	B1	—	—	B1	B2
14	办公场所	一类建筑	A	B1	B1	B1	B2	B1	B1	—	B1	B1
		二类建筑	A	B1	B1	B1	B2	B1	B2	—	B2	B2
15	电信楼、财贸金融楼、邮政楼、广播电视楼、电力调度楼、防灾指挥调度楼	一类建筑	A	A	B1	B1	B1	B1	B1	—	B2	B1
		二类建筑	A	B1	B2	B2	B2	B1	B2	—	B2	B2
16	其他公共场所	—	A	B1	B1	B1	B2	B2	B2	B2	B2	B2
17	住宅	—	A	B1	B1	B1	B2	B1	—	B1	B2	B1

(2) 除 5.1.2.1 中规定的场所和表 5-2 中序号为 10～12 规定的部位外，高层民用建筑的裙房内面积小于 $500m^2$ 的房间，当设有自动灭火系统，并且采用耐火极限不低于 2.00h 的防火隔墙和甲级防火门、窗与其他部位分隔时，顶棚、墙面、地面装修材料的燃烧性能等级可在表 5-2 规定的基础上降低一级。

(3) 除 5.1.2.1 中规定的场所和表 5-2 中序号为 10～12 规定的部位外，以及大于 $400m^2$ 的观众厅、会议厅和 100m 以上的高层民用建筑外，当设有火灾自动报警装置和自动灭火系统时，除顶棚外，其内部装修材料的燃烧性能等级可在表 5-2 规定的基础上降低一级。

(4) 电视塔等特殊高层建筑的内部装修，装饰织物应采用不低于 B1 级的材料，其他均应采用 A 级装修材料。

5.1.2.4 地下民用建筑

(1) 地下民用建筑内部各部位装修材料的燃烧性能等级，不应低于表 5-3 的规定。

表 5-3 地下民用建筑内部各部位装修材料的燃烧性能等级

序号	建筑物及场所	装修材料燃烧性能等级						
		顶棚	墙面	地面	隔断	固定家具	装饰织物	其他装修装饰材料
1	观众厅、会议厅、多功能厅、等候厅等，商店的营业厅	A	A	A	B1	B1	B1	B2
2	宾馆、饭店的客房及公共活动用房等	A	B1	B1	B1	B1	B1	B2
3	医院的诊疗区、手术区	A	A	B1	B1	B1	B1	B2
4	教学场所、教学实验场所	A	A	B1	B2	B2	B1	B2
5	纪念馆、展览馆、博物馆、图书馆、档案馆、资料馆等的公众活动场所	A	A	B1	B1	B1	B1	B1
6	存放文物、纪念展览物品、重要图书、档案、资料的场所	A	A	A	A	A	B1	B1

续表

序号	建筑物及场所	装修材料燃烧性能等级						
		顶棚	墙面	地面	隔断	固定家具	装饰织物	其他装修装饰材料
7	歌舞娱乐游艺场所	A	A	B1	B1	B1	B1	B1
8	A、B级电子信息系统机房及装有重要机器、仪器的房间	A	A	B1	B1	B1	B1	B1
9	餐饮场所	A	A	A	B1	B1	B1	B2
10	办公场所	A	B1	B1	B1	B1	B2	B2
11	其他公共场所	A	B1	B1	B2	B2	B2	B2
12	汽车库、修车库	A	A	B1	A	A	—	—

注：地下民用建筑系指单层、多层、高层民用建筑的地下部分，单独建造在地下的民用建筑以及平战结合的地下人防工程。

(2) 除 5.1.2.1 中规定的场所和表 5-3 中序号为 6～8 规定的部位外，单独建造的地下民用建筑的地上部分，其门厅、休息室、办公室等内部装修材料的燃烧性能等级可在表 5-3 的基础上降低一级。

5.1.3 工业厂房内部装修防火设计

(1) 厂房内部各部位装修材料的燃烧性能等级，不应低于表 5-4 的规定。

表 5-4 工业厂房内部各部位装修材料的燃烧性能等级

序号	厂房及车间的火灾危险性和性质	建筑规模	装修材料燃烧性能等级						
			顶棚	墙面	地面	隔断	固定家具	装饰织物	其他装修装饰材料
1	甲、乙类厂房 丙类厂房中的甲、乙类生产车间 有明火的丁类厂房、高温车间	—	A	A	A	A	A	B1	B1
2	劳动密集型丙类生产车间或厂房 火灾荷载较高的丙类生产车间或厂房 洁净车间	单/多层	A	A	B1	B1	B1	B2	B2
		高层	A	A	A	B1	B1	B1	B1
3	其他丙类生产车间或厂房	单/多层	A	B1	B2	B2	B2	B2	B2
		高层	A	B1	B1	B1	B1	B1	B1
4	丙类厂房	地下	A	A	A	B1	B1	B1	B1
5	无明火的丁类厂房戊类厂房	单/多层	B1	B2	B2	B2	B2	B2	B2
		高层	B1	B1	B2	B2	B1	B1	B1
		地下	A	A	B1	B1	B1	B1	B1

(2) 除 5.1.2.1 规定的场所和部位外，当单层、多层丙、丁、戊类厂房内同时设有火灾自动报警和自动灭火系统时，除顶棚外，其装修材料的燃烧性能等级可在表 5-4 规定的基础上降低一级。

(3) 当厂房的地面为架空地板时，其地面应采用不低于 B1 级的装修材料。

(4) 附设在工业建筑内的办公、研发、餐厅等辅助用房，当采用《建筑设计防火规范》(GB 50016—2014)(2018 年版) 规定的防火分隔和疏散设施时，其内部装修材料的燃烧性能等级可按民用建筑的规定执行。

(5) 仓库内部各部位装修材料的燃烧性能等级，不应低于表 5-5 的规定。

表 5-5 仓库内部各部位装修材料的燃烧性能等级

序号	仓库类别	建筑规模	装修材料燃烧性能等级			
			顶棚	墙面	地面	隔断
1	甲、乙类仓库	—	A	A	A	A

续表

序号	仓库类别	建筑规模	装修材料燃烧性能等级			
			顶棚	墙面	地面	隔断
2	丙类仓库	单层及多层仓库	A	B1	B1	B1
		高层及地下仓库	A	A	A	A
		高架仓库	A	A	A	A
3	丁、戊类仓库	单层及多层仓库	A	B1	B1	B1
		高层及地下仓库	A	A	A	B1

5.2 建筑采暖、通风系统防火设计

5.2.1 采暖系统防火设计

5.2.1.1 采暖的火灾危险性

(1) 供热管道和散热器的表面温度过高 蒸汽采暖系统中，散热器的表面温度一般为100℃；较高的可达130℃以上。供热管道表面的温度则往往比散热器还高，能使靠近它的一些可燃物起火。例如，在管道上烘烤衣服，在供热管道附近堆置可燃物、乱扔油棉纱、或靠近可燃构件等，时间过久，能使有些可燃物被引燃。同时，一些自燃点低的易燃，可燃物质沉积在热管道或散热器表面，经长时间受热，也可能发生自燃起火。

(2) 维修设备时的明火作业 采暖装置的管道和散热器等设备在维修时，施行明火烘烤和焊接等作业，由于金属管道的传热或焊接溅出的火星，都可能使周围的可燃物或建筑物的可燃构件起火。

(3) 明火加热的热风中进入火星 热风采暖系统在用明火加热空气时，可能有火星伴随热空气进入采暖房间，遇上易燃易爆气体、蒸气或粉尘等危险物品也会引起火灾。

(4) 电加热设备使用管理不当 电加热设备由于设置位置不当，电线截面过小，或任意增大电阻丝的功率、继续使用断损的电阻丝等，也都会造成事故、发生火灾。此外，当送风机发生故障停止送风时，会造成局部过热，使电器设备或周围的可燃物起火；或者将过度加热的高温空气送入房间，使房间内的易燃、可燃物受热起火。

5.2.1.2 采暖设施的防火设计

(1) 采暖装置的选用原则

① 甲、乙类厂房和甲、乙类仓库内严禁采用明火和电热散热器采暖。因为甲、乙类厂房(仓库) 内存有大量的易燃、易爆物质，若遇明火就可能发生火灾爆炸事故。

② 下列厂房应采用不循环使用的热风采暖。

a. 生产过程中散发的可燃气体、可燃蒸气、可燃粉尘、可燃纤维与采暖管道、散热器表面接触能引起燃烧的厂房。

b. 生产过程中散发的粉尘受到水、水蒸气的作用能引起自燃、爆炸或产生爆炸性气体的厂房。

③ 在散发可燃粉尘、纤维的厂房内，散热器表面平均温度不应超过82.5℃。输煤廊的散热器表面温度不应超过130℃。

(2) 采暖设施的防火设计

① 采暖管道要与建筑物的可燃构件保持一定的距离。采暖管道穿过可燃构件时，要用不燃烧材料隔开绝热；或根据管道外壁的温度，在管道与可燃构件之间保持适当的距离。当管道温度大于100℃时，距离不小于100mm或采用不燃材料隔热；当温度小于等于100℃时，距离

不小于 50mm，如图 5-1 所示。

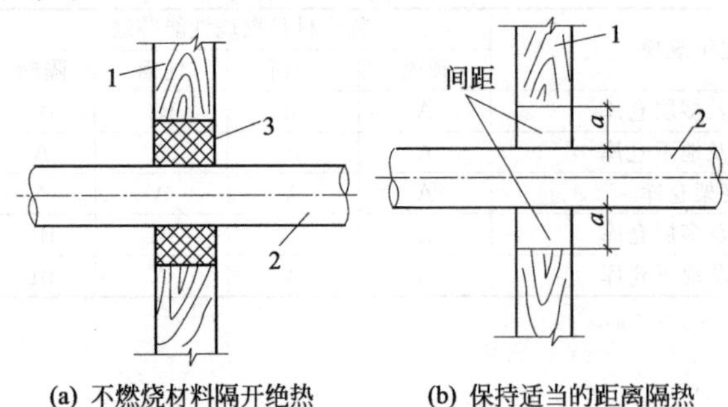

(a) 不燃烧材料隔开绝热　　(b) 保持适当的距离隔热

图 5-1　采暖管道穿过可燃构件时的要求

1—可燃构件；2—采暖管道；3—非燃烧体隔热材料

注：当管道温度>100℃时，$a \geqslant 10cm$；

当管道温度<100℃时，$a \geqslant 5cm$

② 在散发可燃粉尘、纤维的厂房内，散热器表面平均温度不应超过 82.5℃。输煤廊的散热器表面温度不应超过 130℃。

③ 甲、乙类厂房和甲、乙类仓库内严禁采用明火和电热散热器采暖。

④ 下列厂房应采用不循环使用的热风采暖。

a. 生产过程中散发的可燃气体、可燃蒸气、可燃粉尘、可燃纤维与采暖管道、散热器表面接触能引起燃烧的厂房。

b. 生产过程中散发的粉尘受到水、水蒸气的作用能引起自燃、爆炸或产生爆炸性气体的厂房。

⑤ 存在与采暖管道接触能引起燃烧爆炸的气体、蒸气或粉尘的房间内不应穿过采暖管道，当必须穿过时，应采用不燃材料隔热。

⑥ 建筑内采暖管道和设备的绝热材料应符合下列规定。

a. 对于甲、乙类厂房或甲、乙类仓库，应采用不燃材料。

b. 对于其他建筑，宜采用不燃材料，不得采用可燃材料。

5.2.2　通风系统防火设计

5.2.2.1　通风和空调系统的火灾危险性

通风是为改善生产和生活环境，以造成安全、卫生条件而进行换气的技术。一般是送入新鲜空气，同时排出被污染的空气。按所用方法分为自然通风和机械通风两种；此外，还有全面通风和局部通风以及混合通风等方式。

在散发可燃气体、可燃蒸气和粉尘的厂房内，加强通风，及时排除空气中的可燃有害物质，是一项很重要的防火防爆措施。但是，通风设备本身如设计不当，不仅存有火险隐患，而且还可能成为火灾蔓延的途径。

(1) 在有爆炸危险的厂房内，如果采用非防爆型通风设施，可能造成可燃气体、蒸气和粉尘的燃烧爆炸。譬如铝制品厂抛光车间内，铝粉尘与空气容易形成爆炸性混合物，如果采用非防爆型通风设施，由于电动机产生火花，或机壳与叶轮相撞击、摩擦打出火花等原因，都可能引起爆炸起火。

(2) 可燃气体、蒸气、粉尘在通风系统内部流动时，会产生静电，如采用容易积聚静电的绝缘材料作通风管道或设备，以及接地不良时，均有可能因为产生静电火花而引起火灾。

(3) 通风管道或保温材料如果是燃烧体，在检修设备时，由于明火或焊接作业可能引起着火，而且烟火容易沿管道和竖向孔洞蔓延扩大。

(4) 含有可燃粉尘的空气在通风设备内常常有部分可燃粉尘沉积下来，在热空气长期作用下，可能自燃起火。

5.2.2.2　通风和空调系统的设置

(1) 甲、乙类生产厂房中排出的空气不应循环使用，以防止排出的含有可燃物质的空气重新进入厂房，增加火灾危险性。丙类生产厂房中排出的空气，如含有燃烧或爆炸危险的粉尘、纤维（如纺织厂、亚麻厂），易造成火灾的迅速蔓延，应在通风机前设滤尘器对空气进行净化处理，并应使空气中的含尘浓度低于其爆炸下限的 25%之后，再循环使用。

(2) 甲、乙类生产厂房用的送风和排风设备不应布置在同一通风机房内，且其排风设备也不应和其他房间的送、排风设备布置在一起。因为甲、乙类生产厂房排出的空气中常常含有可燃气体、蒸气和粉尘，如果将排风设备与送风设备或与其他房间的送、排风设备布置在一起，一旦发生设备事故或起火爆炸事故，这些可燃物质将会沿着管道迅速传播，扩大灾害损失。

(3) 通风和空气调节系统的管道布置，横向宜按防火分区设置，竖向不宜超过5层，以构成一个完整的建筑防火体系，防止和控制火灾的横向、竖向蔓延。当管道在防火分隔处设置防止回流设施或防火阀，且高层建筑的各层设有自动喷水灭火系统时，能有效地控制火灾蔓延，其管道布置可不受此限制。穿过楼层的垂直风管要求设在管井内。

排风管道防止回流的措施如下。

① 增加各层垂直排风支管的高度，使各层排风支管穿越两层楼板。

② 将排风支管顺气流方向插入竖风道，且支管到支管出口的高度不小于600mm。

③ 把排风竖管大小两个管道，总竖管直通屋面，小的排风支管分层与总竖管连通。

④ 在支管上安装止回阀。

(4) 厂房内有爆炸危险场所的排风管道，严禁穿过防火墙和有爆炸危险的车间隔墙等防火分隔物，以防止火灾通过风管道蔓延扩大到建筑的其他部分。

(5) 民用建筑内存放容易起火或爆炸物质的房间（如容易放出可燃气体氢气的蓄电池室、电影放映室、化学实验室、化验室、易燃化学药品库等），设置排风设备时应采用独立的排风系统，且其空气不应循环使用，以防止易燃易爆物质或发生的火灾通过风道扩散到其他房间。

(6) 排风口设置的位置应根据可燃气体、蒸气的密度不同而有所区别。比空气轻者，应设在房间的顶部；比空气重者，则应设在房间的下部，以利及时排出易燃易爆气体。进风口的位置应布置在上风方向，并尽可能远离排气口，保证吸入的新鲜空气中不再含有从房间排出的易燃、易爆气体或物质。

(7) 排除含有比空气轻的可燃气体的与空气的混合物时，其排风管道应顺气流方向向上坡度敷设，以防在管道内局部积聚而形成有爆炸危险的高浓度气体。

(8) 可燃气体管道和甲、乙、丙类液体管道不应穿过通风管道和通风机房，也不应沿通风管道的外壁敷设，以防甲、乙、丙类液体管道一旦发生火灾事故沿着通风管道蔓延扩散。

(9) 含有爆炸危险粉尘的空气，在进入排风机前应先进行净化处理，以防浓度较高的爆炸危险粉尘直接进入排风机，遇到火花发生事故；或者在排风管道内逐渐沉积下来自燃起火和助长火势蔓延。

(10) 净化有爆炸危险粉尘的干式除尘器和过滤器，宜布置在厂房之外的独立建筑内，且与所属厂房的防火间距不应小于10m，以免粉尘一旦爆炸波及厂房扩大灾害损失。符合下列条件之一的干式除尘器和过滤器，可布置在厂房的单独房间内，但应采用耐火极限分别不低于3.00h的隔墙和1.50h的楼板与其他部位分隔。

① 有连续清尘设备。

② 风量不超过15000m^3/h，且集尘斗的储尘量小于60kg的定期清灰的除尘器和过滤器。

(11) 有爆炸危险粉尘的排风机、除尘器应与其他一般风机、除尘器分开设置，且应按单一粉尘分组布置，这是因为不同性质的粉尘在一个系统中，容易发生火灾爆炸事故。如硫黄与过氧化铅、氯酸盐混合能发生爆炸；炭黑混入氧化剂自燃点会降低。

(12) 甲、乙、丙类生产厂房的送、排风管道宜分层设置，以防止火灾从起火层通过管道向相邻层蔓延扩散。但进入厂房的水平或垂直送风管设有防火阀时，各层的水平或垂直送风管可合用一个送风系统。

(13) 排除有燃烧、爆炸危险的气体、蒸气和粉尘的排风管道应采用易于导除静电的金属管道，应明装不应暗设，不得穿越其他房间，且应直接通到室外的安全处，尽量远离明火和人员通过或停留的地方，以防止管道渗漏发生事故时造成更大影响。

(14) 有爆炸危险的粉尘和碎屑的除尘器、过滤器和管道，均应设有泄压装置，以防一旦发生爆炸造成更大的损害。

净化有爆炸危险的粉尘的干式除尘器和过滤器，应布置在系统的负压段上，以避免其在正压段上漏风而引起事故。

(15) 通风管道不宜穿过防火墙和不燃烧体楼板等防火分隔物。如必须穿过时，应在穿过处设防火阀；在防火墙两侧各 2m 范围内的风管保温材料应采用不燃烧材料；并在穿过处的空隙用不燃烧材料填塞，以防火灾蔓延。

5.2.2.3 通风和空调系统的设计

(1) 空气中含有容易起火或爆炸物质的房间，其送、排风系统应采用防爆型的通风设备和不会发生火花的材料。送风机如设在单独隔开的通风机房内，且送风干管上设有止回阀时，容易起火或容易爆炸的物质不易进入通风机房内，可采用普通型的通风设备。如图 5-2 所示。

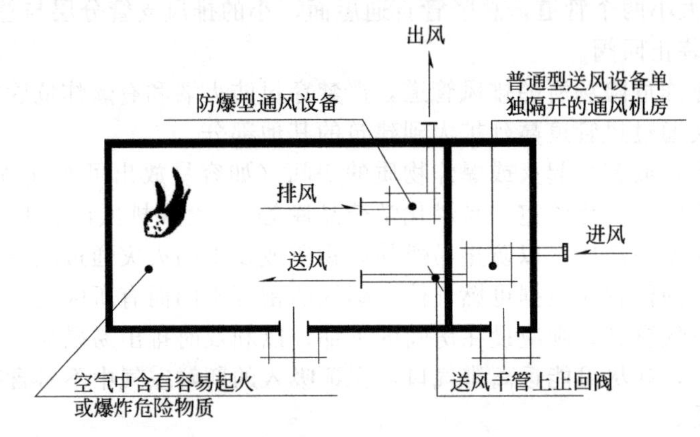

图 5-2 易燃易爆物质房间通风设备的布置

(2) 含有易燃、易爆粉尘的空气，在进入排风机前应采用不产生火花的除尘器进行处理，以防止除尘器工作过程中产生火花引起粉尘、碎屑燃烧或爆炸事故。对于遇湿可能形成爆炸的粉尘，严禁采用湿式除尘器。

(3) 排除、输送有燃烧、爆炸危险的气体、蒸气和粉尘的排风系统，应采用不燃材料并设有导除静电的接地装置。其排风设备不应布置在地下、半地下建筑（室）内，以防止有爆炸危险的蒸气和粉尘等物质的积聚。

(4) 排除、输送温度超过 80℃的空气或其他气体以及容易起火的碎屑的管道，与可燃或难燃物体之间应保持不小于 150mm 的间隙，或采用厚度不小于 50mm 的不燃材料隔热，以防止填塞物与构件因受这些高温管道的影响而导致火灾。当管道互为上下布置时，表面温度较高者应布置在上面。

(5) 下列任一情况下的通风、空气调节系统的送、回风管道上应设置防火阀，如图 5-3 所示。

① 送、回风总管穿越防火分区的隔墙处。主要防止防火分区或不同防火单元之间的火灾蔓延扩散。

② 多层建筑和高层建筑垂直风管与每层水平风管交接处的水平管段上。以防火灾穿过楼板蔓延扩大。但当建筑内每个防火分区的通风、空气调节系统均独立设置时，该防火分区内的水平风管与垂直总管的交接处可不设置防火阀。

③ 穿越通风、空气调节机房及重要的房间或火灾危险性大的房间隔墙及楼板处的送、回风管道。以防机房的火灾通过风管蔓延到建筑物的其他房间，或者防止火灾危险性大的房间发生火灾时经通风管道蔓延到机房或其他部位。

④ 在穿越变形缝的两侧风管上，以使防火阀在一定时间内达到耐火完整性和耐火稳定性要求，起到有效隔烟阻火的作用。

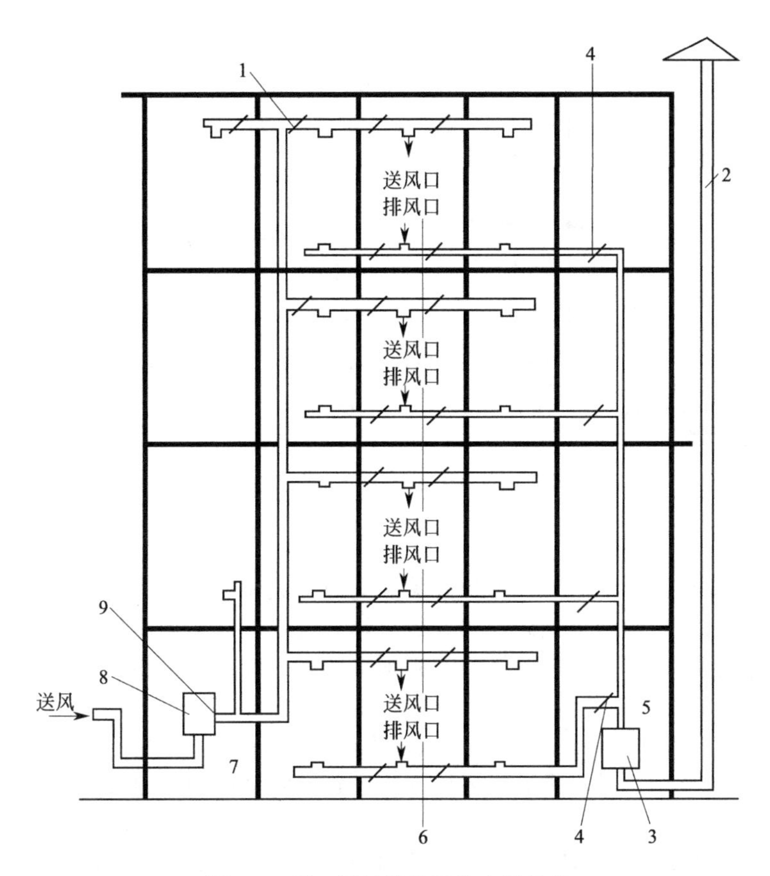

图 5-3 送、回风管设置防火阀示意

1—送风水平管上的防火阀；2—排风管；3—排风机；4—排风水平管上的防火阀；5—排风机房；
6—重要的或火灾危险性大的房间；7—送风机房；8—送风机；9—送风总管上的防火阀

(6) 防火阀的设置应符合下列规定。

① 防火阀宜靠近防火分隔处设置。

② 防火阀暗装时，应在安装部位设置方便维护的检修口。

③ 在防火阀两侧各 2.0m 范围内的风管及其绝热材料应采用不燃材料。

④ 防火阀应符合《建筑通风和排烟系统用防火阀门》(GB 15930—2007) 的规定。

(7) 防火阀的易熔片或其他感温、感烟等控制设备一经作用，应能顺气流方向自行严密关闭，并应设有单独支吊架等防止风管变形而影响关闭的措施。

易熔片及其他感温元件应安装在容易感温的部位，其作用温度应较通风系统正常工作时的最高温度约高 25℃，一般可采用 70℃。如图 5-4 所示。

(8) 通风、空气调节系统的风管、风机等设备应采用不燃烧材料制作，但接触腐蚀性介质的风管和柔性接头，可采用难燃材料。体育馆、展览馆、候机（车、船）楼（厅）等大空间建筑、办公楼和丙、丁、戊类厂房内的通风、空气调节系统，当风管按防火分区设置且安装了防烟防火阀时，可采用燃烧产物毒性较小且烟密度等级小于等于 25 的难燃材料。

(9) 公共建筑的厨房、浴室、卫生间的垂直排风管道，应采取防止回流设施或在支管上设置防火阀。公共建筑的厨房的排油烟管道宜按防火分区设置，且在与垂直排风管连接的支管处应设置动作温度为 150℃的防火阀，以免影响平时厨房操作中的排风。

(10) 风管和设备的保温材料、用于加湿器的加湿材料、消声材料及其黏结剂，宜采用不燃烧材料，当确有困难时，可采用燃烧产物毒性较小且烟密度等级小于等于 50 的难燃烧材料，

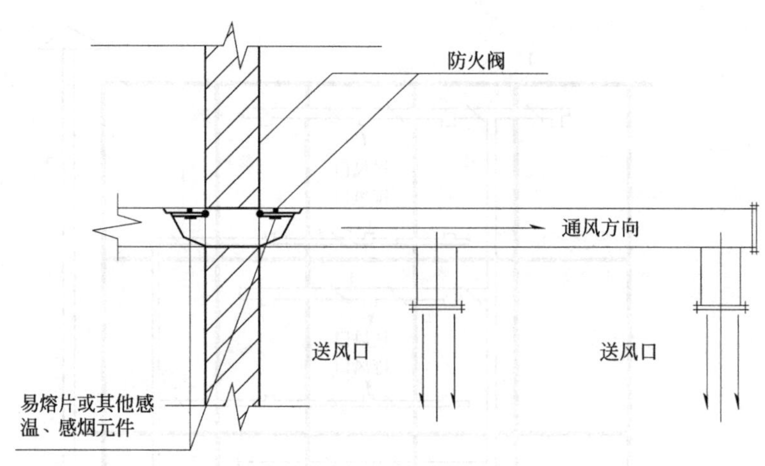

图 5-4 易熔片及其他感温元件的安装

以防止火灾蔓延。

风管内设有电加热器时，电加热器的开关和电源开关应与风机的启停连锁控制，以防止通风机已停止工作，而电加热器仍继续加热导致过热起火，电加热器前后各 0.8m 范围内的风管和穿过设有火源等容易起火房间的风管，均必须采用不燃烧保温材料，以防电加热器过热引起火灾。

(11) 燃油或燃气锅炉房应设置自然通风或机械通风设施。燃气锅炉房应选用防爆型的事故排风机。当采取机械通风时，机械通风设施应设置导除静电的接地装置，通风量应符合下列规定。

① 燃油锅炉房的正常通风量应按换气次数不少于 3 次/h 确定，事故排风量应按换气次数不少于 6 次/h 确定。

② 燃气锅炉房的正常通风量应按换气次数不少于 6 次/h 确定，事故排风量应按换气次数不少于 12 次/h 确定。

5.3 工业企业建筑防爆设计

5.3.1 工业建筑防爆平面设计

5.3.1.1 总平面布置

(1) 对于有爆炸危险的厂房和仓库，应采取集中分区布置。有爆炸危险的生产界区和仓库应尽可能布置在厂区边缘。界区内建筑物、构筑物、露天生产设备相互之间应留有足够的防火间距。界区与界区之间也应留有防火间距。有爆炸危险的厂房和库房应远离高层民用建筑。

(2) 有爆炸危险的厂房和仓库的平面主轴线宜与当地全年主导风向垂直，或夹角不小于 45°，以利于用自然风力排除可燃气体、可燃蒸气和可燃粉尘。其朝向宜避免朝西，以减少阳光照射，防止室温升高。在山区应布置在迎风山坡一面，并应位于自然通风良好的地方。

(3) 按当地全年主导风向，有爆炸危险的厂房和仓库宜布置在明火或散发火花地点以及其他建筑物的下风向。

5.3.1.2 平面及空间布置

(1) 防爆厂房的平面形状不宜变化过多，一般应为矩形；面积也不宜过大。厂房内部尽量用防火、防爆墙分隔，以使在发生事故时缩小受灾范围。多层厂房的跨度不宜大于 18m，以便于设置足够的泄压面积。

（2）有爆炸危险的生产部位不应设在建筑物的地下室和半地下室内，以免发生事故时影响上层，同时不利于进行疏散与扑救。这些部位应设在单层厂房靠外墙处或多层厂房最顶层靠外墙处，如有可能，应尽量设在敞开或半敞开的建筑物内，以利于通风和防爆泄压，减少事故损失。

（3）易发生爆炸的设备，其上部应为轻质屋盖。设备的周围还应尽量避开建筑结构的主要承重构件，但如布置有具体困难无法避开时，则对主梁或桁架等结构要加强，以避免发生事故时造成建筑物的倒塌。这样做还能够起到阻挡重大设备部件向外飞出的作用。

（4）防爆厂房内应有良好的自然通风或机械通风。高大设备应布置在厂房中间，矮小设备可靠窗布置，以避免挡风。易爆生产装置在厂房内应布置在当地全年主导风向的下风侧，并且使工人的操作部位处在上风侧，以保障职工的安全。

（5）防爆厂房内不应设置办公室、休息室、化验分析室等辅助用房。供本车间使用的辅助用房可在厂房外贴邻，并且至多只能两面贴邻。贴邻部分应用耐火极限不小于 3h 的非燃烧实体墙分隔。

（6）防爆厂房宜单独设置。如必须与非防爆厂房贴邻时，只能一面贴邻，并在两者之间用防火墙或防爆墙隔开。相邻两厂房之间不应直接有门相通，如必须互相联系时，可利用外廊或阳台通行；也可在中间的防火墙或防爆墙上做双门斗，门斗内的两个门应错开，以减弱爆炸冲击波的影响。

（7）几种防爆厂房的平面布置示例，如图 5-5～图 5-8 所示。

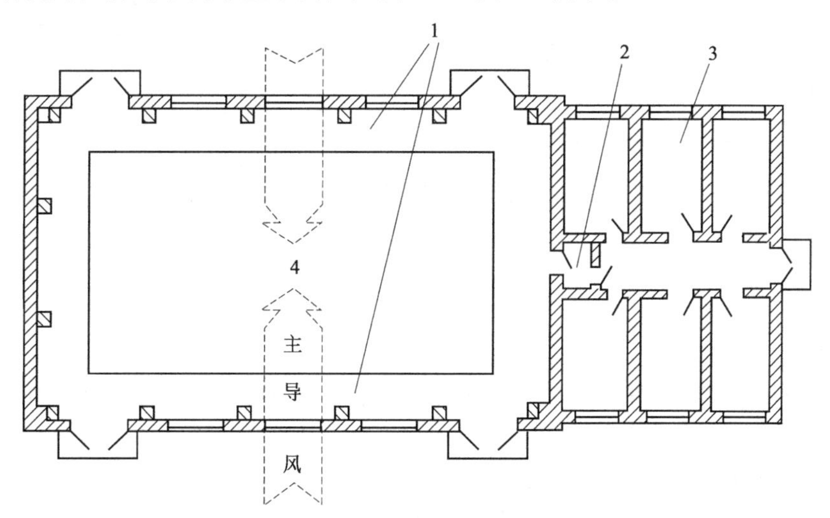

图 5-5 厂房跨度较大，屋顶有天窗时，生产设备可布置在中央

1—工人操作区；2—双门斗；3—无爆炸危险的辅助用房；4—生产设备区

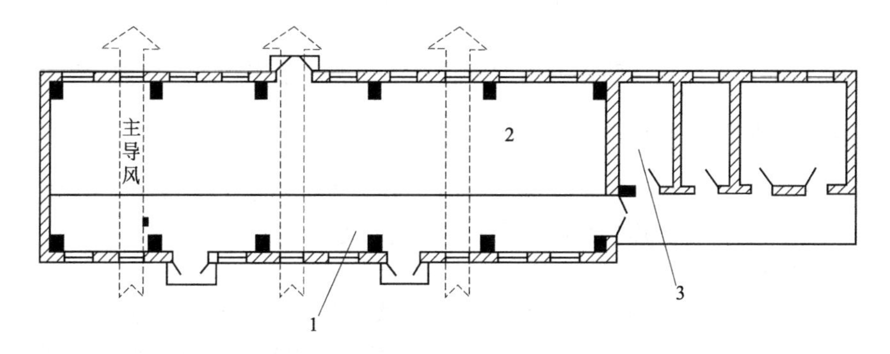

图 5-6 厂房狭长应将生产设备布置在一侧，且处于常年主导风向的下风向

1—工厂操作区；2—生产设备区；3—无爆炸危险的辅助用房

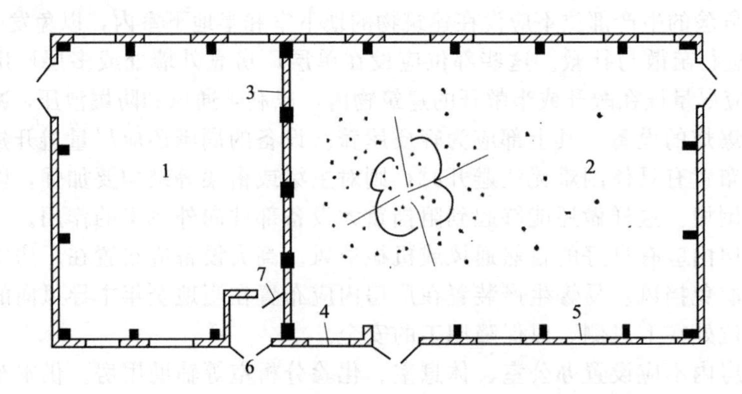

图 5-7 于无爆炸危险生产工序之间设置防爆隔墙

1—无爆炸危险生产工序；2—有爆炸危险生产工序；

3—防爆隔墙；4—防火窗；5—泄压窗；6—弹簧门；7—双门斗

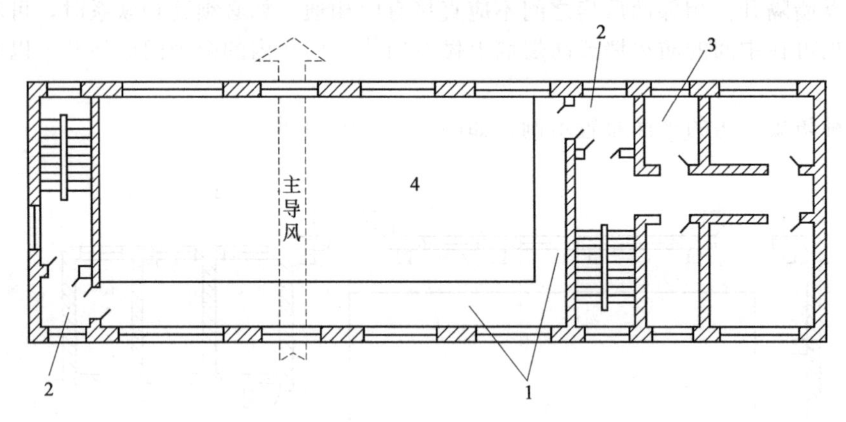

图 5-8 多层防爆厂房平面布置示例

1—工人操作区；2—双门斗；3—无爆炸危险的辅助用房；4—生产装置区

根据以上的要求，对防爆厂房的设计和布置，主要可以归纳为：敞、侧、单、顶、通五个字。每个字的有关含义如下。

敞——宜采用敞开或半敞开的建筑。

侧——应将防爆区域布置在靠外墙侧，并至少要有两面是外墙。

单——要求在建造时，能尽量采用单独的建筑物或单层建筑。

顶——应将有爆炸危险性的部位布置在建筑物的最高顶层。

通——应有良好的通风条件。

这五个字比较确切地概括了防爆方面的设置要求，又便于实际运用时熟记背诵。

5.3.2 爆炸危险厂房的构造要求

有爆炸危险性的生产厂房，不但应有较高的耐火等级（不低于二级耐火等级），而且对它的构造也应使之有利于防止爆炸事故的发生和减轻爆炸事故的危险。

5.3.2.1 采用框架结构

框架结构有现浇式钢筋混凝土框架结构、装备式钢筋混凝土框架结构和钢框架结构等形式。现浇式钢筋混凝土框架结构的厂房整体性好，抗爆能力较强。对抗爆能力要求较高的厂房，宜采用这种结构。装备式钢筋混凝土框架结构由于梁与柱的节点处的刚性较差，抗爆能力不如现浇钢筋混凝土结构；钢框架结构的抗爆能力虽然比较高，但耐火极限低，遇到高温会变形倒塌。因此，在装备式钢筋混凝土框架结构的梁、柱、板等节点处，应对留处的钢筋先进行焊接，再用高标号混凝土连接牢固，做成刚性接头；楼板上还要配置钢筋现浇混凝土垫底，以增加结构的整体刚度，提高其抗爆能力。钢框架结构的外露钢构件，应用非燃材料加做隔热保护层或喷、刷钢结构防火涂料，以提高其耐火极限。

5.3.2.2 提高砖墙承重结构的抗爆能力

规模较小的单层防爆厂房有时宜采用砖墙承重结构。由于这种结构的整体稳定性比较差，抗爆能力很低，应该增设封闭式钢筋混凝土圈梁。在砖墙内置钢筋，增设屋架支撑，将檩条与屋架或屋面大梁的连接处焊接牢固等措施，增强结构的刚度和抗爆能力，避免承重构件在爆炸时遭受破坏。

5.3.2.3 采用不发火地面

散发至空气中的可燃气体、可燃蒸气的甲类生产厂房和散发可燃纤维或粉层的乙类生产厂房，宜采用不发火花的地面。一般采用不发火细石混凝土等。其结构与一般水泥地面的结构相同，只是面层上严格选用粒径为 3～5mm 的白云石、大理石等不会发生火花的细石骨料，并有铜条或铝条分格。最后还需经过一定转速的电动金刚砂轮机进行打磨试验，应达到在夜间或暗处看不到火花产生为合格。

5.3.2.4 便于内表面清除积尘

有可燃粉尘和纤维的车间，内表面应经粉刷或油漆处理，以便于清除积尘，防止发生爆炸。

5.3.2.5 防止门窗玻璃聚光

有爆炸危险性的甲、乙类生产厂房，外窗如用普通平玻璃时易受阳光直射，且玻璃中的气泡还有可能将阳光聚焦于一点，造成局部高温，产生事故。应使用磨砂玻璃或能吸收紫外光线的蓝色玻璃，有可燃粉尘产生的厂房，如使用磨砂玻璃时，应将光面朝里，以便于清扫。

5.3.2.6 设置防爆墙

防爆房间内或贴邻之间设置的防爆墙，宜能抵抗爆炸冲击波的作用，还要具有一定的耐火性能。有防爆钢筋的混凝土墙应用比较广泛。如工艺需要在防爆墙上穿过管道传动轴时，穿墙处应有严格的密封设施。当需要在防爆墙上开设防爆观察窗口时，面积不应过大，一般以 0.3m×0.5m 左右为宜；并用角钢框镶嵌夹层玻璃（防弹玻璃或钢化玻璃），也采用双层玻璃窗（木框间用橡胶带密封）。

5.3.2.7 防止气体积聚

散发比空气轻的可燃气体、可燃蒸气的甲类生产厂房，应在屋顶最高处设排放气孔，并不得使屋顶结构形成死角或做天棚闷顶，以防止可燃气体、可燃蒸气在顶部积聚不散，发生事故。

5.3.3 防爆泄压设计

5.3.3.1 泄压设计的作用

爆炸能够在瞬间释放出大量气体和热量，使室内形成很高的压力。为了防止建筑物的承重构件因强大的爆炸压力遭到破坏，故将一定面积的建筑构件（如屋盖、非承重外墙等）做成轻体结构，并加大外墙开窗面积（包括易于脱落的门）等，这些面积称为泄压面积。当发生爆炸时，作为泄压面积的建筑构、配件首先遭到破坏。将爆炸产生的气体及时泄放，使室内形成的爆炸压力骤然下降，从而保全建筑物的主体结构。其中以设置轻质屋盖的泄压效果较好。

一般来说，等量的同一爆炸介质在密闭的小空间里和在开敞的空地上爆炸，其爆炸威力和破坏强度是不同的。在密闭的空间里，爆炸破坏力将大很多，因此，易爆厂房需要考虑设置必要的泄压设施。

5.3.3.2 泄压设施的构造

(1) 泄压轻质屋盖构造

① 无保温层和防水层的泄压轻质屋盖构造。其与一般波形石棉水泥瓦屋面的构造基本相同，所不同之处是在波形石棉水泥瓦下面增设安全网，防止在发生爆炸时瓦的碎片落下伤人。

安全网一般用24号镀锌铁丝绑扎，在有腐蚀气体的厂房，应采用钢筋、扁钢条制作，网孔不宜大于250mm×250mm，钢筋、扁钢条与檩条的连接应采取焊接固定，并涂刷防腐蚀的涂料。镀锌铁丝网与檩条的连接可采用24号镀锌铁丝绑扎，网与网之间也应采用24号镀锌铁丝缠绕，使之连接成一个整体。

② 有防水层无保温层轻质泄压屋盖构造。该泄压屋盖适用于要求防水条件较高的有爆炸危险的厂房和库房。其构造是在波形石棉水泥瓦上面敷设轻质水泥砂浆找平层，再敷设油毡沥青防水层。轻质水泥砂浆宜采用蛭石水泥砂浆、珍珠岩水泥砂浆，以减轻屋盖自重。

③ 有保温层和防水层轻质泄压屋盖构造。该泄压屋盖除适用于寒冷地区有采暖保温要求的有爆炸危险的厂房和库房外，还适用于炎热地区有隔热降温要求的有爆炸危险的厂房和库房。此类屋盖的构造，系在波形石棉水泥瓦上面敷设轻质水泥砂浆找平层和保温层、防水层，由于自重不宜大于120kg/m^2，故保温层必须选用密度较小的保温材料，如泡沫混凝土、加气混凝土、水泥膨胀蛭石、水泥膨胀珍珠岩等。

(2) 泄压墙构造

① 无保温轻质泄压外墙构造。无保温轻质泄压墙适用于无采暖、无保温要求的爆炸危险厂房，常以石棉水泥波形瓦作为墙体材料。它采用预制钢筋混凝土横梁作为骨架，在其上悬挂石棉水泥波形瓦，螺栓柔性连接，在石棉水泥波形瓦的室内表面涂抹石灰水或白色涂料。在有爆炸危险的多层厂房如设置此类轻质泄压外墙时，在靠近窗、板处应设置保护栏杆，防止碰坏石棉水泥波形瓦或发生意外事故。

② 有保温轻质泄压外墙构造。有保温层的轻质泄压外墙适用于有采暖保温或隔热降温要求的有爆炸危险的厂房。该墙是在石棉水泥波形瓦的内壁增设保温层。保温层采用难燃烧的木丝板和不燃烧的矿棉板等。

(3) 泄压窗构造　泄压窗宜采用木窗，且可自动弹开。高窗可用轴心偏上的中悬式。

泄压窗设置在有爆炸危险厂房和仓库的外墙，应向外开。在发生爆炸瞬时，泄压窗应能在爆炸压力递增稍大于室外风压时自动开启，霎时释放大量气体和热量，使室内爆炸压力降低，以达到保护承重结构的目的。

5.3.3.3 泄压面积的确定

泄压面积与厂房体积的比值（m^2/m^3）称为泄压比值，它的大小主要决定于爆炸混合物的性质和浓度。泄压比值是确定泄压面积时常用的技术参数。

有爆炸危险的甲、乙类厂房，其泄压面积宜按下式计算，但当厂房的长径比大于3时，宜将该建筑物划分为长径比小于等于3的多个计算段，各计算段中的公共截面不得作为泄压面积：

$$A=10CV^{\frac{2}{3}} \tag{5-1}$$

式中 A——泄压面积，m^2；

V——厂房的容积，m^3；

C——厂房容积为1000m^3 时的泄压比值。

一般泄压比值采用0.05～0.10。对于爆炸下限较低、爆炸威力较强的爆炸混合物，应尽量加大比值，如可采用0.20。对有丙酮、汽油、甲醇、乙炔和氢气等爆炸介质的厂房，泄压比更应尽量超过0.20。对于厂房体积超过1000m^3，开辟泄压面积又有困难时，其泄压比可适当降低，但不应小于0.03。

5.3.3.4 泄压设施设置要求

有粉尘爆炸危险的筒仓，其顶部盖板应设置必要的泄压设施。粮食筒仓的工作塔、上通廊的泄压面积应按上述有关规定执行。有粉尘爆炸危险的其他粮食储存设施应采取防爆措施。

设置泄压设施时应注意以下问题。

（1）泄压设施的设置应避开人员密集场所和主要交通道路，并宜靠近有爆炸危险的部位。

（2）用门、窗、轻质墙体作为泄压面积时，不应影响相邻车间和其他建筑物的安全。

（3）散发较空气轻的可燃气体、可燃蒸气的甲类厂房，宜采用轻质屋面板的全部或局部作为泄压设施。顶棚应尽量平整、避免死角，厂房上部空间应通风良好。

（4）消除影响泄压的障碍物。

（5）采取一定的措施防止负压的影响。

（6）设置位置尽可能避开常年主导风向。

5.4 钢结构耐火性能化设计

5.4.1 钢材的高温性能

5.4.1.1 钢材在高温下的强度

建筑钢材可分为钢结构用钢材和钢筋混凝土结构用钢筋两类。它是在严格的技术控制下生产的材料，具有强度大、塑性和韧性好、制成的钢结构重量轻等优点。钢材属于不燃烧材料，可是在火灾条件下，裸露的钢结构会在十几分钟内发生倒塌破坏。因此，为了提高钢结构耐火性能，必须研究钢材在高温下的性能。

在建筑结构中广泛使用的普通低碳钢在高温下的性能如图 5-9 所示。抗拉强度在 250～300℃时达到最大值；温度超过 350℃，强度开始大幅度下降，在 500%时约为常温时的 1/2，600℃时约为常温时的 1/3。屈服强度在 500%时约为常温的 1/2。由此可见，钢材在高温下强度降低很快。

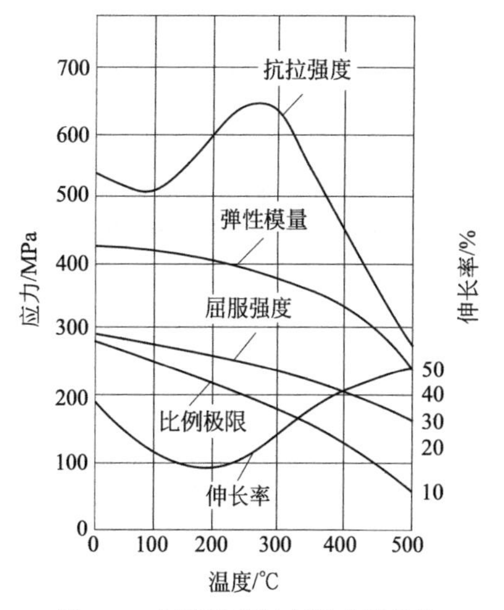

图 5-9 普通低碳钢高温力学性能

普通低合金钢是在普通碳素钢中加入一定量的合金元素冶炼成的。这种钢材在高温下的强度变化与普通碳素钢基本相同，在 200～300℃的温度范围内极限强度增加，当温度超过 300℃后，强度逐渐降低。

冷加工钢筋是普通钢筋经过冷拉、冷拔、冷轧等加工强化过程得到的钢材，其内部晶格构架发生畸变，强度增加而塑性降低。这种钢材在高温下，内部晶格的畸变随着温度升高而逐渐恢复正常，冷加工所提高的强度也逐渐减少和消失，塑性得到一定恢复。因此，在相同的温度下，冷加工钢筋强度降低值比未加工钢筋大很多。当温度达到 300℃时，冷加工钢筋强度约为常温时的 1/3；400℃时强度急剧下降，约为常温时的 1/2；500℃左右时，其屈服强度接近甚至小于未冷加工钢筋在相应温度下的强度。

高强钢丝用于预应力混凝土结构。它属于硬钢，没有明显的屈服极限。在高温下，高强钢丝的抗拉强度的降低比其他钢筋更快。当温度在 150℃以内时，强度不降低；温度达 350℃时，强度降低约为常温时的 1/2；400℃时强度约为常温时的 1/3；500℃时强度不足常温时的 1/5。

预应力混凝土构件，由于所用的冷加工钢筋和高强钢丝在火灾高温下强度下降明显大于普通低碳钢筋和低合金钢筋，因此耐火性能远低于非预应力钢筋混凝土构件。

5.4.1.2 钢材的弹性模量

钢材的弹性模量随着温度升高而连续地下降，如图 5-10 所示。

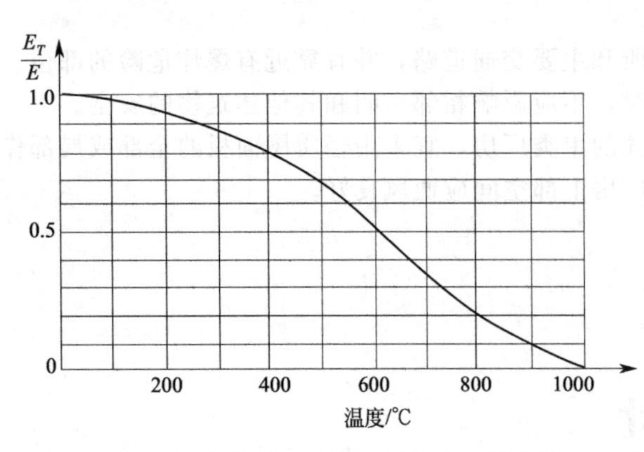

图 5-10 钢材弹性系数与受热温度的关系

在 0～1000℃ 这个温度范围内，钢材弹性模量的变化可用两个方程描述，其中 600℃之前为第一段，600～1000℃ 为第二段。当温度 T 大于 0 而小于或等于 600℃ 时热弹性模量 E_T 与普通弹性模量 E 的比值方程为：

$$\frac{E_T}{E}=1.0+\frac{T}{2000\ln\left(\frac{T}{1100}\right)} \quad (0<T\leqslant 600℃) \tag{5-2}$$

当温度 T 大于 600℃ 小于 1000℃ 时，方程为：

$$\frac{E_T}{E}=\frac{690-0.69T}{T-53.5} \quad (600<T<1000℃) \tag{5-3}$$

常用建筑钢材在高温下弹性模量的降低系数见表 5-6。

表 5-6 A_3、16Mn、25MnSi 在高温下弹性模量降低系数

钢材品种	温度/℃				
	100	200	300	400	500
A_3	0.98	0.95	0.91	0.83	0.68
16Mn	1.00	0.94	0.95	0.83	0.65
25MnSi	0.97	0.93	0.93	0.83	0.68

5.4.1.3 钢材的热膨胀系数

钢材在高温作用下产生膨胀，如图 5-11 所示。

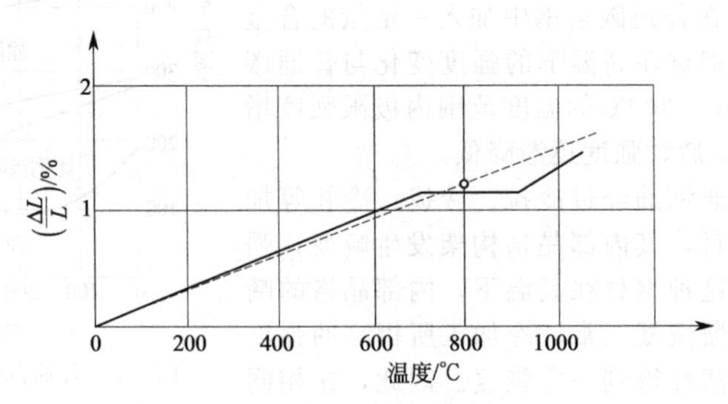

图 5-11 钢材的热膨胀

当温度在 0℃$\leqslant T_s\leqslant$600℃时，钢材的热膨胀系数与温度成正比，钢材的热膨胀系数 $\alpha_s=1.4\times10^{-5}$ m/(m·℃)。

5.4.1.4 钢材在高温下的变形

钢材在一定温度和应力作用下，随时间的推移，会发生缓慢塑性变形，即蠕变。蠕变在较低温度时就会产生，在温度高于一定值时比较明显，对于普通低碳钢这一温度为 300～350℃，对于合金钢为 400～450℃，温度愈高，蠕变现象愈明显。蠕变不仅受温度的影响，而且也受

应力大小影响，若应力超过了钢材在某一温度下屈服强度时，蠕变会明显增大。

高温下钢材塑性增大，易于产生变形。

钢材在高温下强度降低很快，塑性增大，加之其热导率大是造成钢结构在火灾条件下极易在短时间内破坏的主要原因。为了提高钢结构的耐火性能，通常可采用防火隔热材料（如钢丝网抹灰、浇筑混凝土、砌砖块、泡沫混凝土块）包覆、喷涂钢结构防火涂料等方法对钢结构进行保护。

5.4.2 钢结构防火保护措施

5.4.2.1 钢结构防火保护措施及选用原则

（1）钢结构可采用下列防火保护措施。

① 外包混凝土或砌筑砌体。

② 涂敷防火涂料。

③ 防火板包埋。

④ 复合防火保护，即在钢结构表面涂敷防火除料或采用柔性毡状隔热材料包覆，再用轻质防火板作饰面板。

⑤ 柔性毡状隔热材料包覆。

（2）钢结构防火保护措施应按照安全可靠、经济实用的原则选用，并应考虑下列条件。

① 在要求的耐火极限内能有效地保护钢构件。

② 防火材料应易于与钢构件结合，并对钢构件不产生有害影响。

③ 当钢构件受火产生允许变形时，防火保护材料不应发生结构性破坏，仍能保持原有的保护作用直至规定的耐火时间。

④ 施工方便，易于保证施工质量。

⑤ 防火保护材料不应对人体有害。

（3）钢结构防火涂料品种的选用，应符合下列规定。

① 高层建筑钢结构和单、多层钢结构的室内隐蔽构件，当规定的耐火极限为 1.5h 以上时，应选用非膨胀型钢结构防火涂料。

② 室内裸露钢结构、轻型屋盖钢结构和有装饰要求的钢结构，当规定的耐火极限为 1.5h 以下时，可选用膨胀型钢结构防火涂料。

③ 当钢结构耐火极限要求不小于 1.5h，以及对室外的钢结构工程，不宜选用膨胀型防火涂料。

④ 露天钢结构应选用适合室外用的钢结构防火涂料，且至少应经过一年以上室外钢结构工程的应用验证，涂层性能无明显变化。

⑤ 复层涂料应相互配套，底层涂料应能同普通防锈漆配合使用，或者底层涂料自身具有防锈功能。

⑥ 膨胀型防火涂料的保护层厚度应通过实际构件的耐火试验确定。

（4）防火板的安装应符合下列要求。

① 防火板的包敷必须根据构件形状和所处部位进行包敷构造设计，在满足耐火要求的条件下充分考虑安装的牢固稳定。

② 固定和稳定防火板的龙骨黏结剂应为不燃材料。龙骨材料应便于构件、防火板连接。黏结剂在高温下应仍能保持一定的强度，保证结构稳定和完整。

（5）采用复合防火保护时应符合下列要求。

① 必须根据构件形状和所处部位进行包敷构造设计，在满足耐火要求的条件下充分考虑保护层的牢固稳定。

② 在包敷构造设计时，应充分考虑外层包敷的施工不应对内防火层造成结构性破坏或

损伤。

（6）采用柔性毡状隔热材料防火保护时应符合下列要求。

① 仅适用于平时不受机械损伤和不易人为破坏，且不受水湿的部位。

② 包覆构造的外层应设金属保护壳。金属保护壳应固定在支撑构件上，支撑构件应固定在钢构件上。支撑构件应为不燃材料。

③ 在材料自重下，毡状材料不应发生体积压缩不均的现象。

5.4.2.2 钢结构防火构造

（1）采用外包混凝土或砌筑砌体的钢结构防火保护构造宜按图 5-12 选用。采用外包混凝土的防火保护宜配构造钢筋。

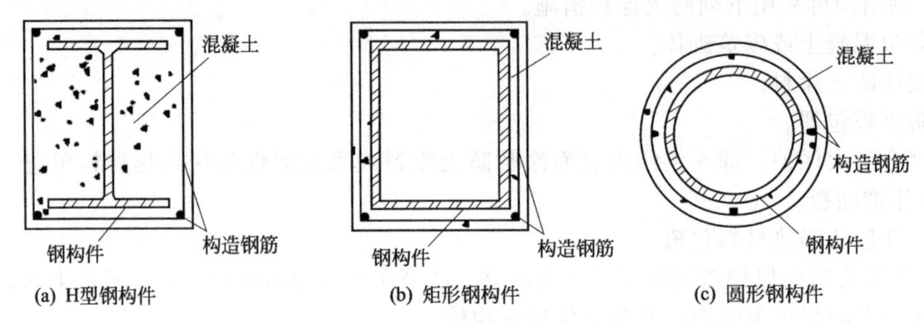

图 5-12 采用外包混凝土的防火保护构造

（2）采用防火涂料的钢结构防火保护构造宜按图 5-13 选用。当钢结构采用非膨胀型防火涂料进行防火保护且有下列情形之一时，涂层内应设置与钢构件相连接的钢丝网。

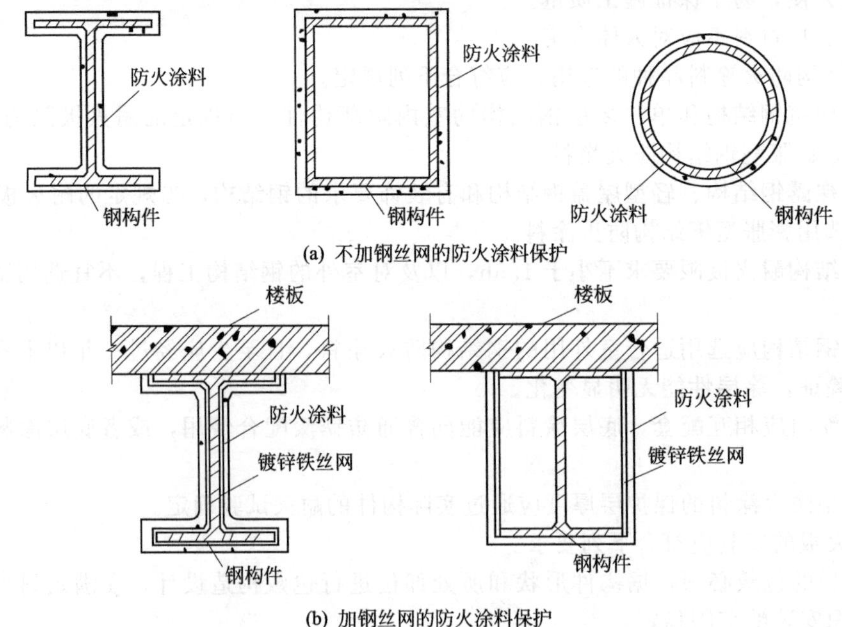

图 5-13 采用防火涂料的防火保护构造

① 承受冲击、振动荷载的构件。

② 涂层厚度不小于 300m 的构件。

③ 黏结强度不大于 0.05MPa 的钢结构防火涂料。

④ 腹板高度超过 500mm 的构件。

⑤ 涂层幅面较大且长期暴露在室外。

（3）采用防火板的钢结构防火保护构造宜按图 5-14、图 5-15 选用。

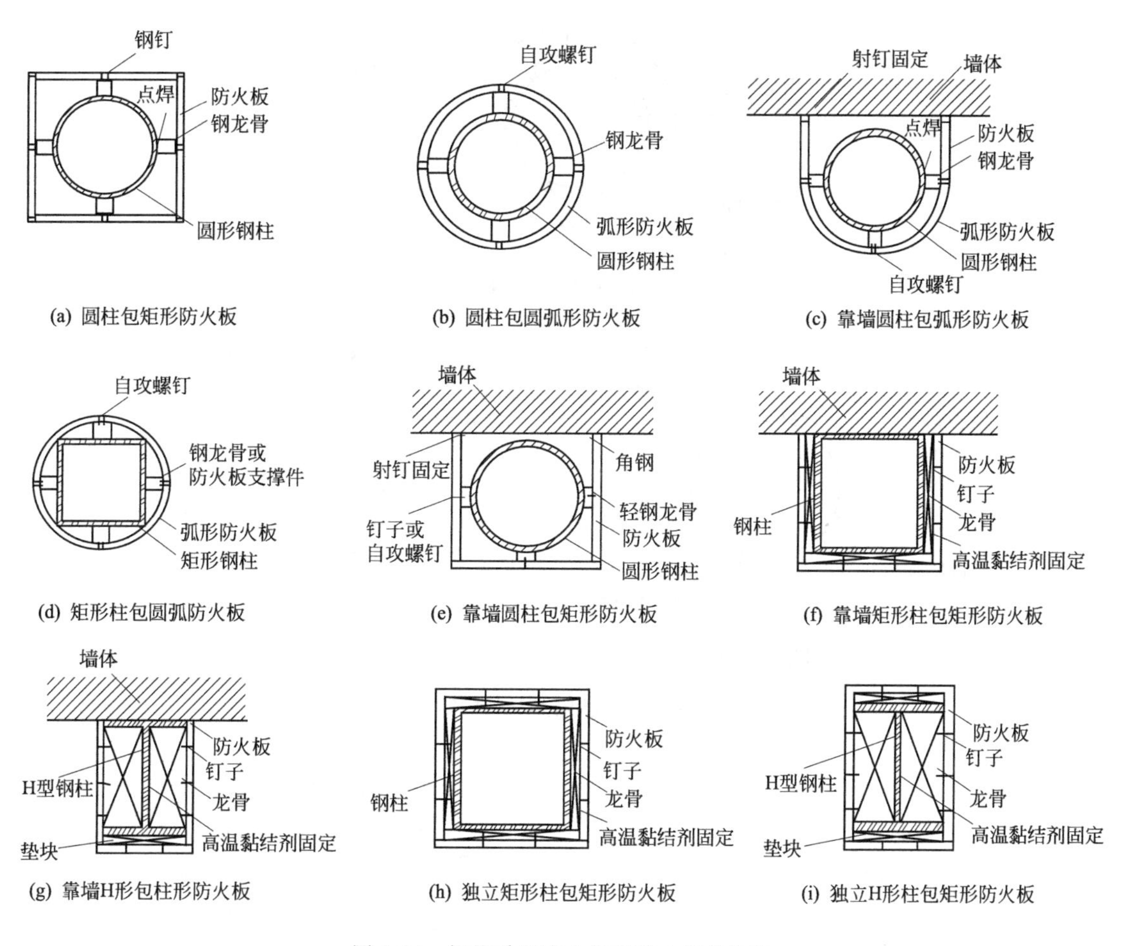

图 5-14 钢柱采用防火板的防火保护构造

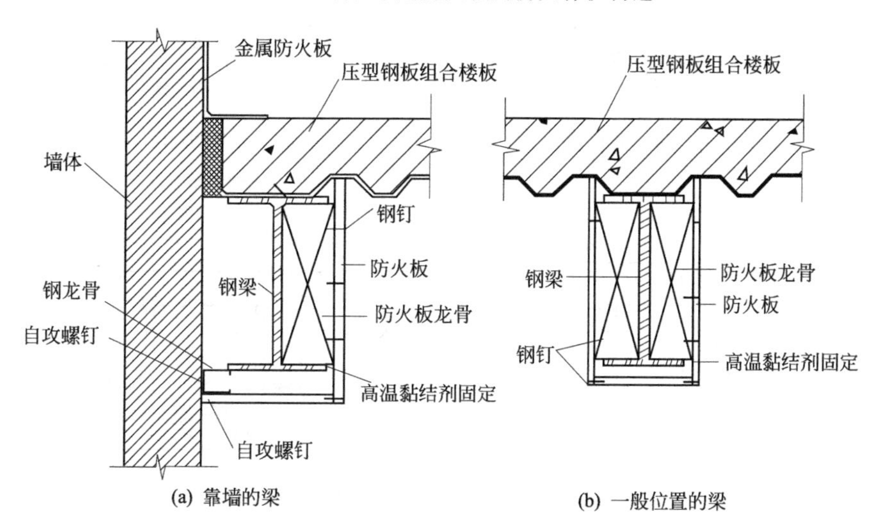

图 5-15 钢梁采用防火板的防火保护构造

（4）采用柔性毡状隔热材料的钢结构防火保护构造宜按图 5-16 选用。

（5）钢结构采用复合防火保护的构造宜按图 5-17～图 5-19 选用。

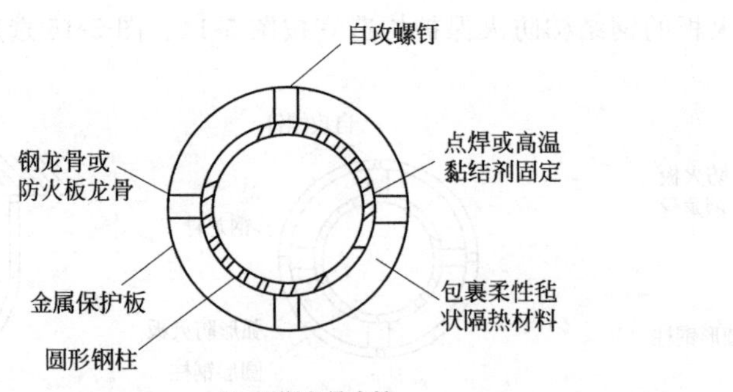

(a) 用钢龙骨支撑

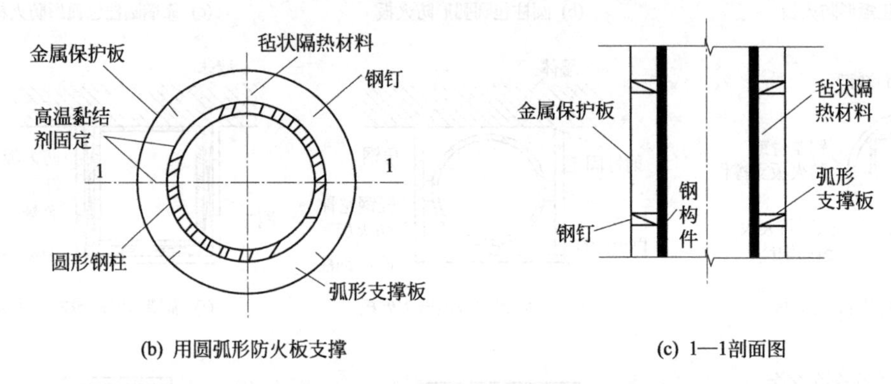

(b) 用圆弧形防火板支撑　　(c) 1—1剖面图

图 5-16　采用柔性毡状隔热材料的防火保护构造

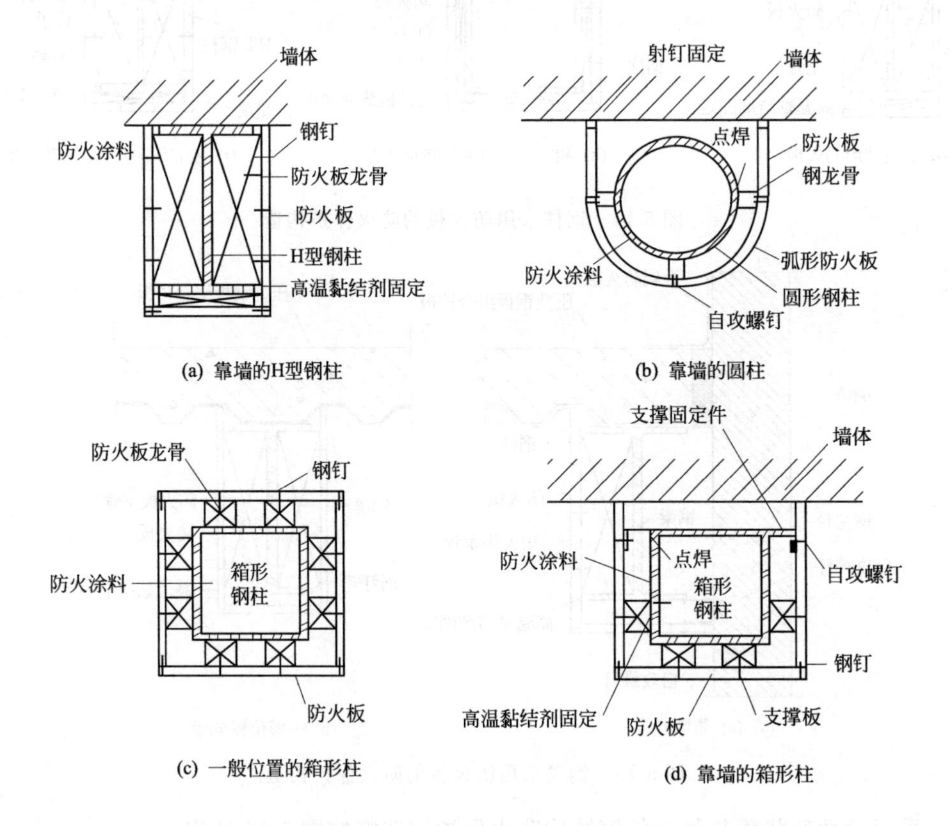

(a) 靠墙的H型钢柱　　(b) 靠墙的圆柱

(c) 一般位置的箱形柱　　(d) 靠墙的箱形柱

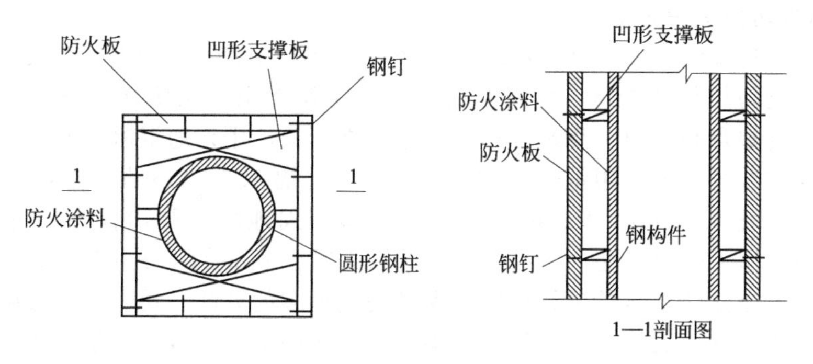

(e) 一般位置的圆柱

图 5-17 钢柱采用防火涂料和防火板的复合防火保护构造

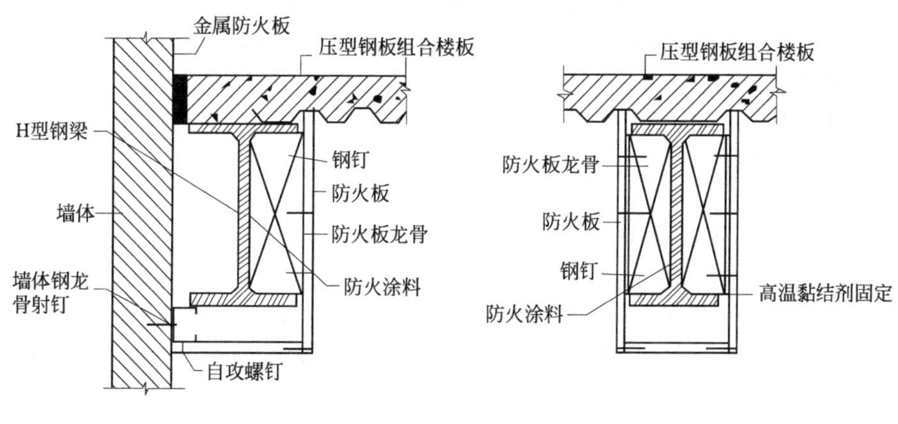

(a) 靠墙的梁

(b) 一般位置的梁

图 5-18 钢梁采用防火涂料和防火板的复合防火保护构造（一）

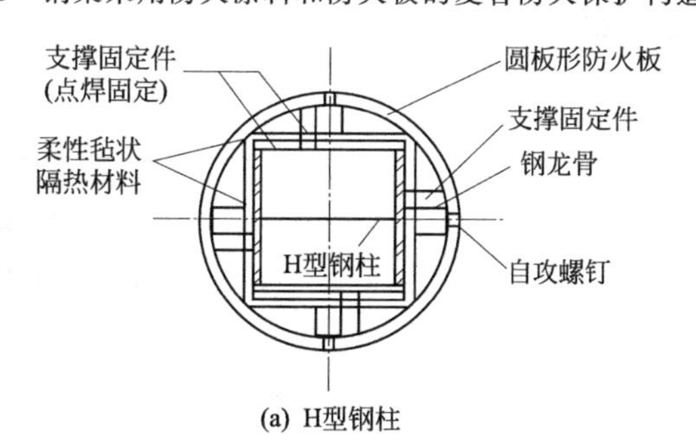

(a) H型钢柱

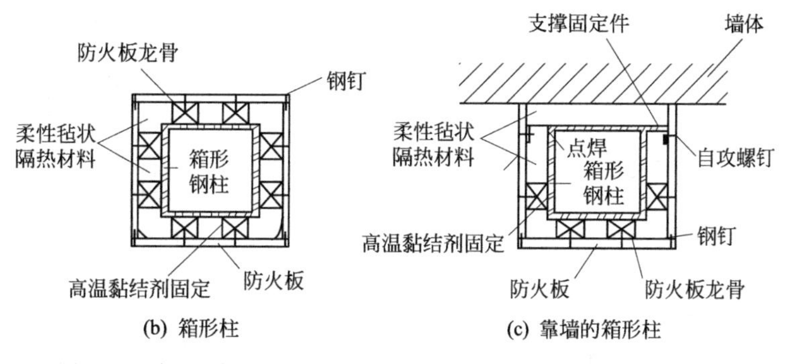

(b) 箱形柱

(c) 靠墙的箱形柱

图 5-19 钢梁采用防火涂料和防火板的复合防火保护构造（二）

5.4.2.3 钢结构防火保护方法

（1）现浇法 现浇法一般用普通混凝土、轻质混凝土或加气混凝土，是最可靠的钢结构防火方法。其优点是防护材料费低，而且具有一定的防锈作用，无接缝，表面装饰方便，耐冲击，可以预制。其缺点是支模、浇筑、养护等施工周期长，用普通混凝土时，自重较大。

现浇施工采用组合钢模，用钢管加扣件。浇灌时每隔 1.5～2m 设一道门子板，用振动棒振实。为保证混凝土层断面尺寸的准确，先在柱脚四周地坪上弹出保护层外边线，浇灌高 50mm 的定位底盘作为模板基准，模板上部位置则用厚 65mm 的小垫块控制。

（2）喷涂法 喷涂法是目前钢结构防火保护使用最多的方法，可分为直接喷涂和先在工字型钢构件上焊接钢丝网，而将防火保护材料喷涂在钢丝网上，形成中空层的方法，喷涂材料一般用岩棉、矿棉等绝热性材料。

喷涂法的优点是价格低，适合于形状复杂的钢构件，施工快，并可形成装饰层。其缺点是养护、清扫麻烦，涂层厚度难于掌握，因工人技术水平而质量有差异，表面较粗糙。

喷涂法首先要严格控制喷涂厚度，每次不超过 20mm，否则会出现滑落或剥落；其次是在一周之内不得使喷涂结构发生振动，否则会发生剥落或造成日后剥落。

当遇到下列情况之一时，涂层内应设置与构件连接的钢丝网，以确保涂层牢固。

① 承受冲击振动的梁。

② 设计涂层厚度大于 40mm 时。

③ 涂料黏结强度小于 0.05MPa。

④ 腹板高度大于 1.5m 的梁。

（3）包封法 包封法是用防火材料把构件包裹起来。包封材料有防火板、混凝土或砖、钢丝网抹耐火砂浆等。图 5-20 为梁的板材包封示意。图 5-21 为压型钢板楼板包封示意。

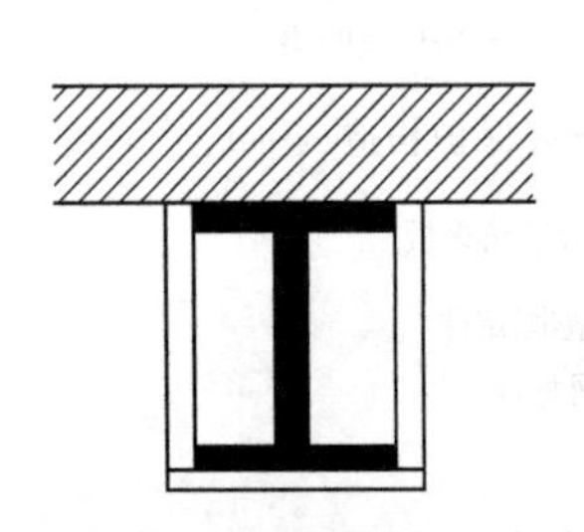

图 5-20 梁的板材包封示意

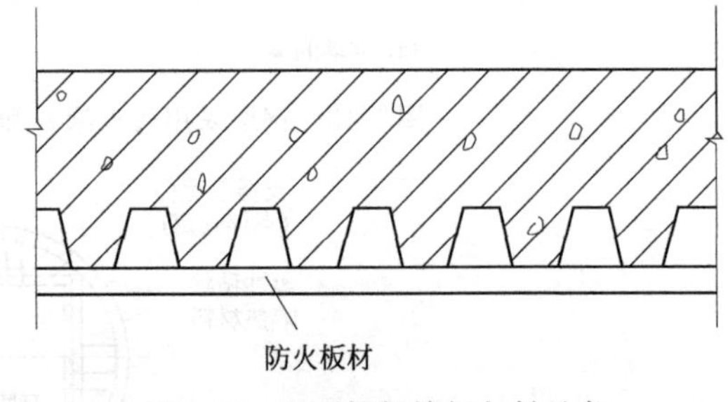

图 5-21 压型钢板楼板包封示意

对于柱，也可采用混凝土（图 5-22）或砖包封。当采用混凝土包封时，混凝土中布置一些细钢筋或钢网片以防爆裂。对梁或柱，也可用钢丝网外抹耐火砂浆进行保护，如图 5-23 所示。

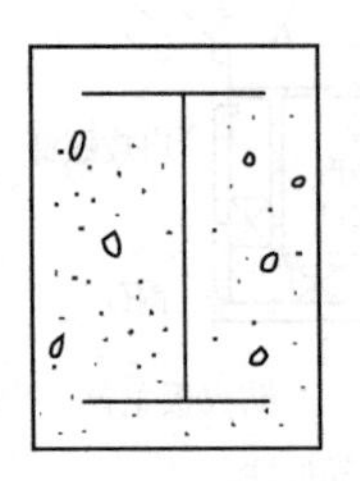

图 5-22 混凝土包封

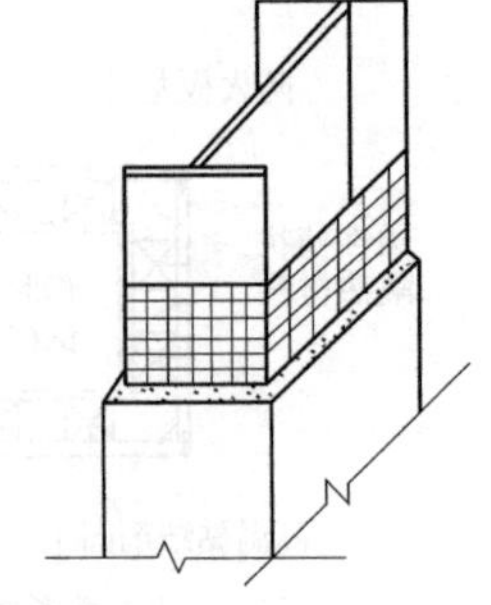

图 5-23 钢丝网外抹耐火砂浆

板材包封法适合于梁、柱、压型钢板楼板的保护。

（4）粘贴法 图 5-24 所示为粘贴法示意。

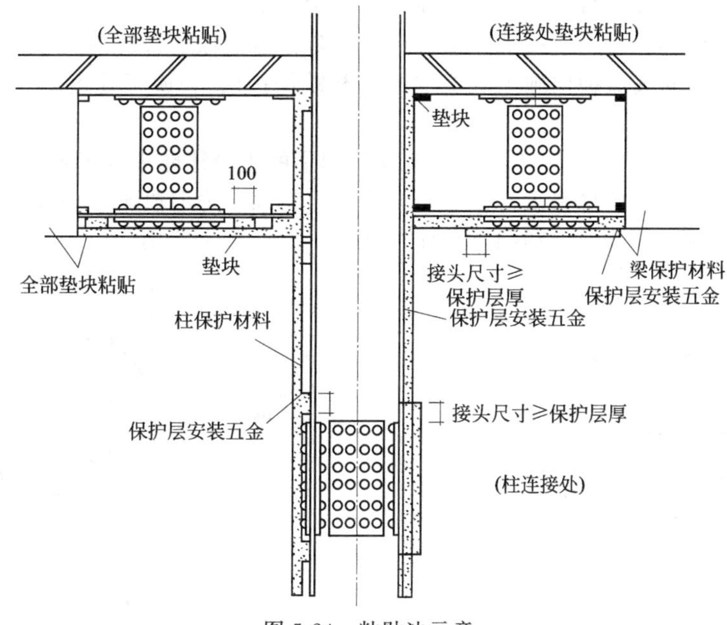

图 5-24 粘贴法示意

先将石棉硅酸钙、矿棉、轻质石膏等防火保护材料预制成板材，用黏结剂粘贴在钢结构构件上，当构件的结合部有螺栓、铆钉等不平整时，可先在螺栓、铆钉等附近粘垫衬板材，然后将保护板材再粘在垫衬板材上。粘贴法的优点是材质、厚度等容易掌握，对周围无污染，容易修复，对于质地好的石棉硅酸钙板，可以直接用作装饰层。其缺点是这种成型板材不耐撞击，易受潮吸水，降低黏结剂的黏结强度。

从板材的品种来看，矿棉板因成型后收缩大，结合部会出现缝隙，且强度较低，最近较少使用。石膏系列板材，因吸水后强度降低较多，破损率高，现在基本上不再使用。

防火板材与钢构件的黏结，关键要注意黏结剂的涂刷方法。钢构件与防火板材之间的黏结涂刷面积应在30%以上，且涂成不少于3条带状，下层垫板与上层板之间应全面涂刷，不应采用金属件加强。

(5) 吊顶法 图 5-25 所示为吊顶法示意。

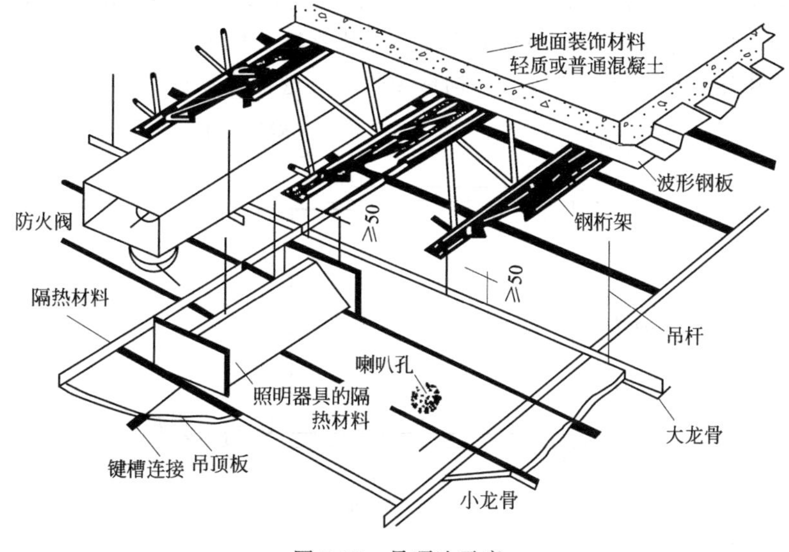

图 5-25 吊顶法示意

用轻质、薄型、耐火的材料，制作吊顶，使吊顶具有防火性能，而省去钢桁架、钢网架、钢屋面等的防火保护层。采用滑槽式连接，可有效防止防火保护板的热变形。吊顶法的优点是省略了吊顶空间内的耐火保护层施工（但主梁还要做保护层），施工速度快；缺点是竣工后要有可靠的维护管理。

(6) 组合法　图 5-26、图 5-27 分别为钢柱、钢梁的组合法防火保护示意。

用两种以上的防火保护材料组合成的防火方法。将预应力混凝土幕墙及蒸压轻质混凝土板作为防火保护材料的一部分加以利用，从而可加快工期，减少费用。

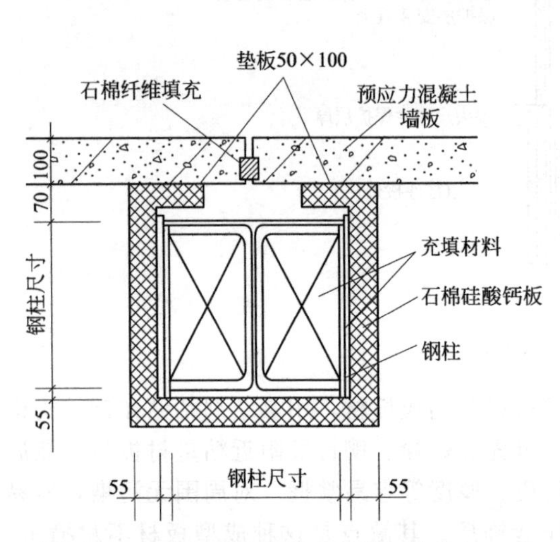

图 5-26　钢柱的组合法防火保护（单位：mm）

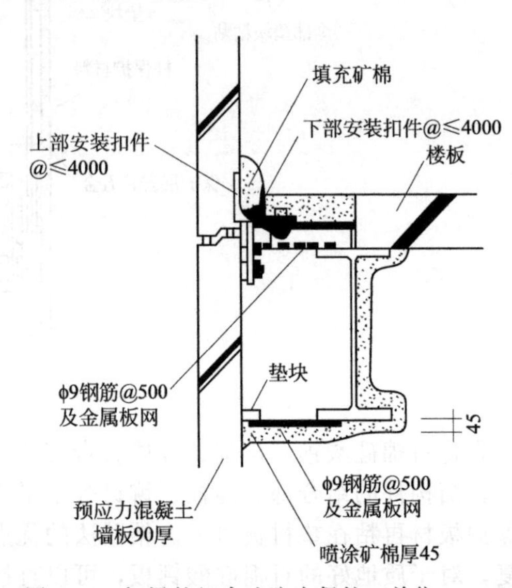

图 5-27　钢梁的组合法防火保护（单位：mm）

组合法防火保护，对于高度很大的超高层建筑物，可以减少较危险的外部作业，并可减少粉尘等飞散在高空，有利于环境保护。

(7) 疏导法　疏导法允许热流量传到构件上，然后设法把热量导走或消耗掉，同样可使构件温度升高不至于超过其临界温度，从而起到保护作用。

疏导法目前仅有充水冷却保护这一种方法。该方法是在空心封闭截面中（主要为柱）充满水，火灾时构件把从火场中吸收的热量传给水，依靠水的蒸发消耗热量或通过循环把热量导走，构件温度便可维持在 100℃左右。从理论上来说，这是钢结构耐火保护最有效的方法。该系统工作时，构件相当于盛满水被加热的容器，像烧水锅一样工作。只要补充水源，维持足够水位，由于水的比热容和汽化热均较大，构件吸收的热量将源源不断地被耗掉或导走。

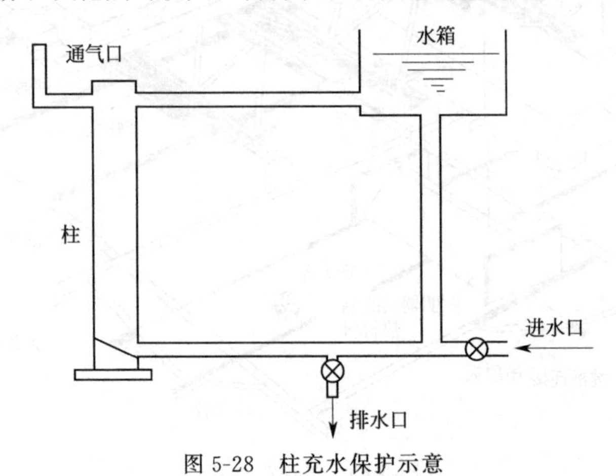

图 5-28　柱充水保护示意

水冷却保护法如图5-28所示。冷却水可由高位水箱或供水管网提供，也可由消防车补充。水蒸气由排气口排出。当柱高度较大时，可分成几个循环系统，以防止水压过大。为防止锈蚀或水的冻结，水中应添加阻锈剂和防冻剂。

水冷却法既可单根柱自成系统，又可多根柱连通。前者仅依靠水的蒸发耗热，后者既能蒸发耗热，又能借水的温差形成循环，把热量导向非火灾区温度较低的柱内。

5.5 地下建筑消防设计

5.5.1 地下建筑的火灾特点及适用范围

5.5.1.1 地下建筑的火灾特点

(1) 散热困难 地下建筑内发生火灾，热烟气无法通过窗户顺利排出，又由于建筑物周围的材料很厚，导热性能差，对流散热弱，燃烧产生的热量大部分积聚在室内，故其中温度上升得很快。试验表明，起火房间温度可由400℃迅速上升到800～900℃，容易较快地发生轰燃。

(2) 烟气量大 地下建筑火灾燃烧所用的氧气是通过与地面相通的通风道和其他漏洞补充的。这些通道面积狭窄，新鲜空气供应不足，故火灾基本上处于低氧浓度的燃烧，不完全燃烧程度严重，可产生相当多的浓烟。同时由于室内外气体对流交换不强，大部分烟气积存在建筑物内。这一方面造成室内压力中性面低，即烟气层较厚（对人们威胁增大），另一方面烟气容易向建筑物的其他区域蔓延。

地下建筑的通风口的数量对室内燃烧状况有重要影响。当只有一个通风口时，烟气要从此口流出，新鲜空气亦要由此口流入，该处将出现极复杂的流动。当室内存在多个通风口时，一般排烟与进风会分别通过不同的开口流通。一般说来，地下建筑火灾在初期发展阶段与地上建筑物火灾基本相同，但到中、后期，其燃烧状况要根据通风口的空气供应情况而定。

(3) 疏散困难

① 地下建筑由于受到条件限制，出入口较少，疏散步行距离较长，火灾时，人员疏散只能通过出入口，而云梯车之类消防救助工具，对地下建筑的人员疏散就无能为力。地面建筑火灾时，人只要跑到火灾层以下便安全了，而地下建筑不跑出建筑物之外，总是不安全的。

② 火灾时，平时的出入口在没有排烟设备的情况下，将会成为喷烟口，高温浓烟的扩散方向与人员疏散的方向一致，而且烟的扩散速度比人群疏散速度快得多，人们无法逃避高温浓烟的危害，而多层地下建筑则危害更大。国内外研究证明，烟的垂直上升速度为3～4m/s，水平扩散速度为0.5～0.8m/s；在地下建筑烟的扩散试验中证实，当火源较大时，对于倾斜面的吊顶来说，烟流速度可达3m/s。由此看来，无论体力多好的人，都无法跑过烟的。

③ 地下建筑火灾中因无自然采光，一旦停电，漆黑中又有热烟等毒性作用，无论对人员疏散还是灭火行动都带来了很大困难。即使在无火灾情况下，一旦停电，人们也很难摸出建筑之外。国际上的研究结论认为，只要人的视觉距离降到3m以下，逃离火场就根本不可能。

④ 地下建筑发生火灾时，会出现严重缺氧，产生大量的一氧化碳及其他有害气体，对人体危害甚大。地下建筑中发生火灾时，造成缺氧的情况比地面建筑火灾严重得多。

(4) 扑救困难 消防人员无法直接观察地下建筑中起火部位及燃烧情况，这给现场组织指挥灭火活动造成困难。在地下建筑火灾扑救中造成火场侦察员牺牲的案例不少。灭火进攻路线少，除了有数的出入口外，别无他路，而出入口又极易成为“烟筒”，消防队员在高温浓烟情况下难以接近着火点。可用于地下建筑的灭火剂比较少，对于人员较多的地下公共建筑，如无一定条件，则毒性较大的灭火剂不宜使用。地下建筑火灾中通信设备较差，步话机等设备难以使用，通信联络困难，照明条件比地面差得多。由于上述原因，从外部对地下建筑内的火灾要进行有效的扑救是很难的，因此，要重视地下建筑的防火设计。

5.5.1.2 地下建筑的适用范围

为了确保地下建筑的消防安全，要严格限制其使用范围。地下建筑一般只能适用于如下情况。

(1) 商店、医院、旅馆、餐厅、展览厅、公共娱乐场所、小型体育馆和其他适用的民用场所等。

公共娱乐场所一般指电影院、录像厅、礼堂、舞厅、卡拉OK厅、夜总会、音乐茶座、电子游戏厅、多功能厅等。

小型体育场所一般指溜冰馆、游泳馆、体育馆、保龄球馆等。

(2) 按火灾分类属于丙、丁、戊类的生产车间（如木工车间、针织品车间、服装加工车间、印刷车间、电子产品装配车间等）和物品库房（如纸张、棉、毛、丝、麻及其织物、粮食、电子产品、果品等仓库）等。

为了确保地下建筑的消防安全，地下建筑不能用作甲、乙类生产车间和物品库房，只适用于丙、丁、戊类生产车间和物品库房。物品库房包括图书资料档案库和自行车库。

5.5.2 地下建筑的防火设计

5.5.2.1 防火分区设计

对于大型地下建筑，由于人员密集，可燃物较多或火灾危险性较大，应该划分成若干个防火分区，对于防止火灾的扩大和蔓延是非常必要的，一旦发生火灾，能使火灾限制在一定的范围内。

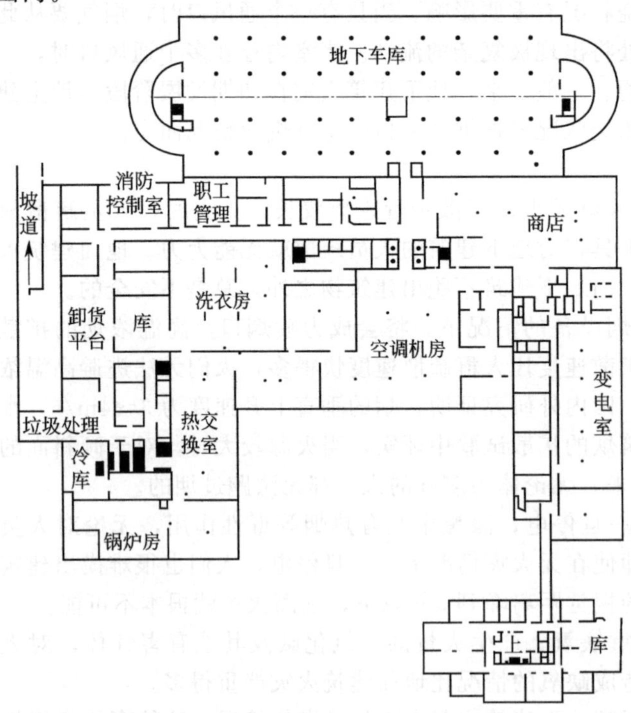

图 5-29 地下建筑的防火分区设计示意

从减少火灾损失的观点来说，地下建筑的防火分区面积以小为好，以商业性地下建筑为例，如果每个店铺都能形成一个独立的防火分区，当发生火灾时，关闭防火门或防火卷帘，防止烟火涌向中间的通道，可以使火灾损失控制在极小的范围内。然而，从建设费用来看，造价就要提高，实际建造和使用也有一定困难。因此，还要把若干店铺划分在一个防火分区内，如图 5-29 所示。

若把地下建筑的中间人行通道设计成能够从相邻防火分区进风的形式，则某一分区发生火灾，烟和热气就不会从人行道流到相邻防火分区内，并且可以作为辅助疏散出口、消防队员入口等。为此，要尽可能把防火分隔部位的通道设窄一些，并在其上设置挡烟垂壁，只留出人们能够通行的高度。例如，可以从分隔走道的防火墙两侧各设一扇折叠式防火门，中间部分用防火卷帘加水幕分隔，防火卷帘平时放下到距地板面1.8m高处，使人员能够正常通行，要具有一定的耐火能力，店铺面向人行道时，宜设防火卷帘，并最好能有水幕保护。

地下建筑防火分区的划分应比地面建筑要求严些。视建筑的功能，防火分区面积一般不宜大于 $500m^2$，但设有可靠的防火灭火设施，如自动喷水灭火系统时，可以放宽，但不宜大于 $1000m^2$，而对于商业营业厅、展览厅等特殊用途的地下建筑，可达到 $2000m^2$。

5.5.2.2 防排烟设计

在地下建筑火灾中，烟气对人的危害更为严重。许多案例表明，地下建筑火灾中死亡人员基本上全部是因烟造成的。为了充分保证人员的安全疏散和火灾扑救，在地下建筑中必须设置烟气控制系统，以阻止烟气四处蔓延，并将其迅速排出。设置防烟帘与蓄烟池等方法也有助于限制烟气蔓延。

负压排烟是地下建筑的主要排烟方式，这样可在人员进出口处形成正压进风条件。排烟口应设在走道、楼梯间及较大的房间内。为了确保楼梯前室及主要楼梯通道内没有烟气侵入，还可进行正压送风。对设有采光窗的地下建筑，亦可通过正压送风实现采光窗自然排烟。但采光窗应有足够大的面积，当其面积与室内平面面积之比小于 1/50，还应当增设负压排烟方式。对于掩埋很深或多层的地下建筑，应当专门设置防烟楼梯间，在其中安置独立的进风与排烟系统。

当排烟口的面积较大，占地下建筑面积的 1/50 以上，而且能够直接通向大气时，可以采用自然排烟的方式。设置自然排烟设施，必须防止地面的风从排烟口倒灌到地下建筑内，因此，排烟口应高出地表面，以增加拔烟效应，同时要做成不受外界风力影响的形状。特别是安全出口，一定要确保火灾时无烟。安全出口处的自然排烟构造如图 5-30 所示。

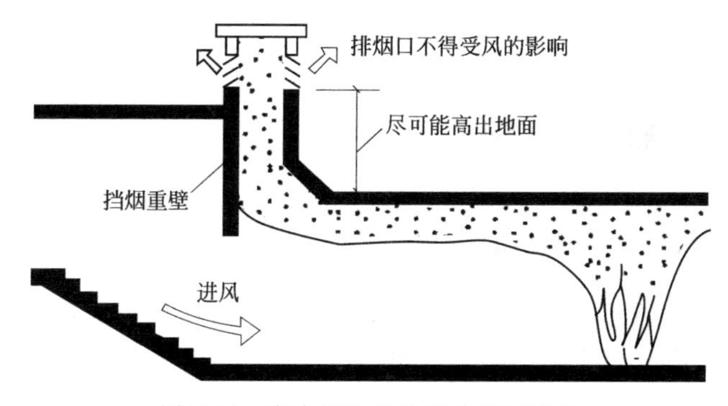

图 5-30 安全出口处的自然排烟构造

5.5.2.3 采用合适的火灾探测与灭火系统

对于地下建筑应当强调加强其火灾自救能力。探测报警设备的重要性在于能够准确预报起火位置，这对扑灭地下建筑火灾格外重要。应当针对地下建筑的特点进行火灾探测器选型，例如选用耐潮湿、抗干扰性强的产品。

安装自动喷水灭火系统也是地下建筑物的主要消防手段，不少国家在消防法规上已对此做了规定。如日本要求地下商业街内全部应有自动水喷淋器。现在我国已有不少地下建筑安装了这种系统，但仍不普遍。

对地下建筑火灾中使用的灭火剂应当慎重选择，不许使用毒性大、窒息性强的灭火剂，例如四氯化碳、二氧化碳等。这些灭火剂的密度较大，会沉积在地下建筑物内，不易排出，可对人们的生命安全构成严重危害。

5.5.2.4 安装事故照明及疏散诱导设施

地下建筑的空间形状复杂多样，出入口的位置大都不很规则，而且很多区域没有自然采光条件，这也是造成火灾中人员疏散困难的原因。因此在地下建筑中除了正常照明外，还应加强设置事故照明灯具，避免火灾发生时内部一片漆黑。同时应有足够的疏散诱导灯指引通向安全门或出入口的方向。有条件的建筑还可使用音响和广播系统临时指挥人员合理疏散。

6 火灾自动报警与消防联动系统

6.1 火灾自动报警系统

6.1.1 火灾自动报警系统的组成

火灾自动报警系统是由触发器件、火灾报警装置、火灾警报装置以及具有其他辅助功能的装置组成的火灾报警系统，对于复杂系统还包括消防控制设备，如图 6-1 所示。

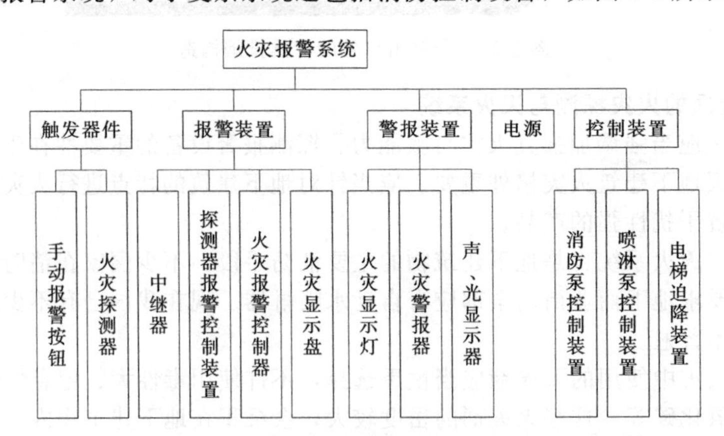

图 6-1　火灾自动报警系统的基本组成

6.1.1.1　触发器件

在火灾自动报警系统中，自动或手动产生火灾报警信号的器件称为触发件，主要包括火灾探测器和手动火灾报警按钮。火灾探测器是能对火灾参数（如烟、温度、火焰辐射、气体浓度等）响应，并自动产生火灾报警信号的器件。按响应火灾参数的不同，火灾探测器分成感温火灾探测器、感烟火灾探测器、感光火灾探测器、可燃气体探测器和复合火灾探测器五种基本类型。不同类型的火灾探测器适用于不同类型的火灾和不同的场所。手动火灾报警按钮是手动方式产生火灾报警信号、启动火灾自动报警系统的器件，也是火灾自动报警系统中不可缺少的组成部分之一。

6.1.1.2 火灾报警装置

在火灾自动报警系统中，用以接收、显示和传递火灾报警信号，并能发出控制信号和具有其他辅助功能的控制指示设备称为火灾报警装置。火灾报警控制器就是其中最基本的一种。火灾报警控制器担负着为火灾探测器提供稳定的工作电源；监视探测器及系统自身的工作状态；接收、转换、处理火灾探测器输出的报警信号；进行声光报警；指示报警的具体部位及时间；同时执行相应辅助控制等诸多任务，是火灾报警系统中的核心组成部分。

在火灾报警装置中，还有一些如中断器、区域显示器、火灾显示盘等功能不完整的报警装置，它们可视为火灾报警控制器的演变或补充。在特定条件下应用，与火灾报警控制器同属火灾报警装置。

火灾报警控制器的基本功能主要有：主电源、备电源自动转换；备用电源充电功能；电源故障监测功能；电源工作状态指标功能；为探测器回路供电功能；探测器或系统故障声光报警，火灾声光报警，火灾报警记忆功能；时钟单元功能；火灾报警优先报故障功能；声报警音响消音及再次声响报警功能。

6.1.1.3 火灾警报装置

在火灾自动报警系统中，用以发出区别于环境声、光的火灾警报信号的装置称为火灾警报装置。它以声、光音响方式向报警区域发出火灾警报信号，以警示人们采取安全疏散、灭火救灾措施。

6.1.1.4 消防控制设备

在火灾自动报警系统中，当接收到火灾报警后，能自动或手动启动相关消防设备并显示其状态的设备，称为消防控制设备。主要包括火灾报警控制器，自动灭火系统的控制装置，室内消火栓系统的控制装置，防烟排烟系统及空调通风系统的控制装置，常开防火门、防火卷帘的控制装置，电梯回降控制装置，以及火灾应急广播、火灾警报装置、消防通信设备、火灾应急照明与疏散指示标志的控制装置等控制装置中的部分或全部。消防控制设备一般设置在消防控制中心，以便于实行集中统一控制。也有的消防控制设备设置在被控消防设备所在现场，但其动作信号则必须返回消防控制室，实行集中与分散相结合的控制方式。

6.1.1.5 电源

火灾自动报警系统属于消防用电设备，其主电源应当采用消防电源，备用电源采用蓄电池。系统电源除为火灾报警控制器供电外，还为与系统相关的消防控制设备等供电。

6.1.2 火灾自动报警系统的形式

火灾自动报警系统形式的选择，应符合下列规定。

(1) 仅需要报警，不需要联动自动消防设备的保护对象宜采用区域报警系统。

(2) 不仅需要报警，同时需要联动自动消防设备，且只设置一台具有集中控制功能的火灾报警控制器和消防联动控制器的保护对象，应采用集中报警系统，并应设置一个消防控制室。

(3) 设置两个及以上消防控制室的保护对象，或已设置两个及以上集中报警系统的保护对象，应采用控制中心报警系统。

6.1.2.1 区域火灾报警系统

(1) 区域火灾报警系统由火灾探测器、手动火灾报警按钮、火灾声光警报器及火灾报警控制器等组成，系统中可包括消防控制室图形显示装置和指示楼层的区域显示器，如图 6-2 所示。

(2) 火灾报警控制器应设置在有人值班的场所。

(3) 系统设置消防控制室图形显示装置时，该装置应具有传输《火灾自动报警系统设计规

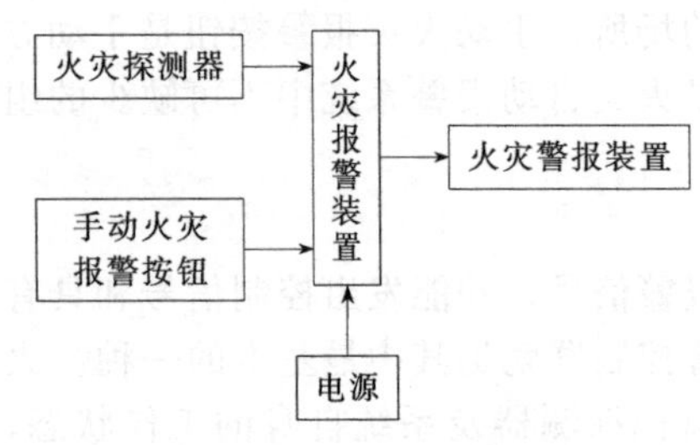

图 6-2　区域火灾报警系统

范》(GB 50116—2013) 附录 A 和附录 B 规定的有关信息的功能；系统未设置消防控制室图形显示装置时，应设置火警传输设备。

(4) 采用区域报警系统时，其区域报警控制器不应超过两台，因为未设集中报警控制器，当火灾报警区域过多而又分散时就不便于集中监控与管理。

(5) 区域报警系统可单独用在工矿企业的计算机机房等重要部位和民用建筑的塔楼公寓、写字楼等处，也可作为集中报警系统和控制中心系统中最基本的组成设备。

区域报警系统设计时，应符合下列几项规定。

① 在一个区域系统中，宜选用一台通用报警控制器，最多不超过两台。

② 区域报警控制器应设在有人值班的房间。

③ 该系统比较小，只能设置一些功能简单的联动控制设备。

④ 当用该系统警戒多个楼层时，应在每个楼层的楼梯口和消防电梯前室等明显部位设置识别报警楼层的灯光显示装置。

⑤ 当区域报警控制器安装在墙上时，其底边距地面或楼板的高度为 1.3～1.5m，靠近门轴的侧面距离不小于 0.5m，正面操作距离不小于 1.2m。

6.1.2.2　集中火灾报警系统

集中报警系统由火灾探测器、手动火灾报警按钮、火灾声光警报器、消防应急广播、消防专用电话、消防控制室图形显示装置、火灾报警控制器、消防联动控制器等组成，如图 6-3 所示。该系统功能较复杂，适用于较大范围内多个区域的保护。

集中报警系统中的火灾报警控制器、消防联动控制器和消防控制室图形显示装置、消防应急广播的控制装置、消防专用电话总机等起集中控制作用的消防设备，应设置在消防控制室内。集中报警系统设置的消防控制室图形显示装置应具有传输《火灾自动报警系统设计规范》(GB 50116—2013) 附录 A 和附录 B 规定的有关信息的功能。

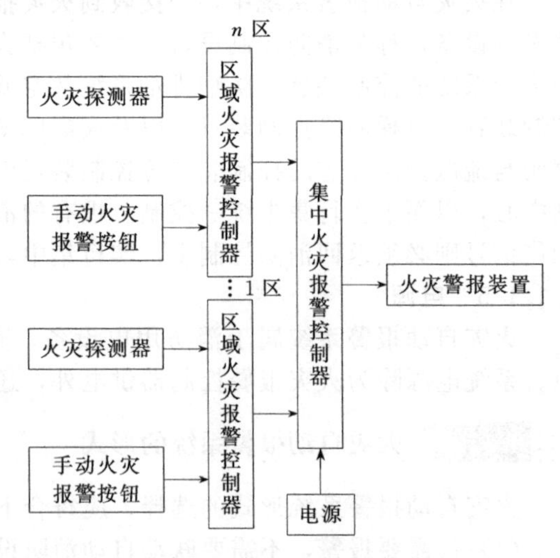

图 6-3　集中火灾报警系统

集中报警控制系统在一级中档宾馆、饭店用得比较多。根据宾馆、饭店的管理情况，集中报警控制器设在消防控制室；区域报警控制器(或楼层显示器)设在各楼层服务台，这样管理比较方便。

设计集中报警控制系统时应注意以下事项。

① 集中报警控制系统中，应设置必要的消防联动控制输入接点和输出接点(输入、输出模块)，可控制有关消防设备，并接收其反馈信号。

② 在控制器上应能准确显示火灾报警具体部位，并能实现简单的联动控制。

③ 集中报警控制器的信号传输线(输入、输出信号线)应通过端子连接，且应有明显的标记编号。

④ 报警控制器应设在消防控制室或有人值班的专门房间。

⑤ 控制盘前后应按消防控制室的要求，留出便于操作、维修的空间。

⑥ 集中报警控制器所连接的区域报警控制器(或楼层显示器)应符合区域报警控制系统

的技术要求。

6.1.2.3 控制中心报警系统

控制中心报警系统通常由至少一台集中火灾报警控制器、一台消防联动控制设备、至少两台区域火灾报警控制器（或区域显示器）、火灾探测器、手动火灾报警按钮、火灾报警装置、火警电话、火灾应急照明、火灾应急广播、联动装置及电源等组成，其系统结构、形式如图6-4所示。该系统的容量较大，消防设施控制功能较全，适用于大型建筑的保护。

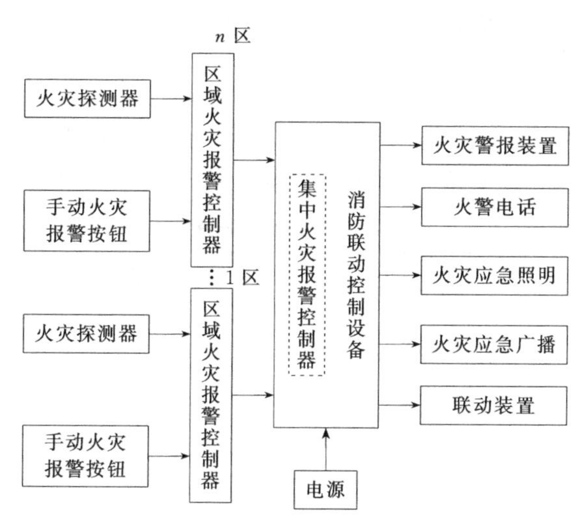

图 6-4 控制中心报警系统

控制中心报警系统有两个及以上消防控制室时，应确定一个主消防控制室。主消防控制室应能显示所有火灾报警信号和联动控制状态信号，并应能控制重要的消防设备；各分消防控制室内消防设备之间可互相传输、显示状态信息，但不应互相控制。控制中心报警系统设置的消防控制室图形显示装置应具有传输《火灾自动报警系统设计规范》（GB 50116—2013）附录A和附录B规定的有关信息的功能。其他设计应符合上一小节的相关规定。

控制中心报警系统主要用于大型宾馆、饭店、商场、办公室等。此外，它还多用在大型建筑群和大型综合楼工程。

在确定系统的构成方式时，还要结合所选用厂家的具体设备的性能和特点进行考虑。例如，有的厂家火灾报警控制器的一个回路允许64个编址单元，有的厂家一个回路可带127个编址单元，这就要求在进行回路分配时要考虑回路容量。再如，有的厂家报警控制器允许一定数量的控制模块进入报警总线回路，不用单独设置联动控制器，有的厂家则必须单设联动控制器。

6.2 火灾探测器

6.2.1 火灾探测器的类型

火灾探测器在火灾报警系统中的地位非常重要，它是整个系统中最早发现火情的设备。其种类多、科技含量高。常用的主要参数有额定工作电压、允许压差、监视电流、报警电流、灵敏度、保护半径和工作环境等。

火灾探测器通常由敏感元件（传感器）、探测信号处理单元和判断及指示电路等组成。其可以从结构造型、火灾参数、使用环境、动作时刻、安装方式等几个方面进行分类。

6.2.1.1 按结构造型分类

按照火灾探测器结构造型特点分类，可以分为线型探测器和点型探测器两种。

（1）线型探测器　线型探测器是一种响应连续线路周围的火灾参数的探测器。“连续线路”可以是“硬”线路，也可以是“软”线路。所谓硬线路是由一条细长的铜管或不锈钢管做成，如差动气管式感温探测器和热敏电缆感温探测器等。软线路是由发送和接收的红外线光束形成的，如投射光束的感烟探测器等。这种探测器当通向受光器的光路被烟遮蔽或干扰时产生报警信号。因此在光路上要时刻保持无挡光的障碍物存在。

（2）点型探测器　点型探测器是探测元件集中在一个特定位置上，探测该位置周围火灾情况的装置，或者说是一种响应某点周围火灾参数的装置。点型探测器广泛应用于住宅、办公楼、旅馆等建筑的探测器。

6.2.1.2　按火灾参数分类

根据火灾探测方法和原理，火灾探测器通常可分为5类，即感烟探测器、感温探测器、感光探测器、可燃气体探测器和复合火灾探测器。每一类型又按其工作原理分为若干种类型，见表6-1。

表6-1　火灾探测器分类

<table>
<tr><th>名　称</th><th colspan="3">分　类</th></tr>
<tr><td rowspan="5">感烟探测器</td><td rowspan="4">光电感烟型</td><td rowspan="2">点型</td><td>散射型</td></tr>
<tr><td>逆光型</td></tr>
<tr><td rowspan="2">线型</td><td>红外束型</td></tr>
<tr><td>激光型</td></tr>
<tr><td>离子感烟型</td><td colspan="2">点型</td></tr>
<tr><td rowspan="7">感温探测器</td><td rowspan="4">点型</td><td rowspan="4">差温
定温
差定温</td><td>双金属型</td></tr>
<tr><td>膜盒型</td></tr>
<tr><td>易熔金属型</td></tr>
<tr><td>半导体型</td></tr>
<tr><td rowspan="3">线型</td><td rowspan="3">差温
定温</td><td>管型</td></tr>
<tr><td>电缆型</td></tr>
<tr><td>半导体型</td></tr>
<tr><td rowspan="2">感光
探测器</td><td>紫外光型</td><td rowspan="2"></td><td rowspan="2"></td></tr>
<tr><td>红外光型</td></tr>
<tr><td>可燃气体
探测器</td><td>催化型
半导体型</td><td></td><td></td></tr>
</table>

（1）感烟探测器　用于探测物质初期燃烧所产生的气溶胶或烟粒子浓度。可分为点型探测器和线型探测器两种。点型感烟探测器可分为离子感烟探测器、光电感烟探测器、电容式感烟探测器与半导体式感烟探测器，民用建筑中大多数场所采用点型感烟探测器。线型探测器包括红外光束感烟探测器和激光型感烟探测器，线型感烟探测器由发光器和接收器两部分组成，中间为光束区。当有烟雾进入光束区时，探测器接收的光束衰减，从而发出报警信号，主要用于无遮挡大空间或有特殊要求的场所。

（2）感温探测器　感温火灾探测器对异常温度、温升速率和温差等火灾信号予以响应，可分为点型和线型两类。点型感温探测器又称为定点型探测器，其外形与感烟式类似，它有定温、差温和差定温复合式三种；按其构造又可分为机械定温、机械差温、机械差定温、电子定温、电子差温及电子差定温等。缆式线型定温探测器适用于电缆隧道、电缆竖井、电缆夹层、电缆桥架、配电装置、开关设备、变压器、各种皮带输送装置、控制室和计算机室的闷顶内、地板下及重要设施的隐蔽处等。空气管式线型差温探测器用于可能产生油类火灾且环境恶劣的场所，不宜安装点型探测器的夹层、闷顶。

（3）感光探测器　感光探测器又称火焰探测器，主要对火焰辐射出的红外、紫外、可见光予以响应，常用的有红外火焰型和紫外火焰型两种。按火灾的发生规律，发光是在烟的生成及高温之后，因而它属于火灾晚期探测器，但对于易燃、易爆物有特殊的作用。紫外线探测器对火焰发出的紫外光产生反应；红外线探测器对火焰发出的红外光产生反应，而对灯光、太阳光、闪电、烟雾和热量均不反应，其规格为监视角。

(4) 可燃气体探测器　可燃气体探测器利用对可燃气体敏感的元件来探测可燃气体浓度，当可燃气体浓度达到危险值（超过限度）时报警。主要用于易燃、易爆场所中探测可燃气体（粉尘）的浓度，一般整定在爆炸浓度下限的1/6～1/4时动作报警。适用于宾馆厨房或燃料气储备间、汽车库、压气机站、过滤车间、溶剂库、燃油电厂等有可燃气体的场所。

(5) 复合火灾探测器　复合火灾探测器可以响应两种或两种以上火灾参数，主要有感温感烟型、感光感烟型和感光感烟型等。

6.2.1.3 按使用环境分类

按使用场所、环境的不同，火灾探测器可分为陆用型（无腐蚀性气体，温度在－10～＋50℃，相对湿度85%以下）、船用型（高温50℃以上，高湿90%～100%相对湿度）、耐寒型（40℃以下的场所，或平均气温低于－10℃的地区）、耐酸碱型、耐爆型等。

6.2.1.4 按安装方式分类

有外露型和埋入型（隐蔽型）两种探测器。后者用于特殊装饰的建筑中。

6.2.1.5 按动作时刻分类

有延时与非延时动作的两种探测器。延时动作便于人员疏散。

6.2.1.6 按操作后能否复位分类

(1) 可复位火灾探测器　在产生火灾报警信号的条件不再存在的情况下，不需更换组件即可从报警状态恢复到监视状态。

(2) 不可复位火灾探测器　在产生火灾报警信号的条件不再存在的情况下，需更换组件才能从报警状态恢复到监视状态。

根据其维修保养时是否可拆卸，可分为可拆式和不可拆式火灾探测器。

6.2.2 感烟探测器

6.2.2.1 离子感烟探测器

(1) 探测器的组成　离子感烟探测器是对能影响探测器内电离电流的燃烧物质所敏感的火灾探测器。即当烟参数影响电离电流并减少至设定值时，探测器动作，从而输出火灾报警信号。

离子感烟探测器是利用放射源——同位素^{241}Am（镅241），根据电离原理将一个可进烟的气流式采样电离室和一个封闭式参考电离室相串联，并与模拟放大电路和电子开关电路等组合而成。

离子感烟探离室KM及电子线路或编码线路构成，如图6-5所示。在串联两个电离室两端直接接入24V直流电源。两个电离室形成一个分压器，两个电离室电压之和为24V。外电离室是开孔的，烟可顺利通过；内电离室是封闭的，不能进烟，但能与周围环境缓慢相通，以补偿外电离室环境的变化对其工作状态发生的影响。

(2) 探测器的工作原理　当火灾发生时，烟雾进入采样电离室后，正、负离子会附着在烟颗粒上，由于烟粒子的质量远大于正、负离子的质量，所以正、负离子的定向运动速度减慢，电离电流减小，其等效电阻增加；而参考电离室内无烟雾进入，其等效电阻保持不变。这样就引起了两个串联电离室的分压比改变，其伏-安特性曲线变化规律如图6-6所示，采样电离室的伏安特性曲线将由曲线①变为曲线②，参考电离室的伏安特性曲线③保持不变。如果电离电流从正常监视电流I_1，减小到火灾检测电流I_2，则采样电离室端电压从V_1增加到V_2，即采样电离室的电压增量为：$\Delta V=V_2-V_1$。

当采样电离室电压增量ΔV达到预定报警值时，即P点的电位达到规定的电平时，通过模拟信号放大及阻抗变换器使双稳态触发器翻转，即由截止状态进入饱和导通状态，产生报警电流I_A推动底座上的驱动电路。再通过驱动电路使底座上的报警确认灯发光报警，并向其报

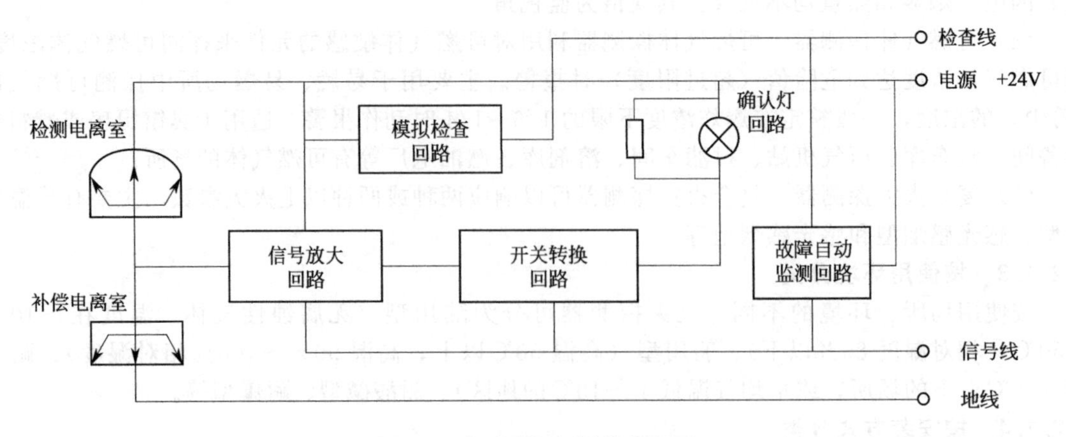

图 6-5 离子感烟探测器方框图

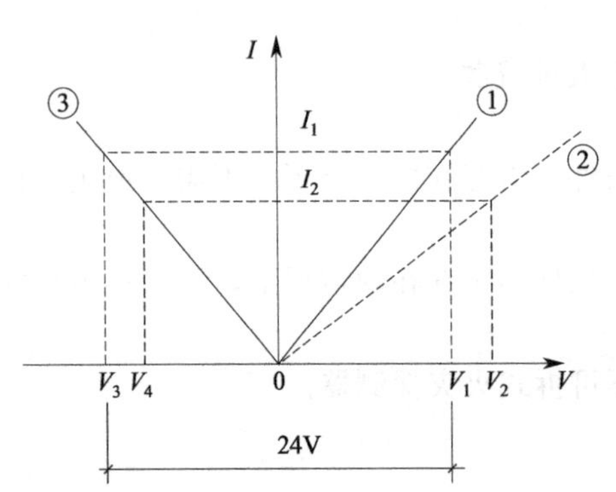

图 6-6 参考电离室与采样电离室串联伏-安特性曲线表

警控制器发出报警信号。在探测器发出报警信号时，报警电流一般不超过100mA。另外采取了瞬时探测器工作电压的方式，以使火灾后仍然处于报警状态的双稳态触发器恢复到截止状态，达到探测器复位的目的。

通过调节灵敏度调节电路即可改变探测器的灵敏度。一般在产品出厂时，探测器的灵敏度已整定，在现场不得随意调节。

6.2.2.2 光电感烟探测器

(1) 散射型光电感烟探测器 散射型光电感烟探测器主要由光源、光接收器A与B以及电子线路（包括直流放大器和比较器、双稳态触发器等线路）等组成。将光源（或称发光器）和光接收器在同一个可进烟但能阻止外部光线射入的暗箱之中。当被探测现场无烟雾（即正常）时，光源发出的光线全部被光接收器A所接收，而光接收器B接收的光信号为零，这时探测器无火灾信号输出。当被探测现场有烟雾（即火灾）时，烟雾便进入暗箱。这时，烟颗粒使一些光线散射而改变方向，其中有一部分光线入射到光接收器B，并转变为相应的电信号；同时入射到光接收器A的光线减少，其转变为相应的电信号减弱。当A、B转变的电信号增量达到某一阈值时，经电子电路进行放大、比较，并使双稳电路状态翻转，即送出火警信号。

红外散射型光电感烟探测器的可靠性高，误报率小，其工作原理如图6-7所示。E为红外发射管，R为红外光敏管（接收器），二者共装在同一可进烟的暗室中，并用一块黑框遮隔开。在正常监视状态下，E发射出一束红外光线，但由于有黑框遮隔，光线并不能入射到红外光敏管R上，故放大器无信号输出。当有烟雾进入探测器暗室时，红外光线遇到烟颗粒S而产生散射效应。在散射光线中，有些光线被红外光敏二极管接收，并产生脉冲电流，经放大器放大和鉴别电路比较后，输出开关信号，使开关电路（晶闸管）动作，发出报警信号，同时其报警确认灯点亮。

(2) 遮光型感烟探测器

① 点型遮光探测器。其结构原理如图6-8所示。它的主要部件也是由一对发光及受光元件组成。发光元件发出的光直接射到受光元件上，产生光敏电流，维持正常监视状态。当烟粒子进入烟室后，烟雾粒子对光源发出的光产生吸收和散射作用，使到达受光元件的光通量减小，从而使受光元件上产生的光电流降低。一旦光电流减小到规定的动作阈值时，经放大电路

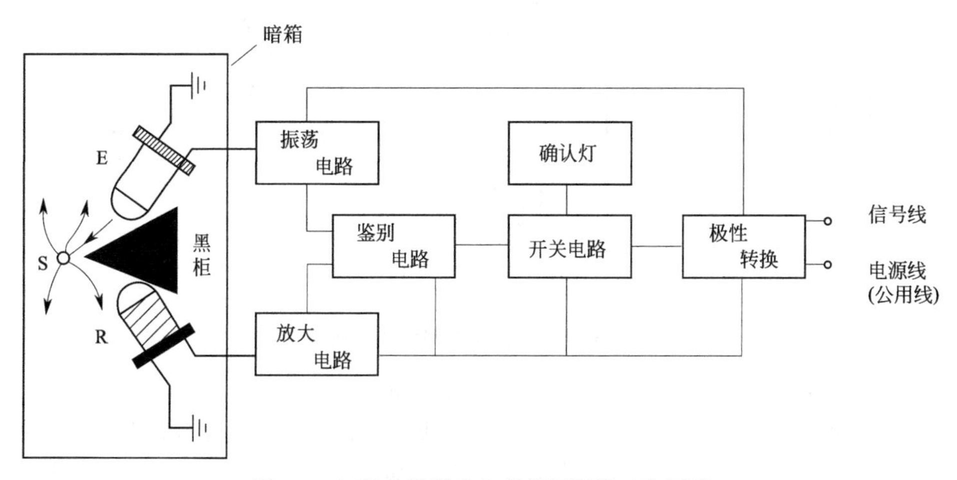

图 6-7 红外散射型光电感烟探测器工作原理

输出报警信号。

② 线型遮光探测器。其原理与点型遮光探测器相似，仅在结构上有所区别。线型遮光探测器的结构原理，如图 6-9 所示。点型探测器中的发光及受光元件组合成一体，而线型探测器中，光束发射器和接收器分别为两个独立部分，不再设有光敏室，作为测量区的光路暴露在被保护的空间，并加长了许多倍。发光元件内装有核辐射源及附件，而受光元件内装有光电接收器及附件。按其辐射源的不同，线型遮光探测器可分成激光型及红外束型两种。

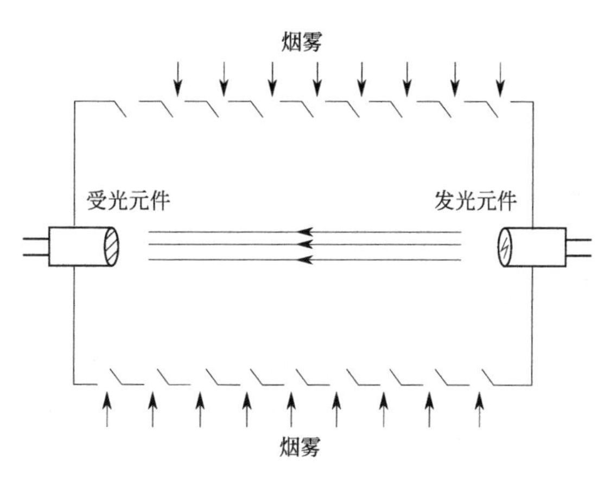

图 6-8 点型遮光探测器的结构原理

图 6-10 所示为激光型光电感烟探测器的结构原理示意。它是应用烟雾粒子吸收激光光束原理制成的线型感烟探测器。发射机中的激光发射器在脉冲电源的激发下，发出一束脉冲激光，投射到接受器中光电接收器上，转变成电信号经放大后变为直流电平，它的大小反映了激光束辐射通量的大小。在正常情况下，控制警报器不发出警报。有烟时，激光束经过的通道中被烟雾粒子遮挡而减弱，光电接受器接受的激光束减弱，电信号减弱，直流电平下降。当下降到动作阈值时，报警器输出报警信号。

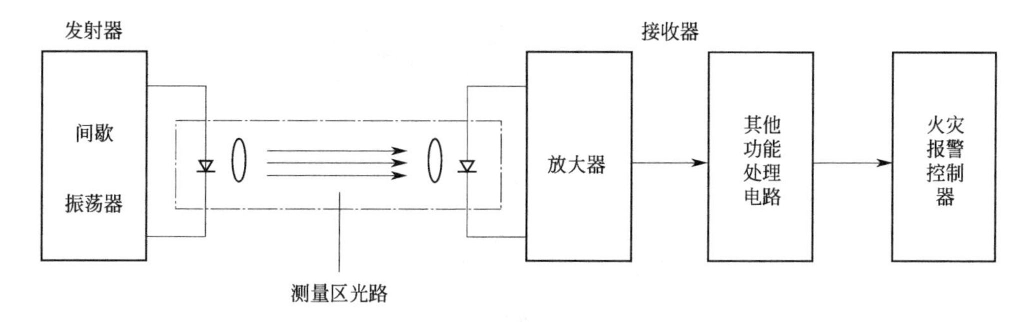

图 6-9 线型遮光探测器的结构原理示意

线型红外光束光电感烟探测器的基本结构与激光型光电感烟探测器的结构类似，也是由光源（发射器）、光线照准装置（光学系统）和接收器三部分组成。它是应用烟雾粒子吸收或散

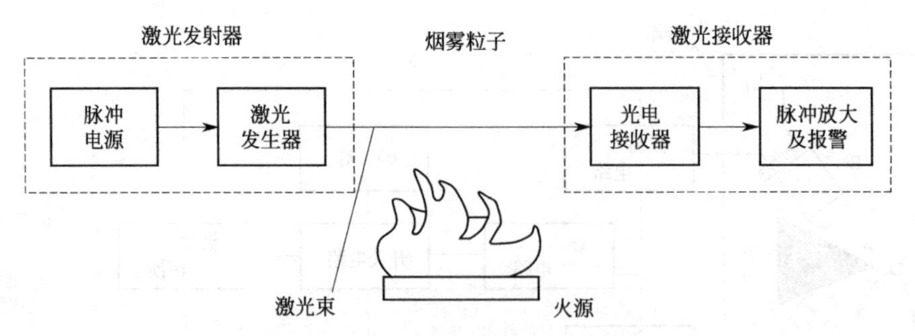

图 6-10 激光型光电感烟探测器的结构原理示意

射红外光束而工作的，一般用于高举架、大空间等大面积开阔地区。

发射器通过测量区向接收器提供足够的红外光束能量，采用间歇发射红外光，类似于光电感烟探测器中的脉冲发射方式，通常发射脉冲宽度 13μs，周期为 8ms。由间歇振荡器和红外发光管完成发射功能。

光线照准装置采用两块口径和焦距相同的双凸透镜分别作为发射透镜和接收透镜。红外发光管和接收硅光电二极管分别置于发射与接收端的焦点上，使测量区为基本平行光线的光路，并便于进行调整。

接收器由硅光电二极管作为探测光电转换元件，接收发射器发来的红外光信号，把光信号转换为电信号后进行放大处理，输出报警信号。接收器中还设有防误报、检查及故障报警等环节，以提高整个系统的可靠性。

6.2.3 感温探测器

感温探测器是响应异常温度、温升速率和温差等参数的火灾探测器，其种类较多，按其原理可分为定温探测器、差温探测器和差定温探测器三种形式。

6.2.3.1 定温探测器

（1）双金属片定温探测器 双金属片定温探测器主要由吸热罩、双金属片及低熔点合金和电气接点等组成。双金属片是两种膨胀系数不同的金属片以及低熔点合金作为热敏感元件。在吸热罩的中部与特种螺钉用低熔点合金相焊接，特种螺钉又与顶杆相连接，其结构如图 6-11 所示。

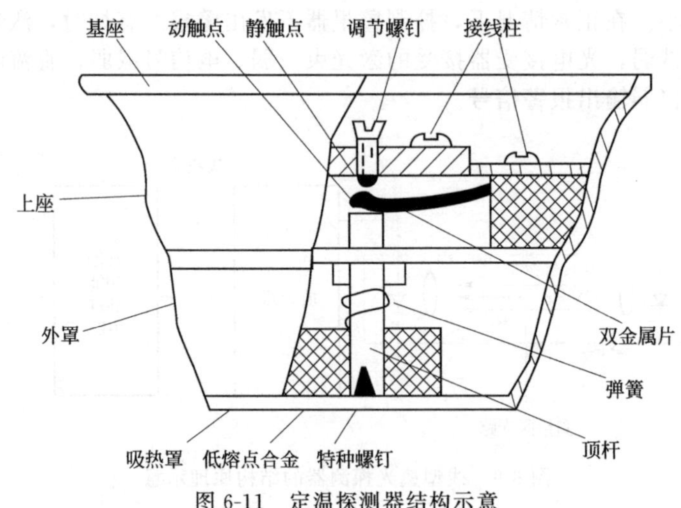

图 6-11 定温探测器结构示意

如被监控现场发生火灾时，随着环境温度的升高，热敏元件双金属片渐渐向上弯曲；同时，当温度升高至标定温度（70～90℃）时，低熔点合金也熔化落下，释放螺钉，于是顶杆借助于弹簧的弹力，助推双金属片接通动、静触点，送出火警信号。

(2) 缆式线型感温探测器

① 普通缆式线型感温探测器。普通缆式线型感温探测器由两根相互扭绞的外包热敏绝缘材料的钢丝、塑料包带和塑料外护套等组成，其外形与一般导线相同。在正常时，两根钢丝之间的热敏绝缘材料相互绝缘，但被保护现场的缆线、设备等由于短路或过载而使线路中的某部分温度升高，并达到缆式线型感温探测器的动作温度后，在温升地点的两根导线间的热敏绝缘材料的阻抗值降低，即使两根钢丝间发生阻值变化的信号，经与其连接的监视器把模块（也称作输入模块）转变成相应的数字信号，通过二总线传送给报警控制器，发出报警信号。

② 模拟缆式线型感温探测器。模拟缆式线型感温探测器有四根导线，在电缆外面有特殊的高温度系数的绝缘材料，并接成两个探测回路。当温度升高并达到动作温度时，其探测回路的等效电阻减小，发出火警信号。

缆式线型感温探测器适用于电缆沟内、电缆桥架、电缆竖井、电缆隧道等处对电缆进行火警监测，也可用于控制室、计算机房地板下、电力变压器、开关设备、生产流水线等处。电缆支架、电缆桥架上敷设缆式线型感温探测器（也称作热敏电缆）的长度可按下式计算：

$$L = xk \tag{6-1}$$

式中 L——缆式线型感温探测器长度，m；

x——电缆桥架、电缆支架等长度，m；

k——附加长度系数。

这种缆式线型感温探测器一般以S形敷设在电缆的上方，用专用卡具固定即可。

6.2.3.2 差温探测器

差温探测器是随着室内温度升高的速率达到预定值（差温）时响应的火灾探测器。按其原理分为膜盒差温探测器、空气管线型差温探测器、热电耦式线型差温探测器等形式。

(1) 膜盒差温探测器　膜盒差温探测器是一种点型差温探测器，当环境温度达到规定的升温速率以上时动作。它以膜盒为温度敏感元件，根据局部热效应而动作。这种探测器主要由感热室、膜片、泄漏孔及触点等构成，其结构如图6-12所示。感热外罩与底座形成密闭气室，有一小孔（泄漏孔）与大气连通。当环境温度缓慢变化时，气室内外的空气对流由小孔进出，使内外压力保持平衡，膜片保持不变。火灾发生时，感热室内的空气随着周围的温度急剧上升，迅速膨胀而来不及从泄漏孔外逸，致使感热室内气压增高，膜片受压使触点闭合，发出报警信号。

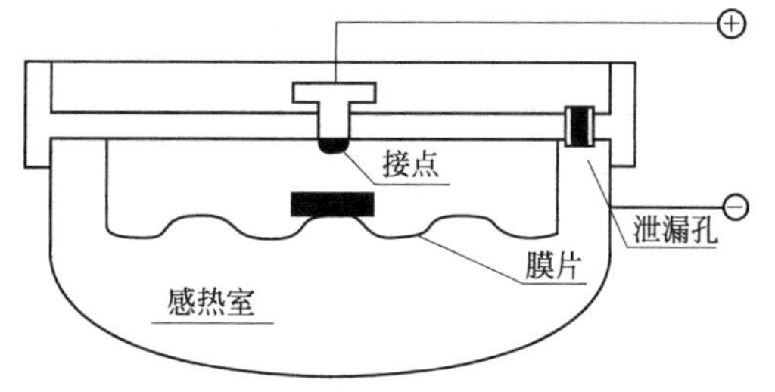

图6-12　膜盒差温探测器结构示意

(2) 空气管线型差温探测器　空气管线型差温探测器是一种线型（分布式）差温探测器。当较大控制范围内温度达到或超出所规定的某一升温速率时即动作。它根据广泛的热效应而动作。这种探测器主要由空气管、膜片、泄漏孔、检出器及触点等构成，其结构如图6-13所示。其工作原理是：当环境升温速率达到或超出所规定的某一升温速率时，空气管内气体迅速膨胀传入探测器的膜片，产生高于环境的气压，从而使触点闭合，将升温速率信号转变为电信号输出，达到报警的目的。

(3) 热电耦式线型差温探测器　其工作原理是利用热电耦遇热后产生温差电动势，从而有温差电流，经放大传输给报警器。其结构如图6-14所示。

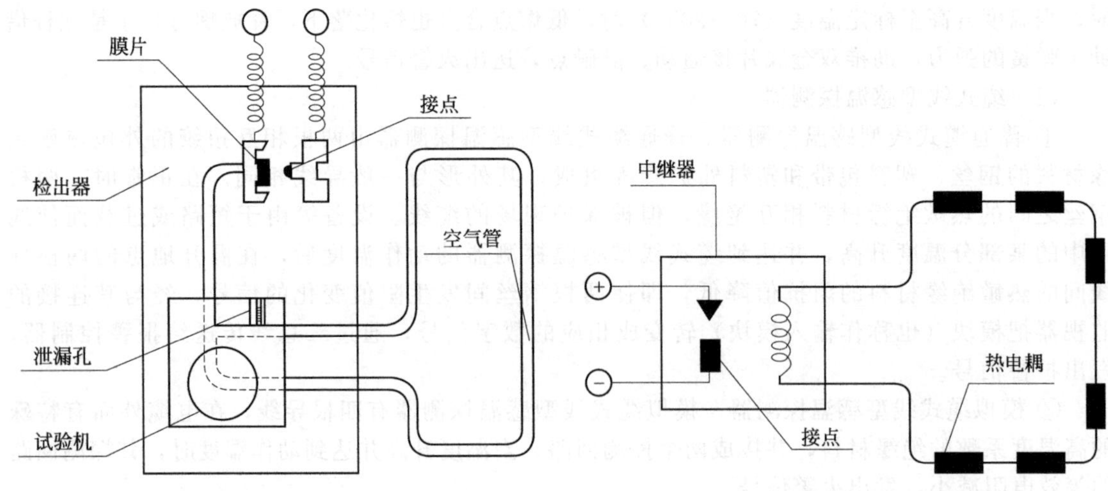

图 6-13　空气管线型差温探测器结构示意　　图 6-14　热电耦式线型差温探测器

6.2.3.3　差定温探测器

差定温探测器是将差温式和定温式两种探测元件组合在一起的差定温组合式探测器，并同时兼有两种火灾报警功能（其中某一功能失效，另一功能仍起作用），以提高火灾报警的可靠性。

（1）机械师差定温探测器　差温探测部件与膜盒差温探测器基本相同，但其定温部件又分为双金属片式与易熔合金式两种。差定温探测器属于膜盒-易熔合金式差定温探测器。弹簧片的一端用低熔点合金焊在外罩内侧，当环境温度升到预定值时，合金熔化弹簧片弹回，压迫固定在波纹片上的弹性接触点（动触点）上移与固定触点接触，接通电源发出报警信号。

（2）电子式差定温探测器　以 JWDC 型差定温探测器为例，如图 6-15 所示。它共有 3 只热敏电阻（R_1，R_2，R_5），其阻值随温度上升而下降。R_1 及 R_2 为差温部分的感温元件，二者阻值相同，特性相似，但位置不同。R_1 布置于铜外壳上，对环境温度变化较敏感；R_2 位于特制金属罩内，对外境温度变化不敏感。当环境温度变化缓慢时，R_1 与 R_2 阻值相近，三极管 BG_1 截止；当发生火灾时，R_1 直接受热，电阻值迅速变小，而 R_2 响应迟缓，电阻值下降较小，使 A 点电位降低；当低到预定值时 BG_1 导通，随之 BG_3 导通输出低电平，发出报警信号。

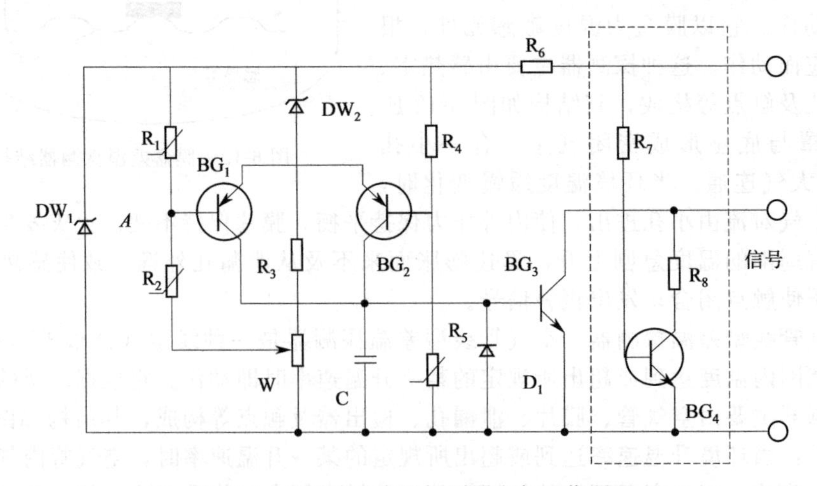

图 6-15　电子式差定温探测器电气工作原理

定温部分由 BG_2 和 R_5 组成。当温度上升到预定值时，R_5 阻值降到动作阈值，使 BG_2 导通，随之 BG_3 导通而报警。

图 6-15 中虚线部分为断线自动监控部分。正常时 BG_4 处于导通状态。如探测器的 3 根外

引线中任一根断线，BG_4 立即截止，向报警器发出断线故障信号。此断线监控部分仅在终端探测器上设置即可，其他并联探测器均可不设。这样，其他并联探测器仍处于正常监控状态及火灾报警信号处于优先地位。

6.2.4 感光探测器

感光探测器是一种对火焰中特定波段中的电磁辐射（红外光、可见光和紫外光等）做出敏感响应的火灾探测装置，又称为火焰探测器。按检测火灾光源的性质分类，有红外感光探测器和紫外感光探测器两种。

6.2.4.1 红外感光探测器

红外感光探测器是利用火焰的红外辐射和闪烁效应进行火灾探测。由于红外光谱的波长较长，烟雾粒子对其吸收和衰减远比波长较短的紫外光及可见光弱。因此，在大量烟雾的火场，即使距火焰一定距离仍可使红外光敏元件响应，具有响应时间短的特点。此外，借助于仿智逻辑进行的智能信号处理，能确保探测器的可靠性，不受辐射及阳光照射的影响，因此，这种探测器误报少，抗干扰能力强，电路工作可靠，通用性强。

红外感光探测器的结构如图 6-16 所示。在红玻璃片后塑料支架中心处固定着红外光敏元件硫化铅（PbS），在硫化铅前窗口处加可见光滤片——锗片，鉴别放大和输出电路在探头后部印刷电路板上。

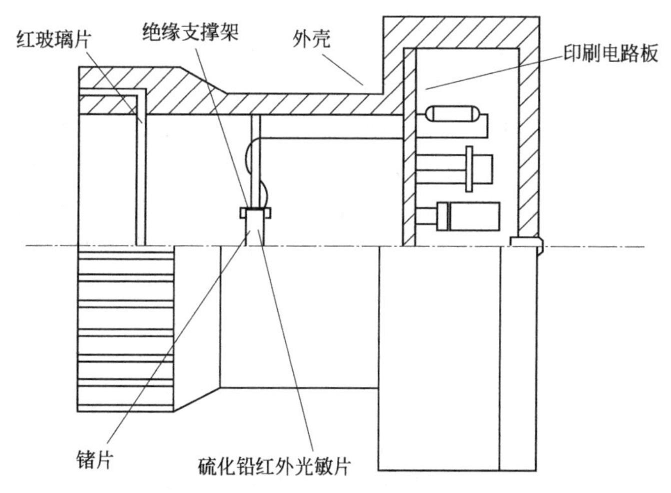

图 6-16　红外感光探测器的结构示意

由于红外感光探测器具有响应快的特点，因而它通常用于监视易燃区域的火灾发生，特别适用于没有熏燃阶段的燃料（如醇类、汽油等易燃气体仓库等）火灾的早期报警。

6.2.4.2 紫外感光探测器

紫外感光探测器就是利用火焰产生的强烈紫外辐射光来探测火灾的。当有机化合物燃烧时，其氢氧根在氧化反应中会辐射出强烈的紫外光。

紫外感光探测器由紫外光敏管、透紫石英玻璃窗、紫外线试验灯、光学遮护板、反光环、电子电路及防爆外壳等组成，如图 6-17 所示。

紫外感光探测器的敏感元件是紫外光敏管。紫外光敏管是一种火焰紫外线部分特别灵敏气体放电管，它相当于一个光电开关。紫外光敏管结构如图 6-18 所示。紫外光敏管由两根弯曲一定形状的且相互靠近的钼（Mo）或铂（Pt）丝作为电极，放入充满氦（He 元素，无色无臭，不易与其他元素化合，很轻）、氢等气体的密封玻璃管中制成的，平时虽然输入端加某一交流电压，但紫外光敏管并不导通，故三极管 T_1 截止，T_2 处于饱和导通状态，无火警信号输出。但当火灾发生时，由于不可见的紫外线辐射到钼或铂丝电极上，电极便发射电子，并在两电极间的电场中加速。这样被加速的电子在与玻璃管内的氦、氢气体分子碰撞时，使氦、氢电离，从而使两个钼丝或铂丝间导电，经过二极管和电容器进行半波整流滤波，A点电位升高，使施密特触发器翻转，T_1 由截止变为饱和导通，T_2 则由饱和导通转为截止，即送出报警信号。

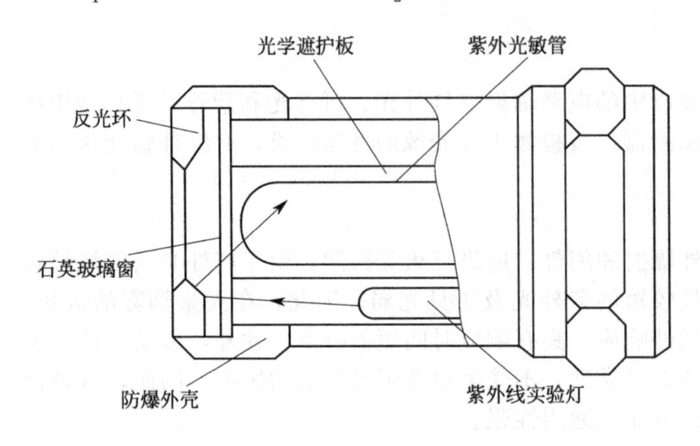

图 6-17 紫外感光探测器结构示意

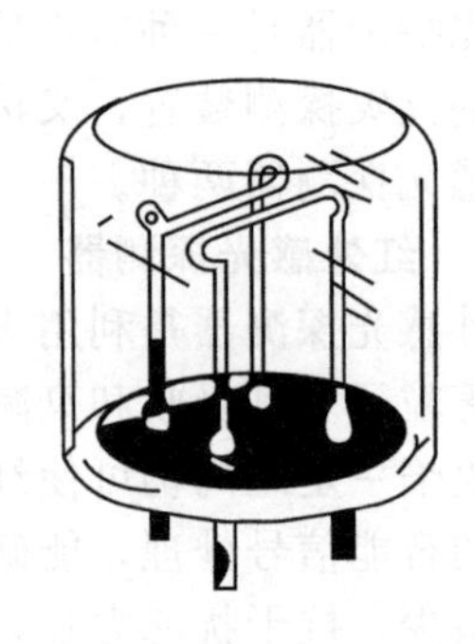

图 6-18 紫外光敏管结构示意

由于火焰中含有大量的紫外辐射，当紫外感光探测器中的紫外光敏管接收到波长为185～245nm的紫外辐射时，光子能量激发金属内的自由电子，使电子逸出金属表面，在极间电场的作用下，电子加速向阳极运动。电子在高速运动的途中，撞击管内气体分子，使气体分子变成离子，这些带电的离子在电场的作用下，向电极高速运动，又能撞击更多的气体分子，引起更多的气体分子电离，直至管内形成雪崩放电，使紫外光敏管内阻变小，因而电流增加，使电子开关导通，形成输出脉冲信号前沿；由于电子开关导通，将把紫外光敏管的工作电压降低。当此电压低于启动电压时，紫外光敏管停止放电，使电流减少，从而使电子开关断开，形成输出脉冲信号的后沿。此后，电源电压通过RC电路充电，使紫外光敏管的工作电压升高，当达到或超过启动电压时，又重复上述过程。于是在极短的时间内，造成“雪崩”式的放电过程，从而使紫外光敏管由截止状态变成导通状态，驱动电路发出报警信号。

一般紫外光敏管只对1900～2900A的紫外光起感应。因此，它能有效地探测出火焰而又不受可见光和红外辐射的影响。太阳光中虽然存在强烈的紫外光辐射，但是由于在透过大气层时，被大气中的臭氧层大量吸收，到达地面的紫外光能量很低。而其他的新型电光源，如汞弧灯、卤钨灯等均辐射出丰富的紫外光，但是一般的玻璃能强烈吸收2000～3000A范围内的紫外光，因而紫外光敏管对有玻璃外壳的一般照明灯光是不敏感的。已被广泛用于探测火灾引起的波长在0.2～0.3μm以下的紫外辐射和作为大型锅炉火焰状态的监视元件。目前消防工程中所应用的紫外感光火灾探测器都是由紫外光敏管与驱动电路组合而成的。

紫外感光探测器电气原理如图6-19所示。

6.2.5 可燃气体探测器

可燃气体探测器利用对可燃气体敏感的元件来探测可燃气体浓度，当可燃气体浓度达到危险值（超过限度）时报警。在火灾事例中，常有因可燃性气体、粉尘及纤维过量而引起爆炸起火的。因此，对一些可能产生可燃性气体或蒸气爆炸混合物的场所，应设置可燃性气体探测器，以便对其监测。可燃性气体探测器有催化型及半导体型两种。

6.2.5.1 催化型可燃气体探测器

可燃气体检测报警器是由可燃气体探测器和报警器两部分组成的。探测器利用难熔的铂丝加热后的电阻变化来测定可燃性气体浓度。它由检测元件、补偿元件及两个精密线绕电阻组成的一个不平衡电桥。检测元件和补偿元件是对称的热线型载体催化元件（即铂丝）。检测元件

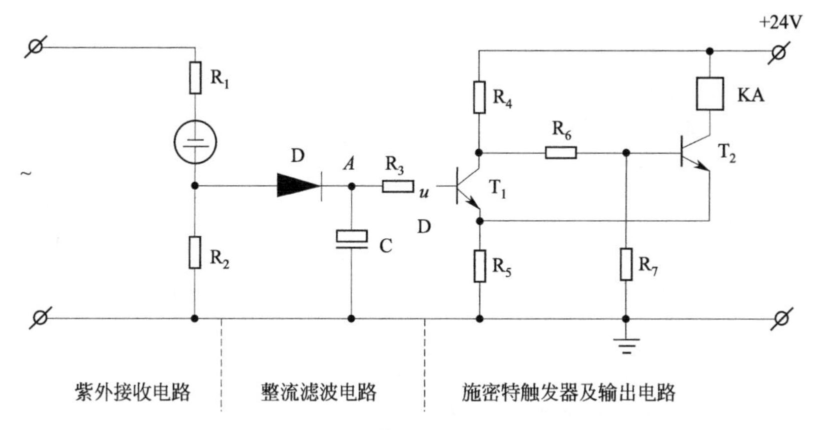

图 6-19 紫外感光探测器电气原理

与大气相通，补偿元件则是密封的，当空气中无可燃性气体时，电桥平衡，探测器输出为 0。当空气中含有可燃性气体并扩散到检测元件上时，由于催化作用产生无焰燃烧，铂丝温度上升，电阻增大，电桥产生不平衡电流而输出电信号。输出电信号的大小与可燃性气体浓度成正比。当用标准气样对此电路中的指示仪表进行测定，即可测得可燃性气体的浓度值。一般取爆炸下限为 100%，报警点设定在爆炸浓度下限的 25%处。这种探测器不可用在含有无硅氧烷和铅的气体中，为延长检测元件的寿命，在气体进入处装有过滤器。

6.2.5.2 半导体型可燃气体探测器

该探测器采用灵敏度较高的气敏元件制成。对探测氢气、一氧化碳、甲烷、乙醚、乙醇、天然气等可燃性气体很灵敏。QN、QM 系列气敏元件是以二氧化锡材料掺入适量有用杂质，在高温下烧结成的多晶体。这种材料在一定温度（250～300℃）下，遇到可燃性气体时，电阻减小；其阻值下降幅度随着可燃性气体的浓度而变化。根据材料的这一特性可将可燃性气体浓度的大小转换成电信号，再配以适当电路，就可对可燃性气体浓度进行监测和报警。

除了上述火灾探测器外，还有一种图像监控式火灾探测器。这种探测器采用电荷耦合器件（CCD）摄像机，将一定区域的热场和图像清晰度信号记录下来，经过计算机分析、判别和处理，确定是否发生火灾。如果判定发生了火灾，还可进一步确定发生火灾的地点、火灾程度等。

6.2.6 火灾探测器的选择与布置

6.2.6.1 火灾探测器的选择

(1) 根据环境条件、安装场所选择探测器

① 点型探测器的选择。点型探测器适用的场所见表 6-2。

表 6-2 点型探测器适用场所

探测器类型		宜选用场所	不宜选用场所
点型感烟探测器	离子感烟探测器	①饭店、旅馆、教学楼、办公楼的厅堂、卧室、办公室、商场、列车载客车厢等 ②电子计算机房、通信机房、电影或电视放映室等 ③楼梯、走道、电梯机房、车库等 ④书库、档案库等	①相对湿度长期大于 95% ②气流速度大于 5m/s ③有大量粉尘、水雾滞留 ④可能产生腐蚀性气体 ⑤在正常情况下有烟滞留 ⑥产生醇类、醚类、酮类等有机物质
	光电感烟探测器		①高海拔地区 ②有大量积聚的粉尘、水雾滞留 ③可能产生的蒸气和油雾 ④在正常情况下有烟滞留

续表

探测器类型	宜选用场所	不宜选用场所
感温探测器	①相对湿度经常高于95% ②可能发生无烟火灾 ③有大量粉尘 ④吸烟室等在正常情况下有烟或蒸气滞留的场所 ⑤厨房、锅炉房、发电机房、烘干车间等不宜安装感烟火灾探测器的场所 ⑥需要联动熄灭“安全出口”标志灯的安全出口内侧 ⑦其他无人滞留且不适合安装感烟火灾探测器，但发生火灾时需要及时报警的场所	可能产生阴燃火或者如发生火灾不及早报警将造成重大损失的场所，不宜选用感温探测器；温度在0℃以下的场所，不宜选用定温探测器；正常情况下温度变化较大的场所，不宜选用差温探测器
火焰探测器	①火灾时有强烈的火焰辐射 ②可能发生液体燃烧火灾等无阴燃阶段的火灾 ③需要对火焰做出快速反应	①在火焰出现前有浓烟扩散 ②探测器的镜头易被污染 ③探测器的“视线”易被油雾、烟雾，水雾和冰雪遮挡 ④探测区域内的可燃物是金属和无机物 ⑤探测器易受阳光、白炽灯等光源直接或间接照射
可燃气体探测器	①使用管道煤气或天然气的场所 ②煤气站和煤气表房以及储存液化石油气罐的场所 ③其他散发可燃气体和可燃蒸气的场所 ④有可能产生一氧化碳气体的场所，宜选择一氧化碳气体探测器	①有硅黏结剂、发胶、硅橡胶的场所 ②有腐蚀性气体(H_2S、SO_x、Cl_2、HCl等) ③室外

② 线型探测器的选择。线型探测器的选择应符合以下要求。

a. 无遮挡的大空间或有特殊要求的房间，宜选择线型光束感烟火灾探测器。

b. 符合下列条件之一的场所，不宜选择线型光束感烟探测器。

i. 有大量粉尘、水雾滞留。

ii. 可能产生蒸气和油雾。

iii. 在正常情况下有烟滞留。

iv. 固定探测器的建筑结构由于振动等原因会产生较大位移的场所。

c. 下列场所或部位，宜选择缆式线型感温探测器。

i. 电缆隧道、电缆竖井、电缆夹层、电缆桥架。

ii. 不易安装点型探测器的夹层、闷顶。

iii. 各种皮带输送装置。

iv. 其他环境恶劣、不适合点型探测器安装的场所。

d. 下列场所或部位，宜选择线型光纤感温探测器。

i. 除液化石油气外的石油储罐。

ii. 需要设置线型感温探测器的易燃易爆场所。

iii. 需要监测环境温度的地下空间等场所宜设置具有实时温度监测功能的线型光纤感温探测器。

iv. 公路隧道、敷设动力电缆的铁路隧道和城市地铁隧道等。

e. 线型定温探测器的选择，应保证其不动作温度符合设置场所的最高环境温度的要求。

(2) 根据房间高度选择探测器　由于各种探测器的特点各异，其适于的房间高度也不一致，为了使选择的探测器能更有效地达到保护的目的，表6-3列举了几种常用的探测器对房间高度的要求，供学习及设计参考。

表 6-3 根据房间高度选择探测器

房间高度 h/m	感烟探测器	感温探测器			火焰探测器
		一级	二级	三级	适合
$12<h\leqslant 20$	不适合	不适合	不适合	不适合	适合
$8<h\leqslant 12$	适合	不适合	不适合	不适合	适合
$6<h\leqslant 8$	适合	适合	不适合	不适合	适合
$4<h\leqslant 6$	适合	适合	适合	不适合	适合
$h\leqslant 4$	适合	适合	适合	适合	适合

如果高出顶棚的面积小于整个顶棚面积的10%，只要这一顶棚部分的面积不大于1只探测器的保护面积，则该较高的顶棚部分同整个顶棚面积一样看待；否则，较高的顶棚部分应如同分隔开的房间处理。

在按房间高度选用探测器时，应注意这仅仅是按房间高度对探测器选用的大致划分，具体选用时还需结合火灾的危险度和探测器本身的灵敏度档次来进行。如判断不准时，需做模拟试验后确定。

6.2.6.2 火灾探测器数量的确定

在实际工程中，房间大小及探测区大小不一，房间高度、棚顶坡度也各异，那么怎样确定探测器的数量呢？国家规范规定：探测区域内每个房间应至少设置一只火灾探测器。一个探测区域内所设置探测器的数量应按下式计算：

$$N\geqslant\frac{S}{KA} \tag{6-2}$$

式中 N——一个探测区域内所设置的探测器的数量，单位用“只”表示，N 应取整数；

S——一个探测区域的地面面积，m^2；

A——探测器的保护面积，m^2；

K——修正系数，容纳人数超过10000人的公共场所宜取0.7～0.8；容纳人数为2000～10000人的公共场所宜取0.8～0.9，容纳人数为500～2000人的公共场所宜取0.9～1.0，其他场所可取1.0。

探测器的保护面积指一只探测器能有效探测的地面面积。由于建筑物房间的地面通常为矩形，因此，所谓“有效”探测的地面面积实际上是指探测器能探测到的矩形地面面积。探测器的保护半径 R(m) 是指一只探测器能有效探测的单向最大水平距离。

选取安全修正系数时根据设计者的实际经验，并考虑火灾可能对人身和财产的损失程度、火灾危险性的大小、疏散及扑救火灾的难易程度及对社会的影响大小等多种因素。

对于一个探测器而言，其保护面积和保护半径的大小与其探测器的类型、探测区域的面积、房间高度及屋顶坡度都有一定的联系。表6-4以两种常用的探测器反映了保护面积、保护半径与其他参量的相互关系。

表 6-4 感烟、感温探测器的保护面积和保护半径

火灾探测器的种类	地面面积 S/m^2	房间高度 h/m	探测器的保护面积 A 和保护半径 R					
			房顶坡度 θ					
			$\theta\leqslant 15°$		$15°<\theta\leqslant 30°$		$\theta>30°$	
			A/m^2	R/m	A/m^2	R/m	A/m^2	R/m
感烟探测器	$S\leqslant 80$	$h\leqslant 12$	80	6.7	80	7.2	80	8.0
	$S>80$	$6<h\leqslant 12$	80	6.7	100	8.0	120	9.9
		$h\leqslant 6$	60	5.8	80	7.2	100	9.0
感温探测器	$S\leqslant 30$	$h\leqslant 8$	30	4.4	30	4.9	30	5.5
	$S>30$	$h\leqslant 8$	20	3.6	30	4.9	40	6.3

另外，确定探测器的数量还要考虑通风换气对感烟探测器的保护面积的影响，在通风换气房间，烟的自然蔓延方式受到破坏。换气越频，燃烧产物（烟气体）的浓度越低，部分烟被空气带走，导致探测器接受的烟减少，或者说探测器感烟灵敏度相对降低。常用的补偿方法有两种：一是压缩每只探测器的保护面积；二是增大探测器的灵敏度，但要注意防误报。

6.2.6.3 火灾探测器的布置

(1) 探测器的安装间距　探测器周围 0.5m 之内，不应有遮挡物（以确保探测安全），探测器至墙（梁边）的水平距离，不应小于 0.5m，如图 6-20 所示。

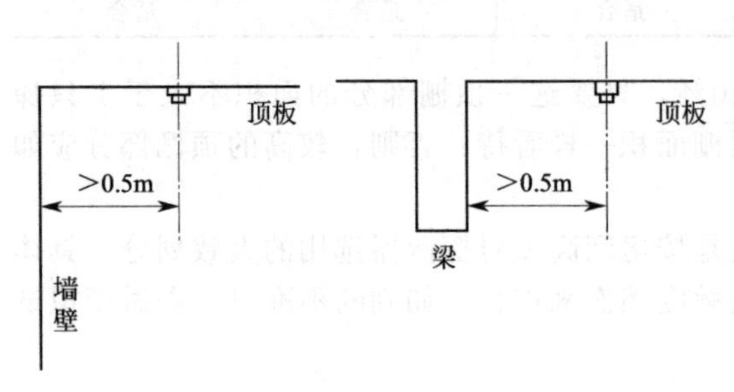

图 6-20　探测器在顶棚上安装时与墙或梁的距离

探测器在房间中布置时，如果是多只探测器，那么两探测器的水平距离及垂直距离称为安装间距，分别用 a 和 b 表示。

安装间距 a、b 的确定方法如下。

① 计算法。根据从表 6-4 中查得的保护面积 A 和保护半径 R，计算 D 值（$D=2R$）；根据计算 D 值的大小及对应的保护面积 A 在图 6-21 曲线中的粗实线上（即由 D 值所包围部分）取一点，此点所对应的数即为安装间距 a、b 值。注意实际布置距离应不大于查得的 a、b 值。具体布置后，应检验探测器到最远点的水平距离是否超过了探测器的保护半径，如超过则应重新布置或增加探测器的数量。

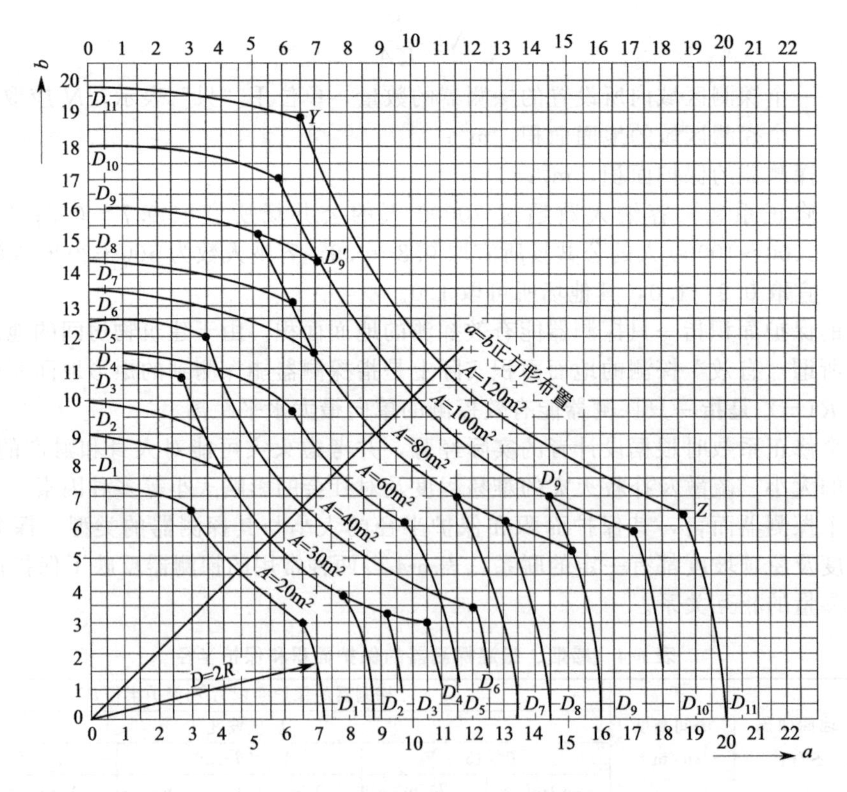

图 6-21　探测器安装间距的极限曲线

图 6-21 曲线中的安装间距是以二维坐标的极限曲线的形式给出的。即：给出感温探测器的三种保护面积（$20m^2$、$30m^2$ 和 $40m^2$）及其五种保护半径（3.6m、4.4m、4.9m、5.5m 和 6.3m）所适宜的安装间距的极限曲线 $D_1 \sim D_5$；给出感烟探测器的四种保护面积（$60m^2$、$80m^2$、$100m^2$ 和 $120m^2$）及其六种保护半径（5.8m、6.7m、7.2m、8.0m、9.0m 和 9.9m）

所适宜的安装间距的极限曲线 $D_6 \sim D_{11}$（含 D_9）。

② 经验法。因为对于一般点型探测器的布置为均匀布置法，因此，可以根据工程实际经验总结探测器安装距离的计算方法。具体公式如下：

$$横向间距\ a=\frac{该房间(探测区域)的长度}{横向安装间距个数+1}=\frac{该房间的长度}{横向探测器个数} \tag{6-3}$$

$$纵向间距\ b=\frac{该房间(探测区域)的宽度}{纵向安装间距个数+1}=\frac{该房间的宽度}{纵向探测器个数} \tag{6-4}$$

(2) 梁对探测器布置的影响　在顶棚有梁时，由于烟的蔓延受到梁的阻碍，探测器的保护面积会受梁的影响。如果梁间区域的面积较小，梁对热气流（或烟气流）形成障碍，并吸收一部分热量，因而探测器的保护面积必然下降。梁对探测器的影响如图 6-22 及表 6-5 所示。查表 6-5 可以决定一只探测器能够保护的梁间区域的个数，这样就减少了计算工作。按图 6-22 的规定，房间高度在 5m 以下，感烟探测器在梁高小于 200mm 时无需考虑梁的影响；房间高度在 5m 以上，梁高大于 200mm 时，探测器的保护面积受房高的影响，可按房间高度与梁高之间的线性关系考虑。

由图 6-22 可查得，C～G 类感温探测器房间高度的极限值为 4m，梁高限度为 200mm；B 类感温探测器房间高度的极限值为 6m，梁高限度为 225mm；A1、A2 类感温探测器房间高度的极限值为 8m，梁高限度为 275mm；感烟探测器房间高度的极限值为 12m，梁高限度为 375mm。在线性曲线的左边部分均无需考虑梁的影响。

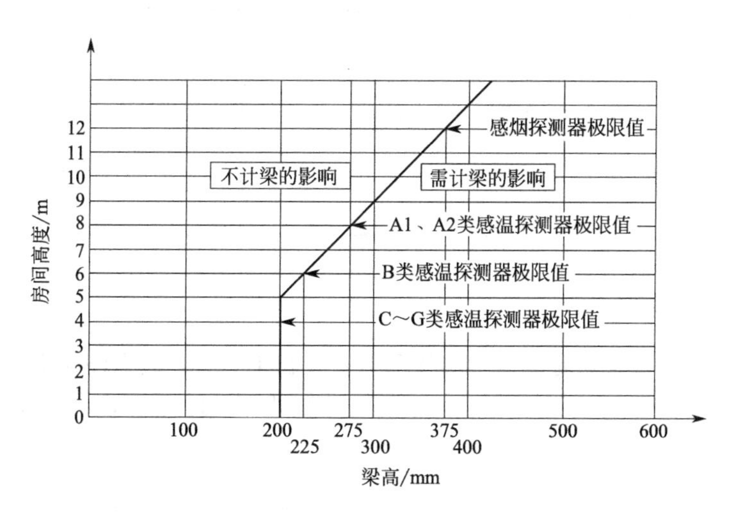

图 6-22　不同高度的房间梁对探测器设置的影响

表 6-5　按梁间区域确定一只探测器能够保护的梁间区域的个数

探测器的保护面积 A/m^2		梁隔断的梁间区域面积 Q/m^2	一只探测器保护的梁间区域的个数/个
感温探测器	20	$Q>12$	1
		$8<Q\leqslant12$	2
		$6<Q\leqslant8$	3
		$4<Q\leqslant6$	4
		$Q\leqslant4$	5
	30	$Q>18$	1
		$12<Q\leqslant18$	2
		$9<Q\leqslant12$	3
		$6<Q\leqslant9$	4
		$Q\leqslant6$	5

续表

探测器的保护面积 A/m^2		梁隔断的梁间区域面积 Q/m^2	一只探测器保护的梁间区域的个数/个
感烟探测器	60	$Q>36$	1
		$24<Q\leqslant36$	2
		$18<Q\leqslant24$	3
		$12<Q\leqslant18$	4
		$Q\leqslant12$	5
	80	$Q>48$	1
		$32<Q\leqslant48$	2
		$24<Q\leqslant32$	3
		$16<Q\leqslant24$	4
		$Q\leqslant16$	5

可见当梁突出顶棚的高度在200～600mm时，应按图6-22和表6-5确定梁的影响和一只探测器能够保护的梁间区域的数目；当梁突出顶棚的高度超过600mm时，被梁阻断的部分需单独划为一个探测区域，即每个梁间区域应至少设置一只探测器。

当被梁阻断的区域面积超过一只探测器的保护面积时，则应将被阻断的区域视为一个探测区域，并应按规范的有关规定计算探测器的设置数量。探测区域的划分如图6-23所示。

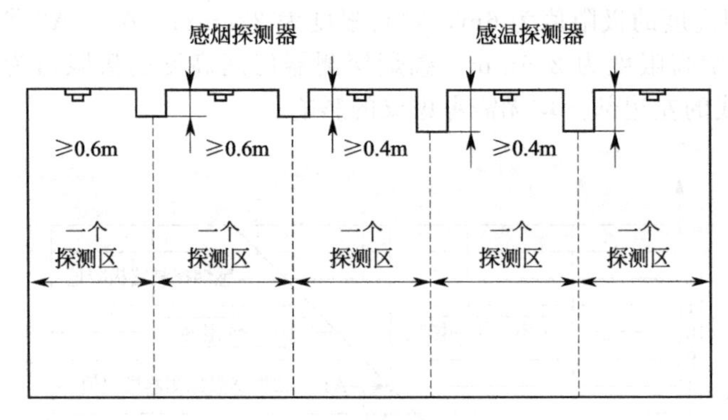

图6-23　探测区域的划分

当梁间净距小于1m时，可视为平顶棚。

如果探测区域内有过梁，定温型感温探测器安装在梁上时，其探测器下端到安装面必须在0.3m以内；感烟探测器安装在梁上时，其探测器下端到安装面必须在0.6m以内，如图6-24所示。

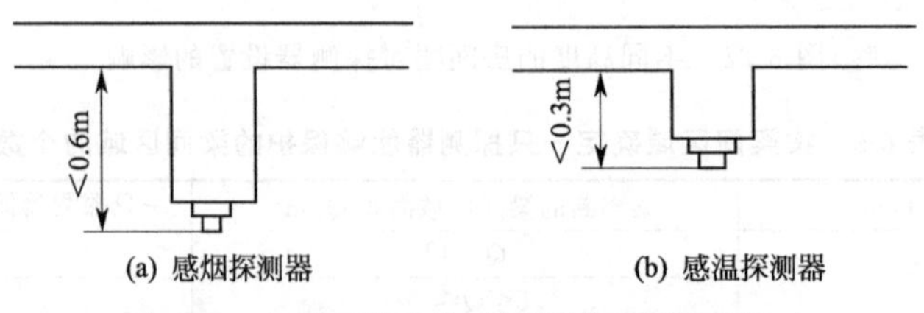

图6-24　在梁下端安装时探测器至顶棚的尺寸

6.3 手动火灾报警按钮

手动报警按钮主要用于建筑物的走廊、楼梯、走道等人员易于抵达的场所。当人工确认火灾发生后，按下按钮上的有机玻璃片，可向控制器发出火灾报警信号。控制器接收到报警信号后，显示出报警按钮的编号或位置并发出声光报警。

6.3.1 手动报警按钮的分类

手动报警按钮按是否带电话可分为普通型和带电话插孔型，按是否带编码可分为编码型和非编码型，其外形示意如图 6-25 所示。

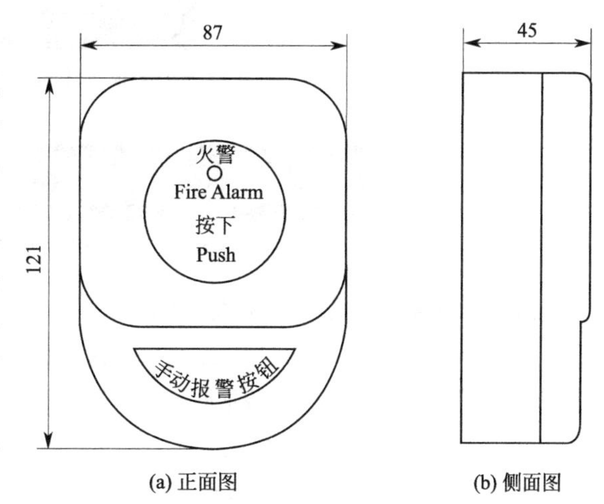

图 6-25 手动报警按钮外形示意（单位：mm）

（1）普通型手动报警按钮 普通型手动报警按钮操作方式一般为人工手动压下玻璃（一般为可恢复型），分为带编码型和不带编码型（子型），编码型手动报警按钮通常可带数个子型手动报警按钮。

（2）带电话插孔手动报警按钮 带电话插孔手动报警按钮附加有电话插孔，以供巡逻人员使用手持电话机插入插孔后，可直接与消防控制室或消防中心进行电话联系。电话接线端子一般连接于二线制（非编码型）消防电话系统，如图 6-26 所示。

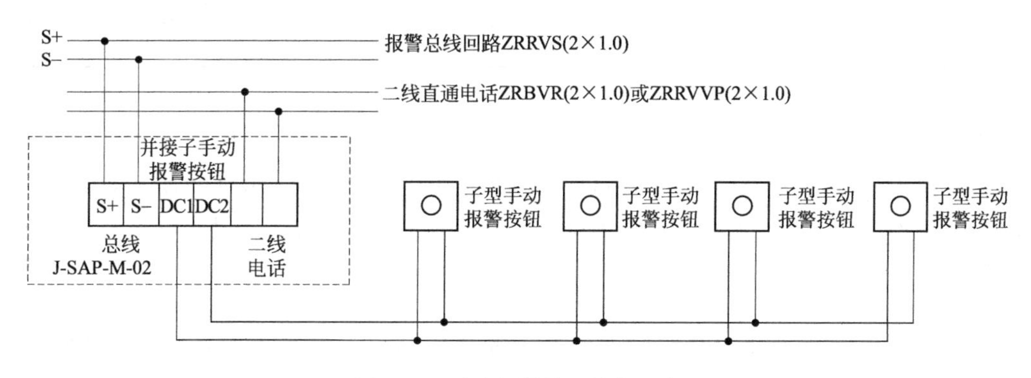

图 6-26 手动报警按钮接线示意

6.3.2 手动报警按钮的作用和工作方式

手动报警按钮是消防报警及联动控制系统中必备的设备之一。它具有确认火情或人工发出火警信号的特殊作用。当人们发现火灾后，可通过装于走廊、楼梯口等处的手动报警按钮进行人工报警。手动报警按钮为装于金属盒内的按键，一般将金属盒嵌入墙内，外露红色边框的保护罩。人工确认火灾后，敲破保护罩，将键按下，此时，一方面就地的报警设备（如火警讯响器、火警电铃）动作；另一方面手动信号被送到区域报警器，发出火灾报警。像探测器一样，手动报警按钮也在系统中占有一个部位号。有的报警按钮还具有动作指示，接收返回信号等功能。

手动报警按钮的报警紧急程度比探测器高，一般不需确认。所以手动报警按钮要求更可靠、更确切，处理火灾要求更快。手动报警按钮宜与集中报警器连接，且单独占用一个部位号。因为集中报警控制器在消防室内，能更快采取措施，所以当没有集中报警器时，它才接入区域报警器，但应占用一个部位号。

6.3.3 手动报警按钮的布线

手动报警按钮接线端子如图 6-27 及图 6-28 所示。

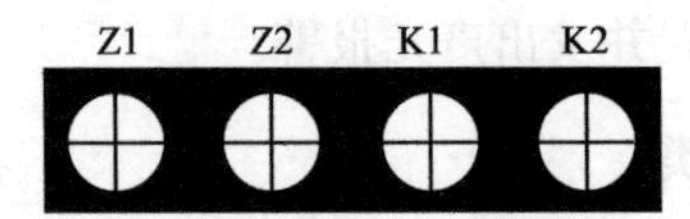

图 6-27 手动报警按钮（不带插孔）接线端子

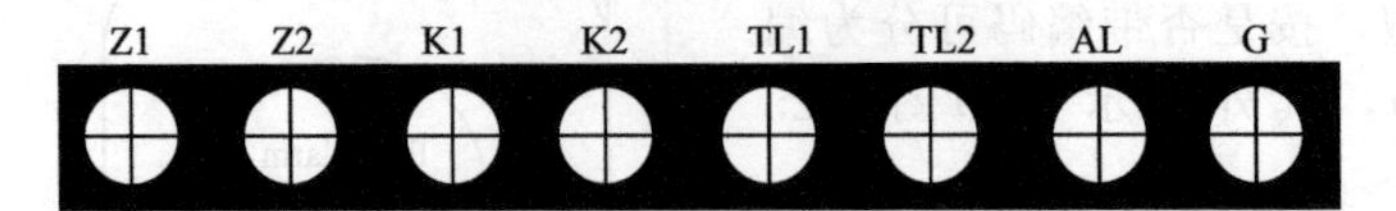

图 6-28 手动报警按钮（带消防电话插孔）接线端子

图 6-28 中各端子的意义见表 6-6。

表 6-6 手动报警按钮各端子的意义

端子名称	端子的作用	布线要求
Z1、Z2	无极性信号二总线端子	布线时 Z1、Z2 采用 RVS 双绞线，导线截面≥1.0mm²
	与控制器信号弹二总线连接的端子	布线时信号 Z1、Z2 采用 RVS 双绞线，截面积≥1.0mm²
K1、K2	无源常开输出端子	—
	DC24V 进线端子及控制线输出端子，用于提供直流 24V 开关信号	—
AL、G	与总线制编码电话插孔连接的报警请求线端子	报警请求线 AL、G 采用 BV 线，截面积≥1.0mm²
TL1、TL2	与总线制编码电话插孔或多线制电话主机连接音频接线端子	消防电话线 TL1、TL2 采用 RVVP 屏蔽线，截面积≥1.0mm²

6.3.4 手动报警按钮的安装

报警区域内每个防火分区，应至少设置 1 只手动火灾报警按钮。从 1 个防火分区内的任何位置到最邻近的 1 个手动火灾报警按钮的步行距离，应不大于 30m。手动火灾报警按钮宜设置在公共活动场所的出入口，如大厅、过厅、餐厅、多功能厅等主要公共场所的出入口；各楼层的电梯间、电梯前室、主要通道等。

手动火灾报警按钮应设置在明显的和便于操作的部位。当安装在墙上时，其底边距地（楼）面高度宜为 1.3～1.5m 处，且应有明显的标志。

安装时，有的还应有预埋接线盒，手动报警按钮应安装牢固，且不得倾斜。为了便于调试、维修，手动报警按钮外接导线，应留有 10cm 以上的余量，且在其端部应有明显标志。手动报警按钮底盒背面和底部各有一个敲落孔，可明装也可暗装，明装时可将底盒装在预埋盒上；暗装时可将底盒装进埋入墙内的预埋盒里，如图 6-29 所示。

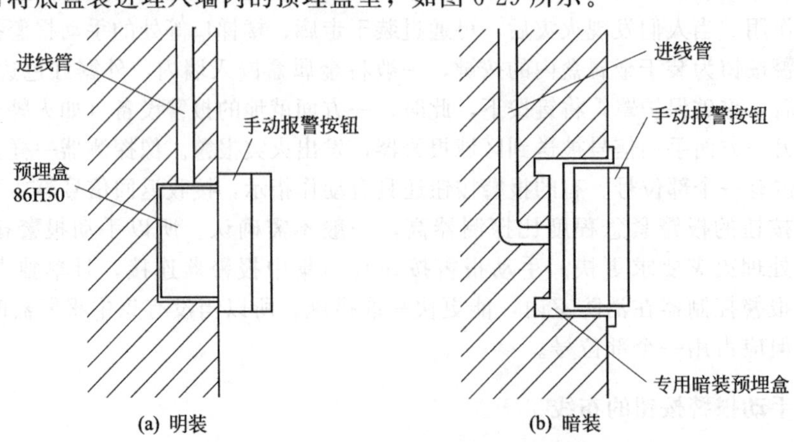

图 6-29 手动报警按钮安装示意

6.4 火灾报警控制器

6.4.1 火灾报警控制器的分类

6.4.1.1 按系统布线方式分类

(1) 多线制火灾报警控制器　多线制（也称为二线制）报警控制器按用途分为区域报警控制器和集中报警控制器两种。区域报警控制器（总根数为 $n+1$），以进行区域范围内的火灾监测和报警工作。因此每台区域报警控制器与其区域内的控制器等正确连接后，经过严格调试验收合格后，就构成了完整独立的火灾自动报警系统，所以区域报警控制器是多线制火灾自动报警系统的主要设备之一。而集中报警控制器则是连接多台区域报警控制器，收集处理来自各区域报警器送来的报警信号，以扩大监控区域范围。所以集中报警控制器主要用于监探器容量较大的火灾自动报警系统中。

多线制火灾报警控制器的探测器与控制器的连接采用一一对应方式。每个探测器至少有一根线与控制器连接，因而其连线较多，仅适用于小型火灾自动报警系统。

(2) 总线制火灾报警控制器　总线制火灾报警控制器是与智能型火灾探测器和模块相配套，采用总线接线方式，有二总线、三总线等不同型式，通过软件编程，分布式控制。同时系统采用国际标准的 CAN、RS485、RS323 接口，实现主网（即主机与各从机之间）、从网（即各控制器与火灾显示盘之间）及计算机、打印机的通信，使系统成为集报警、监视和控制为一体的大型智能化火灾报警控制系统。

控制器与探测器采用总线（少线）力式连接。所有探测器均并联或串联在总线上（一般总线数量为 2～4 根），具有安装、调试、使用方便，工程造价较低的特点，适用于大型火灾自动报警系统。目前总线制火灾自动报警系统已在工程中得到普遍使用。

6.4.1.2 按控制范围分类

(1) 区域报警控制器　区域报警控制器由输入回路、光报警单元、声报警单元、自动监控单元、手动检查试验单元、输出回路和稳压电源及备用电源等组成。

控制器直接连接火灾探测器，处理各种报警信息，是组成自动报警系统最常用的设备之一。区域火灾报警控制器主要功能有：供电功能、火警记忆功能、消声后再声响功能、输出控制功能、监视传输线切断功能、主备电源自动转换功能、熔丝烧断告警功能、火警优先功能和手动检查功能。

(2) 集中报警控制器　集中报警控制器由输入回路、光报警单元、声报警单元、自动监控单元、手动检查试验单元和稳压电源、备用电源等电源组成。

集中报警控制器一般不与火灾探测器相连，而与区域火灾报警控制器相连。处理区域级火灾报警控制器送来的报警信号，常使用在较大型系统中。

集中火灾报警控制器的电路除输入单元和显示单元的构成和要求与区域火灾报警控制器有所不同外，其基本组成部分与区域火灾报警控制器大同小异。

(3) 通用火灾报警控制器　通用火灾报警控制器兼有区域、集中两级火灾报警控制器的双重特点。通过设置或修改某些参数（可以是硬件或者是软件方面），即可作区域级使用，连接探测器；又可作集中级使用，连接区域火灾报警控制器。

6.4.1.3 按结构型式分类

(1) 壁挂式报警控制器　一般来说，壁挂式火灾报警控制器的连接探测器回路数相应少一些。控制功能较简单，一般区域火灾报警控制器常采用这种结构。

(2) 台式报警控制器　台式火灾报警控制器连接探测器回路数较多，联动控制功能较复杂。操作使用方便，一般常见于集中火灾报警控制器。

(3) 柜式火灾报警控制器　柜式火灾报警控制器与台式火灾报警控制器基本相同。内部电路结构多设计成插板组合式，易于功能扩展。

6.4.2 火灾报警控制器的基本功能

6.4.2.1 电源功能

(1) 控制器的电源部分应具有主电源和备用电源转换装置。当主电源断电时，能自动转换到备用电源；主电源恢复时，能自动转换到主电源；应有主、备电源工作状态指示，主电源应有过流保护措施；主、备电源的转换不应使控制器产生误动作。

(2) 控制器至少一个回路按设计容量连接真实负载，其他回路连接等效负载，主电源容量应能保证控制器在下述条件下连续正常工作4h。

① 控制器容量不超过10个报警部位时，所有报警部位均处于报警状态。

② 控制器容量超过10个报警部位时，20%的报警部位（不少于10个报警部位，但不超过32个报警部位）处于报警状态。

(3) 控制器至少一个回路按设计容量连接真实负载，其他回路连接等效负载。备用电源在放电至终止电压条件下，充电24h，其容量应可提供控制器在监视状态下工作8h后，在下述条件下工作30min。

① 控制器容量不超过10个报警部位时，所有报警部位均处于报警状态。

② 控制器容量超过10个报警部位时，1/15的报警部位（不少于10个报警部位，但不超过32个报警部位）处于报警状态。

6.4.2.2 火灾报警功能

(1) 控制器应能直接或间接地接收来自火灾探测器及其他火灾报警触发器件的火灾报警信号，发出火灾报警声、光信号，指示火灾发生部位，记录火灾报警时间，并予以保持，直至手动复位。

(2) 当有火灾探测器火灾报警信号输入时，控制器应在10s内发出火灾报警声、光信号。对来自火灾探测器的火灾报警信号可设置报警延时，其最大延时不应超过1min，延时期间应有延时光指示，延时设置信息应能通过本机操作查询。

(3) 当有手动火灾报警按钮报警信号输入时，控制器应在10s内发出火灾报警声、光信号，并明确指示该报警是手动火灾报警按钮报警。

(4) 控制器应有专用火警总指示灯（器）。控制器处于火灾报警状态时，火警总指示灯（器）应点亮。

(5) 火灾报警声信号应能手动消除，当再有火灾报警信号输入时，应能再次启动。

(6) 控制器采用字母（符）-数字显示时，还应满足下述要求。

① 应能显示当前火灾报警部位的总数。

② 应采用下述方法之一显示最先火灾报警部位：

a. 用专用显示器持续显示；

b. 如未设专用显示器，应在共用显示器的顶部持续显示。

③ 后续火灾报警部位应按报警时间顺序连续显示。当显示区域不足以显示全部火灾报警部位时，应按顺序循环显示；同时应设手动查询按钮（键），每手动查询一次，只能查询一个火灾报警部位及相关信息。

(7) 控制器需要接收来自同一探测器（区）两个或两个以上火灾报警信号才能确定发出火灾报警信号时，还应满足下述要求。

① 控制器接收到第一个火灾报警信号时，应发出火灾报警声信号或故障声信号，并指示相应部位，但不能进入火灾报警状态。

② 接收到第一个火灾报警信号后，控制器在60s内接收到要求的后续火灾报警信号时，

应发出火灾报警声、光信号，并进入火灾报警状态。

③ 接收到第一个火灾报警信号后，控制器在 30min 内仍未接收到要求的后续火灾报警信号时，应对第一个火灾报警信号自动复位。

(8) 控制器需要接收到不同部位两只火灾探测器的火灾报警信号才能确定发出火灾报警信号时，还应满足下述要求。

① 控制器接收到第一只火灾探测器的火灾报警信号时，应发出火灾报警声信号或故障声信号，并指示相应部位，但不能进入火灾报警状态。

② 控制器接收到第一只火灾探测器火灾报警信号后，在规定的时间间隔（不小于 5min）内未接收到要求的后续火灾报警信号时，可对第一个火灾报警信号自动复位。

(9) 控制器应设手动复位按钮（键），复位后，仍然存在的状态及相关信息均应保持或在 20s 内重新建立。

(10) 控制器火灾报警计时装置的日计时误差不应超过 30s，使用打印机记录火灾报警时间时，应打印出月、日、时、分等信息，但不能仅使用打印机记录火灾报警时间。

(11) 具有火灾报警历史事件记录功能的控制器应能至少记录 999 条相关信息，且在控制器断电后能保持信息 14d。

(12) 通过控制器可改变与其连接的火灾探测器响应阈值时，对探测器设定的响应阈值应能手动可查。

(13) 除复位操作外，对控制器的任何操作均不应影响控制器接收和发出火灾报警信号。

6.4.2.3 火灾报警控制功能

(1) 控制器在火灾报警状态下应有火灾声和/或光警报器控制输出。

(2) 控制器可设置其他控制输出（应少于 6 点），用于火灾报警传输设备和消防联动设备等设备的控制，每一控制输出应有对应的手动直接控制按钮（键）。

(3) 控制器在发出火灾报警信号后 3s 内应启动相关的控制输出（有延时要求时除外）。

(4) 控制器应能手动消除和启动火灾声和/或光警报器的声警报信号，消声后，有新的火灾报警信号时，声警报信号应能重新启动。

(5) 具有传输火灾报警信息功能的控制器，在火灾报警信息传输期间应有光指示，并保持至复位，如有反馈信号输入，应有接收显示对于采用独立指示灯（器）作为传输火灾报警信息显示的控制器，如有反馈信号输入，可用该指示灯（器）转为接收显示，并保持至复位。

(6) 控制器发出消防联动设备控制信号时，应发出相应的声光信号指示，该光信号指示不能被覆盖且应保持至手动恢复；在接收到消防联动控制设备反馈信号 10s 内应发出相应的声光信号，并保持至消防联动设备恢复。

(7) 如需要设置控制输出延时，延时应按下述方式设置。

① 对火灾声和/或光报警器及对消防联动设备控制输出的延时，应通过火灾探测器和/或手动火灾报警按钮和/或特定部位的信号实现。

② 控制火灾报警信息传输的延时应通过火灾探测器和/或特定部位的信号实现。

③ 延时应不超过 10min，延时时间变化步长不应超过 1min。

④ 在延时期间，应能手动插入或通过手动火灾报警按钮而直接启动输出功能。

⑤ 任一输出延时均不应影响其他输出功能的正常工作，延时期间应有延时光指示。

(8) 当控制器要求接收来自火灾探测器和/或手动火灾报警按钮的 1 个以上火灾报警信号才能发出控制输出时，当收到第一个火灾报警信号后，在收到要求的后续火灾报警信号前，控制器应进入火灾报警状态；但可设有分别或全部禁止对火灾声和/或光报警器、火灾报警传输设备和消防联动设备输出操作的手段。禁止对某一设备输出操作不应影响对其他设备的输出操作。

(9) 控制器在机箱内设有消防联动控制设备时，即火灾报警控制器（联动型），还应满足《消防联动控制系统》（GB 16806—2006）相关要求，消防联动控制设备故障应不影响控制器的火灾报警功能。

6.4.2.4 故障报警功能

（1）控制器应设专用故障总指示灯（器），无论控制器处于何种状态，只要有故障信号存在，该故障总指示灯（器）应点亮。

（2）当控制器内部、控制器与其连接的部件间发生故障时，控制器应在100s内发出与火灾报警信号有明显区别的故障声、光信号，故障声信号应能手动消除，再有故障信号输入时，应能再启动；故障光信号应保持至故障排除。

（3）控制器应能显示下述故障的部位。

① 控制器与火灾探测器、手动火灾报警按钮及完成传输火灾报警信号功能部件间连接线的断路、短路（短路时发出火灾报警信号除外）和影响火灾报警功能的接地，探头与底座间连接断路。

② 控制器与火灾显示盘间连接线的断路、短路和影响功能的接地。

③ 控制器与其控制的火灾声和/或光报警器、火灾报警传输设备和消防联动设备间连接线的断路、短路和影响功能的接地。

其中①、②两项故障在有火灾报警信号时可以不显示，③项故障显示不能受火灾报警信号影响。

（4）控制器应能显示下述故障的类型。

① 给备用电源充电的充电器与备用电源间连接线的断路、短路。

② 备用电源与其负载间连接线的断路、短路。

③ 主电源欠压。

（5）控制器应能显示所有故障信息。在不能同时显示所有故障信息时，未显示的故障信息应手动可查。

（6）当主电源断电，备用电源不能保证控制器正常工作时，控制器应发出故障声信号并能保持1h以上。

（7）对于软件控制实现各项功能的控制器，当程序不能正常运行或存储器内容出错时，控制器应有单独的故障指示灯显示系统故障。

（8）控制器的故障信号在故障排除后，可以自动或手动复位。复位后，控制器应在100s内重新显示尚存在的故障。

（9）任一故障均不应影响非故障部分的正常工作。

（10）当控制器采用总线工作方式时，应设有总线短路隔离器。短路隔离器动作时，控制器应能指示出被隔离部件的部位号。当某一总线发生一处短路故障导致短路隔离器动作时，受短路隔离器影响的部件数量不应超过32个。

6.4.2.5 自检功能

控制器应能检查本机的火灾报警功能（以下称自检），控制器在执行自检功能期间，受其控制的外接设备和输出接点均不应动作。控制器自检时间超过1min或其不能自动停止自检功能时，控制器的自检功能应不影响非自检部位、探测区和控制器本身的火灾报警功能。

控制器应能手动检查其面板所有指示灯（器）、显示器的功能。

具有能手动检查各部位或探测区火灾报警信号处理和显示功能的控制器，应设专用自检总指示灯（器），只要有部位或探测区处于检查状态，该自检总指示灯（器）均应点亮，并满足下述要求：

① 控制器应显示（或手动可查）所有处于自检状态中的部位或探测区；

② 每个部位或探测区均应能单独手动启动和解除自检状态；

③ 处于自检状态的部位或探测区不应影响其他部位或探测区的显示和输出，控制器的所有对外控制输出接点均不应动作（检查声和/或光报警器报警功能时除外）。

6.4.2.6 信息显示与查询功能

控制器信息显示按火灾报警、监管报警及其他状态顺序由高至低排列信息显示等级，高等级的状态信息应优先显示，低等级状态信息显示不应影响高等级状态信息显示，显示的信息应与对应的状态一致且易于辨识。当控制器处于某一高等级状态显示时，应能通过手动操作查询其他低等级状态信息，各状态信息不应交替显示。

6.4.3 火灾报警控制器的接线

对于不同厂家生产的不同型号的火灾报警控制器其线制各异，如三线制、四线制、两线制、全总线制及二总线制等。

6.4.3.1 两线制

两线制接线，其配线较多，自动化程度较低，大多在小系统中应用，目前已很少使用。两线制接线如图 6-30 所示。

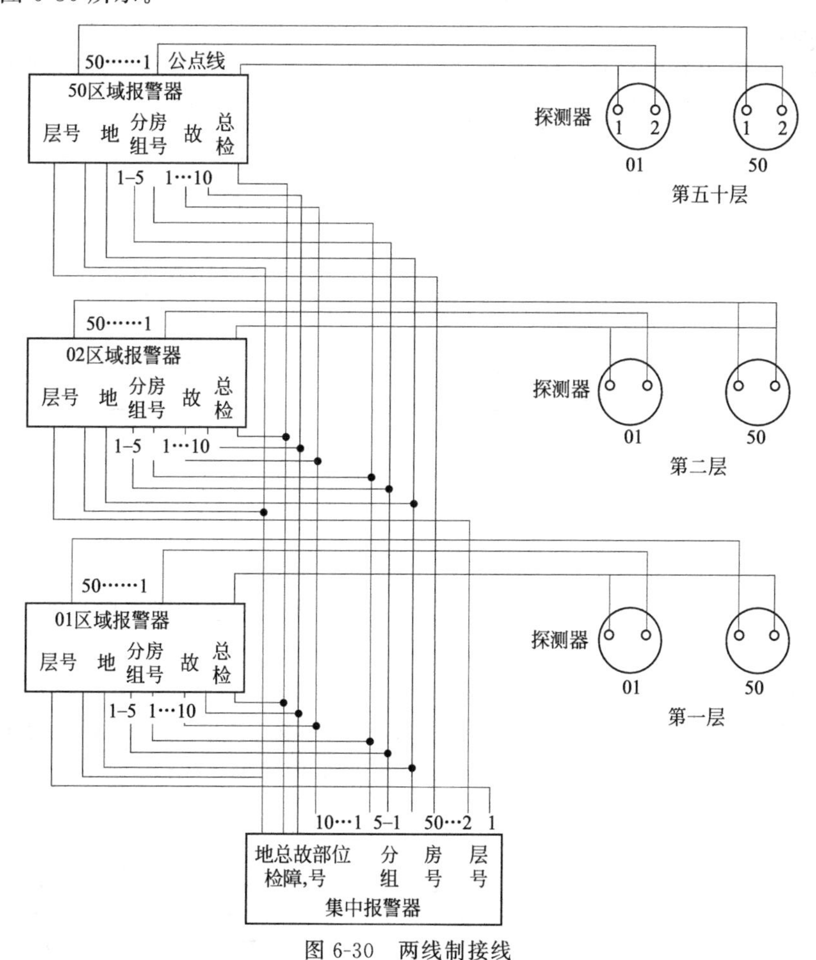

图 6-30 两线制接线

因生产厂家的不同，其产品型号也不完全相同，两线制的接线计算方法有所区别，以下介绍的计算方法具有一般性。

（1）区域报警控制器的配线　区域报警控制器既要与其区域内的探测器连接，有可能要与集中报警控制器连接。

区域报警控制器输出导线是指该台区域报警控制器与配套的集中报警控制器之间连接导线的数目。区域报警控制器的输出导线根数为：

$$N_0=10+\frac{n}{10}+4 \tag{6-5}$$

式中　10——与集中报警控制器连接的火警信号线数；

$n/10$——巡检分组线（取整数），n 为报警回路；

4——层巡线、故障线、地线和总检线各一根。

（2）集中报警控制器的配线　集中报警控制器配线根数是指与其监控范围内的各区域报警控制器之间的连接导线。其配线根数为：

$$Q_i=10+\frac{n}{10}+m+3 \tag{6-6}$$

式中　Q_i——集中报警控制器的配线根数；

$n/10$——巡检分组线；

m——层巡（层号）线；

3——故障信号线 1 根、总检线 1 根、地线 1 根。

6.4.3.2　二总线制

二总线制（共 2 根导线）其系统接线示意如图 6-31 所示。其中 S_- 为公共地线；则 S_+ 同时完成供电、选址、自检、报警等多种功能的信号传输。其优点是接线简单、用线量较少。现已广泛采用，特别是目前逐步应用的智能型火灾报警系统更是建立在二总线制的运行机制上。

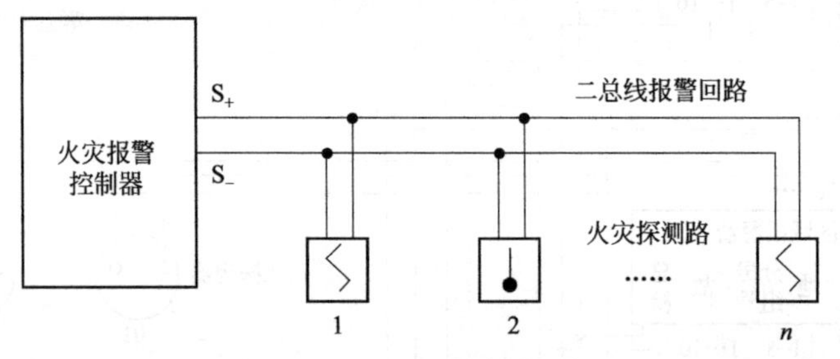

图 6-31　二总线制连接方式

6.4.3.3　全总线制

全总线制接线方式大系统中显示出其明显的优势，接线非常简单，大大缩短了施工工期。

区域报警器输入线为 5 根，即 P、S、T、G 及 V 线，即电源线、信号线、巡检控制线、回路地线及 DC 24V 线。

区域报警器输出线数等于集中报警器接出的六条总线，即 P_0、S_0、T_0、G_0、C_0、D_0，C_0 为同步线，D_0 为数据线。之所以称其为四全总线（或称总线）是因为该系统中所使用的探测器、手动报警按钮等设备均采用 P、S、T、G 四根出线引至区域报警器上，如图 6-32 所示。

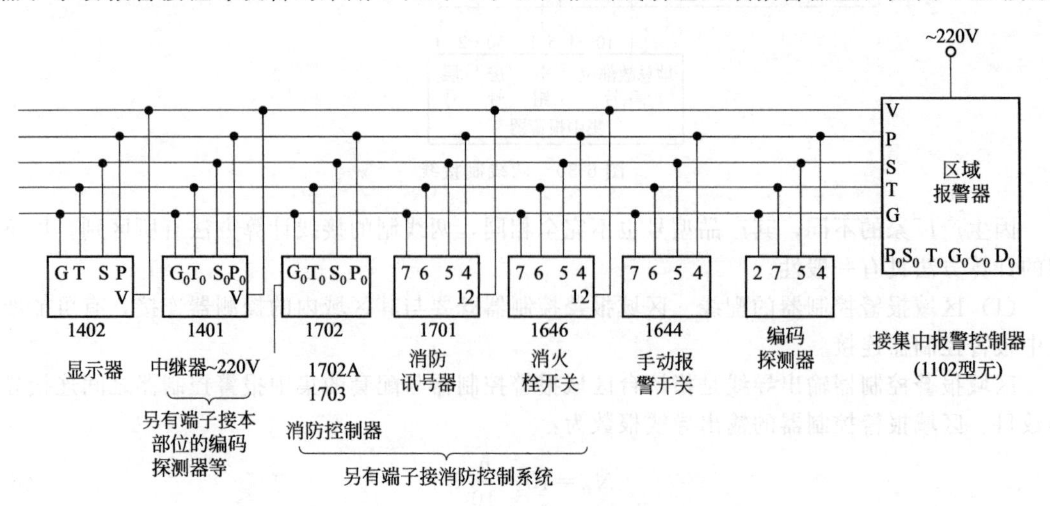

图 6-32　四全总线制接线示意

6.4.4 智能火灾报警控制器

随着技术的不断革新，新一代的火灾报警控制器层出不穷，其功能更加强大、操作更加简便。

6.4.4.1 火灾报警控制器的智能化

火灾报警控制器采用大屏幕汉字液晶显示，清晰直观。除可显示各种报警信息外，还可显示各类图形。报警控制器可直接接收火灾探测器传送的各类状态信号，通过控制器可将现场火灾探测器设置成信号传感器，并将传感器采集到的现场环境参数信号进行数据及曲线分析，为更准确地判断现场是否发生火灾提供了有利的工具。

6.4.4.2 报警及联动控制一体化

控制器采用内部并行总线设计、积木式结构，容量扩充简单方便。系统可采用报警和联动共线式布线，也可采用报警和联动分线式布线，适用于目前各种报警系统的布线方式，彻底解决了变更产品设计带来的原设计图纸改动的问题。

6.4.4.3 数字化总线技术

探测器与控制器采用无极性信号二总线技术，通过数字化总线通信，控制器可方便地设置探测器的灵敏度等工作参数，查阅探测器的运行状态。由于采用二总线，整个报警系统的布线极大简化，便于工程安装、线路维修，降低了工程造价。系统还设有总线故障报警功能，随时监测总线工作状态，保证系统可靠工作。

6.5 消防联动控制系统

6.5.1 消防联动控制模块

消防联动控制模块是集控制和计算机技术的现场消防设备的监控转换模块，在消防控制中心远方直接手动或联动控制消防设备的启停运行，或通过输入模块监视消防设备的运行状态。

6.5.1.1 总线联动控制模块

总线联动控制模块是采用二总线制方式控制的一次动作的电子继电器，如只控制启动或只控制停止等。主要用于排烟口、排烟阀、送风口、防火阀、非消防电源切断等一次动作的一般消防设备。总线联动控制模块连接于报警控制器的报警总线回路上，可由消防控制室进行联动或远方手动控制现场设备。

HJ-1825 总线联动控制模块的接线端子图如图 6-33 所示。输出接点用来联动控制消防设备的动作；无源反馈用于现场设备动作状态的信号反馈；并配置有 DC 24V 直流电源，与本继电器（总线联动控制模块）输出接点组合接成有源输出控制电路。

总线控制模块与所控设备的接线如图 6-34 所示。

用 LD-8301 与 LD-8302（非编码型）模块配合使用时，可实现对大电流（直流）启动设备的控制及交流 220V 设备的转换控制，可防止由于使用 LD-8301 型模块直接控制设备造成将交流电引入控制系统总线的危险，如图 6-35 所示。

6.5.1.2 多线联动控制模块

多线控制模块是二次动作的电子继电器，如既控制启动，又控制停止等，所以有时称双动作切换控制模块，主要用于水泵、送风机、排烟机、排风机等二次动作的重要消防设备。多线控制模块一般连接于报警控制器的多线控制回路上，可由消防控制室进行联动或远方手动控制现场设备。

HJ-1807 多线联动控制模块的接线端子图如图 6-36 所示。

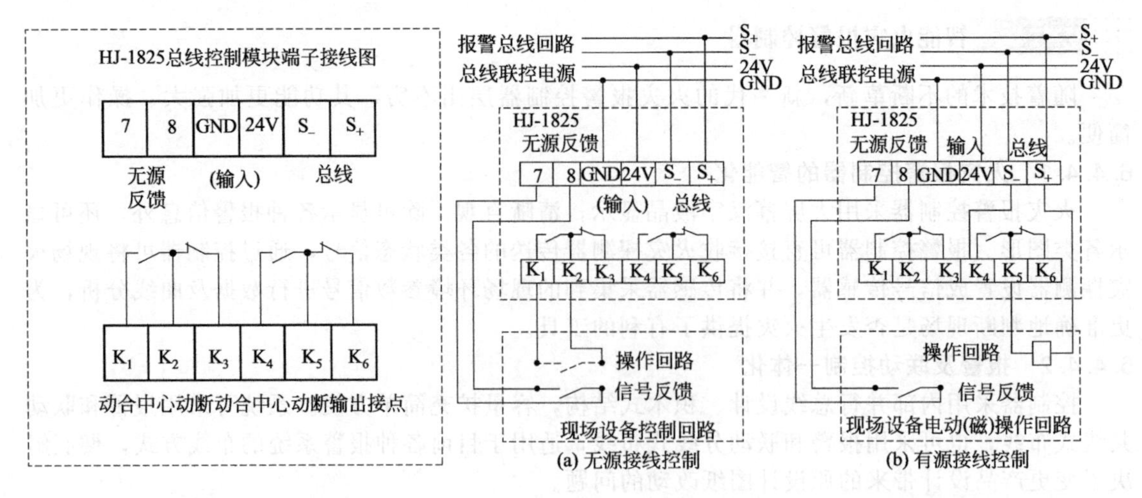

图 6-33 HJ-1825 总线联动控制模块的接线端子图

图 6-34 总线联动控制模块与所控设备的接线示意

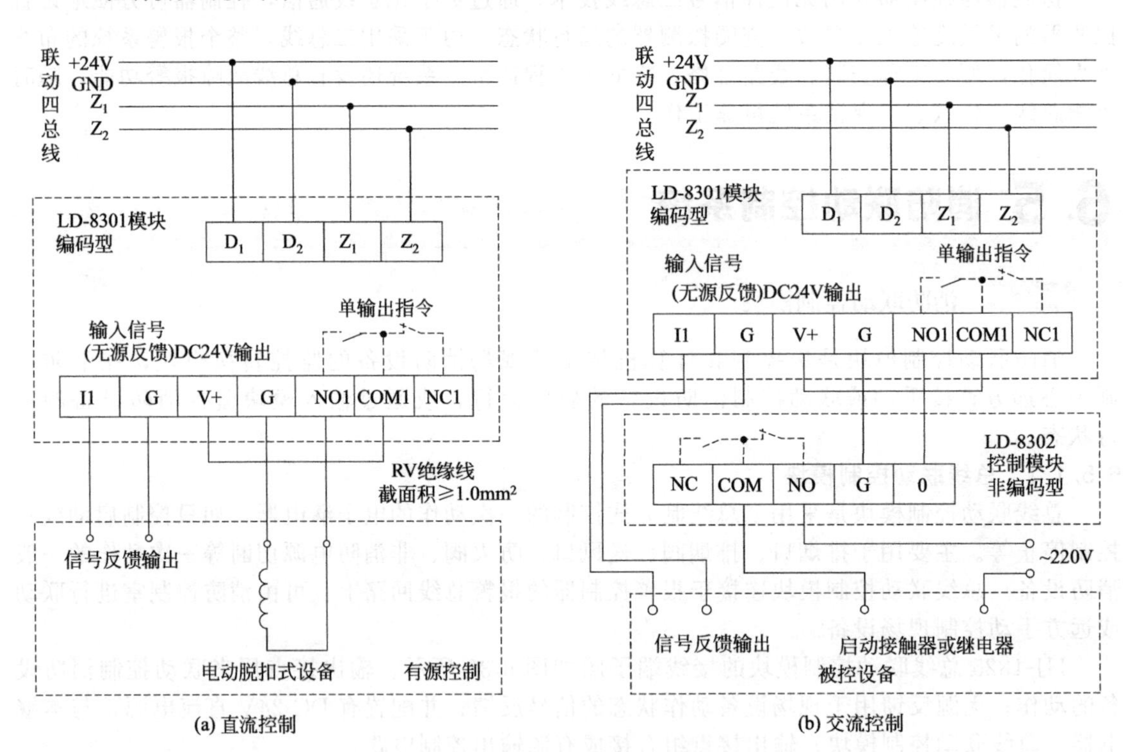

图 6-35 单动作切换控制模块接线示意

模块输出接点（常开与常闭接点）用来联动控制消防设备的动作；无源反馈用于现场设备动作状态的无源信号反馈；有源反馈用于现场设备动作状态的有源信号反馈。

多线控制模块与所控设备的接线如图 6-37 所示。

6.5.2 消防联动控制系统的控制内容

6.5.2.1 消火栓灭火控制

消火栓灭火是建筑物中最基本且常用的灭火方式。该系统由消防给水设备（包括给水管网、加压泵及阀门等）和电控部分（包括启泵按钮、消防中心启泵装置及消防控制柜等）组成。其中消防加压泵是为了给消防水管加压，以使消火栓中的喷水枪具有相当的水压。消防中心对室内消火栓系统的监控内容包括：控制消防水泵的启停、显示启泵按钮的位置和消防水泵的状态（工作/故障）。消防泵、喷淋泵联动控制原理框图如图6-38所示。

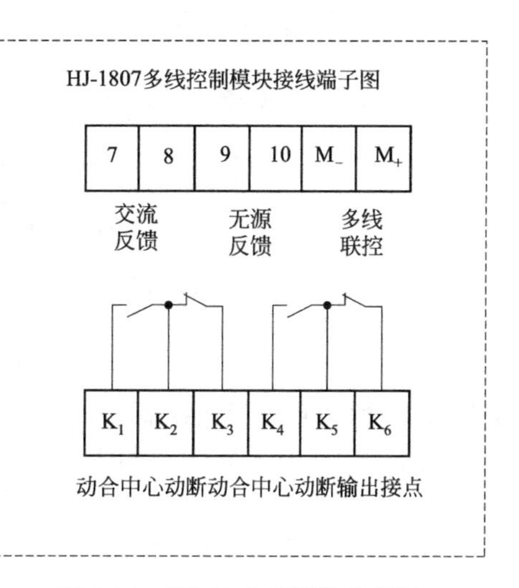

图 6-36 HJ-1807 多线联动控制模块的接线端子图

6.5.2.2 自动喷水灭火控制

常用的自动喷水灭火系统按喷水管内是否充水，分为湿式和干式两种。干式系统中喷水管网平时不充水，当火灾发生时，控制主机在收到火警信号后，立即开阀向管网系统内充水。而湿式系统中管网平时是处于充水状态的，当发生火灾时，着火场所温度迅速上升，当温度上升到一定值，闭式喷头温控件受热破碎，打开喷水口开始喷淋，此时安装在供水管道上的水流指示器动作（水流继电器的常开触点因水流动压力而闭合），消防中心控制室的喷淋报警控制装置接收到信号后，由报警箱发出声光报警，并显示出喷淋报警部位。喷水后由于水压下降，使压力继电器动作，压力开关信号及消防控制主机在收到水流开关信号后发出的指令均可启动喷淋泵。目前这种充水的闭式喷淋水系统在高层建筑中获得广泛应用。

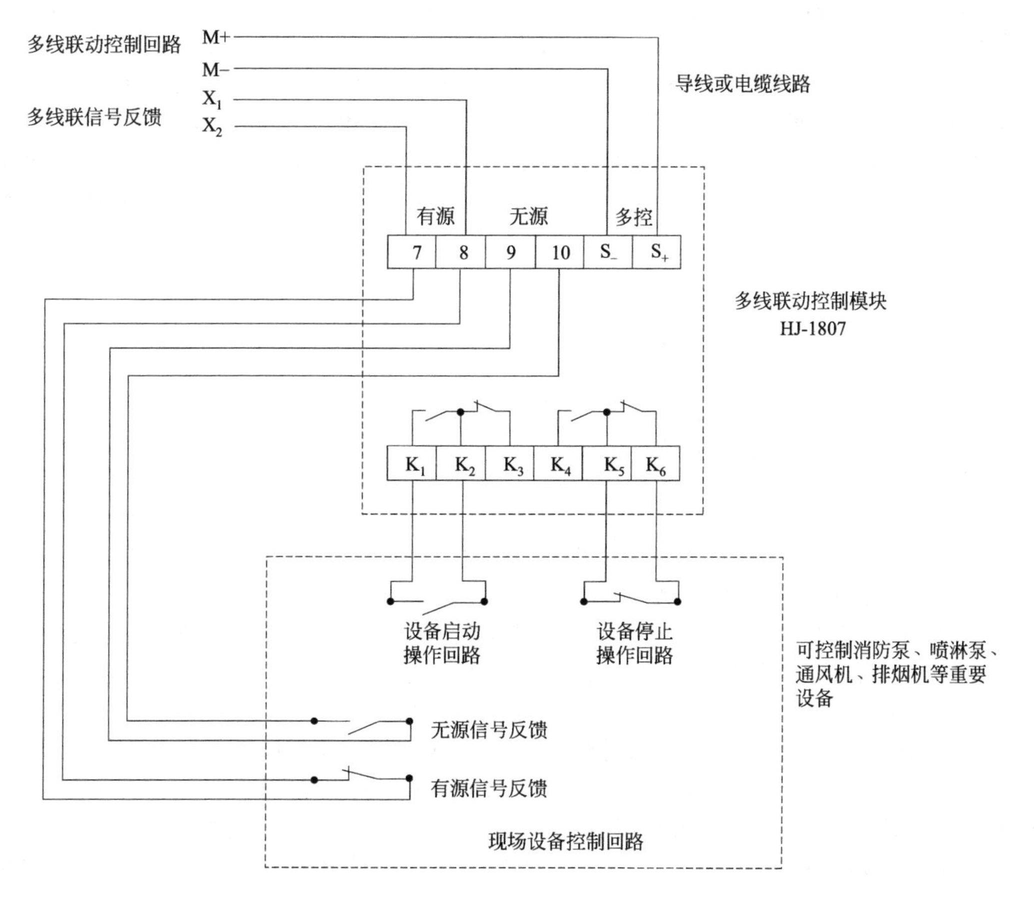

图 6-37 多线控制模块与所控设备的接线示意

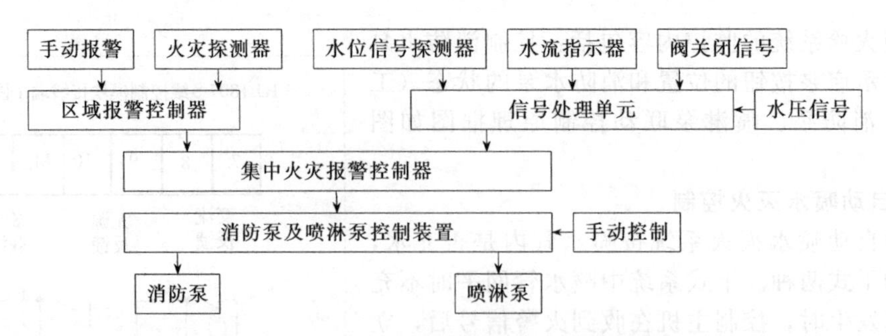

图 6-38 消防泵、喷淋泵联动控制原理框图

6.5.2.3 气体自动灭火控制

气体自动灭火系统主要用于火灾时不宜用水灭火或有贵重设备的场所，如配电室、计算机房、可燃气体及易燃液体仓库等。气体自动灭火控制过程如下：探测器探测到火情后，向控制器发信号，联动控制器收到信号后通过灭火指令控制气体压力容器上的电磁阀，放出灭火气体。

6.5.2.4 防火门、防火卷帘门控制

防火门平时处于开启状态，火灾时可通过自动或手动方式将其关闭。

防火卷帘门通常设置于建筑物中防火分区通道口，可形成门帘式防火隔离。一般在电动防火卷帘两侧设专用的烟感及温感探测器、声光报警器和手动控制器。火灾发生时，疏散通道上的防火卷帘根据感烟探测器的动作或消防控制中心发出的指令，先使卷帘自动下降一部分（按现行消防规范规定，当卷帘下降至距地 1.8m 处时，卷帘限位开关动作使卷帘自动停止），以让人疏散，延时一段时间（或通过现场感温探测器的动作信号或消防控制中心的第二次指令），启动卷帘控制装置，使卷帘下降到底，以达到控制火灾蔓延的目的。卷帘也可由现场手动控制。

用作防火分隔的防火卷帘，火灾探测器动作后，卷帘应下降到底；同时感烟、感温火灾探测器的报警信号及防火卷帘关闭信号应送至消防控制中心，其联动控制原理如图 6-39 所示。

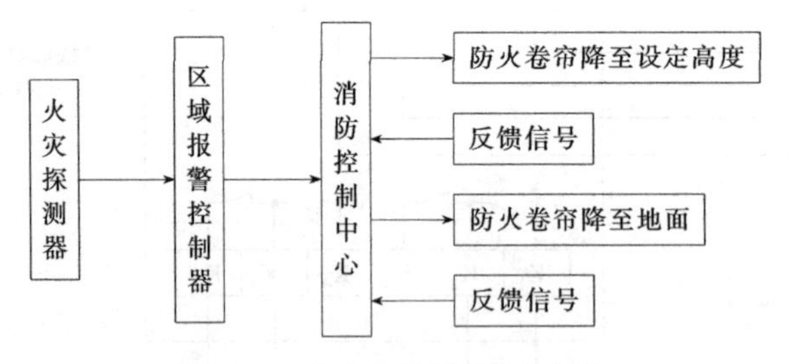

图 6-39 防火卷帘联动控制原理

6.5.2.5 排烟、正压送风系统控制

火灾产生的烟雾对人的危害非常严重，一方面着火时产生的一氧化碳是造成人员死亡的主要原因，另一方面火灾时产生的浓烟遮挡了人的视线，使人辨不清方向，无法紧急疏散。所以火灾发生后，要迅速排出浓烟，防止浓烟进入非火灾区域。

排烟、正压送风系统由排烟阀门、排烟风机、送风阀门以及送风机等组成。

排烟阀门一般设在排烟口处，平时处于关闭状态。当火警发生后，感烟探测器组成的控制电路在现场控制开启排烟阀门及送风阀门，排烟阀门及送风阀门动作后启动相关的排烟风机和送风风机，同时关闭相关范围内的空调风机及其他送、排风机，以防止火灾蔓延。

在排烟风机吸入口处装设有排烟防火阀，当排烟风机启动时，此阀门同时打开，进行排烟，当排烟温度高达 280℃时，装设在阀口上的温度熔断器动作，阀门自动关闭，同时联锁关

闭排烟风机。

对于高层建筑，任意一层着火时，都应保持火层及相邻层的排烟阀开启。

6.5.2.6 照明系统的联动控制

当火灾发生后，应切断正常照明系统，打开火灾应急照明。火灾应急照明包括备用照明、疏散照明和安全照明。备用照明应用于正常照明失效时，仍需继续工作或暂时继续工作的场合，一般设置在下列部位：疏散楼梯（包括防烟楼梯间前室）、消防电梯及其前室；消防控制室、自备电源室［包括发电机房、UPS（不间断电源）室和蓄电池室等］、配电室、消防水泵房和防排烟机房等；观众厅、宴会厅、重要的多功能厅及每层建筑面积超过 1500m^2 的展览厅、营业厅等；建筑面积超过 200m^2 的演播室，人员密集建筑面积超过 300m^2 的地下室；通信机房、大中型计算机房、BAS（楼宇自动化系统）中央控制室等重要技术用房；每层人员密集的公共活动场所等；公共建筑内的疏散走道和居住建筑内长度超过 20m 的内走道。

疏散照明是在火灾情况下，保证人员能从室内安全疏散至室外或某一安全地区而设置的照明，疏散照明一般设置在建筑物的疏散走道和公共出口处。

安全照明应用于火灾时因正常电源突然中断将导致人员伤亡的潜在危险场所（如医院的重要手术室、急救室等）。

6.5.2.7 电梯管理

消防电梯管理是指消防控制室对电梯，特别是消防电梯的运行管理。对电梯的运行管理通常有两种方式：一种方式是在消防控制中心设置电梯控制显示盘，火灾时，消防人员可根据需要直接控制电梯；另一种方式是通过建筑物消防控制中心或电梯轿厢处的专用开关来控制。火灾时，消防控制中心向电梯发出控制信号，强制电梯降至底层，并切断其电源。但应急消防电梯除外，应急消防电梯只供给消防人员使用。

6.6 消防控制室

按照《火灾自动报警系统设计规范》(GB 50116—2013) 对消防控制室（中心）的控制及显示功能规定，消防控制室应具有按受火灾报警、发出火灾信号和安全疏散指令、控制各种消防联动控制设备及显示电源运行情况等功能。

6.6.1 消防控制室的设备组成

消防控制设备根据需要可由下列部分或全部控制装置组成。

（1）火灾报警控制器。

（2）自动灭火系统的控制装置。

（3）室内消火栓系统的控制装置。

（4）通风空调、防烟、排烟设备及电动防火阀的控制装置。

（5）常开电动防火门、防火卷帘的控制装置。

（6）电梯回降控制装置。

（7）火灾应急广播设备的控制装置。

（8）火灾报警装置的控制装置。

（9）火灾应急照明与疏散指示标志控制装置。

6.6.2 消防控制室的技术要求

6.6.2.1 一般要求

（1）消防控制室内设置的消防设备应包括火灾报警控制器、消防联动控制器、消防控制室图形显示装置、消防电话总机、消防应急广播控制装置、消防应急照明和疏散指示系统控制装置、消防电源监控器等设备，或具有相应功能的组合设备。

（2）消防控制室内设置的消防设备应能监控并显示建筑消防设施运行状态信息，并应具有向城市消防远程监控中心（以下简称监控中心）传输这些相关信息的功能。建筑消防设施运行状态信息见表 6-7。

表 6-7 建筑消防设施运行状态信息

设施名称		内容
火灾探测报警系统		火灾报警信息、可燃气体探测报警信息、电气火灾监控报警信息、屏蔽信息、故障信息
消防联动控制系统	消防联动控制器	动作状态、屏蔽信息、故障信息
	消火栓系统	消防水泵电源的工作状态，消防水泵的启、停状态和故障状态，消防水箱（池）水位、管网压力报警信息及消火栓按钮的报警信息
	自动喷水灭火系统、水喷雾（细水雾）灭火系统（泵供水方式）	喷淋泵电源工作状态，喷淋泵的启、停状态和故障状态，水流指示器、信号阀、报警阀、压力开关的正常工作状态和动作状态
	气体灭火系统、细水雾灭火系统（压力容器供水方式）	系统的手动、自动工作状态及故障状态，阀驱动装置的正常工作状态和动作状态，防护区域中的防火门（窗）、防火阀、通风空调等设备的正常工作状态和动作状态，系统的启、停信息，紧急停止信号和管网压力信号
	泡沫灭火系统	消防水泵、泡沫液泵电源的工作状态，系统的手动、自动工作状态及故障状态，消防水泵、泡沫液泵的正常工作状态和动作状态
	干粉灭火系统	系统的手动、自动工作状态及故障状态，阀驱动装置的正常工作状态和动作状态，系统的启、停信息，紧急停止信号和管网压力信号
	防烟排烟系统	系统的手动、自动工作状态，防烟排烟风机电源的工作状态，风机、电动防火阀、电动排烟防火阀、常闭送风口、排烟阀（口）、电动排烟窗、电动挡烟垂壁的正常工作状态和动作状态
	防火门及卷帘系统	防火卷帘控制器、防火门控制器的工作状态和故障状态。卷帘门的工作状态，具有反馈信号的各类防火门、疏散门的工作状态和故障状态等动态信息
	消防电梯	消防电梯的停用和故障状态
	消防应急广播	消防应急广播的启动、停止和故障状态
	消防应急照明和疏散指示系统	消防应急照明和疏散指示系统的故障状态和应急工作状态信息
	消防电源	系统内各消防用电设备的供电电源和备用电源工作状态和欠压报警信息

（3）消防控制室内应保存消防控制室的资料和表 6-8 规定的消防安全管理信息，并可具有向监控中心传输消防安全管理信息的功能。

表 6-8 消防安全管理信息

名称		内容
基本情况		单位名称、编号、类别、地址、联系电话、邮政编码，消防控制室电话；单位职工人数、成立时间、上级主管（或管辖）单位名称、占地面积、总建筑面积、单位总平面图（含消防车道、毗邻建筑等）；单位法人代表、消防安全责任人、消防安全管理人及专兼职消防管理人的姓名、身份证号码、电话
主要建、构筑物等信息	建（构）筑	建筑物名称、编号、使用性质、耐火等级、结构类型、建筑高度、地上层数及建筑面积、地下层数及建筑面积、隧道高度及长度等、建造日期、主要储存物名称及数量、建筑物内最大容纳人数、建筑立面图及消防设施平面布置图；消防控制室位置，安全出口的数量、位置及形式（指疏散楼梯）；毗邻建筑的使用性质、结构类型、建筑高度、与本建筑的间距
	堆场	堆场名称、主要堆放物品名称、总储量、最大堆高、堆场平面图（含消防车道、防火间距）
	储罐	储罐区名称、储罐类型（指地上、地下、立式、卧式、浮顶、固定顶等）、总容积、最大单罐容积及高度、储存物名称、性质和形态、储罐区平面图（含消防车道、防火间距）
	装置	装置区名称、占地面积、最大高度、设计日产量、主要原料、主要产品、装置区平面图（含消防车道、防火间距）
单位（场所）内消防安全重点部位信息		重点部位名称、所在位置、使用性质、建筑面积、耐火等级、有无消防设施、责任人姓名、身份证号码及电话

续表

名 称		内 容
室内外消防设施信息	火灾自动报警系统	设置部位、系统形式、维保单位名称、联系电话；控制器（含火灾报警、消防联动、可燃气体报警、电气火灾监控等）、探测器（含火灾探测、可燃气体探测、电气火灾探测等）、手动报警按钮、消防电气控制装置等的类型、型号、数量、制造商；火灾自动报警系统图
	消防水源	市政给水管网形式（指环状、支状）及管径、市政管网向建（构）筑物供水的进水管数量及管径、消防水池位置及容量、屋顶水箱位置及容量、其他水源形式及供水量、消防泵房设置位置及水泵数量、消防给水系统平面布置图
	室外消火栓	室外消火栓管网形式（指环状、支状）及管径、消火栓数量、室外消火栓平面布置图
	室内消火栓系统	室内消火栓管网形式（指环状、支状）及管径、消火栓数量、水泵接合器位置及数量、有无与本系统相连的屋顶消防水箱
	自动喷水灭火系统（含雨淋、水幕）	设置部位、系统形式（指湿式、干式、预作用，开式、闭式等）、报警阀位置及数量、水泵接合器位置及数量、有无与本系统相连的屋顶消防水箱、自动喷水灭火系统图
	水喷雾（细水雾）灭火系统	设置部位、报警阀位置及数量、水喷雾（细水雾）灭火系统图
	气体灭火系统	系统形式（指有管网、无管网，组合分配、独立式，高压、低压等）、系统保护的防护区数量及位置、手动控制装置的位置、钢瓶间位置、灭火剂类型、气体灭火系统图
	泡沫灭火系统	设置部位、泡沫种类（指低倍、中倍、高倍，抗溶、氟蛋白等）、系统形式（指液上、液下，固定、半固定等）、泡沫灭火系统图
	干粉灭火系统	设置部位、干粉储罐位置、干粉灭火系统图
	防烟排烟系统	设置部位、风机安装位置、风机数量、风机类型、防烟排烟系统图
	防火门及卷帘	设置部位、数量
	消防应急广播	设置部位、数量、消防应急广播系统图
	应急照明及疏散指示系统	设置部位、数量、应急照明及疏散指示系统图
	消防电源	设置部位、消防主电源在配电室是否有独立配电柜供电、备用电源形式（市电、发电机、EPS等）
	灭火器	设置部位、配置类型（指手提式、推车式等）、数量、生产日期、更换药剂日期
消防设施定期检查及维护保养信息		检查人姓名、检查日期、检查类别（指日检、月检、季检、年检等）、检查内容（指各类消防设施相关技术规范规定的内容）及处理结果，维护保养日期、内容
日常防火巡查记录	基本信息	值班人员姓名、每日巡查次数、巡查时间、巡查部位
	用火用电	用火、用电、用气有无违章情况
	疏散通道	安全出口、疏散通道、疏散楼梯是否畅通，是否堆放可燃物；疏散走道、疏散楼梯、顶棚装修材料是否合格
	防火门、防火卷帘	常闭防火门是否处于正常工作状态，是否被锁闭；防火卷帘是否处于正常工作状态，防火卷帘下方是否堆放物品影响使用
	消防设施	疏散指示标志、应急照明是否处于正常完好状态；火灾自动报警系统探测器是否处于正常完好状态；自动喷水灭火系统喷头、末端放（试）水装置、报警阀是否处于正常完好状态；室内、室外消火栓系统是否处于正常完好状态；灭火器是否处于正常完好状态
火灾信息		起火时间、起火部位、起火原因、报警方式（指自动、人工等）、灭火方式（指气体、喷水、水喷雾、泡沫、干粉灭火系统，灭火器，消防队等）

（4）具有两个及两个以上消防控制室时，应确定主消防控制室和分消防控制室。主消防控制室的消费设备应对系统内共用的消防设备进行控制，并显示其状态信息；主消防控制室内的消防设备应能显示各分消防控制室内消防设备的状态信息，并可对分消防控制室内的消防设备及其控制的消防系统和设备进行控制；各分消防控制室内的控制和显示装置之间可以相互传输、显示状态信息，但不应互相控制。

（5）消防控制室内设置的消防设备应为符合国家市场准入制度的产品。消防控制室的设计、建设和运行应符合国家现行有关标准的规定。

（6）消防设备组成系统时，各设备之间应满足系统兼容性要求。

6.6.2.2 资料和管理要求

（1）消防控制室资料 消防控制室内应保存下列纸质和电子档案资料。

① 建（构）筑物竣工后的总平面布局图、建筑消防设施平面布置图、建筑消防设施系统图及安全出口布置图、重点部位位置图等。

② 消防安全管理规章制度、应急灭火预案、应急疏散预案等。

③ 消防安全组织结构图，包括消防安全责任人、管理人、专职、义务消防人员等内容。

④ 消防安全培训记录、灭火和应急疏散预案的演练记录。

⑤ 值班情况、消防安全检查情况及巡查情况的记录。

⑥ 消防设施一览表，包括消防设施的类型、数量、状态等内容。

⑦ 消防系统控制逻辑关系说明、设备使用说明书、系统操作规程、系统和设备维护保养制度等。

⑧ 设备运行状况、接报警记录、火灾处理情况、设备检修检测报告等资料，这些资料应能定期保存和归档。

（2）消防控制室管理及应急程序

① 消防控制室管理应符合下列要求。

a. 实行每日 24h 专人值班制度，每班持有消防控制室操作职业资格证书的值班人员不应少于 2 人。

b. 消防设施日常维护管理应符合《建筑消防设施的维护管理》(GB 25201—2010) 的要求。

c. 应确保火灾自动报警系统、灭火系统和其他联动控制设备处于正常工作状态，不得将应处于自动状态的设在手动状态。

d. 确保高位消防水箱、消防水池、气压水罐等消防储水设施水量充足，确保消防泵出水管阀门、自动喷水灭火系统管道上的阀门常开；确保消防水泵、防排烟风机、防火卷帘等消防用电设备的配电柜开关处于自动（接通）位置。

② 消防控制室应急程序应符合下列要求。

a. 接到火灾警报后，消防控制室必须立即以最快方式确认。

b. 火灾确认后，消防控制室必须立即将火灾报警联动控制开关转入自动状态（处于自动状态的除外），同时拨打“119”报警。报警时应说明火灾地点、起火部位、着火物种类和火势大小，并留下报警人姓名和联系电话。

c. 值班人员应立即启动单位内部应急灭火、疏散预案，并应同时报告单位负责人。

6.6.2.3 控制和显示要求

（1）消防控制室图形显示装置 消防控制室图形显示装置应符合下列要求。

① 应能显示上述规定的有关管理信息及表 6-8 规定的其他相关信息。

② 应能用同一界面显示建（构）筑物周边消防车道、消防登高车操作场地、消防水源位置，以及相邻建筑的防火间距、建筑面积、建筑高度、使用性质等情况。

③ 应能显示消防系统及设备的名称、位置和上述规定的动态信息。

④ 当有火灾报警信号、监管报警信号、反馈信号、屏蔽信号、故障信号输入时，应有相应状态的专用总指示，在总平面布局图中应显示输入信号的建（构）筑物的位置，在建筑平面图上应显示输入信号所在的位置和名称，并记录时间、信号类别和部位等信息。

⑤ 应在 10s 内显示输入的火灾报警信号、反馈信号的状态信息，100s 内显示其他输入信号的状态信息。

⑥ 应采用有中文标注和中文界面，界面对角线长度不应小于 430mm。

⑦ 应能显示可燃气探测报警系统、电气火灾监控系统的报警信息、故障信息和相关联动

反馈信息。

（2）火灾探测报警系统 火灾报警控制器应符合下列要求。

① 应能显示火灾探测器、火灾显示盘、手动火灾报警按钮的正常工作状态、火灾报警状态、屏蔽状态及故障状态等相关信息。

② 应能控制火灾声和（或）光警报器启动和停止。

（3）消防联动控制

① 应能将消防系统及设备的状态信息传输到消防控制室图形显示装置。

② 对自动喷水灭火系统的控制和显示应符合下列要求。

a. 应能显示喷淋泵电源的工作状态。

b. 应能显示喷淋泵（稳压或增压泵）的启、停状态和故障状态，并显示水流指示器、信号阀、报警阀、压力开关等设备的正常工作状态和动作状态、消防水箱（池）最低水位信息和管网最低压力报警信息。

c. 应能手动控制喷淋泵的启、停，并显示其手动启、停和自动启动的动作反馈信号。

③ 对消火栓系统的控制和显示应符合下列要求。

a. 应能显示消防水泵电源的工作状态。

b. 应能显示消防水泵（稳压或增压泵）的启、停状态和故障状态，并显示消火栓按钮的正常工作状态和动作状态及位置等信息、消防水箱（池）最低水位信息和管网最低压力报警信息。

c. 应能手动控制消防水泵启、停，并显示其动作反馈信号。

④ 对气体灭火系统的控制和显示应符合下列要求。

a. 应能显示系统的手动、自动工作状态及故障状态。

b. 应能显示系统的驱动装置的正常工作状态和动作状态，并能显示防护区域中的防火门（窗）、防火阀、通风空调等设备的正常工作状态和动作状态。

c. 应能手动控制系统的启、停，并显示延时状态信号、紧急停止信号和管网压力信号。

⑤ 对水喷雾、细水雾灭火系统的控制和显示应符合下列要求。

a. 水喷雾灭火系统、采用水泵供水的细水雾灭火系统应符合要求。

b. 采用压力容器供水的细水雾灭火系统应符合要求。

⑥ 对泡沫灭火系统的控制和显示应符合下列要求。

a. 应能显示消防水泵、泡沫液泵电源的工作状态。

b. 应能显示系统的手动、自动工作状态及故障状态。

c. 应能显示消防水泵、泡沫液泵的启、停状态和故障状态，并显示消防水池（箱）最低水位和泡沫液罐最低液位信息。

d. 应能手动控制消防水泵和泡沫液泵的启、停，并显示其动作反馈信号。

⑦ 对干粉灭火系统的控制和显示应符合下列要求。

a. 应能显示系统的手动、自动工作状态及故障状态。

b. 应能显示系统的驱动装置的正常工作状态和动作状态，并能显示防护区域中的防火门窗、防火阀、通风空调等设备的正常工作状态和动作状态。

c. 应能手动控制系统的启动和停止，并显示延时状态信号、紧急停止信号和管网压力信号。

⑧ 对防烟排烟系统及通风空调系统的控制和显示应符合下列要求。

a. 应能显示防烟排烟系统风机电源的工作状态。

b. 应能显示防烟排烟系统的手动、自动工作状态及防烟排烟系统风机的正常工作状态和动作状态。

c. 应能控制防烟排烟系统及通风空调系统的风机和电动排烟防火阀、电控挡烟垂壁、电动防火阀、常闭送风口、排烟阀（口）、电动排烟窗的动作，并显示其反馈信号。

⑨ 对防火门及防火卷帘系统的控制和显示应符合下列要求。

a. 消防控制室应能显示防火门控制器、防火卷帘控制器的工作状态和故障状态等动态信息。

b. 消防控制室应能显示防火卷帘、常开防火门、人员密集场所中因管理需要平时常闭的疏散门及具有信号反馈功能的防火门的工作状态。

c. 消防控制室应能关闭防火卷帘和常开防火门，并显示其反馈信号。

⑩ 对电梯的控制和显示应符合下列要求。

a. 应能控制所有电梯全部回降首层，非消防电梯应开门停用，消防电梯应开门待用，并显示反馈信号及消防电梯运行时所在楼层。

b. 消防控制室应能显示消防电梯的故障状态和停用状态。

(4) 对消防电话总机 消防电话总机应符合下列要求。

① 应能与各消防电话分机通话，并具有插入通话功能。

② 应能接收来自消防电话插孔的呼叫，并能通话。

③ 应有消防电话通话录音功能。

④ 应能显示消防电话的故障状态，并能将故障状态信息传输给消防控制室图形显示装置。

(5) 消防应急广播系统装置 消防应急广播控制装置应符合下列要求。

① 应能显示处于应急广播状态的广播分区、预设广播信息。

② 应能分别通过手动和按照预设控制逻辑自动控制选择广播分区、启动或停止应急广播，并在扬声器进行应急广播时自动对广播内容进行录音。

③ 应能显示应急广播的故障状态，并能将故障状态信息传输给消防控制室图形显示装置。

(6) 消防应急照明和疏散指示系统控制装置 消防应急照明和疏散指示系统控制装置应符合下列要求。

① 应能手动控制自带电源型消防应急照明和疏散指示系统的主电工作状态和应急工作状态的转换。

② 应能分别通过手动和自动控制集中电源型消防应急照明和疏散指示系统和集中控制型消防应急照明和疏散指示系统从主电工作状态切换到应急工作状态。

③ 受消防联动控制器控制的系统应能将系统的故障状态和应急工作状态信息传输给消防控制室图形显示装置。

④ 不受消防联动控制器控制的系统应能将系统的故障状态和应急工作状态信息传出给消防控制室图形显示装置。

(7) 消防电源监控器 消防电源监控器应符合下列要求。

① 应能显示消防用电设备的供电电源和备用电源的工作状态和欠压报警信息。

② 应能显示消防用电设备的供电电源和备用电源的工作状态和故障报警信息传输给消防控制室图形显示装置。

6.6.2.4 防控制室图形显示装置的信息记录要求

(1) 应记录表 6-7 中规定的建筑消防设施运行状态信息，记录容量不应少于 10000 条，记录备份后方可被覆盖。

(2) 应具有产品维护保养的内容和时间、系统程序的进入和退出时间、操作人员姓名或代码等内容的记录，存储记录容量不应少于 10000 条，记录备份后方可被覆盖。

(3) 应记录表 6-8 中规定的消防安全管理信息及系统内各个消防设备（设施）的制造商、产品有效期的记录，存储记录容量不应少于 10000 条，记录备份后方可被覆盖。

(4) 应能对历史记录打印归档或刻录存盘归档。

6.6.2.5 信息传输要求

(1) 消防控制室图形显示装置应能在接收到火灾报警信号或联动信号后10s内将相应信息按规定的通信协议格式传送给监控中心。

(2) 消防控制室图形显示装置应能在接收到建筑消防设施运行状态信息后100s内将相应信息按规定的通信协议格式传送给监控中心。

(3) 当具有自动向监控中心传输消防安全管理信息功能时，消防控制室图形显示装置应能在发出传输信息指令后100s内将相应信息按规定的通信协议格式传送给监控中心。

(4) 消防控制室图形显示装置应能接收监控中心的查询指令并按规定的通信协议格式将表6-7、表6-8规定的信息传送给监控中心。

(5) 消防控制室图形显示装置应有信息传输指示灯，在处理和传输信息时，该指示灯应闪亮，在得到监控中心的正确接收确认后，该指示灯应常亮并保持直至该状态复位。当信息传送失败时应有声、光指示。

(6) 火灾报警信息应优先于其他信息传输。

(7) 消防控制室的信息传输不应受保护区域内消防系统及设备任何操作的影响。

6.6.3 消防控制室的位置选择

(1) 消防控制室应设置在建筑物的首层（或地下一层），并应设置直接通往室外的安全出口。

(2) 消防控制室的门应向疏散方向开启，且入口处应设置明显的标志，以使内部和外部的消防人员能够尽快找到。

(3) 不应将消防控制室设于厕所、锅炉房、浴室、汽车库、变压器室等的隔壁和上、下层相对应的房间。

(4) 有条件时宜与防灾监控、广播、通信设施等用房相邻近。

(5) 应适当考虑长期值班人员房间的朝向。

(6) 根据工程规模的大小，应适当考虑与消防控制室相配套的其他房间，诸如电源室、维修室和值班休息室等。应保证有容纳消防控制设备和值班、操作、维修工作所需的空间。

(7) 消防控制室内不应穿过与消防控制室无关的电气线路及其他管道，亦不可装设与其无关的其他设备。

(8) 为保证设备的安全运行，室内应有适宜的温、湿度和清洁条件。根据建筑物的设计标准，可对应地采取独立的通风或空调系统。如果与邻近系统混用，则消防控制室的送、回风管在其穿墙处应设防火阀。

(9) 消防控制室的土建要求，应符合国家有关建筑设计防火规范的规定。

6.6.4 消防控制室的布置

消防控制盘可与集中火灾报警器组合在一起。当集中火灾报警器与消防控制盘分开设置时，消防控制盘有控制柜式或控制屏台式，控制柜式显示部分在柜的上半部，操作部分在柜的下半部；控制屏台式的显示部分设于屏面上，而操作部分设于台面上。

(1) 设备面盘前操作距离：单列布置时应不小于1.5m，双列布置时应小于2m，但在值班人员经常工作的一面，控制屏（台）到墙的距离应不小于3m。

(2) 盘后维修距离不宜小于1m。

(3) 设备控制盘的排列长度大于4m时，控制盘两端应设置宽度不小于1m的通道。

(4) 集中报警控制器或火灾报警控制器安装在墙上时，其底边距地面高度宜为1.3～1.5m。控制器靠近门轴的侧面距墙应不小于0.5m，正面操作距离应不小于1.2m。

消防控制室内设置的自动报警、消防联动控制、显示等不同电流类别的屏（台），宜分开设置。若在同屏（台）内布置时，应采取安全隔离措施或将不同用途的端子板分开设置。

6.7 火灾报警及联动控制设备安装

6.7.1 火灾探测器的安装

6.7.1.1 火灾探测器的安装定位

虽然在设计图样中确定了火灾探测器的型号、数量和大体的分布情况，但在施工过程中还需要根据现场的具体情况来确定火灾探测器的位置。在确定火灾探测器的安装位置和方向时，首先要考虑功能的需要，另外也应考虑美观，考虑周围灯具、风口和横梁的布置。

（1）探测器至墙壁、梁边的水平距离，不应小于 0.5m，如图 6-40 所示。

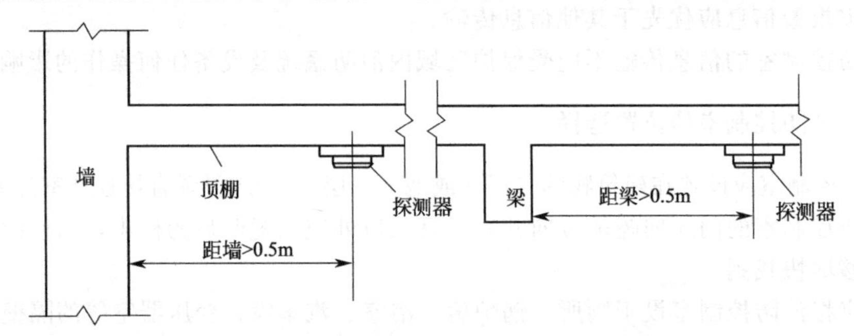

图 6-40 探测器至墙壁、梁边的水平距离

（2）探测器周围 0.5m 内，不应有遮挡物。

（3）探测器应靠回风口安装，探测器至空调送风口边的水平距离，不应小于 1.5m，如图 6-41 所示。

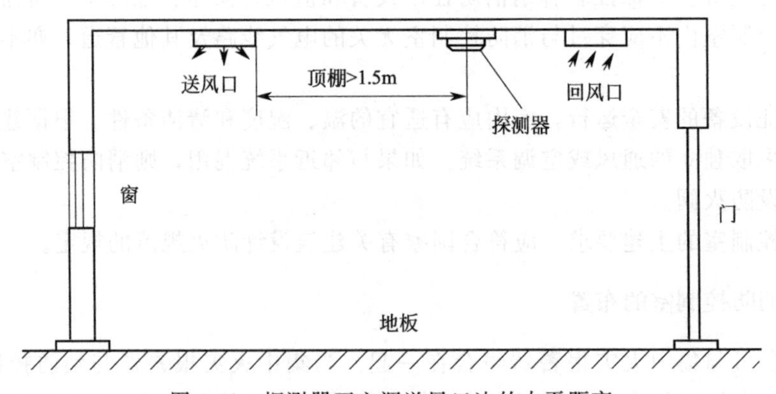

图 6-41 探测器至空调送风口边的水平距离

（4）在宽度小于 3m 的内走道顶棚上设置探测器时，居中布置。两只感温探测器间的安装间距，不应超过 10m；两只感烟探测器间的安装间距，不应超过 15m。探测器距端墙的距离，不应大于探测器安装间距的一半，如图 6-42 所示。

6.7.1.2 探测器安装间距的确定

现代建筑消防工程的设计中应根据建筑、土建及相关工种提供的图样、资料等条件，正确地布置火灾探测器。探测器的安装间距是指安装的相邻两个火灾探测器之间的水平距离，它由保护面积 A 和屋顶坡度 θ 决定。

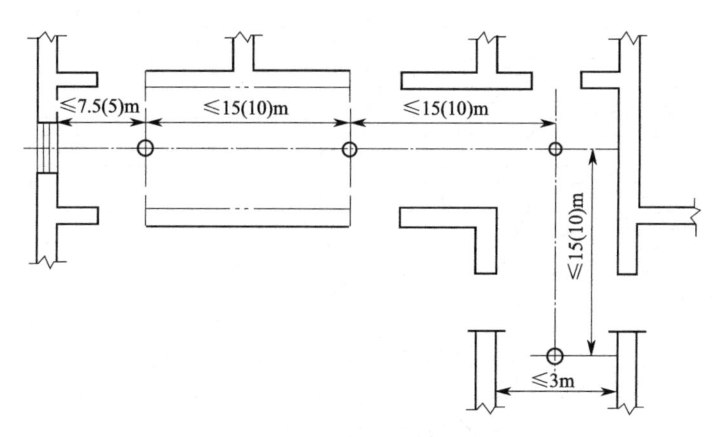

图 6-42 探测器在走道顶棚上安装示意

注：图中括号外的数字表示两只感烟探测器间的安装间距，括号内的数字表示两只感温探测器间的安装间距

火灾探测器的安装间距如图 6-43 所示。假定由点划线把房间分为相等的小矩形作为一个探测器的保护面积，通常把探测器安装在保护面积的中心位置。其探测器安装间距 a、b 应按式(6-7) 计算：

$$a=P/2,\ b=Q/2 \tag{6-7}$$

式中 P、Q——房间的宽度和长度。

如果使用多个探测器的矩形房间，则探测器的安装间距应按式(6-8) 计算：

$$a=P/n_1,\ b=Q/n_2 \tag{6-8}$$

式中 n_1——每列探测器的数目；

n_2——每行探测器的数目。

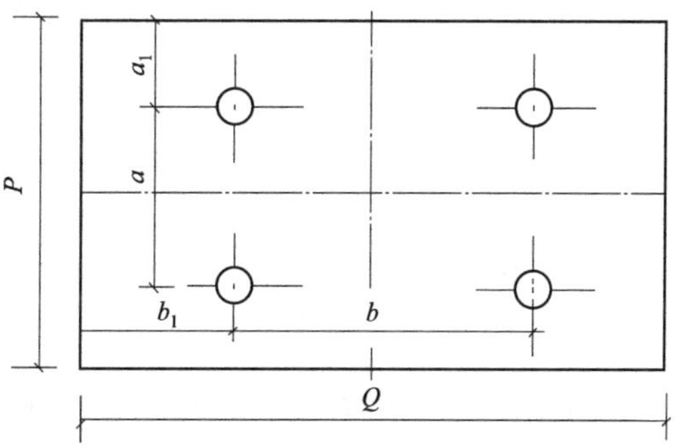

图 6-43 火灾探测器安装间距 a、b 示意

探测器与相邻墙壁之间的水平距离应按式(6-9) 计算：

$$a_1=[P-(n_1-1)a]/2$$

$$b_1=[P-(n_2-1)b]/2 \tag{6-9}$$

在确定火灾探测器的安装距离时，还应注意以下几个问题。

(1) 但所计算的 a、b 不应超过图 6-44 中感烟、感温探测器的安装间距极限曲线 D_1～D_{11}（含 D_9'）所规定的范围，同时还要满足以下关系：

$$ab\leqslant AK \tag{6-10}$$

式中 A——一个探测器的保护面积，m^2；

K——修正系数。

(2) 探测器至墙壁水平距离 a_1、b_1 均不应小于 0.5m。

(3) 对于使用多个探测器的狭长房间，如宽度小于 3m 的内通道走廊等处，在顶棚设置探测器时，为了装饰美观，宜居中心线布置。可按最大保护半径 R 的 2 倍作为探测器的安装间距，取 $1R$ 为房间两端的探测器距端墙的水平距离。

(4) 一般来说，感温探测器的安装间距不应超过 10m，感烟探测器的安装间距不应超过 15m，且探测器至端墙的水平距离不应大于探测器安装间距的一半。

6.7.1.3 火灾探测器的固定

探测器由底座和探头两部分组成，属于精密电子仪器，在建筑施工交叉作业时，一定要保

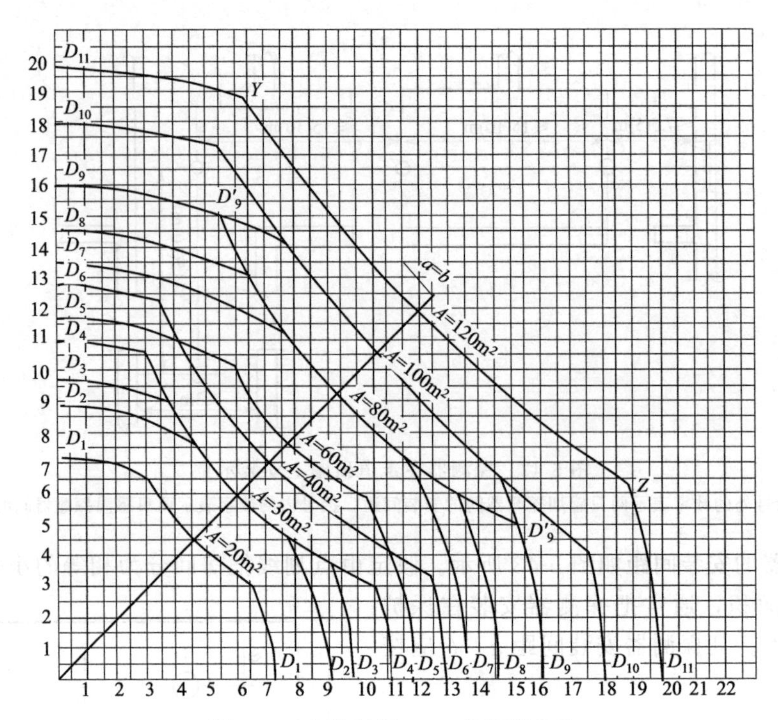

图 6-44 安装间距 a、b 的极限曲线

A—探测器的保护面积（m^2）；a、b—探测器的安装间距（m）；

$D_1 \sim D_{11}$（含 D'_9）—在不同保护面积 A 和保护半径 R 下确定探测器安装间距 a、b 的极限曲线；

Y、Z—极限曲线的端点（在 Y 和 Z 两点的曲线范围内，保护面积可得到充分利用）

护好。在安装探测器时，应先安装探测器底座，待整个火灾报警系统全部安装完毕时，再安装探头并做必要的调整工作。

常用的探测器底座就其结构形式有普通底座、编码型底座、防爆底座、防水底座等专用底座；根据探测器的底座是否明、暗装，又可区分成直接安装和用预埋盒安装的形式。

探测器的明装底座有的可以直接安装在建筑物室内装饰吊顶的顶板上，如图 6-45 所示。需要与专用盒配套安装或用 86 系列灯位盒安装的探测器，盒体要与土建工程配合，预埋施工，底座外露于建筑物表面，如图 6-46 所示。使用防水盒安装的探测器，如图 6-47 所示。探测器若安装在有爆炸危险的场所，应使用防爆底座，做法如图 6-48 所示。编码型底座的安装如图 6-49 所示，带有探测器锁紧装置，可防止探测器脱落。

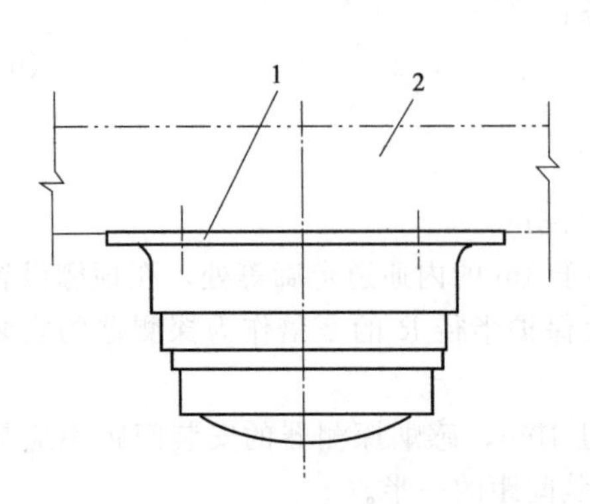

图 6-45 探测器存吊顶顶板上的安装

1—探测器；2—吊顶顶板

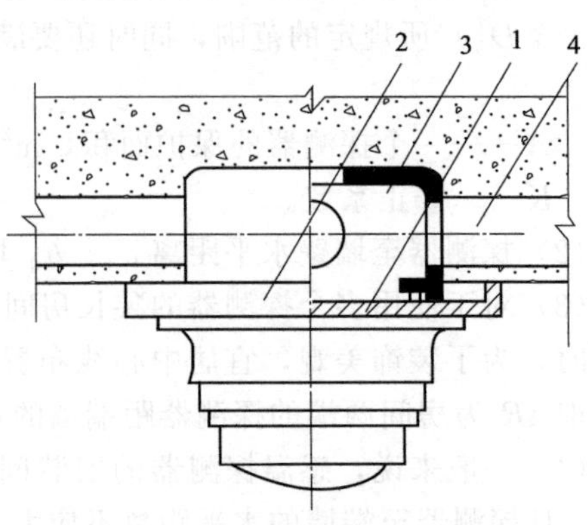

图 6-46 探测器用预埋盒安装

1—探测器；2—底座；3—预埋盒；4—配管

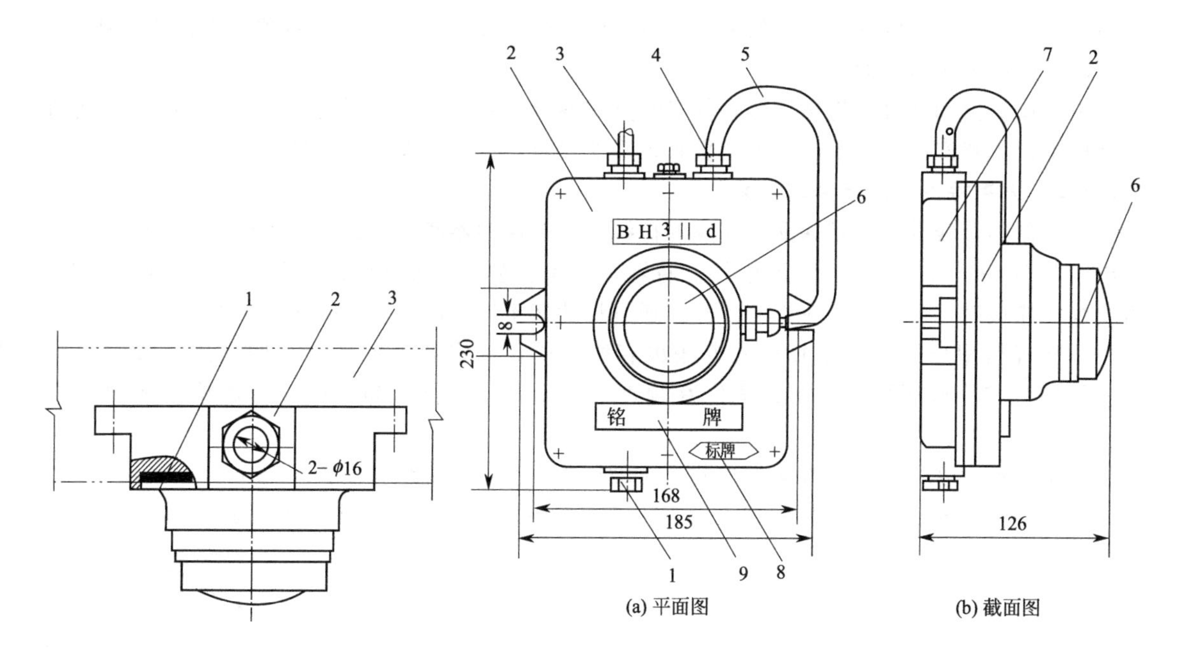

图 6-47 探测器用 FS 型防水盒安装（单位：mm）

1—探测器；2—防水盒；3—吊顶或天花板

(a) 平面图 (b) 截面图

图 6-48 用 BHJW-1 型防爆底座安装感温式探测器（单位：mm）

1—备用接线封口螺帽；2—壳盖；3—用户自备线路电缆；4—探测器安全火花电路外接电缆封口螺帽；5—安全火花电路外接电缆；6—二线制感温探测器；7—壳体；8—“断电后方可启盖”标牌；9—铭牌

(a) 截面图 (b) 平面图 (c) 外形图

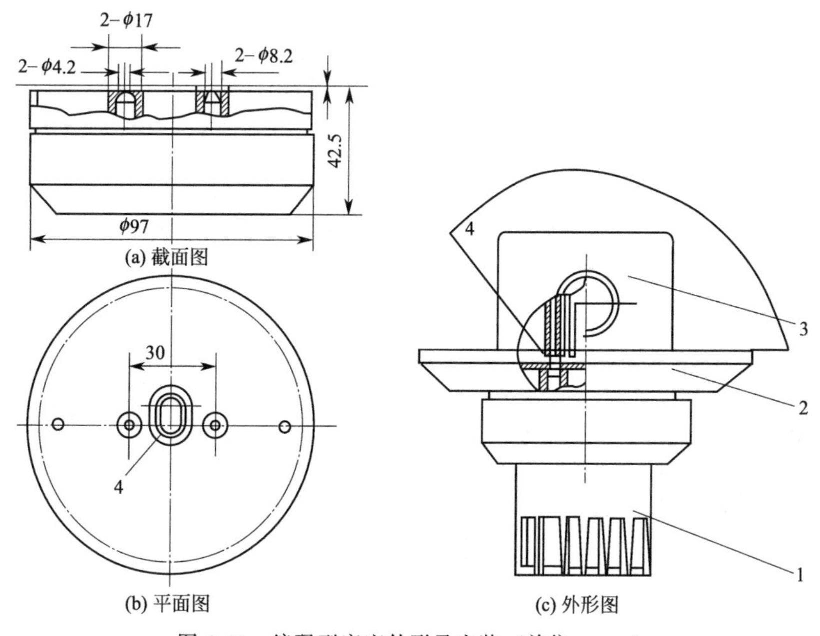

图 6-49 编码型底座外形及安装（单位：mm）

1—探测器；2—装饰圈；3—接线盒；4—穿线孔

探测器或底座上的报警确认灯应面向主要入口方向，以便于观察。顶埋暗装盒时，应将配管一并埋入，用钢管时应将管路连接成一导电通路。

在吊顶内安装探测器，专用盒、灯位盒应安装在顶板上面，根据探测器的安装位置，先在顶板上钻个小孔，再根据孔的位置，将灯位盒与配管连接好，配至小孔位置，将保护管固定在吊顶的龙骨上或吊顶内的支、吊架上。灯位盒应紧贴在顶板上面，然后对顶板上的小孔扩大，扩大面积应不大于盒口面积。

由于探测器的型号、规格繁多，其安装方式各异，故在施工图下发后，应仔细阅读图纸和产品样本，了解产品的技术说明书，做到正确地安装，达到合理使用的目的。

6.7.1.4 火灾探测器的接线与安装

探测器的接线其实就是探测器底座的接线，安装探测器底座时，应先将预留在盒内的导线剥出线芯 10～15mm（注意保留线号）。将剥好的线芯连接在探测器底座各对应的接线端子上，需要焊接连接时，导线剥头应焊接焊片，通过焊片接于探测器底座的接线端子上。

不同规格型号的探测器其接线方法也有所不同，一定要参照产品说明书进行接线。接线完毕后，将底座用配套的螺栓固定在预埋盒上，并上好防潮罩。按设计图检查无误后再拧上。

当房顶坡度 $\theta>15°$ 时，探测器应在人字坡屋顶下最高处安装，如图 6-50 所示。

当房顶坡度 $\theta\leqslant45°$ 时，探测器可以直接安装在屋顶板面上，如图 6-51 所示。

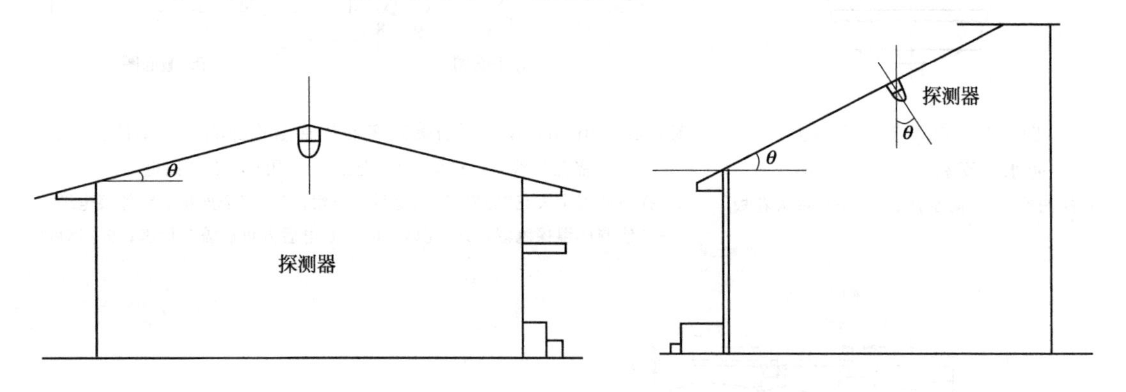

图 6-50 $\theta>15°$ 探测器安装要求　　图 6-51 $\theta\leqslant45°$ 探测器安装要求

锯齿形屋顶，当 $\theta>15°$ 时，应在每个锯齿屋脊下安装一排探测器，如图 6-52 所示。

当房顶坡度 $\theta>45°$ 时，探测器应加支架，水平安装，如图 6-53 所示。

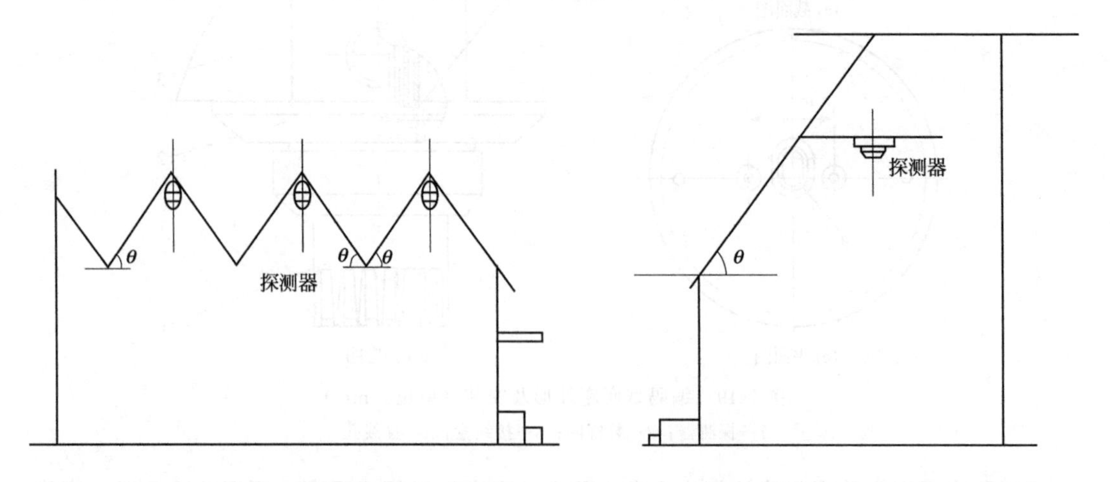

图 6-52 $\theta>15°$ 锯齿形屋顶探测器安装要求　　图 6-53 $\theta>45°$ 探测器安装要求

探测器确认灯，应面向便于人员观测的主要入口方向，如图 6-54 所示。

在电梯井、管道井、升降井处，可以只在井道上方的机房顶棚上安装一只感烟探测器。在楼梯间、斜坡式走道处，可按垂直距离每 15m 高处安装一只探测器，如图 6-55 所示。

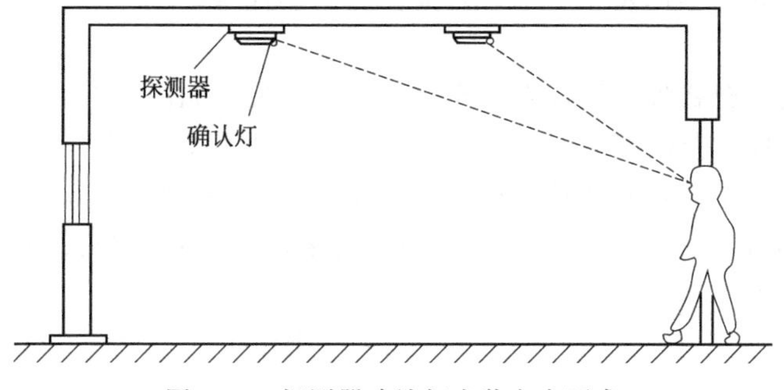

图 6-54 探测器确认灯安装方向要求

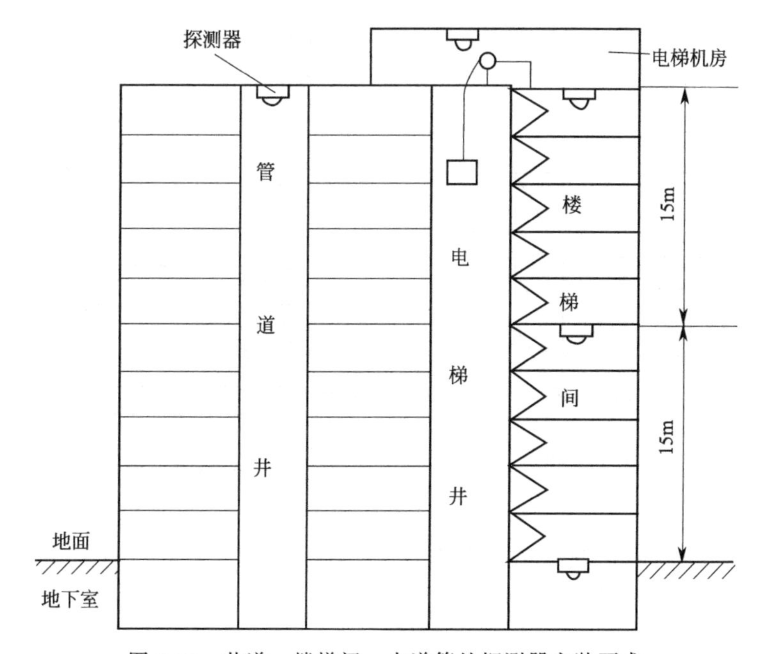

图 6-55 井道、楼梯间、走道等处探测器安装要求

在无吊顶的大型桁架结构仓库，应采用管架将探测器悬挂安装，下垂高度应按实际需要选取。当使用烟感探测器时，应该加装集烟罩，如图 6-56 所示。

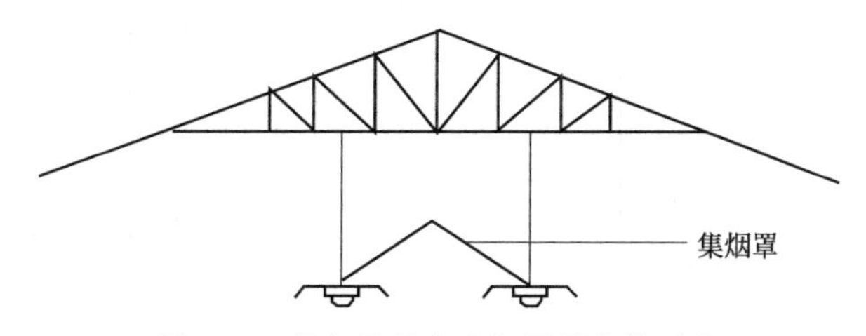

图 6-56 桁架结构仓库探测器安装要求

当房间被书架、设备等物品隔断时，如果分隔物顶部至顶棚或梁的距离小于房间净高的5%，则每个被分割部分至少安装一只探测器。

6.7.2 火灾报警控制器的安装

6.7.2.1 火灾报警控制器的安装方法

火灾报警控制器可分为台式、壁挂式和柜式三种类型。国产台式报警器型号为 JB-QT，壁挂式为 JB-QB，柜式为 JB-QG。“JB”为报警控制器代号，“T”“B”“G”分别为台、壁、柜代号。

（1）台式报警器　台式报警器放在工作台上，外形尺寸如图 6-57 所示。长度 L 和宽度 W 为 300～500mm。容量（带探测器部位数）大者，外形尺寸大。

放置台式控制器的工作台有两种规格：一种长 1.2m，一种长 1.8m，两边有 3cm 的侧板，当一个基本台不够用时，可将若干个基本台拼装起来使用。基本台式报警器的安装方法如图 6-58 所示。

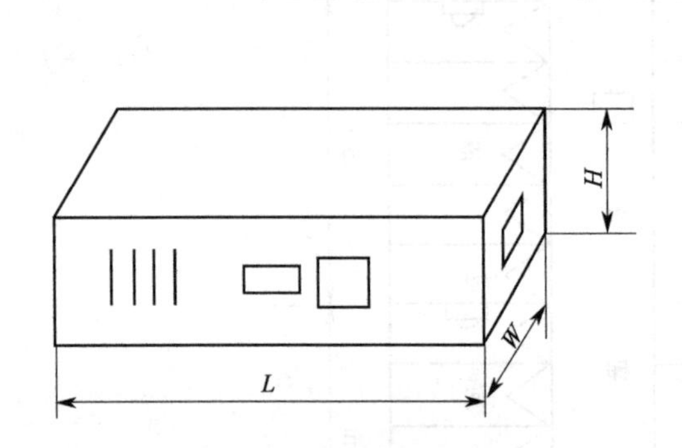

图 6-57　台式报警器外形

L—长度；W—宽度；H—高度

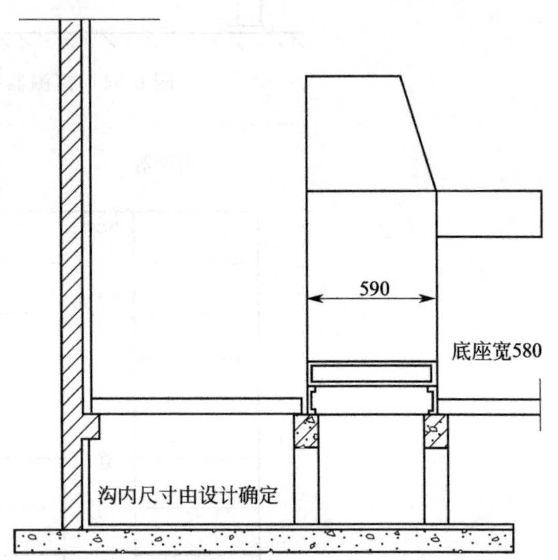

图 6-58　台式报警器的安装方法（单位：mm）

（2）壁挂式区域报警器　壁挂式区域报警器是悬挂在墙壁上的，因此它的后箱板应该开有安装孔。报警器的安装尺寸如图 6-59 所示。

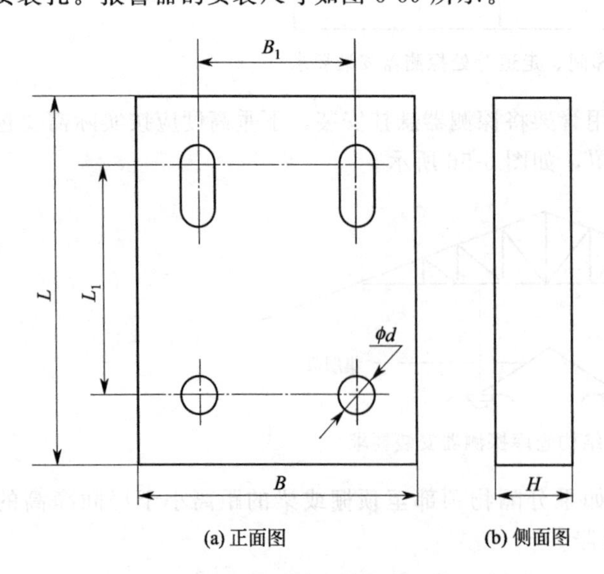

图 6-59　壁挂式区域报警器的安装尺寸

B_1—安装孔的宽度；L_1—安装孔的长度；

B—壁挂式报警器的宽度；d—孔径；L、H 同图 6-57

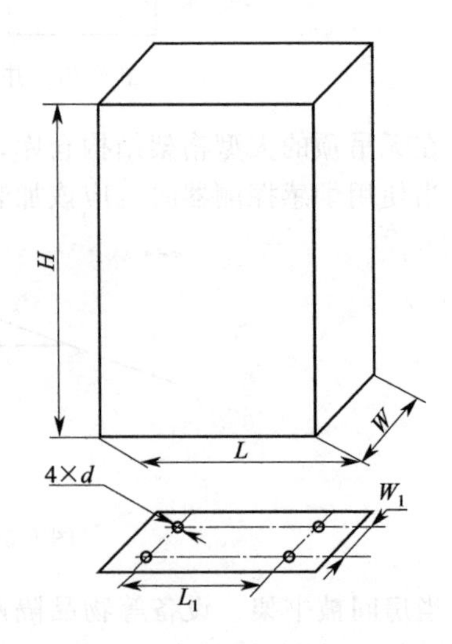

图 6-60　柜式区域报警器外形尺寸

L_1—长边孔距；W_1—短边孔距；

d—孔径；L、H、W 同图 6-57

在安装孔处的墙壁上，土建施工时，预先埋好固定铁件（带有安装螺孔），并预埋好穿线钢管、接线盒等。一般进线孔在报警器上方，所以接线盒位置应在报警器上方，靠近报警器的地方。

安装报警器时，应先将电缆导线穿好，再将报警器放好，用螺钉紧固住，然后按接线要求接线。

一般壁挂式报警器箱长度 L 为 500～800mm，宽度 B 为 400～600mm，B_1 为 300～400mm，孔径 d 为 10～12mm，具体安装尺寸详见各厂家产品说明书。

(3) 柜式区域报警器　柜式区域报警器外形尺寸如图 6-60 所示。

一般长 L 约为 500mm，宽 W 约为 400mm，高 H 约为 1900mm。孔距 L_1 为 300～320mm，W_1 为 320～370mm，孔径 d 为 12～13mm。柜式区域报警器安装在预制好的电缆沟槽上，底脚孔用螺钉紧固，然后按接线图接线。柜式区域报警器的安装方法如图 6-61 所示。

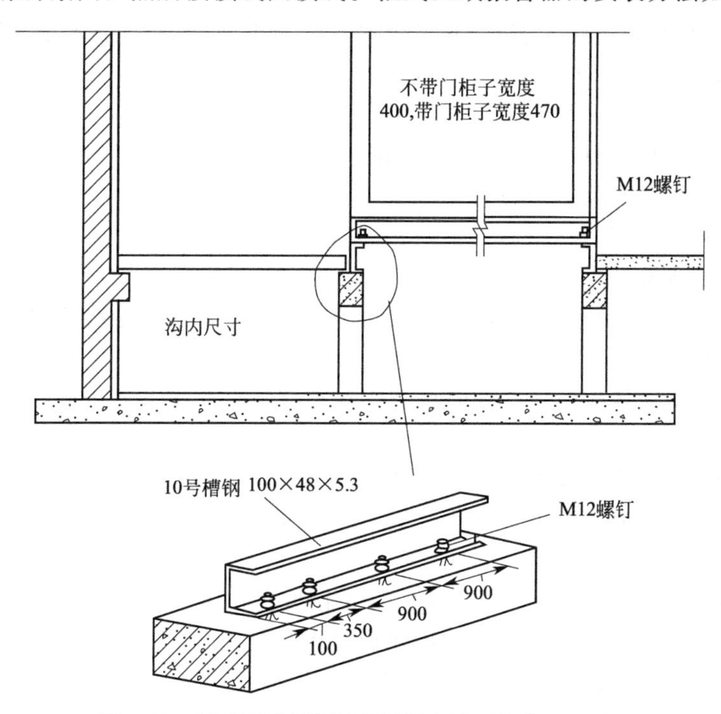

图 6-61　柜式区域报警器的安装方法（单位：mm）

柜式区域报警器容量比壁挂式大，接线方式一般与壁挂式相同，只是信号线数、总检线数相应增多。柜式区域报警器用在每层探测部位多、楼层高、需要联动消防设备的场所。

6.7.2.2 火灾报警控制器的安装

(1) 安装要求

① 设备安装前土建工作应具备下列条件：屋顶、楼板施工完毕，不得有渗漏；结束室内地面工作；预埋件及预留孔符合设计要求，预埋件应牢固；门窗安装完毕；进行装饰工作时有可能损坏已安装设备或设备安装后不能再进行施工的装饰工作全部结束。

② 控制器在墙上安装时，其底边距地（楼）面高度不应小于 1.5m，落地安装时，其底宜高出地坪 0.1～0.2m。区域报警控制器安装在墙上时，靠近其门轴的侧面距墙不应小于 0.5m；正面操作距离不应小于 1.2m。集中报警控制器需从后面检修时，其后面距墙不应小于 1m；当其一侧靠墙安装时，另一侧距墙不应小于 1m；正面操作距离，当设备单列布置时不应小于 1.5m，双列布置时不应小于 2m；在值班人员经常工作的一面，控制盘距墙不应小于 3m。

③ 控制器应安装牢固，不得倾斜；安装在轻质墙上时，应采取加固措施。

④ 引入控制器的电缆或导线，应符合下列要求：配线应整齐，避免交叉，并应固定牢靠；电缆芯线和所配导线的端部，均应标明编号，并与图样一致，字迹清晰，不易褪色；与控制器的端子板连接应使控制器的显示操作规则、有序；端子板的每个接线端，接线不得超过两根；电缆芯和导线，应留有不小于 20cm 的余量；导线应绑扎成束；导线引入线穿线后，在进线管处应封堵。

⑤ 控制器的主电源引入线，应直接与消防电源连接，严禁使用电源插头，主电源应有明显标志。

⑥ 控制器的接地应牢固，并有明显标志。

⑦ 消防控制设备在安装前，应进行功能检查，不合格者，不得安装。

⑧ 消防控制设备的外接导线，当采用金属软管作套管时，其长度不宜大于 2m，且应采用管卡固定，其固定点间距不应大于 0.5m。金属软管与消防控制设备的接线盒（箱），应采用螺母固定，并应根据配管规定接地。

⑨ 消防控制设备外接导线的端部，应有明显标志。

⑩ 消防控制设备盘（柜）内不同电压等级、不同电流类别的端子应分开，并有明显标志。

⑪ 消防控制室接地电阻值应符合下列要求：工作接地电阻值应小于 4Ω；采用联合接地时，接地电阻值应小于 1Ω。

⑫ 当采用联合接地时，应用专用接地干线，由消防控制室引至接地体。专用接地干线应用铜芯绝缘电线或电缆，其线芯截面积不应小于 $16mm^2$。工作接地线应采用铜芯绝缘导线或电缆，不得利用镀锌扁钢或金属软管。

⑬ 由消防控制室接地板引至各消防设备的接地线应选用铜芯绝缘软线，其线芯截面积不应小于 $4mm^2$。

⑭ 由消防控制室引至接地体的接地线在通过墙壁时，应穿入钢管或其他坚固的保护管。接地线跨越建筑物伸缩缝、沉降缝处时，应加设补偿器，补偿器可用接地线本身弯成弧状代替。

⑮ 工作接地线与保护接地线必须分开，保护接地线导体不得用金属软管代替。

⑯ 接地装置施工完毕后，应及时进行隐蔽工程验收。验收应包括下列内容：测量接地电阻，并作记录；查验应提交的技术文件；审查施工质量。

(2) 控制器的接线　报警控制器的接线是指使用线缆将其外接线端子与其他设备连接起来，不同设备的外接线端子会有一些差别，应根据设备的说明书进行接线。下面以海湾公司 JB-QG-GST200 型汉字液晶显示火灾报警控制器为例介绍接线方法。

JB-QG-GST200 型汉字液晶显示火灾报警控制器（联动型）为柜式结构设计，其外部接线端子如图 6-62 所示。

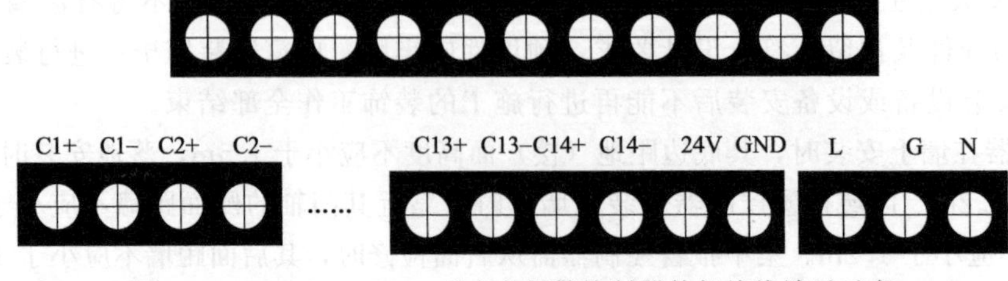

图 6-62　JB-QG-GST200 型火灾报警控制器外部接线端子示意

图 6-62 中各端子代号意义如下。

A、B：连接其他各类控制器及火灾显示盘的通信总线端子。

Z1、Z2：无极性信号二总线端子。

OUT1、OUT2：火警报警输出端子（无源常开控制点，报警时闭合）。

RXD、TXD、GND：连接彩色 CRT 系统的接线端子。

CN＋、CN－（N＝1～14）：多线制控制输出端子。

＋24V、GND：DC24V、6A 供电电源输出端子。

L、G、N：交流 220V 接线端子及交流接地端子。

布线要求：DC24V、6A 供电电源线在竖井内采用 BV 线，截面积≥4.0mm^2，在平面采用 BV 线，截面积≥2.5mm^2，其余线路要求与 JB-QB-GST200 型汉字液晶显示火灾报警控制器（联动型）相同。

(3) 火灾报警系统接地装置安装

① 火灾报警系统应有专用的接地装置。

② 在消防控制室安装专用接地板。

③ 采用专用接地装置时，接地电阻不应小于 4Ω；采用公用接地装置时，接地电阻不应小于 1Ω。

④ 火灾自动报警系统应设专用接地干线，它应采用铜芯绝缘导线，其总线截面积不应小于 25mm^2，专用接地干线宜穿管直接连接地体。

⑤ 由消防控制室专用接地极引至各消防电子设备的专用接地线应选用铜芯塑料绝缘导线，其总线截面积不应小于 4mm^2。

⑥ 系统接地装置安装时，工作接地线应采用铜芯绝缘导线或电缆，由消防控制室引至接地体的工作接地线，在通过墙壁时，应穿入钢管或其他坚硬的保护管。

⑦ 工作接地线与保护接地线必须分开。

7 建筑防火与减灾系统

7.1 火灾应急广播与消防专用电话

7.1.1 火灾应急广播

7.1.1.1 火灾应急广播系统的构成

（1）独立的火灾应急广播　这种系统配置了专用的功率放大器、分路控制盘、音频传输网络及扬声器。在发生火灾时，由值班人员发出控制指令，接通功率放大器电源并按消防程序启动相应楼层的火灾事故广播分路，如图 7-1 所示。

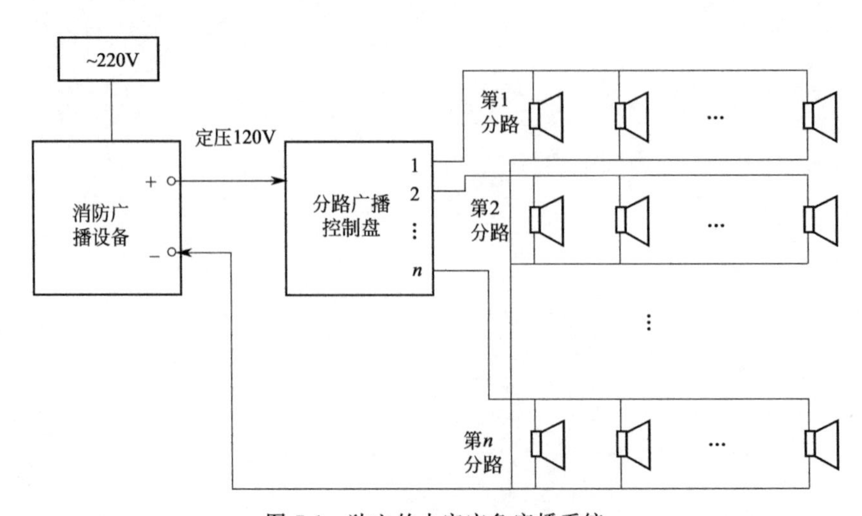

图 7-1　独立的火灾应急广播系统

（2）火灾应急广播与广播音响系统合用　在这种系统中，广播室内应设有一套火灾应急广播专用的功率放大器及分路控制盘，音频传输网络及扬声器共用。火灾事故广播功率放大器的开机及分路控制指令由消防控制中心输出，通过强拆器中的继电器切除广播音响而接通火灾事故广播，将火灾事故广播送入相应的分路，其分路应与消防报警分区相对应。

利用具有切换功能的联动模块，可以将现场的扬声器接入消防控制室的总线上，由正常广播和消防广播送来的音频信号，分别通过此联动模块的无源常闭触点和无源常开触点接在扬声器上。火灾发生时，联动模块根据消防控制室发出的信号，无源常闭触点打开，切除正常广播，无源常开触点闭合，接入消防广播，实现消防强切功能。一个广播区域可由一个联动模块控制，如图 7-2 所示。

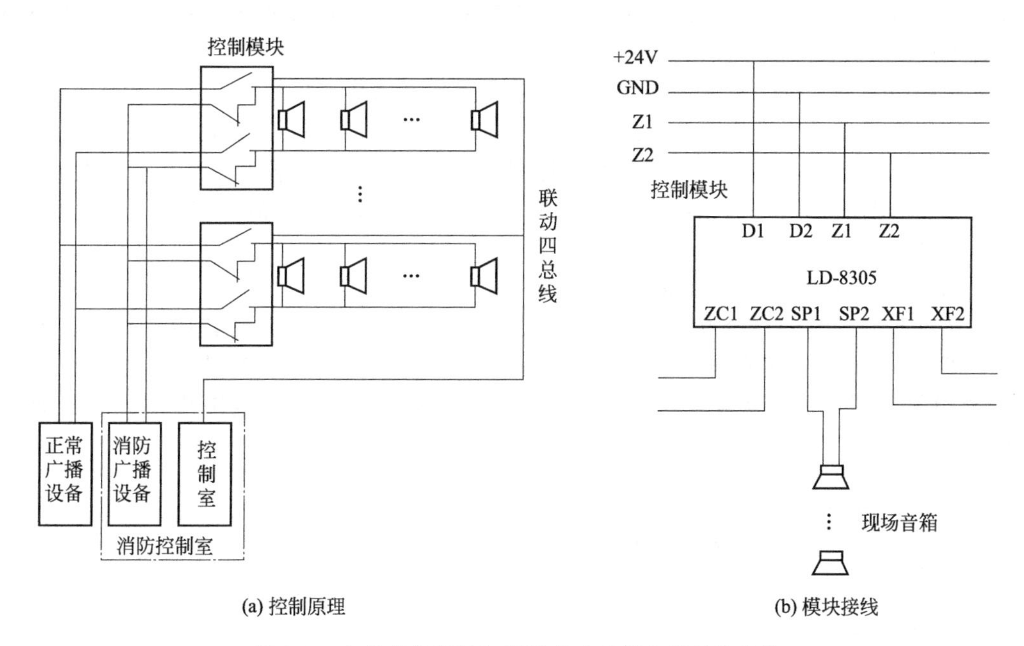

图 7-2　火灾应急广播与广播音响系统合用时的安装

图 7-2 中，Z1、Z2 为信号二总线连接端子，D1、D2 为电源二总线连接端子，ZC1、ZC2 为正常广播输入端子，XF1、XF2 为消防广播输入端子，SP1、SP2 为与扬声器连接的输出端子。

7.1.1.2　火灾应急广播的设置

（1）消防广播扬声器的设置，应符合下列要求。

① 在民用建筑里，扬声器应设置在走道和大厅等公共场所，每个扬声器的额定功率不应小于 3W，其间距应保证从一个防火分区的任何部位到最近一个扬声器的步行距离不大于 25m，走道末端扬声器距墙不大于 12.5m。

② 在环境噪声大于 60dB 的场所，在其播放范围内最远点的播放声压级高于背景噪声 15dB。

③ 客房设置专用扬声器时，其功率不宜小于 1.0W。

（2）壁挂扬声器的底边距地面高度应大于 2.2m。

7.1.1.3　火灾应急广播的控制方式

（1）发生火灾时，为了便于疏散和减少不必要的混乱，火灾应急广播发出警报时不能采用整个建筑物火灾应急广播系统全部启动的方式，而应仅向着火楼层及其相关楼层进行广播，具体应符合以下原则。

① 当着火层在二层以上时，仅向着火层及其上下各一层或下一层上二层发出火灾报警。

② 当着火层在首层时，需要向首层、二层及全部地下层进行紧急广播。

③ 当着火层在地下的任一层时，需要向全部地下层和首层紧急广播。

(2) 火灾应急广播与建筑物内其他广播音响系统合用扬声器时，一旦发生火灾，要求能在消防控制室采用如下两种切换方式将火灾疏散层的扬声器和广播音响功率放大器强制转入火灾事故广播状态。

① 火灾应急广播系统仅利用音响广播系统的扬声器和传输线路，其功率放大器等装置却是专用时，火灾发生后，应由消防控制室切换输出线路，使音响广播系统投入火灾紧急广播。

② 火灾应急广播系统完全利用音响广播系统的功率放大器、扬声器和传输线路等装置时，消防控制室应设有紧急播放盒（内含传声器放大器和电源、线路输出遥控按键等），用于火灾时遥控音响广播系统紧急开启作火灾紧急广播。

以上两种控制方式都注意使扬声器无论处于关闭或在播放音乐等状态下，都可以紧急播放火灾广播。特别是在设有扬声器开关或音量调节器的系统中，紧急广播方式时，应采用继电器切换到火灾应急广播线路上。无论采用哪种控制方式都应能使消防控制室采用传声器直接广播和遥控功率放大器的开闭及输出线路的分区播放，还能显示火灾事故广播功率放大器的工作状态。

7.1.1.4 火灾应急广播的安装接线

(1) 系统连接 消防广播按分区设置的线路连接如图 7-3 所示，其中总线控制模块可用于联动控制一个楼层（或防火分区）的消防广播，以实现在火灾时，有选择性地选择着火层及相邻上下层的火灾事故广播，以便进行防火区域和一定范围内的人员疏散和灭火指挥。

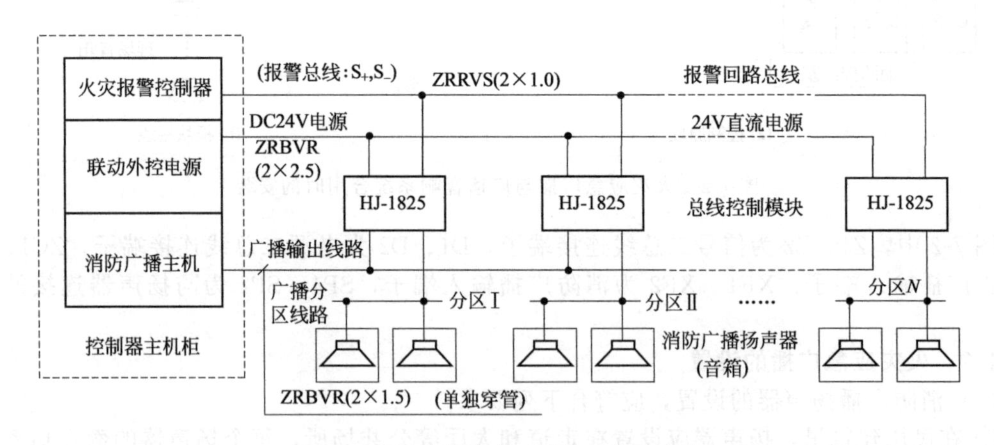

图 7-3 消防广播按分区设置的线路连接

(2) 事故切换 在火灾发生时，可通过控制模块输出继电器的两对“动合”“动断”转换接点，以控制着火层和上、下相邻层的火灾应急广播系统的接通；也可实现背景广播（公共广播）与消防广播的事故切换，即在火灾发生时，将扬声器或音箱由公共广播系统强行转换至消防应急广播。消防广播分层或分区联动控制和消防广播与公共广播联动切换接线如图 7-4 所示。

7.1.2 消防专用电话

7.1.2.1 消防专用电话的设置

(1) 消防专用电话网络应为独立的消防通信系统。消防控制室应设置消防专用电话总机。

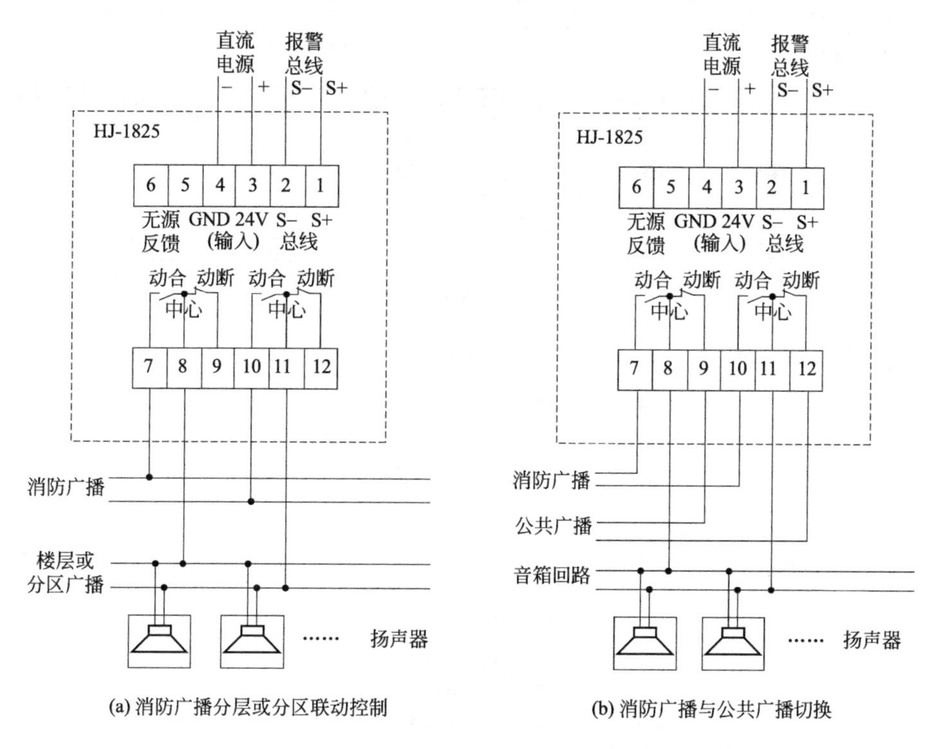

(a) 消防广播分层或分区联动控制

(b) 消防广播与公共广播切换

图 7-4　消防广播与公共广播联动切换接线

(2) 多线制消防专用电话系统中的每个电话分机应与总机单独连接。

(3) 电话分机或电话插孔的设置，应符合下列规定。

① 消防水泵房、发电机房、配变电室、计算机网络机房、主要通风和空调机房、防排烟机房、灭火控制系统操作装置处或控制室、企业消防站、消防值班室、总调度室、消防电梯机房及其他与消防联动控制有关的且经常有人值班的机房应设置消防专用电话分机。消防专用电话分机应固定安装在明显且便于使用的部位，并应有区别于普通电话的标识。

② 设有手动火灾报警按钮或消火栓按钮等处，宜设置电话插孔，并宜选择带有电话插孔的手动火灾报警按钮。

③ 各避难层应每隔 20m 设置一个消防专用电话分机或电话插孔。

④ 电话插孔在墙上安装时，其底边距地面高度宜为 1.3～1.5m。

(4) 消防控制室、消防值班室或企业消防站等处，应设置可直接报警的外线电话。

7.1.2.2 消防专用电话的接线

消防通信系统根据线制的不同，可采用以下几种方式的系统，如图 7-5 所示。

(1) 总线制消防电话　总线制电话为四总线制，其中 2 根导线为编码通信线（S_+、S_-），每个电话分机均有编码地址，一般采用阻燃型 ZRRVS 双绞线；另 2 根导线为总线电话线（TEL 总）。总线制消防电话一般用于电话分机，设置在重要部位（见消防电话的设置要求）和其他需要设置的部位。其接线端子如图 7-6 所示。

(2) 二线制消防电话　二线制消防电话一般为电话塞孔（电话插孔，无编码地址），设置在一般部位，供巡视人员用手持电话插入电话塞孔，即可与消防控制室进行通信联络。目前，二线制消防电话插孔多设置于手动报警按钮内，其接线端子如图 7-7 所示。

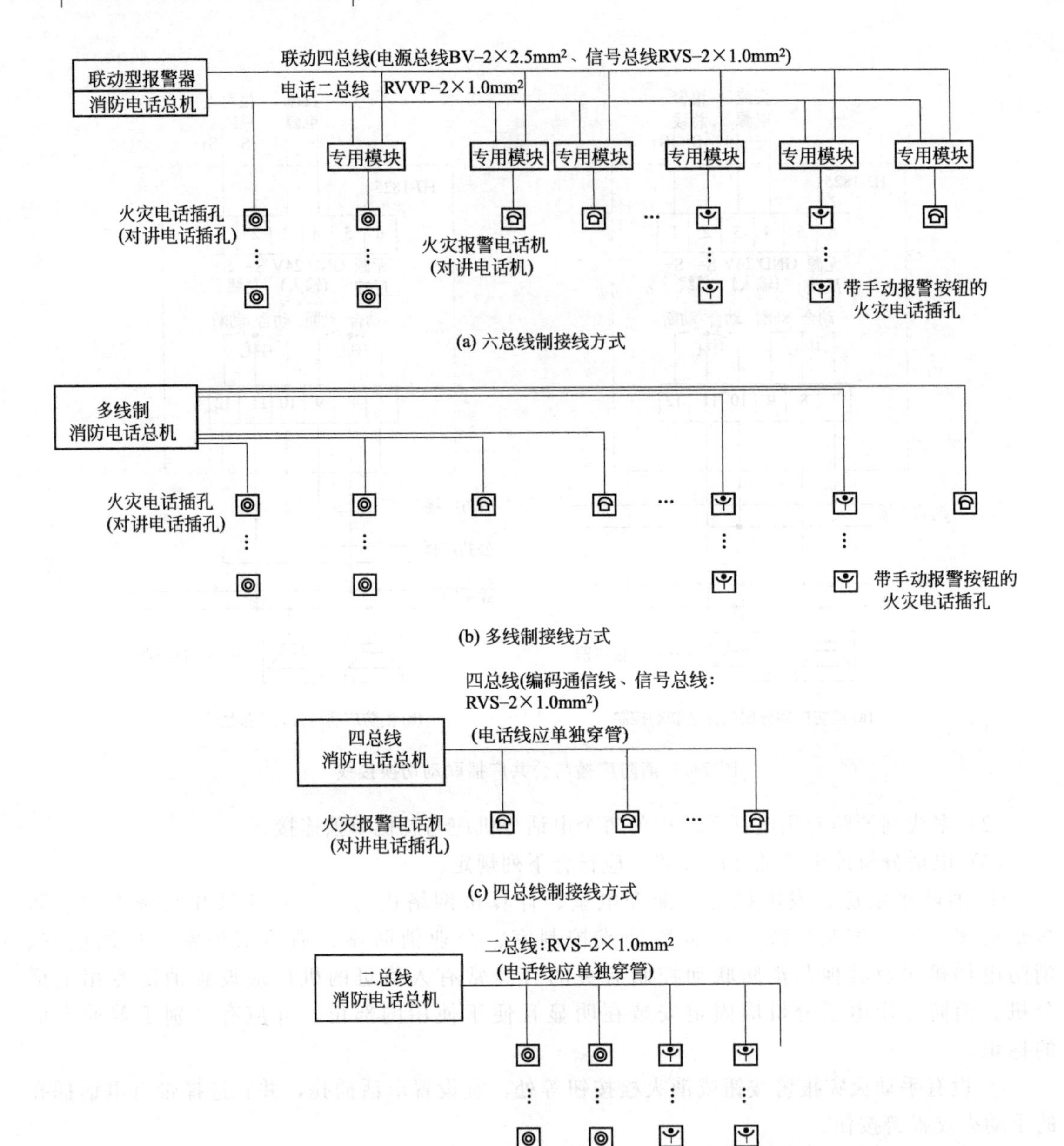

图 7-5 消防通信系统接线

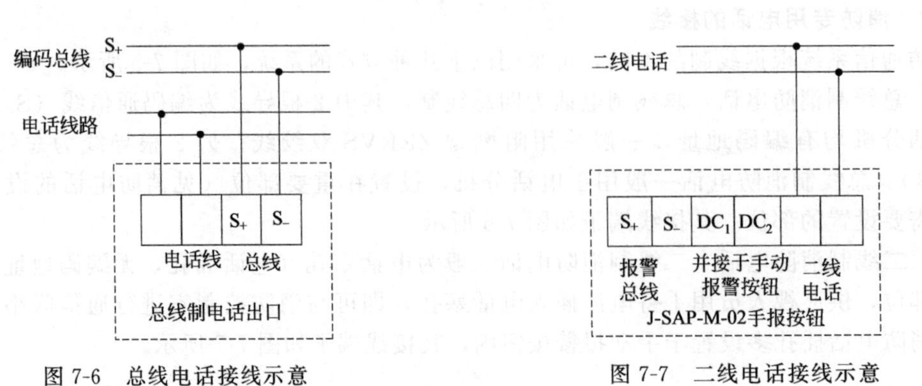

图 7-6 总线电话接线示意

图 7-7 二线电话接线示意

（3）多线制消防电话　多线制消防电话即每部电话分机占用消防电话总机（电话主机）的一路，采用独立的两根电话线与消防电话总机连接，即与普通市话相类似。但其中一路可连接二线插孔电话，并且数量不限。其系统构成和线路连接如图 7-8 所示。

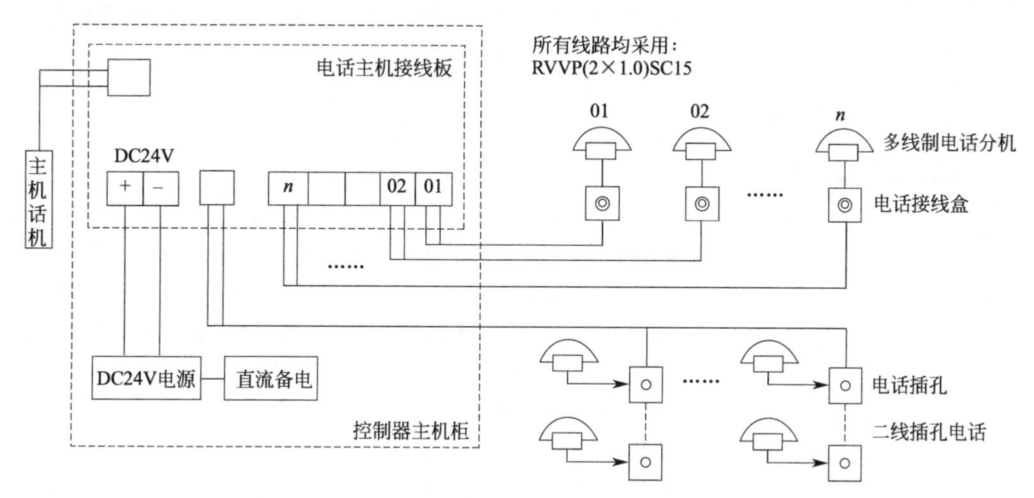

图 7-8　多线制消防电话构成示意

7.1.2.3　消防专用电话系统安装

（1）消防电话主机的安装　GST-TS-Z01A/CST-TS-Z01B 型消防电话总机是消防通信专用设备，当发生火灾报警时，可以由它提供方便快捷的通信手段。它是消防控制及其报警系统中不可缺少的通信设备。主要具有以下特点。

① 每台总机可以连接最多 512 路消防电话分机或 51200 个消防电话插孔。

② 总机采用液晶图形汉字显示，通过显示汉字菜单及汉字提示信息，非常直观地显示了各种功能操作及通话呼叫状态，使用非常便利。

③ 在总机前面板上设计有 15 路的呼叫操作键，和现场电话分机形成一对一的按键操作，使得呼叫通话操作非常直观方便。

④ 总机中使用了固体录音技术，可存储呼叫通话记录。

本消防电话总机采用标准插盘结构安装，其后部如图 7-9 所示。

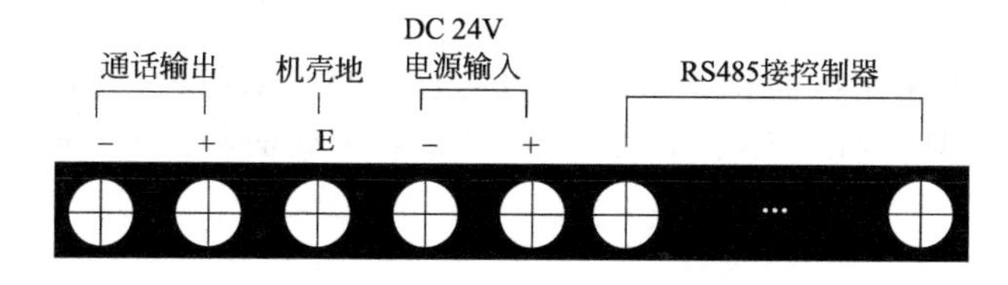

图 7-9　消防电话总机的接口

其中接线为机壳地与机架的地端相接；DC24V 电源输入接 DC24V；RS485 接控制器与火灾报警控制器相连接；消防电话总线与 GST-LD-8304 接口连接。

布线要求：通话输出端子接线采用截面积≥$1.0mm^2$ 的阻燃 RVVP 屏蔽线，最大传输距离为 1500m。特别注意：现场布线时，总线通话线必须单独穿线，不要同控制器总线同管穿线，否则会对通话声产生很大的干扰。

（2）消防电话插孔的安装　GST-LD-8312 型消防电话插孔是非编码设备，主要应用于将手提消防电话分机连入消防电话系统。消防电话插孔需通过 GST-LD-8304 型消防电话接口接入消防电话系统，不能直接接入消防电话总线。多个消防电话插孔可并联使用，接线方便、灵活。每只消防电话接口最多可连接 100 只消防电话插孔。电话插孔安装采用进线管预埋装方式，取下电话插孔的红色盖板，用螺钉或自攻螺钉将电话插孔安装在 86H50 型预埋盒上，安装孔距为 60mm，安装好红色盖板，安装方式如图 7-10 所示。

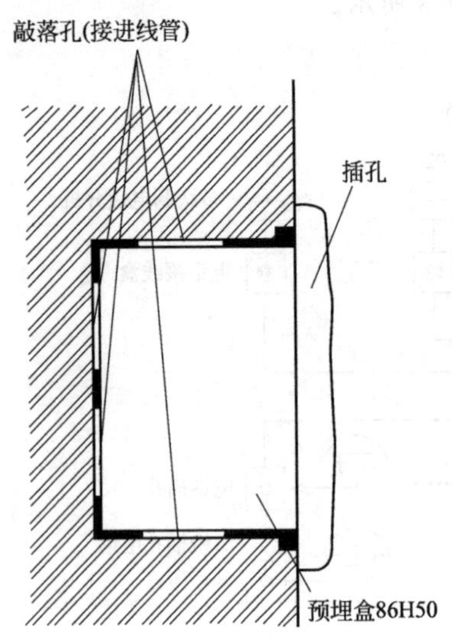

图 7-10 GST-LD-8304 型消防电话接口的安装方式

电话插孔对外端子为 TL1、TL2，是消防电话线与 GST-LD-8304 型连接的端子。端子 XT1 为电话线输入端，端子 XT2 为电话线输出端，接下一个电话插孔，最末端电话插孔 XT2 接线端子接 15kΩ 终端电阻。TL1、TL2 采用截面积≥1.0mm² 的阻燃 RVVP 屏蔽线。

(3) 消防电话接口模块的安装　GST-LD-8304 型消防电话接口主要用于将手提/固定消防电话分机连入总线制消防电话系统。GST-LD-8304 型消防电话接口是一种编码接口，占用一个编码点，与火灾报警控制器进行通信实现消防电话总机和消防电话分机的驳接，同时也实现了消防电话总线断、短检线功能。当消防电话分机的话筒被提起，消防电话分机通过消防电话接口自动向消防电话总机请求接入，接收请求后，由火灾报警控制器向该接口发出启动命令，将消防电话分机接入消防电话总线。当消防电话总机呼叫时，通过火灾报警控制器向电话接口发启动命令，电话接口将消防电话总线接到消防电话分机。

GST-LD-8304 型消防电话接口可连接一台同定消防电话分机或最多连接 100 个消防电话插孔。可通过四线水晶头插座直接连接 GST-TS-100A 型固定电话分机，通过连接 TL1、TL2 端子的电话线连接 GST-LD-8312 型消防电话插孔。多个电话插孔可并接在此电话线上。GST-LD-8304 型消防电话接口的对外端子如图 7-11 所示。

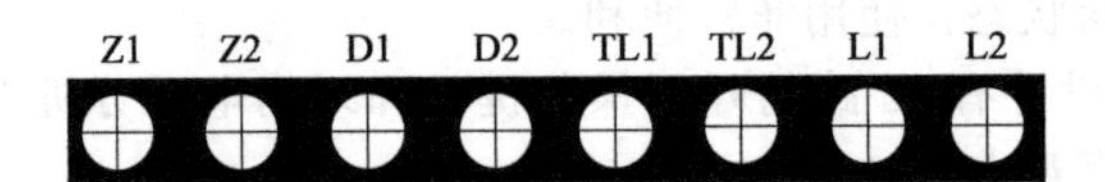

图 7-11 GST-LD-8304 型消防电话接口对外端子示意

Z1，Z2—接火灾报警控制器两总线，无极性；D1，D2—DC 24V 电源，无极性；TL1，TL2—与 GST-LD-8312 型连接的端子；L1，L2—消防电话总线，无极性

布线要求：Z1、Z2 采用截面积≥1.0mm² 的阻燃 RVS 双绞线，DC24V 电源线采用截面积≥1.5mm² 的阻燃 BV 线，TL1、TL2、L1、L2 采用截面积≥1.0mm² 的阻燃 RVVP 屏蔽线。

7.2 火灾应急照明与疏散标志

7.2.1 火灾应急照明

7.2.1.1 应急照明的设置方式

(1) 独立使用方式　独立使用方式即设置独立照明回路作为应急照明，该回路照明灯平时处于关闭状态，只有发生火灾时，通过应急照明事故切换控制使该回路通电投入运行，点燃火灾事故照明灯。

(2) 混合使用方式　混合使用方式即利用正常照明的一部分灯具作为事故照明，正常时作为普通照明灯使用，并连接于事故照明回路。火灾事故时，正常工作电源（非消防电源）被切断，其事故照明灯具通过事故照明切换装置，将正常电源转换为事故照明线路供电，以保证供电的连续性，提供事故状态下所需的应急照明。

（3）自带电源应急灯方式　自带电源应急灯方式即正常情况下，由交流电源对应急照明灯具内的蓄电池进行充电；当发生火灾事故，交流电断电时，由灯具内蓄电池进行放电，以提供应急照明灯电源。

7.2.1.2　应急照明的设置部位

为了便于在夜间或烟气很大的情况下紧急疏散，高层建筑的下列部位应设置消防应急照明。

（1）楼梯间、防烟楼梯间前室、消防电梯间及其前室、合用前室和避难层（间）。

（2）配电室、消防控制室、消防水泵房、防烟排烟机房、供消防用电的蓄电池室、自备发电机房、电话总机房以及发生火灾时仍需坚持工作的其他房间。

（3）观众厅、每层面积超过 1500m^2 的展览厅、多功能厅、餐厅和商业营业厅等人员密集的场所。

（4）公共建筑内的疏散走道和居住建筑内走道长度超过 20m 的内走道。

7.2.1.3　应急照明的供电要求

火灾应急照明在正常电源断电后，应能在规定时间内自动启燃并达到所需最低的照度，此照度要求及延续时间见表 7-1。疏散指示照明是在发生火灾时能指明疏散通道及出入口的位置和方向，便于有秩序地疏散的照明。因此，疏散照明除了在能由外来光线识别安全出入口和疏散方向，或防火对象在夜间、假日无人工作时之外，平时均处于燃亮状态。当采用自带蓄电池的应急照明灯时，平时应使电池处于充电状态。

表 7-1　火灾应急照明的供电时间、照度及场所举例

名　称	供电时间	照　度	电源转换时间/s	场 所 举 例
火灾疏散标志照明	不小于 20min	最低不应低于 0.5lx	≤15	电梯轿箱内、消火栓处、自动扶梯安全出口、台阶处、疏散走廊、室内通道、公共出口
暂时继续工作的备用照明	不小于 1h	不少于正常照度的 50%	≤15（金融交易场所≤0.5）	人员密集场所观众厅、餐厅、多功能厅、营业厅和危险场所、避难层等
继续工作的备用照明	连续	保证正常照明时的照度	≤15	配电室、消防控制室、消防水泵房、防排烟机房、发电机房、蓄电池室、电话总机房、火灾广播室、BAS 中控室以及其他重要房间
安全照明	连续	保持正常照明时的照度	≤0.5	医院内重要的手术室、急救室

当设有两台及两台以上电力变压器时，宜与正常照明供电线路分别接入不同的变压器。仅设有一台变压器时，宜与正常照明供电线路在变电所内的低压配电屏（或低压母线）上分开。未设变压器时，应在电源进户线处与正常照明供电线路分开，且不得与正常照明共用一个总电源开关。

为了充分保证应急照明的供电，应采用有足够容量的蓄电池或柴油发电机装置作为备用电源，其备用电源的形式可根据建筑物的规模、用途、灯具的数量等因素选定，一般以建筑面积 2000m^2 为界限。当建筑面积不足 2000m^2 时采用备用电源内设型应急照明器具，即采用自带备用电源的应急照明灯；当建筑面积超过 2000m^2 时则采用备用电源外设型应急照明器具，即采用独立于正常电源的柴油发电机或蓄电池组集中供电，这样在经济上十分有利。

7.2.1.4　应急照明的安装

事故照明灯的安装方式和形式应根据设计施工图进行。其一般安装形式与普通照明灯相同，常用的有吊链式、吊杆式、吸顶式、嵌入式和壁式等形式。而公共建筑的应急照明可采用

自带电源（蓄电池）的应急照明灯，多采用在墙壁上明装。灯具安装如图 7-12 所示。

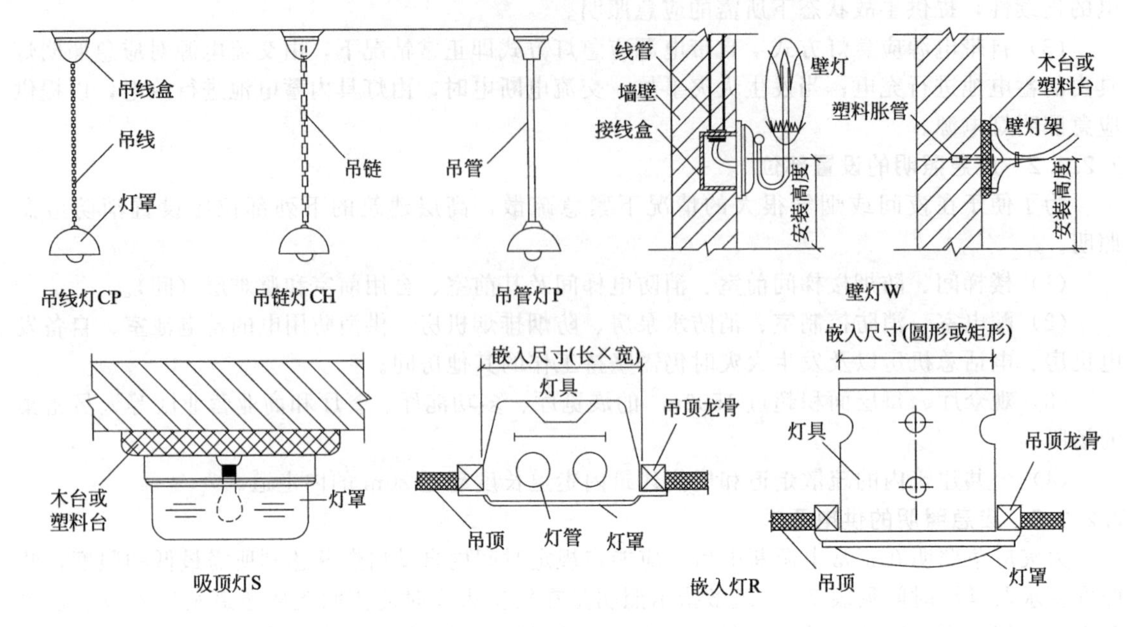

图 7-12 灯具安装示意

7.2.1.5 应急照明的联动控制

应急照明（灯）的工作方式分为专用和混用两种：专用者平时不点亮，事故时强行启点；混用者与正常工作照明一样。混用者往往装有照明开关，必要时则需要在火灾事故发生后强迫启点。高层建筑中的楼梯间照明兼作事故疏散照明，通常楼梯灯采用自熄开关，因此需在火灾事故时强行启点。其接线如图 7-13 所示。

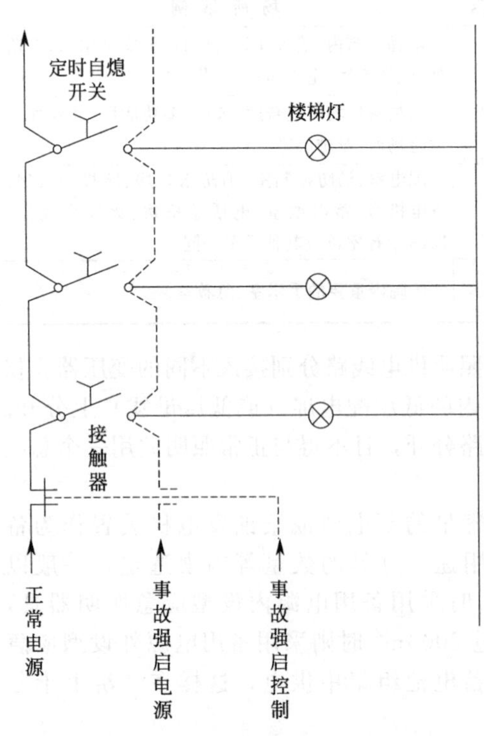

图 7-13 楼梯定时自熄开关的事故强行点亮示意

7.2.2 疏散指示标志

7.2.2.1 疏散标志照明的设置

（1）照度设置 供人员疏散的疏散标志灯，在主要通道上的照度不低于 0.5lx。

（2）维持时间 疏散标志灯维持时间按楼层高度及疏散距离计算，一般维持时间为 20～60min。

（3）色别要求 按防火规范要求，疏散标志灯的指示标志应采用白底绿字或绿底白字，并用箭头或图形指示疏散方向，以达到醒目效果，使光的距离传播较远。

（4）设置部位 疏散标志照明具体设置部位主要有以下场所。间距设置要求如图 7-14 所示。

① 封闭楼梯间、防烟楼梯间及前室、消防电梯及前室。

② 配电室、消防控制室、自备发电机房、消防水泵房、消火栓处、防烟排风机房、供消防用电的蓄电池室、电话总机房、BMS（楼宇管理系统）中央控制室，以及在发生火灾时，仍需坚持工作的其他房间。

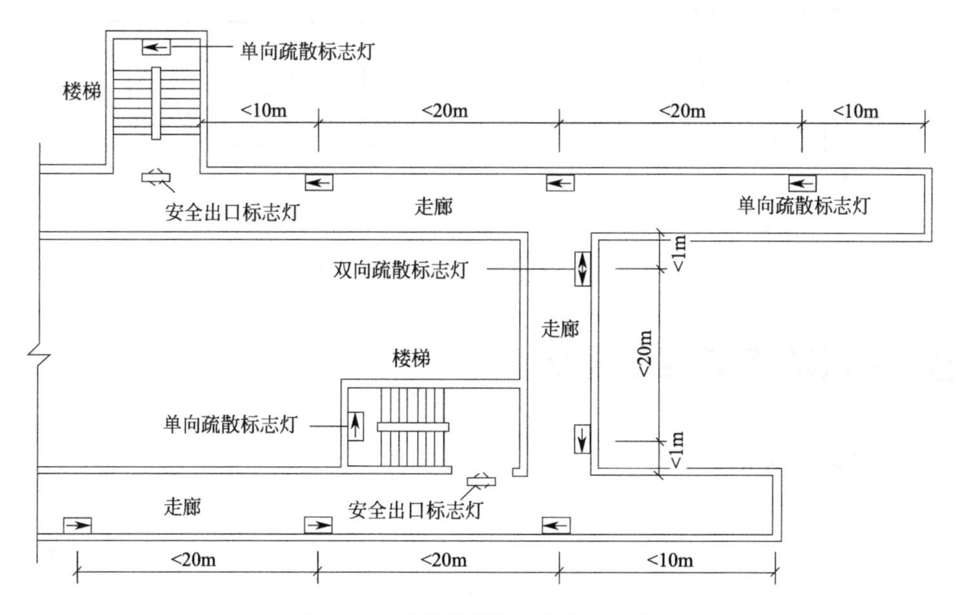

图 7-14 疏散照明标志灯布置示意

③ 大面积的商场、展厅等安全通道上，且一般采用顶棚下吊装。

④ 观众厅，每层面积超过 1500m^2 的展览厅、营业厅，建筑面积超过 200m^2 的演播室，人员密集且建筑面积超过 300m^2 的地下室及汽车库。

7.2.2.2 疏散标志照明的供电

疏散标志照明的供电及要求与应急照明相同。疏散标志照明也应采用双电源供电。除正常电源外，还应设置备用电源，一般可取自消防备用电源，并能实现备电的自投功能。

7.2.2.3 疏散指示标志的安装

疏散标志灯应设玻璃或其他非燃烧材料制作的保护罩。疏散指示标志灯的布置方法如图 7-15 所示。箭头表示疏散方向。疏散指示灯的点亮方式有两种：一种平时不亮，当遇到火灾时接收指令，按要求分区或全部点亮；另一种平时即点亮，兼作平时出入口的标志。无自然采光的地下室等处，通常采用平时点亮方式。

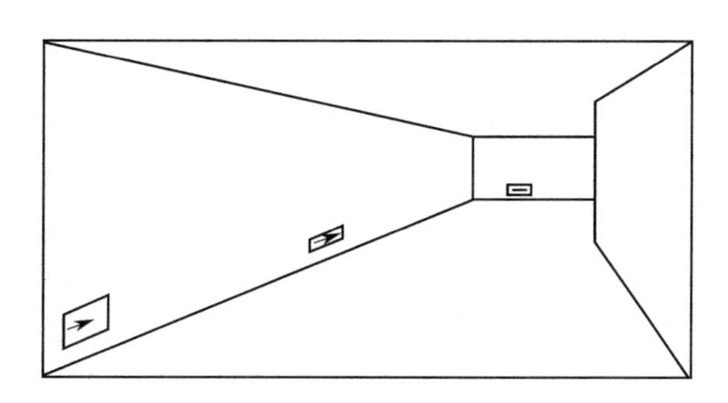

图 7-15 疏散指示标志灯的布置方法

疏散指示标志灯可分为大、中、小三种，可以按应用场所的不同进行选择。安装方式主要有明装直附式、明装悬吊式和暗装式三种。室内走廊、门厅等处的壁面或棚面可安装标志灯，可明装直附、悬吊或暗装。一般新建筑（与土建一起施工）多采用暗装（壁面），旧建筑改造可使用明装方式，靠墙上方可用直附式，正面通道上方可采用悬吊式。疏散指示标志灯的安装方法如图 7-16 所示。

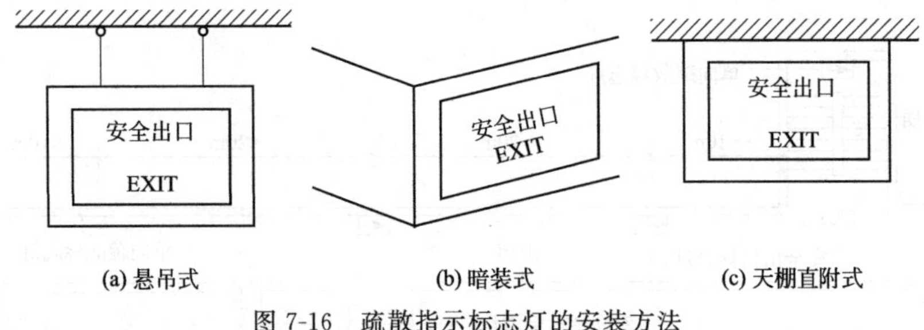

图 7-16 疏散指示标志灯的安装方法

7.3 建筑防排烟控制系统

7.3.1 建筑防烟系统设计

7.3.1.1 建筑防烟分区的划分

划分防烟分区时，防烟分区的面积必须合适，若面积过大，会使烟气波及面积扩大，增加烟气的影响范围，不利于人员安全疏散和火灾扑救；若面积过小，不仅影响使用，还会提高工程造价。防烟分区应根据建筑物的种类和要求不同，可按其功能、用途、面积、楼层等划分。防烟分区一般应遵守以下原则设置。

（1）不设排烟设施的房间（包括地下室）和走道，不划分防烟分区。

（2）走道和房间（包括地下室）按规定都设置排烟设施时，可根据具体情况分设或合设排烟设施，并按分设或合设的情况划分防烟分区。

（3）当走道按规定应设排烟设施而房间不设时，若房间与走道相通的门为防火门，可只按走道划分防烟分区；若房间与走道相通的门不是防火门，则防烟分区的划分还应包括房间面积。

（4）房间按规定应设排烟设施而走道不设时，若房间与走道相通的门为防火门，可只按房间划分防烟分区；若房间与走道相通的门不是防火门，则防烟分区的划分还应包括走道面积。

（5）一座建筑物的某几层需设排烟设施，且采用垂直排烟道（竖井）进行排烟时，其余各层（按规定不需要设排烟设施的楼层），如增加投资不多，可考虑扩大设置范围，各层也宜划分防烟分区，设置排烟设施。

（6）对有特殊用途的场所，如地下室、防烟楼梯间、消防电梯、避难层间等应单独划分防烟分区。

7.3.1.2 建筑防烟系统的设置部位

（1）建筑防烟系统的设计应根据建筑高度、使用性质等因素，采用自然通风系统或机械加压送风系统。

（2）建筑高度大于 50m 的公共建筑、工业建筑和建筑高度大于 100m 的住宅建筑，其防烟楼梯间、独立前室、共用前室、合用前室及消防电梯前室应采用机械加压送风系统。

（3）建筑高度小于或等于 50m 的公共建筑、工业建筑和建筑高度小于或等于 100m 的住宅建筑，其防烟楼梯间、独立前室、共用前室、合用前室（除共用前室与消防电梯前室合用外）及消防电梯前室应采用自然通风系统；当不能设置自然通风系统时，应采用机械加压送风系统。防烟系统的选择，尚应符合下列规定。

① 当独立前室或合用前室满足下列条件之一时，楼梯间可不设置防烟系统：

a. 采用全敞开的阳台或凹廊；

b. 设有两个及以上不同朝向的可开启外窗，且独立前室两个外窗面积分别不小于 $2.0m^2$，合用前室两个外窗面积分别不小于 $3.0m^2$。

② 当独立前室、共用前室及合用前室的机械加压送风口设置在前室的顶部或正对前室入

口的墙面时，楼梯间可采用自然通风系统；当机械加压送风口未设置在前室的顶部或正对前室入口的墙面时，楼梯间应采用机械加压送风系统。

③ 当防烟楼梯间在裙房高度以上部分采用自然通风时，不具备自然通风条件的裙房的独立前室、共用前室及合用前室应采用机械加压送风系统，且独立前室、共用前室及合用前室送风口的设置方式应符合本条②的规定。

(4) 建筑地下部分的防烟楼梯间前室及消防电梯前室，当无自然通风条件或自然通风不符合要求时，应采用机械加压送风系统。

(5) 防烟楼梯间及其前室的机械加压送风系统的设置应符合下列规定。

① 建筑高度小于或等于 50m 的公共建筑、工业建筑和建筑高度小于或等于 100m 的住宅建筑，当采用独立前室且其仅有一个门与走道或房间相通时，可仅在楼梯间设置机械加压送风系统；当独立前室有多个门时，楼梯间、独立前室应分别独立设置机械加压送风系统。

② 当采用合用前室时，楼梯间、合用前室应分别独立设置机械加压送风系统。

③ 当采用剪刀楼梯时，其两个楼梯间及其前室的机械加压送风系统应分别独立设置。

(6) 封闭楼梯间应采用自然通风系统，不能满足自然通风条件的封闭楼梯间，应设置机械加压送风系统。当地下、半地下建筑（室）的封闭楼梯间不与地上楼梯间共用且地下仅为一层时，可不设置机械加压送风系统，但首层应设置有效面积不小于 1.2m^2 的可开启外窗或直通室外的疏散门。

(7) 设置机械加压送风系统的场所，楼梯间应设置常开风口，前室应设置常闭风口；火灾时其联动开启方式应符合《建筑防烟排烟系统技术标准》(GB 51251—2017) 第 5.1.3 条的规定。

(8) 避难层的防烟系统可根据建筑构造、设备布置等因素选择自然通风系统或机械加压送风系统。

(9) 避难走道应在其前室及避难走道分别设置机械加压送风系统，但下列情况可仅在前室设置机械加压送风系统：

① 避难走道一端设置安全出口，且总长度小于 30m；

② 避难走道两端设置安全出口，且总长度小于 60m。

7.3.1.3 机械加压送风量的确定

(1) 机械加压送风系统的设计风量不应小于计算风量的 1.2 倍。

(2) 防烟楼梯间、独立前室、共用前室、合用前室和消防电梯前室的机械加压送风的计算风量应由本条 (5)～(8) 的规定计算确定。当系统负担建筑高度大于 24m 时，防烟楼梯间、独立前室、合用前室和消防电梯前室应按计算值与表 7-2～表 7-5 的值中的较大值确定。

表 7-2 消防电梯前室加压送风的计算风量

系统负担高度 h/m	加压送风量/(m^3/h)
24<h≤50	35400～36900
50<h≤100	37100～40200

注：表中风量按开启 1 个 2.0m×1.6m 的双扇门确定。当采用单扇门时，其风量可乘以系数 0.75 计算。

表 7-3 楼梯间自然通风，独立前室、合用前室加压送风的计算风量

系统负担高度 h/m	加压送风量/(m^3/h)
24<h≤50	42400～44700
50<h≤100	45000～48600

注：表中风量按开启 1 个 2.0m×1.6m 的双扇门确定。当采用单扇门时，其风量可乘以系数 0.75 计算。

表 7-4 前室不送风，封闭楼梯间、防烟楼梯间加压送风计算风量

系统负担高度 h/m	加压送风量/(m^3/h)
24<h≤50	36100～39200
50<h≤100	39600～45800

注：表中风量按开启 1 个 2.0m×1.6m 的双扇门确定。当采用单扇门时，其风量可乘以系数 0.75 计算。

表 7-5 防烟楼梯间及独立前室、合用前室分别加压送风的计算风量

系统负担高度 h/m	送风部位	加压送风量/(m^3/h)
$24<h\leqslant50$	楼梯间	25300～27500
	独立前室、合用前室	24800～25800
$50<h\leqslant100$	楼梯间	27800～32200
	独立前室、合用前室	26000～28100

注：1. 表中风量按开启 1 个 2.0m×1.6m 的双扇门确定。当采用单扇门时，其风量可乘以系数 0.75 计算。

2. 表中风量按开启着火层及其上下层，共开启三层的风量计算。

3. 表中风量的选取应按建筑高度或层数、风道材料、防火门漏风量等因素综合确定。

(3) 封闭避难层（间）、避难走道的机械加压送风量应按避难层（间）、避难走道的净面积每平方米不少于 30m^3/h 计算。避难走道前室的送风量应按直接开向前室的疏散门的总断面面积乘以门洞断面风速 1.0m/s 计算。

(4) 机械加压送风量应满足走廊至前室至楼梯间的压力呈递增分布，余压值应符合下列规定：

① 前室、封闭避难层（间）与走道之间的压差应为 25～30Pa；

② 楼梯间与走道之间的压差应为 40～50Pa；

③ 当系统余压值超过最大允许压力差时应采取泄压措施。最大允许压力差应由以下第 (9) 条计算确定。

(5) 楼梯间或前室的机械加压送风量应按下列公式计算：

$$L_j=L_1+L_2 \tag{7-1}$$

式中 L_j——楼梯间的机械加压送风量，m^3/s；

L_1——门开启时，达到规定风速值所需的送风量，m^3/s；

L_2——门开启时，规定风速值下，其他门缝漏风总量，m^3/s。

$$L_s=L_1+L_3 \tag{7-2}$$

式中 L_s——前室的机械加压送风量，m^3/s；

L_3——未开启的常闭送风阀的漏风总量，m^3/s。

(6) 门开启时，达到规定风速值所需的送风量应按下式计算：

$$L_1=A_k v N_1 \tag{7-3}$$

式中 A_k——一层内开启门的截面面积（m^2），对于住宅楼梯前室，可按一个门的面积取值；

v——门洞断面风速（m/s）；当楼梯间和独立前室、共用前室、合用前室均机械加压送风时，通向楼梯间和独立前室、共用前室、合用前室疏散门的门洞断面风速均不应小于 0.7m/s；当楼梯间机械加压送风、只有一个开启门的独立前室不送风时，通向楼梯间疏散门的门洞断面风速不应小于 1.0m/s；当消防电梯前室机械加压送风时，通向消防电梯前室门的门洞断面风速不应小于 1.0m/s；当独立前室、共用前室或合用前室机械加压送风而楼梯间采用可开启外窗的自然通风系统时，通向独立前室、共用前室或合用前室疏散门的门洞风速不应小于 0.6(A_1/A_g+1)(m/s)；A_1 为楼梯间疏散门的总面积（m^2）；A_g 为前室疏散门的总面积（m^2）；

N_1——设计疏散门开启的楼层数量，楼梯间采用常开风口，当地上楼梯间为 24m 以下时，设计 2 层内的疏散门开启，取 $N_1=2$；当地上楼梯间为 24m 及以上时，设计 3 层内的疏散门开启，取 $N_1=3$；当为地下楼梯间时，设计 1 层内的疏散门

开启，取 $N_1=1$；前室采用常闭风口，计算风量时取 $N_1=3$。

（7）门开启时，规定风速值下的其他门漏风总量应按下式计算：

$$L_2=0.827\times A\times \Delta P^{\frac{1}{n}}\times 1.25\times N_2 \tag{7-4}$$

式中 A——每个疏散门的有效漏风面积，m^2（疏散门的门缝宽度取 0.002～0.004m）；

ΔP——计算漏风量的平均压力差，Pa，当开启门洞处风速为 0.7m/s 时，取 $\Delta P=6.0$Pa；当开启门洞处风速为 1.0m/s 时，取 $\Delta P=12.0$Pa；当开启门洞处风速为 1.2m/s 时，取 $\Delta P=17.0$Pa；

n——指数，一般取 $n=2$；

1.25——不严密处附加系数；

N_2——漏风疏散门的数量，楼梯间采用常开风口，取 N_2＝加压楼梯间的总门数－N_1 楼层数上的总门数。

（8）未开启的常闭送风阀的漏风总量应按下式计算：

$$L_3=0.083A_f N_3 \tag{7-5}$$

式中 0.083——阀门单位面积的漏风量，$m^3/(s\cdot m^2)$；

A_f——单个送风阀门的面积，m^2；

N_3——漏风阀门的数量，前室采用常闭风口取 N_3＝楼层数－3。

（9）疏散门的最大允许压力差应按下列公式计算：

$$P=2(F'-F_{dc})\frac{(W_m-d_m)}{(W_m\times A_m)} \tag{7-6}$$

$$F_{dc}=\frac{M}{(W_m-d_m)}$$

式中 P——疏散门的最大允许压力差，Pa；

F'——门的总推力，N，一般取 110N；

F_{dc}——门把手处克服闭门器所需的力，N；

W_m——单扇门的宽度，m；

A_m——门的面积，m^2；

d_m——门的把手到门闩的距离，m；

M——闭门器的开启力矩，N・m。

7.3.1.4 门开启的数量与送风量的关系

起火时，防烟楼梯间与前室间的门，前室与走廊间的门，开启数量及频率是一个复杂的因素，如在门开启情况下要维持前述全压值，必将使得送风量过大，并且会给在门关闭时泄压带来一定的困难，如不能正常地泄压，必将使门前后压差过大，使人不能正常开启要开的门，带来危险。

前室送风量，按照与走廊压差 25Pa 计算；门开启数量见表 7-6。

防烟楼梯间送风量，按与加压前室压差 25Pa 计算，与非加压前室或走廊压差 50Pa 计算；门开启数量见表 7-6。

表 7-6 门开启的数量与送风量的关系

建筑物总层数	开启门的数量	备 注	建筑物总层数	开启门的数量	备 注
＜10	1	不计其他层漏风量	21～32	3	应计其他层漏风量
11～15	1	应计其他层漏风量	＞32		系统分段设计
15～20	2	应计其他层漏风量			

7.3.1.5 防烟加压系统最大允许压差和最小设计压差

(1) 最大允许压差 最大允许压差即为保证逃生要求门两侧最大允许压差。计算公式如下：

$$\Delta P_{max}=2(N-T)/F \tag{7-7}$$

式中 ΔP_{max}——防火门两侧最大允许压差，Pa；

N——人的平均推力，N，取130N；

T——门的自闭配件反扣力，N，一般为27～64N；

F——门的面积，m^2，双扇门算一半。

(2) 最小设计压差 加压送风时，前室最小余压值为25～30Pa，即防烟楼梯间合用前室最小余压值为40～50Pa。任何时刻，都应该保证下面的压力梯度，即防烟楼梯间＞前室＞走廊，如图7-17所示。

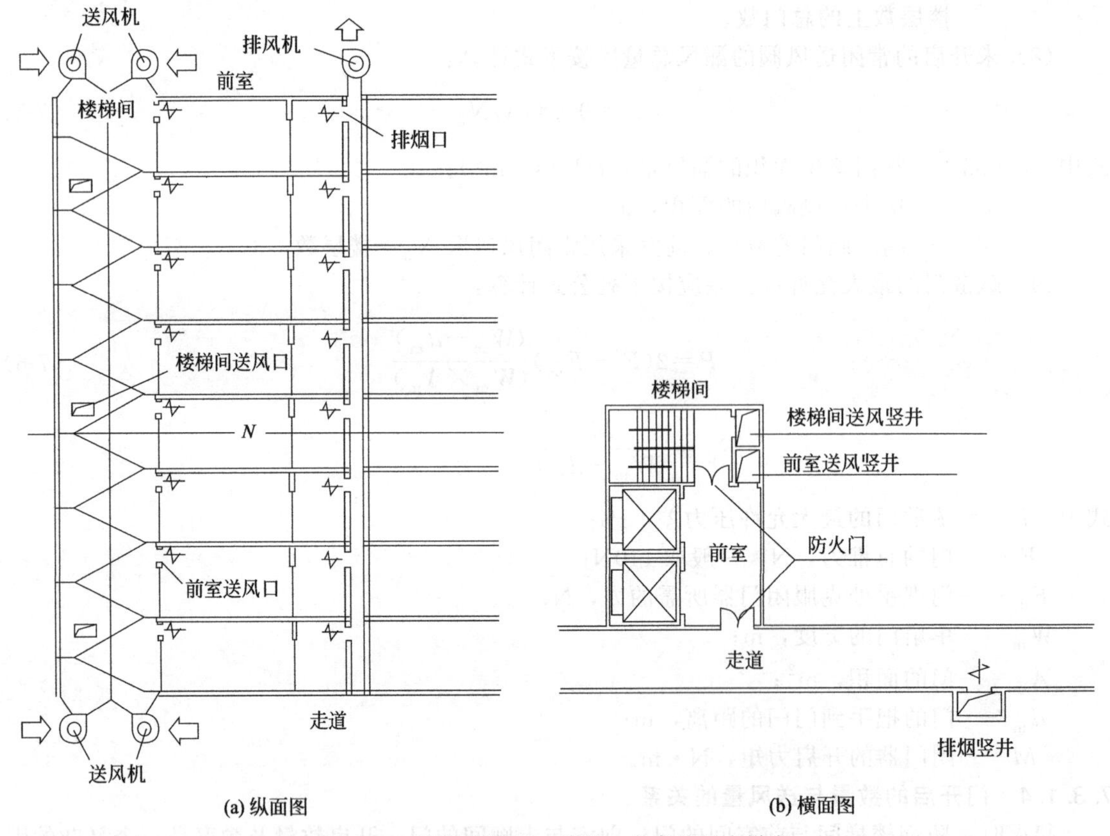

图7-17 防烟楼梯间、前室、走廊的压力梯度

7.3.1.6 机械加压防烟系统的泄压

机械加压防烟系统对防烟楼梯间及前室送风时，楼梯间及前室的正压值过低，起不到防烟作用；过高，妨碍门的开启，起不到保证人员逃生的安全作用。所以，需采取恒压措施维护楼梯间及前室的正压值在一定范围内，并且使楼梯间至走廊的压力呈递降趋势。以下是几种泄压方法。

(1) 余压阀泄压 采用余压阀泄压，不需要外接动力及仪表，设计、施工及维护比较简单，但必须保证有足够的泄压面积。

余压阀有效截面积可按生产厂家资料计算，或按下式估算：

$$F_y=\frac{L_w}{3\times1.25\times0.827(A_n+A)\times3600} \tag{7-8}$$

式中 F_y——余压阀有效截面积，m^2；

L_w——需由余压阀泄出的风量，m^3/h，即为门关闭前后的漏风量差。

(2) 加压风机旁通管泄压　在加压风机的出口管上设一根通大气的短管或一根接风机入口的旁通管，并在其上装一个电动阀，此阀受压差控制器控制，防烟楼梯间或前室超压时，电动阀开启泄压，当压差在规定范围内时阀门关闭。

(3) 电动送风口恒压　每个送风口都是一个电动多叶风口，电动风口受压差控制器控制，超压时关小，欠压时开大。

(4) 泄压风机恒压　在防烟楼梯间上部墙上设一台小型轴流风机，它受压差控制器控制，超压时启动排风泄压。

(5) 加压风机兼泄压风机泄压　防烟楼梯间不设或无法设送风竖井时，在楼梯间墙上每隔10层左右设1台轴流风机，直接向楼梯间送风加压。每台轴流风机受一个压差控制器控制，超压时风机自动停止运行，该轴流风机便立即由加压风机变成泄压口；欠压时立即恢复送风。

(6) 变风量系统恒压　加压送风系统采用带微压负反馈的变风量系统，使加压送风量与正压值相对应。

7.3.1.7　机械加压送风防烟设施的设置

(1) 建筑高度大于100m的建筑，其机械加压送风系统应竖向分段独立设置，且每段高度不应超过100m。

(2) 除另有规定外，采用机械加压送风系统的防烟楼梯间及其前室应分别设置送风井(管)道，送风口(阀)和送风机。

(3) 建筑高度小于或等于50m的建筑，当楼梯间设置加压送风井(管)道确有困难时，楼梯间可采用直灌式加压送风系统，并应符合下列规定。

① 建筑高度大于32m的高层建筑，应采用楼梯间两点部位送风的方式，送风口之间距离不宜小于建筑高度的1/2。

② 送风量应按计算值或《通风与空调工程施工质量验收规范》(GB 50243—2016) 第3.4.2条规定的送风量增加20%。

③ 加压送风口不宜设在影响人员疏散的部位。

(4) 设置机械加压送风系统的楼梯间的地上部分与地下部分，其机械加压送风系统应分别独立设置。当受建筑条件限制，且地下部分为汽车库或设备用房时，可共用机械加压送风系统，并应符合下列规定。

① 应按《通风与空调工程施工质量验收规范》(GB 50243—2016) 第3.4.5条的规定分别计算地上、地下部分的加压送风量，相加后作为共用加压送风系统风量。

② 应采取有效措施分别满足地上、地下部分的送风量的要求。

(5) 机械加压送风风机宜采用轴流风机或中、低压离心风机，其设置应符合下列规定：

① 送风机的进风口应直通室外，且应采取防止烟气被吸入的措施。

② 送风机的进风口宜设在机械加压送风系统的下部。

③ 送风机的进风口不应与排烟风机的出风口设在同一面上。当确有困难时，送风机的进风口与排烟风机的出风口应分开布置，且竖向布置时，送风机的进风口应设置在排烟出口的下方，其两者边缘最小垂直距离不应小于6.0m；水平布置时，两者边缘最小水平距离不应小于20.0m。

④ 送风机宜设置在系统的下部，且应采取保证各层送风量均匀性的措施。

⑤ 送风机应设置在专用机房内，送风机房并应符合现行国家标准《建筑设计防火规范》(GB 50016—2014)(2018年版) 的规定。

⑥ 当送风机出风管或进风管上安装单向风阀或电动风阀时，应采取火灾时自动开启阀门的措施。

(6) 加压送风口的设置应符合下列规定。

① 除直灌式加压送风方式外，楼梯间宜每隔 2～3 层设一个常开式百叶送风口。

② 前室应每层设一个常闭式加压送风口，并应设手动开启装置。

③ 送风口的风速不宜大于 7m/s。

④ 送风口不宜设置在被门挡住的部位。

(7) 机械加压送风系统应采用管道送风，且不应采用土建风道。送风管道应采用不燃材料制作且内壁应光滑。当送风管道内壁为金属时，设计风速不应大于 20m/s；当送风管道内壁为非金属时，设计风速不应大于 15m/s；送风管道的厚度应符合现行国家标准《通风与空调工程施工质量验收规范》(GB 50243—2016) 的规定。

(8) 机械加压送风管道的设置和耐火极限应符合下列规定。

① 竖向设置的送风管道应独立设置在管道井内，当确有困难时，未设置在管道井内或与其他管道合用管道井的送风管道，其耐火极限不应低于 1.00h。

② 水平设置的送风管道，当设置在吊顶内时，其耐火极限不应低于 0.50h；当未设置在吊顶内时，其耐火极限不应低于 1.00h。

(9) 机械加压送风系统的管道井应采用耐火极限不低于 1.00h 的隔墙与相邻部位分隔，当墙上必须设置检修门时应采用乙级防火门。

(10) 采用机械加压送风的场所不应设置百叶窗，且不宜设置可开启外窗。

(11) 设置机械加压送风系统的封闭楼梯间、防烟楼梯间，尚应在其顶部设置不小于 $1m^2$ 的固定窗。靠外墙的防烟楼梯间，尚应在其外墙上每 5 层内设置总面积不小于 $2m^2$ 的固定窗。

(12) 设置机械加压送风系统的避难层（间），尚应在外墙设置可开启外窗，其有效面积不应小于该避难层（间）地面面积的 1%。有效面积的计算应符合《建筑防烟排烟系统技术标准》(GB 51251—2017) 第 4.3.5 条的规定。

7.3.1.8 机械加压送风防烟余压值

防烟楼梯间内机械加压送风防烟系统的余压值应为 40～50Pa；前室、合用前室、封闭避难层（间）、避难走道内机械加压送风防烟系统的余压值应为 25～30Pa。

机械加压送风系统最不利环路阻力损失外的余压值是加压送风系统设计中的一个重要技术指标。该数值是指在加压部位相通的门窗关闭时，足以阻止着火层的烟气在热压、风压、浮力、膨胀力等联合作用下进入加压部位，而同时又不致过高造成人们推不开通向疏散通道的门。

吸风管道和最不利环路的送风管道的摩擦阻力与局部阻力的总和为加压送风机的全压。

7.3.2 建筑自然排烟系统设计

7.3.2.1 建筑排烟系统的设置部位

(1) 下列建筑中靠外墙的防烟楼梯间及其前室、消防电梯间前室和合用前室宜采用自然排烟设施进行防烟。

① 二类高层公共建筑。

② 建筑高度不超过 100m 的居住建筑。

③ 建筑高度不超过 50m 的其他建筑。

(2) 设置自然排烟设施的场所，其自然排烟口的净面积应符合下列规定。

① 防烟楼梯间前室、消防电梯间前室，不应小于 $2.0m^2$；合用前室，不应小于 $3.0m^2$。

② 靠外墙的防烟楼梯间，每 5 层内可开启排烟窗的总面积不应小于 $2.0m^2$。

③ 中庭、剧场舞台，不应小于其楼地面面积的 5%。

④ 其他场所，宜取该场所建筑面积的 2%～5%。

7.3.2.2 自然排烟的方式

房间和走道可利用直接对外开启的窗或专为排烟设置的排烟口进行自然排烟。

无窗房间、内走道可用上部的排烟口接入专用的排烟竖井进行自然排烟。我国设计人员认为，这种方式由于竖井需要两个很大的截面，给设计布置带来了很大的困难，同时也降低了建筑的使用面积，因此近年来这种方式已很少被采用了。

靠外墙的防烟楼梯间前室、消防电梯间前室及合用前室，在采用自然排烟时，一般可根据不同情况选择图 7-18 所示的方式。

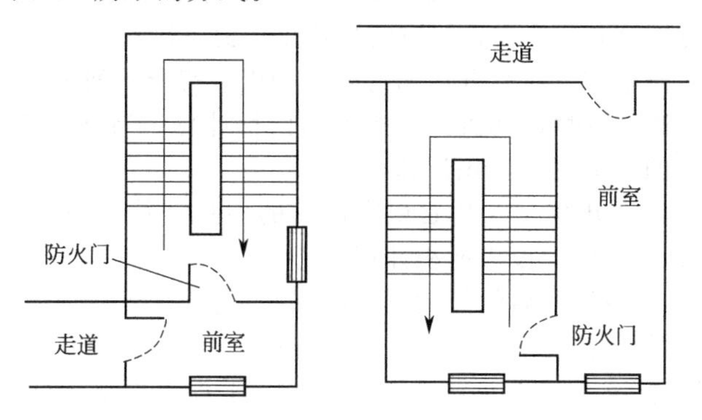

(a) 靠外墙的防烟楼梯间及其前室

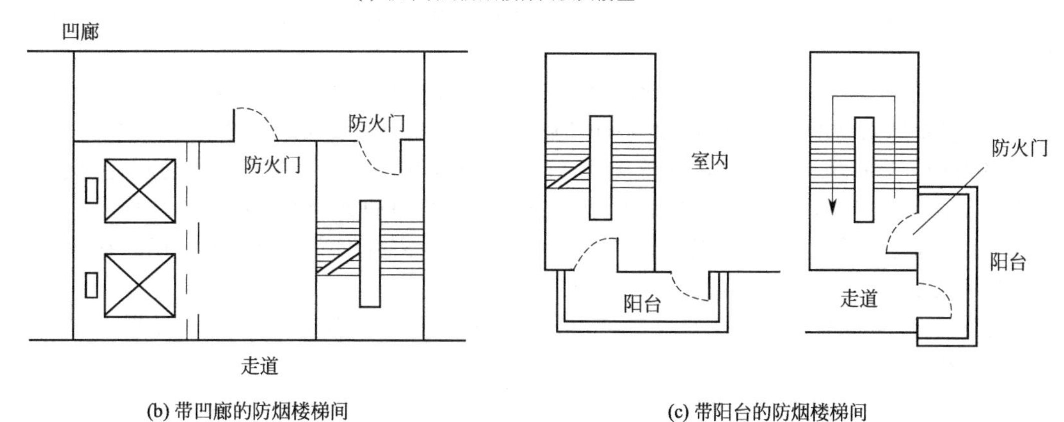

(b) 带凹廊的防烟楼梯间

(c) 带阳台的防烟楼梯间

图 7-18 自然排烟方式

(1) 利用阳台或凹廊进行自然排烟。

(2) 利用防烟楼梯间前室或合用前室所具有的两个或两个以上不同朝向的对外开窗自然排烟。

(3) 利用防烟楼梯间前室、消防电梯间前室及合用前室直接对外开启的窗自然排烟。

7.3.2.3 自然排烟系统设计要求

(1) 采用自然排烟系统的场所应设置自然排烟窗（口）。

(2) 防烟分区内自然排烟窗（口）的面积、数量、位置应按《建筑防烟排烟系统技术标准》(GB 51251—2017) 第 4.6.3 条规定经计算确定，且防烟分区内任一点与最近的自然排烟窗（口）之间的水平距离不应大于 30m。当工业建筑采用自然排烟方式时，其水平距离尚不应大于建筑内空间净高的 2.8 倍；当公共建筑空间净高大于或等于 6m，且具有自然对流条件时，其水平距离不应大于 37.5m。

(3) 自然排烟窗（口）应设置在排烟区域的顶部或外墙，并应符合下列规定。

① 当设置在外墙上时，自然排烟窗（口）应在储烟仓以内，但走道、室内空间净高不大于 3m 的区域的自然排烟窗（口）可设置在室内净高度的 1/2 以上。

② 自然排烟窗（口）的开启形式应有利于火灾烟气的排出。

③ 当房间面积不大于 200m^2 时，自然排烟窗（口）的开启方向可不限。

④ 自然排烟窗（口）宜分散均匀布置，且每组的长度不宜大于 3.0m。

⑤ 设置在防火墙两侧的自然排烟窗（口）之间最近边缘的水平距离不应小于2.0m。

(4) 厂房、仓库的自然排烟窗（口）设置尚应符合下列规定。

① 当设置在外墙时，自然排烟窗（口）应沿建筑物的两条对边均匀设置。

② 当设置在屋顶时，自然排烟窗（口）应在屋面均匀设置且宜采用自动控制方式开启；当屋面斜度小于或等于12°时，每200m^{2}的建筑面积应设置相应的自然排烟窗（口）；当屋面斜度大于12°时，每400m^{2}的建筑面积应设置相应的自然排烟窗（口）。

(5) 除另有规定外，自然排烟窗（口）开启的有效面积尚应符合下列规定。

① 当采用开窗角大于70°的悬窗时，其面积应按窗的面积计算；当开窗角小于或等于70°时，其面积应按窗最大开启时的水平投影面积计算。

② 当采用开窗角大于70°的平开窗时，其面积应按窗的面积计算；当开窗角小于或等于70°时，其面积应按窗最大开启时的竖向投影面积计算。

③ 当采用推拉窗时，其面积应按开启的最大窗口面积计算。

④ 当采用百叶窗时，其面积应按窗的有效开口面积计算。

⑤ 当平推窗设置在顶部时，其面积可按窗的1/2周长与平推距离乘积计算，且不应大于窗面积。

⑥ 当平推窗设置在外墙时，其面积可按窗的1/4周长与平推距离乘积计算，且不应大于窗面积。

(6) 自然排烟窗（口）应设置手动开启装置，设置在高位不便于直接开启的自然排烟窗（口），应设置距地面高度1.3～1.5m的手动开启装置。净空高度大于9m的中庭、建筑面积大于2000m^{2}的营业厅、展览厅、多功能厅等场所，尚应设置集中手动开启装置和自动开启设施。

(7) 除洁净厂房外，设置自然排烟系统的任一层建筑面积大于2500m^{2}的制鞋、制衣、玩具、塑料、木器加工储存等丙类工业建筑，除自然排烟所需排烟窗（口）外，尚宜在屋面上增设可熔性采光带（窗），其面积应符合下列规定。

① 未设置自动喷水灭火系统的，或采用钢结构屋顶，或采用预应力钢筋混凝土屋面板的建筑，不应小于楼地面面积的10%。

② 其他建筑不应小于楼地面面积的5%。

另外，可熔性采光带（窗）的有效面积应按其实际面积计算。

7.3.3 建筑机械排烟系统设计

(1) 当建筑的机械排烟系统沿水平方向布置时，每个防火分区的机械排烟系统应独立设置。

(2) 建筑高度超过50m的公共建筑和建筑高度超过100m的住宅，其排烟系统应竖向分段独立设置，且公共建筑每段高度不应超过50m，住宅建筑每段高度不应超过100m。

(3) 排烟系统与通风、空气调节系统应分开设置；当确有困难时可以合用，但应符合排烟系统的要求，且当排烟口打开时，每个排烟合用系统的管道上需联动关闭的通风和空气调节系统的控制阀门不应超过10个。

(4) 排烟风机宜设置在排烟系统的最高处，烟气出口宜朝上，并应高于加压送风机和补风机的进风口，两者垂直距离或水平距离应符合《建筑防烟排烟系统技术标准》(GB 51251—2017) 第3.3.5条第3款的规定。

(5) 排烟风机应设置在专用机房内，并应符合《建筑防烟排烟系统技术标准》(GB 51251—2017) 第3.3.5条第5款的规定，且风机两侧应有600mm以上的空间。对于排烟系统与通风空气调节系统共用的系统，其排烟风机与排风风机的合用机房应符合下列规定。

① 机房内应设置自动喷水灭火系统。

② 机房内不得设置用于机械加压送风的风机与管道。

③ 排烟风机与排烟管道的连接部件应能在280℃时连续30min保证其结构完整性。

(6) 排烟风机应满足280℃时连续工作30min的要求，排烟风机应与风机入口处的排烟防火阀连锁，当该阀关闭时，排烟风机应能停止运转。

(7) 机械排烟系统应采用管道排烟，且不应采用土建风道。排烟管道应采用不燃材料制作且内壁应光滑。当排烟管道内壁为金属时，管道设计风速不应大于20m/s；当排烟管道内壁为非金属时，管道设计风速不应大于15m/s；排烟管道的厚度应按《通风与空调工程施工质量验收规范》(GB 50243—2016) 的有关规定执行。

(8) 排烟管道的设置和耐火极限应符合下列规定。

① 排烟管道及其连接部件应能在280℃时连续30min保证其结构完整性。

② 竖向设置的排烟管道应设置在独立的管道井内，排烟管道的耐火极限不应低于0.50h。

③ 水平设置的排烟管道应设置在吊顶内，其耐火极限不应低于0.50h；当确有困难时，可直接设置在室内，但管道的耐火极限不应小于1.00h。

④ 设置在走道部位吊顶内的排烟管道，以及穿越防火分区的排烟管道，其管道的耐火极限不应小于1.00h，但设备用房和汽车库的排烟管道耐火极限可不低于0.50h。

(9) 当吊顶内有可燃物时，吊顶内的排烟管道应采用不燃材料进行隔热，并应与可燃物保持不小于150mm的距离。

(10) 排烟管道下列部位应设置排烟防火阀。

① 垂直风管与每层水平风管交接处的水平管段上。

② 一个排烟系统负担多个防烟分区的排烟支管上。

③ 排烟风机入口处。

④ 穿越防火分区处。

(11) 设置排烟管道的管道井应采用耐火极限不小于1.00h的隔墙与相邻区域分隔；当墙上必须设置检修门时，应采用乙级防火门。

(12) 排烟口的设置应按7.3.4部分的相关计算确定，且防烟分区内任一点与最近的排烟口之间的水平距离不应大于30m。除第(13)条规定的情况以外，排烟口的设置尚应符合下列规定。

① 排烟口宜设置在顶棚或靠近顶棚的墙面上。

② 排烟口应设在储烟仓内，但走道、室内空间净高不大于3m的区域，其排烟口可设置在其净空高度的1/2以上；当设置在侧墙时，吊顶与其最近边缘的距离不应大于0.5m。

③ 对于需要设置机械排烟系统的房间，当其建筑面积小于50m^{2}时，可通过走道排烟，排烟口可设置在疏散走道；排烟量应按7.3.4部分的相关计算确定。

④ 火灾时由火灾自动报警系统联动开启排烟区域的排烟阀或排烟口，应在现场设置手动开启装置。

⑤ 排烟口的设置宜使烟流方向与人员疏散方向相反，排烟口与附近安全出口相邻边缘之间的水平距离不应小于1.5m。

⑥ 每个排烟口的排烟量不应大于最大允许排烟量，最大允许排烟量应按排烟量应按7.3.4部分的相关计算确定。

⑦ 排烟口的风速不宜大于10m/s。

(13) 当排烟口设在吊顶内且通过吊顶上部空间进行排烟时，应符合下列规定。

① 吊顶应采用不燃材料，且吊顶内不应有可燃物。

② 封闭式吊顶上设置的烟气流入口的颈部烟气速度不宜大于1.5m/s。

③ 非封闭式吊顶的开孔率不应小于吊顶净面积的25%，且孔洞应均匀布置。

(14) 按规定需要设置固定窗时，固定窗的布置应符合下列规定。

① 非顶层区域的固定窗应布置在每层的外墙上。

② 顶层区域的固定窗应布置在屋顶或顶层的外墙上，但未设置自动喷水灭火系统的以及

采用钢结构屋顶或预应力钢筋混凝土屋面板的建筑应布置在屋顶。

(15) 固定窗的设置和有效面积应符合下列规定。

① 设置在顶层区域的固定窗，其总面积不应小于楼地面面积的2%。

② 设置在靠外墙且不位于顶层区域的固定窗，单个固定窗的面积不应小于$1m^2$，且间距不宜大于20m，其下沿距室内地面的高度不宜小于层高的1/2。供消防救援人员进入的窗口面积不计入固定窗面积，但可组合布置。

③ 设置在中庭区域的固定窗，其总面积不应小于中庭楼地面面积的5%。

④ 固定玻璃窗应按可破拆的玻璃面积计算，带有温控功能的可开启设施应按开启时的水平投影面积计算。

(16) 固定窗宜按每个防烟分区在屋顶或建筑外墙上均匀布置且不应跨越防火分区。

(17) 除洁净厂房外，设置机械排烟系统的任一层建筑面积大于$2000m^2$的制鞋、制衣、玩具、塑料、木器加工储存等丙类工业建筑，可采用可熔性采光带（窗）替代固定窗，其面积应符合下列规定。

① 未设置自动喷水灭火系统的或采用钢结构屋顶或预应力钢筋混凝土屋面板的建筑，不应小于楼地面面积的10%。

② 其他建筑不应小于楼地面面积的5%。

7.3.4 排烟系统设计计算

(1) 排烟系统的设计风量不应小于该系统计算风量的1.2倍。

(2) 当采用自然排烟方式时，储烟仓的厚度不应小于空间净高的20%，且不应小于500mm；当采用机械排烟方式时，不应小于空间净高的10%，且不应小于500mm。同时储烟仓底部距地面的高度应大于安全疏散所需的最小清晰高度，最小清晰高度应按第(9)条的规定计算确定。

(3) 除中庭外下列场所一个防烟分区的排烟量计算应符合下列规定。

① 建筑空间净高小于或等于6m的场所，其排烟量应按不小于$60m^3/(h \cdot m^2)$计算，且取值不小于$15000m^3/h$，或设置有效面积不小于该房间建筑面积2%的自然排烟窗（口）。

② 公共建筑、工业建筑中空间净高大于6m的场所，其每个防烟分区排烟量应根据场所内的热释放速率以及第(6)～(13)条的规定计算确定，且不应小于表7-7中的数值，或设置自然排烟窗（口），其所需有效排烟面积应根据表7-7及自然排烟窗（口）处风速计算。

表7-7 公共建筑、工业建筑中空间净高大于6m场所的排烟量及自然排烟侧窗（口）部风速

空间净高/m	办公室、学校 /($\times10^4m^3/h$)		商店、展览厅 /($\times10^4m^3/h$)		厂房、其他公共建筑 /($\times10^4m^3/h$)		仓库 /($\times10^4m^3/h$)	
	无喷淋	有喷淋	无喷淋	有喷淋	无喷淋	有喷淋	无喷淋	有喷淋
6.0	12.2	5.2	17.6	7.8	15.0	7.0	30.1	9.3
7.0	13.9	6.3	19.6	9.1	16.8	8.2	32.8	10.8
8.0	15.8	7.4	21.8	10.6	18.9	9.6	35.4	12.4
9.0	17.8	8.7	24.2	12.2	21.1	11.1	38.5	14.2
自然排烟侧窗（口）部风速/(m/s)	0.94	0.64	1.06	0.78	1.01	0.74	1.26	0.84

注：1. 建筑空间净高大于9.0m的，按9.0m取值；建筑空间净高位于表中两个高度之间的，按线性插值法取值；表中建筑空间净高为6m处的各排烟量值为线性插值法的计算基准值。

2. 当采用自然排烟方式时，储烟仓厚度应大于房间净高的20%；自然排烟窗（口）面积＝计算排烟量/自然排烟窗（口）处风速；当采用顶开窗排烟时，其自然排烟窗（口）的风速可按侧窗口部风速的1.4倍计。

3. 当公共建筑仅需在走道或回廊设置排烟时，其机械排烟量不应小于$13000m^3/h$，或在走道两端（侧）均设置面积不小于$2m^2$的自然排烟窗（口）且两侧自然排烟窗（口）的距离不应小于走道长度的2/3。

4. 当公共建筑房间内与走道或回廊均需设置排烟时，其走道或回廊的机械排烟量可按$60m^3/(h \cdot m^2)$计算且不小于$13000m^3/h$，或设置有效面积不小于走道、回廊建筑面积2%的自然排烟窗（口）。

（4）当一个排烟系统担负多个防烟分区排烟时，其系统排烟量的计算应符合下列规定。

① 当系统负担具有相同净高场所时，对于建筑空间净高大于 6m 的场所，应按排烟量最大的一个防烟分区的排烟量计算；对于建筑空间净高为 6m 及以下的场所，应按同一防火分区中任意两个相邻防烟分区的排烟量之和的最大值计算。

② 当系统负担具有不同净高场所时，应采用上述方法对系统中每个场所所需的排烟量进行计算，并取其中的最大值作为系统排烟量。

（5）中庭排烟量的设计计算应符合下列规定。

① 中庭周围场所设有排烟系统时，中庭采用机械排烟系统的，中庭排烟量应按周围场所防烟分区中最大排烟量的 2 倍数值计算，且不应小于 $107000m^3/h$；中庭采用自然排烟系统时，应按上述排烟量和自然排烟窗（口）的风速不大于 0.5m/s 计算有效开窗面积。

② 当中庭周围场所不需设置排烟系统，仅在回廊设置排烟系统时，回廊的排烟量不应小于以上第（3）条的相关规定，中庭的排烟量不应小于 $40000m^3/h$；中庭采用自然排烟系统时，应按上述排烟量和自然排烟窗（口）的风速不大于 0.4m/s 计算有效开窗面积。

（6）除第（3）条、第（5）条规定的场所外，其他场所的排烟量或自然排烟窗（口）面积应按照烟羽流类型，根据火灾热释放速率、清晰高度、烟羽流质量流量及烟羽流温度等参数计算确定。

（7）各类场所的火灾热释放速率可按第（10）条的规定计算且不应小于表 7-8 规定的值。设置自动喷水灭火系统（简称喷淋）的场所，其室内净高大于 8m 时，应按无喷淋场所对待。

表 7-8　火灾达到稳态时的热释放速率

建筑类别	喷淋设置情况	热释放速率 Q/MW
办公室、教室、客房、走道	无喷淋	6.0
	有喷淋	1.5
商店、展览厅	无喷淋	10.0
	有喷淋	3.0
其他公共场所	无喷淋	8.0
	有喷淋	2.5
汽车库	无喷淋	3.0
	有喷淋	1.5
厂房	无喷淋	8.0
	有喷淋	2.5
仓库	无喷淋	20.0
	有喷淋	4.0

（8）当储烟仓的烟层与周围空气温差小于 15℃时，应通过降低排烟口的位置等措施重新调整排烟设计。

（9）走道、室内空间净高不大于 3m 的区域，其最小清晰高度不宜小于其净高的 1/2，其他区域的最小清晰高度应按下式计算：

$$H_q = 1.6 + 0.1H' \tag{7-9}$$

式中　H_q——最小清晰高度，m；

H'——对于单层空间，取排烟空间的建筑净高度，m；对于多层空间，取最高疏散楼层的层高，m。

（10）火灾热释放速率应按下式计算：

$$Q = \alpha t^2 \tag{7-10}$$

式中　Q——热释放速率，kW；

t——火灾增长时间，s；

α——火灾增长系数，kW/s^2，按表 7-9 取值。

表 7-9 火灾增长系数

火灾类别	典型的可燃材料	火灾增长系数/(kW/s^2)
慢速火	硬木家具	0.00278
中速火	棉质、聚酯垫子	0.011
快速火	装满的邮件袋、木制货架托盘、泡沫塑料	0.044
超快速火	池火、快速燃烧的装饰家具、轻质窗帘	0.178

(11) 烟羽流质量流量计算宜符合下列规定。

① 轴对称型烟羽流

$$M_\rho = 0.071Q_c^{\frac{1}{3}}Z^{\frac{5}{3}} + 0.0018Q_c \tag{7-11}$$

当 $Z > Z_1$ 时

$$M_\rho = 0.032Q_c^{\frac{3}{5}}Z \tag{7-12}$$

当 $Z \leqslant Z_1$ 时

$$Z = 0.166Q_c^{\frac{2}{5}} \tag{7-13}$$

式中 M_ρ——烟羽流质量流量，kg/s；

Q_c——热释放速率的对流部分，kW，一般取值为 $Q_c = 0.7Q$；

Z——燃料面到烟层底部的高度，m，取值应大于或等于最小清晰高度与燃料面高度之差；

Z_1——火焰极限高度，m。

② 阳台溢出型烟羽流

$$M_\rho = 0.36(QW^2)^{\frac{1}{3}}(Z_b + 0.25H_1) \tag{7-14}$$

$$W = w + b$$

式中 H_1——燃料面至阳台的高度，m；

Z_b——从阳台下缘至烟层底部的高度，m；

W——烟羽流扩散宽度，m；

w——火源区域的开口宽度，m；

b——从开口至阳台边沿的距离，m，$b \neq 0$。

③ 窗口型烟羽流

$$M_\rho = 0.68(A_w H_w^{\frac{1}{2}})^{\frac{1}{3}}(Z_w + \alpha_w)^{\frac{5}{3}} + 1.59A_w H_w^{\frac{1}{2}} \tag{7-15}$$

$$\alpha_w = 2.4A_w^{\frac{2}{5}}H_w^{\frac{1}{5}} - 2.1H_w$$

式中 A_w——窗口开口的面积，m^2；

H_w——窗口开口的高度，m；

Z_w——窗口开口的顶部到烟层底部的高度，m；

α_w——窗口型烟羽流的修正系数，m。

(12) 烟层平均温度与环境温度的差应按下式计算或按表 7-10 选取：

$$\Delta T = \frac{KQ_c}{M_\rho C_\rho} \tag{7-16}$$

式中 ΔT——烟层平均温度与环境温度的差，K；

C_ρ——空气的定压比热，kJ/(kg·K)，一般取 $C_\rho = 1.01$ [kJ/(kg·K)]；

K——烟气中对流放热量因子，当采用机械排烟时，取 $K = 1.0$；当采用自然排烟时，取 $K = 0.5$。

表 7-10 不同火灾规模下的机械排烟量

Q=1MW			Q=1.5MW			Q=2.5MW		
M_ρ /(kg/s)	ΔT /K	V /(m^3/s)	M_ρ /(kg/s)	ΔT /K	V /(m^3/s)	M_ρ /(kg/s)	ΔT /K	V /(m^3/s)
4	175	5.32	4	263	6.32	6	292	9.98
6	117	6.98	6	175	7.99	10	175	13.31
8	88	8.66	10	105	11.32	15	117	17.49
10	70	10.31	15	70	15.48	20	88	21.68
12	58	11.96	20	53	19.68	25	70	25.80
15	47	14.51	25	42	24.53	30	58	29.94
20	35	18.64	30	35	27.96	35	50	34.16
25	28	22.80	35	30	32.16	40	44	38.32
30	23	26.90	40	26	36.28	50	35	46.60
35	20	31.15	50	21	44.65	60	29	54.96
40	18	35.32	60	18	53.10	75	23	67.43
50	14	43.60	75	14	65.48	100	18	88.50
60	12	52.00	100	10.5	86.00	120	15	105.10
Q=3MW			Q=4MW			Q=5MW		
M_ρ /(kg/s)	ΔT /K	V /(m^3/s)	M_ρ /(kg/s)	ΔT /K	V /(m^3/s)	M_ρ /(kg/s)	ΔT /K	V /(m^3/s)
8	263	12.64	8	350	14.64	9	525	21.50
10	210	14.30	10	280	16.30	12	417	24.00
15	140	18.45	15	187	20.48	15	333	26.00
20	105	22.64	20	140	24.64	18	278	29.00
25	84	26.80	25	112	28.80	24	208	34.00
30	70	30.96	30	93	32.94	30	167	39.00
35	60	35.14	35	80	37.14	36	139	43.00
40	53	39.32	40	70	41.28	50	100	55.00
50	42	49.05	50	56	49.65	65	77	67.00
60	35	55.92	60	47	58.02	80	63	79.00
75	28	68.48	75	37	70.35	95	53	91.50
100	21	89.30	100	28	91.30	110	45	103.50
120	18	106.20	120	23	107.88	130	38	120.00
140	15	122.60	140	20	124.60	150	33	136.00
Q=6MW			Q=8MW			Q=20MW		
M_ρ /(kg/s)	ΔT /K	V /(m^3/s)	M_ρ /(kg/s)	ΔT /K	V /(m^3/s)	M_ρ /(kg/s)	ΔT /K	V /(m^3/s)
10	420	20.28	15	373	28.41	20	700	56.48
15	280	24.45	20	280	32.59	30	467	64.85
20	210	28.62	25	224	36.76	40	350	73.15
25	168	32.18	30	187	40.96	50	280	81.48
30	140	38.96	35	160	45.09	60	233	89.76
35	120	41.13	40	140	49.26	75	187	102.40
40	105	45.28	50	112	57.79	100	140	123.20
50	84	53.60	60	93	65.87	120	117	139.90
60	70	61.92	75	74	78.28	140	100	156.50
75	56	74.48	100	56	90.73	—	—	—
100	42	98.10	120	46	115.70	—	—	—
120	35	111.80	140	40	132.60	—	—	—
140	30	126.70	—	—	—	—	—	—

（13）每个防烟分区排烟量应按下列公式计算或按表 7-10 选取：

$$V=\frac{M_{\rho}T}{\rho_0 T_0} \tag{7-17}$$

$$T=T_0+\Delta T$$

式中 V——排烟量，m^3/s；

ρ_0——环境温度下的气体密度，kg/m^3，通常 $T_0=293.15K$，$\rho_0=1.2kg/m^3$；

T_0——环境的绝对温度，K；

T——烟层的平均绝对温度，K。

（14）机械排烟系统中，单个排烟口的最大允许排烟量 V_{max} 宜按下式计算，或按表 7-11 选取。

$$V_{max}=4.16\gamma d_b^{\frac{5}{2}}\left(\frac{T-T_0}{T_0}\right)^{\frac{1}{2}} \tag{7-18}$$

式中 V_{max}——排烟口最大允许排烟量，m^3/s；

γ——排烟位置系数，当风口中心点到最近墙体的距离≥2 倍的排烟口当量直径时 γ 取 1.0；当风口中心点到最近墙体的距离<2 倍的排烟口当量直径时 γ 取 0.5；当吸入口位于墙体上时 γ 取 0.5；

d_b——排烟系统吸入口最低点之下烟气层厚度，m。

表 7-11 排烟口最大允许排烟量 单位：$\times 10^4 m^3/h$

热释放速率/MW	房间净高/m 烟层厚度/m	2.5	3	3.5	4	4.5	5	6	7	8	9
1.5	0.5	0.24	0.22	0.20	0.18	0.17	0.15	—	—	—	—
	0.7	—	0.53	0.48	0.43	0.40	0.36	0.31	0.28	—	—
	1.0	—	1.38	1.24	1.12	1.02	0.93	0.80	0.70	1.63	0.56
	1.5	—	—	3.81	3.41	3.07	2.80	2.37	2.06	1.82	1.63
2.5	0.5	0.27	0.24	0.22	0.20	0.19	0.17	—	—	—	—
	0.7	—	0.59	0.53	0.49	0.45	0.42	0.36	0.32	—	—
	1.0	—	1.53	1.37	1.25	1.15	1.06	0.92	0.81	0.73	0.66
	1.5	—	—	4.22	3.78	3.45	3.17	2.72	2.38	2.11	1.91
3	0.5	0.28	0.25	0.23	0.21	0.20	0.18	—	—	—	—
	0.7	—	0.61	0.55	0.51	0.47	0.44	0.38	0.34	—	—
	1.0	—	1.59	1.42	1.30	1.20	1.11	0.97	0.85	0.77	0.70
	1.5	—	—	4.38	3.92	3.58	3.31	2.85	2.50	2.23	2.01
4	0.5	0.30	0.27	0.24	0.23	0.21	0.20	—	—	—	—
	0.7	—	0.64	0.58	0.54	0.50	0.47	0.41	0.37	—	—
	1.0	—	1.68	1.51	1.37	1.27	1.18	1.04	0.92	0.83	0.76
	1.5	—	—	4.64	4.15	3.79	3.51	3.05	2.69	2.41	2.18
6	0.5	0.32	0.29	0.26	0.24	0.23	0.22	—	—	—	—
	0.7	—	0.70	0.63	0.58	0.54	0.51	0.45	0.41	—	—
	1.0	—	1.83	1.63	1.49	1.38	1.29	1.14	1.03	0.93	0.85
	1.5	—	—	5.03	4.50	4.11	3.80	3.35	2.98	2.69	2.44
8	0.5	0.34	0.31	0.28	0.26	0.24	0.23	—	—	—	—
	0.7	—	0.74	0.67	0.62	0.58	0.54	0.48	0.44	—	—
	1.0	—	1.93	1.73	1.58	1.46	1.37	1.22	1.10	1.00	0.92
	1.5	—	—	5.33	4.77	4.35	4.03	3.55	3.19	2.89	2.64
10	0.5	0.36	0.32	0.29	0.27	0.25	0.24	—	—	—	—
	0.7	—	0.77	0.70	0.65	0.60	0.57	0.51	0.46	—	—
	1.0	—	2.02	1.81	1.65	1.53	1.43	1.28	1.16	1.06	0.97
	1.5	—	—	5.57	4.98	4.55	4.21	3.71	3.36	3.05	2.79

续表

热释放速率/MW	房间净高/m 烟层厚度/m	2.5	3	3.5	4	4.5	5	6	7	8	9
20	0.5	0.41	0.37	0.34	0.31	0.29	0.27	—	—	—	—
	0.7	—	0.89	0.81	0.74	0.69	0.65	0.59	0.54	—	—
	1.0	—	2.32	2.08	1.90	1.76	1.64	1.47	1.34	1.24	1.15
	1.5	—	—	6.40	5.72	5.23	4.84	4.27	3.86	3.55	3.30

注：1. 本表仅适用于排烟口设置于建筑空间顶部，且排烟口中心点至最近墙体的距离大于或等于 2 倍排烟口当量直径的情形。当小于 2 倍或排烟口设于侧墙时，应按表中的最大允许排烟量减半。

2. 本表仅列出了部分火灾热释放速率、部分空间净高、部分设计烟层厚度条件下，排烟口的最大允许排烟量。

(15) 采用自然排烟方式所需自然排烟窗（口）截面积宜按下式计算：

$$A_V C_V = \frac{M_\rho}{\rho_0}\left[\frac{T^2 + (A_V C_V / A_0 C_0)^2 T T_0}{2 g d_b \Delta T T_0}\right]^{\frac{1}{2}} \tag{7-19}$$

式中 A_V——自然排烟窗（口）截面积，m^2；

A_0——所有进气口总面积，m^2；

C_V——自然排烟窗（口）流量系数，通常选定在 0.5～0.7 之间；

C_0——进气口流量系数，通常约为 0.6；

g——重力加速度，m/s^2。

注：公式中 $A_V C_V$ 在计算时应采用试算法。

7.3.5 补风系统设计

补风系统设计应符合以下规定。

(1) 除地上建筑的走道或建筑面积小于 500m² 的房间外，设置排烟系统的场所应设置补风系统。

(2) 补风系统应直接从室外引入空气，且补风量不应小于排烟量的 50%。

(3) 补风系统可采用疏散外门、手动或自动可开启外窗等自然进风方式以及机械送风方式。防火门、窗不得用作补风设施。风机应设置在专用机房内。

(4) 补风口与排烟口设置在同一空间内相邻的防烟分区时，补风口位置不限；当补风口与排烟口设置在同一防烟分区时，补风口应设在储烟仓下沿以下；补风口与排烟口水平距离不应少于 5m。

(5) 补风系统应与排烟系统联动开启或关闭。

(6) 机械补风口的风速不宜大于 10m/s，人员密集场所补风口的风速不宜大于 5m/s；自然补风口的风速不宜大于 3m/s。

(7) 补风管道耐火极限不应低于 0.50h，当补风管道跨越防火分区时，管道的耐火极限不应小于 1.50h。

7.3.6 防排烟系统常用设备

7.3.6.1 防排烟风机

(1) 防排烟风机的类型

① 根据作用原理分类。根据作用原理风机分为离心式风机、轴流式风机和贯流式风机。

a. 离心式风机。离心式风机由叶轮、机壳、转轴、支架等部分组成，叶轮上装有一定数量的叶片，如图 7-19 所示。气流从风机轴向入口吸入，经 90°转弯进入叶轮中，叶轮叶片间隙中的气体被带动旋转而获得离心力，气体由于离心力的作用向机壳方向运动，并产生一定的正压力，由蜗壳汇集沿切向引导至排气口排出，叶轮中则由于气体离开而形成了负压，气体因而源源不断地由进风口轴向地被吸入，从而形成了气体被连续地吸入、加压、排出的流动过程。

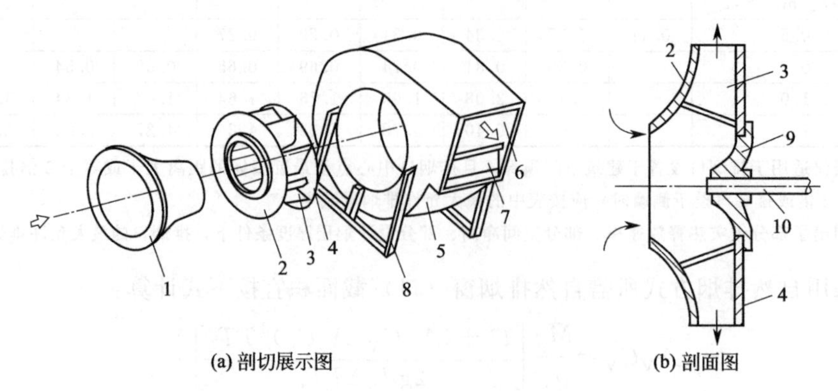

图 7-19 离心式风机的组成

1—吸入口；2—叶轮前盘；3—叶片；4—后盘；5—机壳；6—出口；
7—截流盘（风舌）；8—支架；9—轮毂；10—轴

b. 轴流式风机。轴流式风机的叶片安装在旋转的轮毂上，当叶轮由电动机带动而旋转时，将气流从轴向吸入，气体受到叶片的推挤而升压，并形成轴向流动，由于风机中的气流方向始终沿着轴向，故称为轴流式风机，如图 7-20 所示。

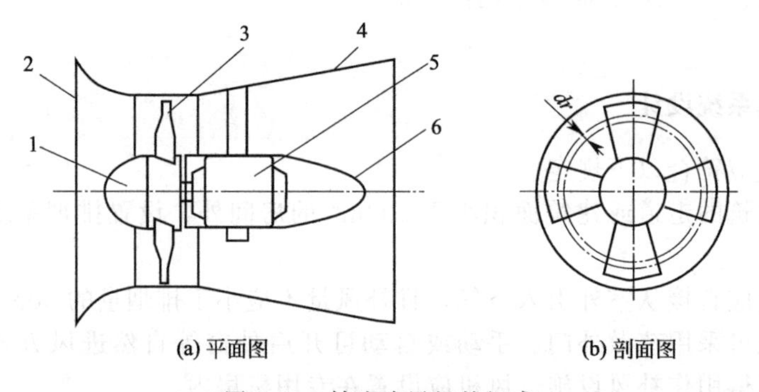

图 7-20 轴流式风机的组成

1—轮毂；2—前整流罩口；3—叶轮；4—扩压管；5—电动机；6—后整流罩

dr—垂直于纸面的厚度

c. 混流风机。混流风机（又叫斜流风机）的外形、结构都是介于离心风机和轴流风机之间，是介于轴流风机和离心风机之间的风机，斜流风机的叶轮高速旋转让空气既做离心运动，又做轴向运动，既产生离心风机的离心力，又具有轴流风机的推升力，机壳内空气的运动混合了轴流与离心两种运动形式。斜流风机和离心风机比较，压力低一些，而流量大一些，它与轴流风机比较，压力高一些，但流量又小一些。斜流风机具有压力高、风量大、高效率、结构紧凑、噪声低、体积小、安装方便等优点。斜流式风机外形看起来更像传统的轴流式风机，机壳可具有敞开的入口，排泄壳缓慢膨胀，以放慢空气或气体流的速度，并将动能转换为有用的静态压力。如图 7-21 所示。

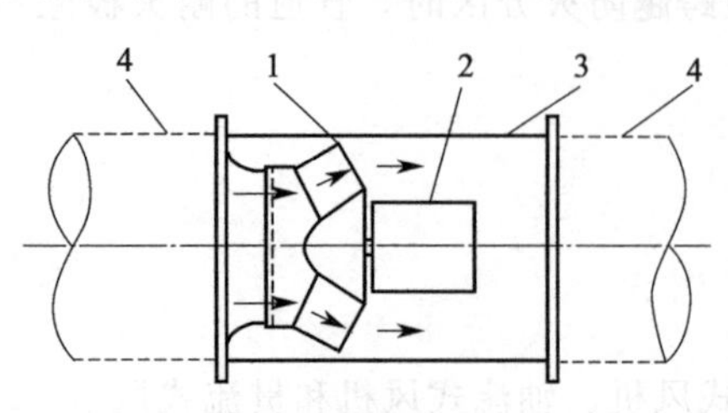

图 7-21 混流风机示意

1—叶轮；2—电动机；3—风筒；4—连接风管

② 根据风机的用途分类。可以将风机分为一般用途风机、排尘风机、防爆风机、防腐风机、消防用排烟风机、屋顶风机、高温风机、射流风机等。

在建筑防排烟工程中，由于加压送风系统输送的是一般的室外空气，因此可以采用一般用途风机，而排烟系统中的风机可采用消防用排烟风机。

另外，根据风机的转速将风机分为单速风机和双速风机。通过改变风机的转速可以改变风机的性能参数，以满足风量和全压的要求，并可实现节能的目的。双速风机采用的是双速电机，通过接触器改变极对数得到两种不同转速。

(2) 防排烟工程对风机的要求　建筑物防排烟工程的风机，加压送风风机与一般的送风风机没有区别，而排烟风机除具备一般工程中所用的风机的性能外，还应满足以下要求。

① 排烟风机排出的是火灾时的高温烟气，因此排烟风机应能够保证烟气温度低于85℃时长时间运行，在烟气温度为280℃的条件下连续工作不小于30min（地铁用轴流风机需要在250℃高温下可连续运转1h)，当温度冷却至环境温度时仍能连续正常运转。当排烟风机及系统中设置有软接头时，该软接头应能在280℃的环境条件下连续工作不少于30min。

② 排烟风机可采用离心风机或消防专用排烟轴流风机，风机采用为不燃材料制作，高温变形小。排烟专用轴流风机必须有国家质量检测认证中心按照相应标准进行性能检测的报告。普通离心式通风机是按输送密度较大的冷空气设计的，当输送火灾烟气时风量保持不变，由于烟气密度小，风机功耗小，电机线圈发热量小，这对风机有利。

③ 排烟风机的全压应满足排烟系统最不利环路的要求，考虑排烟风道漏风量的因素，排烟量应增加10%～20%的富裕量。

④ 在排烟风机入口或出口处的总管应设置排烟防火阀，当烟气温度超过280℃时排烟防火阀能自行关闭，该阀应与排烟风机连锁，该阀关闭时排烟风机应能停止运转。

⑤ 加压风机和排烟风机应满足系统风量和风压的要求，并尽可能使工作点处在风机的高效区。机械加压送风风机可采用轴流风机或中、低压离心风机，送风机的进风口宜直接与室外空气相通。

⑥ 高原地区由于海拔高，大气压力低，气体密度小，对于排烟系统在质量流量、阻力相同时，风机所需要的风量和风压都比平原地区的大，不能忽视当地大气压力的影响。

⑦ 轴流式消防排烟通风机应在风机内设置电动机隔热保护与空气冷却系统，电动机绝缘等级应不低于F级。

⑧ 轴流式消防排烟通风机电动机动力引出线，应由耐温隔热套管包容或采用耐高温电缆。

(3) 防排烟风机的选型　防排烟风机选型主要包含两项内容，一是确定风机的性能指标，二是确定风机的具体规格型号。

① 风机性能指标的确定。根据前述计算规则确定了防排烟风系统的阻力和流量之后，便可以确定所要选择风机的风量、风压和功率。鉴于实际运行条件和理论计算条件之间存在着一定的偏差，所以无论是风量、风压还是功率，都必须考虑一定的富裕量。

风机的风量 Q（m^3/s）为：

$$Q=\beta_Q Q_j \tag{7-20}$$

式中　β_Q——风机的风量储备系数，风机取 $\beta_Q=1.1\sim1.12$；

Q_j——防排烟系统计算得到的气体体积流量，m^3/s。

风机的风压 p（Pa）为：

$$p=\beta_p \sum\Delta p \times \frac{p_b}{B} \times \frac{273+t}{273+t_b} \tag{7-21}$$

式中　β_p——风机的风压储备系数，可取 $\beta_p=1.11\sim1.2$；

$\sum\Delta p$——防排烟系统的总阻力，Pa；

p_b——标准大气压，Pa；

B——当地大气压，Pa；

t_b——标准状态下气体的温度，℃；

t——防排烟系统气体的温度，℃。

风机的轴功率 N_z（kW）为：

$$N_z=\frac{Qp}{\eta}\times10^{-3} \tag{7-22}$$

式中 Q——风量，m^3/h；

p——风压，Pa；

η——风机的效率。

风机配用电动机所需的功率 N_D（kW）为：

$$N_D=K_N\frac{N_z}{\eta_c}=K_N\frac{Qp}{\eta\eta_c}\times10^{-3} \tag{7-23}$$

式中 η_c——风机传动效率；

K_N——电动机的功率储备系数。

② 确定风机的具体型号规格。目前国内离心式风机和轴流式风机的型号繁多，规格齐全，那么，单从满足风量和风压的要求出发，可以选用很多型号和规格的风机。但从运行的经济性及节能的要求来看，还必须使工作点处在最高效率区内。如前所述，风机产品性能表是将最高效率 90%范围内的性能按流量等分而成的，通常有 5 等分，则相应于中间的流量的效率最高。所以，借助风机产品性能表可大体上选定出工作点效率最高的风机型号规格。

7.3.6.2 阀门

（1）防火阀和排烟防火阀 防火阀与排烟防火阀都是安装在通风、空气调节系统的管道上，用于火灾发生时控制管道开通或关断的重要组件。

① 防火阀。防火阀一般安装在通风、空气调节系统的风路管道上。它的主要作用是防止火灾烟气从风道蔓延，当风道从防火分隔构件处及变形缝处穿过，或风道的垂直管与每层水平管分支的交接处时都应安装防火阀。

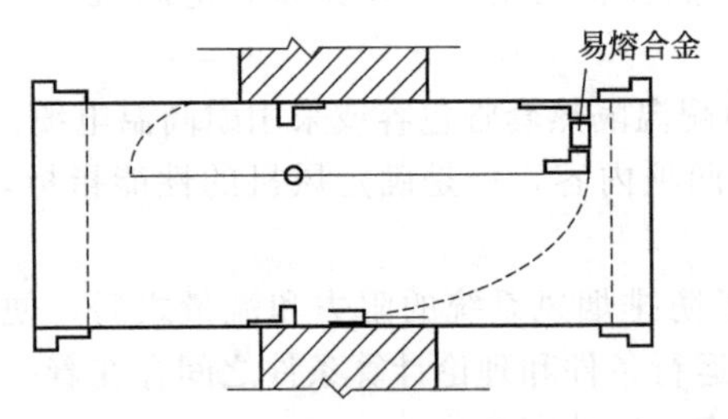

图 7-22 防火阀的工作原理

防火阀是借助易熔合金的温度控制，利用重力作用和弹簧机构的作用，在火灾时关闭阀门的。新型产品中亦有利用记忆合金产生形变使阀门关闭的。火灾时，火焰侵入风管，高温使阀门上的易熔合金熔解，或记忆合金产生形变，阀门自动关闭，其工作原理如图 7-22 所示。

防火阀一般由阀体、叶片、执行机构和温感器等部件组成，如图 7-23 所示。

防火阀的阀门关闭驱动方式有重力式、弹簧力驱动式（或称电磁式）、电机驱动式及气动驱动式四种。常用的防火阀有重力式防火阀、弹簧式防火阀、弹簧式防火调节阀、防火风口、气动式防火阀、电动防火阀、电子自控防烟防火阀。图 7-24 所示为重力式圆形单板防火阀，图 7-25 所示为弹簧式圆形防火阀，图 7-26 所示为温度熔断器的构造。

② 排烟防火阀。排烟防火阀安装在排烟管道上。它的主要作用是在火灾时控制排烟口或管道的开通或关断，以保证排烟系统的正常工作，阻止超过 280℃的高温烟气进入排烟管道保护排烟风机和排烟管道。排烟防火阀的构造如图 7-27 和图 7-28 所示。

③ 防火调节阀。防火调节阀是防火阀的一种，平时常开，阀门叶片可在 0°～90°内调节，气流温度达到 70℃时，温度熔断器动作，阀门关闭；也可手动关闭，手动复位。阀门关闭后可发出电信号至消防控制中心。其构造如图 7-29 所示。

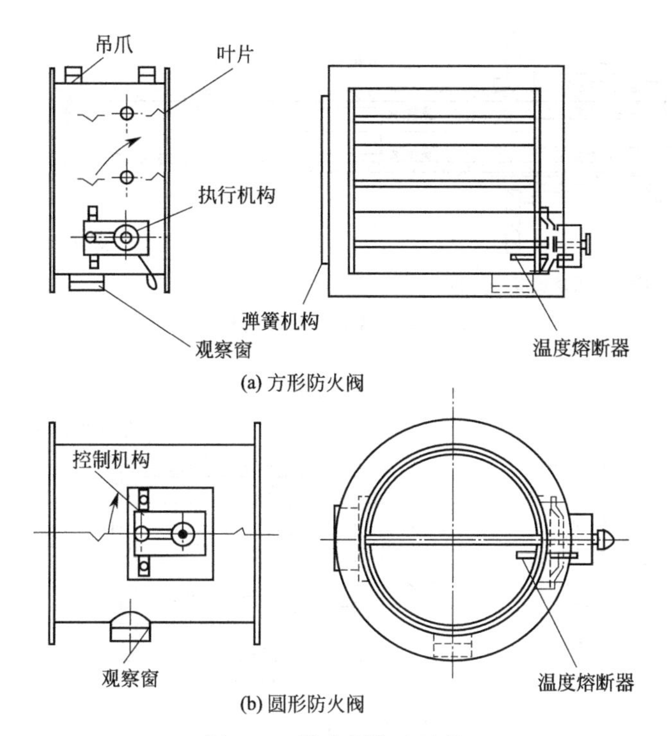

图 7-23 防火阀构造示意

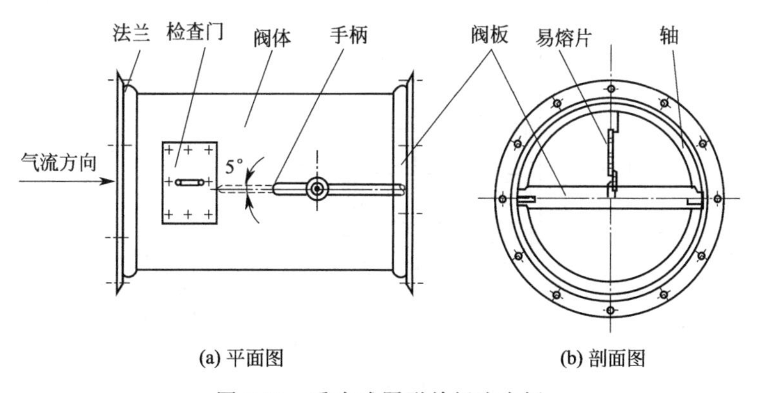

图 7-24 重力式圆形单板防火阀

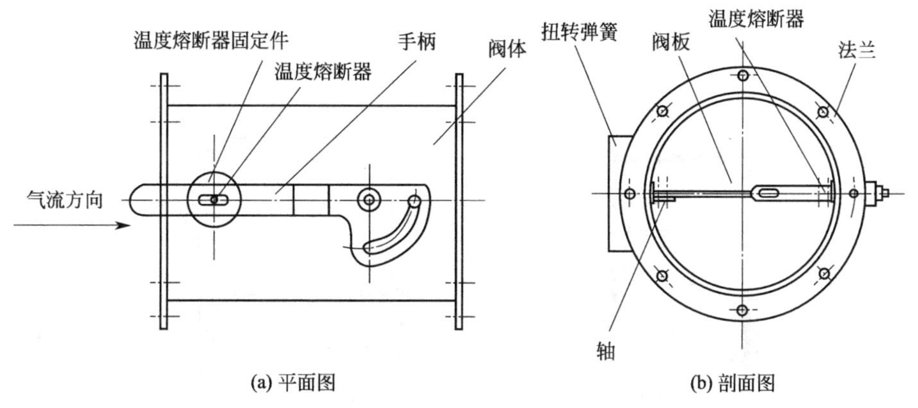

图 7-25 弹簧式圆形防火阀

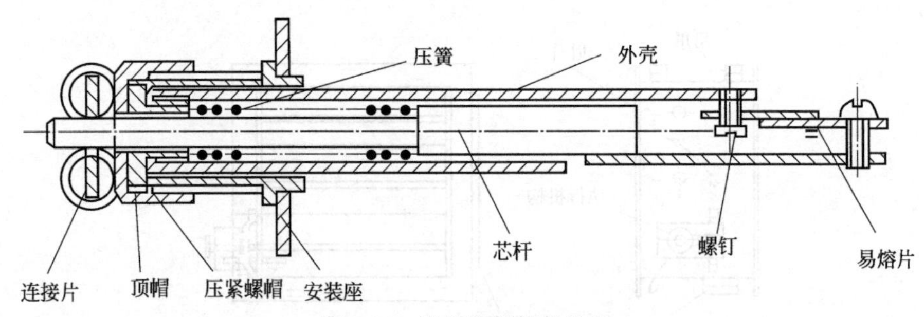

图 7-26 温度熔断器的构造

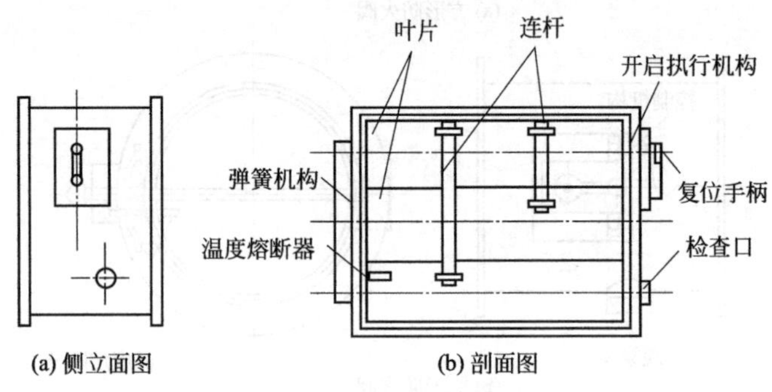

图 7-27 排烟防火阀

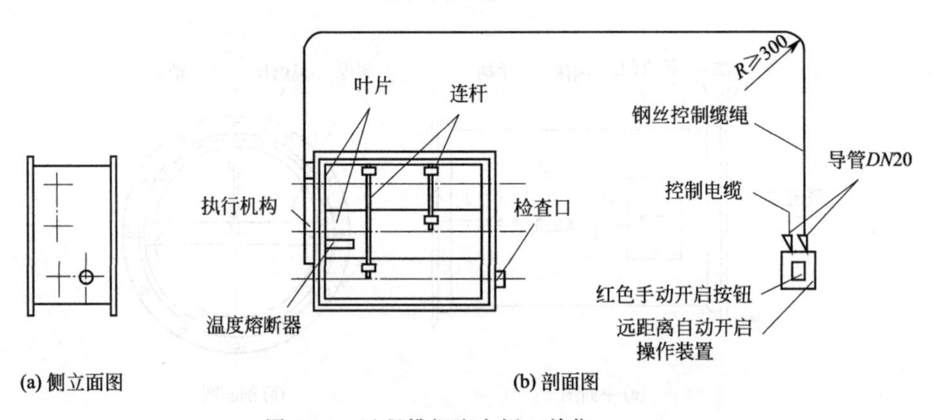

图 7-28 远程排烟防火阀（单位：mm）

R—弯曲半径

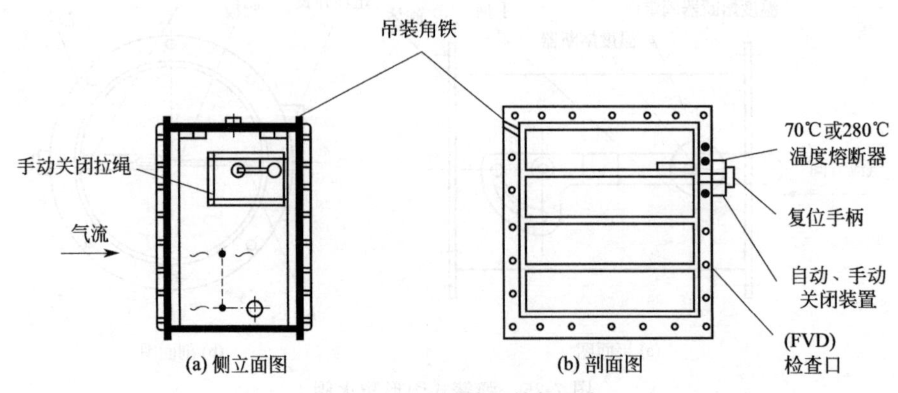

图 7-29 防火调节阀结构示意

④ 防火风口。工程中常用的防火风口是由铝合金风口和薄型防火阀组合而成的（图7-30），它主要用于有防火要求的通风空调系统的送回风管道的出口处或吸入口，一般安装于风管侧面或风管末端及墙上，平时作风口用，可调节送风气流方向，其防火阀可在0°～90°范围内无级调节通过风口的气流量，气流温度达到70℃时，温度熔断器动作，阀门关闭，切断火势和烟气沿风管蔓延。也可手动关闭，手动复位。

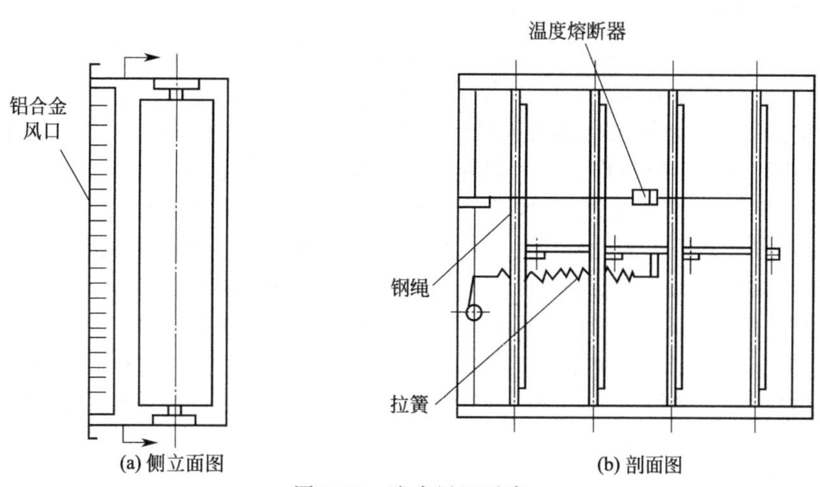

图 7-30 防火风口示意

（2）排烟阀 排烟阀由叶片、执行机构、弹簧机构等组成，如图7-31所示。其安装在机械排烟系统各支管端部（烟气吸入口）处，平时呈关闭状态并满足漏风量要求，火灾或需要排烟时手动和电动打开，起排烟作用的阀门。带有装饰口或进行过装饰处理的阀门称为排烟口。

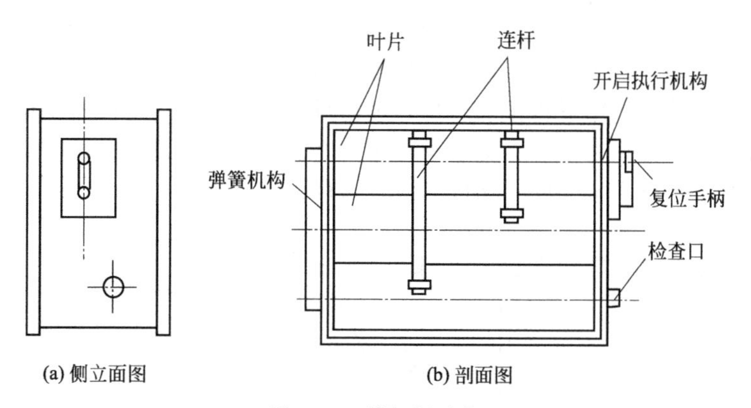

图 7-31 排烟阀示意

（3）阀门的设置要求

① 阀门材料。阀体、叶片、挡板、执行机构底板及外壳采用冷轧钢板、镀锌钢板。不锈钢板或无机防火板等材料制作。排烟阀的装饰口采用铝合金、钢板等材料制作。轴承、轴套、执行机构中的活动零部件，采用黄铜、青铜、不锈钢等耐腐蚀材料制作。

② 控制方式。防火阀或排烟防火阀应具备温感器控制方式，使其自动关闭，防火阀或排烟防火阀宜具备手动关闭方式；排烟阀应具备手动开启方式。手动操作应方便、灵活可靠，手动关闭或开启操作力应不大于70N。

防火阀或排烟防火阀宜具备电动关闭方式；排烟阀应具备电动开启方式。具有远距离复位功能的阀门，当通电动作后，应具有显示阀门叶片位置的信号输出。

阀门执行机构中电控电路的工作电压宜采用 DC 24V 工作电压。其额定工作电流应不大于 0.7A。

③ 耐火性能。防火阀或排烟防火阀必须采用不燃材料制作，在规定的耐火时间内阀门表面不应出现连续 10s 以上的火焰，耐火时间不应小于 1.50h。

耐火试验开始后 1min 内，防火阀的温感器应动作，阀门关闭。耐火试验开始后 3min 内，排烟防火阀的温感器应动作，阀门关闭。

在规定的耐火时间内，使防火阀或排烟防火阀叶片两侧保持 300Pa±15Pa 的气体静压差，其单位面积的漏烟量（标准状态）应不大于 $700m^3/(m^2 \cdot h)$。

④ 关闭可靠性。防火阀或排烟防火阀经过 50 次开关试验后，各零部件应无明显变形、磨损及其他影响其密封性能的损伤，叶片仍能从打开位置灵活可靠地关闭。

⑤ 开启可靠性。排烟阀经过 50 次开关试验后，各零部件应无明显变形、磨损及其他影响其密封性能的损伤，电动和手动操作均应立即开启。排烟阀经 5 次开关试验后，在其前后气体静压差保持在 1000Pa±15Pa 的条件下，电动和手动操作均应立即开启。

⑥ 环境温度下的漏风量。在环境温度下，使防火阀或排烟防火阀叶片两侧保持 300Pa±15Pa 的气体静压差，其单位面积的漏风量（标准状态）应不大于 $500m^3/(m^2 \cdot h)$。在环境温度下，使排烟阀叶片两侧保持 1000Pa±15Pa 的气体静压差，其单位面积上的漏烟量（标准状态）应不大于 $700m^3/(m^2 \cdot h)$。

7.3.6.3 排烟口

排烟口安装在烟气吸入口处，平时处于关闭状态，火灾时根据火灾烟气扩散蔓延情况打开相关区域的排烟口。开启动作可手动或自动，手动又分为就地操作和远距离操作两种。自动也可分有烟（温）感电信号联动和温度熔断器动作两种。排烟口动作后，可通过手动复位装置或更换温度熔断器予以复位，以便重复使用。排烟口按结构形式分为有板式排烟口和多叶排烟口两种，按开口形状分为矩形排烟口和圆形排烟口。

（1）板式排烟口　板式排烟口由电磁铁、阀门、微动开关、叶片等组成。板式排烟口应用在建筑物的墙上或顶板上，也可直接安装在排烟风道上。火灾发生时，操作装置在控制中心输出的 DC 24V 电源或手动作用下将排烟口打开进行排烟。排烟口打开时输出电信号，可与消防系统或其他设备连锁；排烟完毕后需要手动复位。在人工手动无法复位的场合，可以采用通过全自动装置进行复位。图 7-32 为带手动控制装置的板式排烟口。

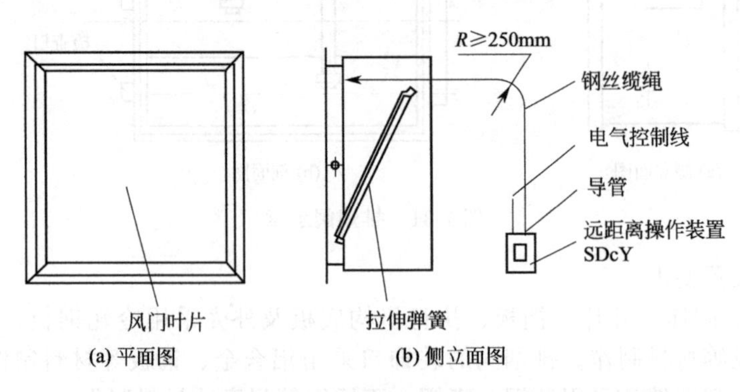

图 7-32　板式排烟口结构示意

R—弯曲半径

（2）多叶排烟口　多叶排烟口内部为排烟阀门，外部为百叶窗，如图 7-33 所示。多叶排烟口用于建筑物的过道、无窗房间的排烟系统上，安装在墙上或顶板上。火灾发生时，通过控制中心 DC 24V 电源或手动使阀门打开进行排烟。

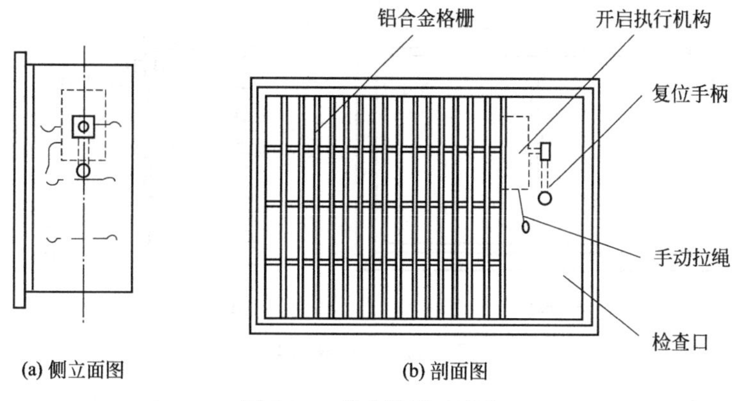

图 7-33 多叶排烟口示意

7.3.6.4 加压送风口

加压送风口用于建筑物的防烟前室，安装在墙上，平时常闭。火灾发生时，通过电源 DC 24V 或手动使阀门打开，根据系统的功能为防烟前室送风，多叶式加压送风口的外形和结构与多叶式排烟口相同，图 7-34 为多叶加压送风口。楼梯间的加压送风口，一般采用常开的形式，一般采用普通百叶风口或自垂式百叶风口。

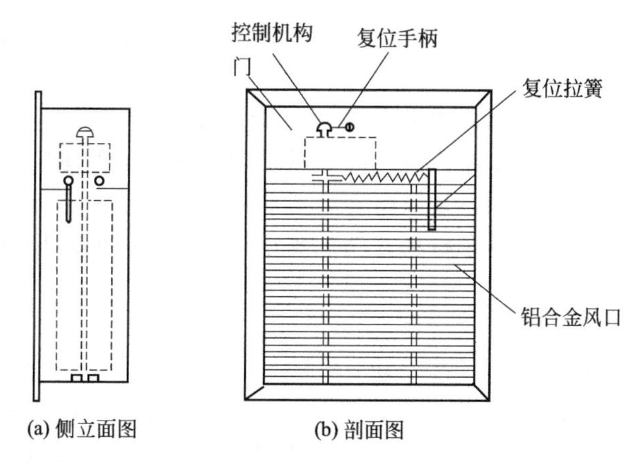

图 7-34 多叶加压送风口示意

7.3.6.5 余压阀

余压阀是为了维持一定的加压空间静压、实现其正压的无能耗自动控制而设置的设备，它是一个单向开启的风量调节装置，按静压差来调整开启度，用重锤的位置来平衡风压，如图 7-35 所示。一般在楼梯间与前室和前室与走道之间的隔墙上设置余压阀。这样空气通过余压阀从楼梯间送入前室，当前室超压时，空气再从余压阀漏到走道，使楼梯间和前室能维持各自的压力。

7.3.6.6 挡烟垂壁

挡烟垂壁是指安装在吊顶或楼板下或隐藏在吊顶内，火灾时能够阻止烟和热气体水平流动的垂直分隔物。挡烟垂壁主要用来划分防烟分区，由夹丝玻璃、不锈钢、挡烟布、铝合金等不燃材料制成，并配以电控装置。挡烟垂壁按活动方式可分为卷帘式挡烟垂壁和翻板式挡烟垂壁。

根据挡烟垂壁的材质不同可将常用的挡烟垂壁分为以下几种。

（1）高温夹丝防火玻璃型　高温夹丝防火玻璃又称安全玻璃，玻璃中间镶有钢丝。它的一个最大的特点就是夹丝防火玻璃挡烟垂壁遇到外力冲击破碎时，破碎的玻璃不会脱落或整个垮塌而伤人，因而具有很强的安全性。

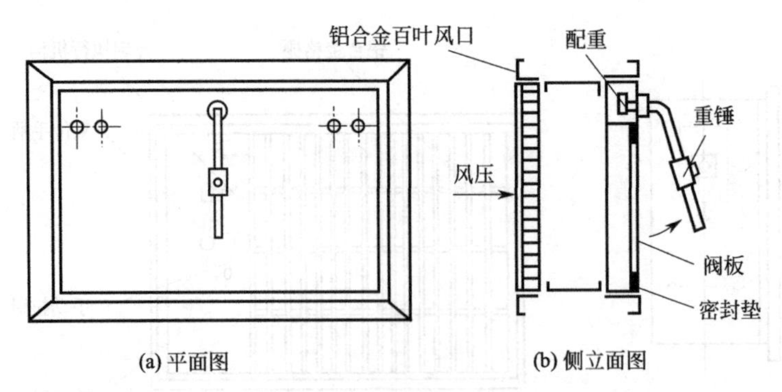

图 7-35　余压阀示意

（2）单片防火玻璃型　单片防火玻璃是一种单层玻璃构造的防火玻璃。在一定的时间内能保持耐火完整性、阻断迎火面的明火及有毒、有害气体，但不具备隔温绝热功效。单片防火玻璃型挡烟垂壁一个最大的特点就是美观，其广泛地使用在人流、物流不大，但对装饰要求很高的场所，如高档酒店、会议中心、文化中心、高档写字楼等，其缺点就是挡烟垂壁遇到外力冲击发生意外时，整个挡烟垂壁会发生垮塌击伤或击毁下方的人员或设备。

（3）双层夹胶玻璃型　夹胶防火玻璃型是综合了单片防火玻璃型和夹丝防火玻璃的优点的一种挡烟垂壁。它是由两层单片防火玻璃中间夹一层无机防火胶制成的。它既有单片防火玻璃型的美观度又有夹丝防火玻璃型的安全性，是一种比较完美的固定式挡烟垂壁，但其造价较高。

（4）板型挡烟垂壁　板型挡烟垂壁用涂碳金刚砂板等不燃材料制成。板型挡烟垂壁造价低，使用范围主要是车间、地下车库、设备间等对美观要求较低的场所。

（5）挡烟布型挡烟垂壁　挡烟布是以耐高温玻璃纤维布为基材，经有机硅橡胶压延或刮涂而成，是一种高性能、多用途的复合材料。挡烟布型挡烟垂壁的使用场所和板型挡烟垂壁的场所基本相同，价格也基本相同。

7.3.6.7　挡烟窗

排烟窗是在火灾发生后，能够通过手动打开或通过火灾自动报警系统联动控制自动打开，将建筑火灾中热烟气有效排出的装置。排烟窗分为自动排烟窗和手动排烟窗。自动排烟窗与火灾自动报警系统联动或可远距离控制打开，手动排烟窗火灾时靠人员就地开启。

用于高层建筑物中的自动排烟窗由窗扇、窗框和安装在窗扇、窗框上的自动开启装置组成。开启装置由开启器、报警器和电磁插销等主要部件构成。自动排烟窗能在火灾发生后自动开启，并在 60s 内达到设计的开启角度，起到及时排放火灾烟气、保护高层建筑的重要作用。

7.3.7　防排烟设备的联动控制

7.3.7.1　防排烟设备联动控制原理

根据《火灾自动报警系统设计规范》（GB 50116—2013）的要求，联动控制对防烟、排烟设施应有下列控制、显示功能：停止有关部位的空调送风，关闭电动防火阀，并接收其反馈信号；启动有关部位的防烟、排烟风机、排烟阀等，并接收其反馈信号；控制挡烟垂壁等防烟设施。

为了达到规范的要求，防排烟系统联动控制的设计，是在选定自然排烟、机械排烟以及机械加压送风方式之后进行的。排烟控制一般有中心控制和模块控制两种方式。图 7-36 为排烟中心控制方式，消防中心接到火警信号后，直接产生信号控制排烟阀门开启、排烟风机启动，空调、送风机、防火门等关闭，并接收各设备的返回信号和防火阀动作信号，监测各设备的运行状况。图 7-37 为排烟模块控制方式，消防中心接收到火警信号后，产生排烟风机和排烟阀门等动作信号，经总线和控制模块驱动各设备动作并接收其返回信号，监测其运行状态。

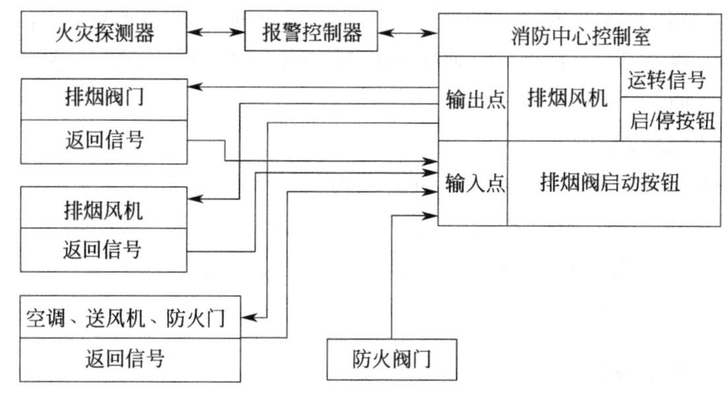

图 7-36 排烟中心控制方式

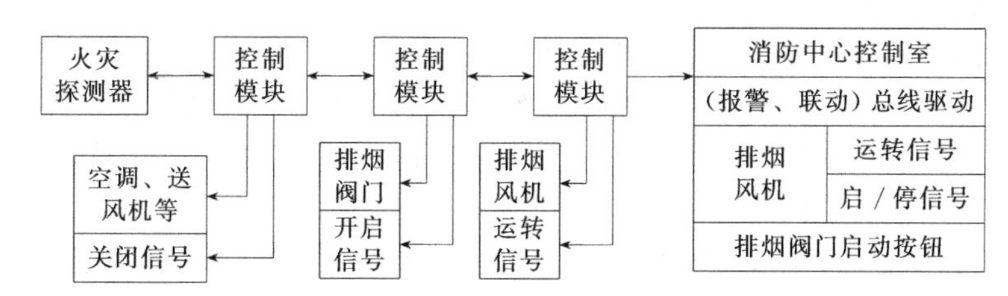

图 7-37 排烟模块控制方式

机械加压送风控制的原理与过程与排烟控制相似，只是控制对象由排烟风机和相关阀门变成正压送风机和正压送风阀门。

7.3.7.2 各种防排烟设施的联动控制

（1）送风口和排烟口的控制 送风口和排烟口的控制基本相同，这里以最常用的板式排烟口及多叶排烟口的控制为例进行介绍。

① 多叶排烟口。多叶排烟口平时关闭，火灾发生时自动开启。装置接到感烟（温）探测器通过控制盘或远距离操纵系统输入的电信号（DC 24V）后，电磁铁线圈通电，多叶排烟口打开，手动开启为就地手动拉绳使阀门开启。阀门打开后，其联动开关接通信号回路，可向控制室返回阀门已开启的信号或联动开启排烟风机。在执行机构的电路中，当烟气温度达 280℃时，熔断器动作，排烟口立即关闭。当温度熔断器更换后，阀门可手动复位。

② 板式排烟口。板式排烟口平时关闭，火灾时自动开启。火灾发生时，自动开启装置接到感烟（温）探测器通过控制盘或远距离操纵系统输入的电信号（DC 24V）后，电磁铁线圈通电，动铁芯吸合，通过杠杆作用使卷绕在滚筒上的钢丝绳释放，于是叶片被打开，同时微动开关动作，切断电磁铁电源，并将阀门开启动作显示线接点接通，将信号返回控制盘并联动启动风机。

（2）排烟防火阀的联动控制 排烟防火阀用在单独设置的排烟系统时，其平时关闭，火灾时自动开启。当联动的烟（温）探测器将火灾信号输送到消防控制中心的控制盘上后，由控制盘再将火灾信号输入到自动开启装置。接受火灾信号后，电磁铁线圈通电，动铁芯吸合，使动铁芯挂钩与阀门叶片旋转轴挂钩脱开，阀门叶片受弹簧力作用迅速开启，同时微动开关动作，切断电磁铁电源，并接通阀门关闭显示线接点，将阀门开启信号返回控制盘，联动通风、空调机停止运行，排烟风机启动。温度熔断器安装在阀体的另一侧，熔断片设在阀门叶片的迎风侧，当管道内烟气温度上升到 280℃时，温度熔断片熔断，阀门叶片受弹簧力作用而迅速关闭，同时微动开关动作，显示线同样发出关闭信号至消防控制中心，同时联动关闭排烟风机。

7.3.7.3 挡烟垂壁的联动控制

由电磁线圈及弹簧锁等组成翻板式挡烟垂壁锁，平时用它将防烟垂壁锁在吊顶中。火灾时可通过自动控制或手柄操作使垂壁降下。火灾时从感烟探测器或联动控制盘发来电信号（DC 24V），电磁线圈通电把弹簧锁的销子拉进去，开锁后挡烟垂壁由于重力的作用靠滚珠的滑动而落下，下垂到90°至挡烟工作位置。另外，当系统断电时，挡烟垂壁能自动下降至挡烟工作位置。手动控制时，操作手动杆也可使弹簧锁的销子拉回开锁，挡烟垂壁落下。把挡烟垂壁升回原来的位置即可复原。

7.3.7.4 排烟窗的联动控制

排烟窗平时关闭，并用排烟窗锁（或插销）锁住。当发生火灾时可自动或手动将排烟窗打开。自动控制：火灾发生时，感烟探测器或联动控制盘发来的指令信号将电磁线圈接通，弹簧锁的锁头偏移，利用排烟窗的重力打开排烟窗。手动控制：火灾发生时，将操作手柄扳倒，弹簧锁的锁头偏移而打开排烟窗。

7.3.8 防排烟系统安装

7.3.8.1 防排烟管道安装

（1）风管的吊装 风管吊装前应检查各支架安装位置、标高是否正确、牢固，应清除内、外杂物，并做好清洁和保护工作。根据施工方案确定的吊装方法（整体吊装或分节吊装，一般情况下风管的安装多采用现场地面组装，再分段吊装的方法），按照先干管后支管的安装程序进行吊装。吊装可用滑轮、麻绳起吊，滑轮一般挂在梁、柱的节点上，或挂在屋架上。

根据现场的具体情况，挂好滑轮，穿上麻绳，风管绑扎牢固后即可起吊。当风管离地200～300mm时，停止起吊，检查滑轮的受力点和所绑扎的麻绳、绳扣是否牢固，风管的重心是否正确。当检查没问题后，再继续起吊到安装高度，把风管放在支、吊架上，并加以稳固后方可解开绳扣。

水平管段吊装就位后，用托架的衬垫、吊架的吊杆螺栓找平，然后用拉线、水平尺和吊线的方法来检查风管是否满足水平和垂直的要求，符合要求后即可固定牢固，然后进行分支管或立管的安装。

（2）风管安装的要求

① 风管（道）的规格、安装位置、标高、走向应符合设计要求，现场安装风管时，不得缩小接孔的有效截面积。

② 风管的连接应平直、不扭曲。明装风管水平安装时，水平度的允许偏差为3/1000，总偏差不应大于20mm。明装风管垂直安装时，垂直度的允许偏差为2/1000，总偏差不应大于20mm。暗装风管的位置应正确、无明显偏差。

③ 风管沿墙安装时，管壁到墙面至少保留150mm的距离，以方便拧紧法兰螺钉。

④ 风管的纵向闭合缝要求交错布置，且不得置于风管底部。

⑤ 风管与配件的可拆卸接口不得置于墙、楼板和屋面内。

⑥ 无机玻璃钢风管安装时不得碰撞和扭曲，以防树脂破裂、脱落及分层。

⑦ 风管与砖、混凝土风道的连接口，应顺着气流方向插入，并应采取密封措施。

⑧ 风管与风机的连接宜采用不燃材料的柔性连接。柔性短管的安装，应松紧适度，无明显扭曲。

⑨ 风管穿越隔墙时，风管与隔墙之间的空隙，应采用水泥砂浆等非燃材料严密填塞。

⑩ 风管法兰的连接应平行、严密，用螺栓紧固，螺栓露出长度一致，同一管段的法兰螺母应在同一侧。风管法兰的垫片材质应符合系统功能的要求，厚度不应小于3mm。垫片不应嵌入管内，亦不宜突出法兰外。

⑪ 排烟风管的隔热层应采用厚度不小于40mm的绝热材料（如矿棉、岩棉、硅酸铝等）。

⑫ 送风口、排烟阀（口）与风管（道）的连接应严密、牢固。

7.3.8.2 阀门和风口安装

（1）防火阀、排烟防火阀的安装　防火阀要保证在火灾时能起到关闭和停机的作用。防火阀有水平安装、垂直安装和左式、右式之分，安装时不能弄错，否则将造成不应有的损失。为防止防火阀易熔件脱落，易熔件应在系统安装后再装。安装时严格按照所要求的方向安装，以使阀板的开启方向为逆气流方向，易熔片处于来流一侧。外壳的厚度不小于2mm，以防止火灾时变形导致防火阀失效。转动部件转动灵活，并且应采用耐腐蚀材料制作，如黄铜、青铜、不锈钢等金属材料。防火阀应有单独的支吊架，不能让风管承受防火阀的重量。防火阀门在吊顶和墙内侧安装时要留出检查开闭状态和进行手动复位的操作空间，阀门的操作机构一侧应有200mm的净空间。防火阀安装完毕后，应能通过阀体标识，判断阀门的开闭状态。

风管垂直或水平穿越防火分区以及穿越变形缝时，都应安装防火阀，其形式如图7-38～图7-40所示。风管穿过墙体或楼板时，先用防火泥封堵，再用水泥砂浆抹面，以达到密封的作用。

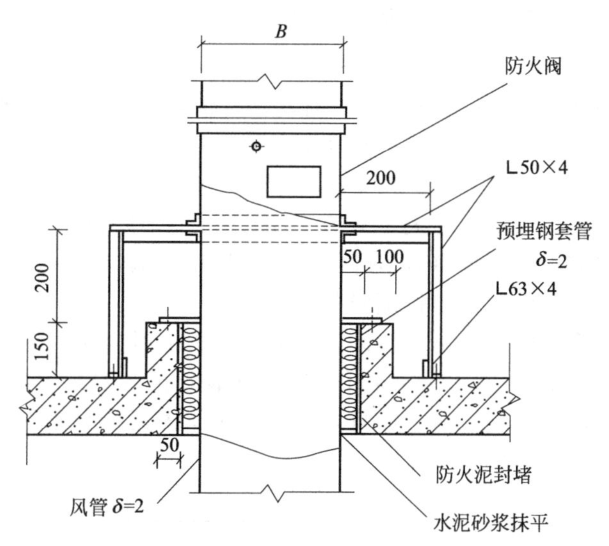

图7-38　楼板处防火阀的安装（单位：mm）

δ—厚度；B—防火阀宽度

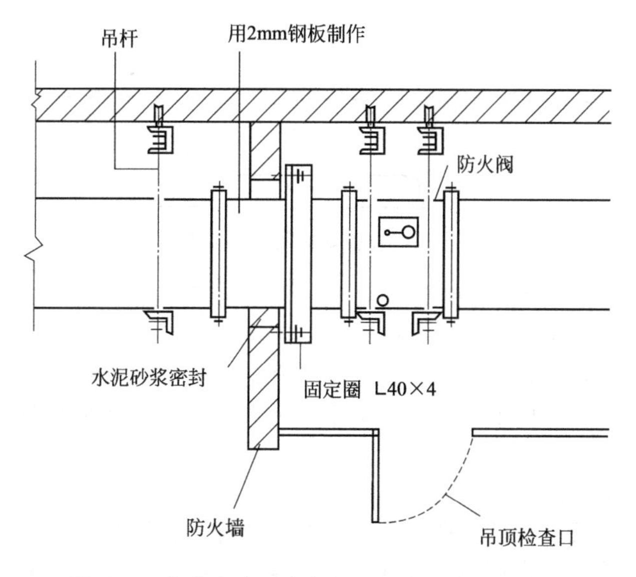

图7-39　穿防火墙处防火阀的安装（单位：mm）

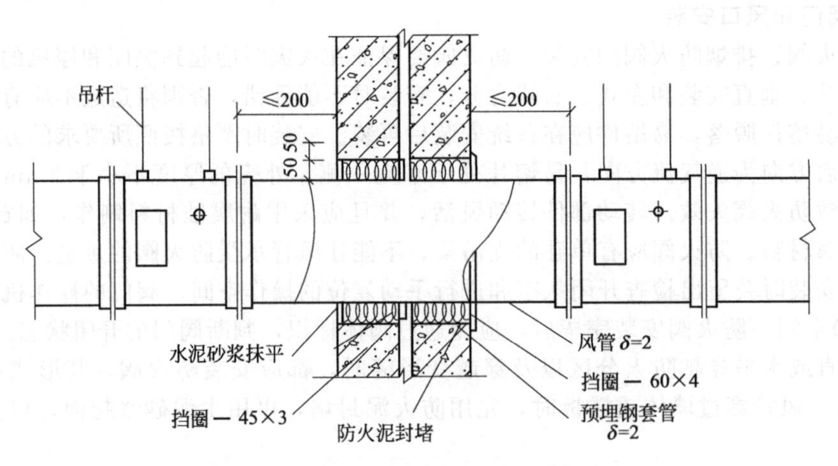

图 7-40 变形缝处防火阀的安装（单位：mm）

δ—厚度

排烟防火阀是用来在烟气温度达到 280℃时切断排烟并连锁关闭排烟风机的，它安装在排烟风机的进口处。排烟防火阀与防火阀只是功能和安装位置不同，安装的方式基本相同。

防火阀和排烟防火阀安装的方向、位置应正确；手动和电动装置应灵活、可靠，阀板关闭应保持严密。防火阀直径或长边尺寸大于或等于 630mm 时，应设独立支、吊架。

(2) 排烟风口的安装 排烟风口有多叶排烟口和板式排烟口，它们都既可以直接安装在排烟管道上，也可以安装在墙壁上，与排烟竖井相连。

多叶排烟口的铝合金百叶风口可以拆卸，安装在风管上时，先取下百叶风口，用螺栓、自攻螺钉将阀体固定在连接法兰上，然后将百叶风口安装到位，如图 7-41 所示。多叶排烟口安装在排烟井壁上时，先取下百叶风口，用自攻螺钉将阀体固定在预埋在墙体内的安装框上，然后装上百叶风口，如图 7-42 所示。

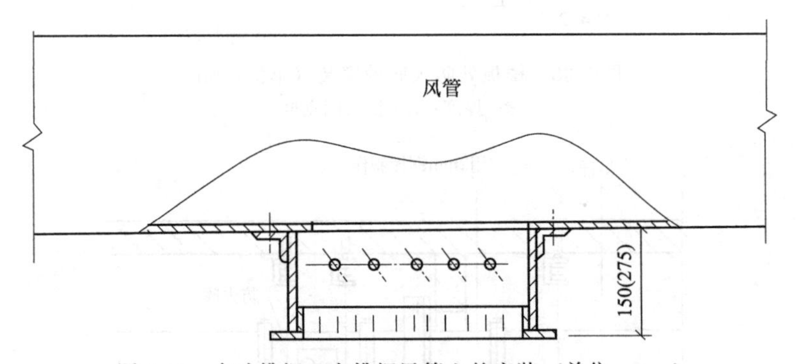

图 7-41 多叶排烟口在排烟风管上的安装（单位：mm）

板式排烟口在吊顶安装时，排烟管道安装底标高距吊顶面大于 250mm。排烟口安装时，首先将排烟口的内法兰安装在短管内。定好位后用铆钉固定，然后将排烟口装入短管内，用螺栓和螺母固定，也可以用自攻螺钉把排烟口外框固定在短管上，如图 7-43 所示。板式排烟口安装在排烟井壁上时，也是用自攻螺钉将阀体固定在预埋在墙体内的安装框上的，如图 7-44 所示。

排烟口安装应注意如下事项。

① 排烟口及手控装置（包括预埋导管）的位置应符合设计要求。

② 排烟口安装后应做动作试验，手动、电动操作应灵活、可靠，阀板关闭时应严密。

③ 排烟口的安装位置应符合设计要求，并应固定牢靠，表面平整、不变形、调节灵活。

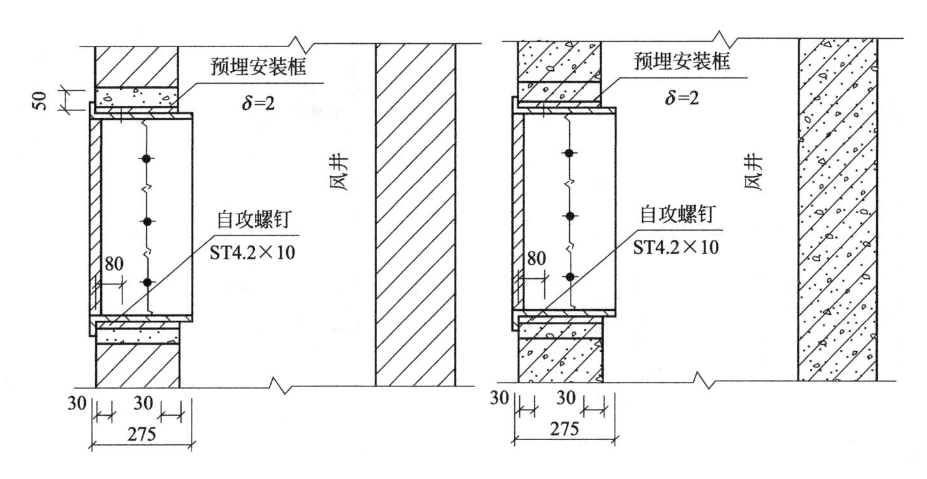

图 7-42 多叶排烟口在排烟竖井上的安装（单位：mm）

δ—厚度

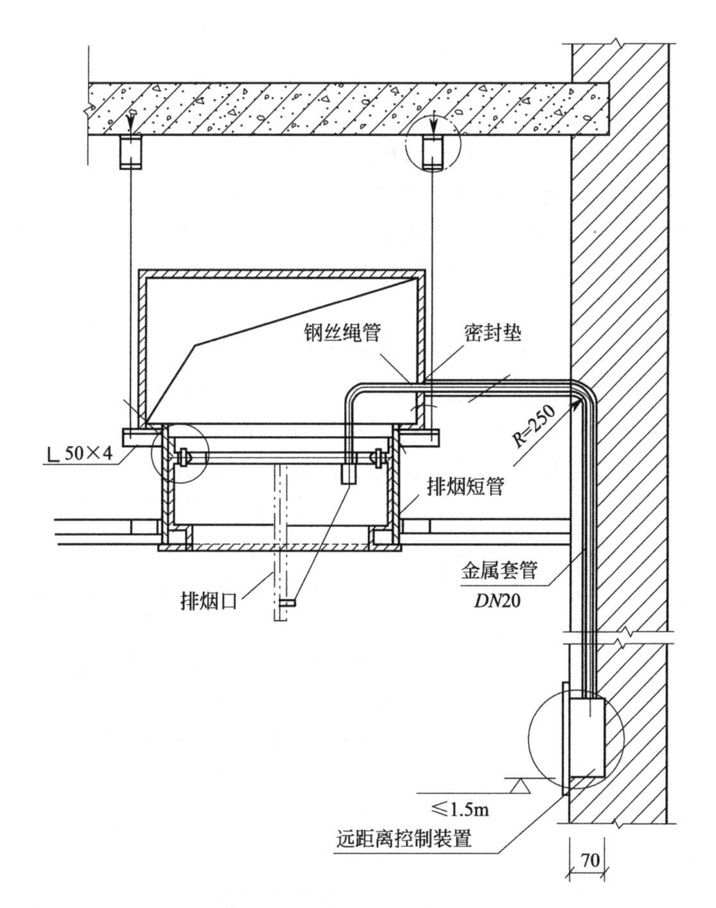

图 7-43 板式排烟口在吊顶上的安装（单位：mm）

R—半径

④ 排烟口距可燃物或可燃构件的距离不应小于 1.5m。

⑤ 排烟口的手动驱动装置应设在明显可见且便于操作的位置，距地面 1.3～1.5m，并应明显可见。预埋管不应有死弯、瘪陷，手动驱动装置操作应灵活。

(a) 安装方式一

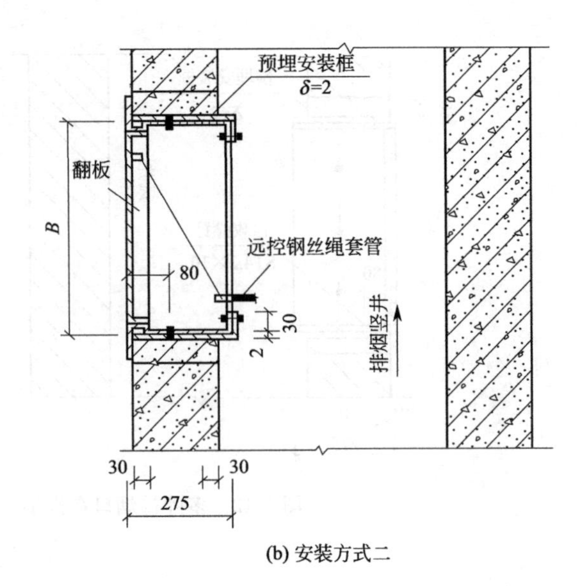

(b) 安装方式二

图 7-44 板式排烟口在排烟竖井上的安装（单位：mm）

δ—厚度；B—排烟口宽度

⑥ 排烟口与管道的连接应严密、牢固，与装饰面相紧贴；表面平整、不变形。同一厅室、房间内的相同排烟口的安装高度应一致，排列应整齐。

(3) 加压送风口的安装 加压送风口用于建筑物的防烟前室，安装在墙上，平时常闭。火灾发生时，根据火灾的通过电源 DC 24V 或手动使阀门打开，根据系统的功能为防烟前室送风。用于楼梯间的加压送风口，一般采用常开的形式，采用普通百叶风口或自垂式百叶风口。

加压前室安装的多叶加压送风口，安装在加压送风井壁上，安装方式与多叶排烟口相同，详见图 7-42。前室若采用常闭的加压送风口，其中都有一个执行装置，楼梯间安装的自垂式加压送风口，是用自攻螺钉将风口固定在预埋在墙体内的安装框上的，如图 7-45 所示。楼梯间的普通百叶风口安装方式与自垂式加压送风口的安装方式相同。

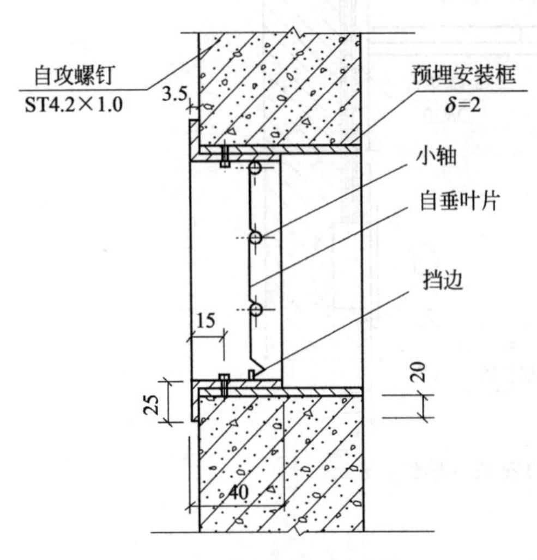

图 7-45 自垂式加压送风口

δ—厚度

送风口的安装位置应符合设计要求，并应固定牢靠，表面平整、不变形，调节灵活。常闭送风口的手动驱动装置应设在便于操作的位置，预埋套管不得有死弯及瘪陷，手动驱动装置操作应灵活。手动开启装置应固定安装在距楼地面 1.3～1.5m 之间，并应明显可见。

7.3.8.3 防排烟风机安装

在工程中防排烟风机主要有在屋顶的钢筋混凝土基础上安装、屋顶钢支架上安装和在楼板下吊装三种形式，如图 7-46～图 7-48 所示。

防排烟风机安装应满足如下要求。

(1) 防排烟风机的安装，偏差应满足表 7-12 的要求。

(2) 安装风机的钢支、吊架，其结构形式和外形尺寸应符合设计或设备技术文件的规定，焊接应牢固，焊缝应饱满、均匀，支架制作安装完毕后不得有扭曲现象。

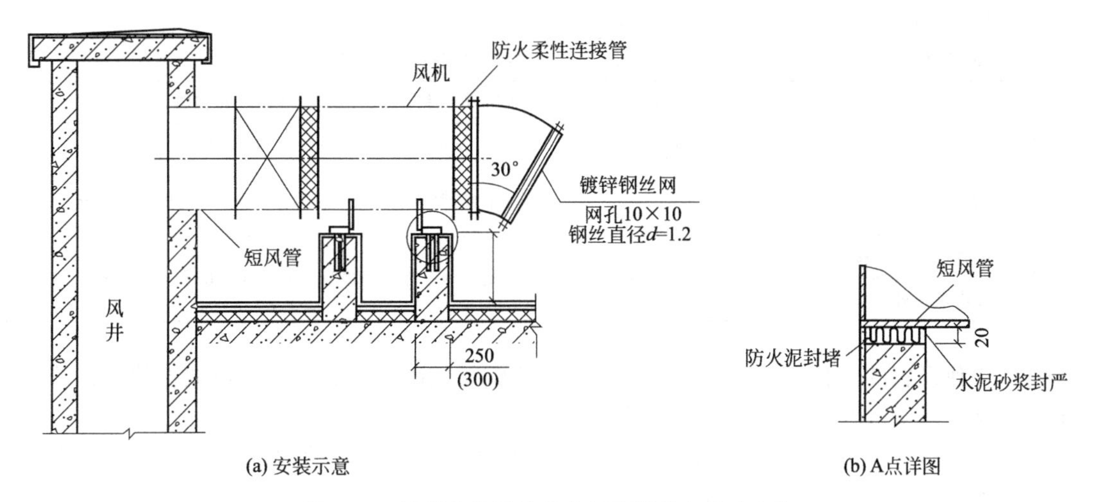

(a) 安装示意　　(b) A点详图

图 7-46　屋顶防排烟风机在钢筋混凝土基础安装

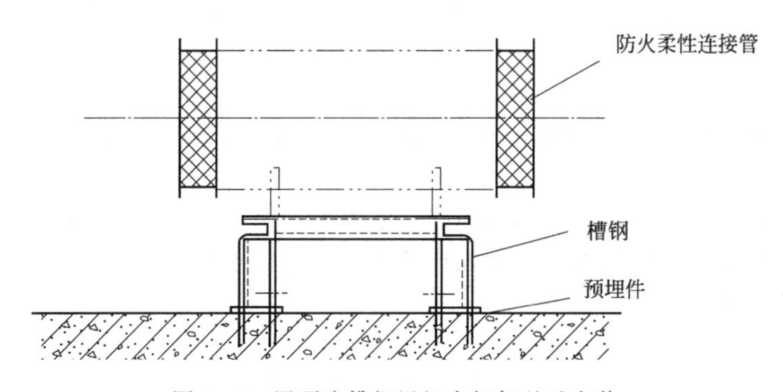

图 7-47　屋顶防排烟风机在钢架基础安装

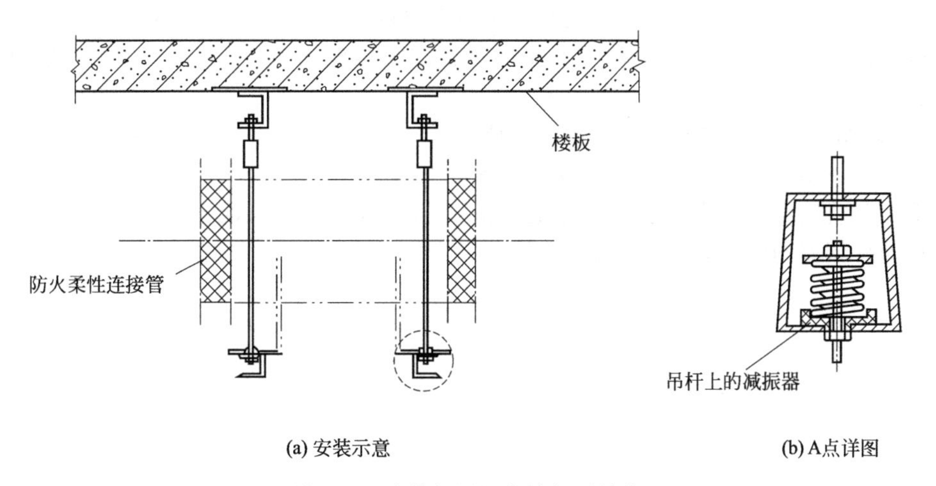

(a) 安装示意　　(b) A点详图

图 7-48　防排烟风机在楼板下吊装

(3) 风机进出口应采用柔性短管与风管相连。柔性短管必须采用不燃材料制作。柔性短管长度一般为 150～250m，应留有 20～25mm 的搭接量。

(4) 离心式风机出口应顺叶轮旋转方向接出弯管。如果受现场条件限制达不到要求，应在弯管内设导流叶片。

表 7-12 防排烟风机安装的允许偏差

项目		允许偏差	检验方法
中心线的平面位移		10mm	经纬仪或拉线和尺量检测
标高		±10mm	水准仪或水平仪、直尺、拉线和尺量检测
带轮轮宽中心平面偏移		1mm	在主、从动带轮端面拉线和尺量检查
传动轴水平度		纵向 0.2/1000 横向 0.3/1000	在轴或带轮 0°和 180°的两个位置上，用水平仪检查
联轴器	两轴心径向位移	0.05mm	在联轴器互相垂直的四个位置上，用百分表检查
	两轴线倾斜	0.2/1000	

(5) 单独设置的防排烟系统风机，在混凝土或钢架基础上安装时可不设减振装置；若排烟系统与通风空调系统共用时需要设置减振装置。

(6) 风机与电动机的传动装置外露部分应安装防护罩。风机的吸入口、排出口直通大气时，应加装保护网或其他安全装置。

(7) 风机外壳至墙壁或其他设备的距离不应小于 600mm。

(8) 排烟风机宜设在该系统最高排烟口之上，且与正压送风系统的吸气口两者边缘的水平距离不应少于 10m，或吸气口必须低于排烟口 3m。不允将排烟风机设在封闭的吊顶内。

(9) 排烟风机宜设置机房，机房与相邻部位应采用耐火极限不低于 2h 的隔墙、1h 的楼板和甲级防火门隔开。

(10) 设置在屋顶的送排风机、阀门不能日晒雨淋，应当设置避挡防护设施。

(11) 固定防排烟系统风机的地脚螺栓应拧紧，并有防松动措施。

7.3.8.4 其他设施安装

(1) 挡烟垂壁　挡烟垂壁的安装应满足如下要求。

① 型号、规格、下垂的长度和安装位置应符合设计要求。

② 活动挡烟垂壁与建筑结构（柱或墙）面的缝隙不应大于 60mm，由两块或两块以上的挡烟垂帘组成的连续性挡烟垂壁，各块之间不应有缝隙，搭接宽度不应小于 100mm。

③ 活动挡烟垂壁的手动操作装置应固定安装在距楼地面 1.3～1.5m 之间，且便于操作、明显可见。

(2) 排烟窗　排烟窗的安装应满足下列要求。

① 型号、规格和安装位置应符合设计要求。

② 手动开启装置应固定安装在距楼地面 1.3～1.5m 之间，且便于操作明显可见。

③ 自动排烟窗的驱动装置应灵活、可靠。

8 室内消火栓系统

8.1 消火栓系统的组成与给水方式

8.1.1 消火栓系统的组成

采用消火栓灭火是最常用的灭火方式，它由蓄水池、加压送水装置（水泵）及室内消火栓等主要设备构成，如图 8-1 所示。这些设备的电气控制包括水池的水位控制、消防用水和加压水泵的启动。水位控制应能显示出水位的变化情况和高/低水位报警及控制水泵的开/停。室内消火栓系统由水枪、水龙带、消火栓、消防管道等组成。为保证水枪在灭火时具有足够的水压，需要采用加压设备。常用的加压设备有消防水泵和气压给水装置两种。采用消防水泵时，在每个消火栓内设置消防按钮，灭火时用小锤击碎按钮上的玻璃小窗，按钮不受压而复位，从而通过控制电路启动消防水泵；水压增高后，灭火水管有水，用水枪喷水灭火。采用气压给水装置时，由于采用了气压水罐，并以气水分离器来保证供水压力，所以水泵功率较小，可采用电接点压力表，通过测量供水压力来控制水泵的启动。

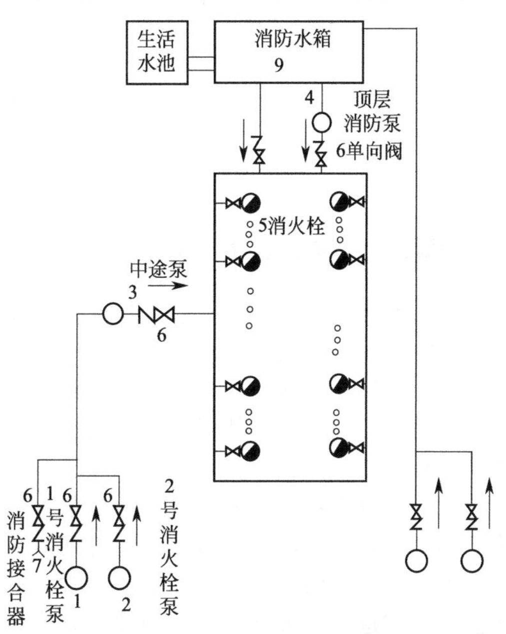

图 8-1　室内消火栓系统

8.1.1.1　室内消火栓

室内消火栓分为单阀和双阀两种。单阀消火栓又分为单出口、双出口和直角双出口三种。双阀消火栓为双出口。在低层建筑中，多采用单阀单出口消火栓，消火栓口直径有 DN50mm 和 DN65mm 两种。对应的水枪最小流量分别为 2.5L/s 和 5L/s。双出口消火栓直径为 DN65mm，用于每支水枪最小流量不小于 5L/s。

8.1.1.2 水龙带

消防水龙带有麻质、棉织和衬胶水龙带。前两种水龙带抗折叠性能较好，后者水流阻力小，规格有 DN50mm 和 DN65mm 两种，长度有 15m、20m 和 25m 三种。

8.1.1.3 水枪

室内一般采用直流式水枪，喷口直径有 13mm、16mm 和 19mm 三种类型。喷嘴口径为 13mm 的水枪配 DN50mm 接口；喷嘴口径为 16mm 的水枪配 DN50mm 或 DN65mm 两种接口；喷嘴口径为 19mm 的水枪配 DN65mm 接口。

8.1.1.4 消防卷盘（消防水喉设备）

消防卷盘是由 DN25mm 的小口径消火栓、内径不小于 19mm 的橡胶胶带和口径不小于 6mm 的消防卷盘喷嘴组成，胶带缠绕在卷盘上。

消火栓、水枪、水龙带设于消防箱内，常用消防箱的规格有 800mm×650mm×200mm，用钢板和铝合金等制作。消防卷盘设备可与 DN65mm 的消火栓同放置在一个消防箱内，也可设单独的消防箱。

8.1.1.5 水泵接合器

当建筑物发生火灾，室内消防水泵不能启动或流量不足时，消防车可由室外消火栓、水池或天然水源取水，通过水泵接合器向室内消防给水管网供水。水泵接合器是消防车或移动式水泵向室内消防管网供水的连接口。水泵接合器的接口直径有 DN65mm 和 DN80mm 两种，分地上式、地下式和墙壁式三种类型，如图 8-2 所示。

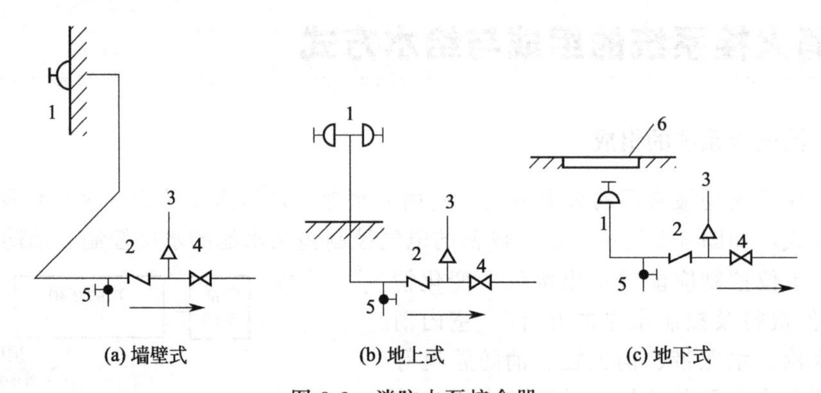

图 8-2 消防水泵接合器

1—消防接口；2—止回阀；3—安全阀；4—阀门；5—放水阀；6—井盖

8.1.2 消火栓系统给水方式

室内消火栓给水系统的给水方式由室外给水管网所能提供的水量、水压及室内消火栓给水系统所需水压和水量的要求来确定。

（1）无加压泵和水箱的室内消火栓给水系统如图 8-3 所示。当建筑物高度不大，而室外给水管网的压力和流量在任何时候均能够满足室内最不利点消火栓所需的设计流量和压力时，宜采用此种方式。

（2）设有水箱的室内消火栓给水系统如图 8-4 所示。在室外给水管网中水压变化较大的居住区和城市，当生产、生活用水量达到最大时，室外管网不能保证室内最不利点消火栓的流量和压力；而当生活、生产用水量较小时，室内管网的压力又能较高出现，昼夜内间断地满足室内需求，在这种情况下，宜采用此种方式。当室外管网水压较大时，室外管网向水箱充水，由水箱贮存一定水量，以备消防使用。

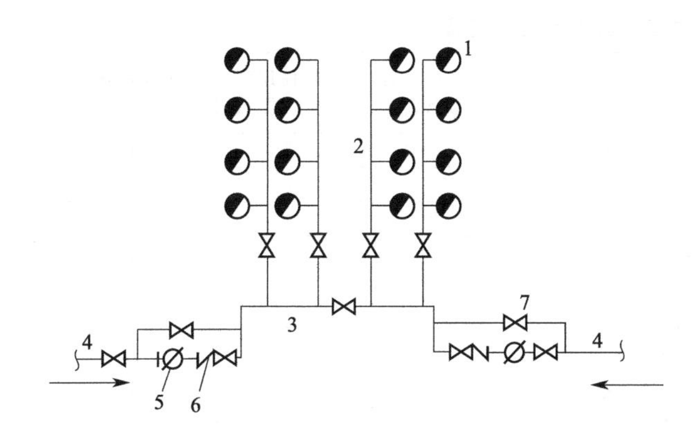

图 8-3 无加压泵和水箱的室内消火栓给水系统

1—室内消火栓；2—消防竖管；3—干管；4—进户管；5—水表；6—止回阀；7—闸门

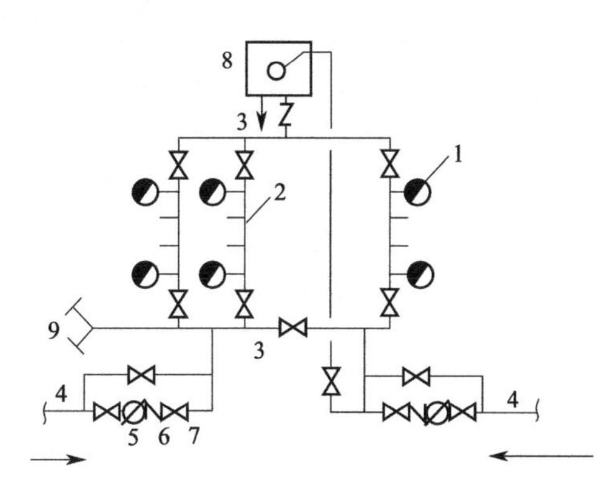

图 8-4 设有水箱的室内消火栓给水系统

1—室内消火栓；2—消防竖管；3—干管；4—进户管；5—水表；6—止回阀；7—阀门；8—水箱；9—水泵接合器

(3) 设有消防水泵和水箱的室内消火栓给水系统如图 8-5 所示。当室外管网水压经常不能满足室内消火栓给水系统的水量和水压要求时，宜采用此给水方式。

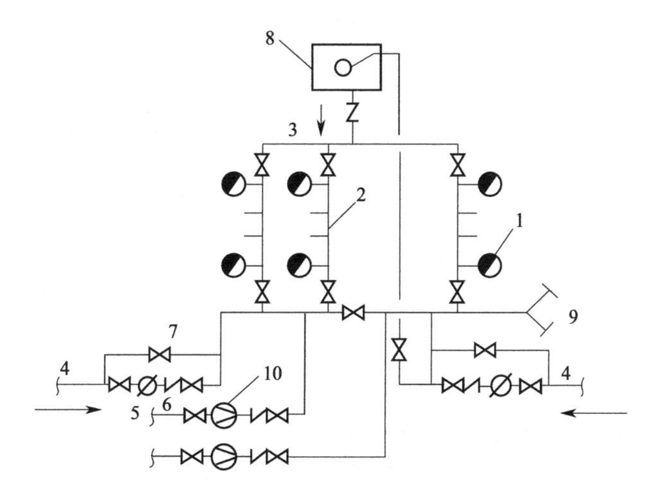

图 8-5 设有消防水泵和水箱的室内消火栓给水系统

1—室内消火栓；2—消防竖管；3—干管；4—进户管；5—水表；6—止回阀；7—阀门；8—水箱；9—水泵接合器；10—消防泵

8.2 消火栓系统设计

8.2.1 室内消防用水量

(1) 建筑物室内消火栓设计流量，应根据建筑物的用途功能、体积、高度、耐火等级、火灾危险性等因素综合确定。

(2) 建筑物室内消火栓设计流量不应小于表 8-1 的规定。

(3) 当建筑物室内设有自动喷水灭火系统、水喷雾灭火系统、泡沫灭火系统或固定消防炮灭火系统等一种或两种以上自动水灭火系统全保护时，高层建筑当高度不超过 50m 且室内消火栓系统设计流量超过 20L/s 时，其室内消火栓设计流量可按表 8-1 减少 5L/s；多层建筑室内消火栓设计流量可减少 50%，但不应小于 10L/s。

表 8-1　建筑物室内消火栓设计流量

建筑物名称		高度 h(m)、层数、体积 $V(m^3)$、座位数 n(个)、火灾危险性			消火栓设计流量/(L/s)	同时使用消防水枪数/支	每根竖管最小流量/(L/s)
工业建筑	厂房	$h\le 24$	甲、乙、丁、戊		10	2	10
			丙	$V\le 5000$	10	2	10
				$V>5000$	20	4	15
		$24<h\le 50$	乙、丁、戊		25	5	15
			丙		30	6	15
		$h>50$	乙、丁、戊		30	6	15
			丙		40	8	15
	仓库	$h\le 24$	甲、乙、丁、戊		10	2	10
			丙	$V\le 5000$	15	3	15
				$V>5000$	25	5	15
		$h>24$	丁、戊		30	6	15
			丙		40	8	15
民用建筑	单层及多层	科研楼、试验楼	$V\le 10000$		10	2	10
			$V>10000$		15	3	10
		车站、码头、机场的候车(船、机)楼和展览建筑(包括博物馆)等	$5000<V\le 25000$		10	2	10
			$25000<V\le 50000$		15	3	10
			$V>50000$		20	4	15
		剧场、电影院、会堂、礼堂、体育馆等	$800<n\le 1200$		10	2	10
			$1200<n\le 5000$		15	3	10
			$5000<n\le 10000$		20	4	15
			$n>10000$		30	6	15
		旅馆	$5000<V\le 10000$		10	2	10
			$10000<V\le 25000$		15	3	10
			$V>25000$		20	4	15
		商店、图书馆、档案馆等	$5000<V\le 10000$		15	3	10
			$10000<V\le 25000$		25	5	15
			$V>25000$		40	8	15
		病房楼、门诊楼等	$5000<V\le 25000$		10	2	10
			$V>25000$		15	3	10
		办公楼、教学楼、公寓、宿舍等其他建筑	高度超过 15m 或 $V>10000$		15	3	10
		住宅	$21<h\le 27$		5	2	5
	高层	住宅	$27<h\le 54$		10	2	10
			$h>54$		20	4	10
		二类公共建筑	$h\le 50$		20	4	10
		一类公共建筑	$h\le 50$		30	6	15
			$h>50$		40	8	15
国家级文物保护单位的重点砖木或木结构的古建筑			$V\le 10000$		20	4	10
			$V>10000$		25	5	15
地下建筑			$V\le 5000$		10	2	10
			$5000<V\le 10000$		20	4	15
			$10000<V\le 25000$		30	6	15
			$V>25000$		40	8	20
人防工程		展览厅、影院、剧场、礼堂、健身体育场所等	$V\le 1000$		5	1	5
			$1000<V\le 2500$		10	2	10
			$V>2500$		15	3	10
		商场、餐厅、旅馆、医院等	$V\le 5000$		5	1	5
			$5000<V\le 10000$		10	2	10
			$10000<V\le 25000$		15	3	10
			$V>25000$		20	4	10

续表

建筑物名称	高度h(m)、层数、体积$V(m^3)$、座位数n(个)、火灾危险性		消火栓设计流量/(L/s)	同时使用消防水枪数/支	每根竖管最小流量/(L/s)
人防工程	丙、丁、戊类生产车间、自行车库	$V \leqslant 2500$	5	1	5
		$V > 2500$	10	2	10
	丙、丁、戊类物品库房、图书资料档案库	$V \leqslant 3000$	5	1	5
		$V > 3000$	10	2	10

注：1. 丁、戊类高层厂房（仓库）室内消火栓的设计流量可按本表减少 10L/s，同时使用消防水枪数量可按本表减少2支；

2. 消防软管卷盘、轻便消防水龙及多层住宅楼梯间中的干式消防竖管，其消火栓设计流量可不计入室内消防给水设计流量；

3. 当一座多层建筑有多种使用功能时，室内消火栓设计流量应分别按本表中不同功能计算，且应取最大值。

（4）宿舍、公寓等非住宅类居住建筑的室内消火栓设计流量，当为多层建筑时，应按表8-1 的宿舍、公寓确定，当为高层建筑时，应按表 8-1 中的公共建筑确定。

（5）城市交通隧道内室内消火栓设计流量不应小于表 8-2 的规定。

表 8-2 城市交通隧道内室内消火栓设计流量

用 途	类 别	长度/m	设计流量/(L/s)
可通行危险化学品等机动车	一、二	$L > 500$	20
	三	$L \leqslant 500$	10
仅限通行非危险化学品等机动车	一、二、三	$L \geqslant 1000$	20
	三	$L < 1000$	10

（6）地铁地下车站室内消火栓设计流量不应小于 20L/s，区间隧道不应小于 10L/s。

8.2.2 消防水枪设计

8.2.2.1 消防水枪的充实水柱长度

水枪的充实水柱指的是靠近水枪出口的一段密集不分散的射流。充实水柱长度指的是从喷嘴出口起到含有射流总量 90%的一段射流长度。充实水柱具有扑灭火灾的能力，充实水柱长度为直流水枪灭火时的有效射程，如图 8-6 所示。

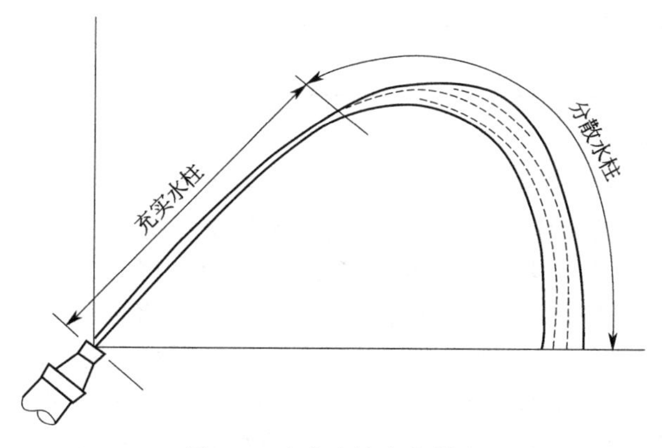

图 8-6 直流水枪密集射流

为防止火焰热辐射烤伤消防队员和使消防水枪射出的水流能射及火源，水枪的充实水柱应具有一定的长度，如图 8-7 所示。

建筑物灭火所需的充实水柱长度按下式计算：

$$S_k = \frac{H_1 - H_2}{\sin\alpha} \tag{8-1}$$

式中 S_k——所需的水枪充实水柱长度，m；

H_1——室内最高着火点距室内地面的高度，m；

H_2——水枪喷嘴距地面的高度，m，一般取 1m；

α——射流的充实水柱与地面的夹角，(°)，一般取 45°或 60°。

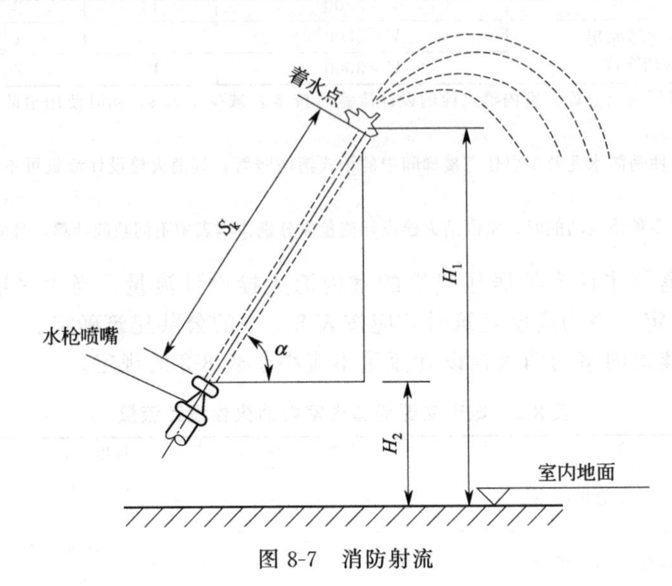

图 8-7 消防射流

水枪的充实水柱长度应按式(8-1) 计算，但不应小于表 8-3 中的规定。

表 8-3 各类建筑要求的水枪充实水柱长度

建筑物类别		充实水柱长度/m
低层建筑	一般建筑	≥7
	甲、乙类厂房，大于 6 层民用建筑，大于 4 层厂、库房	≥10
	高架库房	≥13
高层建筑	民用建筑高度大于等于 100mm	≥13
	民用建筑高度小于 100mm	≥10
	高层工业建筑	≥13
人防工程内		≥10
停车库、修车库内		≥10

8.2.2.2 同时使用水枪数量

同时使用水枪数量是指室内消火栓灭火系统在扑救火灾时需要同时打开灭火的水枪数量。

低层、高层建筑室内消火栓给水系统的消防用水量是扑救初期火灾的用水量。根据扑救初期火灾使用水枪数量与灭火效果统计，在火场出 1 支水枪时的灭火控制率为 40%，同时出 2 支水枪时的灭火控制率可达 65%，可见扑救初期火灾使用的水枪数不应少于 2 支。

考虑到仓库内一般平时无人，着火后人员进入仓库使用室内消火栓的可能性亦不很大。因此，对高度不大（小于 24m）、体积较小（小于 $5000m^3$）的仓库，可在仓库的门口处设置室内消火栓，故采用 1 支水枪的消防用水量。为发挥该水枪的灭火效能，规定水枪的用水量不应小于 5L/s。其他情况的仓库和厂房的消防用水量不应小于 2 支水枪的用水量。

高层工业建筑防火设计应立足于自救，应使其室内消火栓给水系统具有较大的灭火能力。根据灭火用水量统计，有成效地扑救较大火灾的平均用水量为 39.15L/s，扑救大火的平均用水量达 90L/s。根据室内可燃物的多少、建筑物高度及其体积，并考虑到火灾发生概率和发生火灾后的经济损失、人员伤亡等可能的火灾后果以及投资等因素，高层厂房的室内消火栓用水量采用 25～30L/s，高层仓库的室内消火栓用水量采用 30～40L/s。若高层工业建筑内可燃物较少且火灾不易迅速蔓延时，消防用水量可适当减少。因此，丁、戊类高层厂房和高层仓库（可燃包装材料较多时除外）的消火栓用水量可减少 10L/s，即同时使用水枪的数量可减少 2 支。

8.2.3 室内消火栓设计

8.2.3.1 室内消火栓的保护半径计算

消火栓的保护半径是指以消火栓为中心，一定规格的消火栓、水龙带、水枪配套后，消火栓能充分发挥灭火作用的圆形区域的半径。可按下式计算：

$$R=0.8L+S_k\cos\alpha \tag{8-2}$$

式中 R——消火栓的保护半径，m；

L——水龙带长度，m；

S_k——充实水柱长度，m；

α——水枪射流倾角，(°)，一般取 45°～60°。

8.2.3.2 室内消火栓布置间距

室内消火栓布置间距应由计算确定。

当要求有一股水柱到达室内任何部位，并且室内只有一排消火栓时，如图 8-8 所示，消火栓的间距按下式计算：

$$S_1=2\sqrt{R^2-b^2} \tag{8-3}$$

式中 S_1——一股水柱时的消火栓间距，m；

b——消火栓的最大保护宽度，m。

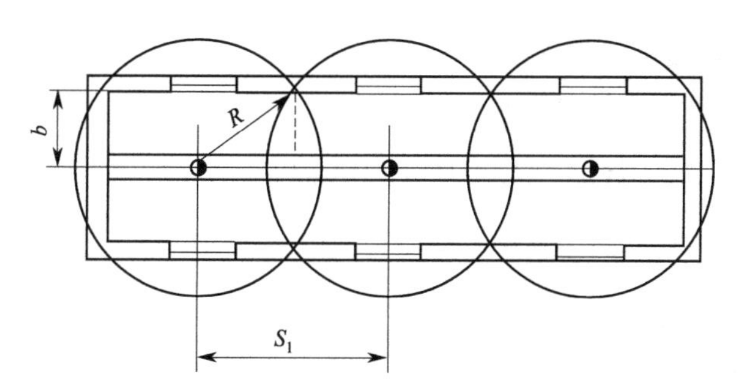

图 8-8 一股水柱时的消火栓布置间距

当要求有两股水柱同时到达室内任何部位时，并且室内只有一排消火栓，如图 8-9 所示，消火栓间距按下式计算：

$$S_2=\sqrt{R^2-b^2} \tag{8-4}$$

式中 S_2——两股水柱时的消火栓间距，m。

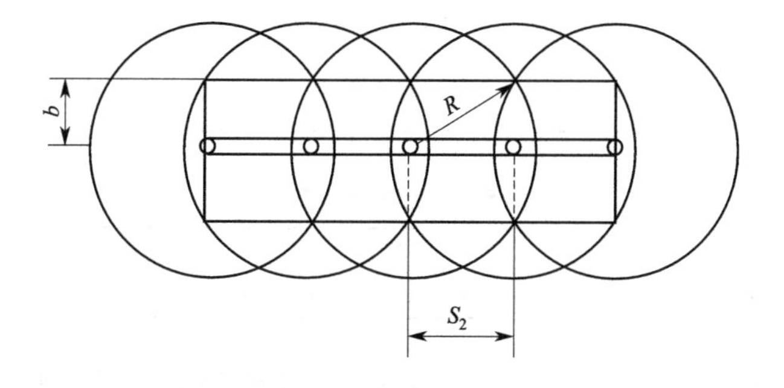

图 8-9 两股水柱时的消火栓布置间距

当房间较宽，要求多股水柱到达室内任何部位，且需要布置多排消火栓时，消火栓间距按下式计算：

$$S_n=\sqrt{2}R=1.41R \tag{8-5}$$

式中　S_n——多排消火栓一股水柱时的消火栓间距，m。

当要求有一股水柱或两股水柱到达室内任何部位，并且室内需要布置多排消火栓时，可以按照如图 8-10 所示进行布置。

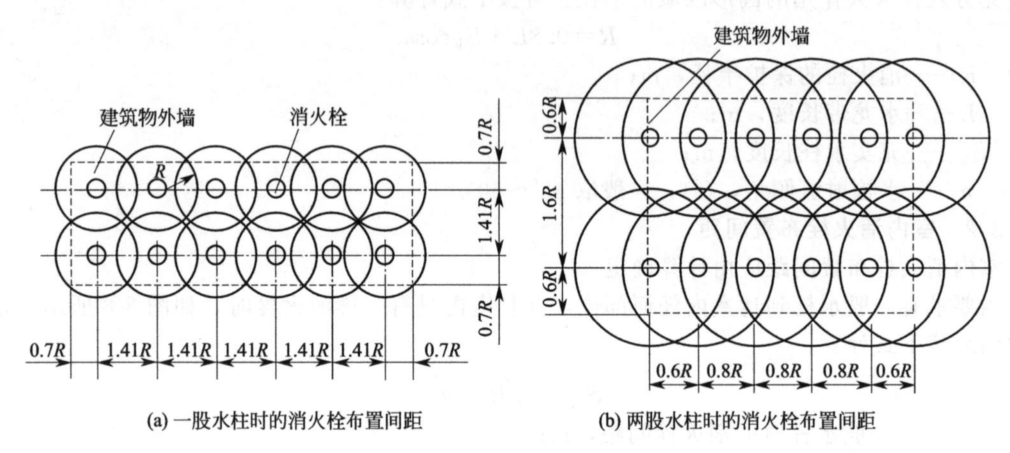

图 8-10　多排消火栓布置间距

8.2.3.3　室内消火栓出口处所需水压

消火栓出口处所需水压下式计算：

$$H_{xh}=H_d+H_q=A_zL_dq_{xh}^2+q_{xh}^2/B \tag{8-6}$$

式中　H_{xh}——消火栓出口处所需水压，kPa；

H_d——消防水龙带的压力损失，kPa；

H_q——水枪喷嘴所需压力，kPa；

q_{xh}——消防射流量，L/s；

A_z——水龙带比阻，按表 8-4 取用；

L_d——水龙带长度，m；

B——水流特性系数，与水枪喷嘴直径有关（按表 8-5 取用）。

表 8-4　水龙带比阻 A_z 值

水龙带口径/mm	比值 A_z 值	
	帆布、麻织水龙带	衬胶水龙带
50	0.1501	0.0677
65	0.0430	0.0172

表 8-5　水流特性系数 B 值

喷嘴直径/mm	6	7	8	9	13	16	19	22	25
B	0.0016	0.0029	0.0050	0.0079	0.0346	0.0793	0.1577	0.2834	0.4727

水枪出口处所需要的压力 H_q 与水枪喷嘴直径、射流量及充实水柱长度有关，为简化计算根据式(8-6) 制成表 8-6。

表 8-6 室内消火栓、水枪喷嘴直径及栓口处所需的流量和压力

规范要求		栓口直径/mm	喷嘴直径/mm	射流出水量/(L/s)	充实水柱长度/m	喷嘴压力/kPa	水龙带压力损失/kPa		栓口水压/kPa	
q_{xh}/(L/s) ≥	S_k/m ≥						帆布、麻织水龙带	衬胶水龙带	帆麻水龙带	衬胶水龙带
2.5	7.0	50	13	2.50	11.6	181.3	23.5	10.6	205	192
			16	2.72	7.0	93.1	27.8	12.5	121	106
2.5	10.0	50	13	2.50	11.6	181.3	23.5	10.6	205	192
		65	16	3.34	10.0	140.8	12.0	4.8	152	146
5.0	10.0	6	19	5.00	11.4	158.3	26.9	10.8	185	169
5.0	13.0	65	19	5.42	13.0	186.1	31.6	12.6	218	199

8.2.3.4 室内消火栓给水系统的水力计算步骤

消火栓给水系统水力计算包括了流量和压力的计算。低层建筑室内消火栓给水系统的水力计算步骤如下。

从室内消防给水管道系统图上，确定出最不利点消火栓。当要求两个或有多个消火栓同时使用时，在单层建筑中以最高、最远的两个或多个消火栓作为最不利供水点。在多层建筑中按表 8-7 进行最不利消防竖管的流量分配。

表 8-7 最不利点计算流量分配

室内消防计算流量/(L/s)	1×5	2×2.5	2×5	3×5	4×5	6×5
最不利消防主管出水枪数/支	1	2	2	2	2	3
相邻消防主管出水枪数/支	—	—	—	1	2	3

计算最不利消火栓出口处所需的水压。

确定最不利管路（计算管路）及计算最不利管路的沿程压力损失和局部压力损失，其方法与建筑内部给水系统水力计算方法相同。在流速不超过 2.5m/s 的条件下确定管径，消防管道的最小直径为 50mm。管道局部压力损失可按沿程压力损失的 10%计算。

计算室内消火栓给水系统所需的总压力，即：

$$H=10H_0+H_{xh}+\sum h \tag{8-7}$$

式中 H——室内消火栓给水系统所需总压力，kPa；

H_0——最不利点消火栓与室外地坪的标高差，m；

H_{xh}——最不利点消火栓出口处所需水压，kPa；

$\sum h$——计算管路总压力损失，为沿程压力损失与局部压力损失之和，kPa。

核算室外给水管道水压，确定本系统所选用的给水方式。

如果市政给水管道的供水压力满足式(8-7) 的条件，则可以选择无加压水泵的室内消火栓供水系统，否则应采用其他供水方式。

8.3 消火栓系统安装

8.3.1 消防管道和高位消防水箱布置

8.3.1.1 室内消防管道布置要求

（1）消防给水系统中采用的设备、器材、管材管件、阀门和配件等系统组件的产品工作压力等级，应大于消防给水系统的系统工作压力，且应保证系统在可能最大运行压力时安全可靠。

（2）低压消防给水系统的系统工作压力应根据市政给水管网和其他给水管网等的系统工作压力确定，且不应小于 0.60MPa。

(3) 高压和临时高压消防给水系统的系统工作压力应根据系统在供水时，可能的最大运行供水压力确定，并应符合下列规定。

① 高位消防水池、水塔供水的高压消防给水系统的系统工作压力，应为高位消防水池、水塔最大静压。

② 市政给水管网直接供水的高压消防给水系统的系统工作压力，应根据市政给水管网的工作压力确定。

③ 采用高位消防水箱稳压的临时高压消防给水系统的系统工作压力，应为消防水泵零流量时的压力与水泵吸水口最大静水压力之和。

④ 采用稳压泵稳压的临时高压消防给水系统的系统工作压力，应取消防水泵零流量时的压力、消防水泵吸水口最大静压二者之和与稳压泵维持系统压力时两者其中的较大值。

(4) 埋地管道宜采用球墨铸铁管、钢丝网骨架塑料复合管和加强防腐的钢管等管材，室内外架空管道应采用热浸锌镀锌钢管等金属管材，并应按下列因素对管道的综合影响选择管材和设计管道：系统工作压力；覆土深度；土壤的性质；管道的耐腐蚀能力；可能受到土壤、建筑基础、机动车和铁路等其他附加荷载的影响；管道穿越伸缩缝和沉降缝。

(5) 埋地管道当系统工作压力不大于 1.20MPa 时，宜采用球墨铸铁管或钢丝网骨架塑料复合管给水管道；当系统工作压力大于 1.20MPa 小于 1.60MPa 时，宜采用钢丝网骨架塑料复合管、加厚钢管和无缝钢管；当系统工作压力大于 1.60MPa 时，宜采用无缝钢管。钢管连接宜采用沟槽连接件（卡箍）和法兰，当采用沟槽连接件连接时，公称直径小于等于 *DN*250mm 的沟槽式管接头系统工作压力不应大于 2.50MPa，公称直径大于或等于 *DN*300mm 的沟槽式管接头系统工作压力不应大于 1.60MPa。

(6) 埋地金属管道的管顶覆土应符合下列规定。

① 管道最小管顶覆土应按地面荷载、埋深荷载和冰冻线对管道的综合影响确定。

② 管道最小管顶覆土不应小于 0.70m；但当在机动车道下时管道最小管顶覆土应经计算确定，并不宜小于 0.90m。

③ 管道最小管顶覆土应至少在冰冻线以下 0.30m。

(7) 埋地管道采用钢丝网骨架塑料复合管时应符合下列规定。

① 钢丝网骨架塑料复合管的聚乙烯（PE）原材料不应低于 PE80。

② 钢丝网骨架塑料复合管的内环向应力不应低于 8.0MPa。

③ 钢丝网骨架塑料复合管的复合层应满足静压稳定性和剥离强度的要求。

④ 钢丝网骨架塑料复合管及配套管件的熔体质量流动速率（MFR），应按《热塑性塑料熔体质量流动速率和熔体体积流动速率的测定》(GB/T 3682—2000) 规定的试验方法进行试验时，加工前后 MFR 变化不应超过±20%。

⑤ 管材及连接管件应采用同一品牌产品，连接方式应采用可靠的电熔连接或机械连接。

⑥ 管材耐静压强度应符合《埋地聚乙烯给水管道工程技术规程》(CJJ 101—2016) 的有关规定和设计要求。

⑦ 钢丝网骨架塑料复合管道最小管顶覆土深度，在人行道下不宜小于 0.80m，在轻型车行道下不应小于 1.0m，且应在冰冻线下 0.3m；在重型汽车道路或铁路、高速公路下应设置保护套管，套管与钢丝网骨架塑料复合管的净距不应小于 100mm。

⑧ 钢丝网骨架塑料复合管道与热力管道间的距离，应在保证聚乙烯管道表面温度不超过 40℃的条件下计算确定，但最小净距不应小于 1.50m。

(8) 架空管道当系统工作压力小于等于 1.20MPa 时，可采用热浸锌镀锌钢管；当系统工作压力大于 1.20MPa 时，应采用热浸镀锌加厚钢管或热浸镀锌无缝钢管；当系统工作压力大于 1.60MPa 时，应采用热浸镀锌无缝钢管。

(9) 架空管道的连接宜采用沟槽连接件（卡箍）、螺纹、法兰、卡压等方式，不宜采用焊接连接。当管径小于或等于 DN50mm 时，应采用螺纹和卡压连接，当管径大于 DN50mm 时，应采用沟槽连接件连接、法兰连接，当安装空间较小时应采用沟槽连接件连接。

（10）架空充水管道应设置在环境温度不低于 5℃的区域，当环境温度低于 5℃时，应采取防冻措施；室外架空管道当温差变化较大时应校核管道系统的膨胀和收缩，并应采取相应的技术措施。

（11）埋地管道的地基、基础、垫层、回填土压实密度等的要求，应根据刚性管或柔性管管材的性质，结合管道埋设处的具体情况，按《给水排水管道工程施工验收标准》（GB 50268—2008）和《给水排水工程管道结构设计规范》（GB 50332—2017）的有关规定执行。当埋地管直径不小于 DN100mm 时，应在管道弯头、三通和堵头等位置设置钢筋混凝土支墩。

（12）消防给水管道不宜穿越建筑基础，当必须穿越时，应采取防护套管等保护措施。

（13）埋地钢管和铸铁管，应根据土壤和地下水腐蚀性等因素确定管外壁防腐措施；海边、空气潮湿等空气中含有腐蚀性介质的场所的架空管道外壁，应采取相应的防腐措施。

8.3.1.2 高位消防水箱的设置要求

（1）临时高压消防给水系统的高位消防水箱的有效容积应满足初期火灾消防用水量的要求，并应符合下列规定。

① 一类高层公共建筑，不应小于 36m^3，但当建筑高度大于 100m 时，不应小于 50m^3，当建筑高度大于 150m 时，不应小于 100m^3。

② 多层公共建筑、二类高层公共建筑和一类高层住宅，不应小于 18m^3，当一类高层住宅建筑高度超过 100m 时，不应小于 36m^3。

③ 二类高层住宅，不应小于 12m^3。

④ 建筑高度大于 21m 的多层住宅，不应小于 6m^3。

⑤ 工业建筑室内消防给水设计流量当小于或等于 25L/s 时，不应小于 12m^3，大于 25L/s 时不应小于 18m^3。

⑥ 总建筑面积大于 10000m^2 且小于 30000m^2 的商店建筑，不应小于 36m^3，总建筑面积大于 30000m^2 的商店，不应小于 50m^3，当与本条①的规定不一致时应取其较大值。

（2）高位消防水箱的设置位置应高于其所服务的水灭火设施，且最低有效水位应满足水灭火设施最不利点处的静水压力，并应按下列规定确定。

① 一类高层公共建筑，不应低于 0.10MPa，但当建筑高度超过 100m 时，不应低于 0.15MPa。

② 高层住宅、二类高层公共建筑、多层公共建筑，不应低于 0.07MPa，多层住宅不宜低于 0.07MPa。

③ 工业建筑不应低于 0.10MPa，当建筑体积小于 20000m^3 时，不宜低于 0.07MPa。

④ 自动喷水灭火系统等自动水灭火系统应根据喷头灭火需求压力确定，但最小不应小于 0.10MPa。

⑤ 当高位消防水箱不能满足本条①～④的静压要求时，应设稳压泵。

（3）高位消防水箱可采用热浸锌镀锌钢板、钢筋混凝土、不锈钢板等建造。

（4）高位消防水箱的设置应符合下列规定。

① 当高位消防水箱在屋顶露天设置时，水箱的人孔以及进出水管的阀门等应采取锁具或阀门箱等保护措施。

② 严寒、寒冷等冬季冰冻地区的消防水箱应设置在消防水箱间内，其他地区宜设置在室内，当必须在屋顶露天设置时，应采取防冻隔热等安全措施。

③ 高位消防水箱与基础应牢固连接。

（5）高位消防水箱间应通风良好，不应结冰，当必须设置在严寒、寒冷等冬季结冰地区的非采暖房间时，应采取防冻措施，环境温度或水温不应低于 5℃。

（6）高位消防水箱应符合下列规定。

① 高位消防水箱的有效容积、出水、排水和水位等，应符合相关规定。

② 高位消防水箱的最低有效水位应根据出水管喇叭口和防止旋流器的淹没深度确定，当采用出水管喇叭口时，应符合相关的规定；当采用防止旋流器时应根据产品确定，且不应小于150mm的保护高度。

③ 高位消防水箱的通气管、呼吸管等应符合相关的规定。

④ 高位消防水箱外壁与建筑本体结构墙面或其他池壁之间的净距，应满足施工或装配的需要，无管道的侧面，净距不宜小于0.7m；安装有管道的侧面，净距不宜小于1.0m，且管道外壁与建筑本体墙面之间的通道宽度不宜小于0.6m，设有人孔的水箱顶，其顶面与其上面的建筑物本体板底的净空不应小于0.8m。

⑤ 进水管的管径应满足消防水箱8h充满水的要求，但管径不应小于DN32mm，进水管宜设置液位阀或浮球阀。

⑥ 进水管应在溢流水位以上接入，进水管口的最低点高出溢流边缘的高度应等于进水管管径，但最小不应小于100mm，最大不应大于150mm。

⑦ 当进水管为淹没出流时，应在进水管上设置防止倒流的措施或在管道上设置虹吸破坏孔和真空破坏器，虹吸破坏孔的孔径不宜小于管径的1/5，且不应小于25mm。但当采用生活给水系统补水时，进水管不应淹没出流。

⑧ 溢流管的直径不应小于进水管直径的2倍，且不应小于DN100mm，溢流管的喇叭口直径不应小于溢流管直径的1.5～2.5倍。

⑨ 高位消防水箱出水管管径应满足消防给水设计流量的出水要求，且不应小于DN100mm。

⑩高位消防水箱出水管应位于高位消防水箱最低水位以下，并应设置防止消防用水进入高位消防水箱的止回阀。

⑪ 高位消防水箱的进、出水管应设置带有指示启闭装置的阀门。

8.3.2 消火栓按钮安装

消火栓按钮安装在消火栓内，可直接接入控制总线。按钮还带有一对动合输出控制触点，可用来做直接起泵开关。消火栓按钮的安装方法如图8-11所示。

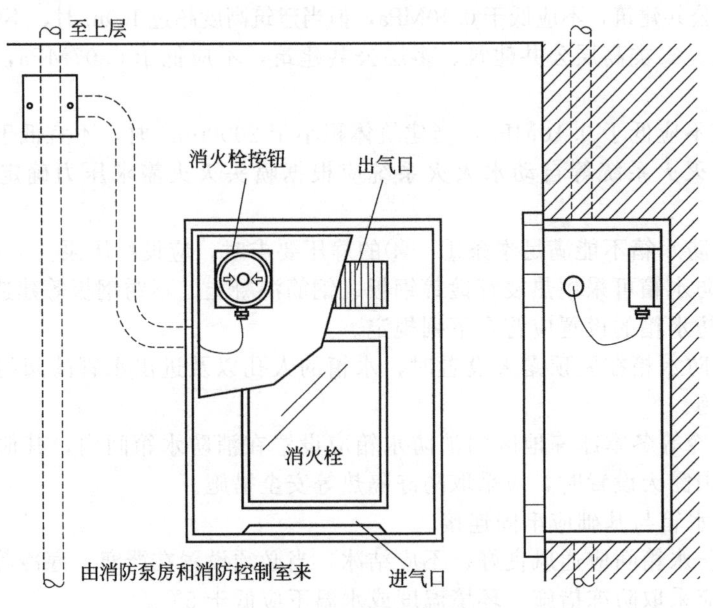

图8-11 消火栓按钮的安装方法

消火栓按钮的信号总线采用 RVS 型双绞线，截面积≥1.0mm²；控制线和应答线采用 BV 线，截面积≥1.5mm²。用消火栓按钮 LD-8403 启动消防泵的接线如图 8-12 所示。

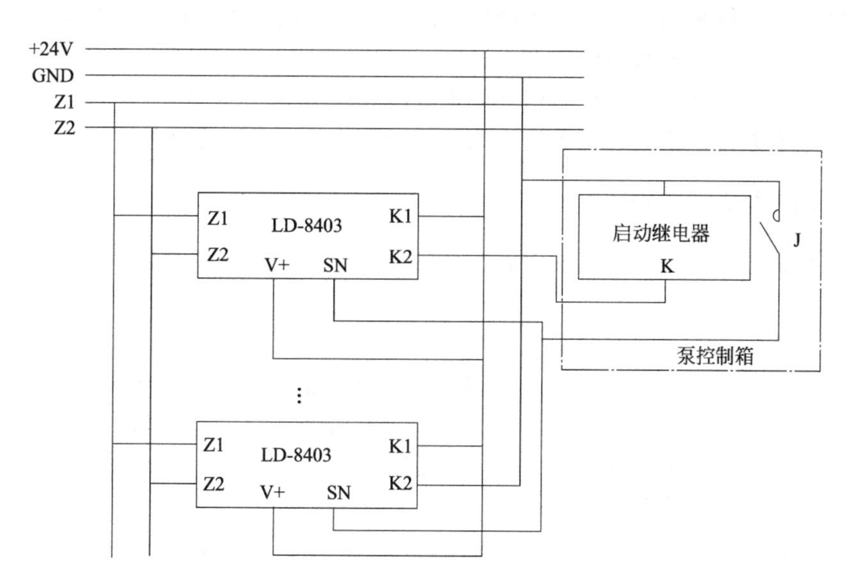

图 8-12 消火栓按钮 LD-8403 启动消防泵的接线

8.3.3 阀门及其他

(1) 消防给水系统的阀门选择应符合下列规定。

① 埋地管道的阀门宜采用带启闭刻度的暗杆闸阀，当设置在阀门井内时可采用耐腐蚀的明杆闸阀。

② 室内架空管道的阀门宜采用蝶阀、明杆闸阀或带启闭刻度的暗杆闸阀等。

③ 室外架空管道宜采用带启闭刻度的暗杆闸阀或耐腐蚀的明杆闸阀。

④ 埋地管道的阀门应采用球墨铸铁阀门，室内架空管道的阀门应采用球墨铸铁或不锈钢阀门，室外架空管道的阀门应采用球墨铸铁阀门或不锈钢阀门。

(2) 消防给水系统管道的最高点处宜设置自动排气阀。

(3) 消防水泵出水管上的止回阀宜采用水锤消除止回阀，当消防水泵供水高度超过 24m 时，应采用水锤消除器。当消防水泵出水管上设有囊式气压水罐时，可不设水锤消除设施。

(4) 减压阀的设置应符合下列规定。

① 减压阀应设置在报警阀组入口前，当连接两个及以上报警阀组时，应设置备用减压阀。

② 减压阀的进口处应设置过滤器，过滤器的孔网直径不宜小于 4～5 目/cm²，过流面积不应小于管道截面积的 4 倍。

③ 过滤器和减压阀前后应设压力表，压力表的表盘直径不应小于 100mm，最大量程宜为设计压力的 2 倍。

④ 过滤器前和减压阀后应设置控制阀门。

⑤ 减压阀后应设置压力试验排水阀。

⑥ 减压阀应设置流量检测测试接口或流量计。

⑦ 垂直安装的减压阀，水流方向宜向下。

⑧ 比例式减压阀宜垂直安装，可调式减压阀宜水平安装。

⑨ 减压阀和控制阀门宜有保护或锁定调节配件的装置。

⑩ 接减压阀的管段不应有气堵、气阻。

(5) 室内消防给水系统由生活、生产给水系统管网直接供水时，应在引入管处设置倒流防止器。当消防给水系统采用有空气隔断的倒流防止器时，该倒流防止器应设置在清洁卫生的场所，其排水口应采取防止被水淹没的技术措施。

(6) 在寒冷、严寒地区，室外阀门井应采取防冻措施。

(7) 消防给水系统的室内外消火栓、阀门等设置位置，应设置永久性固定标识。

8.3.4 消火栓布置与安装

(1) 室内消火栓的选型应根据使用者、火灾危险性、火灾类型和不同灭火功能等因素综合确定。

(2) 室内消火栓的配置应符合下列要求。

① 应采用 DN65mm 室内消火栓，并可与消防软管卷盘或轻便水龙设置在同一箱体内。

② 应配置公称直径 65mm 有内衬里的消防水带，长度不宜超过 25.0m；消防软管卷盘应配置内径不小于 ϕ19mm 的消防软管，其长度宜为 30.0m；轻便水龙应配置公称直径 25mm 有内衬里的消防水带，长度宜为 30.0m。

③ 宜配置当量喷嘴直径 16mm 或 19mm 的消防水枪，但当消火栓设计流量为 2.5L/s 时宜配置当量喷嘴直径 11mm 或 13mm 的消防水枪；消防软管卷盘和轻便水龙应配置当量喷嘴直径 6mm 的消防水枪。

(3) 设置室内消火栓的建筑，包括设备层在内的各层均应设置消火栓。

(4) 屋顶设有直升机停机坪的建筑，应在停机坪出入口处或非电器设备机房处设置消火栓，且距停机坪机位边缘的距离不应小于 5.0m。

(5) 消防电梯前室应设置室内消火栓，并应计入消火栓使用数量。

(6) 室内消火栓的布置应满足同一平面有 2 支消防水枪的 2 股充实水柱同时达到任何部位的要求，但建筑高度小于或等于 24.0m 且体积小于或等于 5000m^3 的多层仓库、建筑高度小于或等于 54m 且每单元设置一部疏散楼梯的住宅，以及表 8-1 中规定可采用 1 支消防水枪的场所，可采用 1 支消防水枪的 1 股充实水柱到达室内任何部位。

(7) 建筑室内消火栓的设置位置应满足火灾扑救要求，并应符合下列规定。

① 室内消火栓应设置在楼梯间及其休息平台和前室、走道等明显易于取用，以及便于火灾扑救的位置。

② 住宅的室内消火栓宜设置在楼梯间及其休息平台。

③ 汽车库内消火栓的设置不应影响汽车的通行和车位的设置，并应确保消火栓的开启。

④ 同一楼梯间及其附近不同层设置的消火栓，其平面位置宜相同。

⑤ 冷库的室内消火栓应设置在常温穿堂或楼梯间内。

(8) 建筑室内消火栓栓口的安装高度应便于消防水龙带的连接和使用，其距地面高度宜为 1.1m；其出水方向应便于消防水带的敷设，并宜与设置消火栓的墙面成 90°或向下。

(9) 设有室内消火栓的建筑应设置带有压力表的试验消火栓，其设置位置应符合下列规定。

① 多层和高层建筑应在其屋顶设置，严寒、寒冷等冬季结冰地区可设置在顶层出口处或水箱间内等便于操作和防冻的位置。

② 单层建筑宜设置在水力最不利处，且应靠近出入口。

(10) 室内消火栓宜按直线距离计算其布置间距，并应符合下列规定。

① 消火栓按 2 支消防水枪的 2 股充实水柱布置的建筑物，消火栓的布置间距不应大

于 30.0m。

② 消火栓按 1 支消防水枪的 1 股充实水柱布置的建筑物，消火栓的布置间距不应大于 50.0m。

(11) 消防软管卷盘和轻便水龙的用水量可不计入消防用水总量。

(12) 室内消火栓栓口压力和消防水枪充实水柱，应符合下列规定。

① 消火栓栓口动压力不应大于 0.50MPa，当大于 0.70MPa 时必须设置减压装置。

② 高层建筑、厂房、库房和室内净空高度超过 8m 的民用建筑等场所，消火栓栓口动压不应小于 0.35MPa，且消防水枪充实水柱应按 13m 计算；其他场所，消火栓栓口动压不应小于 0.25MPa，且消防水枪充实水柱应按 10m 计算。

(13) 建筑高度不大于 27m 的住宅，当设置消火栓时，可采用干式消防竖管，并应符合下列规定。

① 干式消防竖管宜设置在楼梯间休息平台，且仅应配置消火栓栓口。

② 干式消防竖管应设置消防车供水的接口。

③ 消防车供水接口应设置在首层便于消防车接近和安全的地点。

④ 竖管顶端应设置自动排气阀。

(14) 住宅户内宜在生活给水管道上预留一个接 *DN*15mm 消防软管或轻便水龙的接口。

(15) 跃层住宅和商业网点的室内消火栓应至少满足一股充实水柱到达室内任何部位，并宜设置在户门附近。

(16) 城市交通隧道室内消火栓系统的设置应符合下列规定。

① 隧道内宜设置独立的消防给水系统。

② 管道内的消防供水压力应保证用水量达到最大时，最低压力不应小于 0.30MPa，但当消火栓栓口处的出水压力超过 0.70MPa 时，应设置减压设施。

③ 在隧道出入口处应设置消防水泵接合器和室外消火栓。

④ 消火栓的间距不应大于 50m，双向同行车道或单行通行但大于 3 车道时，应双面间隔设置。

⑤ 隧道内允许通行危险化学品的机动车，且隧道长度超过 3000m 时，应配置水雾或泡沫消防水枪。

8.3.5 消火栓系统的配线

消火栓系统的配线及相互关系如图 8-13 所示。

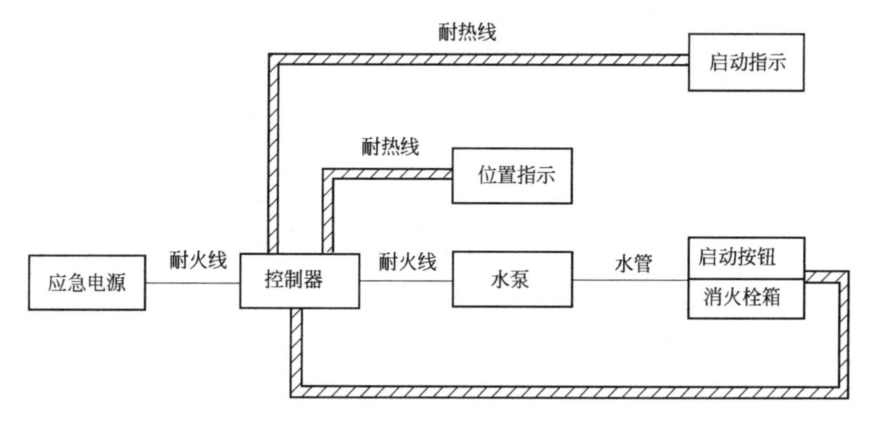

图 8-13 消火栓系统配线及相互关系

8.4 消防水泵的控制

8.4.1 消防水泵的控制方式

在现场，对消防泵的手动控制有两种方式：一种是通过消火栓按钮（打破玻璃按钮）直接启动消防泵；另一种是通过手动报警按钮，将手动报警信号送入控制室的控制器后，由手动或自动信号控制消防泵启动，同时接收返回的水位信号。一般消防水泵都是经中控室联动控制的，其联动控制过程如图 8-14 所示。

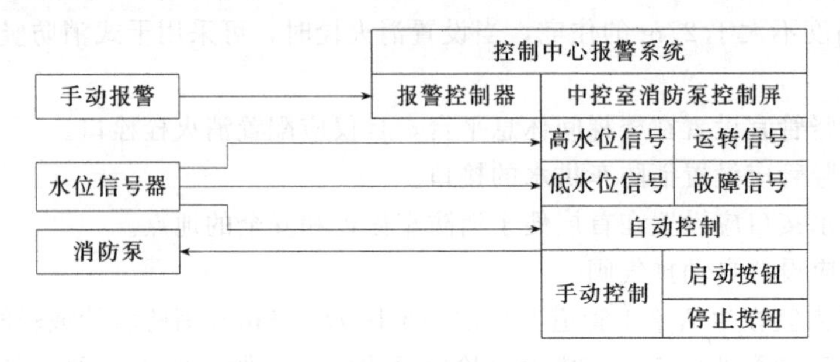

图 8-14 消防水泵联动控制过程

8.4.2 消防水泵的电气控制

消火栓水灭火供水系统一般设置两台消防水泵，可手动控制也可自动控制（两台泵互为备用），其启停控制原理电路如图 8-15 所示。

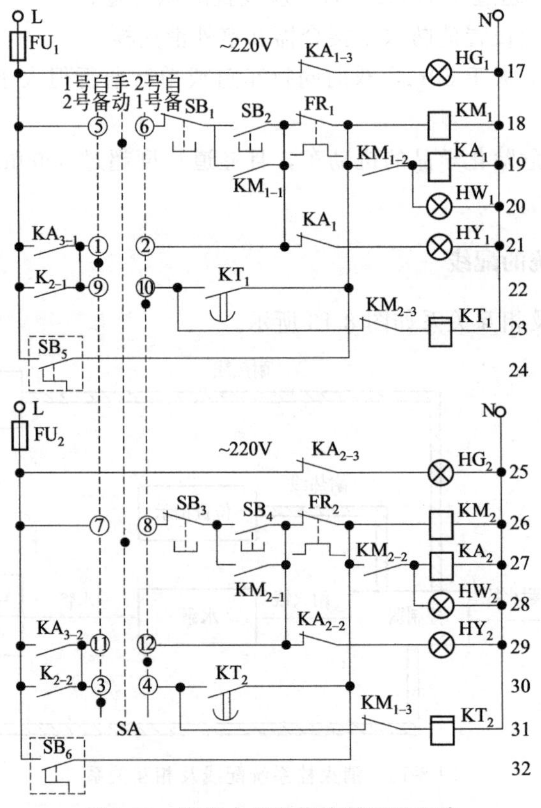

图 8-15 消防水泵启停控制原理电路

消防泵的电气控制电路的工作原理，根据功能转换开关 SA 的功能选择要求，可分为“1 号泵自动、2 号泵备用”“2 号泵自动、1 号泵备用”和“手动”三种工作状态。

8.4.2.1 1号泵自动、2号泵备用

将转换开关 SA 置于左位（1 号自、2 号备），合上主电路断路器 QF_1、QF_2 及操作电源，为水泵启动运行做好准备。如某楼层发生火灾时，手动操作消火栓启动按钮，其内部接点 SB_{XF} 断开，使中间继电器 K_{1-1} 失电（正常为通电动作状态），动断接点 K_{1-1-1} 返回闭合，使时间继电器 KT_3 线圈通电后启动，经延时后动合接点 KT_{3-1} 闭合，使中间继电器 KA_3 线圈通电动作（由 K_{1-1-2} 或 KA_{1-2-2} 与 KA_{3-2} 自锁），通过 KA_{3-1}、SA_{1-2} 和 FR_{1-1} 接点可使交流接触器 KM_1 线圈也通电动作，KM_1 主接点闭合使消防泵 M_1 启动运行，消防泵向管网提供水量和增加水压，确保消火栓水枪灭火出水用水需要。KM_1 辅助接点 KM_{1-2} 闭合，HW_1 点亮，指示 1 号泵投入运行；同时。KM_{1-2} 闭合后使中间继电器 KA_1 动作，接点 KA_{1-2} 断开，作好 1 号泵故障信号准备。接点 KA_{1-1} 闭合向消火栓箱内发送 1 号泵运行信号；接点 KA_{1-1} 闭合向控制室发送 1 号泵运行信号。需要停泵时，按下水泵停止按钮 SB_1，即可使 1 号泵停止运行。

如在灭火过程中（或准工作状态），交流接触器 KM_1 意外断开（或无法启动，即 1 号泵停止运行，同时中间继电器 KA_1 断电后，其接点 KA_{1-2} 返回闭合，1 号泵故障指示灯 HY_2 点亮），其动断接点 KM_{1-3} 返回闭合使时间继电器线圈 KT_2 通电启动，经延时后动合接点 KT_2 闭合，通过 KA_{3-2}、SA_{3-4} 接点使交流接触器 KM_2 线圈通电动作，KM_2 主接点闭合使消防泵 M_2 启动运行。而辅助接点 KM_{2-2} 闭合后，HW_2 点亮指示 2 号泵投入运行，并使中间继电器 KA_2 通电动作，通过 KA_{2-2} 向控制室发出 2 号泵运行信号。需要停泵时，按下水泵停止按钮 SB_3，即可使 2 号水泵停止运行。

8.4.2.2 2号泵自动、1号泵备用

将转换开关 SA 置于右位（2 号自、1 号备），合上主电路断路器 QF_1、QF_2，为水泵启动运行做好准备。其动作过程同上。

8.4.2.3 手动

将转换开关 SA 置于中间位置（手动）。按下就地控制按钮 SB_2（SB_4）启动 1 号（2 号）消防泵运行；按下就地控制按钮 SB_1（SB_3）停止 1 号（2 号）消防泵运行。

9 自动喷水灭火系统

9.1 自动喷水灭火系统的类型

自动喷水灭火系统可以用于各种建筑物中允许用水灭火的场所和保护对象，根据被保护建筑物的使用性质、环境条件和火灾发展、发生特性的不同，自动喷水灭火系统可以有多种不同类型，工程中常常根据系统中喷头开闭形式的不同，将其分为开式和闭式自动喷水灭火系统两大类。

属于闭式自动喷水灭火系统的有湿式系统、干式系统、预作用系统、重复启闭预作用系统和自动喷水-泡沫联用灭火系统。属于开式自动喷水灭火系统的有水幕系统、雨淋系统和水雾系统。

9.1.1 闭式自动喷水灭火系统

9.1.1.1 湿式自动喷水灭火系统

湿式自动喷水灭火系统（图 9-1）通常由管道系统、闭式喷头、湿式报警阀、水流指示器、报警装置和供水设施等组成。火灾发生时，在火场温度作用下，闭式喷头的感温元件温度达到指定的动作温度后，喷头开启喷水灭火，阀后压力下降，湿式阀瓣打开，水经延时器后通向水力警铃，发出声响报警信号，与此同时，水流指示器及压力开关也将信号传送至消防控制中心，经系统判断确认火警后启动消防水泵向管网加压供水，实现持续自动喷水灭火。

湿式自动喷水灭火系统具有施工和管理维护方便、结构简单、使用可靠、灭火速度快、控火效率高及建设投资少等优点。但是其管路在喷头中始终充满水，所以，一旦发生渗漏会损坏建筑装饰，应用受环境温度的限制，适合安装在温度不高于 70℃，且不低于 4℃且能用水灭火的建（构）筑物内。

9.1.1.2 干式自动喷水灭火系统

干式自动喷水灭火系统（图 9-2）由管道系统、闭式喷头、干式报警阀、水流指示器、报

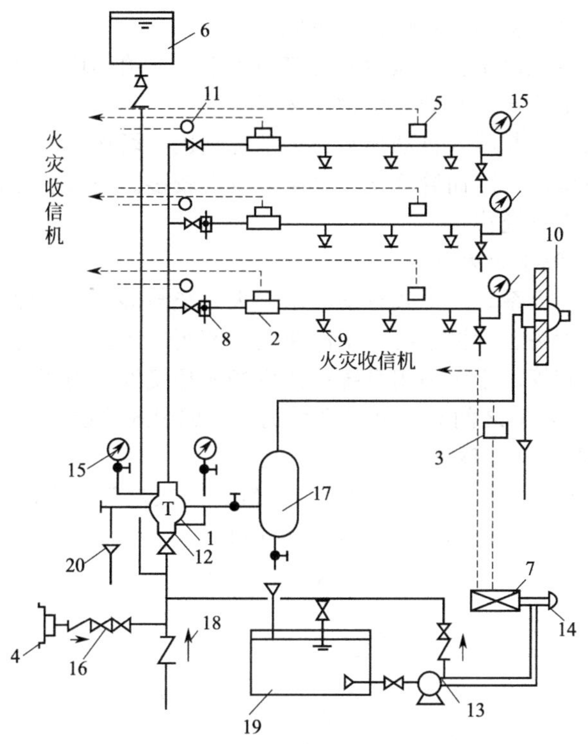

图 9-1 湿式自动喷水灭火系统

1—湿式报警阀；2—水流指示器；3—压力继电器；4—水泵接合器；5—感烟探测器；6—水箱；7—控制箱；8—减压孔板；9—喷头；10—水力警铃；11—报警装置；12—闸阀；13—水泵；14—按钮；15—压力表；16—安全阀；17—延迟器；18—止回阀；19—贮水池；20—排水漏斗

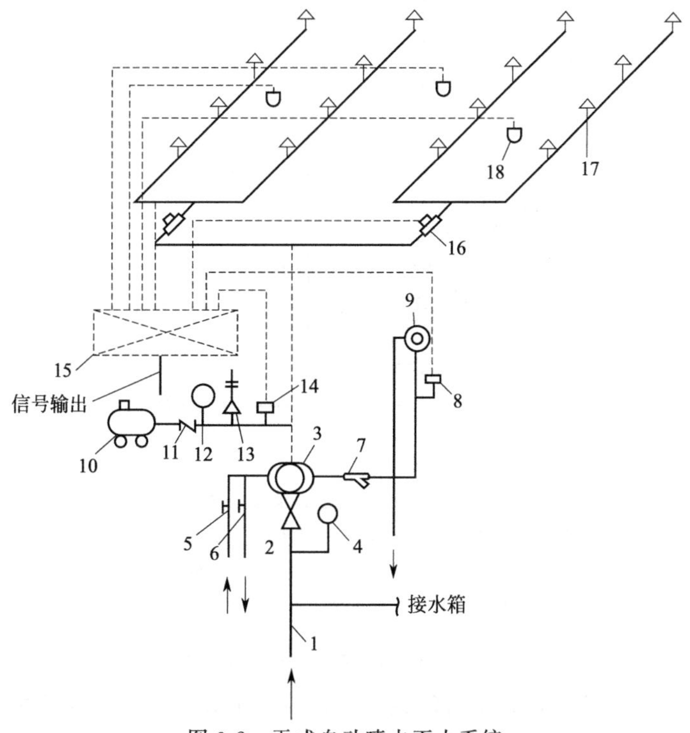

图 9-2 干式自动喷水灭火系统

1—供水管；2—闸阀；3—干式报警阀；4，12—压力表；5，6—截止阀；7—过滤器；8，14—压力开关；9—水力警铃；10—空压机；11—止回阀；13—安全阀；15—火灾报警控制箱；16—水流指示器；17—闭式喷头；18—火灾探测器

警装置、充气设备、排气设备和供水设备等组成。

干式自动喷水灭火系统由于报警阀后的管路中无水，不怕环境温度高，不怕冻结，因而适用于环境温度低于4℃或高于70℃的建筑物和场所。

干式自动喷水灭火系统与湿式自动喷水灭火系统相比，增加了一套充气设备，管网内的气压要经常保持在一定范围内，因而管理比较复杂，投资较多。喷水前需排放管内气体，灭火速度不如湿式自动喷水灭火系统快。

9.1.1.3 干湿两用自动喷水灭火系统

干湿两用自动喷水灭火系统是干式自动喷水灭火系统与湿式自动喷水灭火系统交替使用的系统。其组成包括闭式喷头、管网系统、干湿两用报警阀、水流指示器、信号阀、末端试水装置、充气设备和供水设施等。干湿两用系统在使用场所环境温度高于70℃或低于4℃时，系统呈干式；环境温度在4～70℃之间时，可以将系统转换成湿式系统。

9.1.1.4 预作用自动喷水灭火系统

预作用自动喷水灭火系统（图9-3）由管道系统、闭式喷头、雨淋阀、火灾探测器、报警控制装置、控制组件、充气设备和供水设施等部件组成。

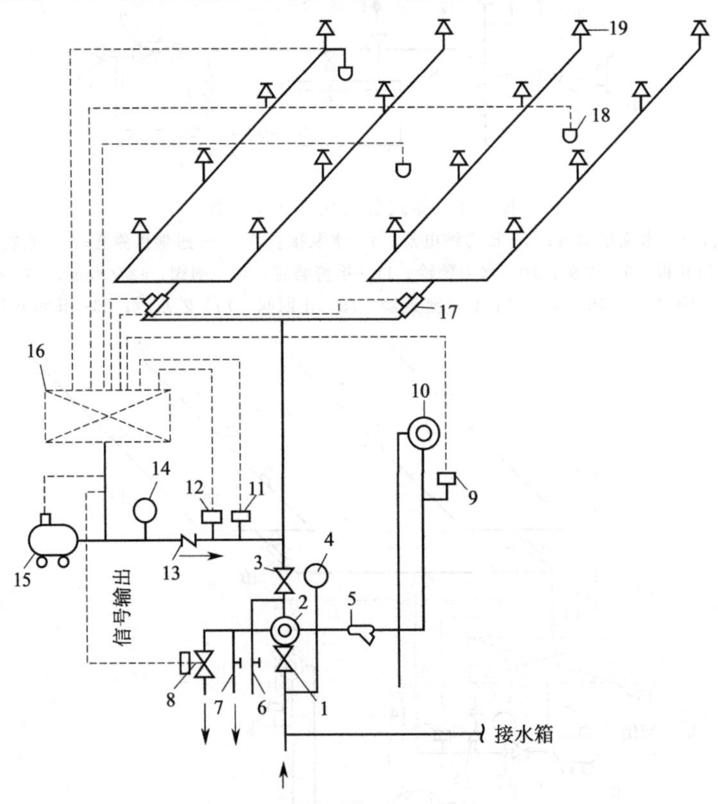

图9-3 预作用自动喷水灭火系统

1—总控制阀；2—预作用阀；3—检修闸阀；4，14—压力表；5—过滤器；6—截止阀；7—手动开启阀；8—电磁阀；9，11—压力开关；10—水力警铃；12—低气压报警压力开关；13—止回阀；15—空压机；16—报警控制箱；17—水流指示器；18—火灾探测器；19—闭式喷头

预作用自动喷水灭火系统在雨淋阀以后的管网中平时充氮气或低压空气，可避免因系统破损而造成的水渍损失。另外这种系统有能在喷头动作之前及时报警并转换成湿式系统的早期报警装置，克服了干式系统必须待喷头动作，完成排气后才可以喷水灭火，从而延迟喷水时间的缺点。但预作用系统比干式系统或湿式系统多一套自动探测报警和自动控制系统，建设投资多，构造比较复杂。对于要求系统处于准工作状态时严禁管道漏水、严禁系统误喷、替代干式

系统等场所，应采用预作用系统。

9.1.1.5 自动喷水-泡沫联用灭火系统

在普通湿式自动喷水灭火系统中并联一个钢制带橡胶囊的泡沫罐，橡胶囊内装轻水泡沫浓缩液，在系统中配上控制阀及比例混合器就成了自动喷水-泡沫联用灭火系统，如图9-4所示。

该系统的特点是闭式系统采用泡沫灭火剂，强化了自动喷水灭火系统的灭火性能。当采用先喷水后喷泡沫的联用方式时，前期喷水起控火作用，后期喷泡沫可强化灭火效果；当采用先喷泡沫后喷水的联用方式时，前期喷泡沫起灭火作用，后期喷水可起冷却及防止复燃效果。

该系统流量系数大，水滴穿透力强，可有效地用于高堆货垛和高架仓库、柴油发动机房、燃油锅炉房和停车库等场所。

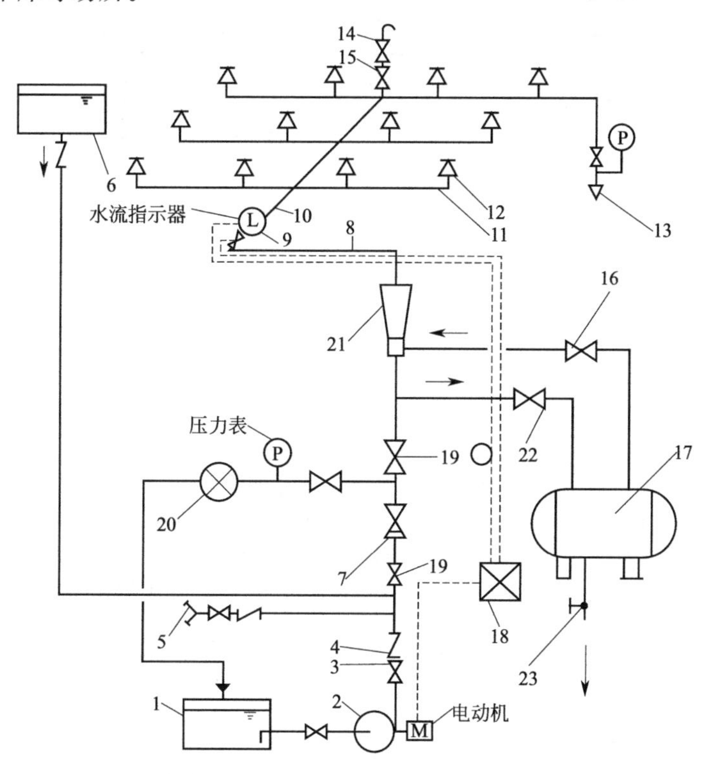

图9-4 自动喷水-泡沫联用灭火系统

1—水池；2—水泵；3—闸阀；4—止回阀；5—水泵接合器；6—消防水箱；7—预作用报警阀组；8—配水干管；9—水流指示器；10—配水管；11—配水支管；12—闭式喷头；13—末端试水装置；14—快速排气阀；15—电动阀；16—进液阀；17—泡沫罐；18—报警控制器；19—控制阀；20—流量计；21—比例混合器；22—进水阀；23—排水阀

9.1.1.6 重复启闭预作用系统

重复启闭预作用系统是在预作用系统的基础上发展起来的。该系统不但能自动喷水灭火，而且能在火灾扑灭后自动关闭系统。重复启闭预作用系统的工作原理和组成与预作用系统相似，不同之处是重复启闭预作用系统采用了一种既可在环境恢复常温时输出灭火信号，又可输出火警信号的感温探测器。当感温探测器感应到环境的温度超出预定值时，报警并打开具有复位功能的雨淋阀和开启供水泵，为配水管道充水，并在喷头动作后喷水灭火。喷水的情况下，当火场温度恢复至常温时，探测器发出关停系统的信号，在按设定条件延迟喷水一段时间后停止喷水，关闭雨淋阀。若火灾复燃、温度再次升高时，系统则再次启动，直至彻底灭火。

重复启闭预作用系统优于其他喷水灭火系统，但造价高，一般只适用于灭火后必须及时停止喷水，要求减少不必要水渍的建筑，如集控室计算机房、电缆间、配电间和电缆隧道等。

9.1.2 开式自动喷水灭火系统

9.1.2.1 雨淋喷水灭火系统

雨淋系统采用开式洒水喷头，由雨淋阀控制喷水范围，利用配套的火灾自动报警系统或传动管系统监测火灾并自动启动系统灭火。发生火灾时，火灾探测器将信号送至火灾报警控制器，压力开关、水力警铃一起报警，控制器输出信号打开雨淋阀，同时启动水泵连续供水，使整个保护区内的开式喷头喷水灭火。雨淋系统可由电气控制启动、传动管控制启动或手动控制。传动管控制启动包括湿式和干式两种方法，如图 9-5 所示。雨淋系统具有出水量大、灭火及时的优点。

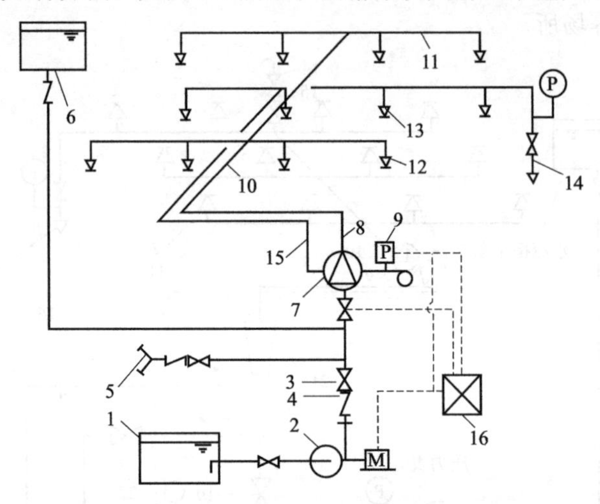

图 9-5 传动管启动雨淋系统

1—水池；2—水泵；3—闸阀；4—止回阀；5—水泵接合器；6—消防水箱；7—雨淋报警阀组；8—配水干管；9—压力开关；10—配水管；11—配水支管；12—开式洒水喷头；13—闭式喷头；14—末端试水装置；15—传动管；16—报警控制器

发生火灾时，湿（干）式导管上的喷头受热爆破，喷头出水（排气），雨淋阀控制膜室压力下降，雨淋阀打开，压力开关动作，启动水泵向系统供水。电气控制系统如图 9-6 所示，保

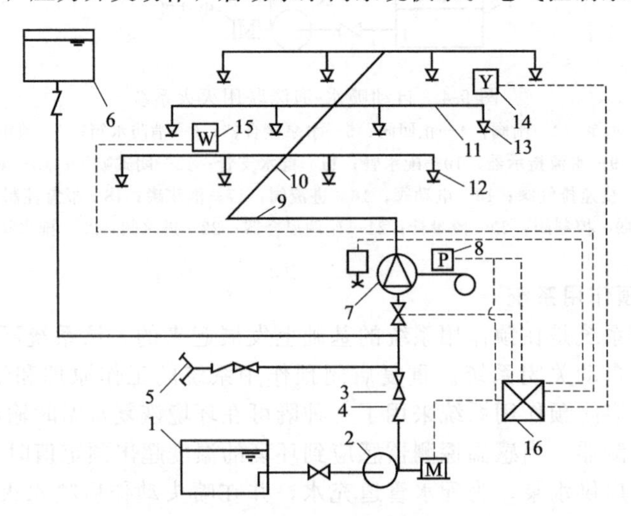

图 9-6 电动启动雨淋系统

1—水池；2—水泵；3—闸阀；4—止回阀；5—水泵接合器；6—消防水箱；7—雨淋报警阀组；8—压力开关；9—配水干管；10—配水管；11—配水支管；12—开式洒水喷头；13—闭式喷头；14—烟感探测器；15—温感探测器；16—报警控制器

护区内的火灾自动报警系统探测到火灾后发出信号，打开控制雨淋阀的电磁阀，雨淋阀控制膜室压力下降，雨淋阀开启，压力开关动作，启动水泵向系统供水。

9.1.2.2 水幕消防给水系统

水幕消防给水系统主要由开式喷头、水幕系统控制设备及探测报警装置、供水设备和管网等组成，如图 9-7 所示。

9.1.2.3 水喷雾灭火系统

水喷雾灭火系统是用水喷雾头取代雨淋灭火系统中的干式洒水喷头而形成的。水喷雾是水在喷头内直接经历冲撞，回转和搅拌后在喷射出来的成为细微的水滴而形成的。它具有较好的冷却、窒息与电绝缘效果，灭火效率高，可扑灭液体火灾、电气设备火灾、石油加工厂，多用于变压器等，其系统组成如图 9-8 所示。

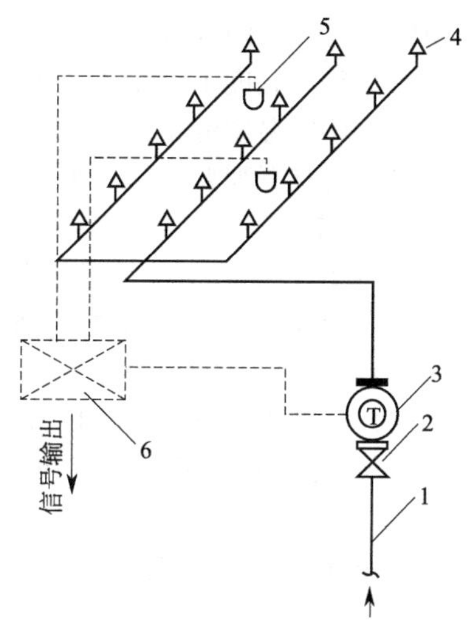

图 9-7 水幕消防给水系统

1—供水管；2—总闸阀；3—控制阀；4—水幕喷头；5—火灾探测器；6—火灾报警控制器

9.1.3 自动喷水灭火系统的选型

(1) 自动喷水灭火系统选型应根据设置场所的建筑特征、环境条件和火灾特点等选择相应的开式或闭式系统。露

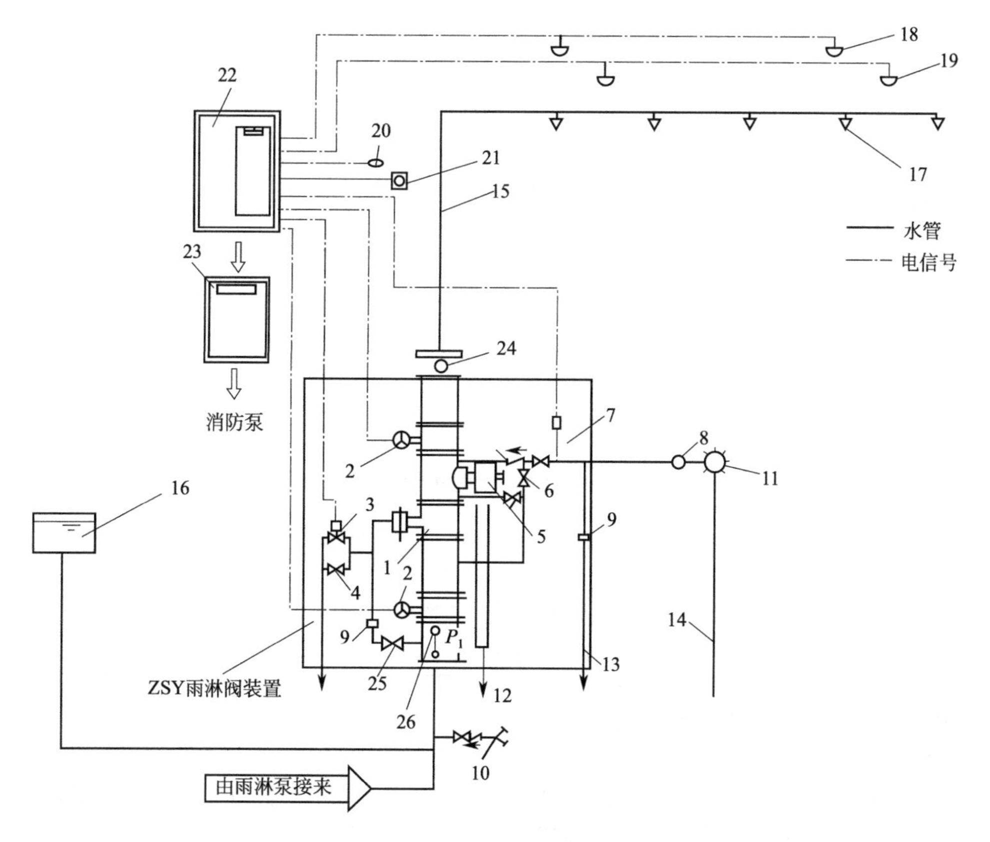

图 9-8 水喷雾灭火系统组成

1—雨淋阀；2—蝶阀；3—电磁阀；4—应急球阀；5—泄放试验阀；6—报警试验阀；7—报警止回阀；8—过滤器；9—节流孔；10—水泵接合器；11—墙内外水力警铃；12—泄放检查管排水；13—漏斗排水；14—水力警铃排水；15—配水干管（平时通大气）；16—水塔；17—中速水雾接头或高速喷射器；18—定温探测器；19—差温探测器；20—现场声报警；21—防爆遥控现场电启动器；22—报警控制器；23—联动箱；24—挠曲橡胶接头；25—截止阀；26—水压力表

天场所不宜采用闭式系统。

（2）环境温度不低于4℃且不高于70℃的场所，应采用湿式系统。

（3）环境温度低于4℃或高于70℃的场所，应采用干式系统。

（4）具有下列要求之一的场所，应采用预作用系统。

① 系统处于准工作状态时严禁误喷的场所。

② 系统处于准工作状态时严禁管道充水的场所。

③ 用于替代干式系统的场所。

（5）灭火后必须及时停止喷水的场所，应采用重复启闭预作用系统。

（6）具有下列条件之一的场所，应采用雨淋系统。

① 火灾的水平蔓延速度快、闭式洒水喷头的开放不能及时使喷水有效覆盖着火区域的场所。

② 设置场所的净空高度超过表9-1的规定，且必须迅速扑救初期火灾的场所。

表9-1 洒水喷头类型和场所净空高度

<table>
<tr><th colspan="2" rowspan="2">设置场所</th><th colspan="3">喷头类型</th><th rowspan="2">场所净空高度 h/m</th></tr>
<tr><th>一只喷头的保护面积</th><th>响应时间性能</th><th>流量系数 K</th></tr>
<tr><td rowspan="5">民用建筑</td><td rowspan="2">普通场所</td><td>标准覆盖面积洒水喷头</td><td>快速响应喷头
特殊响应喷头
标准响应喷头</td><td>$K\geqslant 80$</td><td rowspan="2">$h\leqslant 8$</td></tr>
<tr><td>扩大覆盖面积洒水喷头</td><td>快速响应喷头</td><td>$K\geqslant 80$</td></tr>
<tr><td rowspan="3">高大空间场所</td><td>标准覆盖面积洒水喷头</td><td>快速响应喷头</td><td>$K\geqslant 115$</td><td rowspan="2">$8 \lt h\leqslant 12$</td></tr>
<tr><td colspan="3">非仓库型特殊应用喷头</td></tr>
<tr><td colspan="3">非仓库型特殊应用喷头</td><td>$12 \lt h\leqslant 18$</td></tr>
<tr><td colspan="2" rowspan="4">厂房</td><td>标准覆盖面积洒水喷头</td><td>特殊响应喷头
标准响应喷头</td><td>$K\geqslant 80$</td><td rowspan="2">$h\leqslant 8$</td></tr>
<tr><td>扩大覆盖面积洒水喷头</td><td>标准响应喷头</td><td>$K\geqslant 80$</td></tr>
<tr><td>标准覆盖面积洒水喷头</td><td>特殊响应喷头
标准响应喷头</td><td>$K\geqslant 115$</td><td rowspan="2">$8 \lt h\leqslant 12$</td></tr>
<tr><td colspan="3">非仓库型特殊应用喷头</td></tr>
<tr><td colspan="2" rowspan="3">仓库</td><td>标准覆盖面积洒水喷头</td><td>特殊响应喷头
标准响应喷头</td><td>$K\geqslant 80$</td><td>$h\leqslant 9$</td></tr>
<tr><td colspan="3">仓库型特殊应用喷头</td><td>$h\leqslant 12$</td></tr>
<tr><td colspan="3">早期抑制快速响应喷头</td><td>$h\leqslant 13.5$</td></tr>
</table>

③ 火灾危险等级为严重危险级Ⅱ级的场所。

（7）符合下列条件之一的场所，宜采用设置早期抑制快速响应喷头的自动喷水灭火系统。当采用早期抑制快速响应喷头时，系统应为湿式系统，且系统设计基本参数应符合表9-2的规定。

（8）符合下列条件之一的场所，宜采用设置仓库型特殊应用喷头的自动喷水灭火系统，系统设计基本参数应符合9-3的规定。

① 最大净空高度不超过12.0m且最大储物高度不超过10.5m，储物类别为仓库危险级Ⅰ、Ⅱ级或箱装不发泡塑料的仓库及类似场所；

② 最大净空高度不超过7.5m且最大储物高度不超过6.0m，储物类别为袋装不发泡塑料和箱装发泡塑料的仓库及类似场所。

表 9-2 采用早期抑制快速响应喷头的系统设计基本参数

<table>
<tr><th>储物类别</th><th>最大净空高度/m</th><th>最大储物高度/m</th><th>喷头流量系数/K</th><th>喷头设置方式</th><th>喷头最低工作压力/MPa</th><th>喷头最大间距/m</th><th>喷头最小间距/m</th><th>作用面积内开放的喷头数</th></tr>
<tr><td rowspan="16">Ⅰ、Ⅱ级、沥青制品、箱装不发泡塑料</td><td rowspan="6">9.0</td><td rowspan="6">7.5</td><td rowspan="2">202</td><td>直立型</td><td rowspan="2">0.35</td><td rowspan="6">3.7</td><td rowspan="35">2.4</td><td rowspan="34">12</td></tr>
<tr><td>下垂型</td></tr>
<tr><td rowspan="2">242</td><td>直立型</td><td rowspan="2">0.25</td></tr>
<tr><td>下垂型</td></tr>
<tr><td>320</td><td>下垂型</td><td>0.20</td></tr>
<tr><td>363</td><td>下垂型</td><td>0.15</td></tr>
<tr><td rowspan="6">10.5</td><td rowspan="6">9.0</td><td rowspan="2">202</td><td>直立型</td><td rowspan="2">0.50</td><td rowspan="10">3.0</td></tr>
<tr><td>下垂型</td></tr>
<tr><td rowspan="2">242</td><td>直立型</td><td rowspan="2">0.35</td></tr>
<tr><td>下垂型</td></tr>
<tr><td>320</td><td>下垂型</td><td>0.25</td></tr>
<tr><td>363</td><td>下垂型</td><td>0.20</td></tr>
<tr><td rowspan="3">12.0</td><td rowspan="3">10.5</td><td>202</td><td>下垂型</td><td>0.50</td></tr>
<tr><td>242</td><td>下垂型</td><td>0.35</td></tr>
<tr><td>363</td><td>下垂型</td><td>0.30</td></tr>
<tr><td>13.5</td><td>12.0</td><td>363</td><td>下垂型</td><td>0.35</td></tr>
<tr><td rowspan="5">袋装不发泡塑料</td><td rowspan="3">9.0</td><td rowspan="3">7.5</td><td>202</td><td>下垂型</td><td>0.50</td><td rowspan="3">3.7</td></tr>
<tr><td>242</td><td>下垂型</td><td>0.35</td></tr>
<tr><td>363</td><td>下垂型</td><td>0.25</td></tr>
<tr><td>10.5</td><td>9.0</td><td>363</td><td>下垂型</td><td>0.35</td><td rowspan="2">3.0</td></tr>
<tr><td>12.0</td><td>10.5</td><td>363</td><td>下垂型</td><td>0.40</td></tr>
<tr><td rowspan="7">箱装发泡塑料</td><td rowspan="6">9.0</td><td rowspan="6">7.5</td><td rowspan="2">202</td><td>直立型</td><td rowspan="2">0.35</td><td rowspan="6">3.7</td></tr>
<tr><td>下垂型</td></tr>
<tr><td rowspan="2">242</td><td>直立型</td><td rowspan="2">0.25</td></tr>
<tr><td>下垂型</td></tr>
<tr><td>320</td><td>下垂型</td><td>0.25</td></tr>
<tr><td>363</td><td>下垂型</td><td>0.15</td></tr>
<tr><td>12.0</td><td>10.5</td><td>363</td><td>下垂型</td><td>0.40</td><td>3.0</td></tr>
<tr><td rowspan="7">袋装发泡塑料</td><td rowspan="3">7.5</td><td rowspan="3">6.0</td><td>202</td><td>下垂型</td><td>0.50</td><td rowspan="6">3.7</td></tr>
<tr><td>242</td><td>下垂型</td><td>0.35</td></tr>
<tr><td>363</td><td>下垂型</td><td>0.20</td></tr>
<tr><td rowspan="3">9.0</td><td rowspan="3">7.5</td><td>202</td><td>下垂型</td><td>0.70</td></tr>
<tr><td>242</td><td>下垂型</td><td>0.50</td></tr>
<tr><td>363</td><td>下垂型</td><td>0.30</td></tr>
<tr><td>12.0</td><td>10.5</td><td>363</td><td>下垂型</td><td>0.50</td><td>3.0</td><td>20</td></tr>
</table>

注：1. 最大净空高度不超过 13.5m 且最大储物高度不超过 12.0m，储物类别为仓库危险级Ⅰ、Ⅱ级或沥青制品、箱装不发泡塑料的仓库及类似场所。

2. 最大净空高度不超过 12.0m 且最大储物高度不超过 10.5m，储物类别为袋装不发泡塑料、箱装发泡塑料和袋装发泡塑料的仓库及类似场所。

表 9-3 采用仓库型特殊应用喷头的湿式系统设计基本参数

储物类别	最大净空高度/m	最大储物高度/m	喷头流量系数 K	喷头设置方式	喷头最低工作压力/MPa	喷头最大间距/m	喷头最小间距/m	作用面积内开放的喷头数	持续喷水时间/h
Ⅰ级、Ⅱ级	7.5	6.0	161	直立型	0.20	3.7	2.4	15	1.0
				下垂型					
			200	下垂型	0.15				
			242	直立型	0.10			12	
			363	下垂型	0.07				
				直立型	0.15				
	9.0	7.5	161	直立型	0.35			20	
				下垂型					
			200	下垂型	0.25				
			242	直立型	0.15				
			363	直立型	0.15			12	
				下垂型	0.07				
	12.0	10.5	363	直立型	0.10	3.0		24	
				下垂型	0.20			12	
箱装不发泡塑料	7.5	6.0	161	直立型	0.35	3.7		15	
				下垂型					
			200	下垂型	0.25				
			242	直立型	0.15				
			363	直立型	0.15			12	
				下垂型	0.07				
	9.0	7.5	363	直立型	0.15				
				下垂型	0.07				
	12.0	10.5	363	下垂型	0.20	3.0			
箱装发泡塑料	7.5	6.0	161	直立型	0.35	3.7		15	
				下垂型					
			200	下垂型	0.25				
			242	直立型	0.15				
			363	直立型	0.07				
				下垂型					

9.2 自动喷水灭火系统用装置

9.2.1 喷头

9.2.1.1 喷头的类型

喷头根据结构和用途的不同，可按表 9-4 中的形式分类。

表 9-4 喷头的类型

喷头类型		图例	特点
闭式喷头	玻璃球闭式喷头	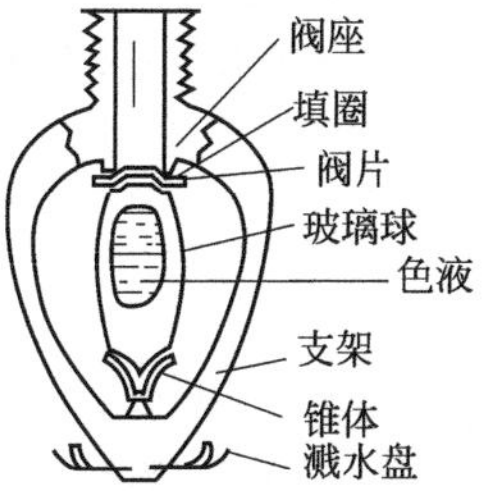 阀座 填圈 阀片 玻璃球 色液 支架 锥体 溅水盘	玻璃球用于支撑喷小口的阀盖，玻璃球内充装一种高膨胀液体，如乙醚、酒精等。球内留有一个小气泡，当温度升高时，小气泡会缩小，溶入液体中，在低于动作温度5℃时，液体全部充满玻璃球容积，温度再升高，玻璃球爆炸成碎片，喷水口阀盖脱落，喷水口开启，喷水灭火
	易熔合金闭式喷头	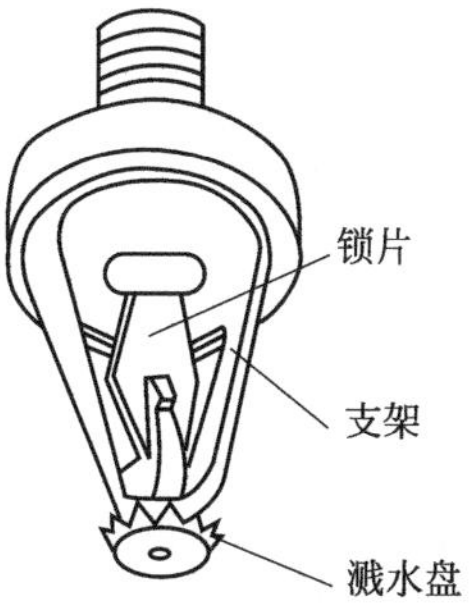 锁片 支架 溅水盘	喷口平时被玻璃阀堵塞封盖住，玻璃阀堵由三片锁片组成的支撑顶住，锁片由易熔合金焊料焊住。当喷头周围温度达到预定限制时，焊接锁片的易熔合金焊料熔化，三锁片各自分离落下，管路中的压力水冲开玻璃阀堵喷出
	直立型洒水喷头	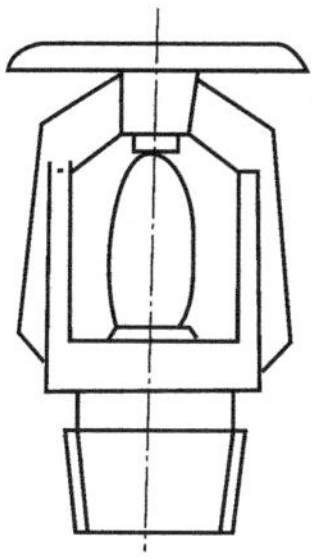	直立安装于供水支管上；洒水形状为抛物体形，它将水量的60%～80%向下喷洒，同时还有一部分喷向顶棚
	下垂型洒水喷头	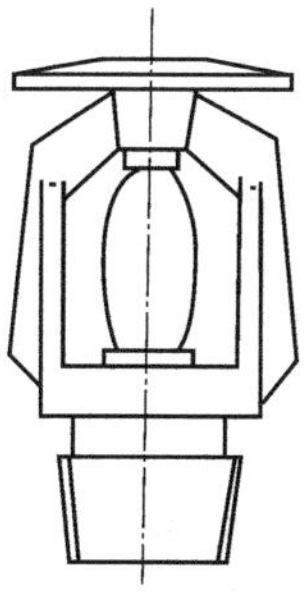	下垂安装于供水支管上，洒水的形状为抛物体形，它将水量的80%～100%向下喷洒
	边墙型洒水喷头	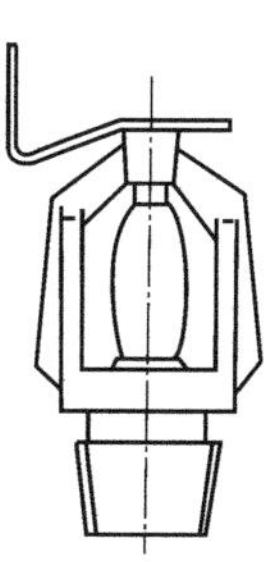	靠墙安装，分为水平和直立型两种形式。喷头的洒水形状为半抛物体形，它将水直接洒向保护区域

续表

喷头类型		图例	特点
闭式喷头	普通型洒水喷头	—	既可直立安装也可下垂安装，洒水的形状为球形。它将水量的40%～60%向下喷洒，同时还将一部分水喷向顶棚
	吊顶型洒水喷头	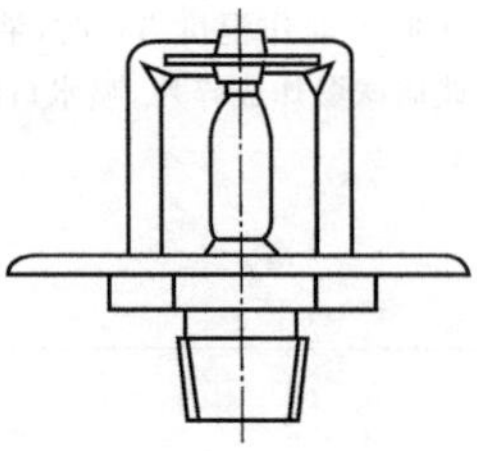	吊顶型洒水喷头安装于隐蔽在吊顶内的供水支管上，分为平齐型、半隐蔽型和隐蔽型三种型式。喷头的洒水形状为抛物线形
	干式洒水喷头	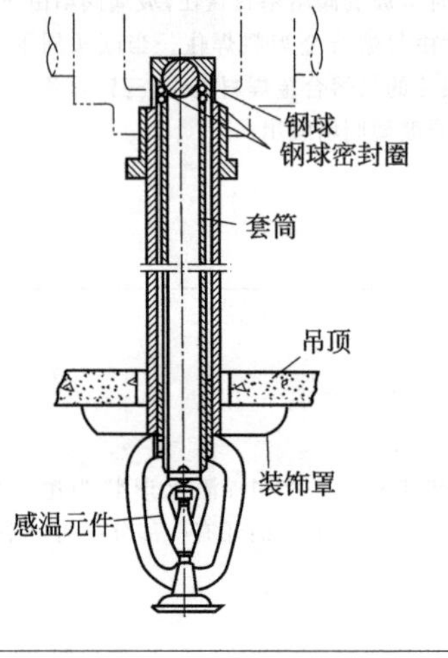 钢球 钢球密封圈 套筒 吊顶 装饰罩 感温元件	专用于干式系统或其他充气系统的下垂型喷头。与上述喷头的差别，只是增加了一段辅助管，管内有活动套筒和钢球。喷头未动作时钢球将辅助管封闭，水不能进入辅助管和喷头体内，这样可以避免干式系统喷水后，未动作的喷头体内积水排不出而造成冻结的弊病。喷头动作时，套筒向下移动，钢球由喷口喷出，水就喷出来了
开式喷头	开式洒水喷头	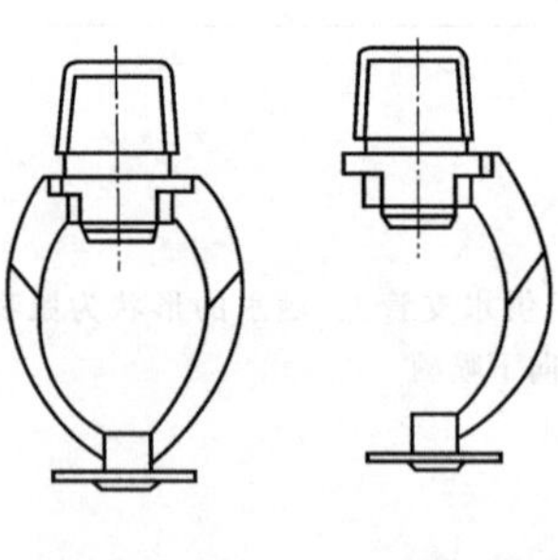 (a) 双臂下垂型 (b) 单臂下垂型 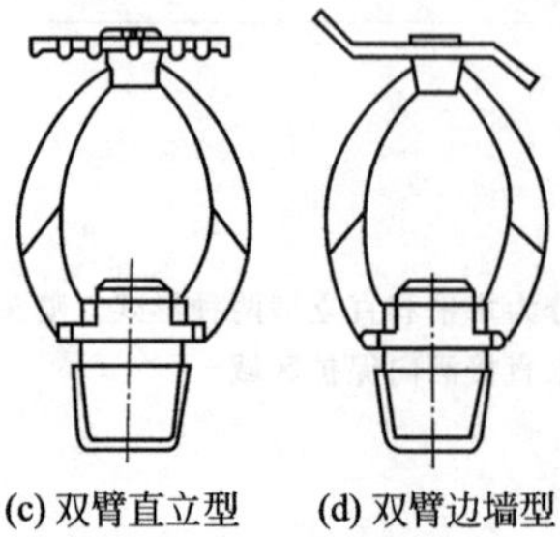 (c) 双臂直立型 (d) 双臂边墙型	主要用于雨淋系统，它按安装形式可分为直立型和下垂型，按结构可分为单臂和双臂两种

续表

喷头类型		图 例	特 点
开式喷头	喷雾喷头	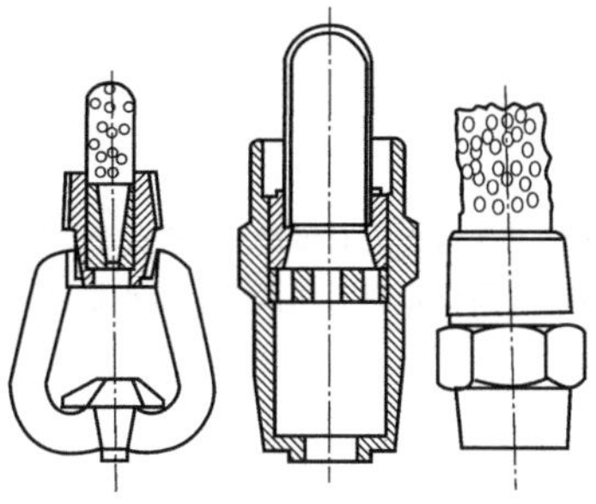 (a) 中速型 (b) 高速型	是在一定压力下将水流分解为细小的水滴，以锥形喷出的喷头，主要用于水雾系统。这种喷头由于喷出的水滴细小，使水的总表面积比一般的洒水喷头要大几倍，在灭火中吸热面积大，冷却作用强。同时，水雾受热气化形成的大量水蒸气对火焰起窒息作用
	幕帘式水幕喷头	—	幕帘式水幕喷头有缝隙式和雨淋式两类
	缝隙式水幕喷头	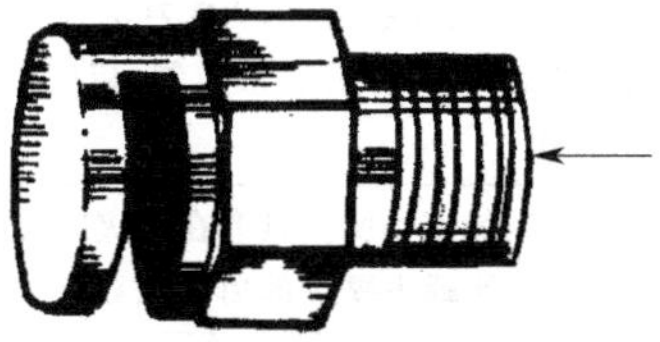 (a) 单缝隙水幕喷头 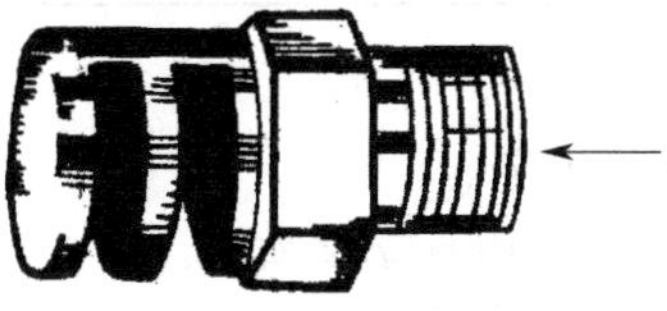 (b) 双缝隙水幕喷头	缝隙式水幕喷头能形成带形水幕，起分隔作用。如设在露天生产装置区，将露天生产装置分隔成数个小区；或保护个别建筑物避开相邻设备火灾的危害等。它又有单缝隙式和双缝隙式两种
	雨淋式水幕喷头	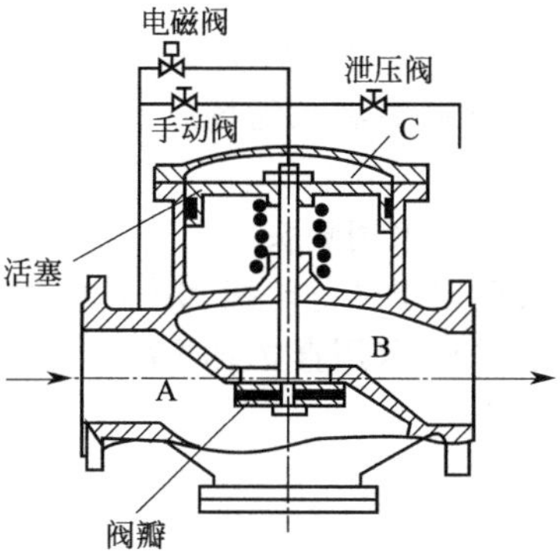 电磁阀 泄压阀 手动阀 C 活塞 B A 阀瓣	雨淋式水幕喷头用于造成防火水幕带，起着防火分隔作用。如开口部位较大，用一般的水幕难以阻止火势扩大和火灾蔓延的部位，常采用此种喷头 A—阀隔膜腔；B—阀控制腔；C—阀压力腔
	窗口水幕喷头	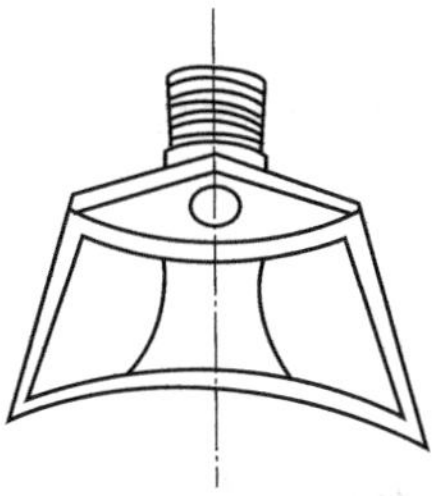	当防止火灾通过窗口蔓延扩大或增强窗扇、防火卷帘、防火幕的耐火能力而设置的水幕喷头

续表

喷头类型		图例	特点
开式喷头	檐口水幕喷头	69 53 29.3 单位:mm	用于防止邻近建筑火灾对屋檐(可燃或难燃屋檐)的威胁或增加屋檐的耐火能力而设置的向屋檐洒水的水幕喷头
特殊喷头	大水滴洒水喷头	—	有一个复式溅水盘,从喷口喷出的水流经溅水盘后形成一定比例的大小水滴,均匀喷向保护区。适用于湿式、预作用等自动喷水灭火系统,特别是保护那些火灾时燃烧较猛烈的大空间场所
	自动启闭洒水喷头	—	在火灾发生时能自动开启喷水,火灾扑灭后又能自动关闭。是利用双金属片组成的感温元件的变形控制,启闭喷口阀的先导阀,实现喷口的自动启闭
	快速反应洒水喷头	—	主要用于住宅、医院等场所。具有在火灾时能快速感应火灾并迅速出水灭火的特性,能减少喷头的启动数和灭火所需的水量
	扩大覆盖面洒水喷头	—	比其他喷头的喷水保护面积大,可达 31～36m^2,而一般喷头只有 9～21m^2

9.2.1.2 喷头的选型

(1) 湿式自动喷水灭火系统的喷头选型应符合下列规定。

① 不作吊顶的场所，当配水支管布置在梁下时，应采用直立型喷头。

② 吊顶下布置的喷头，应采用下垂型喷头或吊顶型洒水喷头。

③ 顶板为水平面的轻危险级、中危险级Ⅰ级住宅建筑、宿舍、旅馆建筑客房、医疗建筑病房和办公室，可采用边墙型洒水喷头。

④ 易受碰撞的部位，应采用带保护罩的洒水喷头或吊顶型洒水喷头。

⑤ 顶板为水平面，且无梁、通风管道等障碍物影响喷头洒水的场所，可采用扩大覆盖面积洒水喷头。

⑥ 住宅建筑和宿舍、公寓等非住宅类居住建筑宜采用家用喷头。

⑦ 不宜选用隐蔽式洒水喷头；确需采用时，应仅适用于轻危险级和中危险级Ⅰ级场所。

(2) 干式自动喷水灭火系统、预作用自动喷水灭火系统应采用直立型喷头或干式下垂型喷头。

(3) 水幕消防给水系统的喷头选型应符合下列规定。

① 防火分隔水幕应采用开式洒水喷头或水幕喷头。

② 防护冷却水幕应采用水幕喷头。

(4) 下列场所宜采用快速响应喷头：

① 公共娱乐场所、中庭环廊；

② 医院、疗养院的病房及治疗区域，老年、少儿、残疾人的集体活动场所；

③ 超出水泵接合器供水高度的楼层；

④ 地下的商业场所。

(5) 同一隔间内应采用相同热敏性能的喷头。

(6) 雨淋喷水灭火系统的防护区内应采用相同的喷头。

(7) 自动喷水灭火系统应有备用喷头，其数量不应少于总数的 1%，且每种型号均不得少于10只。

(8) 自动喷水防护冷却系统可以采用边墙型洒水喷头。

9.2.2 报警阀

9.2.2.1 常用报警阀类型

(1) 湿式报警阀　湿式报警阀是湿式自动喷水灭火系统的主要部件，安装在总供水干管上，连接供水设备和配水管网，是一种只允许水流单方向流入配水管网，并在规定流量下报警的止回型阀门，在系统动作前，它将管网与水流隔开，避免用水和可能的污染；当系统开启时，报警阀打开，接通水源和配水管；在报警阀开启的同时，部分水流通过阀座上的环形槽，经信号管道送至水力警铃，发出音响报警信号。

主要用于湿式自动喷水灭火系统上，在其立管上安装。湿式报警阀接线如图9-9所示。

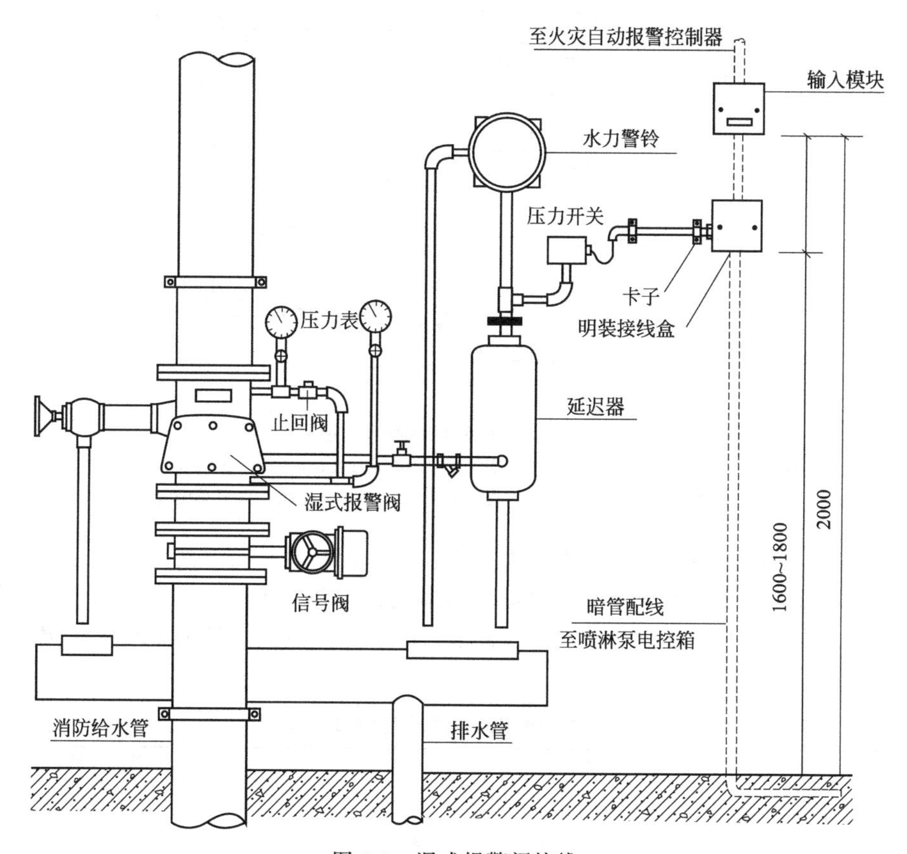

图9-9　湿式报警阀接线

湿式报警阀平时阀芯前后水压相等（水通过导向管中的水压平衡小孔，保持阀板前后水压平衡）。由于阀芯的自重和阀芯前后所受水的总压力不同，阀芯处于关闭状态（阀芯上面的总压力大于阀芯下面的总压力）。发生火灾时，闭式喷头喷水，因为水压平衡小孔来不及补水，报警阀上面水压下降，此时阀下水压大于阀上水压，于是阀板开启，向立管及管网供水，同时发出火警信号并启动消防泵。

(2) 干式报警阀　干式报警阀主要用在干式自动喷水灭火系统和干湿两用自动喷水灭火系统中。其作用是用来隔开喷水管网中的空气和供水管道中的压力水，使喷水管网始终保持干管状态，当喷头开启时，管网空气压力下降，干式阀阀瓣开启，水通过报警阀进入喷水管网，同时部分水流通过报警阀的环形槽进入信号设施进行报警。

干式报警阀由阀体、差动双盘阀板、充气塞、信号管网、控制阀等组成，构造如图9-10

所示。

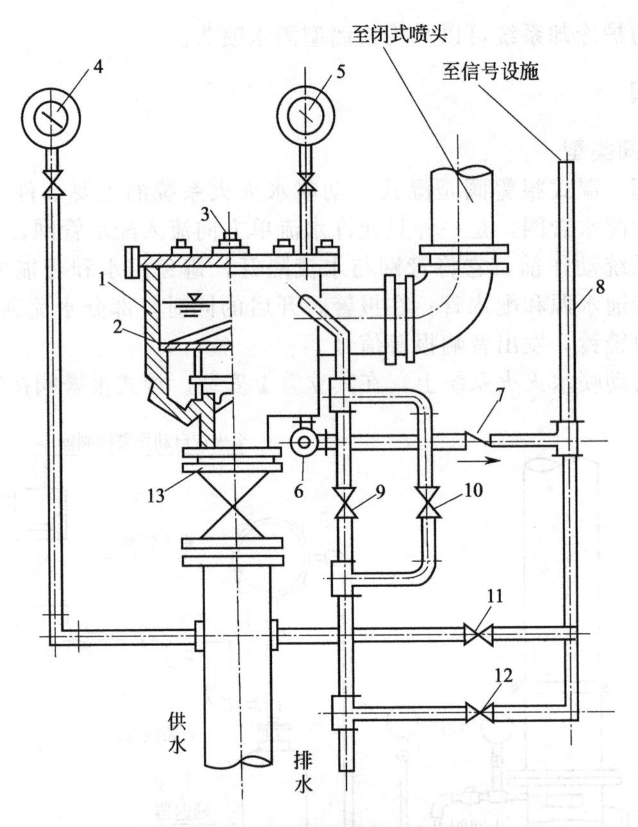

图 9-10 干式报警阀的构造

1—阀体；2—差动双盘阀板；3—充气塞；4—阀前压力表；5—阀后压力表；6—角阀；7—止回阀；8—信号管；9～11—截止阀；12—小孔阀；13—总闸阀

（3）雨淋阀 雨淋阀用于雨淋喷水灭火系统、预作用喷水灭火系统、水幕系统和水喷雾灭火系统。这种阀的进口侧与水源相连，出口侧与系统管路和喷头相连。一般为空管，仅在预作用系统中充气。雨淋阀的开启由各种火灾探测装置控制。雨淋阀主要有杠杆型、隔膜型、活塞型和感温型几种，其特性见表 9-5。

表 9-5 常用雨淋阀的类型和特性

类型	图 例	特 性
隔膜型雨淋阀	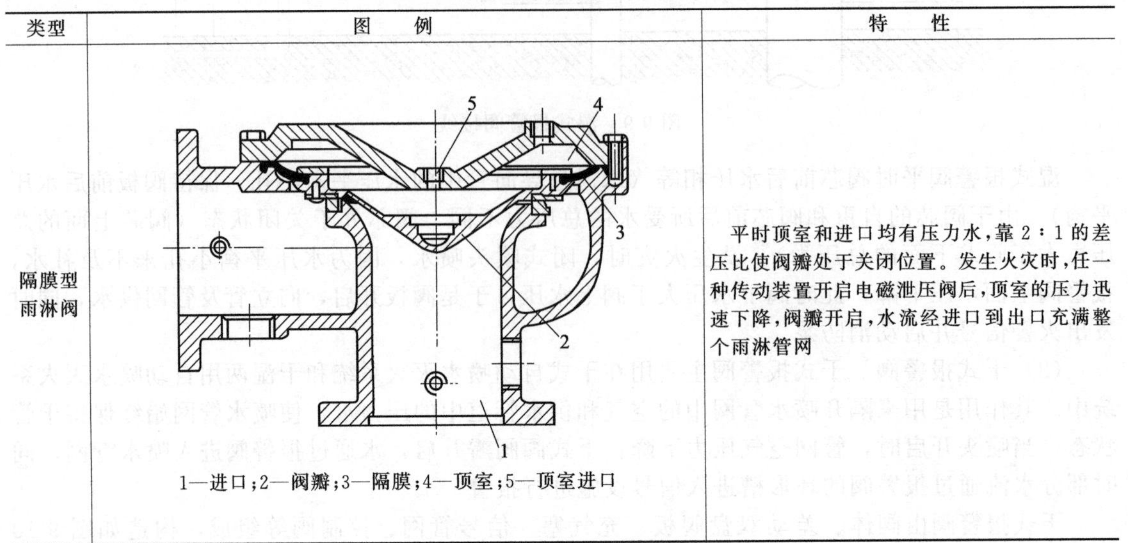 1—进口；2—阀瓣；3—隔膜；4—顶室；5—顶室进口	平时顶室和进口均有压力水，靠 2∶1 的差压比使阀瓣处于关闭位置。发生火灾时，任一种传动装置开启电磁泄压阀后，顶室的压力迅速下降，阀瓣开启，水流经进口到出口充满整个雨淋管网

续表

类型	图例	特性
杠杆型雨淋阀	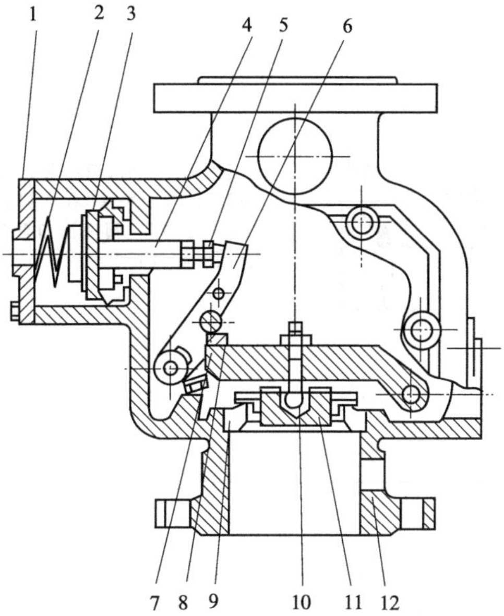 1—端盖;2—弹簧;3—皮碗;4—轴;5—顶轴;6—摇臂;7—锁杆;8—垫铁;9—密封圈;10—顶杠;11—阀瓣;12—阀体	杠杆型雨淋阀平时靠着力点力臂的差异,使推杆所产生的力矩足以将摇臂隔板锁紧,使其保持在关闭位置。发生火灾时,当任一种传动装置(易熔锁封、闭式喷头或火灾探测器)发出警报信号后,即自动打开电磁泄压阀,使雨淋阀推杆室内的压力迅速下降,当降至供水压力的 1/2 时,阀门开启,水流立即充满整个雨淋管网,并通过开式洒水喷头向保护区同时喷水灭火
感温雨淋阀	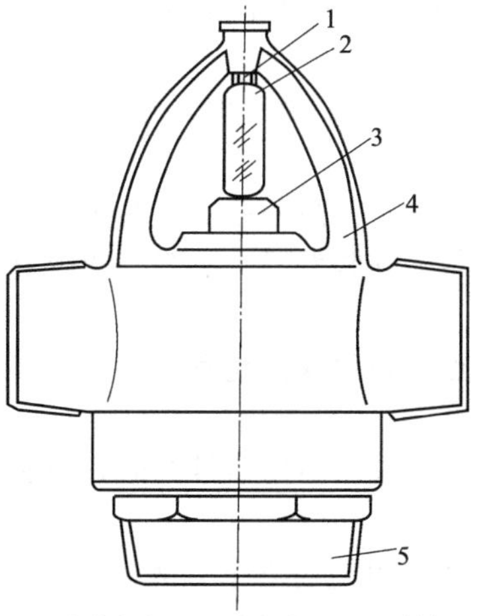 1—定位螺钉;2—玻璃球;3—滑动轴;4—阀体;5—进水接头	主要用于水幕和水喷雾系统,安装在配管上,控制一组喷头的动作。这种阀平时靠玻璃球支撑,把水封闭在进口管中。发生火灾时,环境温度升高,使玻璃球感温爆裂,打开阀门,进水管中的水立即流入阀体并经出口从水幕喷头喷出
活塞型雨淋阀	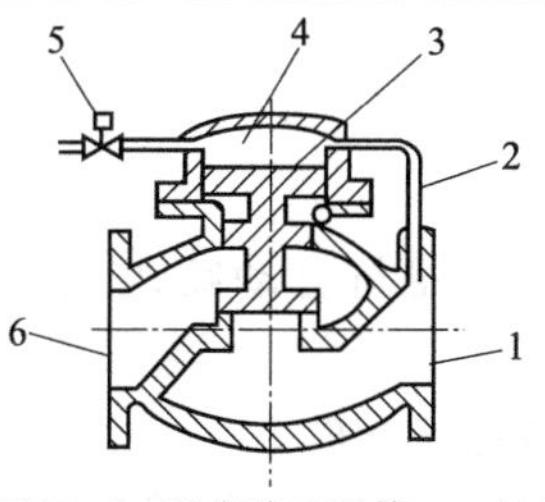 1—进口;2—活塞腔连通管;3—活塞;4—活塞腔;5—电磁阀;6—出口	活塞型雨淋阀的作用原理与隔膜型相同,只是在结构上用活塞代替了隔膜

续表

类型	图　例	特　性
蝶阀式雨淋阀	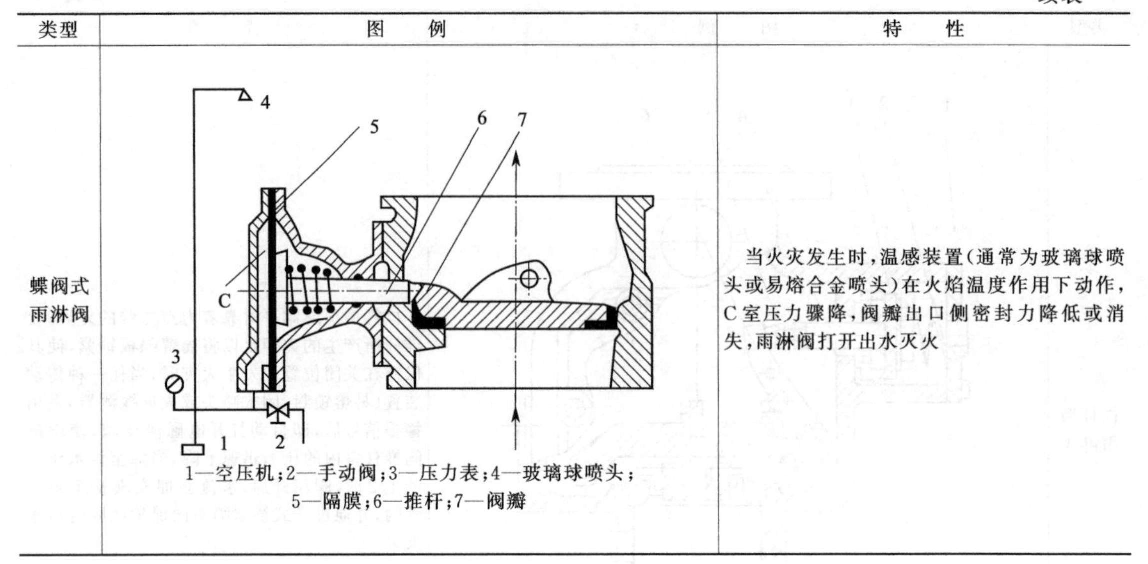 1—空压机；2—手动阀；3—压力表；4—玻璃球喷头；5—隔膜；6—推杆；7—阀瓣	当火灾发生时，温感装置（通常为玻璃球喷头或易熔合金喷头）在火焰温度作用下动作，C室压力骤降，阀瓣出口侧密封力降低或消失，雨淋阀打开出水灭火

9.2.2.2 常用报警阀组的设置

（1）自动喷水灭火系统应设报警阀组。保护室内钢屋架等建筑构件的闭式系统，应设独立的报警阀组。水幕系统应设独立的报警阀组或感温雨淋阀。

（2）串联接入湿式自动喷水灭火系统配水干管的其他自动喷水灭火系统，应分别设置独立的报警阀组，其控制的喷头数计入湿式阀组控制的喷头总数。

（3）一个报警阀组控制的喷头数应符合下列规定。

① 湿式自动喷水灭火系统、预作用自动喷水灭火系统不宜超过800只；干式自动喷水灭火系统不宜超过500只。

② 当配水支管同时安装保护吊顶下方和上方空间的喷头时，应只将数量较多一侧的喷头计入报警阀组控制的喷头总数。

（4）每个报警阀组供水的最高与最低位置喷头，其高程差不宜大于50m。

（5）雨淋阀组的电磁阀，其入口应设过滤器。并联设置雨淋阀组的雨淋系统，其雨淋阀控制腔的入口应设止回阀。

（6）报警阀组宜设在安全及易于操作的地点，报警阀距地面的高度宜为1.2m。安装报警阀的部位应设有排水设施。

（7）连接报警阀进出口的控制阀，宜采用信号阀。不用信号阀时，控制阀应设锁定阀位的锁具。

（8）水力警铃的工作压力不应小于0.05MPa，并应符合下列规定。

① 应设在有人值班的地点附近。

② 与报警阀连接的管道，其管径应为20mm，总长不宜大于20m。

9.2.3 报警控制装置

9.2.3.1 控制器

报警控制器是将火灾自动探测系统或火灾探测器与自动喷水灭火系统联接起来的控制装置。

报警控制器的基本功能主要包括三部分，具体见表9-6。

报警控制器根据功能和系统应用的不同，可分为湿式系统报警控制器、雨淋和预作用系统报警控制器两种。

表 9-6 报警控制器的基本功能

控制类型	基本功能
接收信号	(1)火灾探测器信号 (2)监测器信号 (3)手动报警信号
输出信号	(1)声光报警信号 (2)启动消防泵 (3)开启雨淋阀或其他控制阀门 (4)向控制中心或消防部门发出报警信号
监控系统自身工作状态	(1)火灾探测器及其线路 (2)水源压力或水位 (3)充气压力和充气管路

(1) 湿式系统报警控制器　湿式系统报警控制器是较大型湿式系统或多区域湿式系统配套报警控制电气装置，可以实现对喷水部位指示、湿式阀开启指示、总管控制阀启闭状态指示、水箱水位指示、系统水压指示、报警状态指示以及控制消防泵的启动。其工作原理如图 9-11 所示。

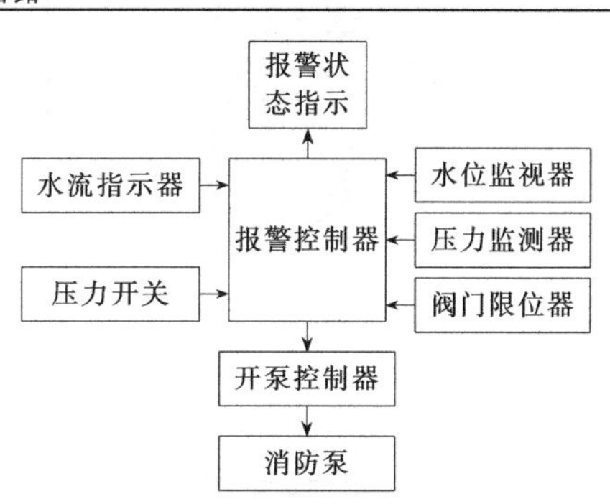

图 9-11　湿式系统报警控制器工作原理

(2) 雨淋和预作用系统报警控制器　雨淋和预作用系统的控制功能包括：火灾的自动探测报警和雨淋阀、消防泵的自动启动两个部分，而报警控制器则是实现和统一两部分功能的一种电气控制装置，其工作原理方框图如图 9-12 所示。

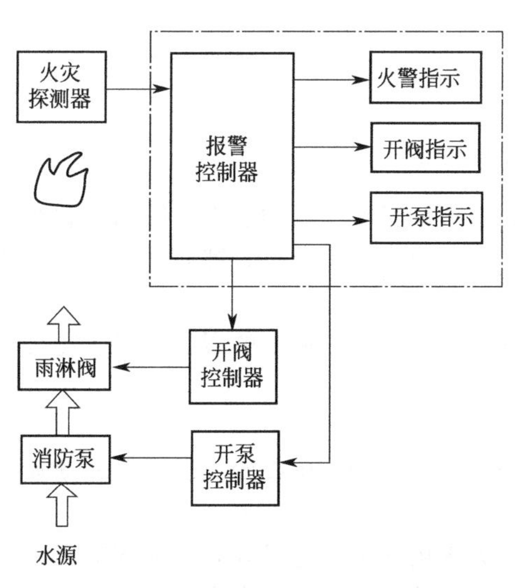

图 9-12　雨淋和预作用系统报警控制器工作原理方框图

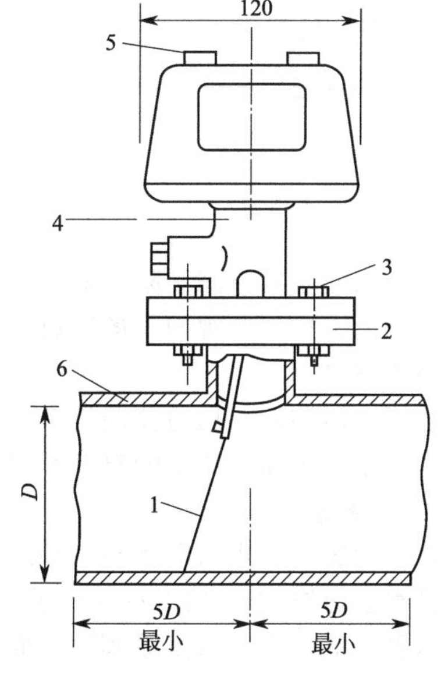

图 9-13　桨状水流指示器结构（单位：mm）
1—桨片；2—法兰底座；3—螺栓；
4—本体；5—接线孔；6—喷水管道
D—喷水管道公称直径

9.2.3.2 监测器

(1) 水流指示器　水流指示器安装在管网中，当有大于预定流量的水流通过管道时，水流指示器能发出电信号，显示水的动用情况。通常水流指示器设在喷水灭火系统的分区配水管上，当喷头开启时，向消防控制室指示开启喷头所处的位置分区，有时也可设在水箱的出水管上，一旦系统开启，水箱水被动用，水流指示器可以发出电信号，通过消防控制室启动水泵供水灭火。为便于检修分区管网，水流指示器前宜装设安全信号阀。

桨状水流指示器主要由桨片、法兰底座、螺栓、本体和电气线路等构成，如图 9-13 所示。

(2) 水流指示器的接线　水流指示器在应用时应通过模块与系统总线相连，水流指示器的接线如图 9-14 所示。

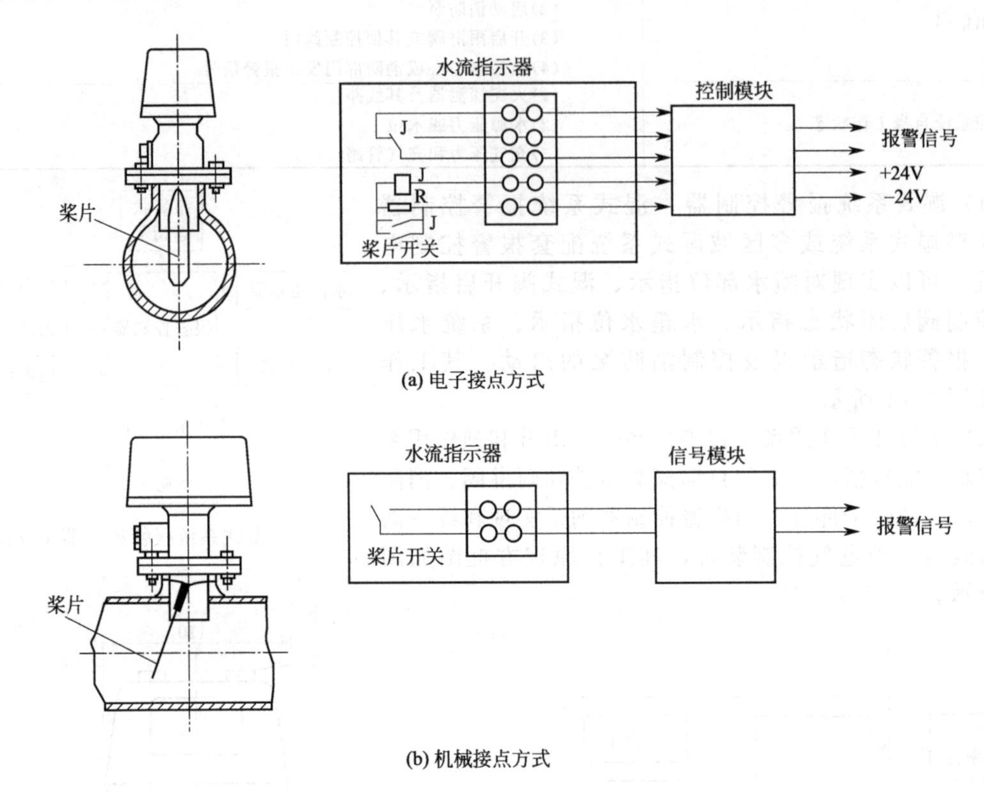

(a) 电子接点方式

(b) 机械接点方式

图 9-14　水流指示器的接线

(3) 阀门限位器　阀门限位器是一种行程开关，通常配置在干管的总控制闸阀上和通径大的支管闸阀上，用于监视闸阀的开启状态；一旦发生部分或全部关闭时，即向系统的报警控制器发出警告信号。

(4) 压力监测器　压力监测器是一种工作点在一定范围内可以调节的压力开关，在自动喷水灭火系统中常用作稳压泵的自动开关控制器件。

9.2.3.3　报警器

(1) 水力警铃　水力警铃是一种靠压力水驱动的撞击式警铃。由警铃、铃锤、转动轴，水轮机、输水管等组成，如图 9-15 所示。

水力警铃的动力来自报警阀的一股小的水流。压力水由输水管通过导管从喷嘴喷出，冲击水轮转动，使转轴及系于另一端的铃锤也随着转动，不断地击响警铃，发出报警铃声。

水力警铃的特点是结构简单、耐用可靠、灵敏度高、维护工作量小，因此是自动喷水各个系统中不可缺少的部件。

(2) 压力开关　压力开关（压力继电器）一般安装在延迟器和水力警铃之间的管道上，当喷头启动喷水且延迟器充满水后，水流进入压力继电器，压力继电器接到水压信号，即接通电路报警，并启动喷洒泵。

压力内部装有一对动合接点，在系统中常与报警系统的输出/输入模块连接，以便使压力信号转换成电信号，向消防控制室发出压力报警信号，其接线如图 9-16 所示。

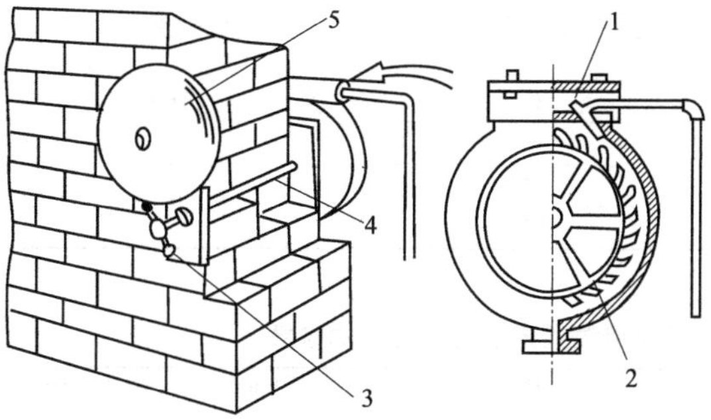

图 9-15 水力警铃
1—喷水嘴；2—水轮机；3—击铃锤；4—转轴；5—警铃

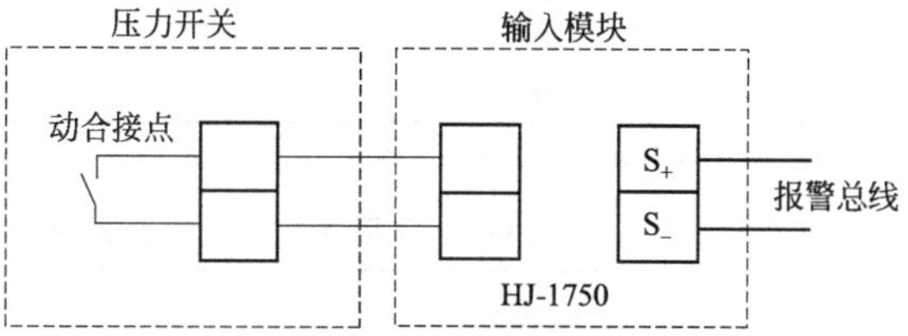

图 9-16 压力开关接线示意

9.3 自动喷水灭火系统设计

9.3.1 系统水力计算

9.3.1.1 系统的设计流量

（1）喷头的流量应按下式计算：

$$q=K\sqrt{10P} \tag{9-1}$$

式中 q——喷头流量，L/min；

P——喷头工作压力，MPa；

K——喷头流量系数。

（2）水力计算选定的最不利点处作用面积宜为矩形，其长边应平行于配水支管，其长度不宜小于作用面积平方根的 1.2 倍。

（3）系统的设计流量，应按最不利点处作用面积内喷头同时喷水的总流量确定：

$$Q_s=\frac{1}{60}\sum_{i=1}^{n}q_i \tag{9-2}$$

式中 Q_s——系统设计流量，L/s；

q_i——最不利点处作用面积内各喷头节点的流量，L/min；

n——最不利点处作用面积内的喷头数。

（4）保护防火卷帘、防火玻璃墙等防火分隔设施的防护冷却系统，系统的设计流量应按计算长度内喷头同时喷水的总流量确定。计算长度应符合下列要求。

① 当设置场所设有自动喷水灭火系统时，计算长度不应小于第（2）条确定的长边长度。

② 当设置场所未设置自动喷水灭火系统时，计算长度不应小于任意一个防火分区内所有需保护的防火分隔设施总长度之和。

（5）系统设计流量的计算，应保证任意作用面积内的平均喷水强度不低于表 9-7～表 9-13 的规定值。最不利点处作用面积内任意 4 只喷头围合范围内的平均喷水强度，轻危险级、中危险级不应低于表 9-7 规定值的 85%；严重危险级和仓库危险级不应低于表 9-7～表 9-13 的规定值。

表 9-7　民用建筑和工业厂房的系统设计基本参数

火灾危险等级		净空高度/m	喷水强度/[L/(min·m^2)]	作用面积/m^2
轻危险级		≤8	4	160
中危险级	Ⅰ级		6	
	Ⅱ级		8	
严重危险级	Ⅰ级		12	260
	Ⅱ级		16	

注：系统最不利点处喷头的工作压力，不应低于 0.05MPa。

表 9-8　民用建筑和厂房高大空间场所采用湿式系统的设计基本参数

适用场所		最大净空高度 h/m	喷水强度 /[L/(min·m^2)]	作用面积 /m^2	喷头间距 S /m
民用建筑	中庭、体育馆、航站楼等	$8<h\leq12$	12	160	$1.8\leq S\leq3.0$
		$12<h\leq18$	15		
	影剧院、音乐厅、会展中心等	$8<h\leq12$	15		
		$12<h\leq18$	20		
厂房	制衣制鞋、玩具、木器、电子生产车间等	$8<h\leq12$	15		
	棉纺厂、麻纺厂、泡沫塑料生产车间等		20		

注：1. 表中未列入的场所，应根据本表规定场所的火灾性类确定。

2. 当民用建筑高大空间场所的最大净空高度为 $12<h\leq18$m 时，应采用非仓库型特殊应用喷头。

表 9-9　仓库危险级Ⅰ级场所的系统设计基本参数

储存方式	最大净空高度 h/m	最大储物高度 h_s/m	喷水强度 /[L/(min·m^2)]	作用面积 /m^2	持续喷水时间 /h
堆垛、托盘	9.0	$h_s\leq3.5$	8.0	160	1.0
		$3.5<h_s\leq6.0$	10.0	200	1.5
		$6.0<h_s\leq7.5$	14.0		
单、双、多排货架		$h_s\leq3.0$	6.0	160	
		$3.0<h_s\leq3.5$	8.0		
单、双排货架		$3.5<h_s\leq6.0$	18.0	200	
		$6.0<h_s\leq7.5$	14.0+1J		
多排货架		$3.5<h_s\leq4.5$	12.0		
		$4.5<h_s\leq6.0$	18.0		
		$6.0\leq h_s\leq7.5$	18.0+1J		

注：1. 货架储物高度大于 7.5m 时，应设置货架内置洒水喷头。顶板下洒水喷头的喷头强度不应低于 18L/(min·m^2)，作用面积不应小于 200m^2，持续喷水时间不应小于 2h。

2. 本表及表 9-10、表 9-13 中字母“J”表示货架内置洒水喷头，“J”前的数字表示货架内置洒水喷头的层数。

表 9-10　仓库危险级Ⅱ级场所的系统设计基本参数

储存方式	最大净空高度 h/m	最大储物高度 h_s/m	喷水强度 /[L/(min·m^2)]	作用面积 /m^2	持续喷水时间/h
堆垛、托盘	9.0	$h_s\leq3.5$	8.0	160	1.5
		$3.5<h_s\leq6.0$	16.0	200	2.0
		$6.0<h_s\leq7.5$	22.0		
单、双、多排货架		$h_s\leq3.0$	8.0	160	1.5
		$3.0<h_s\leq3.5$	12.0	200	
单、双排货架		$3.5<h_s\leq6.0$	24.0	280	2.0
		$6.0<h_s\leq7.5$	22.0+1J	200	
多排货架		$3.5<h_s\leq4.5$	18.0		
		$4.5<h_s\leq6.0$	18.0+1J		
		$6.0<h_s\leq7.5$	18.0+2J		

注：货架储物高度大于 7.5m 时，应设置货架内置洒水喷头。顶板下洒水喷头的喷水强度不应低于 20L/(min·m^2)，作用面积不应小于 200m^2，持续喷水时间不应小于 2h。

表 9-11 货架储存时仓库危险级Ⅲ级场所的系统设计基本参数

序号	最大净空高度 h/m	最大储物高度 h_s/m	货架类型	喷水强度 /[L/(min·m²)]	货架内置洒水喷头		
					层数	高度/m	流量系数 K
1	4.5	$1.5<h_s\leqslant3.0$	单、双、多	12.0	—	—	—
2	6.0	$1.5<h_s\leqslant3.0$	单、双、多	18.0	—	—	—
3	7.5	$3.0<h_s\leqslant4.5$	单、双、多	24.5	—	—	—
4	7.5	$3.0<h_s\leqslant4.5$	单、双、多	12.0	1	3.0	80
5	7.5	$4.5<h_s\leqslant6.0$	单、双	24.5	—	—	—
6	7.5	$4.5<h_s\leqslant6.0$	单、双、多	12.0	1	4.5	115
7	9.0	$4.5<h_s\leqslant6.0$	单、双、多	18.0	1	3.0	80
8	8.0	$4.5<h_s\leqslant6.0$	单、双、多	24.5	—	—	—
9	9.0	$6.0<h_s\leqslant7.5$	单、双、多	18.5	1	4.5	115
10	9.0	$6.0<h_s\leqslant7.5$	单、双、多	32.5	—	—	—
11	9.0	$6.0<h_s\leqslant7.5$	单、双、多	12.0	2	3.0,6.0	80

注：1. 作用面积不应小于 200m²，持续喷水时间不应低于 2h。

2. 序号 4，6，7，11：货架内设置一排货架内置洒水喷头时，喷头的间距不应大于 3.0m；设置两排或多排货架内置洒水喷头时，喷头的间距不应大于 3.0m×2.4m。

3. 序号 9：货架内设置一排货架内置洒水喷头时，喷水的间距不应大于 2.4m，设置两排或多排货架内置洒水喷头时，喷头的间距不应大于 2.4m×2.4m。

4. 序号 8：应采用流量系数 K 等于 161、202、242、363 的洒水喷头。

5. 序号 10：应采用流量系数 K 等于 242、363 的洒水喷头。

6. 货架储物高度大于 7.5m 时，应设置货架内置洒水喷头，顶板下洒水喷头的喷水强度不应低于 22.0L/（min·m²），作用面积不应小于 200m²，持续喷头时间不应小于 2h。

表 9-12 堆垛储存时仓库危险级Ⅲ级场所的系统设计基本参数

最大净空高度 h/m	最大储物高度 h_s/m	喷水强度/[L/(min·m²)]			
		A	B	C	D
7.5	1.5	8.0			
4.5	3.5	16.0	16.0	12.0	12.0
6.0		24.5	22.0	20.5	16.5
9.0		32.5	28.5	24.5	18.5
6.0	4.5	24.5	22.0	20.5	16.5
7.5	6.0	32.5	28.5	24.5	18.5
9.0	7.5	36.5	34.5	28.5	22.5

注：1. A 代表袋装与无包装的发泡塑料橡胶；B 代表箱装的发泡塑料橡胶；C 代表袋装与无包装的不发泡塑料橡胶；D 代表箱装的不发泡塑料橡胶。

2. 作用面积不应小于 240m²，持续喷水时间不应低于 2h。

表 9-13 仓库危险级Ⅰ级、Ⅱ级场所中混杂储存仓库危险级Ⅲ级场所物品时的系统设计基本参数

储物类别	储存方式	最大净空高度 h/m	最大储物高度 h_s/m	喷水强度 /[L/(min·m²)]	作用面积 /m²	持续喷水时间/h
储物中包括沥青制品或箱装 A 组塑料橡胶	堆垛与货架	9.0	$h_s\leqslant1.5$	8	160	1.5
		4.5	$1.5<h_s\leqslant3.0$	12	240	2.0
		6.0	$1.5<h_s\leqslant3.0$	16	240	2.0
		5.0	$3.0<h_s\leqslant3.5$			
	堆垛	8.0	$3.0<h_s\leqslant3.5$	16	240	2.0
	货架	9.0	$1.5<h_s\leqslant3.5$	8+1J	160	2.0
储物中包括袋装 A 组塑料橡胶	堆垛与货架	9.0	$h_s\leqslant1.5$	8	160	1.5
		4.5	$1.5<h_s\leqslant3.0$	16	240	2.0
		5.0	$3.0<h_s\leqslant3.5$			
	堆垛	9.0	$1.5<h_s\leqslant2.5$	16	240	2.0

续表

储物类别	储存方式	最大净空高度 h/m	最大储物高度 h_s/m	喷水强度/[L/(min·m^2)]	作用面积/m^2	持续喷水时间/h
储物中包括袋装不发泡A组塑料橡胶	堆垛与货架	6.0	$1.5<h_s\leqslant3.0$	16	240	2.0
储物中包括袋装发泡A组塑料橡胶	货架	6.0	$1.5<h_s\leqslant3.0$	8+1J	160	2.0
储物中包括轮胎或纸卷	堆垛与货架	9.0	$1.5<h_s\leqslant3.5$	12	240	2.0

注：1. 无包装的塑料橡胶视同纸袋、塑料袋包装。

2. 货架内置洒水喷水应采用与顶板下洒水喷头相同的喷水强度，用水量应按开放6只洒水喷头确定。

(6) 设置货架内喷头的仓库，顶板下洒水喷头与货架内洒水喷头应分别计算设计流量，并应按其设计流量之和确定系统的设计流量。

(7) 建筑内设有不同类型的系统或有不同危险等级的场所时，系统的设计流量应按其设计流量的最大值确定。

(8) 当建筑物内同时设有自动喷水灭火系统和水幕系统时，系统的设计流量应按同时启用的自动喷水灭火系统和水幕系统的用水量计算，并取二者之和中的最大值确定。

(9) 雨淋喷水灭火系统和水幕消防给水系统的设计流量应按雨淋阀控制的喷头的流量之和确定。多个雨淋阀并联的雨淋系统，其系统设计流量，应按同时启用雨淋阀的流量之和的最大值确定。

(10) 当原有系统延伸管道、扩展保护范围时，应对增设洒水喷头后的系统重新进行水力计算。

9.3.1.2 管道水力计算

(1) 管道内的水流速度宜采用经济流速，必要时可超过5m/s，但不应大于10m/s。

(2) 管道单位长度的水头损失应按下式计算：

$$i=6.05\left(\frac{q_g^{1.85}}{C_h^{1.85}d_j^{4.87}}\right)\times10^7 \qquad (9\text{-}3)$$

式中 i——管道单位长度的水头损失，kPa/m；

d_j——管道计算内径，mm；

q_g——管道设计流量，L/min；

C_h——海澄-威廉系数，见表9-14。

表 9-14 不同类型管道的海澄-威廉系数 C_h

管道类型	C_h 值
镀锌钢管	120
铜管、不锈钢管	140
涂覆钢管、氯化聚氯乙烯(PVC-C)管	150

(3) 管道的局部水头损失宜采用当量长度法计算，且应符合表9-15的规定。

表 9-15 镀锌钢管件和阀门的当量长度 单位：mm

管件和阀门	公称直径/mm								
	25	32	40	50	65	80	100	125	150
45°弯头	0.3	0.3	0.6	0.6	0.9	0.9	1.2	1.5	2.1
90°弯头	0.6	0.9	1.2	1.5	1.8	2.1	3	3.7	4.3
90°长弯管	0.6	0.6	0.6	0.9	1.2	1.5	1.8	2.4	2.7
三通或四通(侧向)	1.5	1.8	2.4	3	3.7	4.6	6.1	7.6	9.1
蝶阀	—	—	—	1.8	2.1	3.1	3.7	2.7	3.1
闸阀	—	—	—	0.3	0.3	0.3	0.6	0.6	0.9

续表

管件和阀门	公称直径/mm								
	25	32	40	50	65	80	100	125	150
止回阀	1.5	2.1	2.7	3.4	4.3	4.9	6.7	8.2	9.3
异径接头	32/25	40/32	50/40	65/50	80/65	100/80	125/100	150/125	200/150
	0.2	0.3	0.3	0.5	0.6	0.8	1.1	1.3	1.6

注：1. 过滤器当量长度的取值，由生产厂提供。

2. 当异径接头的出口直径不变而入口直径提高 1 级时，其当量长度应增大 0.5 倍；提高 2 级或 2 级以上时，其当量长度应增大 1.0 倍。

3. 当采用钢管或不锈钢管时，当量长度应乘以系数 1.33；当采用涂覆钢管、氯化聚氯乙烯（PVC-C）管时，当量长度应乘以系数 1.51。

（4）水泵扬程或系统入口的供水压力应按下式计算：

$$H=(1.20\sim1.40)\sum P_p+P_0+Z-h_c \tag{9-4}$$

式中 H——水泵扬程或系统入口的供水压力，MPa；

$\sum P_p$——管道沿程和局部水头损失的累计值，MPa，报警阀的局部水头损失应按照产品样本或检测数据确定。当无上述数据时，湿式报警阀取值 0.04MPa、干式报警阀取值 0.02MPa、预作用装置取值 0.08MPa、雨淋报警阀取值 0.07MPa、水流指示器取值 0.02MPa；

P_0——最不利点处喷头的工作压力，MPa；

Z——最不利点处喷头与消防水池的最低水位或系统入口管水平中心线之间的高程差，当系统入口管或消防水池最低水位高于最不利点处喷头时，Z 应取负值，MPa；

h_c——从城市市政管网直接抽水时城市管网的最低水压，MPa，当从消防水池吸水时，h_c 取 0。

9.3.1.3 减压措施

（1）减压孔板应符合下列规定。

① 应设在直径不小于 50mm 的水平直管段上，前后管段的长度均不宜小于该管段直径的 5 倍。

② 孔口直径不应小于设置管段直径的 30%，且不应小于 20mm。

③ 应采用不锈钢板制作。

按常规确定的孔板厚度：ϕ50～80mm 时，δ=3mm；ϕ100～150mm 时，δ=6mm；ϕ200mm 时，δ=9mm。减压孔板的结构如图 9-17 所示。

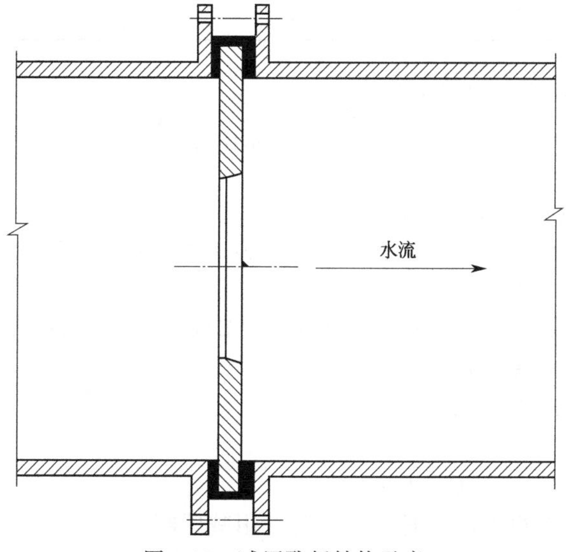

图 9-17 减压孔板结构示意

（2）节流管（图 9-18）应符合下列规定。

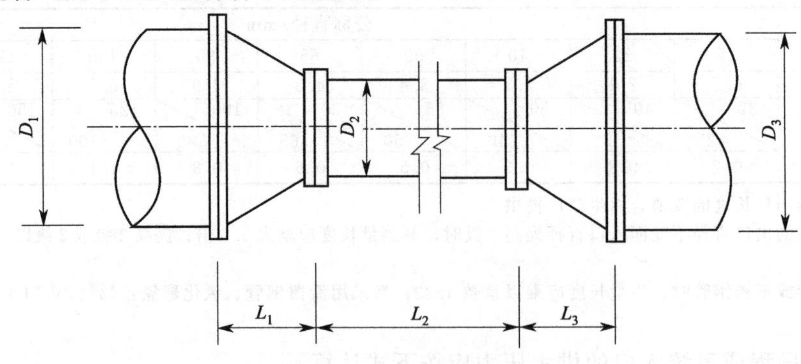

图 9-18　节流管结构示意

技术要求：$L_1=D_1$；$L_3=D_3$；D_1，D_3—扩管直径；L_2—干管长度；L_1，L_3—渐缩管、渐扩管

① 直径宜按上游管段直径的 1/2 确定。

② 长度不宜小于 1m。

③ 节流管内水的平均流速不应大于 20m/s。

（3）减压孔板的水头损失，应按下式计算：

$$H_k=\xi\frac{V_k^2}{2g} \tag{9-5}$$

式中　H_k——减压孔板的水头损失，10^{-2}MPa；

V_k——减压孔板后管道内水的平均流速，m/s；

ξ——减压孔板的局部阻力系数，取值应按式(9-6) 计算，按表 9-16 确定。

$$\xi=\left(1.75\frac{d_j^2}{d_k^2}\times\frac{1.1-\frac{d_k^2}{d_j^2}}{1.175-\frac{d_k^2}{d_j^2}}-1\right)^2 \tag{9-6}$$

式中　d_k——减压孔板的孔口直径，m。

表 9-16　减压孔板的局部阻力系数

d_k/d_j	0.3	0.4	0.5	0.6	0.7	0.8
ξ	292	83.3	29.5	11.7	4.75	1.83

（4）节流管的水头损失，应按下式计算：

$$H_g=\zeta\frac{V_g^2}{2g}+0.00107L\frac{V_g^2}{d_g^{1.3}} \tag{9-7}$$

式中　H_g——节流管的水头损失，10^{-2}MPa；

ζ——节流管中渐缩管与渐扩管的局部阻力系数之和，取值 0.7；

V_g——节流管内水的平均流速，m/s；

d_g——节流管的计算内径，mm，取值应按节流管内径减 1mm 确定；

L——节流管的长度，m。

（5）减压阀应符合下列规定。

① 应设在报警阀组入口前。

② 入口前应设过滤器，且便于排污。

③ 当连接两个及以上报警阀组时，应设置备用减压阀。

④ 垂直设置的减压阀，水流方向宜向下。

⑤ 比例式减压阀宜垂直设置，可调式减压阀宜水平设置。

⑥ 减压阀前后应设控制阀和压力表，当减压阀主阀体自身带有压力表时，可不设置压力表。

⑦ 减压阀和前后的阀门宜有保护或锁定调节配件的装置。

9.3.2 喷头的布置

9.3.2.1 一般规定

(1) 喷头应布置在顶板或吊顶下易于接触到火灾热气流并有利于均匀布水的位置。当喷头附近有障碍物时，应符合相关规定或增设补偿喷水强度的喷头。

(2) 直立型、下垂型标准覆盖面积洒水喷头的布置，包括同一根配水支管上喷头的间距及相邻配水支管的间距，应根据设置场所的火灾危险等级、洒水喷头类型和工作压力确定，并不应大于表 9-17 的规定，且不应小于 1.8m。

表 9-17 直立型、下垂型标准覆盖面积洒水喷头的布置

火灾危险等级	正方形布置的边长/m	矩形或平行四边形布置的长边边长/m	一只喷头的最大保护面积/m²	喷头与端墙的距离/m	
				最大	最小
轻危险级	4.4	4.5	20.0	2.2	0.1
中危险级Ⅰ级	3.6	4.0	12.5	1.8	
中危险级Ⅱ级	3.4	3.6	11.5	1.7	
严重危险级、仓库危险级	3.0	3.6	9.0	1.5	

注：1. 设置单排洒水喷头的闭式系统，其洒水喷头间距应按地面不留漏喷空白点确定。
2. 严重危险级和仓库危险级场所宜采用流量系数大于 80 的洒水喷头。

(3) 边墙型标准覆盖面积洒水喷头的最大保护跨度与间距，应符合表 9-18 的规定。

表 9-18 边墙型标准覆盖面积洒水喷头的最大保护跨度与间距

火灾危险等级	配水支管上喷头的最大间距/m	单排喷头的最大保护跨度/m	两排相对喷头的最大保护跨度/m
轻危险级	3.6	3.6	7.2
中危险级Ⅰ级	3.0	3.0	6.0

注：1. 两排相对洒水喷头应交错布置。
2. 室内跨度大于两排相对喷头的最大保护跨度时，应在两排相对喷头中间增设一排喷头。

(4) 直立型、下垂型扩大覆盖面积洒水喷头应采用正方形布置，其布置间距不应大于表 9-19 的规定，且不应小于 2.4m。

表 9-19 直立型、下垂型扩大覆盖面积洒水喷头的布置间距

火灾危险等级	正方形布置的边长/m	一只喷头的最大保护面积/m²	喷头与端墙的距离/m	
			最大	最小
轻危险级	5.4	29.0	2.7	0.1
中危险级Ⅰ级	4.8	23.0	2.4	
中危险级Ⅱ级	4.2	17.5	2.1	
严重危险级	3.6	13.0	1.8	

(5) 边墙型扩大覆盖面积洒水喷头的最大保护跨度和配水支管上的洒水喷头间距，应按洒水喷头工作压力下能够喷湿对面墙和邻近端墙距溅水盘 1.2m 高度以下的墙面确定，且保护面积内的喷水强度应符合表 9-7 的规定。

(6) 除吊顶型洒水喷头及吊顶下设置的洒水喷头外，直立型、下垂型标准覆盖面积洒水喷头和扩大覆盖面积洒水喷头溅水盘与顶板的距离应为 75～150mm，并应符合下列规定：

① 当在梁或其他障碍物底面下方的平面上布置洒水喷头时，溅水盘与顶板的距离不应大

于 300mm，同时溅水盘与梁等障碍物底面的垂直距离应为 25～100mm。

② 当在梁间布置洒水喷头时，洒水喷头与梁的距离应符合 9.3.2.2 部分的相关规定。确有困难时，溅水盘与顶板的距离不应大于 550mm。梁间布置的洒水喷头，溅水盘与顶板距离达到 550mm 仍不能符合相关的规定时，应在梁底面的下方增设洒水喷头。

③ 密肋梁板下方的洒水喷头，溅水盘与密肋梁板底面的垂直距离应为 25～100mm。

④ 无吊顶的梁间洒水喷头布置可采用不等距方式，但喷水强度仍应符合表 9-7～表 9-13 的要求。

(7) 除吊顶型洒水喷头及吊顶下设置的洒水喷头外，直立型、下垂型早期抑制快速响应喷头、特殊应用喷头和家用喷头溅水盘与顶板的距离应符合表 9-20 的规定。

表 9-20 喷头溅水盘与顶板的距离 单位：mm

喷头类型		喷头溅水盘与顶板的距离 S_L
早期抑制快速响应喷头	直立型	$100 \leqslant S_L \leqslant 150$
	下垂型	$150 \leqslant S_L \leqslant 360$
特殊应用喷头		$150 \leqslant S_L \leqslant 200$
家用喷头		$25 \leqslant S_L \leqslant 100$

(8) 图书馆、档案馆、商场、仓库中的通道上方宜设有喷头。喷头与被保护对象的水平距离不应小于 0.30m，喷头溅水盘与保护对象的最小垂直距离不应小于表 9-21 的规定。

表 9-21 喷头溅水盘与保护对象的最小垂直距离 单位：mm

喷头类型	最小垂直距离
标准覆盖面积洒水喷头、扩大覆盖面积洒水喷头	450
特殊应用喷头、早期抑制快速响应喷头	900

(9) 货架内置洒水喷头宜与顶板下洒水喷头交错布置，其溅水盘与上方层板的距离应符合第 (6) 条的规定，与其下部储物顶面的垂直距离不应小于 150mm。

(10) 挡水板应为正方形或圆形金属板，其平面面积不宜小于 $0.12m^2$，周围弯边的下沿宜与洒水喷头的溅水盘平齐。除下列情况和相关规范另有规定外，其他场所或部位不应采用挡水板。

① 设置货架内置洒水喷头的仓库，当货架内置洒水喷头上方有孔洞、缝隙时，可在洒水喷头的上方设置挡水板。

② 宽度大于 9.3.2.2 部分中规定的障碍物，增设的洒水喷头上方有孔洞、缝隙时，可在洒水喷头的上方设置挡水板。

(11) 净空高度大于 800mm 的闷顶和技术夹层内应设置洒水喷头，当同时满足下列情况时，可不设置洒水喷头。

① 闷顶内敷设的配电线路采用不燃材料套管或封闭式金属线槽保护。

② 风管保温材料等采用不燃、难燃材料制作。

③ 无其他可燃物。

(12) 当局部场所设置自动喷水灭火系统时，局部场所与相邻不设自动喷水灭火系统场所连通的走道和连通门窗的外侧，应设洒水喷头。

(13) 装设网格、栅板类通透性吊顶的场所，当通透面积占吊顶总面积的比例大于 70% 时，喷头应设置在吊顶上方，并符合下列规定。

① 通透性吊顶开口部位的净宽度不应小于 10mm，且开口部位的厚度不应大于开口的最小宽度。

② 喷头间距及溅水盘与吊顶上表面的距离应符合表 9-22 的规定。

表 9-22 喷头间距及溅水盘与吊顶上表面的距离

火灾危险等级	喷头间距 S/m	喷头溅水盘与吊顶上表面的最小距离/mm
轻危险级、中危险级Ⅰ级	$S\leqslant 3.0$	450
	$3.0<S\leqslant 3.6$	600
	$S>3.6$	900
中危险级Ⅱ级	$S\leqslant 3.0$	600
	$S>3.0$	900

（14）顶板或吊顶为斜面时，喷头的布置应符合下列要求。

① 喷头应垂直于斜面，并应按斜面距离确定喷头间距。

② 坡屋顶的屋脊处应设一排喷头，当屋顶坡度不小于 1/3 时，喷头溅水盘至屋脊的垂直距离不应大于 800mm；当屋顶坡度小于 1/3 时，喷头溅水盘至屋脊的垂直距离不应大于 600mm。

（15）边墙型洒水喷头溅水盘与顶板和背墙的距离应符合表 9-23 的规定。

表 9-23 边墙型洒水喷头溅水盘与顶板和背墙的距离 单位：mm

喷头类型		喷头溅水盘与顶板的距离 S_L/mm	喷头溅水盘与背墙的距离 S_W/mm
边墙型标准覆盖面积洒水喷头	直立式	$100\leqslant S_L\leqslant 150$	$50\leqslant S_W\leqslant 100$
	水平式	$150\leqslant S_L\leqslant 300$	—
边墙型扩大覆盖面积洒水喷头	直立式	$100\leqslant S_L\leqslant 150$	$100\leqslant S_W\leqslant 150$
	水平式	$150\leqslant S_L\leqslant 300$	—
边墙型家用喷头		$100\leqslant S_L\leqslant 150$	—

（16）防火分隔水幕的喷头布置，应保证水幕的宽度不小于 6m。采用水幕喷头时，喷头不应少于 3 排；采用开式洒水喷头时，喷头不应少于 2 排。防护冷却水幕的喷头宜布置成单排。

（17）当防火卷帘、防火玻璃墙等防火分隔设施需采用防护冷却系统保护时，喷头应根据可燃物的情况一侧或两侧布置；外墙可只在需要保护的一侧布置。

9.3.2.2 喷头与障碍物的距离

（1）直立型、下垂型喷头与梁、通风管道等障碍物的距离（图 9-19）宜符合表 9-24 的规定。

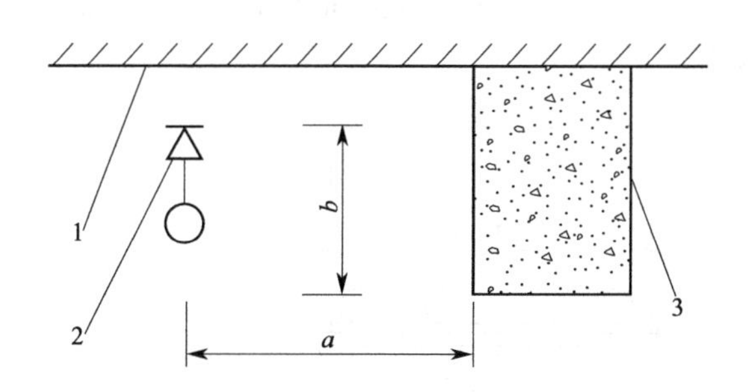

图 9-19 喷头与梁、通风管道的距离

1—顶板；2—直立型喷头；3—梁（或通风管道）

a—喷头与梁、通风管道的水平距离；b—喷头溅水盘与梁或通风管道的底面的垂直距离

表 9-24 喷头与梁、通风管道等障碍物的距离 单位：mm

喷头与梁、通风管道的水平距离 a	喷头溅水盘与梁或通风管道的底面的垂直距离 b		
	标准覆盖面积洒水喷头	扩大覆盖面积洒水喷头、家用喷头	早期抑制快速响应喷头、特殊应用喷头
$a<300$	0	0	0
$300\leqslant a<600$	$b\leqslant 600$	0	$b\leqslant 40$
$600\leqslant a<900$	$b\leqslant 140$	$b\leqslant 30$	$b\leqslant 140$
$900\leqslant a<1200$	$b\leqslant 240$	$b\leqslant 80$	$b\leqslant 250$
$1200\leqslant a<1500$	$b\leqslant 350$	$b\leqslant 130$	$b\leqslant 380$
$1500\leqslant a<1800$	$b\leqslant 450$	$b\leqslant 180$	$b\leqslant 550$
$1800\leqslant a<2100$	$b\leqslant 600$	$b\leqslant 230$	$b\leqslant 780$
$a\geqslant 2100$	$b\leqslant 880$	$b\leqslant 350$	$b\leqslant 780$

(2) 特殊应用喷头溅水盘以下 900mm 范围内，其他类型喷头溅水盘以下 450mm 范围内，当有屋架等间断障碍物或管道时，喷头与邻近障碍物的最小水平距离（图 9-20）应符合表 9-25 的规定。

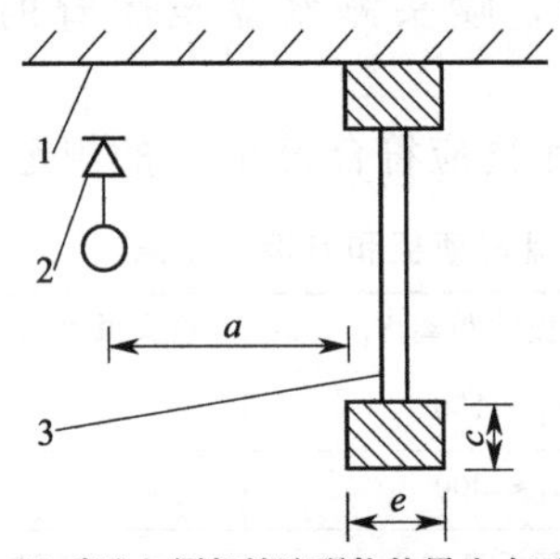

(a) 喷头与屋架等障碍物的最小水平　(b) 喷头与管道障碍物的最小水平距离

图 9-20 喷头与邻近障碍物的最小水平距离

1—顶板；2—直立型喷头；3—屋架等间断障碍物；4—管道

a—喷头与邻近障碍物的最小水平距离；c—屋架等间断障碍物的高度；e—屋架等间断障碍物的厚度；d—管道的直径

表 9-25 喷头与邻近障碍物的最小水平距离 单位：mm

喷头类型	喷头与邻近障碍物的最小水平距离 a	
标准覆盖面积洒水喷头特殊应用喷头	c、e 或 $d\leqslant 200$	$3c$ 或 $3e$(c 与 e 取大值)或 $3d$
	c、e 或 $d>200$	600
扩大覆盖面积洒水喷头、家用喷头	c、e 或 $d\leqslant 225$	$4c$ 或 $4e$(c 与 e 取大值)或 $4d$
	c、e 或 $d>225$	900

(3) 当梁、通风管道、成排布置的管道、桥架等障碍物的宽度大于 1.2m 时，其下方应增设喷头（图 9-21）；采用早期抑制快速响应喷头和特殊应用喷头的场所，当障碍物宽度大于 0.6m 时，其下方应增设喷头。

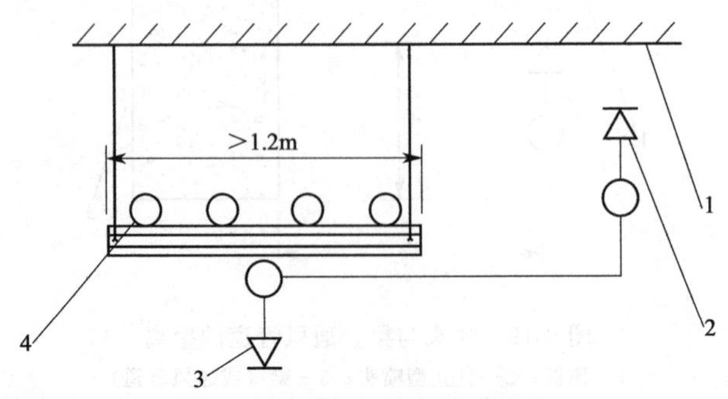

图 9-21 障碍物下方增设喷头

1—顶板；2—直立型喷头；3—下垂型喷头；4—排管（或梁、通风管道、桥架等）

(4) 标准覆盖面积洒水喷头、扩大覆盖面积洒水喷头和家用喷头与不到顶隔墙的水平距离和垂直距离（图 9-22）应符合表 9-26 的规定。

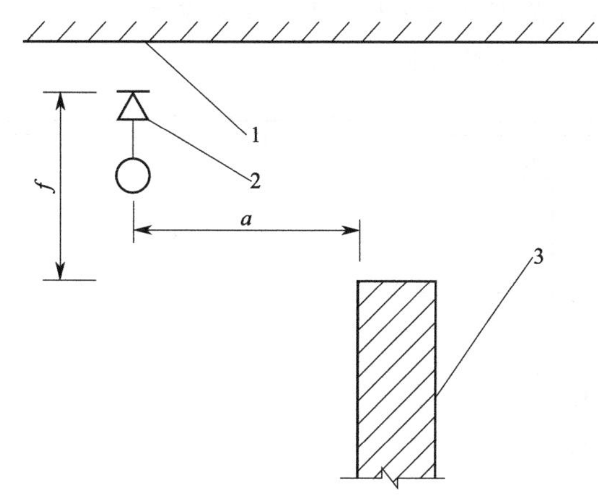

图 9-22 喷头与不到顶隔墙的水平距离

1—顶板；2—喷头；3—不到顶隔墙

a—喷头与不到顶隔墙的水平距离；f—喷头溅水盘与不到顶隔墙的垂直距离

表 9-26 喷头与不到顶隔墙的水平距离和垂直距离

喷头与不到顶隔墙的水平距离 a	喷头溅水盘与不到顶隔墙的垂直距离 f	喷头与不到顶隔墙的水平距离 a	喷头溅水盘与不到顶隔墙的垂直距离 f
$a<150$	$f\geqslant80$	$450\leqslant a<600$	$f\geqslant310$
$150\leqslant a<300$	$f\geqslant150$	$600\leqslant a<750$	$f\geqslant390$
$300\leqslant a<450$	$f\geqslant240$	$a\geqslant750$	$f\geqslant450$

(5) 直立型、下垂型喷头与靠墙障碍物的距离（图 9-23）应符合下列规定。

① 障碍物横截面边长小于 750mm 时，喷头与障碍物的距离应按下式确定：

$$a\geqslant(e-200)+b \tag{9-8}$$

式中 a——喷头与障碍物的水平距离，mm；

b——喷头溅水盘与障碍物底面的垂直距离，mm；

e——障碍物横截面的边长，mm，$e<750$mm。

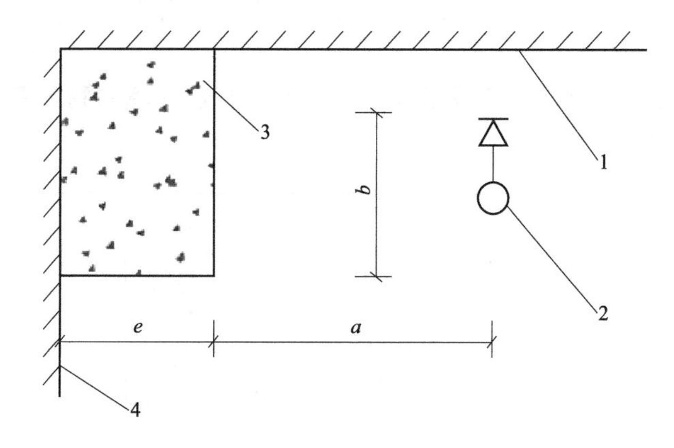

图 9-23 喷头与靠墙障碍物的距离

1—顶板；2—直立型喷头；3—靠墙障碍物；4—墙面

注：a、b、e 的含义见式(9-8)。

② 障碍物横截面边长等于或大于 750mm 或 a 的计算值大于表 9-17 中喷头与端墙距离的

规定时，应在靠墙障碍物下增设喷头。

（6）边墙型标准覆盖面积洒水喷头正前方 1.2m 范围内，边墙型扩大覆盖面积洒水喷头和边墙型家用喷头正前方 2.4m 范围（图 9-24）内，顶板或吊顶下不应有阻挡喷水的障碍物，其布置要求应符合表 9-27 和表 9-28 的规定。

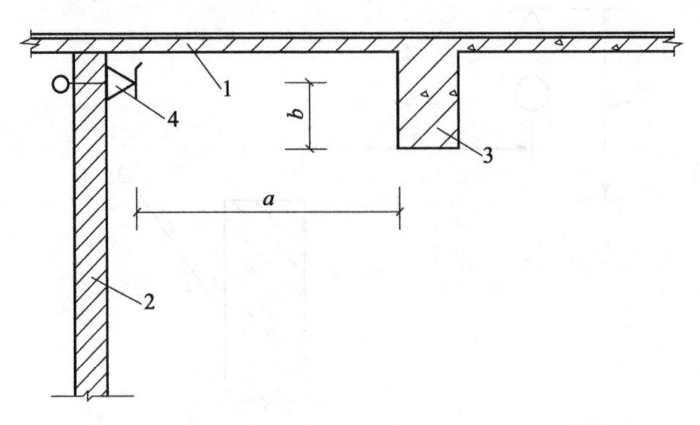

图 9-24 边墙型洒水喷头与正前方障碍物的距离

1—顶板；2—背墙；3—梁（或通风管道）；4—边墙型喷头

a—喷头与障碍物的水平距离；*b*—喷头溅水盘与障碍物底面的垂直距离

表 9-27 边墙型标准覆盖面积洒水喷头与正前方障碍物的垂直距离 单位：mm

喷头与障碍物的水平距离 a	喷头溅水盘与障碍物底面的垂直距离 b	喷头与障碍物的水平距离 a	喷头溅水盘与障碍物底面的垂直距离 b
$a<1200$	不允许	$1800\leqslant a<2100$	$b\leqslant 100$
$1200\leqslant a<1500$	$b\leqslant 25$	$2100\leqslant a<2400$	$b\leqslant 175$
$1500\leqslant a<1800$	$b\leqslant 50$	$a\geqslant 2400$	$b\leqslant 280$

表 9-28 边墙型扩大覆盖面积洒水喷头和边墙型家用喷头与正前方障碍物的垂直距离

单位：mm

喷头与障碍物的水平距离 a	喷头溅水盘与障碍物底面的垂直距离 b	喷头与障碍物的水平距离 a	喷头溅水盘与障碍物底面的垂直距离 b
$a<2400$	不允许	$3900\leqslant a<4200$	$b\leqslant 150$
$2400\leqslant a<3000$	$b\leqslant 25$	$4200\leqslant a<4500$	$b\leqslant 175$
$3000\leqslant a<3300$	$b\leqslant 50$	$4500\leqslant a<4800$	$b\leqslant 225$
$3300\leqslant a<3600$	$b\leqslant 75$	$4800\leqslant a<5100$	$b\leqslant 280$
$3600\leqslant a<3900$	$b\leqslant 100$	$a\geqslant 5100$	$b\leqslant 350$

（7）边墙型洒水喷头两侧与顶板或吊顶下梁、通风管道等障碍物的距离（图 9-25），应符合表 9-29 和表 9-30 的规定。

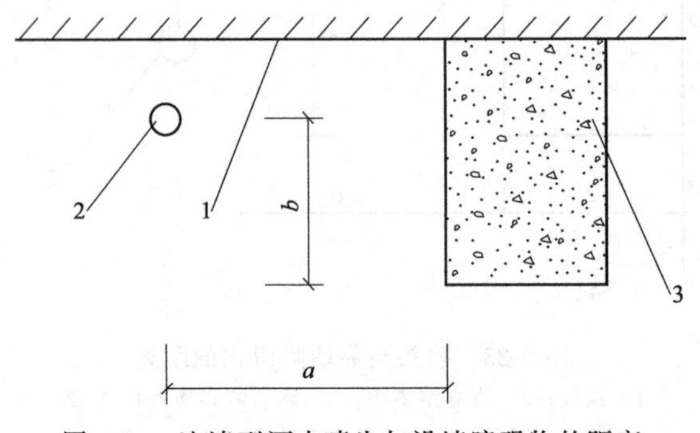

图 9-25 边墙型洒水喷头与沿墙障碍物的距离

1—顶板；2—边墙型洒水；3—梁（或通风管道）

a—喷头与沿墙障碍物的水平距离；*b*—喷头溅水盘与沿墙障碍物底面的垂直距离

表 9-29 边墙型标准覆盖面积洒水喷头与沿墙障碍物底面的垂直距离 单位：mm

喷头与沿墙障碍物的水平距离 a	喷头溅水盘与沿墙障碍物底面的垂直距离 b	喷头与沿墙障碍物的水平距离 a	喷头溅水盘与沿墙障碍物底面的垂直距离 b
$a<300$	$b\leqslant 25$	$1200\leqslant a<1500$	$b\leqslant 250$
$300\leqslant a<600$	$b\leqslant 75$	$1500\leqslant a<1800$	$b\leqslant 320$
$600\leqslant a<900$	$b\leqslant 140$	$1800\leqslant a<2100$	$b\leqslant 380$
$900\leqslant a<1200$	$b\leqslant 200$	$2100\leqslant a<2250$	$b\leqslant 440$

表 9-30 边墙型扩大覆盖面积洒水喷头和边墙型家用喷头与沿墙障碍物底面的垂直距离

单位：mm

喷头与沿墙障碍物的水平距离 a	喷头溅水盘与沿墙障碍物底面的垂直距离 b	喷头与沿墙障碍物的水平距离 a	喷头溅水盘与沿墙障碍物底面的垂直距离 b
$a\leqslant 450$	0	$1350<a\leqslant 1800$	$b\leqslant 175$
$450<a\leqslant 900$	$b\leqslant 25$	$1800<a\leqslant 1950$	$b\leqslant 225$
$900<a\leqslant 1200$	$b\leqslant 75$	$1950<a\leqslant 2100$	$b\leqslant 275$
$1200<a\leqslant 1350$	$b\leqslant 125$	$2100<a\leqslant 2250$	$b\leqslant 350$

9.3.3 管道的布置

（1）配水管道的工作压力不应大于 1.20MPa，并不应设置其他用水设施。

（2）配水管道可采用内外壁热镀锌钢管、涂覆钢管、铜管、不锈钢管和氯化聚氯乙烯（PVC-C）管。当报警阀入口前管道采用不防腐的钢管时，应在报警阀前设置过滤器。

（3）自动喷水灭火系统采用氯化聚氯乙烯管材及管件时，设置场所的火灾危险等级应为轻危险级或中危险级Ⅰ级，系统应为湿式系统，并采用快速响应洒水喷头，且氯化聚氯乙烯管材及管件应符合下列要求。

① 应符合《自动喷水灭火系统》(GB/T 5135—2010) 第 19 部分塑料管道及管件的规定。

② 应用于公称直径不超过 DN80mm 的配水管及配水支管，且不应穿越防火分区。

③ 当设置在有吊顶场所时，吊顶内应无其他可燃物，吊顶材料应为不燃或难燃装修材料。

④ 当设置在无吊顶场所时，该场所应为轻危险级场所，顶板应为水平、光滑顶板，且喷头溅水盘与顶板的距离不应大于 100mm。

（4）洒水喷头与配水管道采用消防洒水软管连接时，应符合下列规定。

① 消防洒水软管仅适用于轻危险级或中危险级Ⅰ级场所，且系统应为湿式系统。

② 消防洒水软管应设置在吊顶内。

③ 消防洒水软管的长度不应超过 1.8m。

（5）配水管道的连接方式应符合下列要求。

① 镀锌钢管、涂覆钢管可采用沟槽式连接件（卡箍）、螺纹或法兰连接，当报警阀前采用内壁不防腐钢管时，可焊接连接。

② 铜管可采用钎焊、沟槽式连接件（卡箍）、法兰和卡压等连接方式。

③ 不锈钢管可采用沟槽式连接件（卡箍）、法兰、卡压等连接方式，不宜采用焊接。

④ 氯化聚氯乙烯管材、管件可采用粘接连接，氯化聚氯乙烯管材、管件与其他材质管材、管件之间可采用螺纹、法兰或沟槽式连接件（卡箍）连接。

⑤ 铜管、不锈钢管、氯化聚氯乙烯管应采用配套的支架、吊架。

（6）系统中直径等于或大于 100mm 的管道，应分段采用法兰或沟槽式连接件（卡箍）连接。水平管道上法兰间的管道长度不宜大于 20m；立管上法兰间的距离，不应跨越 3 个及以上楼层。净空高度大于 8m 的场所内，立管上应有法兰。

（7）管道的直径应经水力计算确定。配水管道的布置，应使配水管入口的压力均衡。轻危险级、中危险级场所中各配水管入口的压力均不宜大于 0.40MPa。

(8) 配水管两侧每根配水支管控制的标准喷头数，轻危险级、中危险级场所不应超过8只，同时在吊顶上下安装喷头的配水支管，上下侧均不应超过8只；严重危险级及仓库危险级场所均不应超过6只。

(9) 轻危险级、中危险级场所中配水支管、配水管控制的标准喷头数，不应超过表9-31的规定。

表9-31 轻危险级、中危险级场所中配水支管、配水管控制的标准喷头数

公称管径/mm	控制的标准喷头数/只		公称管径/mm	控制的标准喷头数/只	
	轻危险级	中危险级		轻危险级	中危险级
25	1	1	65	18	12
32	3	3	80	48	32
40	5	4	100	—	64
50	10	8			

(10) 短立管及末端试水装置的连接管，其管径不应小于25mm。

(11) 干式自动喷水灭火系统、由火灾自动报警系统和充气管道上设置的压力开关开启预作用装置的预作用自动喷水灭火系统，其配水管道充水时间不宜大于1min；雨淋系统和仅由火灾自动报警系统联动开启预作用装置的预作用自动喷水灭火系统，其配水管道充水时间不宜大于2min。

(12) 干式自动喷水灭火系统、预作用自动喷水灭火系统的供气管道，采用钢管时，管径不宜小于15mm；采用铜管时，管径不宜小于10mm。

(13) 水平安装的管道宜有坡度，并应坡向泄水阀。充水管道的坡度不宜小于2‰，准工作状态不充水管道的坡度不宜小于4‰。

9.3.4 供水系统设计

9.3.4.1 一般规定

(1) 系统用水应无污染、无腐蚀、无悬浮物。可由市政或企业的生产、消防给水管道供给，也可由消防水池或天然水源供给，并应确保持续喷水时间内的用水量。

(2) 与生活用水合用的消防水箱和消防水池，其储水的水质，应符合饮用水标准。

(3) 严寒与寒冷地区，对系统中遭受冰冻影响的部分，应采取防冻措施。

(4) 当自动喷水灭火系统中设有2个及以上报警阀组时，报警阀组前宜设环状供水管道。环状供水管道上设置的控制阀应采用信号阀；当不采用信号阀时，应设锁定阀位的锁具。

9.3.4.2 水泵

(1) 采用临时高压给水系统的自动喷水灭火系统，宜设置独立的消防水泵，并应按一用一备或二用一备，以及最大一台消防水泵的工作性能设置备用泵。当与消火栓系统合用消防水泵时，系统管道应在报警阀前分开。

(2) 按二级负荷供电的建筑，宜采用柴油机泵作备用泵。

(3) 系统的消防水泵、稳压泵，应采用自灌式吸水方式。采用天然水源时，消防水泵的吸水口应采取防止杂物堵塞的措施。

(4) 每组消防水泵的吸水管不应少于2根。报警阀入口前设置环状管道的系统，每组消防水泵的出水管不应少于2根。消防水泵的吸水管应设控制阀和压力表；出水管应设控制阀、止回阀和压力表，出水管上还应设置流量和压力检测装置或预留可供连接流量和压力检测装置的接口。必要时，应采取控制消防水泵出口压力的措施。

9.3.4.3 高位消防水箱

(1) 采用临时高压给水系统的自动喷水灭火系统，应设高位消防水箱。自动喷水灭火系统可与消火栓系统合用高位消防水箱，其设置应符合《消防给水及消火栓系统技术规范》(GB

50974—2014）的要求。

（2）高位消防水箱的设置高度不能满足系统最不利点处喷头的工作压力时，系统应设置增压稳压设施，增压稳压设施的设置应符合《消防给水及消火栓系统技术规范》（GB 50974—2014）的规定。

（3）采用临时高压给水系统的自动喷水灭火系统，当按《消防给水及消火栓系统技术规范》（GB 50974—2014）的规定可不设置高位消防水箱时，系统应设气压供水设备。气压供水设备的有效水容积，应按系统最不利处 4 只喷头在最低工作压力下的 5min 用水量确定。干式系统、预作用系统设置的气压供水设备，应同时满足配水管道的充水要求。

（4）高位消防水箱的出水管应符合下列规定。

① 应设止回阀，并应与报警阀入口前管道连接。

② 出水管管径应经计算确定，且不应小于 100mm。

9.3.4.4 水泵接合器

（1）系统应设水泵接合器，其数量应按系统的设计流量确定，每个水泵接合器的流量宜按 10～15L/s 计算。

（2）当水泵接合器的供水能力不能满足最不利点处作用面积的流量和压力要求时，应采取增压措施。

9.4 自动喷水灭火系统安装

9.4.1 管网的安装

9.4.1.1 管网连接

管子基本直径小于或等于 100mm 时，应采用螺纹连接；当管网中管子基本直径大于 100mm 时，可用焊接或法兰连接。连接后，均不得减小管道的通水横断面面积。

9.4.1.2 管道支架、吊架、防晃支架的安装

管道支架、吊架、防晃支架的安装应符合下列要求。

（1）管道的安装位置应符合设计要求。当设计无要求时，管道的中心线与梁、柱、楼板等的最小距离应符合表 9-32 的规定。公称直径大于或等于 100mm 的管道其距离顶板、墙面的安装距离不宜小于 200mm。

表 9-32 管道的中心线与梁、柱、楼板的最小距离

公称直径/mm	25	32	40	50	70	80	100	125	150	200	250	300
距离/m	40	40	50	60	70	80	100	125	150	200	250	300

（2）管道支架、吊架、防晃支架的安装应符合下列要求。

① 管道应固定牢固；管道支架或吊架之间的距离不应大于表 9-33～表 9-37 的规定。

表 9-33 镀锌钢管道、涂覆钢管道支架或吊架之间的距离

公称直径/mm	25	32	40	50	70	80	100	125	150	200	250	300
距离/m	3.5	4.0	4.5	5.0	6.0	6.0	6.5	7.0	8.0	9.5	11.0	12.0

表 9-34 不锈钢管道的支架或吊架之间的距离

公称直径 DN/mm	25	32	40	50～100	150～300
水平管/m	1.8	2.0	2.2	2.5	3.5
立管/m	2.2	2.5	2.8	3.0	4.0

注：1. 在距离各管件或阀门 100mm 以内采应用管卡牢固固定，特别在干管变支管处；

2. 阀门等组件应加设承重支架。

表 9-35 铜管道的支架或吊架之间的距离

公称直径 DN/mm	25	32	40	50	65	80	100	125	150	200	250	300
水平管/m	1.8	2.4	2.4	2.4	3.0	3.0	3.0	3.0	3.5	3.5	4.0	4.0
立管/m	2.4	3.0	3.0	3.0	3.5	3.5	3.5	3.5	4.0	4.0	4.5	4.5

表 9-36 氯化聚氯乙烯管道支架或吊架之间的距离

公称外径/mm	25	32	40	50	65	80
最大间距/m	1.8	2.0	2.1	2.4	2.7	3.0

表 9-37 沟槽连接管道最大支承间距

公称直径/mm	最大支承间距/m
65～100	3.5
125～200	4.2
250～315	5.0

注：1. 横管的任何两个接头之间应有支撑；
2. 不得支撑在接头上。

② 管道支架、吊架、防晃支架的型式、材质、加工尺寸及焊接质量等，应符合设计要求和国家现行有关标准的规定。

③ 管道支架、吊架的安装位置不应妨碍喷头的喷水效果；管道支架、吊架与喷头之间的距离不宜小于 300mm；与末端喷头之间的距离不宜大于 750mm。

④ 配水支管上每一直管段、相邻两喷头之间的管段设置的吊架均不宜少于 1 个，吊架的间距不宜大于 3.6m。

⑤ 当管道的公称直径等于或大于 50mm 时，每段配水干管或配水管设置防晃支架不应少于 1 个，且防晃支架的间距不宜大于 15m；当管道改变方向时，应增设防晃支架。

⑥ 竖直安装的配水干管除中间用管卡固定外，还应在其始端和终端设防晃支架或采用管卡固定，其安装位置距地面或楼面的距离宜为 1.5～1.8m。

(3) 管道穿过建筑物的变形缝时，应采取抗变形措施。穿过墙体或楼板时应加设套管，套管长度不得小于墙体厚度，穿过楼板的套管其顶部应高出装饰地面 20mm；穿过卫生间或厨房楼板的套管，其顶部应高出装饰地面 50mm，且套管底部应与楼板底面相平。套管与管道的间隙应采用不燃材料填塞密实。

(4) 管道横向安装宜设 2‰～5‰的坡度，且应坡向排水管；当局部区域难以利用排水管将水排净时，应采取相应的排水措施。当喷头数量小于或等于 5 只时，可在管道低凹处加设堵头；当喷头数量大于 5 只时，宜装设带阀门的排水管。

(5) 配水干管、配水管应做红色或红色环圈标志。红色环圈标志，宽度不应小于 20mm，间隔不宜大于 4m，在一个独立的单元内环圈不宜少于 2 处。

(6) 管网在安装中断时，应将管道的敞口封闭。

(7) 涂覆钢管的安装应符合下列有关规定。

① 涂覆钢管严禁剧烈撞击或与尖锐物品碰触，不得抛、摔、滚、拖。

② 不得在现场进行焊接操作。

③ 涂覆钢管与铜管、氯化聚氯乙烯管连接时应采用专用过渡接头。

(8) 不锈钢管的安装应符合下列有关规定。

① 薄壁不锈钢管与其他材料的管材、管件和附件相连接时，应有防止电化学腐蚀的措施。

② 公称直径为 DN25～50mm 的薄壁不锈钢管道与其他材料的管道连接时，应采用专用螺纹转换连接件（如环压或卡压式不锈钢管的螺纹转换接头）连接。

③ 公称直径为 DN65～100mm 的薄壁不锈钢管道与其他材料的管道连接时，宜采用专用法兰转换连接件连接。

④ 公称直径 $DN \geqslant 125mm$ 的薄壁不锈钢管道与其他材料的管道连接时，宜采用沟槽式管件连接或法兰连接。

（9）铜管的安装应符合下列有关规定。

① 硬钎焊可用于各种规格铜管与管件的连接；对管径不大于 $DN50mm$、需拆卸的铜管可采用卡套连接；管径不大于 $DN50mm$ 的铜管可采用卡压连接；管径不小于 $DN50mm$ 的铜管可采用沟槽连接。

② 管道支承件宜采用铜合金制品。当采用钢件支架时，管道与支架之间应设软性隔垫，隔垫不得对管道产生腐蚀。

③ 当沟槽连接件为非铜材质时，其接触面应采取必要的防腐措施。

（10）氯化聚氯乙烯管道的安装应符合下列有关规定。

① 氯化聚氯乙烯管材与氯化聚氯乙烯管件的连接应采用承插式粘接连接；氯化聚氯乙烯管材与法兰式管道、阀门及管件的连接，应采用氯化聚氯乙烯法兰与其他材质法兰对接连接；氯化聚氯乙烯管材与螺纹式管道、阀门及管件的连接应采用内丝接头的注塑管件螺纹连接；氯化聚氯乙烯管材与沟槽式（卡箍）管道、阀门及管件的连接，应采用沟槽（卡箍）注塑管件连接。

② 粘接连接应选用与管材、管件相兼容的粘接剂，粘接连接宜在 4～38℃的环境温度下操作，接头粘接不得在雨中或水中施工，并应远离火源，避免阳光直射。

（11）消防洒水软管的安装应符合下列有关规定。

① 消防洒水软管出水口的螺纹应和喷头的螺纹标准一致。

② 消防洒水软管安装弯曲时应大于软管标记的最小弯曲半径。

③ 消防洒水软管应安装相应的支架系统进行固定，确保连接喷头处锁紧。

④ 消防洒水软管波纹段与接头处 60mm 之内不得弯曲。

⑤ 应用在洁净室区域的消防洒水软管应采用全不锈钢材料制作的编织网型式焊接软管，不得采用橡胶圈密封的组装型式的软管。

⑥ 应用在风烟管道处的消防洒水软管应采用全不锈钢材料制作的编织网型式焊接型软管，且应安装配套防火底座和与喷头响应温度对应的自熔密封塑料袋。

9.4.2 喷头的安装

（1）喷头安装应在系统试压、冲洗合格后进行。

（2）喷头安装时，不得对喷头进行拆装、改动，并严禁给喷头、隐蔽式喷头的装饰盖板附加任何装饰性涂层。

（3）喷头安装应使用专用扳手，严禁利用喷头的框架施拧；喷头的框架、溅水盘产生变形或释放原件损伤时，应采用规格、型号相同的喷头更换。

（4）安装在易受机械损伤处的喷头，应加设喷头防护罩。

（5）喷头安装时，溅水盘与吊顶、门、窗、洞口或障碍物的距离应符合设计要求。

（6）安装前检查喷头的型号、规格，使用场所应符合设计要求。

（7）喷头安装时，溅水盘与吊顶、门、窗、洞口或障碍物的距离应符合设计要求。

（8）安装前检查喷头的型号、规格、使用场所应符合设计要求。系统采用隐蔽式喷头时，配水支管的标高和吊顶的开口尺寸应准确控制。

（9）当喷头的公称直径小于 10mm 时，应在配水干管或配水管上安装过滤器。

（10）当喷头溅水盘高于附近梁底或高于宽度小于 1.2m 的通风管道、排管、桥架腹面时，喷头溅水盘高于梁底、通风管道、排管、桥架腹面的最大垂直距离应符合表 9-38～表 9-46 中的规定（图 9-26）。

表 9-38　喷头溅水盘高于梁底、通风管道腹面的最大垂直距离（标准直立与下垂喷头）

单位：mm

喷头与梁、通风管道、排管、桥架的水平距离 a	喷头溅水盘高于梁底、通风管道、排管、桥架腹面的最大垂直距离 b	喷头与梁、通风管道、排管、桥架的水平距离 a	喷头溅水盘高于梁底、通风管道、排管、桥架腹面的最大垂直距离 b
$a<300$	0	$1200\leqslant a<1500$	350
$300\leqslant a<600$	60	$1500\leqslant a<1800$	450
$600\leqslant a<900$	140	$1800\leqslant a<2100$	600
$900\leqslant a<1200$	240	$a\geqslant 2100$	880

表 9-39　喷头溅水盘高于梁底、通风管道腹面的最大垂直距离（边墙型喷头，与障碍物平行）

单位：mm

喷头与梁、通风管道、排管、桥架的水平距离 a	喷头溅水盘高于梁底、通风管道、排管、桥架腹面的最大垂直距离 b	喷头与梁、通风管道、排管、桥架的水平距离 a	喷头溅水盘高于梁底、通风管道、排管、桥架腹面的最大垂直距离 b
$a<300$	30	$1200\leqslant a<1500$	250
$300\leqslant a<600$	80	$1500\leqslant a<1800$	320
$600\leqslant a<900$	140	$1800\leqslant a<2100$	380
$900\leqslant a<1200$	200	$2100\leqslant a<2250$	440

表 9-40　喷头溅水盘高于梁底、通风管道腹面的最大垂直距离（边墙型喷头，与障碍物垂直）

单位：mm

喷头与梁、通风管道、排管、桥架的水平距离 a	喷头溅水盘高于梁底、通风管道、排管、桥架腹面的最大垂直距离 b	喷头与梁、通风管道、排管、桥架的水平距离 a	喷头溅水盘高于梁底、通风管道、排管、桥架腹面的最大垂直距离 b
$a<1200$	不允许	$1800\leqslant a<2100$	100
$1200\leqslant a<1500$	30	$2100\leqslant a<2400$	180
$1500\leqslant a<1800$	50	$a\geqslant 2400$	280

表 9-41　喷头溅水盘高于梁底、通风管道腹面的最大垂直距离（扩大覆盖面直立与下垂喷头）

单位：mm

喷头与梁、通风管道、排管、桥架的水平距离 a	喷头溅水盘高于梁底、通风管道、排管、桥架腹面的最大垂直距离 b	喷头与梁、通风管道、排管、桥架的水平距离 a	喷头溅水盘高于梁底、通风管道、排管、桥架腹面的最大垂直距离 b
$a<300$	0	$1500\leqslant a<1800$	180
$300\leqslant a<600$	0	$1800\leqslant a<2100$	230
$600\leqslant a<900$	30	$2100\leqslant a<2400$	350
$900\leqslant a<1200$	80	$2400\leqslant a<2700$	380
$1200\leqslant a<1500$	130	$2700\leqslant a<3000$	480

表 9-42　喷头溅水盘高于梁底、通风管道腹面的最大垂直距离（扩大覆盖面边墙型喷头，与障碍物平行）

单位：mm

喷头与梁、通风管道、排管、桥架的水平距离 a	喷头溅水盘高于梁底、通风管道、排管、桥架腹面的最大垂直距离 b	喷头与梁、通风管道、排管、桥架的水平距离 a	喷头溅水盘高于梁底、通风管道、排管、桥架腹面的最大垂直距离 b
$a<450$	0	$1350\leqslant a<1800$	180
$450\leqslant a<900$	30	$1800\leqslant a<1950$	230
$900\leqslant a<1200$	80	$1950\leqslant a<2100$	280
$1200\leqslant a<1350$	130	$2100\leqslant a<2250$	350

表 9-43 喷头溅水盘高于梁底、通风管道腹面的最大垂直距离（扩大覆盖面边墙型喷头，与障碍物垂直）

单位：mm

喷头与梁、通风管道、排管、桥架的水平距离 a	喷头溅水盘高于梁底、通风管道、排管、桥架腹面的最大垂直距离 b	喷头与梁、通风管道、排管、桥架的水平距离 a	喷头溅水盘高于梁底、通风管道、排管、桥架腹面的最大垂直距离 b
$a<2400$	不允许	$3900\leqslant a<4200$	150
$2400\leqslant a<3000$	30	$4200\leqslant a<4500$	180
$3000\leqslant a<3300$	50	$4500\leqslant a<4800$	230
$3300\leqslant a<3600$	80	$4800\leqslant a<5100$	280
$3600\leqslant a<3900$	100	$a\geqslant 5100$	350

表 9-44 喷头溅水盘高于梁底、通风管道腹面的最大垂直距离（特殊应用喷头）

单位：mm

喷头与梁、通风管道、排管、桥架的水平距离 a	喷头溅水盘高于梁底、通风管道、排管、桥架腹面的最大垂直距离 b	喷头与梁、通风管道、排管、桥架的水平距离 a	喷头溅水盘高于梁底、通风管道、排管、桥架腹面的最大垂直距离 b
$a<300$	0	$1200\leqslant a<1500$	380
$300\leqslant a<600$	40	$1500\leqslant a<1800$	550
$600\leqslant a<900$	140	$a\geqslant 1800$	780
$900\leqslant a<1200$	250		

表 9-45 喷头溅水盘高于梁底、通风管道腹面的最大垂直距离（ESFR 喷头） 单位：mm

喷头与梁、通风管道、排管、桥架的水平距离 a	喷头溅水盘高于梁底、通风管道、排管、桥架腹面的最大垂直距离 b	喷头与梁、通风管道、排管、桥架的水平距离 a	喷头溅水盘高于梁底、通风管道、排管、桥架腹面的最大垂直距离 b
$a<300$	0	$1200\leqslant a<1500$	380
$300\leqslant a<600$	40	$1500\leqslant a<1800$	550
$600\leqslant a<900$	140	$a\geqslant 1800$	780
$900\leqslant a<1200$	250		

表 9-46 喷头溅水盘高于梁底、通风管道腹面的最大垂直距离（直立和下垂型家用喷头）

单位：mm

喷头与梁、通风管道、排管、桥架的水平距离 a	喷头溅水盘高于梁底、通风管道、排管、桥架腹面的最大垂直距离 b	喷头与梁、通风管道、排管、桥架的水平距离 a	喷头溅水盘高于梁底、通风管道、排管、桥架腹面的最大垂直距离 b
$a<450$	0	$1350\leqslant a<1800$	180
$450\leqslant a<900$	30	$1350\leqslant a<1950$	230
$900\leqslant a<1200$	80	$1950\leqslant a<2100$	280
$1200\leqslant a<1350$	130	$a\geqslant 2100$	350

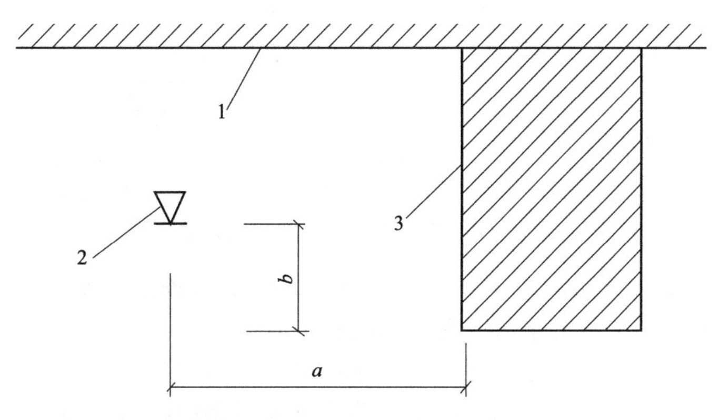

图 9-26 喷头与梁等障碍物的距离

1—天花板或屋顶；2—喷头；3—障碍物

注：a、b 的含义见表 9-38。

（11）当梁、通风管道、排管、桥架宽度大于 1.2m 时，增设的喷头应安装在其腹面以下部位。

（12）当喷头安装在不到顶的隔断附近时，喷头与隔断的水平距离和最小垂直距离应符合表 9-47 中的规定（图 9-27）。

表 9-47 喷头与隔断的水平距离和最小垂直距离

喷头与隔断的水平距离 a/mm	喷头与隔断的最小垂直距离 b/mm	喷头与隔断的水平距离 a/mm	喷头与隔断的最小垂直距离 b/mm
$a<150$	80	$450\leqslant a<600$	310
$150\leqslant a<300$	150	$600\leqslant a<750$	390
$300\leqslant a<450$	240	$a\geqslant 750$	450

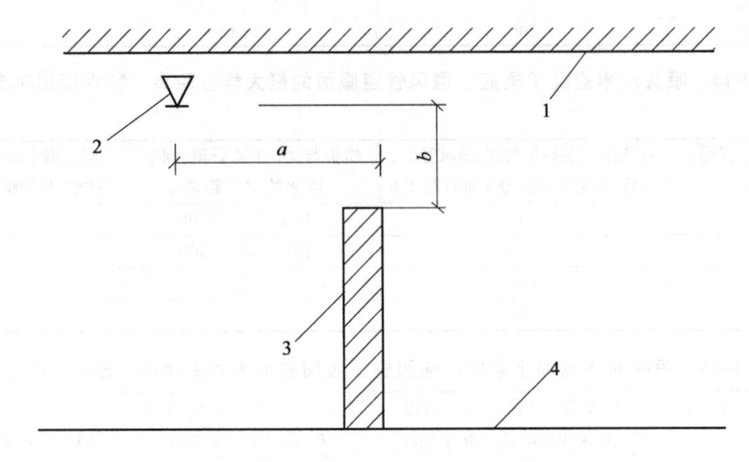

图 9-27 喷头与隔断障碍物的距离

1—天花板或屋顶；2—喷头；3—障碍物；4—地板

(13) 下垂式早期抑制快速响应（ESFR）喷头溅水盘与顶板的距离应为 150～360mm。直立式早期抑制快速响应（ESFR）喷头溅水盘与顶板的距离应为 100～150mm。

(14) 顶板处的障碍物与任何喷头的相对位置，应使喷头到障碍物底部的垂直距离（H）以及到障碍物边缘的水平距离（L）满足图 9-28 所示的要求。当无法满足要求时，应满足下列要求之一。

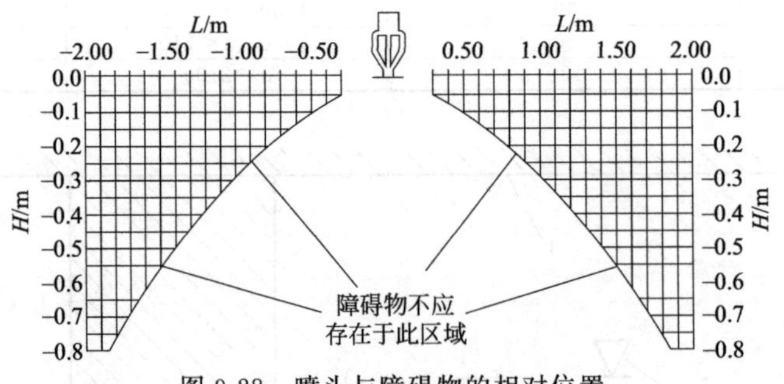

图 9-28 喷头与障碍物的相对位置

① 当顶板处实体障碍物宽度不大于 0.6m 时，应在障碍物的两侧都安装喷头，且两侧喷头到该障碍物的水平距离不应大于所要求喷头间距的一半。

② 对顶板处非实体的建筑构件，喷头与构件侧缘应保持不小于 0.3m 的水平距离。

(15) 早期抑制快速响应（ESFR）喷头与喷头下障碍物的距离应满足图 9-28 所示的要求。当无法满足要求时，喷头下障碍物的宽度与位置应满足表 9-48 的规定。

表 9-48 喷头下障碍物的宽度与位置

喷头下障碍物宽度 W/cm	障碍物位置或其他要求	
	障碍物边缘距喷头溅水盘最小允许水平距离 L/m	障碍物顶端距喷头溅水盘最小允许垂直距离 H/m
$W\leqslant 2$	任意	0.1

续表

喷头下障碍物宽度 W/cm	障碍物位置或其他要求	
	障碍物边缘距喷头溅水盘最小允许水平距离 L/m	障碍物顶端距喷头溅水盘最小允许垂直距离 H/m
$2<W\leqslant 5$	任意	0.6
	0.3	任意
$5<W\leqslant 30$	0.3	任意
$30<W\leqslant 60$	0.6	任意
$W\geqslant 60$	障碍物位置任意。障碍物以下应加装同类喷头，喷头最大间距应为 2.4m。若障碍物底面不是平面(例如圆形风管)或不是实体(例如一组电缆)，应在障碍物下安装一层宽度相同或稍宽的不燃平板，再按要求在这层平板下安装喷头	

(16) 直立式早期抑制快速响应（ESFR）喷头下的障碍物，满足下列任一要求时，可以忽略不计。

① 腹部通透的屋面托架或桁架，其下弦宽度或直径不大于 10cm。

② 其他单独的建筑构件，其宽度或直径不大于 10cm。

③ 单独的管道或线槽等，其宽度或直径不大于 10cm，或者多根管道或线槽，总宽度不大于 10cm。

9.4.3 报警阀组安装

(1) 报警阀组的安装应在供水管网试压、冲洗合格后进行。安装时应先安装水源控制阀、报警阀，然后进行报警阀辅助管道的连接。水源控制阀、报警阀与配水干管的连接，应使水流方向一致。报警阀组安装的位置应符合设计要求；当设计无要求时，报警阀组应安装在便于操作的明显位置，距室内地面高度宜为 1.2m；两侧与墙的距离不应小于 0.5m；正面与墙的距离不应小于 1.2m；报警阀组凸出部位之间的距离不应小于 0.5m。安装报警阀组的室内地面应有排水设施，排水能力应满足报警阀调试、验收和利用试水阀门泄空系统管道的要求。

(2) 报警阀组附件的安装应符合下列要求。

① 压力表应安装在报警阀上便于观测的位置。

② 排水管和试验阀应安装在便于操作的位置。

③ 水源控制阀安装应便于操作，且应有明显开闭标志和可靠的锁定设施。

(3) 湿式报警阀组的安装应符合下列要求。

① 应使报警阀前后的管道中能顺利充满水；压力波动时，水力警铃不应发生误报警。

② 报警水流通路上的过滤器应安装在延迟器前，且便于排渣操作的位置。

(4) 干式报警阀组的安装应符合下列要求。

① 应安装在不发生冰冻的场所。

② 安装完成后，应向报警阀气室注入高度为 50～100mm 的清水。

③ 充气连接管接口应在报警阀气室充注水位以上部位，且充气连接管的直径不应小于 15mm；止回阀、截止阀应安装在充气连接管上。

④ 气源设备的安装应符合设计要求和国家现行有关标准的规定。

⑤ 安全排气阀应安装在气源与报警阀之间，且应靠近报警阀。

⑥ 加速器应安装在靠近报警阀的位置，且应有防止水进入加速器的措施。

⑦ 低气压预报警装置应安装在配水干管一侧。

⑧ 下列部位应安装压力表。

a. 报警阀充水一侧和充气一侧。

b. 空气压缩机的气泵和储气罐上。

c. 加速器上。

⑨ 管网充气压力应符合设计要求。

(5) 雨淋阀组的安装应符合下列要求。

① 雨淋阀组可采用电动开启、传动管开启或手动开启，开启控制装置的安装应安全可靠。水传动管的安装应符合湿式系统有关要求。

② 预作用系统雨淋阀组后的管道若需充气，其安装应按干式报警阀组有关要求进行。

③ 雨淋阀组的观测仪表和操作阀门的安装位置应符合设计要求，并应便于观测和操作。

④ 雨淋阀组手动开启装置的安装位置应符合设计要求，且在发生火灾时应能安全开启和便于操作。

⑤ 压力表应安装在雨淋阀的水源一侧。

9.4.4 其他组件安装

9.4.4.1 主控项目

(1) 水流指示器的安装应符合下列要求。

① 水流指示器的安装应在管道试压和冲洗合格后进行，水流指示器的规格、型号应符合设计要求。

② 水流指示器应使电器元件部位竖直安装在水平管道上侧，其动作方向应和水流方向一致；安装后的水流指示器桨片、膜片应动作灵活，不应与管壁发生碰擦。

(2) 控制阀的规格、型号和安装位置均应符合设计要求；安装方向应正确，控制阀内应清洁、无堵塞、无渗漏；主要控制阀应加设启闭标志；隐蔽处的控制阀应在明显处设有指示其位置的标志。

(3) 压力开关应竖直安装在通往水力警铃的管道上，且不应在安装中拆装改动。管网上的压力控制装置的安装应符合设计要求。

(4) 水力警铃应安装在公共通道或值班室附近的外墙上，且应安装检修、测试用的阀门。水力警铃和报警阀的连接应采用热镀锌钢管，当镀锌钢管的公称直径为 20mm 时，其长度不宜大于 20m；安装后的水力警铃启动时，警铃声强度应不小于 70dB。

(5) 末端试水装置和试水阀的安装位置应便于检查、试验，并应有相应排水能力的排水设施。

9.4.4.2 一般项目

(1) 信号阀应安装在水流指示器前的管道上，与水流指示器之间的距离不宜小于 300mm。

(2) 排气阀的安装应在系统管网试压和冲洗合格后进行；排气阀应安装在配水干管顶部、配水管的末端，且应确保无渗漏。

(3) 节流管和减压孔板的安装应符合设计要求。

(4) 压力开关、信号阀、水流指示器的引出线应用防水套管锁定。

(5) 减压阀的安装应符合下列要求。

① 减压阀安装应在供水管网试压、冲洗合格后进行。

② 减压阀安装前应检查：其规格型号应与设计相符；阀外控制管路及导向阀各连接件不应有松动；外观应无机械损伤，并应清除阀内异物。

③ 减压阀水流方向应与供水管网水流方向一致。

④ 应在进水侧安装过滤器，并宜在其前后安装控制阀。

⑤ 可调式减压阀宜水平安装，阀盖应向上。

⑥ 比例式减压阀宜垂直安装；当水平安装时，单呼吸孔减压阀其孔口应向下，双呼吸孔减压阀其孔口应呈水平位置。

⑦ 安装自身不带压力表的减压阀时，应在其前后相邻部位安装压力表。

(6) 多功能水泵控制阀的安装应符合下列要求。

① 安装应在供水管网试压、冲洗合格后进行。

② 在安装前应检查：其规格型号应与设计相符；主阀各部件应完好；紧固件应齐全，无松动；各连接管路应完好，接头紧固；外观应无机械损伤，并应清除阀内异物。

③ 水流方向应与供水管网水流方向一致。

④ 出口安装其他控制阀时应保持一定间距，以便于维修和管理。

⑤ 宜水平安装，且阀盖向上。

⑥ 安装自身不带压力表的多功能水泵控制阀时，应在其前后相邻部位安装压力表。

⑦ 进口端不宜安装柔性接头。

(7) 倒流防止器的安装应符合下列要求。

① 应在管道冲洗合格以后进行。

② 不应在倒流防止器的进口前安装过滤器或者使用带过滤器的倒流防止器。

③ 宜安装在水平位置，当竖直安装时，排水口应配备专用弯头。倒流防止器宜安装在便于调试和维护的位置。

④ 倒流防止器两端应分别安装闸阀，而且至少有一端应安装挠性接头。

⑤ 倒流防止器上的泄水阀不宜反向安装，泄水阀应采取间接排水方式，其排水管不应直接与排水管（沟）连接。

⑥ 安装完毕后，首次启动使用时，应关闭出水闸阀，缓慢打开进水闸阀，待阀腔充满水后，缓慢打开出水闸阀。

9.5 自动喷水灭火系统的控制

9.5.1 一般规定

(1) 湿式自动喷水灭火系统、干式自动喷水灭火系统应由消防水泵出水干管上设置的压力开关、高位消防水箱出水管上的流量开关和报警阀组压力开关直接自动启动消防水泵。

(2) 预作用自动喷水灭火系统应由火灾自动报警系统、消防水泵出水干管上设置的压力开关、高位消防水箱出水管上的流量开关和报警阀组压力开关直接自动启动消防水泵。

(3) 雨淋喷水灭火系统和自动控制的水幕系统，消防水泵的自动启动方式应符合下列要求。

① 当采用火灾自动报警系统控制雨淋报警阀时，消防水泵应由火灾自动报警系统、消防水泵出水干管上设置的压力开关、高位消防水箱出水管上的流量开关和报警阀组压力开关直接自动启动。

② 当采用充液（水）传动管控制雨淋报警阀时，消防水泵应由消防水泵出水干管上设置的压力开关、高位消防水箱出水管上的流量开关和报警阀组压力开关直接启动。

(4) 消防水泵除具有自动控制启动方式外，还应具备下列启动方式：消防控制室（盘）远程控制；消防水泵房现场应急操作。

(5) 预作用装置的自动控制方式可采用仅有火灾自动报警系统直接控制，或由火灾自动报警系统和充气管道上设置的压力开关控制，并应符合下列要求。

① 处于准工作状态时严禁误喷的场所，宜采用仅有火灾自动报警系统直接控制的预作用系统。

② 处于准工作状态时严禁管道充水的场所和用于替代干式系统的场所，宜由火灾自动报警系统和充气管道上设置的压力开关控制的预作用系统。

(6) 雨淋报警阀的自动控制方式可采用电动、液（水）动或气动。当雨淋报警阀采用充液（水）传动管自动控制时，闭式喷头与雨淋报警阀之间的高程差，应根据雨淋报警阀的性能确定。

（7）预作用自动喷水灭火系统、雨淋喷水灭火系统和自动控制的水幕系统，应同时具备下列三种开启报警阀组的控制方式：自动控制；消防控制室（盘）远程控制；预作用装置或雨淋报警阀处现场手动应急操作。

（8）当建筑物整体采用湿式自动喷水灭火系统，局部场所采用预作用系统保护且预作用系统串联接入湿式系统时，除应符合第（1）条的规定外，预作用装置的控制方式还应符合第（7）条的规定。

（9）快速排气阀入口前的电动阀应在启动消防水泵的同时开启。

（10）消防控制室（盘）应能显示水流指示器、压力开关、信号阀、消防水泵、消防水池及水箱水位、有压气体管道气压，以及电源和备用动力等是否处于正常状态的反馈信号，并应

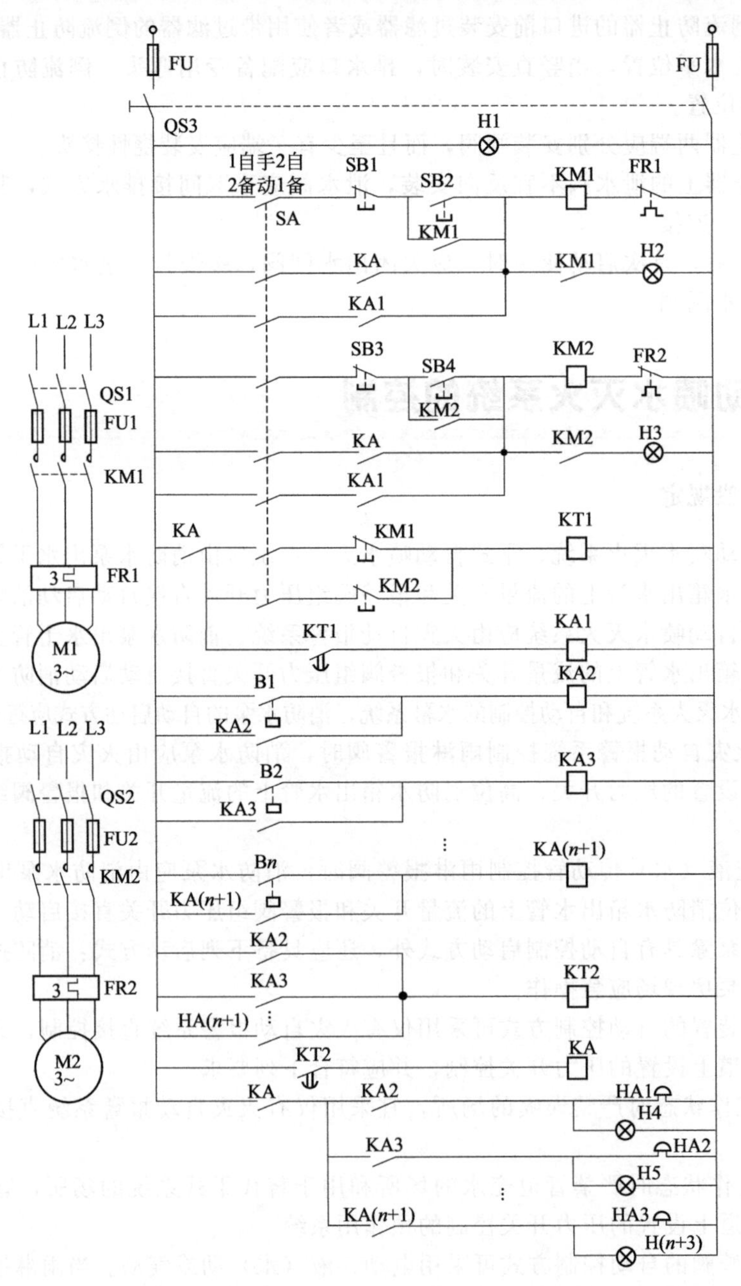

图 9-29 湿式自动喷水灭火系统部件间相互关系

能控制消防水泵、电磁阀、电动阀等的操作。

（11）雨淋阀的自动控制方式，可采用电动、液（水）动或气动。

当雨淋阀采用充液（水）传动管自动控制时，闭式喷头与雨淋阀之间的高程差，应根据雨淋阀的性能确定。

（12）快速排气阀入口前的电动阀，应在启动供水泵的同时开启。

（13）消防控制室（盘）应能显示水流指示器、压力开关、信号阀、水泵、消防水池及水箱水位、有压气体管道气压，以及电源和备用动力等是否处于正常状态的反馈信号，并应能控制水泵、电磁阀、电动阀等的操作。

9.5.2 自动喷水灭火系统的电气控制

采用两台水泵的湿式喷水灭火系统的电气控制线路如图 9-29 所示。图中 B1、B2、B3 为各区流水指示器，如果分区很多可以有多个流水指示器及多个继电器与之配合。

电路工作过程如下。某层发生火灾并在温度达到一定值时，该层所有喷头自动爆裂并喷出水流。平时将开关 QS1、QS2、QS3 合上，转换开关 SA 至左位（1 自、2 备）。当发生火灾喷头喷水时，由于喷水后压力降低，压力开关 Bn 动作（同时管道里有消防水流动时，水流指示器触头闭合），因而中间继电器 KA（$n+1$）通电，时间继电器 KT2 通电，经延时其常开触点闭合，中间继电器 KA 通电，使接触器 KM1 闭合，1 号消防加压水泵电动机 M1 启动运转（同时警铃响、信号灯亮），向管网补充压力水。

当 1 号泵发生故障时，2 号泵自动投入运进。若 KM1 机械卡住不动，由于 KT1 通电，经延时后，备用中间继电器 KA1 线圈通电动作，使接触器 KM2 线圈通电，2 号消防水泵电动机 M2 启动运转，向管网补充压力水。如将开关 SA 拨向手动位置，也可按下 SB2 或 SB4 使 KM1 或 KM2 通电，使 1 号泵和 2 号泵电动机启动运转。

除此之外，水幕阻火对阻止火势扩大与蔓延有较好的效果，因此在高层建筑中，超过 800 个座位的剧院、礼堂的舞台口和设有防火卷帘、防火幕的部位，均宜设水幕设备。其电气控制电路与自动喷水系统相似。

10 自动气体和泡沫灭火系统

10.1 二氧化碳灭火系统

二氧化碳灭火系统是由二氧化碳供应源、喷嘴和管路组成的灭火系统。二氧化碳在空气中含量达到15%以上时能使人窒息死亡；达到30%～35%时，能使一般可燃物质的燃烧逐渐窒息；达到43.6%时，能抑制汽油蒸气及其他易燃气体的爆炸。二氧化碳灭火系统就是利用通过减少空气中氧的含量，使其达不到支持燃烧的浓度而达到灭火目的的。

二氧化碳灭火系统主要应用在经常发生火灾的生产作业设施和设备，如浸渍槽、熔化槽、轧制机、轮转印刷机、烘干设备、干洗设备和喷漆生产线等；油浸变压器、高压电容器室及多油开关断路器室；电子计算机房、数据储存间、贵重文物库等重要物品场所；船舶的机舱、货舱等场所。

10.1.1 二氧化碳灭火系统的类型

10.1.1.1 按灭火方式分类

二氧化碳灭火系统按灭火方式分类可分为全淹没灭火系统和局部应用系统。

(1) 全淹没灭火系统　全淹没灭火系统是由一套储存装置在规定时间内，向防护区喷射一定浓度的灭火剂，并使其均匀地充满整个防护区空间的系统。它由二氧化碳容器（钢瓶）、容器阀、管道、喷嘴操纵系统及附属装置等组成。全淹没灭火系统应用于扑救封闭空间内的火灾。

采用全淹没灭火系统的防护区，应符合下列规定。

① 对气体、液体、电气火灾和固体表面火灾，在喷放二氧化碳前不能自动关闭的开口，其面积不应大于防护区总内表面积的3%，且开口不应设在底面。

② 对固体深位火灾，除泄压口以外的开口，在喷放二氧化碳前应自动关闭。

③ 防护区的围护结构及门、窗的耐火极限不应低于0.50h，吊顶的耐火极限不应低于

0.25h；围护结构及门窗的允许压强不宜小于1200Pa。

④ 防护区用的通风机和通风管道中的防火阀，在喷放二氧化碳前应自动关闭。

（2）局部应用系统　局部应用灭火系统应用于扑救不需封闭空间条件的具体保护对象的非深位火灾。

采用局部应用灭火系统的保护对象，应符合下列规定。

① 保护对象周围的空气流动速度不宜大于3m/s；必要时，应采取挡风措施。

② 在喷头与保护对象之间，喷头喷射角范围内不应有遮挡物。

③ 当保护对象为可燃液体时，液面至容器缘口的距离不得小于150mm。

10.1.1.2　按系统结构分类

按系统结构特点可分为管网系统和无管网系统。管网系统又可分为单元独立系统和组合分配系统。

（1）单元独立系统　单元独立系统是用一套灭火剂储存装置保护一个防护区的灭火系统。一般说来，用单元独立系统保护的防护区在位置上是单独的，离其他防护区较远不便于组合，或是两个防护区相邻，但有同时失火的可能。对于一个防护区包括两个以上封闭空间也可以用一个单元独立系统来保护，但设计时必须做到系统储存的灭火剂能满足这几个封闭空间同时灭火的需要，并能同时供给它们各自所需的灭火剂量。当两个防护区需要灭火剂量较多时，也可以采用两套或数套单元独立系统保护一个防护区，但设计时必须做到这些系统同步工作。

（2）组合分配系统　组合分配系统由一套灭火剂储存装置保护多个防护区。组合分配系统总的灭火剂储存量只考虑按照需要灭火剂最多的一个防护区配置，如果组合中某个防护区需要灭火，则通过选择阀、容器阀等控制，定向释放灭火剂。这种灭火系统的优点使储存容器数和灭火剂用量可以大幅度减少，有较高应用价值。

10.1.1.3　按储压等级分类

按二氧化碳灭火剂在储存容器中的储压分类，可分为高压（储存）系统和低压（储存）系统。

（1）高压（储存）系统　高压（储存）系统的储存压力为5.17MPa。

高压储存容器中二氧化碳的温度与储存地点的环境温度有关。因此，容器必须能够承受最高预期温度时所产生的压力。储存容器中的压力还受二氧化碳灭火剂充填密度的影响。所以，在最高储存温度下的充填密度要注意控制。充填密度过大，会在环境温度升高时因液体膨胀造成保护膜片破裂而自动释放灭火剂。

（2）低压（储存）系统　低压（储存）系统的储存压力为2.07MPa。储存容器内二氧化碳灭火剂温度利用绝缘和制冷手段被控制在－18℃。典型的低压储存装置是压力容器外包一个密封的金属壳，壳内有绝缘体，在储存容器一端安装一个标准的空冷制冷机装置，它的冷却管装于储存容器内。该装置以电力操纵，用压力开关自动控制。

10.1.2　二氧化碳灭火系统设计

10.1.2.1　全淹没灭火系统

（1）二氧化碳设计浓度不应小于灭火浓度的1.7倍，并不得低于34%，可燃物的二氧化碳设计浓度可按规定采用。

（2）当防护区内存有两种及两种以上可燃物时，防护区的二氧化碳设计浓度应采用可燃物中最大的二氧化碳设计浓度。

（3）二氧化碳的设计用量应按下式计算：

$$M=K_b(K_1A+K_2V) \tag{10-1}$$

$$A=A_v+30A_0$$

$$V=V_v-V_g$$

式中　M——二氧化碳设计用量，kg；

K_b——物质系数；

K_1——面积系数，kg/m^2，取 $0.2kg/m^2$；

K_2——体积系数，kg/m^3，取 $0.7kg/m^3$；

A——折算面积，m^2；

A_v——防护区的内侧面、底面、顶面（包括其中的开口）的总面积，m^2；

A_0——开口总面积，m^2；

V——防护区的净容积，m^3；

V_v——防护区容积，m^3；

V_g——防护区内不燃烧体和难燃烧体的总体积，m^3。

（4）当防护区的环境温度超过100℃时，二氧化碳的设计用量应在（3）计算值的基础上每超过5℃增加2%。当防护区的环境温度低于－20℃时，二氧化碳的设计用量应在（3）计算值的基础上每降低1℃增加2%。

（5）防护区应设置泄压口，并宜设在外墙上，其高度应大于防护区净高的2/3。当防护区设有防爆泄压孔时，可不单独设置泄压口。

（6）泄压口的面积可按下式计算：

$$A_x = 0.0076\frac{Q_t}{\sqrt{P_t}} \tag{10-2}$$

式中　A_x——泄压口面积，m^2；

Q_t——二氧化碳喷射率，kg/min；

P_t——围护结构的允许压强，Pa。

（7）全淹没灭火系统二氧化碳的喷放时间不应大于1min。当扑救固体深位火灾时，喷放时间不应大于7min，并应在前2min内使二氧化碳的浓度达到30%。

（8）二氧化碳扑救固体深位火灾的抑制时间应按表10-1的规定采用。

表10-1　物质系数、设计浓度和抑制时间

可燃物	物质系数 K_b	设计浓度 C/%	抑制时间/min
丙酮	1.00	34	—
乙炔	2.57	66	—
航空燃料115#/145#	1.06	36	—
粗苯(安息油、偏苏油)、苯	1.10	37	—
丁二烯	1.26	41	—
丁烷	1.00	34	—
丁烯-1	1.10	37	—
二硫化碳	3.03	72	—
一氧化碳	2.43	64	—
煤气或天然气	1.10	37	—
环丙烷	1.10	37	—
柴油	1.00	34	—
二甲醚	1.22	40	—
二苯与其氧化物的混合物	1.47	46	—
乙烷	1.22	40	—
乙醇(酒精)	1.34	43	—
乙醚	1.47	46	—
乙烯	1.60	49	—
二氯乙烯	1.00	34	—
环氧乙烷	1.80	53	—
汽油	1.00	34	—

续表

可燃物	物质系数 K_b	设计浓度 C/%	抑制时间/min
乙烷	1.03	35	—
正庚烷	1.03	35	—
氢	3.30	75	—
硫化氢	1.06	36	—
异丁烷	1.06	36	—
异丁烯	1.00	34	—
甲酸异丁酯	1.00	34	—
航空煤油 JP-4	1.06	36	—
煤油	1.00	34	—
甲烷	1.00	34	—
醋酸甲酯	1.03	35	—
甲醇	1.22	40	—
甲基丁烯-1	1.06	36	—
甲基乙基酮(丁酮)	1.22	40	—
甲酸甲酯	1.18	39	—
戊烷	1.03	35	—
正辛烷	1.03	35	—
丙烷	1.06	36	—
丙烯	1.06	36	—
淬火油(灭弧油)、润滑油	1.00	34	—
纤维材料	2.25	62	20
棉花	2.00	58	20
纸	2.25	62	20
塑料(颗粒)	2.00	58	20
聚苯乙烯	1.00	34	—
聚氨基甲酸甲酯(硬)	1.00	34	—
电缆间和电缆沟	1.50	47	10
数据储存间	2.25	62	20
电子计算机房	1.50	47	10
电器开关和配电室	1.20	40	10
待冷却系统的发电机	2.00	58	至停止
油浸变压器	2.00	58	—
数据打印设备间	2.25	62	20
油漆间和干燥设备	1.20	40	—
纺织机	2.00	58	—

10.1.2.2 局部应用灭火系统

(1) 局部应用灭火系统的设计可采用面积法或体积法。当保护对象的着火部位是比较平直的表面时，宜采用面积法。当着火对象为不规则物体时，应采用体积法。

(2) 局部应用灭火系统的二氧化碳喷射时间不应小于 0.5min。对于燃点温度低于沸点温度的液体和可熔化固体的火灾，二氧化碳的喷射时间不应小于 1.5min。

(3) 当采用面积法设计时，应符合下列规定。

① 保护对象计算面积应取被保护表面整体的垂直投影面积。

② 架空型喷头应以喷头的出口至保护对象表面的距离确定设计流量和相应的正方形保护面积；槽边型喷头保护面积应由设计选定的喷头设计流量确定。

③ 架空型喷头的布置宜垂直于保护对象的表面，其应瞄准喷头保护面积的中心。当确需非垂直布置时，喷头的安装角不应少于 45°，其瞄准点应偏向喷头安装位置的一方（图 10-1），喷头偏离保护面积中心的距离可按表 10-2 确定。

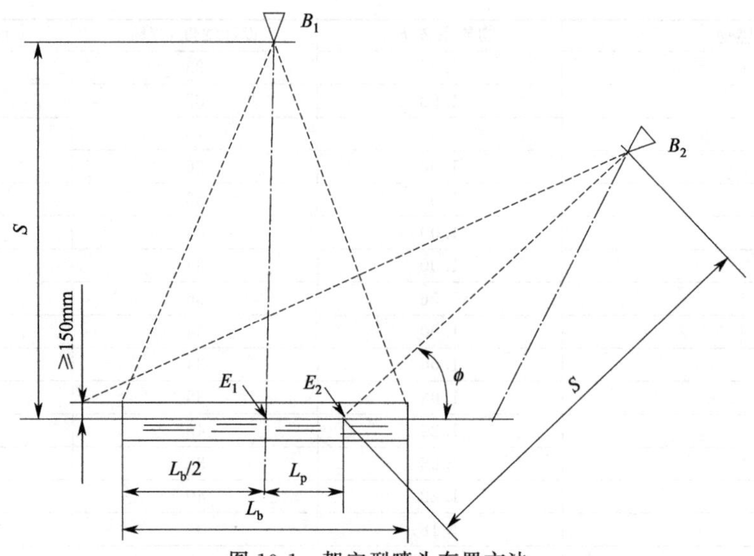

图 10-1 架空型喷头布置方法

B_1，B_2—喷头布置位置；E_1，E_2—喷头瞄准点；S—喷头出口至瞄准点的距离（m）；

ϕ—喷头安装角（°）；L_b—单个喷头正方形保护面积的边长（m）；

L_p—瞄准点偏离喷头保护面积中心的距离（m）

表 10-2 喷头偏离保护面积中心的距离

喷头安装角	喷头偏离保护面积中心的距离/m
45°～60°	$0.25L_b$
60°～75°	$0.25L_b$～$0.125L_b$
75°～90°	$0.125L_b$～0

注：L_b 为单个喷头正方形保护面积的边长。

④ 喷头非垂直布置时的设计流量和保护面积应与垂直布置的相同。

⑤ 喷头宜等距布置，以喷头正方形保护面积组合排列，并应完全覆盖保护对象。

⑥ 二氧化碳的设计用量应按下式计算：

$$M=NQ_i t \tag{10-3}$$

式中 M——二氧化碳设计用量，kg；

N——喷头数量；

Q_i——单个喷头的设计流量，kg/min；

t——喷射时间，min。

(4) 当采用体积法设计时，应符合下列规定。

① 保护对象的计算体积应采用假定的封闭罩的体积，封闭罩的底应是保护对象的实际底面；封闭罩的侧面及顶部当无实际围封结构时，它们至保护对象外缘的距离不应小于 0.6m。

② 二级化碳的单位体积的喷射率应按下式计算：

$$q_v=K_b\left(16-\frac{12A_p}{A_t}\right) \tag{10-4}$$

式中 q_v——单位体积的喷射率，kg/(min·m^3)；

A_t——假定的封闭罩侧面围封面面积，m^2；

A_p——在假定的封闭罩中存在的实体墙等实际围封面的面积，m^2。

③ 二氧化碳设计用量应按下式计算：

$$M=V_1 q_v t \tag{10-5}$$

式中 V_1——保护对象的计算体积，m^2。

④ 喷头的布置与数最应使喷射的二氧化碳分布均匀，并满足单位体积的喷射率和设计用量的要求。

10.1.2.3　管网计算

(1) 二氧化碳灭火系统按灭火剂储存方式可分为高压系统和低压系统，管网起点计算压力（绝对压力）；高压系统应取 5.17MPa，低压系统应取 2.07MPa。

(2) 管网中干管的设计流量应按下式计算：

$$Q=M/t \tag{10-6}$$

式中　Q——管道的设计流量，kg/min。

(3) 管网中支管的设计流量应按下式计算：

$$Q=\sum_{1}^{N_g} Q_1 \tag{10-7}$$

式中　N_g——安装在计算支管流程下游的喷头数量；

Q_1——单个喷头的设计流量，kg/min。

(4) 管道内径可按下式计算：

$$D=K_d\sqrt{Q} \tag{10-8}$$

式中　D——管道内径，mm；

K_d——管径系数，取值范围 1.41～3.78。

(5) 管段的计算长度应为管道的实际长度与管道附件当量长度之和，管道附件的当量长度应采用经国家相关检测机构认可的数据。

(6) 管道压力降可按下式换算：

$$Q^2=\frac{0.8725\times10^{-4}\times D^{5.25}Y}{L+(0.04319\times D^{1.25}Z)} \tag{10-9}$$

式中　D——管道内径，mm；

L——管段计算长度，m；

Y——压力系数，MPa·kg/m^3；

Z——密度系数。

(7) 管道内流程高度所引起的压力校正值，应计入该管段的终点压力。终点高度低于起点的取正值，终点高度高于起点的取负值。

(8) 喷头入口压力（绝对压力）计算值：高压系统不应小于 1.4MPa；低压系统不应小于 1.0MPa。

(9) 低压系统获得均相流的延迟时间，对全淹灭火系统和局部应用灭火系统分别不应大于 60s 和 30s，其延迟时间可按下式计算：

$$t_d=\frac{M_gC_p(T_1-T_2)}{0.507Q}+\frac{16850V_d}{Q} \tag{10-10}$$

式中　t_d——延迟时间，s；

M_g——管道质量，kg；

C_p——管道金属材料的比热容，kJ/(kg·℃)，钢管可取 0.46kJ/(kg·℃)；

T_1——二氧化碳喷射前管道的平均温度，℃，可取环境平均温度；

T_2——二氧化碳平均温度，℃，取－20.6℃；

V_d——管道容积，m^3。

(10) 喷头等效孔口面积应按下式计算：

$$F=Q_i/q_0 \tag{10-11}$$

式中　F——喷头等效孔口面积，mm^2；

q_0——单位等效孔口面积的喷射率，kg/(min·mm^2)。

(11) 二氧化碳储存量可按下式计算：

$$M_c = K_m M + M_v + M_s + M_r \tag{10-12}$$

$$M_v = \frac{M_g C_p (T_1 - T_2)}{H}$$

$$M_r = \sum V_i \rho_i \text{（低压系统）}$$

$$\rho_i = -261.6718 + 545.9939P_i - 114740P_i^2 - 230.9276P_i^3 + 122.4873P_i^4$$

$$P_i = \frac{P_{j-1} + P_j}{2}$$

式中 M_c——二氧化碳储存量，kg；

K_m——裕度系数，对全淹没系统取 1，对局部应用系统，高压系统取 1.4，低压系统取 1.1；

M_v——二氧化碳在管道中的蒸发量，kg，高压全淹没系统取 0；

T_2——二氧化碳平均温度，℃，高压系统取 15.6℃，低压系统取 −20.6℃；

H——二氧化碳蒸发潜热，kJ/kg，高压系统取 150.7kJ/kg，低压系统取 276.3kJ/kg；

M_s——储存容器内的二氧化碳剩余量，kg；

M_r——管道内的二氧化碳剩余量，kg，高压系统取 0；

V_i——管网内第 i 段管道的容积，m^3；

ρ_i——第 i 段管道内二氧化碳平均密度，kg/m^3；

P_i——第 i 段管道内的平均压力，MPa；

P_{j-1}——第 i 段管道首端的节点压力，MPa；

P_j——第 i 段管道末端的节点压力，MPa。

(12) 高压系统储存容器数量可按下式计算：

$$N_p = \frac{V_c}{\alpha V_0} \tag{10-13}$$

式中 N_p——高压系统储存容量数量；

α——充装系数，kg/L；

V_c——单个储存容器的容积，L。

(13) 低压系统储存容器的规格可依据二氧化碳储存量确定。

10.1.2.4 系统组件设计

(1) 储存装置

① 高压系统的储存装置应由储存容器、容器阀、单向阀、灭火剂泄漏检测装置和集流管等组成，并应符合下列规定。

a. 储存容器的工作压力不应小于 15MPa，储存容器或容器阀上应设泄压装置，其泄压动作压力应为 19.00MPa±0.95MPa。

b. 储存容器中二氧化碳的充装系数应按国家规范执行。

c. 储存装置的环境温度应为 0～49℃。

② 低压系统的储存装置应由储存容器、容器阀、安全泄压装置、压力表、压力报警装置和制冷装置等组成，并应符合下列规定。

a. 储存容器的设计压力不应小于 2.5MPa，并应采取良好的绝热措施，储存容器上至少应设置两套安全泄压装置，其泄压动作压力应为 2.38MPa±0.12MPa。

b. 储存装置的高压报警压力设定值应为 2.2MPa，低压报警压力设定值应为 1.8MPa。

c. 储存容器中二氧化碳的装量系数应按国家现行规定执行。

d. 容器阀应能在喷出要求的二氧化碳量后自动关闭。

e. 储存装置应远离热源，其位置应便于再充装，其环境温度宜为－23～49℃。

③ 储存容器中充装的二氧化碳应符合《二氧化碳灭火剂》(GB 4396—2005) 的规定。

④ 储存装置应具有灭火剂泄漏检测功能，当储存容器中充装的二氧化碳损失量达到其初始充装量的10%时，应能发出声光报警信号并及时补充。储存装置的布置应方便检查和维护，并应避免阳光直射。

⑤ 储存装置宜设在专用的储存容器间内。局部应用灭火系统的储存装置可设置在固定的安全围栏内，专用的储存容器间的设置应符合下列规定。

a. 应靠近防护区，出口应直接通向室外或疏散走道。

b. 耐火等级不应低于二级。

c. 室内应保持干燥和良好通风。

d. 不具备自然通风条件的储存容器间，应设置机械排风装置，排风口距储存容器间地面高度不宜大于 0.5m，排出口应直接通向室外，正常排风量宜按换气次数不小于 4 次/h 确定，事故排风量应按换气次数不小于 8 次/h 确定。

(2) 选择阀与喷头

① 在组合分配系统中，每个防护区或保护对象应设一个选择阀，选择阀应设置在储存容器间内，并应便于手动操作，方便检查维护，选择阀上应设有标明防护区的铭牌。

② 选择阀可采用电动、气动或机械操作方式，选择阀的工作压力：高压系统不应小于12MPa，低压系统不应小于 2.5MPa。

③ 系统在启动时，选择阀应在二氧化碳储存容器的容器阀动作之前或同时打开；采用灭火剂自身作为启动气源打开的选择阀，可不受此限。

④ 全淹没灭火系统的喷头布置应使防护区内二氧化碳分布均匀，喷头应接近天花板或屋顶安装。

⑤ 设置在有粉尘或喷漆作业等场所的喷头，应增设不影响喷射效果的防尘罩。

(3) 管道及其附件

① 高压系统管道及其附件应能承受最高环境温度下二氧化碳的储存压力；低压系统管道及其附件应能承受 4.0MPa 的压力，并应符合下列规定。

a. 管道应符合《输送流体用无缝钢管》(GB 8163—2008) 的规定，并应进行内外表面镀锌防腐处理。

b. 对镀锌层有腐蚀的环境，管道可采用不锈钢管、铜管或其他抗腐蚀的材料。

c. 挠性连接的软管应能承受系统的工作压力和湿度，并宜采用不锈钢软管。

② 低压系统的管网中应采取防膨胀收缩措施。

③ 在可能产生爆炸的场所，管网应吊挂安装并采取防晃措施。

④ 管道可采用螺纹连接、法兰连接或焊接，公称直径等于或小于 80mm 的管道，宜采用螺纹连接，公称直径大于 80mm 的管道，宜采用法兰连接。

⑤ 二氧化碳灭火剂输送管网不应采用四通管件分流。

⑥ 管网中阀门之间的封闭管段应设置泄压装置，其泄压动作压力：高压系统应为 15.00MPa±0.75MPa，低压系统应为 2.38MPa±0.12MPa。

10.1.3 二氧化碳灭火系统的主要组件

二氧化碳灭火系统的主要组件主要有储存容器、容器阀、选择阀、单向阀、压力开关、喷嘴等。

10.1.3.1 储存容器

二氧化碳容器有低压和高压两种。一般当二氧化碳储存量在 10t 以上才考虑采用低压容器，下面主要介绍高压容器。

（1）构造　二氧化碳容器由无缝钢管制成，内外均经防锈处理。容器上部装设容器阀，内部安装虹吸管。虹吸管内径不小于容器阀的通径，一般采用13～15mm，下端切成30°斜口，距瓶底约5～8mm。

（2）性能及作用　目前我国使用的二氧化碳容器工作压力为15MPa，容量40L，水压试验压力为22.5MPa。其作用是储存液态二氧化碳灭火剂。

（3）使用要求

① 钢瓶应固定牢固，确保在排放二氧化碳时，不会移动。

② 在使用中，每隔8～10年做水压试验一次，其永久膨胀率不得大于10%。凡未超过10%即为合格，打上水压试验钢印。超过10%则应报废。

③ 水压试验前需先经内部清洁及检视，以查明容器内部有否裂痕等缺陷。

④ 容器的充装率（每升容积充装的二氧化碳千克数）不宜过大。二氧化碳容器所受的内压是由充装率及温度来确定的。对于工作压力为15MPa，水压试验压力为22.5MPa的容器，其充装率不应大于0.68kg/L。这样才能保证在环境温度不超过45℃时容器内压力不致超过工作压力。

10.1.3.2 容器阀（瓶头阀）

容器阀（瓶头阀）种类甚多，但都是由充装阀部分（截止阀或止回阀）、施放阀部分（截止阀或闸刀阀）和安全膜片组成。

（1）性能

① 容器阀的气密性要求很高，总装后需进行气密性试验。

② 容器阀上应安装安全阀，当温度达到50℃或压力超过18MPa时，安全片会自行破裂，放出二氧化碳气体，以防止钢瓶因超压而爆裂。

③ 一般二氧化碳容器阀大都具有紧急手动装置，既能自动又能手动操作。为使阀门开启可靠，手动这一附加功能是必要的。

（2）作用　平时封闭容器，火灾时排放容器内储存的灭火剂；还通过它充装灭火剂和安装防爆安全阀。

（3）使用要求

① 瓶体上的螺纹型式必须与容器阀的锥形螺纹相吻合。在接合处一般不得使用填料。

② 先导阀在安装时需旋转手轮，使手轮轴处于最上位置，并插入保险销，套上保险铜丝栓，再加铅封。

③ 气动阀、先导阀安装到容器上前，必须将活塞和活塞杆都上推至不工作（复位）位置，即离下阀体的配气阀面约20mm处。

④ 对于同组内各容器的闸刀式容器阀，其闸刀行程及闸刀离工作铜膜片的间距必须协调一致。以保证刀口基本上均能同时闸破膜片。否则，不能同步，而是个别膜片先被闸破，则将会造成背压，以致难以再闸破同组的其余各容器上的膜片，对这一要求应予注意。

⑤ 在搬运时，应防止闸刀转动，保证不破坏工作膜片。因而闸刀式容器阀在经装配试验合格后，必须用直径1mm的保险铁丝插入，将手柄固定，直至被安装到灭火装置时，才能将铁丝拆除。

⑥ 电爆阀的电爆管每四年应更换一次，以防雷管变质，影响使用。

⑦ 机械式闸刀容器阀上的连接钢丝绳应安装正确，防止钢丝绳及拉环、手柄动作时碰及障碍物。

⑧ 检修时，对保险用的铜、铁丝、销及杠杆锁片应锁紧，修后再复原。检修量大时，还应拆除电爆阀的引爆部分。

（4）几种常用容器阀的结构形式

① 气动容器阀。一般二氧化碳灭火系统都由先导阀、电磁阀、气动阀组成施放部分。先

导阀及配用的电磁阀装于启动用气瓶上。平时由电磁阀关住瓶中高压气体，只在接受火灾信号后，电磁阀才开放，高压气体便先后开启先导阀和安装在二氧化碳钢瓶上的气动阀而喷电。

② 机械式闸刀容器阀。它安装在二氧化碳钢瓶上，其结构如图 10-2 所示。开启时，只需将手柄上钢丝绳牵动，闸刀杆便旋入，切破工作膜片，放出二氧化碳。该阀在单个瓶或少量瓶成组安装的管系中，应用较多。

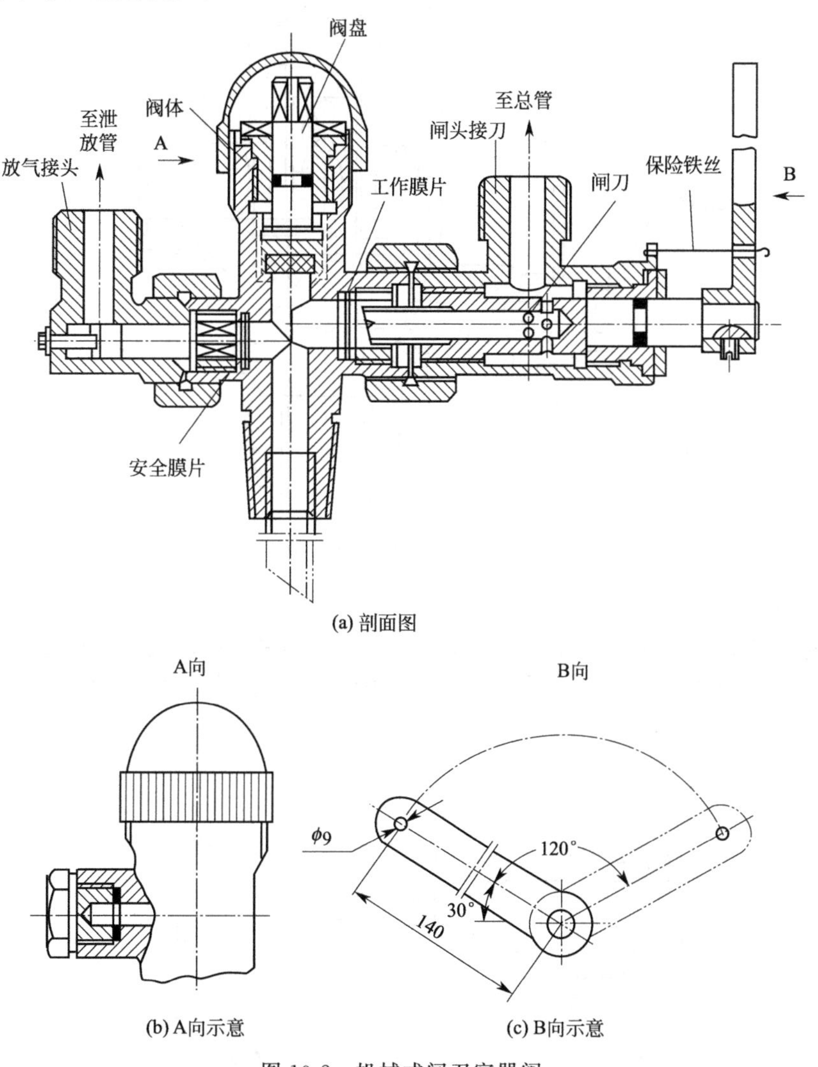

(a) 剖面图

(b) A向示意

(c) B向示意

图 10-2 机械式闸刀容器阀

③ 膜片式容器阀。膜片式容器阀的结构如图 10-3 所示。主要由阀体、活塞杆及活塞刀、密封膜片、压力表等组成。

工作原理是：平时阀体的出口与下腔由密封膜片隔绝，当外力压下启动手柄或启动气源进入上腔时，则压下活塞及活塞刀，刺破密封膜片，释放气体灭火剂。特点是结构简单，密封膜片的密封性能好，但释放气体灭火剂时阻力损失较大，每次使用后，需更换封膜片。

10.1.3.3 安全阀

安全阀一般装置在储存容器的容器阀上以及组合分配系统中的集流管部分。在组合分配系统的集流管部分，由于选择阀平时处于关闭状态，所以从容器阀的出口处至选择阀的进口端之间，就形成了一个封闭的空间，而在此空间内形成一个危险的高压压力。为防止储存容器发生误喷射，因此在集流管末端设置一个安全阀或泄压装置，当压力值超过规定值时，安全阀自动开启泄压，保证管网系统的安全。

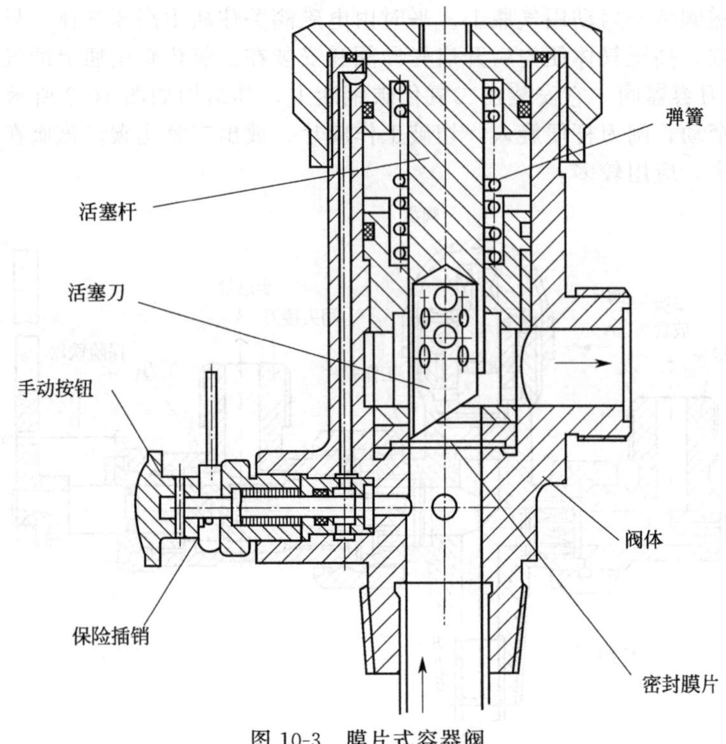

图 10-3 膜片式容器阀

10.1.3.4 选择阀

（1）构造 按释放方式，一般可分电动式和气动式两种。电动式靠电爆管或电磁阀直接开启选择阀活门；气动式依靠由启动用气容器输送来的高压气体推开操纵活塞，而开放阀门。选择阀的结构如图 10-4 所示。

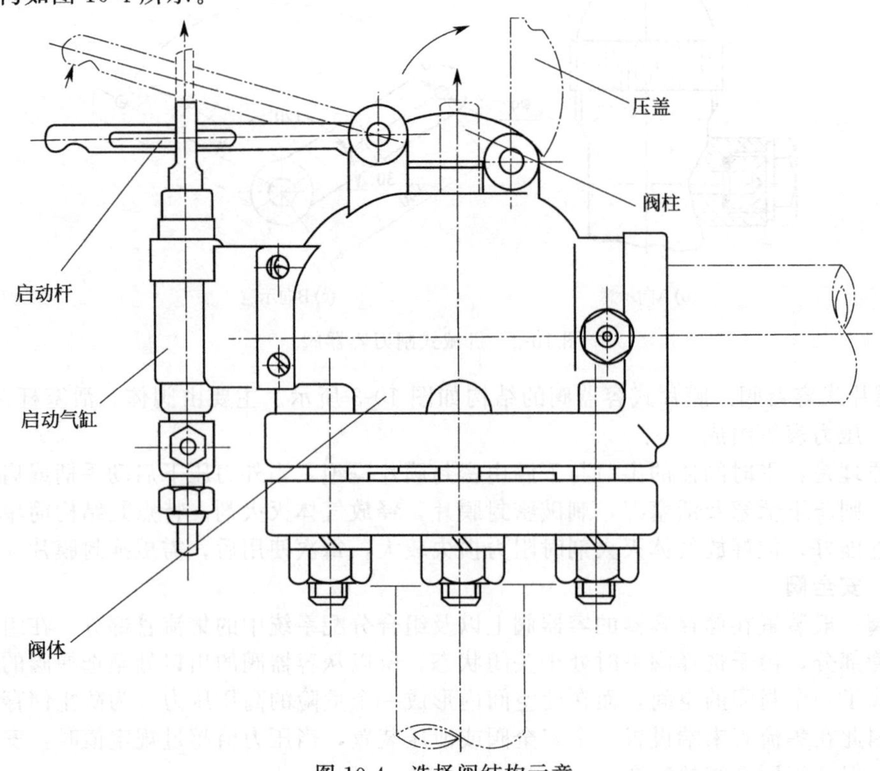

图 10-4 选择阀结构示意

（2）性能　其流通能力，应与保护区所需要的灭火剂流量相适应。

（3）作用　主要用于一个二氧化碳供应源供给两个以上保护区域的装置上，其作用为当某一保护区发生火灾时，能选定方向排放灭火剂。

（4）使用要求

① 灭火时，它应在容器阀开放之前或同时开启。

② 应有紧急手动装置，并且安装高度一般为 0.8～1.5m。

10.1.3.5　单向阀

单向阀是控制流动方向，在容器阀和集流管之间的管道上设置的单向阀是防止灭火剂的回流；气动气路上设置的单向阀是保证开启相应的选择阀和容器阀，这样有些管道可以共用。

10.1.3.6　压力开关

（1）压力开关的用途　压力开关是将压力信号转换成电气信号。在气体灭火系统中，为及时、准确了解系统，各部件在系统启动时的动作状态，一般在选择阀前后设置压力开关，以判断各部件的动作正确与否。虽然有些阀门本身带有动作检测开关，但用压力开关检测各部件的动作状态，则最为可靠。

（2）压力开关的结构与原理　压力开关它由壳体、波纹管或膜片、微动开关、接头座、推杆等组成。其动作原理是，当集流管或配管中灭火剂气体压力上升至设定值时，波纹管或膜片伸长，通过推杆或拨臂拨动开关，使触点闭合或断开，来达到输出电气信号的目的。压力开关的结构如图 10-5 所示。

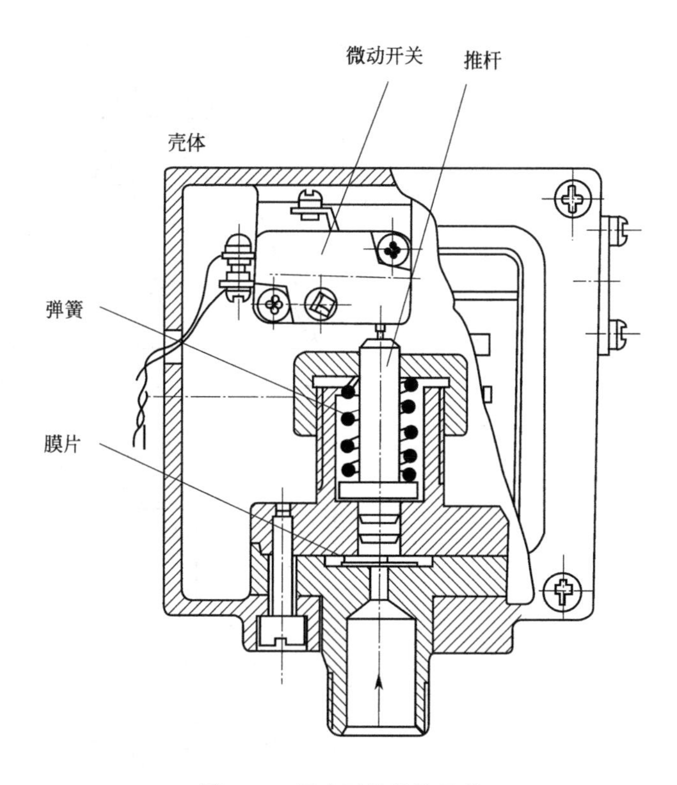

图 10-5　压力开关结构示意

10.1.3.7　喷嘴

（1）构造　喷嘴构造应能使灭火剂在规定压力下雾化良好。喷嘴出口尺寸应能使喷嘴喷射时不会被冻结。目前我国常用的二氧化碳喷嘴的构造和基本尺寸见表 10-3。

表 10-3 我国常用的二氧化碳喷嘴的构造和基本尺寸

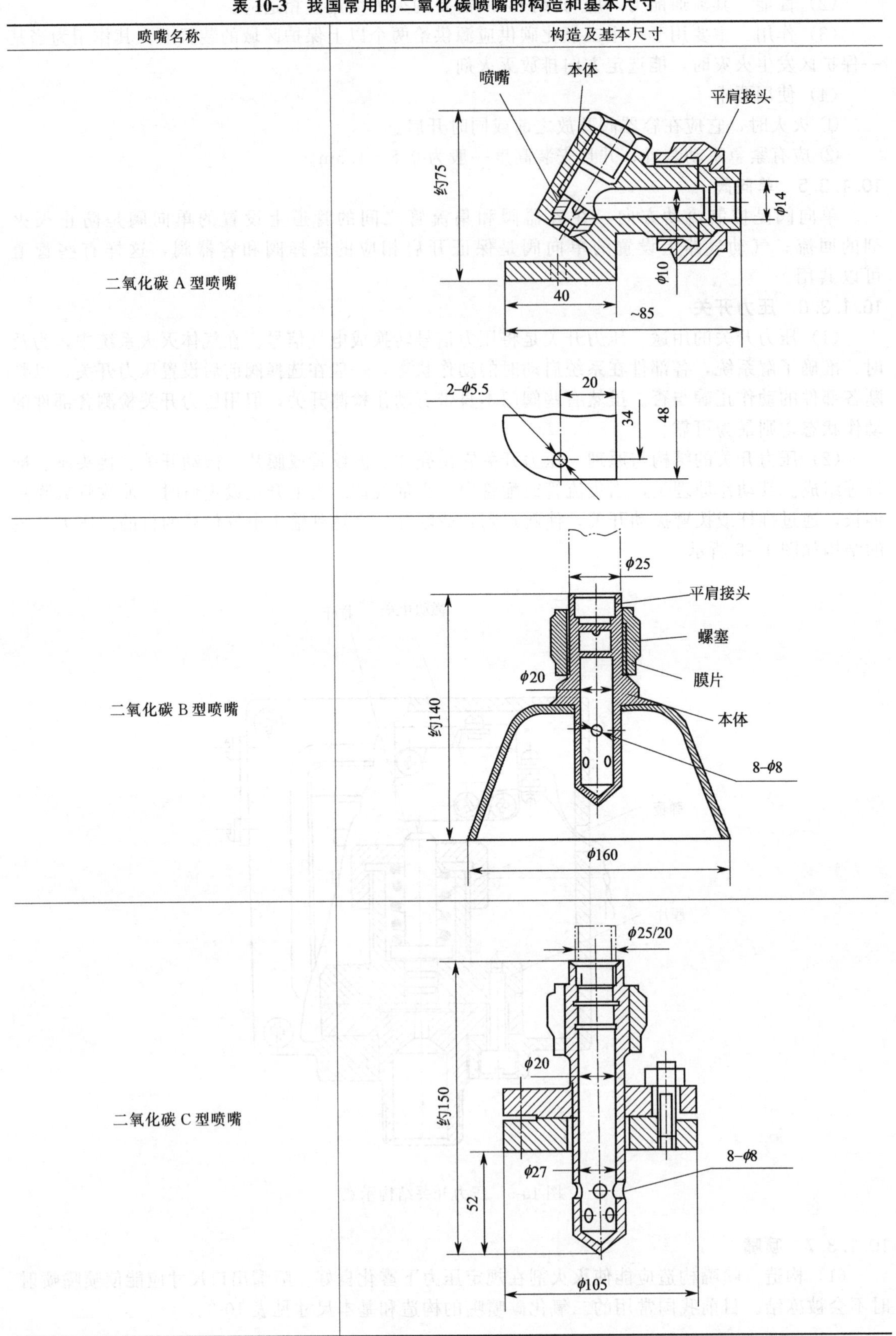

喷嘴名称	构造及基本尺寸
二氧化碳 A 型喷嘴	
二氧化碳 B 型喷嘴	
二氧化碳 C 型喷嘴	

续表

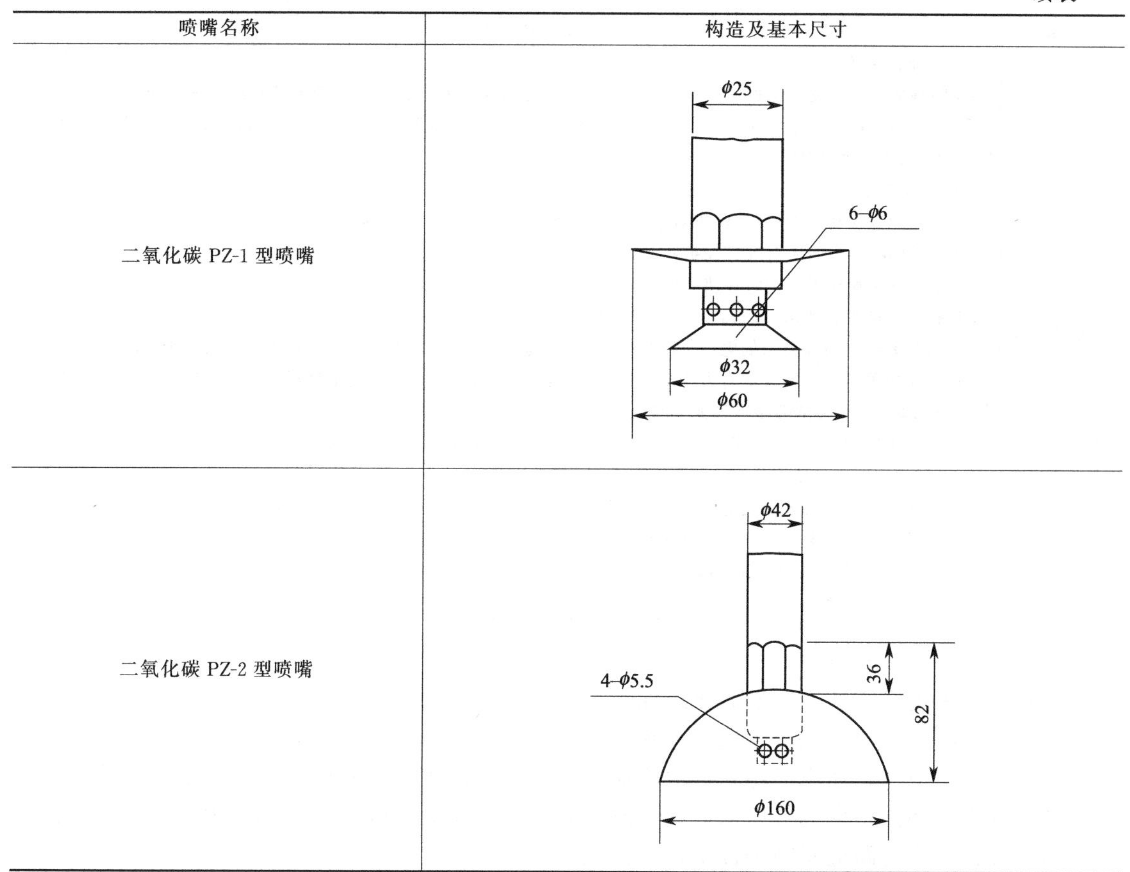

喷嘴名称	构造及基本尺寸
二氧化碳 PZ-1 型喷嘴	
二氧化碳 PZ-2 型喷嘴	

(2) 性能及作用　喷嘴的喷射能力应能使规定的灭火剂量在预定的时间内喷射完。通信设备室使用的喷嘴，一般喷射时间以不超过 3.5min 为宜。其他保护对象，通常应在 1min 左右。喷嘴的作用是使灭火剂形成雾状向指定方向喷射。

(3) 使用要求　为防止喷嘴堵塞，在喷嘴外应有防尘罩。防尘罩在施放灭火剂时受到压力会自行脱落。喷嘴的喷射压力不低于 1.4MPa。

10.1.4 二氧化碳灭火系统安装

10.1.4.1 位置的选择

二氧化碳灭火系统各器件位置的选择见表 10-4。

表 10-4　位置的选择

安装部件	安　装　位　置
容器组设置	(1)容器及其阀门、操作装置等，最好设置在被保护区域以外的专用站(室)内，站(室)内应尽量靠近被保护区，人员要易于接近；平时应关闭，不允许无关人员进入 (2)容器储存地点的温度规定在 40℃以下，0℃以上 (3)容器不能受日光直接照射 (4)容器应设在振动、冲击、腐蚀等影响少的地点。在容器周围不得有无关的物件，以免妨碍设备的检查，维修和平稳可靠地操作 (5)容器储存的地点应安装足够亮度的照明装置 (6)储瓶间内储存容器可单排布置或双排布置，其操作面距离或相对操作面之间的距离不宜小于 1.0m (7)储存容器必须固定牢固，固定件及框架应作防腐处理 (8)储瓶间设备的全部手动操作点，应有表明对应防护区名称的耐久标志

续表

安装部件	安装位置
喷嘴位置	(1)全淹没系统 ① 喷嘴的位置应使喷出的灭火剂在保护区域内迅速而均匀地扩散。通常应安装在靠近顶棚的地方 ② 当房高超过 5m 时,应在房高大约 1/3 的平面上装设附加喷嘴。当房高超过 10m 时,应在房高 1/3 和 2/3 的平面上安装附加喷嘴 (2)局部应用系统 ① 喷嘴的数量和位置,以使保护对象的所有表面均在喷嘴的有效射程内为准 ② 喷嘴的喷射方向应对准被保护物 ③ 不要设在喷射灭火剂时会使可燃物飞溅的位置
探测器位置	(1)探测器的设置要求,应符合本书相关内容 (2)由报警器引向探测器的电线,应尽量与电力电缆分开敷设,并应尽量避开可能受电信号干扰的区域或设备
报警器位置	(1)声响报警装置一般设在有人值班、尽量远离容易发生火灾的地方,其报警器应设在保护区域内或离保护对象 25m 以内、工作人员都能听到警报的地点 (2)安装报警器的数量,如需要监控的地点不多,则一台报警器即可。如需要监控的地方较多,就需要总报警器和区域报警器联合使用 (3)全淹没系统报警装置的电器设备,应设置在发生火灾时无燃烧危险,且易维修和不易受损坏的地点
启动、操纵装置位置	(1)启动容器应安装在灭火剂钢瓶组附近安全地点,环境温度应在 40℃以下 (2)报警接收显示盘、灭火控制盘等均应安装在值班室内的同一操纵箱内 (3)启动器和电气操纵箱安装高度一般为 0.8～1.5m

10.1.4.2 一般安装要求

二氧化碳灭火系统的一般安装要求如下。

(1) 容器组、阀门、配管系统、喷嘴等安装都应牢固可靠（移动式除外）。

(2) 管道敷设时，还应考虑到灭火剂流动过程中因温度变化所引起的管道长度变化。

(3) 管道安装前，应进行内部防锈处理；安装后，未装喷嘴前，应用压缩空气吹扫内部。

(4) 各种灭火管路应有明确标记，并需核对无误。

(5) 从灭火剂容器到喷嘴之间设有选择阀或截止阀的管道，应在容器与选择阀之间安装安全装置。其安全工作压力为 15.00MPa±0.75MPa。

(6) 灭火系统的使用说明牌或示意图表应设置在控制装置的专用站（室）内明显的位置上。其内容应有灭火系统操作方法和有关路线走向及灭火剂排放后再灌装方法等简明资料。

(7) 容器瓶头阀到喷嘴的全部配管连接部分均不得松动或漏气。

10.1.5 二氧化碳灭火系统联动控制

10.1.5.1 一般要求

(1) 二氧化碳灭火系统应设有自动控制、手动控制和机械应急操作启动方式；当局部应用灭火系统用于经常有人的保护场所时可不设自动控制。

(2) 当采用火灾探测器时，灭火系统的自动控制应在接收到两次独立的火灾信号后才能启动，根据人员疏散要求，宜延迟启动。

(3) 手动操作装置应设在防护区外便于操作的地方，并应能在一处完成系统启动的全部操作。局部应用灭火系统手动操作装置应设在保护对象附近。

对于采用全淹没灭火系统保护的防护区，应在其入口处设置手动、自动转换控制装置；有人工作时，应置于手动控制状态。

(4) 二氧化碳灭火系统的供电与自动控制应符合《火灾自动报警系统设计规范》（GB 50116—2012）的有关规定。当采用气动动力源时。应保证系统操作与控制所需要的压力和用气量。

(5) 低压系统制冷装置的供电应采用消防电源，制冷装置应采用自动控制，且应设手动操作装置。

10.1.5.2 联动控制过程

二氧化碳灭火系统联动控制内容有：火灾报警显示、灭火介质的自动释放灭火、切断保护区内的送排风机、关闭门窗及联动控制等。

当保护区发生火灾时，灾区产生的烟、温或光使保护区设置的两路火灾探测器（感烟、感热）报警，两路信号为“与”关系发至消防中心报警控制器上，驱动控制器一方面发声、光报警，另一方面发出联动控制信号（如停空调、关防火门等），待人员撤离后再发信号关闭保护区门。从报警开始延时约 30s 后发出指令启动二氧化碳储存容器，储存的二氧化碳灭火剂通过管道输送到保护区，经喷嘴释放灭火。如果手动控制，可按下启动按钮，其他同上。如图 10-6 所示。

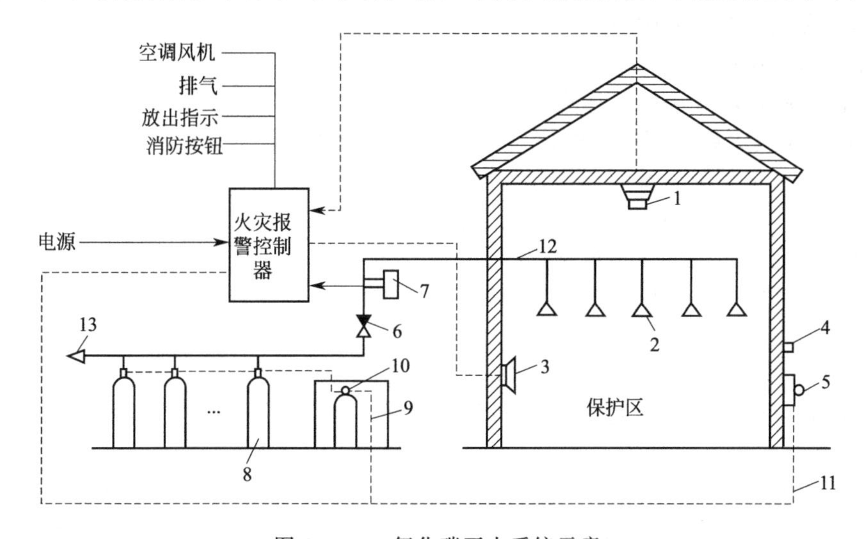

图 10-6 二氧化碳灭火系统示意

1—火灾探测器；2—喷头；3—警报器；4—放气指示灯；5—手动启动按钮；6—选择阀；7—压力开关；8—二氧化碳钢瓶；9—启动气瓶；10—电磁阀；11—控制电缆；12—二氧化碳管线；13—安全阀

压力开关为监测二氧化碳管网的压力设备，当二氧化碳压力过低或过高时，压力开关将压力信号送至控制器，控制器发出开大或关小钢瓶阀门的指令，可释放介质。

为了实现准确而更快速灭火，当发生火灾时，用手直接开启二氧化碳容器阀，或将放气开关拉动，即可喷出二氧化碳灭火。这个开关一般装在房间门口附近墙上的一个玻璃面板内，火灾时将玻璃面板击破，就能拉动开关喷出二氧化碳气体，实现快速灭火。

装有二氧化碳灭火系统的保护场所（如变电所或配电室），一般都在门口加装选择开关，可就地选择自动或手动操作方式。当有工作人员进入里面工作时，为防止意外事故，即避免有人在里面工作时喷出二氧化碳影响健康，必须在入室之前把开关转到手动位置，离开时关门之后复归自动位置。同时也为避免无关人员乱动选择开关，宜用钥匙型转换开关。

10.2 七氟丙烷灭火系统

七氟丙烷（HFC-227ea、FM-200）灭火系统是一种高效能的灭火设备，其灭火剂七氟丙烷（HFC-227ea、FM-200）是无色、无味、不导电、无二次污染的气体，具有清洁、低毒、电绝缘性好，灭火效率高的特点，特别是它对臭氧层无破坏，在大气中的残留时间比较短，其环保性能明显优于卤代烷，是目前为止研究开发比较成功的一种洁净气体灭火剂，被认为是替代卤代烷 1301、1211 的最理想的产品之一。

10.2.1 概述

10.2.1.1 七氟丙烷灭火系统适用范围

七氟丙烷灭火系统主要适用于计算机房、通信机房、配电房、油浸变压器、自备发电机房、图书馆、档案室、博物馆及票据、文物资料库等场所，可用于扑救电气火灾、液体火灾或可熔化的固体火灾，固体表面火灾及灭火前能切断气源的气体火灾。

(1) 七氟丙烷灭火系统可用于扑救下列火灾：

① 电气火灾；

② 液体火灾或可熔化的固体火灾；

③ 固体表面火灾；

④ 灭火前应能切断气源的气体火灾。

(2) 七氟丙烷灭火系统不得用于扑救含有下列物质的火灾：

① 含氧化剂的化学制品及混合物，如硝化纤维、硝酸钠等；

② 活泼金属，如钾、钠、镁、钛、锆、铀等；

③ 金属氢化物，如氢化钾、氢化钠等；

④ 能自行分解的化学物质，如过氧化氢、联胺等。

10.2.1.2 防护区的基本要求

(1) 防护区的划分，应符合下列规定。

① 防护区宜以固定的单个封闭空间划分；当同一区间的吊顶层和地板下需同时保护时，可合为一个防护区。

② 当采用管网灭火系统时，1 个防护区的面积不宜大于 $500m^2$；容积不宜大于 $2000m^3$。

③ 当采用预制灭火系统（成品灭火装置）时，1 个防护区的面积不应大于 $100m^2$；容积应不大于 $300m^3$。

(2) 防护区的最低环境温度应不低于－10℃。

(3) 防护区围护结构及门窗的耐火极限均不应低于 0.5h；吊顶的耐火极限应不低于 0.25h。

(4) 防护区围护结构承受内压的允许压强，不宜低于 1.2kPa。

(5) 防护区灭火时应保持封闭条件，除泄压口以外的开口，以及用于该防护区的通风机和通风管道中的防火阀，在喷放七氟丙烷前，应做到关闭。

(6) 防护区的泄压口宜设在外墙上，应位于防护区净高的 2/3 以上。

泄压口面积：

$$F_x = 0.15\frac{Q}{p_f} \tag{10-14}$$

式中 F_x——泄压口面积，m^2；

Q——七氟丙烷在防护区的平均喷放速率，kg/s；

p_f——围护结构承受内压的允许压强，Pa。

当设有外开门弹性闭门器或弹簧门的防护区，其开口面积不小于泄压口计算面积的，不需另设泄压口。

(7) 2 个或 2 个以上邻近的防护区，宜采用组合分配系统，1 个组合分配系统所保护的防护区不应超过 8 个。

10.2.1.3 系统控制方式

从火灾发生、报警到灭火系统启动至灭火完成，整个工作过程，如图 10-7 所示。七氟丙烷灭火系统的控制方式有 3 种。

(1) 自动控制　应将灭火控制盘的控制方式选择键拨到“自动”位置。保护区有火灾发

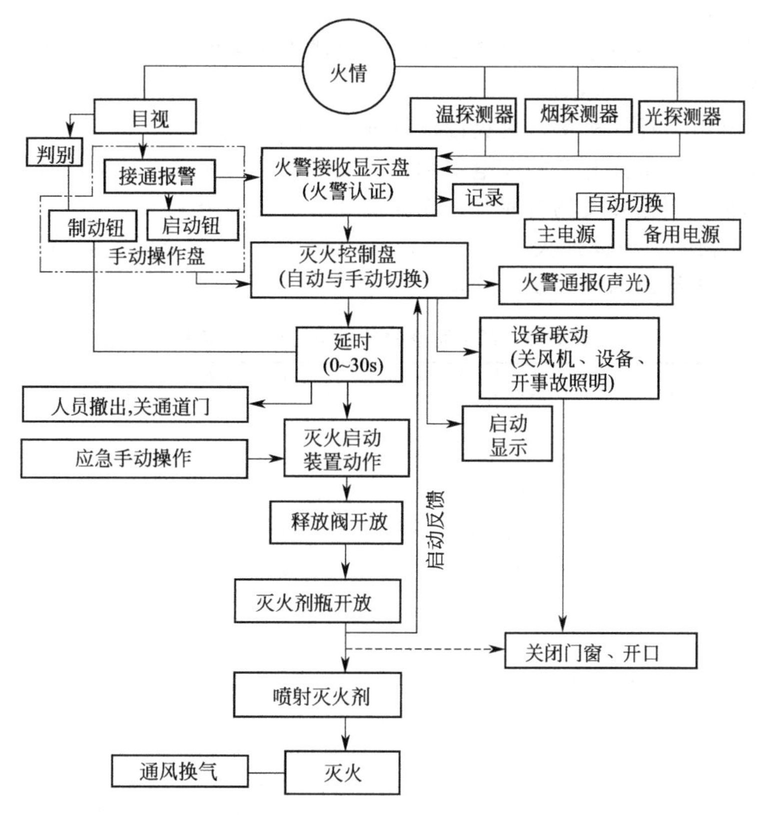

图 10-7 系统工作程序方框图

生，火灾探测器接收到火情信息并经甄别后，由报警和灭火控制系统发出声、光报警及下达灭火指令。从而按下列程序工作：完成“联动设备”的启动（如停电、停止通风及关闭门窗等），延迟 0～30s 通电打开电磁启动器；继而打开 N_2 启动瓶瓶头阀→分区释放阀→各七氟丙烷储瓶→瓶头阀→释放七氟丙烷实施灭火。

（2）手动控制　将灭火控制盘（或自动/手动转换装置）的控制方式选择键拨到“手动”位置。此时自动控制无从执行。人为发觉火灾或火灾报警系统发出火灾信息，即可操作灭火控制盘上（或另设的）灭火手动按钮，仍将按上述既定程序实施灭火。

一般情况，手动灭火控制大都在保护区现场执行。保护区门外设有手动控制盒。有的手动控制盒内还设紧急停止按钮，用它可停止执行“自动控制”灭火指令（只要是在延迟时间终了前）。

（3）应急操作　火灾报警系统、灭火控制系统发生故障不能投入工作，此时人们发现火情欲启动灭火系统的话，就应通知人员撤离保护区，人为启动“联动设备”，再执行灭火行动：拨下电磁启动器上的保险盖，压下电磁铁芯轴。这样就打开了 N_2 启动瓶瓶头阀，继而像“自动控制”程序一样，会相应的将释放阀、七氟丙烷储瓶瓶头阀打开，释放七氟丙烷实施灭火。

10.2.1.4　灭火设计浓度和惰化设计浓度

（1）一般规定

① 采用七氟丙烷灭火系统保护的防护区，其七氟丙烷设计用量，应根据防护区内可燃物相应的灭火设计浓度或惰化设计浓度经计算确定。

② 有爆炸危险的气体、液体类火灾的防护区，应采用惰化设计浓度；无爆炸危险的气体、液体类火灾和固体类火灾的防护区，应采用灭火设计浓度。

③ 当几种可燃物共存或混合时，其灭火设计浓度或惰化设计浓度，应按其中最大的灭火

浓度或惰化浓度确定。

④ 灭火剂设计浓度不应小于灭火浓度的1.2倍或惰化浓度的1.1倍且不应小于7.35%。

(2) 有关场所的设计灭火浓度

① 通信机房和电子计算机房，灭火设计浓度宜采用8%。

② 油浸变压器室、带油开关的配电室和自备发电机房的灭火设计浓度宜采用8.3%。

③ 图书、档案、票据和文物资库等，灭火设计浓度宜采用10%。

(3) 部分可燃物的最小设计灭火浓度可按表10-5确定，部分可燃物的最小设计惰化浓度可按表10-6确定。未给出的应经试验确定。

表10-5 部分可燃物的最小设计灭火浓度

可燃物名称	最小设计灭火浓度	可燃物名称	最小设计灭火浓度
丙酮	9.1%	液压油	8.0%
乙腈	8.4%	氢	17.4%
戊醇	9.6%	异丁醇	10.0%
苯	8.0%	异丙醇	9.9%
丁烷	8.7%	JP4航空油	9.1%
丁醇	10.0%	JP5航空油	9.1%
丁乙醇	9.8%	煤油	9.8%
丁氧基乙酸脂	9.1%	甲烷	8.0%
丁基乙酸脂	9.2%	甲醇	13.7%
碳二硫化物	15.6%	甲氧基乙醇	12.4%
氯乙烷	8.3%	甲基异基丁酮	9.8%
原油	8.6%	甲基乙丁基酮	9.2%
环乙烷	9.5%	溶剂油	8.7%
环乙胺	8.8%	吗琳	10.4%
环戊酮	9.8%	硝基甲烷	13.1%
二氯乙烷	8.0%	戊烷	9.0%
柴油	8.8%	丙烷	8.8%
乙醚	9.9%	丙醇	10.2%
乙烷	8.8%	丙烯	8.2%
乙醇	11.0%	丙二醇	11.4%
乙酸乙酯	9.0%	吡咯烷	9.6%
乙苯	8.3%	四氢呋喃	9.8%
乙烯	11.1%	四氢噻吩	8.7%
乙二醇	10.0%	甲苯	8.0%
汽油	9.1%	甲苯基聚酯	8.0%
庚烷	8.0%	变压器油	9.6%
己烯	8.0%	二甲苯	8.0%

表10-6 部分可燃物的最小设计惰化浓度

可燃物名称	最小设计灭火浓度	可燃物名称	最小设计灭火浓度
1-丁烷	11.3%	乙烯氧化物	13.6%
1-氯-1,1-二氟乙烷	2.6%	甲烷	8.0%
1,1-二氟乙烷	8.6%	戊烷	11.6%
二氟甲烷	3.5%	丙烷	11.6%

10.2.2 七氟丙烷灭火系统组成和部件

10.2.2.1 七氟丙烷灭火系统的组成

一般来说，七氟丙烷灭火系统由火灾报警系统、灭火控制系统和灭火系统3部分组成。而灭火系统又由七氟丙烷储存装置与管网系统两部分组成，其构成形式如图10-8所示。

如果每个防护区设置一套储存装置，成为单元独立灭火系统。如果将几个防护区组合起来，共同设立1套储存装置，则成为组合分配灭火系统。

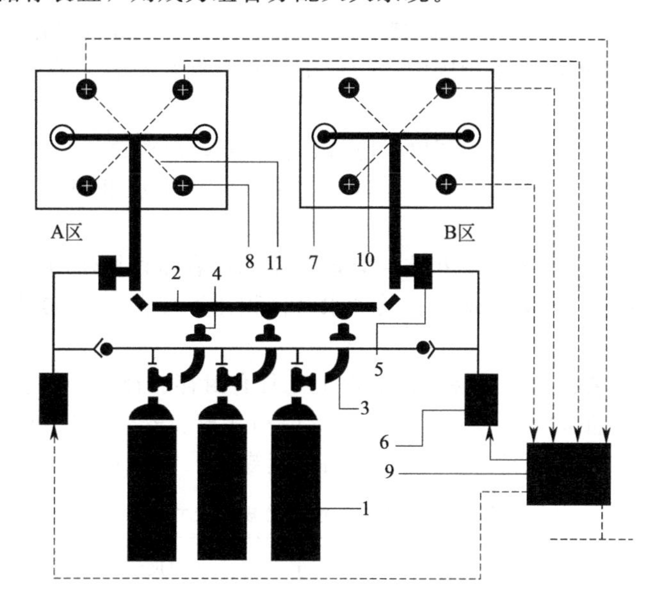

图 10-8 七氟丙烷灭火系统的构成

1—七氟丙烷储瓶（含瓶头阀和引升管）；2—汇流管（各储瓶出口连接在它上面）；
3—高压软管（实现储瓶与汇流管之间的连接）；4—单向阀（防止七氟丙烷向储瓶倒流）；
5—释放阀（用于组合分配系统，用其分配、释放七氟丙烷）；
6—启动装置（含电磁方式、手动方式与机械应急操作）；
7—七氟丙烷喷头；8—火灾探测器（含感温、感烟等类型）；9—火灾报警及
灭火控制设备；10—七氟丙烷输送管道；11—探测与控制线路（图中虚线表示）

10.2.2.2 七氟丙烷灭火系统的部件

（1）七氟丙烷储瓶

① 用途。瓶口安装瓶头阀，按设计要求充装七氟丙烷和增压 N_2。瓶头阀出口与管网系统相连。平时储瓶用来储存七氟丙烷，火灾发生时将七氟丙烷释放出去实施灭火。

② 结构。总体钢瓶为锰钢，焊接钢瓶为16MnV，瓶内作防锈处理，规格尺寸见表10-7。

表 10-7 七氟丙烷储瓶性能及规格尺寸

型 号	容积/L	公称工作压力/MPa	外径/mm	高度/mm	瓶重/kg	瓶口连接尺寸	材料
JR-70/54	70	5.4	273	1530	82	M80×3(阳)	锰钢
JR-100/54	100	5.4	366	1300	1000	M80×3(阳)	16MnV
JR-120/54	120	5.4	350	1600	130	M80×3(阴)	锰钢

③ 应用要求

a. 储存容器应设压力指示器。

b. 储存容器应能承受最高环境温度下灭火剂的储存压力，储存容器上应设安全泄压装置，安全泄压装置的动作压力应符合下列规定：

(a) 储存压力为2.5MPa时，应为4.4MPa±0.2MPa；

(b) 储存压力为4.2MPa时，应为6.7MPa±0.3MPa。

c. 储存容器的设置应符合下列规定：

(a) 储存容器应设置在防护区外专用的储存容器间内；

(b) 同一集流管上的储存容器，其规格、尺寸、灭火剂充装量、充装压力均应相同；

(c) 储存容器上应设耐久的固定标牌，标明每个储存容器的编号、容积、灭火剂名称、充装压力和充装日期等；

(d) 储存容器安装应能便于再充装和装卸，宜留出不小于1m的操作间距；

(e) 储存容器应固定牢固，采用固定支架固定时宜背靠背安装，采用固定夹固定时，可单排或双排安装；

(f) 储存容器间宜靠近防护区，其出口应直通室外或疏散通道；

(g) 储存容器间的室内温度应为0～50℃，并应保持干燥和良好通风，避免阳光直接照射；

(h) 备用储存容器应与系统管网相连，且能与主储存容器切换使用；

(i) 储存容器采用氮气（N_2）增压，其含水率体积比不应大于0.006%。

(2) 瓶头阀

① 用途。瓶头阀安装在七氟丙烷储瓶瓶口上，具有封存、释放、充装、超压排放等功能。

② 结构。瓶头阀由瓶头阀本体、开启膜片、启动活塞、安全阀门和充装接嘴、压力表接嘴等部分组成。零部件采用不锈钢与铜合金材料，其规格尺寸见表10-8。

表10-8 瓶头阀性能及规格尺寸

型　号	公称通径/mm	公称工作压力/MPa	进口尺寸	出口尺寸	启动接口尺寸	当量长度/m
JVF-40/54	40	5.4	M80×3(阴)	M60×2(阳)	M10×1(阴)	3.6
JVF-50/54	50	5.4	M80×3(阴)	M72×2(阳)	M10×1(阴)	4.5

③ 应用要求。瓶头阀装上瓶体前，应按技术要求检查试验合格；按瓶身内部高度（减短10mm）在阀入口内螺纹ZG1 1/2（或ZG2）处装上长短合适通径为40mm（或50mm）的引升管（用钢管时内外镀锌，管端为45°斜口），拧入时无需用密封带，但必须拧牢。

瓶头阀装上瓶体之后，应根据储瓶设计工作压力，2.5MPa或4.2MPa向储瓶充气进行气密试验。进行气密试验时，将瓶倒挂使瓶头阀与瓶的颈部浸入无水酒精槽内，保持10min应无气泡泄出。

充装七氟丙烷时，将七氟丙烷气源的软管接头拧在充装接嘴上，然后开启充装阀实行充装。按设计充装率充装完毕，在关闭气源之后和卸下软管之前，必须关闭充装阀。另外，将充装接嘴卸下换装压力表接嘴，需装上压力表。

(3) 电磁启动器

① 用途。安装在启动瓶瓶头阀上，按灭火控制指令给其通电（直流24V）启动，进而打开释放阀及瓶头阀，释放七氟丙烷实施灭火。并且，它可实行机械应急操作，实施灭火系统启动。

② 结构。电磁启动器由电磁铁、释放机构、作动机构组成；电磁铁顶部有手动启动孔，具有结构简单、作动力大、使用电流小、可靠性高等特点。其规格尺寸见表10-9。

表10-9 瓶头阀性能及规格尺寸

型　号	公称通径/mm	公称工作压力/MPa	进口尺寸	出口尺寸	启动接口尺寸	当量长度/m
JVF-40/54	40	5.4	M80×3(阴)	M60×2(阳)	M10×1(阴)	3.6
JVF-50/54	50	5.4	M80×3(阴)	M72×2(阳)	M10×1(阴)	4.5

③ 应用要求。当七氟丙烷储瓶已充装好并就位固定在储瓶间里，才可将电磁启动器装在启动瓶瓶头阀上，连接牢靠。连接时将连接嘴从启动器上卸下，拧到启动瓶瓶头阀的启动接口上。拧紧之后，将接嘴的另一端插入启动器并用锁帽固紧；检查作动机构有无异常，检查正常，盖好盒盖。注意，N_2启动瓶预先充装7.0MPa±1.0MPa的N_2。

保证电源要求，接线牢靠。

（4）释放阀

① 用途。灭火系统为组合分配时设释放阀。对应各个保护区各设1个，安装在七氟丙烷储瓶出流的汇流管上，由它开放并引导七氟丙烷喷入需要灭火的保护区。

② 结构。释放阀由阀本体和驱动气缸组成，结构简单，动作可靠。零件采用铜合金和不锈钢材料制造，其规格尺寸见表10-10。

表10-10 释放阀性能及规格尺寸

型号	公称直径/mm	工作压力/MPa	当量长度/m	进出口尺寸	外形尺寸/mm			
					L	B	H	h
EIS-40/12	40	12	5	ZG1 $\frac{1}{2}$	146	110	137	59
EIS-50/12	50	12	6	ZG2	146	124	153	67
EIS-65/12	65	12	7.5	ZG2 $\frac{1}{2}$	176	151	190	81
JS-80/4	80	4	9	ZG3	198	175	220	95
JS-100/4	100	4	10	ZG4	230	210	135	115

③ 应用要求。安装完毕，检查压臂是否能正常抬起。应将摇臂调整到位，并将压臂用固紧螺钉压紧。

释放动作后，应由人工调整复位才可再用。

（5）七氟丙烷单向阀

① 用途。七氟丙烷单向阀安装在七氟丙烷储瓶出流的汇流管上，防止七氟丙烷从汇流管向储瓶倒流。

② 结构。七氟丙烷单向阀由阀体、阀芯、弹簧等部件组成。密封采用塑料网，零件采用铜合金及不锈钢材料制造，其规格尺寸见表10-11。

表10-11 七氟丙烷单向阀性能及规格尺寸

型号	公称直径/mm	工作压力/MPa	动作压力/MPa	当量长度/m	进口尺寸	出口尺寸
JD-40/54	40	5.4	0.15	3.0	M60×2(阳)	M65×2(阳)
JD-50/54	50	5.4	0.15	3.5	M72×2(阳)	M80×3(阳)

③ 应用要求。定期检查阀芯的灵活性与阀的密封性。

（6）高压软管

① 用途。高压软管用于瓶头阀与七氟丙烷单向阀之间的连接，形成柔性结构，适于瓶体称重检漏和安装方便。

② 结构。高压软管夹层中缠绕不锈钢螺旋钢丝，内外衬夹布橡胶衬套，按承压强度标准制造。进出口采用O形圈密封连接，其规格尺寸见表10-12。

表10-12 高压软管性能及规格尺寸

型号	公称直径/mm	工作压力/MPa	动作压力/MPa	当量长度/m	进口尺寸	出口尺寸
JL-40/54	40	5.4	0.3	0.5	M60×2(阴)	M60×2(阴)
JL-50/54	50	5.4	0.4	0.6	M72×2(阴)	M72×3(阴)

③ 应用要求。弯曲使用时不宜形成锐角。

（7）气体单向阀

① 用途。气体单向阀用于组合分配的系统启动操纵气路上。控制那些七氟丙烷瓶头阀的应打开，另外的不应打开。

② 结构。气体单向阀由阀体、阀芯和弹簧等部件组成。密封件采用塑料，零件采用铜合金及不锈钢材料制造，其规格尺寸见表 10-13。

表 10-13 气体单向阀性能及规格尺寸

型号	公称直径/mm	工作压力/MPa	动作压力/MPa	长度/mm	进出接口
EID 4/20	4	20	0.2	105	D_{N4} 扩口式接头

③ 应用要求。定期检查阀芯的灵活性与阀的密封性。

(8) 安全阀

① 用途。安全阀安装在汇流管上。由于组合分配系统采用了释放阀使汇流管形成封闭管段，一旦有七氟丙烷积存在里面，可能由于温度的关系会形成较高的压力，为此需装设安全阀。它的泄压动作压力为 6.8MPa±0.4MPa。

② 结构。安全阀由阀体及安全膜片组成。零件采用不锈钢与铜合金材料制造，其规格尺寸见表 10-14。

表 10-14 安全阀性能及规格尺寸

型号	公称直径/mm	公称工作压力/MPa	泄压动作压力/MPa	连接尺寸
JA-12/4	12	4.0	6.8±0.4	ZG $\frac{3}{4}$

③ 应用要求。安全膜片应经试验确定。膜片装入时涂润滑脂，并与汇流管一道进行气密性试验。

(9) 压力信号器

① 用途。压力信号器安装在释放阀的出口部位（对于单元独立系统，则安装在汇流管上）。当释放阀开启释放七氟丙烷时，压力讯号器动作送出工作信号给灭火控制系统。

② 结构。由阀体、活塞和微动开关等组成。采用不锈钢和铜合金材料制造。规格尺寸见表 10-15。

表 10-15 压力信号器性能及规格尺寸

型号	公称直径/mm	公称工作压力/MPa	最小动作压力/MPa	接点电压电流	连接尺寸
EIX4/12	4	12	0.2	DC24V,≤1A	ZG $\frac{1}{2}$

③ 应用要求。安装前进行动作检查，送进 0.2MPa 气压时信号器应动作。接线应正确，一般接在常开接点上，运作后应经人工复位。

(10) 喷头 七氟丙烷灭火系统的喷头规格尺寸见表 10-16，JP6-36 型喷头流量曲线如图 10-9 所示。

表 10-16 七氟丙烷喷头性能及规格尺寸

型号	接管尺寸	当量标准号	喷口计算面积/cm^2	保护半径/m	应用高度/m
JP-6	ZG0.75″(阴)	6	0.178	7.5	5.0
JP-7	ZG0.75″(阴)	7	0.243	7.5	5.0
JP-8	ZG0.75″(阴)	8	0.317	7.5	5.0
JP-9	ZG0.75″(阴)	9	0.401	7.5	5.0
JP-10	ZG0.75″(阴)	10	0.495	7.5	5.0
JP-11	ZG0.75″(阴)	11	0.599	7.5	5.0
JP-12	ZG0.1″(阴)	12	0.713	7.5	5.0
JP-13	ZG0.1″(阴)	13	0.836	7.5	5.0
JP-14	ZG0.1″(阴)	14	0.970	7.5	5.0

续表

型号	接管尺寸	当量标准号	喷口计算面积/cm²	保护半径/m	应用高度/m
JP-15	ZG0.1″(阴)	15	1.113	7.5	5.0
JP-16	ZG1″(阴)	16	1.267	7.5	5.0
JP-18	ZG1.25″(阴)	18	1.603	7.5	5.0
JP-20	ZG1.25″(阴)	20	1.977	7.5	5.0
JP-22	ZG1.25″(阴)	22	2.395	7.5	5.0
JP-24	ZG1.5″(阴)	24	2.850	7.5	5.0
JP-26	ZG1.5″(阴)	26	3.345	7.5	5.0
JP-28	ZG1.5″(阴)	28	3.879	7.5	5.0
JP-30	ZG2″(阴)	30	4.453	7.5	5.0
JP-32	ZG2″(阴)	32	5.067	7.5	5.0
JP-34	ZG2″(阴)	34	5.720	7.5	5.0
JP-36	ZG2″(阴)	36	6.413	7.5	5.0

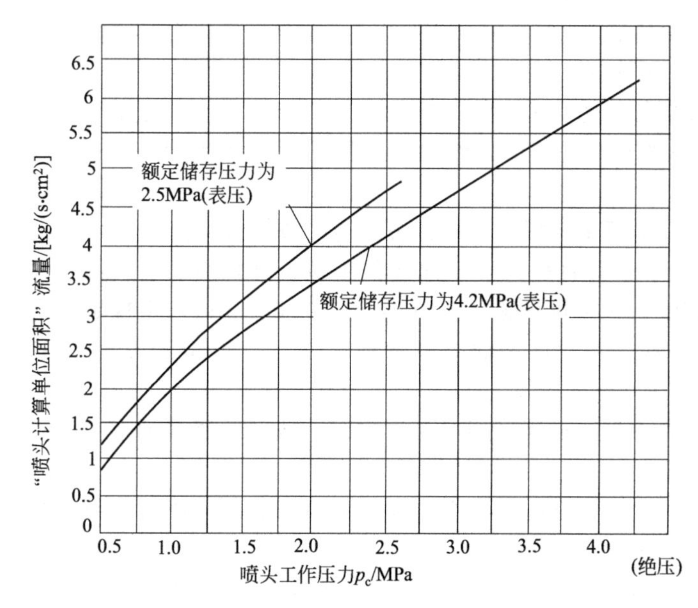

图 10-9 七氟丙烷 JP6-36 型喷头流量曲线

（11）管道及其附件

① 灭火剂输送管道应采用《输送流体用无缝钢管》（GB/T 8163—2008）中规定的无缝钢管，其规格应符合表 10-17 的要求。

表 10-17 系统无缝钢管的规格

储存压力/MPa	公称直径 mm	公称直径 in	集流管 外径×壁厚/mm	气体输送管道 外径×壁厚/mm
2.5	15	1/2	22×3	22×3
	20	3/4	27×3.5	27×3.45
	25	1	34×4.5	34×4.5
	32	1¼	42×4.5	42×4.5
	40	1½	48×4.5	48×4.5
	50	2	60×5.0	60×5.0
	65	2½	76×5.0	76×5.0
	80	3	89×5.0	89×5.0
	100	4	114×5.5	114×5.5

续表

储存压力/MPa	公称直径		集流管	气体输送管道
	mm	in	外径×壁厚/mm	外径×壁厚/mm
4.2	15	1/2	22×3	22×3
	20	3/4	27×3.5	27×3.5
	25	1	34×4.5	34×4.5
	32	1¼	42×4.5	42×4.5
	40	1½	48×4.5	48×4.5
	50	2	60×5	60×5
	65	2½	76×5	76×5
	80	3	89×5.5	89×5.5
	100	4	114×6	114×6
	125	5	140×6	140×6
	150	6	167×7	167×7

② 灭火剂输送管道内外表面应做镀锌防腐处理，并应采用热浸镀锌法。镀锌层的质量可参照《低压流体输送用焊接钢管》(GB/T 3091—2008) 的规定。当环境对管道的镀锌层有腐蚀时，管道可采用不锈钢管、铜管或其他抗腐蚀耐压管材。

③ 气体驱动装置的输送管道宜采用铜管或不锈钢管，且应能承受相应启动气体的最高储存压力。输送管道从驱动装置的出口到储存容器和选择阀的距离，应满足系统生产厂商产品的技术要求。

④ 灭火剂输送管道可采用螺纹连接、法兰连接或焊接。公称直径等于或小于 80mm 的管道，宜采用螺纹连接；公称直径大于 80mm 的管道，宜采用法兰连接。灭火剂输送管道采用螺纹连接时，应采用《60°密封管螺纹》(GB/T 12716—2011) 中规定的螺纹。灭火剂输送管道采用法兰连接时，应采用《凹凸面对焊钢制管法兰》(JB/T 82.2—1994) 中规定的法兰，并应采用金属齿形垫片。

⑤ 灭火剂输送管道与选择阀采用法兰连接时，法兰的密封面形式和压力等级应与选择阀本身的技术要求相符。

⑥ 灭火剂输送管道不宜穿越沉降缝、变形缝，当必须穿越时应有可靠的抗沉降和变形措施。灭火剂输送管道不应设置在露天。

⑦ 灭火剂输送管道应设固定支架固定，支、吊架的安装应符合以下要求。

a. 管道应固定牢靠，管道支、吊架的最大间距应符合表 10-18 的规定。

表 10-18 灭火剂输送管道固定支吊架的最大距离

管道公称直径/mm	15	20	25	32	40	50	65	80	100	150
最大间距/m	1.5	1.8	2.1	2.4	2.7	3.4	3.5	3.7	4.3	5.2

b. 管道末端喷嘴处应采用支架固定，支架与喷嘴间的管道长度不应大于 300mm。

c. 公称直径大于或等于 50mm 的主干管道，在其垂直方向和水平方向至少应各安装一个防晃支架。当穿过建筑物楼层时，每层应设一个防晃支架。当水平管道改变方向时，应设防晃支架。

10.2.3 七氟丙烷灭火系统的设计与计算

10.2.3.1 灭火剂用量计算

系统的设置用量，应为防护区灭火设计用量（或惰化设计用量）与系统中喷放不尽的剩余量之和。

(1) 防护区灭火设计用量（或惰化设计用量）

$$W=K\times\frac{V}{S}\times\frac{c_1}{(100-c_1)} \tag{10-15}$$

式中 W——防护区七氟丙烷灭火（或惰化）设计用量，kg；

c_1——七氟丙烷灭火（或惰化）设计浓度，%；

S——七氟丙烷过热蒸气在 101kPa 和防护区最低环境温度下的比容，m^3/kg；

V——防护区的净容积，m^3；

K——海拔高度修正系数。

七氟丙烷在不同温度下的过热蒸气比容：

$$S=K_1+K_2t \tag{10-16}$$

式中 t——温度，℃；

K_1——取 1.1269；

K_2——取 0.000513。

（2）灭火剂剩余量　灭火剂喷放不尽的剩余量，应包含储存容器内的剩余量和管网内的剩余量。

① 储存容器内的剩余量，可按储存容器内引升管管口以下的容器容积量计算。

② 均衡管网和只含一个封闭空间的防护区的非均衡管网，其管网内的剩余量，均可不计。

防护区中含 2 个或 2 个以上封闭空间的非均衡管网，其管网内的剩余量，可按管网第一分支点后各支管的长度，分别取各长支管与最短支管长度的差值为计算长度，计算出的各长支管末段的内容积量，应为管网内的容积剩余量。

当系统为组合分配系统时，系统设置用量中有关防护区灭火设计用量的部分，应采用该组合中某个防护区设计用量最大者替代。

用于需不间断保护的防护区的灭火系统和超过 8 个防护区组合成的组合分配系统，应设七氟丙烷备用量，备用量应按原设置用量的 100%确定。

10.2.3.2 管网计算

进行管网计算时，各管道中的流量宜采用平均设计流量。

（1）管网中主干管的平均设计流量按式(10-17) 计算：

$$Q_w=\frac{W}{t} \tag{10-17}$$

式中 Q_w——主干管平均设计流量，kg/s；

t——七氟丙烷的喷放时间，s。

（2）管网中支管的平均设计流量，按式(10-18) 计算：

$$Q_g=\sum_1^{N_g}Q_c \tag{10-18}$$

式中 Q_g——支管平均设计流量，kg/s；

N_g——安装在计算支管流程下游的喷头数量，个；

Q_c——单个喷头的设计流量，kg/s。

宜采用喷放七氟丙烷设计用量 50%时的“过程中点”容器压力和该点瞬时流量进行管网计算。该瞬时流量宜按平均设计流量计算。

（3）喷放“过程中点”容器压力，宜按式(10-19) 计算：

$$p_m=\frac{p_0V_0}{V_0+\frac{W}{2\gamma}+V_p} \tag{10-19}$$

式中 p_m——喷放“过程中点”储存容器内压力，MPa；

p_0——储存容器额定增压压力，MPa；

V_0——喷放前，全部储存容器内的气相总容积，m^3；

W——防护区七氟丙烷灭火（或惰化）设计用量，kg；

γ——七氟丙烷液体密度，kg/m^3，20℃时，$\gamma=1407kg/m^3$；

V_p——管网管道的内容积，m^3。

$$V_b=nV_b\left(1-\frac{\eta}{\gamma}\right) \tag{10-20}$$

式中 n——储存容器的数量，个；

V_b——储存容器的容量，m^3；

η——七氟丙烷充装率，kg/m^3。

(4) 七氟丙烷管流采用镀锌钢管的阻力损失，可按式(10-21) 计算（或按图 10-10 确定）：

$$\Delta p=\frac{5.75\times10^5Q_p^2}{\left(1.74+2\lg\frac{D}{0.12}\right)^2D^5}L \tag{10-21}$$

式中 Δp——计算管段阻力损失，MPa；

L——计算管段的计算长度，m；

Q_p——管道流量，kg/s。

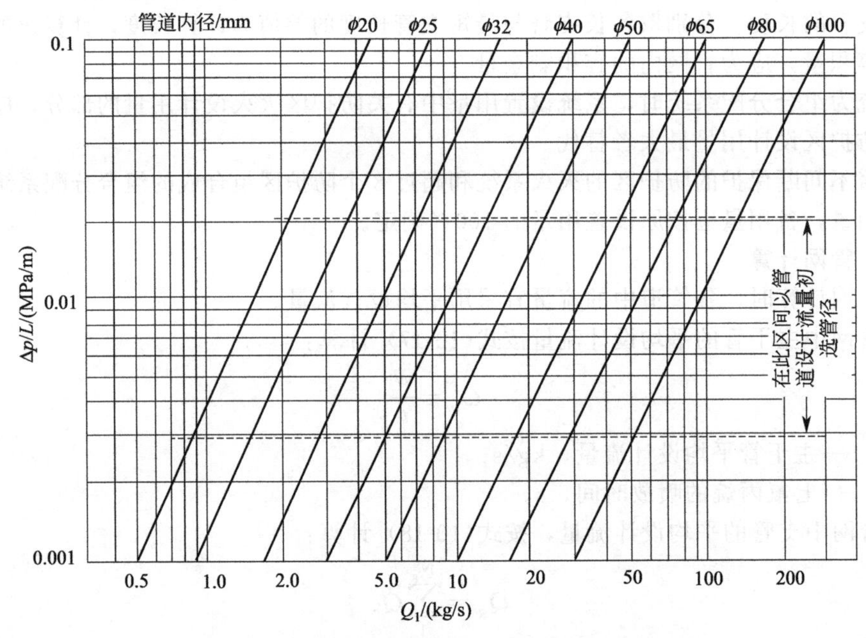

图 10-10 镀锌钢管阻力损失与七氟丙烷流量的关系

初选管径，可按平均设计流量及采用管道阻力损失为 0.003～0.020MPa/m 进行计算（图 10-10）。

(5) 喷头工作压力

$$p_c=p_m-\sum_1^{N_d}\Delta p\pm p_n \tag{10-22}$$

式中 p_c——喷头工作压力，MPa；

p_m——喷放"过程中点"储存容器内压力，MPa；

$\sum_1^{N_d}\Delta p$——系统流程阻力总损失，MPa；

N_d——管网计算管段的数量；

p_n——高程压头，MPa。

（6）高程压头

$$p_h = 10^{-6}\gamma H g \tag{10-23}$$

式中 H——喷头高度相对“过程中点”时储存容器液面的位差。

喷头工作压力的计算结果，应符合下列规定。

① 一般 $p_c > 0.8$MPa，最小 $p_c \geqslant 0.5$MPa。

② $p_c \geqslant \frac{p_m}{2}$。

（7）喷头孔口面积

$$F_c = \frac{10Q_c}{\mu_c\sqrt{2\gamma p_c}} \tag{10-24}$$

式中 F_c——喷头孔口面积，cm^2；

Q_c——喷头设计流量，kg/s；

μ_c——喷头流量系数。

喷头流量系数，由储存容器的充装压力与喷头孔口结构等因素决定，应经试验得出。

10.2.4 七氟丙烷灭火系统安装

10.2.4.1 施工前准备

（1）施工前应具备下列技术资料。

① 施工设计图、设计说明书、系统及主要组件的使用维护说明书和安装手册。

② 系统组件的出厂合格证（或质量保证书）、国家消防产品质量检验机构出具的型式检验报告、管道及配件的出厂检验报告与合格证、进口产品的原产地证书。

（2）施工应具备下列条件。

① 防护区和储存间设置条件与设计要求相符。

② 系统组件与主要材料齐全，且品种、型号、规格符合设计要求。

③ 系统所需的预埋件和预留孔洞符合设计要求。

（3）施工前应进行系统组件检查。

① 外观检查应符合下列规定：

a. 无碰撞变形及机械性损伤；

b. 表面涂层完好；

c. 外露接口设有防护装置且封闭良好，接口螺纹和法兰密封面无损伤；

d. 铭牌清晰；

e. 同一集流管的灭火剂储存容器规格应一致。

② 灭火剂的实际储存压力不应低于相应温度下储存压力的10%，且不应超过5%。

③ 系统安装前应对驱动装置进行检查，并符合下列规定。

a. 电磁驱动装置的电源、电压应符合设计要求；电磁驱动装置应满足系统启动要求，且动作灵活无卡阻。

b. 气动驱动装置或储存容器的气体压力和气量应符合设计要求，单向阀阀芯应启闭灵活无卡阻。

10.2.4.2 系统安装

（1）施工应按设计施工图纸和相应的技术文件进行。当需要进行修改时，应经原设计单位同意。

（2）施工应按规定的内容做好施工记录。

(3) 灭火剂储存容器的安装应符合下列规定。

① 储存容器上的压力指示器应朝向操作面，安装高度和方向应一致。

② 储存容器正面应有灭火剂名称标志和储存容器编号，进口产品应设中文标识。

(4) 气体驱动管的安装应符合下列规定。

① 用螺纹连接的管件，宜采用扩口式管件连接或密封带、密封胶密封，但螺纹的前二牙不应有密封材料，以免堵塞管道。

② 驱动管应固定牢靠，必要时应设固定支架和防晃支架。

(5) 集流管的安装应符合下列规定。

① 集流管的安装高度应根据储存容器的高度确定，并应用支框架牢固固定。

② 集流管的两端宜装螺纹管帽或法兰盖作集污器。

(6) 灭火剂输送管道安装应符合下列规定。

① 管道穿过墙壁、楼板处应安装套管。穿墙套管的长度应和墙厚相等，穿过楼板的套管应高出楼面 50mm。管道与套管间的空隙应用柔性不燃烧材料填实。

② 管道应固定牢靠，管道支、吊架的最大间距应符合表 10-18 的规定。

③ 所有管道的末端应安装一个长度为 50mm 的螺纹管帽作集污器。

④ 管道末端及喷嘴处应采用支架固定，支架与喷嘴间的管道长度不应大于 300mm，且不应阻挡喷嘴喷放。

⑤ 管道变径可采用异径套筒、异径管、异径三通或异径弯头。

⑥ 管道安装前管口应倒角，管道应清理和吹净。

⑦ 用螺纹连接的管件，应符合本小节 (4) 第①款的规定。

(7) 选择阀的安装应符合下列规定。

① 选择阀应有强度试验报告。

② 选择阀的操作手柄应安装在操作面一侧，当安装高度超过 1.7m 时应采取便于手动操作的措施。

③ 采用螺纹连接的选择阀，其与管道连接处宜采用活接头。

(8) 驱动装置的安装应符合下列规定。

① 电磁驱动装置的电气连接线应沿储存容器的支架、框架或墙面固定。

② 拉索式手动驱动装置应固定牢靠，动作灵活，在行程范围内不应有障碍物。

(9) 灭火剂输送管道安装完毕后应进行水压强度试验和气压严密性试验，并应符合下列要求。

① 水压强度试验的试验压力，应为储存压力的 1.5 倍，稳压 3min，检查管道各连接处应无明显滴漏，目测管道无明显变形。

② 气压严密性试验压力等于储存压力，试验时应逐步缓慢增加压力，当压力升至试验压力的 50%时，如未发现异状或泄漏，继续按试验压力的 10%逐级升压，每级稳压 3min，直至试验压力。稳压 3min 后，以涂刷肥皂水方法检查无气泡产生为合格。

③ 不宜进行水压强度试验的防护区，可用气压强度试验代替，但必须有设计单位和建设单位同意并应采取有效的安全措施后，方可采用压缩空气或氮气作气压强度试验。试验压力应为储存压力的 1.2 倍，应先做预试验，试验压力宜为 0.2MPa，然后逐步缓慢增加压力，当压力升至试验压力的 50%时，如未发现异状或泄漏，继续按试验压力的 10%逐级升压，每级稳压 3min，直至试验压力。稳压 3min 后，再将压力降至管道的工作压力，目测管道无明显变形。

(10) 水压强度试验后或气压严密性试验前管道要进行吹扫，并应符合以下要求。

① 吹扫管道可采用压缩空气或氮气。

② 吹扫完毕，采用白布检查，直至无铁锈、尘土、水渍及其他杂物出现。

(11) 灭火剂输送管道的外表面应涂红色油漆。在吊顶内、活动地板下等隐蔽场所内的管道，可涂红色油漆色环。每个防护区的色环宽度、间距应一致。

(12) 喷嘴的安装

① 喷嘴安装前应与施工设计图纸上标明的型号规格和喷孔方向逐个核对，并应符合设计要求。

② 安装在吊顶下的喷嘴，其连接螺纹不应露出吊顶。喷嘴挡流罩应紧贴吊顶安装。

(13) 施工完毕，防护区中的管道穿越孔洞应用不燃材料封堵。

10.2.4.3 系统施工安全要求

(1) 防护区内的灭火浓度应校核设计最高环境温度下的最大灭火浓度，并应符合以下规定。

① 对于经常有人工作的防护区，防护区内最大浓度不应超过表 10-19 中的 NOAEL 值。

② 对于经常无人工作的防护区，或平时虽有人工作但能保证在系统报警后 30s 延时结束前撤离的防护区，防护区内灭火剂最大浓度不宜超过表 10-19 中的 LOAEL 值。

表 10-19 七氟丙烷的生理毒性指标（体积分数） 单位：%

灭火剂名称	NOAEL	LOAEL
七氟丙烷	9	10.5

(2) 防护区内应设安全通道和出口以保证现场人员在 30s 内撤离防护区。

(3) 防护区内的疏散通道与出口应设置应急照明装置和灯光疏散指示标志。

(4) 防护区的门应向疏散方向开启并能自动关闭，疏散出口的门在任何情况下均应能从防护区内打开。

(5) 防护区应设置通风换气设施，可采用开启外窗自然通风、机械排风装置的方法，排风口应直通室外。

(6) 系统零部件和灭火剂输送管道与带电设备应保持不小于表 10-20 中最小安全间距。

表 10-20 系统零部件和灭火剂输送管道与带电设备之间的最小安全间距

带电设备额定电压/kV	最小安全间距/m	
	与未屏蔽带电导体	与未接地绝缘支撑体
10	2.60	2.5
35	2.90	
110	3.35	
220	4.3	

注：绝缘体包括所有形式的绝缘支架和悬挂的绝缘体、绝缘套管、电缆密封端等。

(7) 当系统管道设置在有可燃气体、蒸汽或有爆炸危险场所时应设防静电接地。

(8) 防护区内外应设置提示防护区内采用七氟丙烷灭火系统保护的警告标志。

10.2.5 七氟丙烷灭火系统操作与控制

(1) 管网灭火系统应同时具有自动控制、手动控制和机械应急操作三种启动方式。在防护区内设置的预制灭火装置应有自动控制和手动控制两种启动方式。

(2) 自动控制应具有自动探测火灾和自动启动系统的功能。

(3) 灭火系统的自动控制应在收到防护区内两个独立的火灾报警信号后才能启动。自动控制启动时可以设置最长为 30s 的延时，以使防护区内人员撤离和关闭通风管道中的防火阀。

(4) 在有架空地板和吊顶的防护区域，若架空地板和吊顶内也需要加以保护，应在其中设置火灾探测器。

(5) 每一个防护区应设置一个手动/自动选择开关，选择开关上的手动和自动位置应有明显的标识。当选择开关处于手动位置时，选择开关上宜有明显的警告指示灯。

(6) 防护区入口处应设置紧急停止喷放装置。紧急停止喷放装置应有防止误操作的措施。

(7) 机械应急操作装置宜设置在储存容器间内。

(8) 组合分配系统的选择阀应在灭火剂释放之前或同时开启。

(9) 当采用气体驱动钢瓶作为启动动力源时，应保证系统操作与控制所需的气体压力和用气量。

(10) 灭火系统的驱动控制盘宜设置在经常有人的场所，并尽量靠近防护区。驱动控制盘应符合《固定灭火系统驱动、控制装置通用技术条件》(GA 61—2010)。

(11) 当防护区内设置的火灾探测器直接连接至驱动控制盘时，驱动控制盘应能向消防控制中心反馈防护区的火灾报警信号、灭火剂喷放信号和系统故障信号。

(12) 防护区内应设置火灾声、光报警，防护区外应设置灭火剂喷放指示信号。

(13) 手动操作装置的安装高度应为中心距地 1.5m。驱动控制盘应保证正面信号显示位置距地 1.5m。声、光报警装置宜安装在防护区出入口门框的上方。

10.3 泡沫灭火系统

泡沫灭火系统是用泡沫液作为灭火剂的一种灭火方式。泡沫剂有化学泡沫灭火剂和空泡沫灭火剂两大类。化学泡沫灭火剂主要是充装于 100L 以下的小型灭火器内，扑救小型初期火灾；大型的泡沫灭火系统以采用空气泡沫灭火剂为主。

泡沫灭火是通过泡沫层的冷却、隔绝氧气和抑制燃料蒸发等作用，达到扑灭火灾的目的。

空气泡沫灭火是泡沫液与水通过特制的比例混合器混合而成泡沫混合液，经泡沫产生器与空气混合产生泡沫，使泡沫覆盖在燃烧物质的表面或者充满发生火灾的整个空间，最后使火熄灭。

10.3.1 泡沫灭火系统形式的选择

10.3.1.1 系统的分类

泡沫灭火系统按照发泡性能的不同分为：低倍数（发泡倍数在 20 倍以下）、中倍数（发泡倍数在 20～200 倍）和高倍数（发泡倍数在 200 倍以上）灭火系统；这三类系统又根据喷射方式不同分为液上和液下喷射；由设备和管的安装方式不同分为固定式、半固定式、移动式；由灭火范围不同分为全淹没式和局部应用式。其具体分类如图 10-11 所示。

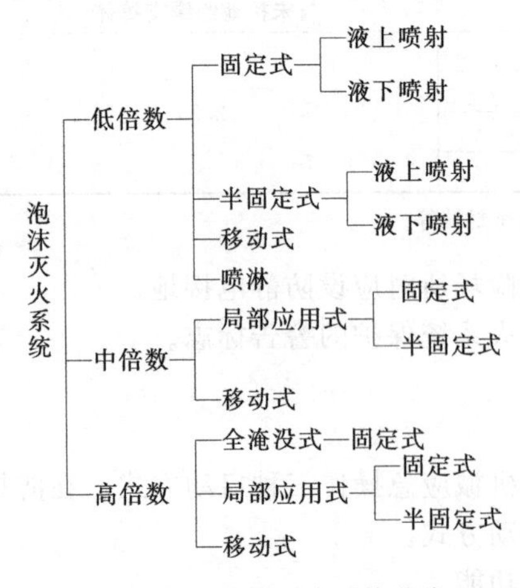

图 10-11 泡沫灭火系统分类

固定式液上喷射泡沫灭火系统如图 10-12 所示；固定式液下喷射泡沫灭火系统如图 10-13 所示；半固定式液上喷射泡沫灭火系统如图 10-14 所示；移动式泡沫灭火系统如图 10-15 所示；自动控制全淹没式灭火系统工作原理如图 10-16 所示。

10.3.1.2 系统形式的选择

(1) 甲、乙、丙类液体储罐区宜选用低倍数泡沫灭火系统；单罐容量不大于 5000m^3 的甲、乙类固定顶与内浮顶油罐和单罐容量不大于 10000m^3 的丙类固定顶与内浮顶油罐，可选用中倍数泡沫系统。

(2) 甲、乙、丙类液体储罐区固定式、半固定式或移动式泡沫灭火系统的选择应符合下列规定。

① 低倍数泡沫灭火系统，应符合相关现行国家标准的规定。

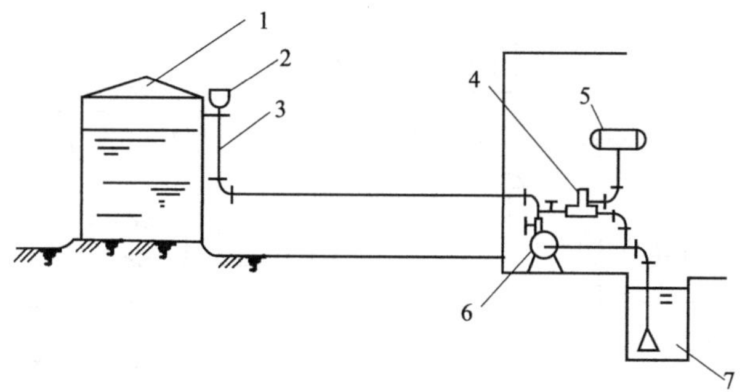

图 10-12 固定式液上喷射泡沫灭火系统

1一油罐；2一泡沫产生器；3—泡沫混合液管道；4—比例混合器；
5—泡沫液罐；6—泡沫混合泵；7—水池

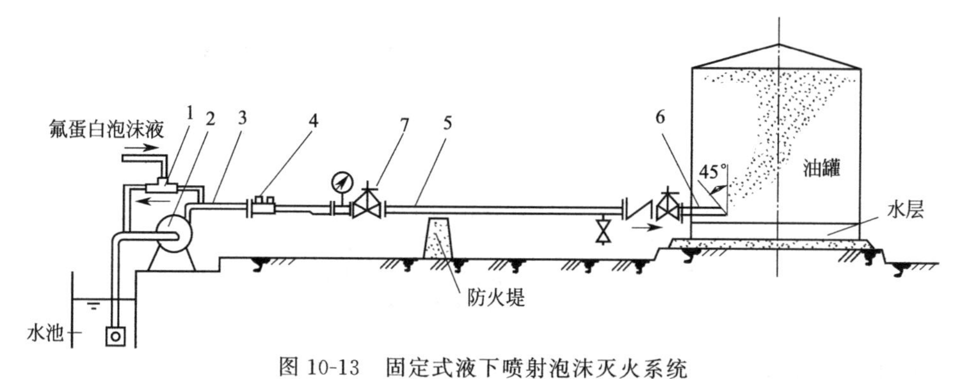

图 10-13 固定式液下喷射泡沫灭火系统

1—环泵式比例混合器；2—泡沫混合液泵；3—泡沫混合液管道；
4—液下喷射泡沫产生器；5—泡沫管道；6—泡沫注入管；7—背压调节阀

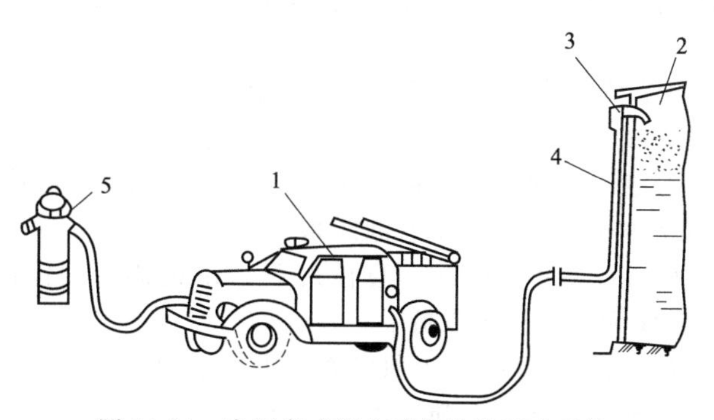

图 10-14 半固定式液上喷射泡沫灭火系统

1—泡沫消防车；2—油罐；3—泡沫产生器；4—泡沫混合液管道；5—地上式消火栓

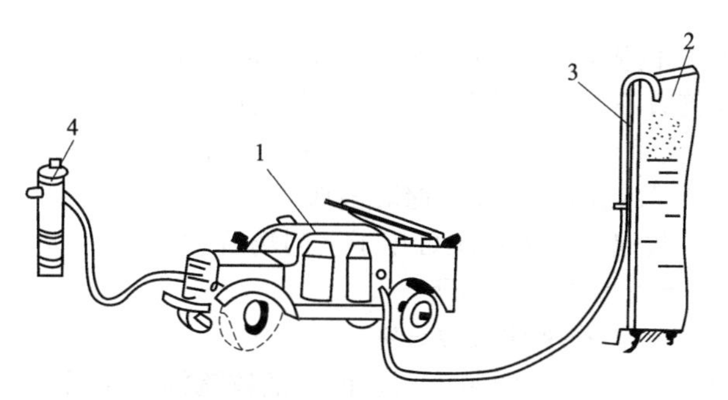

图 10-15 移动式泡沫灭火系统

1—泡沫消防车；2—油罐；3—泡沫管道；4—地上式消火栓

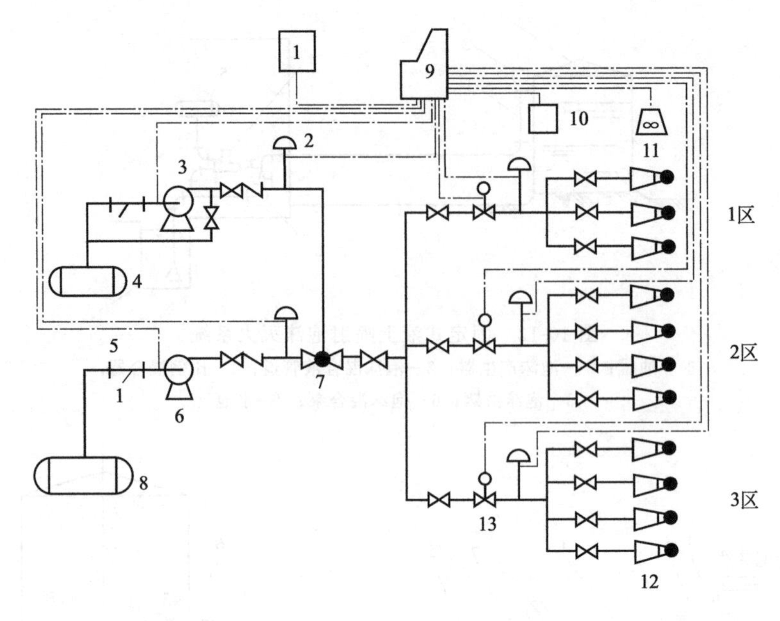

图 10-16　自动控制全淹没式灭火系统工作原理

1—手动控制器；2—压力开关；3—泡沫液泵；4—泡沫液罐；5—过滤器；6—水泵；7—比例混合器；8—水罐；9—自动控制箱；10—探测器；11—报警器；12—高倍数泡沫发生器；13—电磁阀

② 油罐中倍数泡沫灭火系统宜为固定式。

(3) 全淹没式、局部应用式和移动式中倍数、高倍数泡沫灭火系统的选择，应根据防护区的总体布局、火灾的危害程度、火灾的种类和扑救条件等因素，经综合技术经济比较后确定。

(4) 储罐区泡沫灭火系统的选择，应符合下列规定。

① 烃类液体固定顶储罐，可选用液上喷射、液下喷射或半液下喷射泡沫系统。

② 水溶性甲、乙、丙液体的固定顶储罐，应选用液上喷射或半液下喷射泡沫系统。

③ 外浮顶和内浮顶储罐应选用液上喷射泡沫系统。

④ 烃类液体外浮顶储罐、内浮顶储罐、直径大于 18m 的固定顶储罐以及水溶性液体的立式储罐，不得选用泡沫炮作为主要灭火设施。

⑤ 高度大于 7m、直径大于 9m 的固定顶储罐，不得选用泡沫枪作为主要灭火设施。

⑥ 油罐中倍数泡沫系统，应选液上喷射泡沫系统。

(5) 全淹没式高倍数、中倍数泡沫灭火系统可用于下列场所。

① 封闭空间场所。

② 设有阻止泡沫流失的固定围墙或其他围挡设施的场所。

(6) 局部应用式高倍数泡沫灭火系统可用于下列场所。

① 不完全封闭的 A 类可燃物火灾与甲、乙、丙类液体火灾场所。

② 天然气液化站与接收站的集液池或储罐围堰区。

(7) 局部应用式中倍数泡沫灭火系统可用于下列场所。

① 不完全封闭的 A 类可燃物火灾场所。

② 限定位置的甲、乙、丙类液体流散火灾。

③ 固定位置面积不大于 $100m^2$ 的甲、乙、丙类液体流淌火灾场所。

(8) 移动式高倍数泡沫灭火系统可用于下列场所。

① 发生火灾的部位难以确定或人员难以接近的火灾场所。

② 甲、乙、丙类液体流淌火灾场所。

③ 发生火灾时需要排烟、降温或排除有害气体的封闭空间。

(9) 移动式中倍数泡沫灭火系统可用于下列场所。

① 发生火灾的部位难以确定或人员难以接近的较小火灾场所。

② 甲、乙、丙类液体流散火灾场所。

③ 不大于 $100m^2$ 的甲、乙、丙类液体流淌火灾场所。

(10) 泡沫-水喷淋系统可用于下列场所。

① 具有烃类液体泄漏火灾危险的室内场所。

② 单位面积存放量不超过 $25L/m^2$ 或超过 $25L/m^2$ 但有缓冲物的水溶性甲、乙、丙类液体室内场所。

③ 汽车槽车或火车槽车的甲、乙、丙类液体装卸栈台。

④ 设有围堰的甲、乙、丙类液体室外流淌火灾区域。

(11) 泡沫炮系统可用于下列场所。

① 室外烃类液体流淌火灾区域。

② 大空间室内烃类液体流淌火灾场所。

③ 汽车槽车或火车槽车的甲、乙、丙类液体装卸栈台。

④ 烃类液体卧式储罐与小型烃类液体固定顶储罐。

(12) 泡沫枪系统可用于下列场所。

① 小型烃类液体卧式与立式储罐。

② 甲、乙、丙类液体储罐区流散火灾。

③ 小面积甲、乙、丙类液体流淌火灾。

(13) 泡沫喷雾系统可用于保护面积不大于 $200m^2$ 的烃类液体室内场所、独立变电站的油浸电力变压器。

10.3.2 泡沫液和系统组件的要求

10.3.2.1 一般规定

(1) 泡沫液、泡沫消防水泵、泡沫混合液泵、泡沫液泵、泡沫比例混合器（装置）、泡沫液压力储罐、泡沫产生装置、火灾探测与启动控制装置、控制阀门及管道等系统组件，必须采用经国家级产品质量监督检验机构检验合格的产品，并且必须符合设计用途。

(2) 系统主要组件宜按下列规定涂色。

① 泡沫混合液泵、泡沫液泵、泡沫液储罐、压力开关、泡沫管道、泡沫混合液管道、泡沫液管道、泡沫比例混合器（装置）、泡沫产（发）生器、管道过滤器宜涂红色。

② 泡沫消防水泵、给水管道宜涂绿色。

当管道较多与工艺管道涂色有矛盾时，可涂相应的色带或色环。隐蔽工程管道可不涂色，泡沫-水喷淋系统管道可依据装饰要求涂色。

10.3.2.2 泡沫液的选择、储存和配制

(1) 烃类液体储罐的低倍数泡沫灭火系统泡沫液的选择应符合下列规定。

① 当采用液上喷射泡沫灭火系统时，可选用蛋白、氟蛋白、成膜氟蛋白或水成膜泡沫液。

② 当采用液下喷射泡沫灭火系统时，应选用氟蛋白、成膜氟蛋白或水成膜泡沫液。

(2) 保护烃类液体的泡沫-水喷淋系统、泡沫枪系统、泡沫炮系统泡沫液的选择应符合下列规定。

① 当采用泡沫喷头、泡沫枪、泡沫炮等吸气型泡沫产生装置时，可选用蛋白、氟蛋白、水成膜或成膜氟蛋白泡沫液。

② 当采用水喷头、水枪、水炮等非吸气型喷射装置时，应选用水成膜或成膜氟蛋白泡沫液。

(3) 对水溶性甲、乙、丙类液体和含氧添加剂含量体积比超过10%的无铅汽油，以及用一套泡沫灭火系统同时保护水溶性和烃类液体的，必须选用抗溶性泡沫液。

(4) 高倍数泡沫灭火系统泡沫液的选择应符合下列规定。

① 当利用新鲜空气发泡时，应根据系统所采用的水源，选择淡水型或耐海水型高倍数泡沫液。

② 当利用热烟气发泡时，应采用耐温耐烟型高倍数泡沫液。

③ 系统宜选用混合比为3%型的泡沫液。

(5) 中倍数泡沫灭火系统的泡沫液的选择应符合下列规定。

① 应根据系统所采用的水源，选择淡水型或耐海水型高倍数泡沫液，亦可选用淡水海水通用型中倍数泡沫液。

② 选用中倍数泡沫液时，宜选用混合比为6%型的泡沫液。

(6) 泡沫液宜储存在通风干燥的房间内或敞棚内；储存的环境温度应符合泡沫液的使用温度。

10.3.2.3 泡沫消防泵

(1) 泡沫消防水泵、泡沫混合液泵的选择与设置应符合下列规定。

① 应选择特性曲线平缓的离心泵，且其工作压力和流量应满足系统设计要求。

② 当采用水力驱动式平衡式比例混合装置时，应将其消耗的水流量计入泡沫消防水泵的额定流量内。

③ 当采用环泵式比例混合器时，泡沫混合液泵的额定流量应为系统设计流量的1.1倍。

④ 泵进口管道上，应设置真空压力表或真空表。

⑤ 泵出口管道上，应设置压力表、单向阀和带控制阀的回流管。

(2) 泡沫液泵的选择与设置应符合下列规定。

① 泡沫液泵的工作压力和流量应满足系统最大设计要求，并应与所选比例混合装置的工作压力范围和流量范围相匹配，同时应保证在设计流量下泡沫液供给压力大于最大水压力。

② 泡沫液泵的结构形式、密封或填充类型应适宜输送所选的泡沫液，其材料应耐泡沫液腐蚀且不影响泡沫液的性能。

③ 除水力驱动型泵外，泡沫液泵应按本规范对泡沫消防泵的相关规定设置动力源和备用泵，备用泵的规格型号应与工作泵相同，工作泵故障时应能自动与手动切换到备用泵。

④ 泡沫液泵应耐受时长不低于10min的空载运行。

⑤ 当泡沫液泵平时充泡沫液时，应充满。

10.3.2.4 泡沫比例混合器（装置）

(1) 泡沫比例混合器的种类

① 负压比例混合器。负压比例混合器主要是PH系列，其结构如图10-17所示。当高压水流从喷嘴喷出后，在混合室内产生负压，从而使泡沫液在大气压的作用下，从吸液口被吸入混合室，在混合室与水混合（泡沫液的浓度较高）经扩散管进入水泵吸水管再与水充分混合形成混合液，并被输送至泡沫产生装置，其安装方式如图10-18所示。

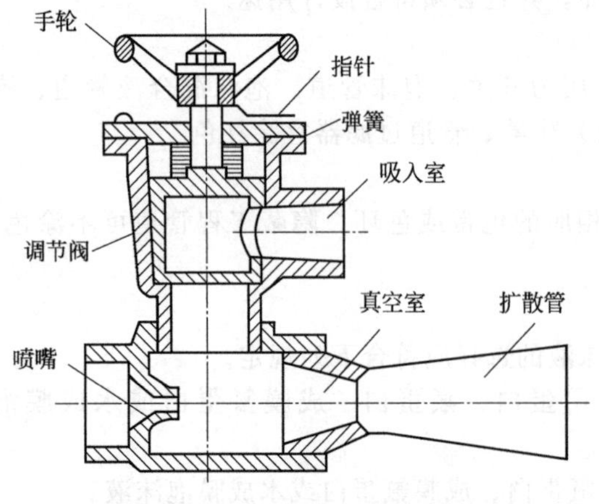

图10-17 PH系列负压比例混合器

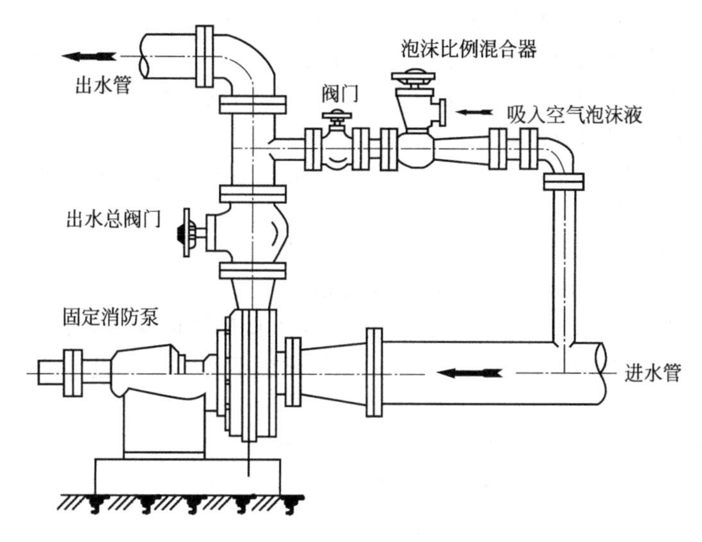

图 10-18 负压比例混合器安装示意

② 压力比例混合器。压力比例混合器的构造如图 10-19 所示，是直接安装在耐压的泡沫液储罐上，其进口、出口串接在具有一定压力的消防水泵出水管线上。其工作原理如下。当有压力的水流通过压力比例混合器时，在压差孔板的作用下，造成孔板前后之间的压力差。孔板前较高的压力水经由缓冲管进入泡沫液储罐上部，迫使泡沫液从储罐下部经出液管压出。而且节流孔板出口处形成一定的负压，对泡沫液还具有抽吸作用，在压迫与抽吸的共同作用下，供泡沫液与水按规定的比例混合，其混合比可通过孔板直径的大小确定。

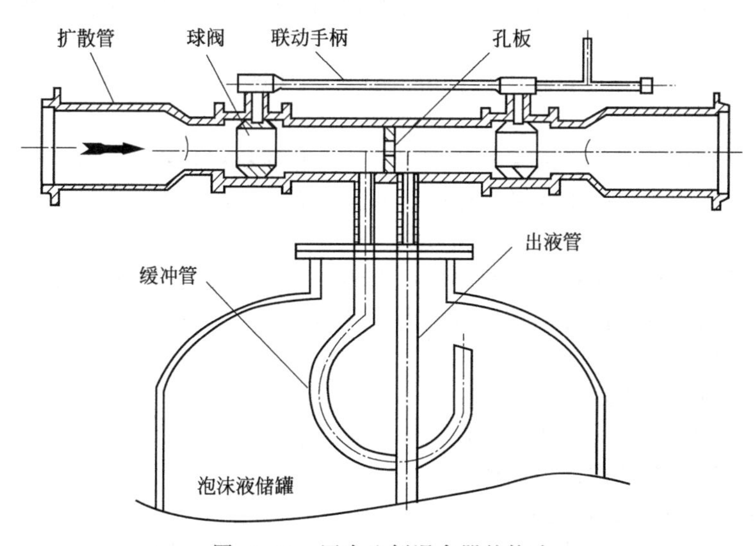

图 10-19 压力比例混合器的构造

（2）泡沫比例混合器的设计要求

① 泡沫比例混合器（装置）的选择，应符合下列规定。

a. 系统比例混合器（装置）的进口工作压力与流量，应在标定的工作压力与流量范围内。

b. 单罐容量大于 10000m^3 的甲类烃类液体与单罐容量大于 5000m^3 的甲类水溶性液体固定顶储罐及按固定顶储罐对待的内浮顶储罐、单罐容量大于 50000m^3 浮顶储罐，宜选择计量注入式比例混合装置或平衡式比例混合装置。

c. 当选用的泡沫液密度低于 1.10g/mL 时，不应选择无囊的压力式比例混合装置。

② 与泡沫液或泡沫混合液接触的部件，应采用耐腐蚀材料制作。

③ 当采用环泵式比例混合器时，应符合下列规定。

a. 出口背压宜为0或负压，当进口压力为0.7～0.9MPa时，其出口背压可为0.02～0.03MPa。

b. 吸液口不应高于泡沫液储罐最低液面1m。

c. 比例混合器的出口背压大于0时，吸液管上应设有防止水倒流入泡沫液储罐的措施。

d. 应设有不少于一个的备用量。

④ 当采用压力比例混合装置时，应符合下列要求。

a. 压力比例混合装置的单罐容积不应大于$10m^3$。

b. 无囊式压力比例混合器，当单罐容积大于$5m^3$且储罐内无分隔设施时，宜设置一台小容积压力比例混合器，其容积应大于$0.5m^3$，并能保证系统按最大设计流量连续提供3min的泡沫混合液。

⑤ 当采用平衡式比例混合装置时，应符合下列规定。

a. 平衡阀的泡沫液进口压力应大于水进口压力，但其压差不应大于0.2MPa。

b. 比例混合器的泡沫液进口管道上应设单向阀。

c. 泡沫液管道上应设冲洗及放空管道。

⑥ 当采用计量注入式比例混合装置时，应符合下列规定。

a. 泡沫液注入点的泡沫液流压力应大于水流压力，但其压差不应大于0.1MPa。

b. 流量计的进口前后直管段的长度应不小于10倍的管径。

c. 泡沫液进口管道上应设单向阀。

d. 泡沫液管道上应设冲洗及放空管道。

⑦ 当半固定或移动系统采用管线式比例混合器（负压比例混合器）时，应符合下列规定。

a. 比例混合器的水进口压力应在0.6～1.2MPa的范围，且出口压力应满足泡沫设备的进口压力要求。

b. 比例混合器的压力损失可按水进口压力的35%计算。

10.3.2.5 泡沫液储罐

（1）高倍数泡沫灭火系统的泡沫液储罐应采用耐腐蚀材料制作。其他泡沫液储罐宜采用耐腐蚀材料制作；当采用普通碳素钢板制作时，其内壁应做防腐处理，且与泡沫液直接接触的内壁或防腐层不应对泡沫液的性能产生不利影响。

（2）泡沫液储罐不得安装在火灾及爆炸危险环境中，其安装场所的温度应符合其泡沫液的储存温度要求。当安装在室内时，其建筑耐火等级不应低于二级；当露天安装时，与被保护对象应有足够的安全距离。

（3）下列条件宜选用常压储罐。

① 单罐容量大于$10000m^3$的甲类油品与单罐容量大于$5000m^3$的甲类水溶性液体固定顶储罐及按固定顶储罐对待的内浮顶储罐。

② 单罐容量大于$50000m^3$浮顶储罐。

③ 总容量大于$100000m^3$的甲类水溶性液体储罐区与总容量大于$600000m^3$甲类油品储罐区。

④ 选用蛋白类泡沫液的系统。

（4）常压泡沫液储罐宜采用卧式或立式圆柱形储罐，并应符合下列规定。

① 储罐应留有泡沫液热膨胀空间和泡沫液沉降损失部分所占空间。

② 储罐出口设置应保障泡沫液泵进口为正压，且应能防止泡沫液沉降物进入系统。

③ 储罐上应设液位计、进料孔、排渣孔、人孔、取样口、呼吸阀或带控制阀的通气管。

④ 储存蛋白类泡沫液超过$5m^3$时，宜设置搅拌装置。

（5）压力泡沫液储罐应符合有关压力容器的国家法律、法规要求，且应设液位计、进料孔、排渣孔、检查孔和取样孔。

(6) 泡沫液储罐上应有标明泡沫液种类、型号、出厂及灌装日期的标志。不同种类、不同牌号、不同批次的泡沫液不得混存。

10.3.2.6 泡沫产(发)生装置

(1) 泡沫产(发)生装置的种类

① 泡沫喷头。泡沫喷头用于泡沫喷淋灭火系统,有吸气型和非吸气型两类。

a. 吸气型泡沫喷头。吸气型泡沫喷头能够吸入空气,混合液经过空气的机械搅拌作用,再加上喷头前金属网的阻挡作用形成泡沫。当泡沫喷淋系统用于保护水溶性和非水溶性甲、乙、丙类液体时,宜选用吸气型泡沫喷头。目前常用的吸气型泡沫喷头有三种。

(a) 悬挂式泡沫喷头。该种类型喷头是悬挂在被保护物体的顶部上方某一高度,工作时泡沫从上向下以喷淋的形式均匀地洒落在被保护物体的表面。

(b) 侧挂式泡沫喷头。该种类型喷头置于被保护物体的侧面,距被保护物体有一定的距离,泡沫从侧面喷洒到被保护物体表面,将被保护物体从四面包围住。

(c) 弹出式泡沫喷头。这种泡沫喷头置于被保护物体的下部地面上。平时喷头在地面以下,喷头顶部和地面相平。一旦使用时,喷头借助混合液的压力,弹射出地面,吸入空气,形成泡沫,在导流板的作用下,将泡沫喷洒在被保护物体上。

b. 非吸气型泡沫喷头。非吸气型泡沫喷头没有吸入空气的结构,从喷头喷出的是雾状泡沫混合液。由于没有空气机械搅拌作用,泡沫发泡倍数较低。非吸气型泡沫喷头一般多采用悬挂式,有时也可以侧挂。这种泡沫喷头亦可用水喷雾喷头代替。当泡沫喷淋系统用于保护非水溶性甲、乙、丙类液体时,可选用非吸气型泡沫喷头。

② 泡沫炮。固定泡沫炮能够上下俯仰和左右旋转,手动固定泡沫炮通过摇动手轮来俯仰或旋转,远控固定泡沫炮通过电动和液动实现俯仰或旋转,图 10-20 所示为液动固定泡沫炮。

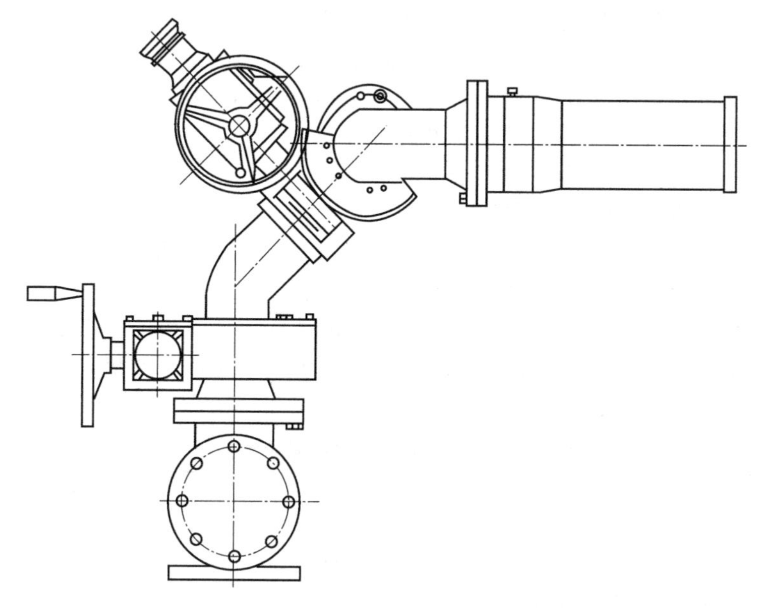

图 10-20 液动固定泡沫炮

③ 高倍数泡沫产生器。高倍数泡沫灭火系统的泡沫产生装置必须采用高倍数泡沫产生器,以适应发泡倍数较大的要求。

高倍数泡沫产生器一般是利用鼓风的方式产生泡沫。因此,根据其风机的驱动方式,有电动机、内燃机和水力驱动三种类型。在防护区内设置高倍数泡沫产生器,并利用热烟气发泡时,应选用水力驱动式高倍数泡沫产生器,其结构如图 10-21 所示。

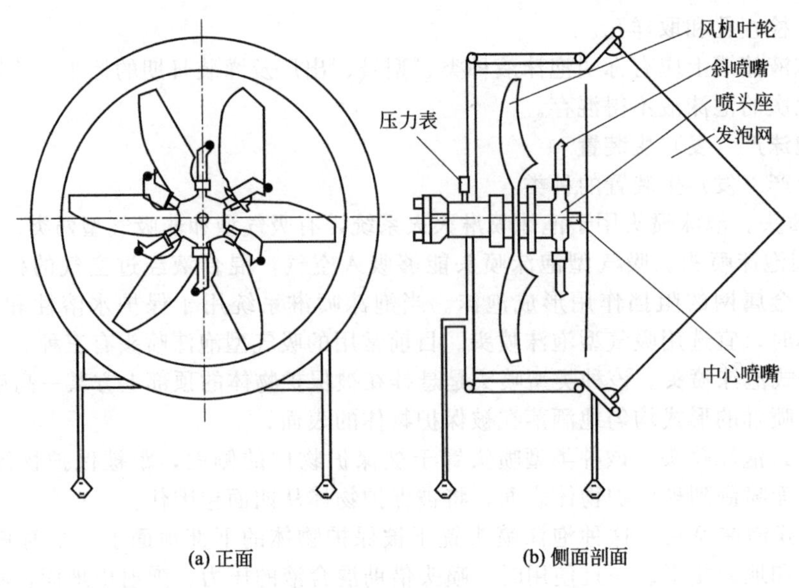

图 10-21 FG-180 型高倍数泡沫产生器结构示意

该高倍数泡沫产生器内有数个斜喷嘴和中心喷嘴，用其将混合液均匀喷洒在发泡网上。斜喷嘴喷射混合液而产生的反作用力，驱使喷头座转动，进而带动装在喷头座上的风扇转动鼓风，鼓出的风在发泡网上与混合液混合形成泡沫。

(2) 泡沫产（发）生装置的设计要求

① 泡沫产生器应符合下列要求。

a. 固定顶储罐、按固定顶储罐防护的内浮顶罐，宜选用立式泡沫产生器。

b. 泡沫产生器进口的工作压力，应为其额定值±0.1MPa。

c. 泡沫产生器及露天的泡沫喷射口应设置防止异物进入的金属网。

d. 泡沫产生器进口前应有不小于 10 倍混合液管径的直管段。

e. 外浮顶储罐上的泡沫产生器不应设置密封玻璃。

② 高背压泡沫产生器应符合下列要求。

a. 进口工作压力应在标定的工作压力范围内。

b. 出口工作压力应大于泡沫管道的阻力和罐内液体静压力之和。

c. 泡沫的发泡倍数不应小于 2 倍，且不应大于 4 倍。

③ 泡沫喷头的工作压力应在标定的工作压力范围内，且不应小于其额定压力的 0.8 倍；非吸气型喷头应符合相应标准的规定，其产生的泡沫倍数不应低于 2 倍。泡沫喷头的保护面积和间距应符合表 10-21 的要求。

表 10-21 泡沫喷头的保护面积和间距

喷头设置高度/m	每只喷头最大保护面积/m^2	喷头最大水平距离/m
≤10	12.5	3.6
>10	10	3.2

④ 高倍数泡沫发生器的选择应符合下列规定。

a. 在防护区内设置并利用热烟气发泡时，应选用水力驱动式泡沫发生器。

b. 防护区内固定设置泡沫发生器时，必须采用不锈钢材料制作的发泡网。

c. 与泡沫液或泡沫混合液接触的部件，应采用耐腐蚀材料。

10.3.2.7 控制阀门和管道

(1) 系统中所用的控制阀门应有明显的启闭标志。

(2) 当泡沫消防泵出口管道口径大于 300mm 时，宜采用电动、气动或液动阀门。

（3）高倍数泡沫发生器前的管道过滤器与每台高倍数泡沫发生器连接的管道应采用不锈钢管，其它固定泡沫管道与泡沫混合液管道，应采用钢管。

（4）管道外壁应进行防腐处理，其法兰连接处应采用石棉橡胶垫片。

（5）泡沫-水喷淋系统的报警阀组、水流指示器、压力开关、末端试水装置的设置，应符合《自动喷水灭火系统设计规范》（GB 50084—2017）的相关规定。

（6）法兰垫片应采用石棉橡胶垫片。

10.3.3 低倍数泡沫灭火系统

10.3.3.1 一般规定

（1）系统扑救一次火灾的泡沫混合液设计用量，应按罐内用量、该罐辅助泡沫枪用量、管道剩余量三者之和最大的储罐确定。

（2）设置固定式泡沫灭火系统的储罐区，应在其防火堤外设置用于扑救液体流散火灾的辅助泡沫枪，其数量及其泡沫混合液连续供给时间，不应小于表10-22的规定。每支辅助泡沫枪的泡沫混合液流量不应小于240L/min。

表10-22 泡沫枪数量和连续供给时间

储罐直径/m	配备泡沫枪数/支	连续供给时间/min	储罐直径/m	配备泡沫枪数/支	连续供给时间/min
≤10	1	10	>30～40	2	30
>10～20	1	20	>40	3	30
>20～30	2	20			

（3）当储罐区固定式泡沫灭火系统的泡沫混合液流量大于或等于100L/s时，系统的泵、比例混合装置及其管道上的控制阀、干管控制阀宜具备遥控操纵功能，所选设备设置在有爆炸和火灾危险的环境时且应符合《爆炸和火灾危险环境电力装置设计规范》（GB 50058—2014）的规定。

（4）在固定式泡沫灭火系统的泡沫混合液主管道上应留出泡沫混合液流量检测仪器的安装位置；在泡沫混合液管道上应设置试验检测口。

（5）储罐区固定式泡沫灭火系统与消防冷却水系统合用一组消防给水泵时，应有保障泡沫混合液供给强度满足设计要求的措施，且不得以火灾时临时调整的方式来保障。

（6）采用固定式泡沫灭火系统的储罐区，应沿防火堤外侧均匀布置泡沫消火栓。泡沫消火栓的间距不应大于60m，且设置数量不宜少于4个。

（7）储罐区固定式泡沫灭火系统宜具备半固定系统功能。

（8）固定式泡沫炮系统的设计，除应符合《泡沫灭火系统设计规范》（GB 50151—2010）的规定外，尚应符合《固定消防炮灭火系统设计规范》（GB 50338—2003）的规定。

10.3.3.2 固定顶储罐

（1）固定顶储罐的保护面积，应按其横截面积计算确定。

（2）泡沫混合液供给强度及连续供给时间应符合下列规定。

① 烃类液体储罐液上喷射泡沫灭火系统，其泡沫混合液供给强度及连续供给时间不应小于表10-23的规定。

② 烃类液体储罐液下或半液下喷射泡沫灭火系统，其泡沫混合液供给强度不应小于5.0L/(min·m^2)、连续供给时间不应小于40min。

沸点低于40℃的烃类液体、储存温度超过50℃或黏度大于40mm^2/s的烃类液体以及含氧添加剂含量体积比大于10%的无铅汽油，液下喷射泡沫灭火系统的适用性及其泡沫混合液供给强度，应由试验确定。

③ 水溶性液体储罐液上或半液下喷射泡沫灭火系统，其泡沫混合液供给强度及连续供给

时间不应小于表10-24的规定。

表10-23 烃类液体泡沫混合液供给强度和连续供给时间

系统形式	泡沫液种类	供给强度/[L/(min·m²)]	连续供给时间/min	
			甲、乙类液体	丙类液体
固定、半固定式系统	蛋白	6.0	40	30
	氟蛋白、水成膜、成膜氟蛋白	5.0	45	30
移动式系统	蛋白、氟蛋白	8.0	60	45
	水成膜、成膜氟蛋白	6.5	60	45

注：1. 如果采用大于上表规定的混合液供给强度，混合液连续供给时间可按相应的比例缩短，但不得小于上表规定时间的80%。

2. 含氧添加剂含量体积比大于10%的无铅汽油，其抗溶泡沫混合液供给强度不应小于6L/(min·m²)、连续供给时间不应小于40min。

3. 沸点低于45℃的烃类液体，设置泡沫灭火系统的适用性及其泡沫混合液供给强度，应由试验确定。

表10-24 水溶性液体泡沫混合液供给强度和连续供给时间

液体类别	供给强度/[L/(min·m²)]	连续供给时间/min
丙酮、丁醇	12	30
甲醇、乙醇、丁酮、丙烯腈、醋酸乙酯	12	25

注：本表未列出的水溶性液体，其泡沫混合液供给强度和连续供给时间由试验确定。

（3）液上喷射泡沫灭火系统泡沫产生器的设置，应符合下列规定。

① 液上喷射泡沫产生器的型号及数量，应根据10-25计算所需的泡沫混合液流量确定，且设置数量不应小于表10-25的规定。

表10-25 泡沫产生器设置数量

储罐直径/m	泡沫产生器设置数量/个	储罐直径/m	泡沫产生器设置数量/个
≤10	1	>25～30	3
>10～25	2	>30～35	4

注：对于直径大于35m的储罐，其横截面积每增加300m²，应至少增加1个泡沫产生器。

② 当一个储罐所需的泡沫产生器数量超过一个时，宜选用同规格的泡沫产生器，且应沿罐周均匀布置。

③ 水溶性储罐应设置泡沫缓冲装置。

（4）液下喷射高背压泡沫产生器的设置，应符合下列规定。

① 高背压泡沫产生器应设置在防火堤外，设置数量及型号应根据本部分（2）的第②条计算所需的泡沫混合液流量确定。

② 当一个储罐所需的高背压产生器数量大于1个时，宜并联使用。

③ 在高背压泡沫产生器的进口侧应设置检测压力表接口，在其出口侧应设置压力表、背压调节阀和泡沫取样口。

（5）液下喷射泡沫喷射口的设置，应符合下列规定。

① 泡沫进入甲、乙类液体的速度不应大于3m/s；泡沫进入丙类液体的速度不应大于6m/s。

② 泡沫喷射口宜采用向上斜的口型，其斜口角度宜为45°，泡沫喷射管的长度不得小于喷射管直径的20倍。当设有一个喷射口时，喷射口宜设在储罐中心；当设有一个以上喷射口时，应沿罐周均匀设置，且各喷射口的流量宜相等。

③ 泡沫喷射口应安装在高于储罐积水层0.3m之上，泡沫喷射口的设置数量不应小于表10-26的规定。

表 10-26 泡沫喷射口设置数量

储罐直径/m	喷射口数量/个
≤23	1
＞23～33	2
＞33～40	3

注：对于直径大于 40m 的储罐，其横截面积每增加 400m^2 应至少增加 1 个泡沫喷射口。

(6) 储罐上液上喷射泡沫灭火系统泡沫混合液管道的设置应符合下列规定。

① 每个泡沫产生器应用独立的混合液管道引至防火堤外。

② 被保护储罐上不应设置多余管道。

③ 连接泡沫产生器的泡沫混合液立管应用管卡固定在罐壁上，其间距不宜大于 3m。

④ 泡沫混合液的立管下端应设锈渣清扫口。

(7) 防火堤内泡沫混合液或泡沫管道的设置应符合下列规定。

① 地上泡沫混合液或泡沫水平管道应敷设在管墩或管架上，与罐壁上的泡沫混合液立管之间宜用金属软管连接。

② 埋地泡沫混合液或泡沫管道距离地面的深度应大于 0.3m，与罐壁上的泡沫混合液立管之间应用金属软管或金属转向接头连接。

③ 泡沫混合液或泡沫管道应有 3‰坡度坡向防火堤。

④ 在液下喷射泡沫灭火系统靠近储罐的泡沫管线上应设置供系统试验带可拆卸盲板的支管。

⑤ 液下喷射泡沫灭火系统的泡沫管道上应设钢质控制阀和逆止阀及不影响泡沫灭火系统正常运行的防油品渗漏设施。

(8) 防火堤外泡沫混合液或泡沫管道的设置应符合下列规定。

① 固定式液上喷射泡沫灭火系统的每个泡沫产生器，应在防火堤外设置独立的控制阀，且应在靠近防火堤外侧处的水平管道上设置供检测泡沫产生器工作压力的压力表接口。

② 半固定式液上喷射泡沫灭火系统的每个泡沫产生器应在防火堤外距地面 0.7m 处设置带闷盖的管牙接口；半固定式液下喷射泡沫灭火系统的泡沫管道应引至防火堤外，并应设置相应的高背压泡沫产生器快装接口。

③ 泡沫混合液或泡沫管道上应设置放空阀，且其管道应有 2‰的坡度坡向放空阀。

④ 当泡沫混合液管道较长时，宜在防火堤外管道高处设排气阀。

⑤ 液下喷射泡沫灭火系统的泡沫管线上不应设置消火栓、排气阀。

10.3.3.3 外浮顶储罐

(1) 钢制双盘式与浮船式外浮顶储罐的保护面积，可按罐壁与泡沫堰板间的环形面积确定。

(2) 烃类液体的泡沫混合液供给强度不应小于 12.5L/(min·m^2)，连续供给时间不应小于 30min，单个泡沫产生器的最大保护周长应符合表 10-27 的规定。

表 10-27 单个泡沫产生器的最大保护周长

<table>
<tr><th>泡沫喷射口设置部位</th><th colspan="2">堰板高度/m</th><th>保护周长/m</th></tr>
<tr><td rowspan="3">罐壁顶部、密封或挡雨板上方</td><td>软密封</td><td>≥0.9</td><td>24</td></tr>
<tr><td rowspan="2">机械密封</td><td>＜0.6</td><td>12</td></tr>
<tr><td>≥0.6</td><td>24</td></tr>
<tr><td rowspan="2">金属挡雨板下部</td><td colspan="2">＜0.6</td><td>18</td></tr>
<tr><td colspan="2">≥0.6</td><td>24</td></tr>
</table>

注：当采用从金属挡雨板下部喷射泡沫的方式时，其挡雨板必须是不含任何可燃材料的金属板。

（3）外浮顶储罐泡沫堰板的设计，应符合下列规定。

① 当泡沫喷射口设置在罐壁顶部、密封或挡雨板上方时，机械密封方式储罐的泡沫堰板高度不应小于 0.3m，且应高出密封圈 0.1m；软密封方式储罐的泡沫堰板高度不应小于 0.9m。当泡沫喷射口设置在金属挡雨板下部时，泡沫堰板高度不应小于 0.3m。

② 当泡沫喷射口设置在罐壁顶部时，泡沫堰板与罐壁的间距不应小于 0.6m。当泡沫喷射口设置在浮顶上时，泡沫堰板与罐壁的间距不宜小于 0.6m。

③ 应在泡沫堰板的最低部位设排水孔，其开孔面积宜按每 $1m^2$ 环形面积设两个长 12mm、高 8mm 的矩形孔确定。

（4）泡沫产生器与泡沫喷射口的设置，应符合下列规定。

① 泡沫产生器的型号和数量应按本小节（2）的规定计算确定。

② 泡沫喷射口设置在储罐的罐壁顶部时，应配置泡沫导流罩。

③ 泡沫喷射口设置在储罐的浮顶上时，其喷射口应采用两个出口直管段的长度均不小于其直径 5 倍的水平 T 形管，且设置在密封或挡雨板上方的泡沫喷射口在伸入泡沫堰板后应向下倾斜 30°～60°。

（5）当泡沫产生器与泡沫喷射口设置罐壁顶部时，储罐上泡沫混合液管道的设置应符合下列规定。

① 可每两个泡沫产生器一组在泡沫混合液立管下端合用一根管道。

② 当三个或三个以上泡沫产生器一组在泡沫混合液立管下端合用一根管道时，宜在每个泡沫混合液立管上设常开控制阀。

③ 每根泡沫混合液管道应引至防火堤外，且半固定式泡沫灭火系统的每根泡沫混合液管道所需的混合液流量不应大于一辆消防车的供给量。

④ 连接泡沫产生器的泡沫混合液立管应用管卡固定在罐壁上，其间距不宜大于 3m，泡沫混合液的立管下端应设锈渣清扫口。

（6）当泡沫产生器与泡沫喷射口设置在浮顶上，且泡沫混合液管道从储罐内通过时，应符合下列规定。

① 应采用具有重复扭转运动轨迹的非金属与不锈钢复合而成的耐压、耐候性软管。

② 管道不得与浮顶支承相碰撞，且应距离储罐底部的伴热管 0.5m 以上。

（7）防火堤外泡沫混合液管道的设置应符合下列规定。

① 固定式泡沫灭火系统的每组泡沫产生器应在防火堤外设置独立的控制阀，且应在靠近防火堤外侧处的水平管道上设置供检测泡沫产生器工作压力的压力表接口。

② 半固定式泡沫灭火系统的每组泡沫产生器应在防火堤外距地面 0.7m 处设置带闷盖的管牙接口。

③ 泡沫混合液或泡沫管道上应设置放空阀，且其管道应有 2‰的坡度坡向放空阀。

④ 当泡沫混合液管道较长时，宜在防火堤外管道高处设排气阀。

（8）储罐的梯子平台上应设置二分水器，且应符合下列规定。

① 应由不小于 *DN*80mm 的管道沿罐壁引至防火堤外。

② 当在防火堤外设置管牙接口时，距地面高度宜为 0.7m 处。

③ 当与固定式泡沫灭火系统连通时，应在防火堤外设置控制阀。

10.3.3.4 内浮顶储罐

（1）钢制隔舱式单盘与双盘内浮顶储罐的保护面积，可按罐壁与泡沫堰板间的环形面积确定；其他内浮顶储罐应按固定顶储罐对待。

（2）钢制隔舱式单盘与双盘内浮顶储罐的泡沫混合液供给强度与连续供给时间、单个泡沫产生器保护周长及泡沫堰板的设置，应符合下列规定。

① 烃类液体的泡沫混合液供给强度不应小于 $12.5L/(min \cdot m^2)$；水溶性液体的泡沫混合

液供给强度不应小于表 10-24 规定的 1.5 倍。

② 泡沫混合液连续供给时间、单个泡沫产生器保护周长均应按表 10-27 的规定执行。

③ 泡沫堰板距离罐壁不应小于 0.55m，其高度不应小于 0.5m。

(3) 按固定顶储罐对待的内浮顶储罐，其泡沫混合液供给强度和连续供给时间及泡沫产生器的设置应符合下列规定。

① 烃类液体，应符合表 10-23 的规定。

② 水溶性液体，当设有泡沫缓冲装置时，应符合表 10-24 的规定。

③ 水溶性液体，当未设泡沫缓冲装置时，泡沫混合液供给强度应表 10-24 的规定，但泡沫混合液连续供给时间应在表 10-24 规定的基础上增加 50%。

④ 泡沫产生器设置应符合固定顶储罐（10.3.3.2 部分）中（3）的规定。

(4) 按固定顶储罐对待的内浮顶储罐，其泡沫混合液管道的设置应执行固定顶储罐的相关规定；钢制隔舱式单盘与双盘内浮顶储罐，其泡沫混合液管道的设置应符合外浮顶储罐的有关规定。

10.3.3.5 其他场所

(1) 当甲、乙、丙类液体槽车装卸栈台设置泡沫炮或泡沫枪系统时，应符合下列规定。

① 应能保护泵、计量仪器、车辆及与装卸产品有关的各种设备。

② 火车装卸栈台的泡沫混合液流量不应小于 30L/s。

③ 汽车装卸栈台的泡沫混合液流量不应小于 8L/s。

④ 泡沫混合液连续供给时间不应小于 30min。

(2) 设有围堰的非水溶性液体流淌火灾场所，其保护面积应按围堰包围的地面面积与其中不燃结构占据的面积之差计算，其泡沫混合液供给强度与连续供给时间不应小于表 10-28 的规定。

表 10-28 泡沫混合液供给强度和连续供给时间（一）

泡沫液种类	供给强度 /[L/(min·m^2)]	连续供给时间/min	
		甲、乙类液体	丙类液体
蛋白、氟蛋白	6.5	40	30
水成膜、成膜氟蛋白	6.5	30	20

(3) 当甲、乙、丙类液体泄漏导致的室外流淌火灾场所设置泡沫枪、泡沫炮系统时，应根据保护场所的具体情况确定最大流淌面积，其泡沫混合液供给强度和连续供给时间不应小于表 10-29 的规定。

表 10-29 泡沫混合液供给强度和连续供给时间（二）

泡沫液种类	供给强度 /[L/(min·m^2)]	连续供给时间 /min	液体种类
蛋白、氟蛋白	6.5	15	非水溶性液体
水成膜、成膜氟蛋白	5.0	15	
抗溶泡沫	12	15	水溶性液体

(4) 公路隧道泡沫消火栓箱的设置，应符合下列规定。

① 设置间距不应大于 50m。

② 应配置带开关的吸气型泡沫枪，其泡沫混合液流量不应小于 30 L/min，射程不应小于 6m。

③ 泡沫混合液连续供给时间不应小于 20min，且宜配备水成膜泡沫液。

④ 软管长度不应小于 25m。

10.3.4 中倍数泡沫灭火系统

10.3.4.1 全淹没与局部应用系统及移动式系统

（1）全淹没系统可用于小型封闭空间场所与设有阻止泡沫流失的固定围墙或其他围挡设施的小场所。

（2）局部应用系统可用于下列场所。

① 四周不完全封闭的A类火灾场所。

② 限定位置的流散B类火灾场所。

③ 固定位置面积不大于100m^2的流淌B类火灾场所。

（3）移动式系统可用于下列场所。

① 发生火灾的部位难以确定或人员难以接近的较小火灾场所。

② 流散的B类火灾场所。

③ 不大于100m^2的流淌B类火灾场所。

（4）全淹没中倍数泡沫灭火系统的设计参数宜由试验确定，也可采用高倍数泡沫灭火系统的设计参数。

（5）对于A类火灾场所，局部应用系统的设计应符合下列规定。

① 覆盖保护对象的时间不应大于2min。

② 覆盖保护对象最高点的厚度宜由试验确定，也可按高倍数泡沫灭火系统有关规定执行。

③ 泡沫混合液连续供给时间不应小于12min。

（6）对于流散B类火灾场所或面积不大于100m^2的流淌B类火灾场所，局部应用系统或移动式系统的泡沫混合液供给强度与连续供给时间，应符合下列规定。

① 沸点不低于45℃的非水溶性液体，泡沫混合液供给强度应大于4L/(min·m^2)。

② 室内场所的泡沫混合液连续供给时间应大于10min。

③ 室外场所的泡沫混合液连续供给时间应大于15min。

④ 水溶性液体、沸点低于45℃的非水溶性液体，设置泡沫灭火系统的适用性及其泡沫混合液供给强度，应由试验确定。

（7）其他设计要求，可按高倍数泡沫灭火系统的有关规定执行。

10.3.4.2 油罐固定式中倍数泡沫灭火系统

（1）丙类固定顶与内浮顶油罐，单罐容量小于10000m^3的甲、乙类固定顶与内浮顶油罐，当选用中倍数泡沫灭火系统时，宜为固定式。

（2）油罐中倍数泡沫灭火系统应采用液上喷射形式，且保护面积应按油罐的横截面积确定。

（3）系统扑救一次火灾的泡沫混合液设计用量，应按罐内用量、该罐辅助泡沫枪用量、管道剩余量三者之和最大的油罐确定。

（4）系统泡沫混合液供给强度不应小于4L/(min·m^2)，连续供给时间不应小于30min。

（5）设置固定式中倍数泡沫灭火系统的油罐区，宜设置低倍数泡沫枪，并应符合低倍数泡沫灭火系统的相关规定；当设置中倍数泡沫枪时，其数量与连续供给时间，不应小于表10-30的规定。泡沫消火栓的设置应符合低倍泡沫灭火系统的相关规定。

表 10-30　中倍数泡沫枪数量和连续供给时间

油罐直径/m	泡沫枪流量/(L/s)	泡沫枪数量/支	连续供给时间/min
≤10	3	1	10
>10且≤20	3	1	20
>20且≤30	3	2	20
>30且≤40	3	2	30
>40	3	3	30

(6) 泡沫产生器应沿罐周均匀布置，当泡沫产生器数量大于或等于 3 个时，可每两个产生器共用一根管道引至防火堤外。

(7) 系统管道布置，可按低倍泡沫灭火系统的有关规定执行。

10.3.5 高倍数泡沫灭火系统

10.3.5.1 一般规定

(1) 全淹没系统应设置火灾自动报警系统，固定设置的局部应用系统宜设置火灾自动报警系统，且应符合下列规定。

① 系统应设有自动控制、手动控制、应急机械控制三种方式。

② 消防控制中心（室）和防护区应设置声光报警装置。

③ 消防自动控制设备宜与防护区内的门窗的关闭装置、排气口的开启装置以及生产、照明电源的切断装置等联动。

④ 自动控制的固定式局部应用系统应同时具备手动和应急机械手动启动功能；手动控制的固定式局部应用系统尚应具备应急机械手动启动功能。

(2) 手动控制系统应设有手动控制、应急机械控制两种方式。

(3) 当一套泡沫灭火系统以集中控制方式保护两个或两个以上的场所时，其中任何一个场所发生火灾均不应危及到其他场所；系统的泡沫混合液供给速率与用量应按最大的场所确定；手动与应急机械控制装置应有标明其所控制区域的标记。

(4) 泡沫发生器的设置应符合下列规定。

① 高度应在泡沫淹没深度以上。

② 宜接近保护对象，但其位置应免受爆炸或火焰损坏。

③ 能使防护区形成比较均匀的泡沫覆盖层。

④ 应便于检查、测试及维修。

⑤ 当泡沫发生器在室外或坑道应用时，应采取防止风对泡沫的发生和分布影响的措施。

(5) 当泡沫发生器的出口设置导泡筒时，应符合下列规定。

① 导泡筒的横截面积宜为泡沫发生器出口横截面积的 1.05～1.10 倍。

② 当导泡筒上设有闭合器件时，其闭合器件不得阻挡泡沫的通过。

(6) 水泵入口前或压力水进入系统时应设管道过滤器，其网孔基本尺寸宜为 2.00mm。

(7) 固定安装的泡沫发生器前应设压力表、管道过滤器和手动阀门。

(8) 固定设置的泡沫液桶（罐）和比例混合器不应放置在防护区内。

(9) 干式水平管道最低点应设排液阀，且坡向排液阀的管道坡度不得小于 3‰。

(10) 系统管道上的控制阀门应设在防护区以外。自动控制阀门应具有手动启闭功能。

10.3.5.2 全淹没系统

(1) 全淹没系统应由固定的泡沫发生器、比例混合装置、固定泡沫液与水供给管路、水泵及其相关设备或组件组成。

(2) 全淹没系统的防护区应是封闭或设置灭火所需的固定围挡的区域，且应符合下列规定。

① 泡沫的围挡应为不燃结构，且应在系统设计灭火时间内具备围挡泡沫的能力。

② 门、窗等位于设计淹没深度以下的开口，在充分考虑人员撤离的前提下，应在泡沫喷放前或同时关闭。

③ 对于不能自动关闭的开口，全淹没系统应对其泡沫损失进行相应补偿。

④ 在泡沫淹没深度以下的墙上设置窗口时，宜在窗口部位设置网孔基本尺寸不大于 3.15mm 的钢丝网或钢丝纱窗。

⑤ 利用防护区外部空气发泡的封闭空间，应设置排气口，其位置应避免燃烧产物或其它

有害气物回流到泡沫发生器进气口。排气口在灭火系统工作时应自动、手动开启，其排气速度不宜超过 5m/s。

⑥ 防护区内应设置排水设施。

(3) 高倍数泡沫淹没深度的确定应符合下列规定。

① 当用于扑救A类火灾时，泡沫淹没深度不应小于最高保护对象高度的 1.1 倍，且应高于最高保护对象最高点以上 0.6m。

② 当用于扑救B类火灾时，汽油、煤油、柴油或苯类火灾的泡沫淹没深度应高于起火部位 2m；其他B类火灾的泡沫淹没深度应由试验确定。

(4) 淹没体积应按下式计算：

$$V=SH-V_g \tag{10-25}$$

式中 V——淹没体积，m^3；

S——防护区地面面积，m^2；

H——泡沫淹没深度，m；

V_g——固定的机器设备等不燃物体所占的体积，m^3。

(5) 高倍数泡沫的淹没时间不宜超过表 10-31 的规定。系统自接到火灾信号至开始喷放泡沫的延时不宜超过 1min；当超过 1min 时，应从表 10-31 的规定中扣除超出的时间。

表 10-31 高倍数泡沫的淹没时间 单位：min

可燃物	高倍数泡沫灭火系统单独使用	高倍数泡沫灭火系统与自动喷水灭火系统联合使用
闪点不超过 40℃的液体	2	3
闪点超过 40℃的液体	3	4
发泡橡胶、发泡塑料、成卷的织物或皱纹纸等低密度可燃物	3	4
成卷的纸、压制牛皮纸、涂料纸、纸板箱、纤维圆筒、橡胶轮胎等高密度可燃物	5	7

注：水溶性液体的淹没时间应由试验确定。

(6) A类火灾单独使用高倍数泡沫灭火系统时，淹没体积的保持时间应大于 60min；高倍数泡沫灭火系统与自动喷水灭火系统联合使用时，淹没体积的保持时间应大于 30min。

(7) 高倍数泡沫最小供给速率应按下式计算：

$$R=\left(\frac{V}{T}+R_S\right)C_N C_L \tag{10-26}$$

$$R_S=L_S Q_Y$$

式中 R——泡沫最小供给速率，m^3/min；

T——淹没时间，min；

C_N——泡沫破裂补偿系数，宜取 1.15；

C_L——泡沫泄漏补偿系数，宜取 1.05～1.2；

R_S——喷水造成的泡沫破泡率，m^3/min；

L_S——泡沫破泡率与水喷头排放速率之比，m^3/L，应取 $0.0748m^3/L$；

Q_Y——预计动作的最大水喷头数目总流量，L/min。

(8) 泡沫液和水的连续供给时间应符合下列规定。

① 当用于扑救A类火灾时，不应小于 25min。

② 当用于扑救B类火灾时，不应小于 15min。

(9) 对于A类火灾，其泡沫淹没体积的保持时间应符合下列规定。

① 单独使用高倍数泡沫灭火系统时，应大于 60min。

② 与自动喷水灭火系统联合使用时，应大于 30min。

10.3.5.3 局部应用系统

（1）局部应用系统的保护范围应包括火灾蔓延的所有区域；对于多层或三维立体火灾，应提供适宜的泡沫封堵设施；对于室外场所，应考虑风等气候因素的影响。

（2）高倍数泡沫的供给速率应按下列要求确定。

① 淹没或覆盖保护对象的时间不应大于 2min。

② 淹没或覆盖 A 类火灾保护对象最高点的厚度不应小于 0.6m。

③ 对于汽油、煤油、柴油或苯，覆盖起火部位的厚度不应小于 2m。

④ 其他 B 类火灾的泡沫覆盖深度应由试验确定。

（3）当高倍数泡沫灭火系统用于扑救 A 类和 B 类火灾时，其泡沫连续供给时间不应小于 12min。

（4）当高倍数泡沫灭火系统设置在液化天然气（LNG）集液池或储罐围堰区时，应符合下列规定。

① 应选择固定式系统，并应设置导泡筒。

② 宜采用发泡倍数为 300～500 倍的泡沫发生器。

③ 泡沫混合液供给强度应根据阻止形成蒸汽云和降低热辐射强度试验确定，并应取两项试验的较大值；当缺乏试验数据时，可采用大于 7.2L/(min·m^2）的泡沫混合液供给强度。

④ 系统泡沫液和水的连续供给时间应根据所需的控制时间确定，且不宜小于 40min；当同时设置了移动式高倍数泡沫灭火系统时，固定系统中的泡沫液和水的连续供给时间可按达到稳定控火时间确定。

⑤ 保护场所应有适合设置导泡筒的位置。

10.3.5.4 移动式系统

（1）高倍数泡沫系统的淹没时间或覆盖保护对象时间、泡沫供给速率与连续供给时间，应根据保护对象的类型与规模确定。

（2）高倍数泡沫系统的泡沫液和水的储备量应符合下列规定。

① 当辅助全淹没或局部应用高倍数泡沫灭火系统使用时，可在其泡沫液和水的储备量中增加 5%～10%。

② 当在消防车上配备时，每套系统的泡沫液储存量不宜小于 0.5t。

③ 当用于扑救煤矿火灾时，每个矿山救护大队应储存大于 2t 的泡沫液。

（3）供水压力可根据泡沫发生器和比例混合器的进口工作压力及比例混合器和水带的压力损失确定。

（4）用于扑救煤矿井下火灾时，泡沫发生器的驱动风压、发泡倍数应满足矿井的特殊需要。

（5）泡沫液与相关设备应放置在能立即运送到所有指定防护对象的场所；当移动泡沫发生装置预先连接到水源或泡沫混合液供给源时，应放置在易于接近的地方，并水带长度应能达到其最远的防护地。

（6）当两个或两个以上的移动式泡沫发生装置同时使用时，其泡沫液和水供给源应能足以供给可能使用的最大数量的泡沫发生装置。

（7）系统应选用有衬里的消防水带，并应符合下列规定。

① 水带的口径与长度应满足系统要求。

② 水带应以能立即使用的排列形式储存，且应防潮。

（8）系统所用的电源与电缆应满足输送功率要求，且应满足保护接地和防水以及耐受一般不当使用的要求。

10.3.6 泡沫-水喷淋系统与泡沫喷雾系统

10.3.6.1 一般规定

(1) 泡沫-水喷淋系统可用于下列场所。

① 具有非水溶性液体泄漏火灾危险的室内场所。

② 存放量不超过 25L/m^2 或超过 25L/m^2 但有缓冲物的水溶性液体室内场所。

(2) 泡沫喷雾系统可用于保护独立变电站的油浸电力变压器、面积不大于 200m^2 的非水溶性液体室内场所。

(3) 泡沫-水喷淋系统泡沫混合液与水的连续供给时间应符合下列规定。

① 泡沫混合液连续供给时间不应小于 10min。

② 泡沫混合液与水的连续供给时间之和应不小于 60min。

(4) 泡沫-水雨淋系统与泡沫-水预作用系统的控制，应符合下列规定。

① 系统应同时具备自动、手动功能和应急机械手动启动功能。

② 机械手动启动力不应超过 180N。

③ 系统自动或手动启动后，泡沫液供给控制装置应自动随供水主控阀的动作而动作，或与之同时动作。

④ 系统应设置故障监视与报警装置，且应在主控制盘上显示。

(5) 当泡沫液管线长度超过 15m 时，泡沫液应充满其管线，且泡沫液管线及其管件的温度应在泡沫液的储存温度范围内。埋地敷设时，应设置检查管道密封性的设施。

(6) 泡沫-水喷淋系统应设置系统试验接口，其口径应分别满足系统最大流量与最小流量要求。

(7) 泡沫-水喷淋系统的防护区应设置安全排放或容纳设施，且排放或容纳量应按被保护液体最大可能泄漏量、固定系统喷洒量以及管枪喷射量之和确定。

(8) 为泡沫-水雨淋系统与泡沫-水预作用系统配套设置的火灾探测与联动控制系统除应符合《火灾自动报警系统设计规范》(GB 50116—2013) 的有关规定外，尚应符合下列规定。

① 当电控型自动探测及附属装置设置在有爆炸和火灾危险的环境时，应符合《爆炸和火灾危险环境电力装置设计规范》(GB 50058—2014) 的规定。

② 设置在腐蚀气体环境中的探测装置，应由耐腐蚀材料制成或采取防腐蚀保护。

③ 当选用带闭式喷头的传动管传递火灾信号时，传动管的长度不应大于 300m，公称直径宜为 15～25mm，传动管上喷头应选用快速响应喷头，且布置间距不宜大于 2.5m。

10.3.6.2 泡沫-水雨淋系统

(1) 系统的保护面积应按保护场所内的水平面面积或水平面投影面积确定。

(2) 当保护非水溶性液体时，其泡沫混合液供给强度不应小于表 10-32 的规定；当保护水溶性液体时，其混合液供给强度和连续供给时间应由试验确定。

表 10-32 泡沫混合液供给强度

泡沫液种类	喷头设置高度/m	泡沫混合供给强度/[L/(min·m^2)]
蛋白、氟蛋白	≤10	8
	>10	10
水成膜、成膜氟蛋白	≤10	6.5
	>10	8

(3) 系统应设置雨淋阀、水力警铃，并应在每个雨淋阀出口管路上设置压力开关，但喷头数小于 10 个的单区系统可不设雨淋阀和压力开关。

(4) 系统应选用吸气型泡沫-水喷头或泡沫-水雾喷头。

(5) 喷头的布置应符合下列规定。

① 喷头的布置应根据系统设计供给强度、保护面积和喷头特性确定。

② 喷头周围不应有影响泡沫喷洒的障碍物。

(6) 系统设计时应进行管道水力计算，并应符合下列规定。

① 自雨淋阀开启至系统各喷头达到设计喷洒流量的时间不得超过 60s。

② 任意四个相邻喷头组成的四边形保护面积内的平均泡沫混合液供给强度不应小于设计强度。

10.3.6.3 闭式泡沫-水喷淋系统

(1) 下列场所不宜选用闭式泡沫-水喷淋系统。

① 流淌面积较大，按以下第（4）条规定的作用面积不足以保护的甲、乙、丙类液体场所。

② 靠泡沫液或水稀释不能有效灭火的水溶性甲、乙、丙类液体场所。

(2) 火灾水平方向蔓延较快的场所不宜选用干式泡沫-水喷淋系统。

(3) 下列场所不宜选用系统管道充水的湿式泡沫-水喷淋系统。

① 初始火灾极有可能为液体流淌火灾的甲、乙、丙类液体桶装库、泵房等场所。

② 含有甲、乙、丙类液体敞口容器的场所。

(4) 系统的作用面积应符合下列规定。

① 系统的作用面积应为 465m^2。

② 当防护区面积小于 465m^2 时，可按防护区实际面积确定。

③ 当试验值不同于本条上述规定时，可采用试验值。

(5) 系统的供给强度不应小于 6.5L/(min·m^2)。

(6) 系统输送的泡沫混合液应在 8L/s 至最大设计流量范围内达到额定的混合比。

(7) 喷头的选用应符合下列规定。

① 应选用闭式洒水喷头。

② 当喷头设置在屋内顶时，其公称动作温度应在 121～149℃范围内。

③ 当喷头设置在保护场所的竖向中间位置时，其公称动作温度应在 57～79℃范围内。

④ 当保护场所的环境温度较高时，其公称动作温度宜高于环境最高温度 30℃。

(8) 喷头的设置应符合下列规定。

① 喷头的布置应保证任意四个相邻喷头组成的四边形保护面积内的平均供给强度不应小于设计供给强度，也不宜大于设计供给强度的 1.2 倍。

② 喷头周围不应有影响泡沫喷洒的障碍物。

③ 每只喷头的保护面积不应大于 12m^2。

④ 同一支管上两只相邻喷头的水平间距、两条相邻平行支管的水平间距均不应大于 3.6m。

(9) 泡沫-水湿式系统的设置应符合下列规定。

① 当系统管道充注泡沫预混液时，其管道及管件应耐泡沫预混液腐蚀，且不影响泡沫预混液的性能。

② 充注泡沫预混液的系统环境温度宜在 5～40℃范围内。

③ 当系统管道充水时，在 8L/s 的流量下，自系统启动至喷泡沫的时间不应大于 2min。

④ 充水系统适宜的环境温度应为 4～7℃。

(10) 泡沫-水预作用系统与泡沫-水干式系统的管道冲水时间不宜大于 1min。泡沫-水预作用系统每个报警阀控制喷头数不应超过 800 只，泡沫-水干式系统每个报警阀控制喷头数不宜超过 500 只。

(11) 当系统兼有扑救 A 类火灾的要求时，尚应符合《自动喷水灭火系统设计规范》(GB 50084—2017) 的有关规定。

10.3.6.4 泡沫喷雾系统

(1) 泡沫喷雾系统可采用如下形式。

① 由压缩惰性气体驱动储罐内的泡沫预混液经雾化喷头喷洒泡沫到防护区。

② 由耐腐蚀泵驱动储罐内的泡沫预混液经雾化喷头喷洒泡沫到防护区。

③ 由压力水通过囊式压力比例混合器输送泡沫混合液经雾化喷头喷洒泡沫到防护区。

(2) 当保护独立变电站的油浸电力变压器时，系统设计应符合下列规定。

① 保护面积应按变压器油箱本体水平投影且四周外延1m计算确定。

② 泡沫混合液（或泡沫预混液）供给强度不应小于8L/(min·m^2)。

③ 泡沫混合液（或泡沫预混液）连续供给时间不应小于15min。

④ 喷头的设置应使泡沫覆盖变压器油箱顶面，且每个变压器输入与输出导线绝缘子升高座孔口应设置专门的喷头覆盖。

⑤ 覆盖绝缘子升高座孔口喷头的雾化角宜为60°，其他喷头的雾化角不应大于90°。

⑥ 所用泡沫灭火剂的灭火性能级别应为Ⅰ，抗烧水平不应低于C级。

(3) 当保护烃类液体室内场所时，泡沫混合液或预混液供给强度不应低于6.5L/(min·m^2)，连续供给时间不应小于10min。系统喷头的布置应符合下列规定。

① 保护面积内的泡沫混合液供给强度应均匀。

② 泡沫应直接喷射到保护对象上。

③ 喷头周围不应有影响泡沫喷洒的障碍物。

(4) 喷头应带过滤器，其工作压力不应小于其额定工作压力，且不宜高于其额定工作压力0.1MPa。

(5) 系统喷头、管道与电气设备带电（裸露）部分的安全净距应符合国家现行有关标准的规定；泡沫喷雾系统的带电绝缘性能检验应符合《接触电流和保护导体电流的测量方法》(GB/T 12113—2003) 的规定。

(6) 泡沫喷雾系统应设自动、手动和机械式应急操作三种启动方式。在自动控制状态下，灭火系统的响应时间不应大于60s。与泡沫喷雾系统联动的火灾自动报警系统的设计应符合《火灾自动报警系统设计规范》(GB 50116—2013) 的有关规定。

(7) 系统湿式供液管道应选用不锈钢管；干式供液管道可选用热镀锌钢管。

(8) 当动力源采用压缩惰性气体时，应符合下列规定。

① 系统所需动力源瓶组数量应按下式计算：

$$N=\frac{P_2V_2}{(P_1-P_2)V_1}k \tag{10-27}$$

式中 N——所需动力源瓶组数量，只，取自然数；

P_1——动力源瓶组储存压力，MPa；

P_2——系统泡沫液储罐出口压力，MPa；

V_1——动力源单个瓶组容积，L；

V_2——系统泡沫液储罐容积与动力气体管路容积之和，L；

k——裕量系数，通常取1.5～2.0。

② 系统储液罐、启动装置、惰性气体驱动装置，应安装在温度高于0℃的专用设备间内。

(9) 当系统采用泡沫预混液时，其有效使用期不应小于3年。

11 建筑灭火器的配置

灭火器是一种大众化的灭火器材，是由人操作的能在其自身内部压力作用下，将所充装的灭火剂喷出实施灭火的器具。其结构简单、轻便灵活、可自由移动、稍经训练即会操作使用。当建筑物发生火灾，在消防队到达火场之前且固定灭火系统尚未启动之际，火灾现场人员可使用灭火器。灭火器能及时有效地扑灭建筑初起火灾，防止火灾蔓延形成大火，降低火灾损失，同时还可减轻消防队的负担，节省灭火系统启动的耗费。因此，在生产、使用和储存可燃物的工业与民用建筑物内，除设置固定灭火系统外，还应配置灭火器。

11.1 灭火器的结构及性能

11.1.1 灭火器的类型

11.1.1.1 按操作使用分类

（1）手提式灭火器　手提式灭火器一般指灭火剂充装量小于 20kg，能手提移动实施灭火的便携式灭火器。手提式灭火器是应用较为广泛的灭火器材，绝大多数的建筑物配置该类灭火器。

（2）推车式灭火器　推车式灭火器总装量较大，灭火剂充装量一般在 20kg 以上，其操作一般需两人协同进行。通过其上固有的轮子可推行移动实施灭火。该灭火器灭火能力较大，特别适应于石油化工等企业。

（3）背负式灭火器　背负式灭火器能用肩背着实施灭火，灭火剂充装量较大，是消防人员专用的灭火器。

（4）手抛式灭火器　手抛式灭火器一般做成工艺品形状，内充干粉灭火剂，需要时将其抛掷到着火点，干粉散开实施灭火。

（5）悬挂式灭火器　悬挂式灭火器是悬挂在保护场所内，依靠火焰将其引爆自动实施灭火。

在上述各类灭火器中，背负式、手抛式、悬挂式灭火器一般不能作为标准灭火器配置使用。

11.1.1.2 按充装的灭火剂分类

(1) 水型灭火器 水型灭火器以清水灭火器为主，使用水通过冷却作用灭火。

(2) 泡沫型灭火器 泡沫型灭火器有空气泡沫灭火器和化学泡沫灭火器。化学泡沫灭火器目前已淘汰，空气泡沫灭火器内装水成膜泡沫灭火剂。

(3) 干粉型灭火器 干粉灭火器是我国目前使用的最为广泛的灭火器，其有两种类型。

① 碳酸氢钠干粉灭火器：又叫BC类干粉灭火器，用于灭液体、气体火灾，对固体火灾效果较差，不宜使用。但对纺织品火灾非常有效。

② 磷酸铵盐干粉灭火器：又叫ABC类干粉灭火器，可灭固体、液体、气体火灾，适用范围较广。

(4) 卤代烷型灭火器 卤代烷型灭火器是气体灭火器中的一种，其最大的特点就是对保护对象不产生任何损害。出于保护环境的考虑，卤代烷1211灭火器和卤代烷1301灭火器，目前已停止生产使用。现在已生产七氟丙烷灭火器，替代卤代烷1211灭火器和卤代烷1301灭火器。

(5) 二氧化碳型灭火器 二氧化碳型灭火器也是一种气体灭火器，也具有对保护对象无污损的特点，但灭火能力较差。

11.1.1.3 按驱动压力形式分类

(1) 储气瓶式灭火器 这类灭火器的动力气体储存在专用的小钢瓶内，是和灭火剂分开储存的，有外置和内置两种形式。使用时是将高压气体释放出充到灭火剂储瓶内，作为驱动灭火剂的动力气体。由于灭火器筒体平时不受压，有问题也不易发现，突然受压有可能出现事故，正逐步被淘汰。

(2) 储压式灭火器 储压式灭火器是将动力气体和灭火剂储存在同一个容器内，依靠这些气体或蒸气的压力驱动将灭火剂喷出。

(3) 化学反应式灭火器 通过酸性水溶液和碱性水溶液混合发生化学反应产生二氧化碳气体，借其压力将灭火剂驱动喷出灭火。酸碱灭火器、化学泡沫灭火器等属于这类灭火器。由于安全原因，这类灭火器属于淘汰产品。

(4) 泵浦式灭火器 泵浦式灭火器是通过附加的手动泵浦加压，将灭火剂驱动喷出灭火，这种灭火器主要使用水作为灭火剂。对灭草丛火灾效果较好。其构造如图11-1所示。

11.1.2 灭火器的技术性能

11.1.2.1 灭火器的喷射性能

(1) 有效喷射时间 有效喷射时间指将灭火器保持在最大开启状态下，自灭火剂从喷嘴喷出，至灭火剂喷射结束的时间。不同的灭火器要求的有效喷射时间也不一样，但要求在最高使用温度时不得小于6s。

(2) 喷射滞后时间 喷射滞后时间指自灭火器的控制阀开启或达到相应的开启状态时起至灭火剂从喷嘴开始喷出的时间。在灭火器使用温度范围内，要求不大于5s，间歇喷射的滞后时间不大于3s。

(3) 有效喷射距离 有效喷射距离指从灭火器喷嘴的顶端起，至喷出的灭火剂最集中处中心的水平距离。不同类型的灭火器，要求的喷射距离也不相同。

(4) 喷射剩余率 喷射剩余率指额定充装的灭火器在喷射至内部压力与外界环境压力相等时，内部剩余的灭火剂量相对于喷射前灭火剂充装量的质量分数，在20℃±5℃时，不大于10%，在灭火器使用温度范围内，不大于15%。

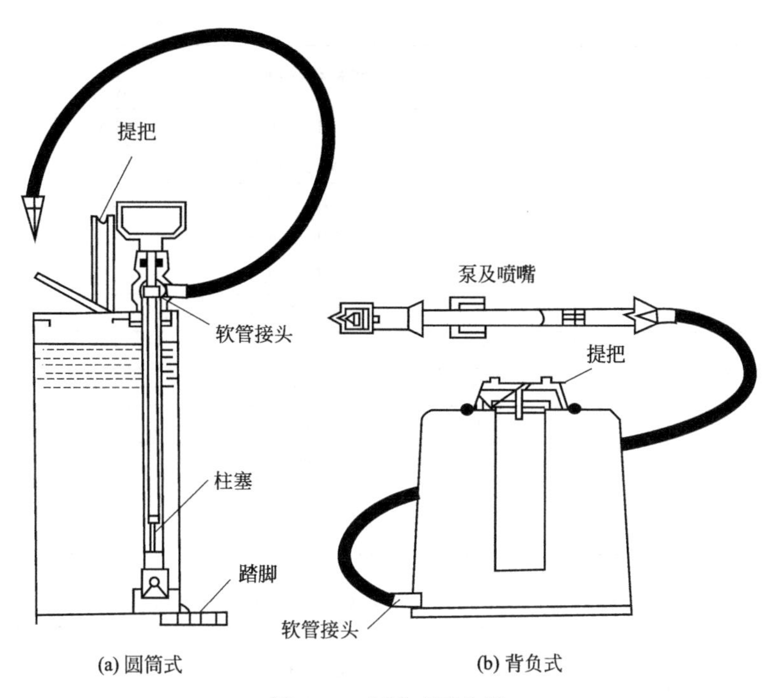

图 11-1 泵浦式灭火器

11.1.2.2 灭火器的灭火性能

灭火器的灭火能力通过试验测定。

(1) 灭A类火能力 灭A类火能力用灭木条垛火灾试验测试，按标准的试验方法进行。通过不同的木条垛的大小测定出相应的灭火级别，分3A、5A、8A、13A、21A、34A等级别。

(2) 灭B类火能力 灭B类火能力用灭油盘火试验测试，按标准的试验方法进行。油盘面积的大小和灭火级别有一个对应关系：

1B→$0.2m^2$，2B→$0.4m^2$……20B→$4.0m^2$……120B→$24.0m^2$。

灭火级别的大小最终反映在灭火剂充装量上，见表11-1、表11-2。

表 11-1 手提式灭火器类型、规格和灭火级别

灭火器类型	灭火剂充装量(规格)		规格代码(型号)	灭火级别	
	L	kg		A类	B类
水型	3	—	MS/Q3	1A	—
			MS/T3		55B
	6	—	MS/Q6	1A	—
			MS/T6		55B
	9	—	MS/Q9	2A	—
			MS/T9		89B
泡沫	3	—	MP3、MP/AR3	1A	55B
	4	—	MP4、MP/AR4	1A	55B
	6	—	MP6、MP/AR6	1A	55B
	9	—	MP9、MP/AR9	2A	89B
干粉（碳酸氢钠）	—	1	MF1	—	21B
	—	2	MF2	—	21B
	—	3	MF3	—	34B
	—	4	MF4	—	55B
	—	5	MF5	—	89B
	—	6	MF6	—	89B
	—	8	MF8	—	144B
	—	10	MF10	—	144B

续表

灭火器类型	灭火剂充装量(规格)		规格代码(型号)	灭火级别	
	L	kg		A类	B类
干粉（磷酸铵盐）	—	1	MF/ABC1	1A	21B
	—	2	MF/ABC2	1A	21B
	—	3	MF/ABC3	2A	34B
	—	4	MF/ABC4	2A	55B
	—	5	MF/ABC5	3A	89B
	—	6	MF/ABC6	3A	89B
	—	8	MF/ABC8	4A	144B
	—	10	MF/ABC10	6A	144B
二氧化碳	—	2	MT2	—	21B
	—	3	MT3	—	21B
	—	5	MT5	—	34B
	—	7	MT7	—	55B

表 11-2 推车式灭火器类型、规格和灭火级别

灭火器类型	灭火剂充装量(规格)		规格代码(型号)	灭火级别	
	L	kg		A类	B类
水型	20	—	MST20	4A	—
	45	—	MST40	4A	—
	60	—	MST60	4A	—
	125	—	MST125	6A	—
泡沫	20	—	MPT20、MPT/AR20	4A	113B
	45	—	MPT40、MPT/AR40	4A	144B
	60	—	MPT60、MPT/AR60	4A	233B
	125	—	MPT125 MPT/AR125	6A	297B
干粉（碳酸氢钠）	—	20	MFT20	—	183B
	—	50	MFT50	—	297B
	—	100	MFT100	—	297B
	—	125	MFT125	—	297B
干粉（磷酸铵盐）	—	20	MFT/ABC20	6A	183B
	—	50	MFT/ABC50	8A	297B
	—	100	MFT/ABC100	10A	297B
	—	125	MFT/ABC125	10A	297B
二氧化碳	—	10	MTT10	—	55B
	—	20	MTT20	—	70B
	—	30	MTT30	—	113B
	—	50	MTT50	—	183B

11.1.3 灭火器的结构及性能指标

11.1.3.1 手提式灭火器

(1) 规格　灭火器的规格，按其充装的灭火剂量来划分。

① 水基型灭火器（图 11-2）为 2L、3L、6L、9L。

② 二氧化碳灭火器（图 11-3）为 2kg、3kg、5kg、7kg。

③ 干粉灭火器（图 11-4）为 1kg、2kg、3kg、4kg、5kg、6kg、8kg、9kg、12kg。
④ 洁净气体灭火器为 1kg、2kg、4kg、6kg。

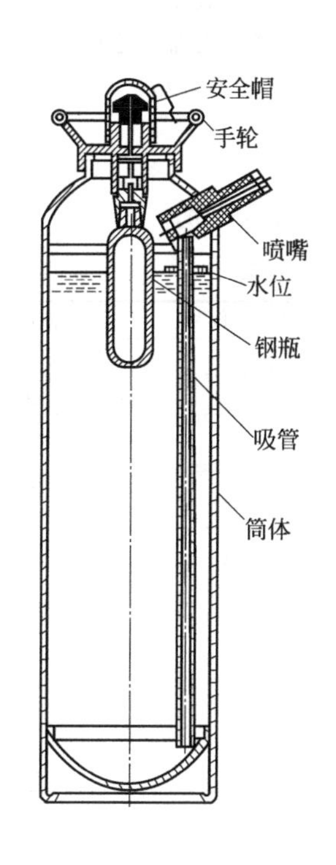

图 11-2 手提式水基型灭火器

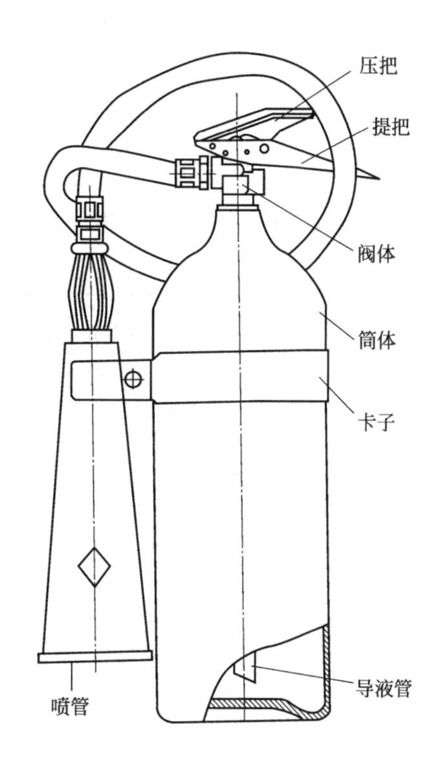

图 11-3 手提式二氧化碳灭火器

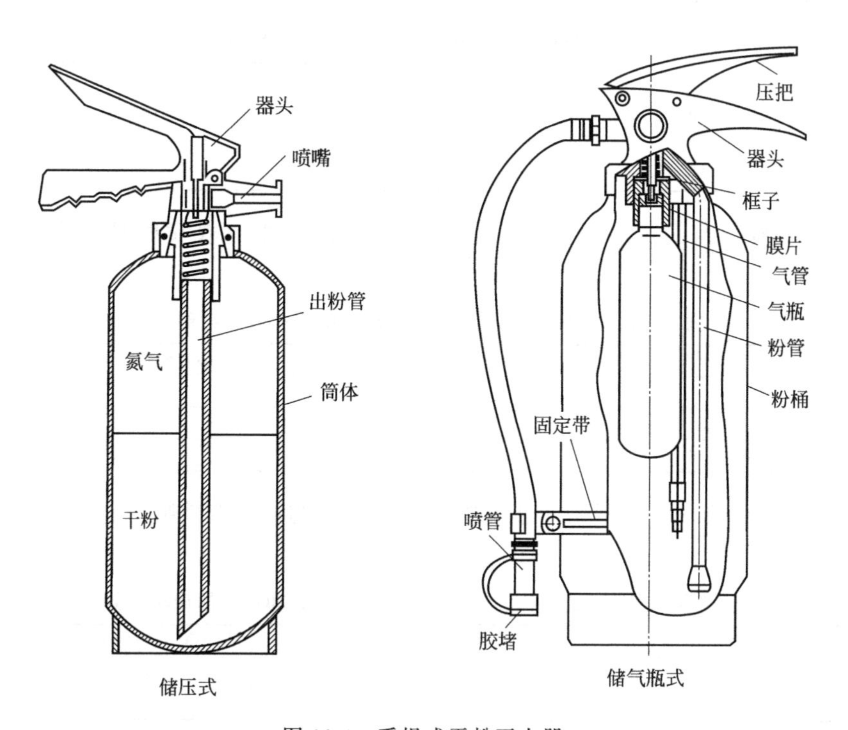

图 11-4 手提式干粉灭火器

（2）型号 手提式灭火器的型号编制方法如下：

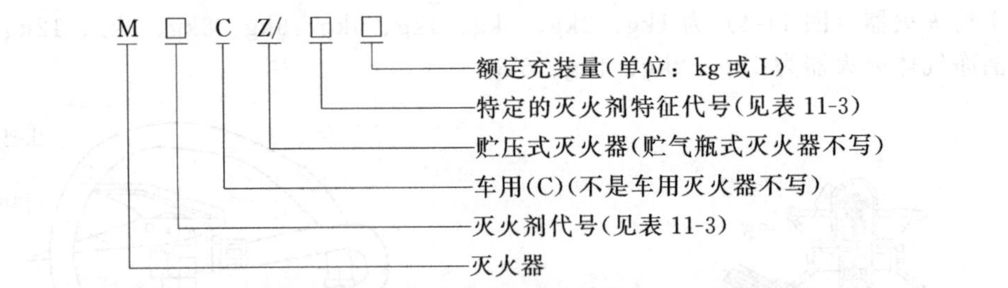

如产品结构有改变时，其改进代号可加在原型号的尾部，以示区别。

表11-3 灭火剂代号和特定的灭火剂特征代号

分类	灭火剂代号	灭火剂代号含义	特定的灭火剂特征代号	特征代号含义
水基型灭火器	S	清水或带添加剂的水,但不具有发泡倍数和25%析液时间要求	AR(不具有此性能不写)	具有扑灭水溶性液体燃料火灾的能力
	P	泡沫灭火剂,具有发泡倍数和25%析液时间要求。包括P、FP、S、AR、AFFF和FFFP等灭火剂	AR(不具有此性能不写)	具有扑灭水溶性液体燃料火灾的能力
干粉灭火器	F	干粉灭火剂。包括:BC型和ABC型干粉灭火剂	ABC(BC干粉灭火剂不写)	具有扑灭A类火灾的能力
二氧化碳灭火器	T	二氧化碳灭火剂	—	—
洁净气体灭火器	J	洁净气体灭火剂。包括:卤代烷烃类气体灭火剂、惰性气体灭火剂和混合气体灭火剂等	—	—

(3) 技术要求

① 质量。灭火器的总质量不应大于20kg，其中二氧化碳灭火器的总质量不应大于23kg。灭火器的灭火剂充装总量误差应符合表11-4的规定。

表11-4 灭火器的灭火剂充装总量误差

灭火器类型	灭火剂量	允许误差	灭火器类型	灭火剂量	允许误差
水基型	充装量/L	0%～−5%	干粉	1kg	±5%
洁净气体	充装量/kg	0%～−5%		>1～3kg	±3%
二氧化碳	充装量/kg	0%～−5%		>3kg	±2%

② 最小有效喷射时间。水基型灭火器在20℃时的最小有效喷射时间应符合表11-5的规定。

表11-5 水基型灭火器在20℃时的最小有效喷射时间

灭火剂量/L	最小有效喷射时间/s
2～3	15
>3～6	30
>6	40

灭A类火的灭火器（水基型灭火器除外）在20℃时的最小有效喷射时间应符合表11-6的规定。

表11-6 灭A类火的灭火器（水基型灭火器除外）在20℃时的最小有效喷射时间

灭火级别	最小有效喷射时间/s
1A	8
≥2A	13

灭B类火的灭火器（水基型灭火器除外）在20℃时的最小有效喷射时间应符合表11-7的规定。

表 11-7 灭 B 类火的灭火器（水基型灭火器除外）在 20℃ 时的最小有效喷射时间

灭火级别	最小有效喷射时间/s	灭火级别	最小有效喷射时间/s
21B～34B	8	(113B)	12
55B～89B	9	≥144B	15

③ 最小喷射距离。灭 A 类火的灭火器在 20℃时的最小有效喷射距离应符合表 11-8 的规定。

表 11-8 灭 A 类火的灭火器在 20℃ 时的最小有效喷射距离

灭火级别	最小喷射距离/m	灭火级别	最小喷射距离/m
1A～2A	3.0	4A	4.5
3A	3.5	6A	5.0

灭 B 类火的灭火器在 20℃时的最小有效喷射距离应符合表 11-9 的规定。

表 11-9 灭 B 类火的灭火器在 20℃ 时的最小有效喷射距离

灭火器类型	灭火剂量	最小喷射距离/m	灭火器类型	灭火剂量	最小喷射距离/m
水基型	2L	3.0	二氧化碳	5kg	2.5
	3L	3.0		7kg	2.5
	6L	3.5	干粉	1kg	3.0
	9L	4.0		2kg	3.0
洁净气体	1kg	2.0		3kg	3.5
	2kg	2.0		4kg	3.5
	4kg	2.5		5kg	3.5
	6kg	3.0		6kg	4.0
二氧化碳	2kg	2.0		8kg	4.5
	3kg	2.0		≥9kg	5.0

④ 使用温度范围。灭火器的使用温度应取下列规定的某一温度范围：＋5～＋55℃、0～＋55℃、－10～＋55℃、－10～＋55℃、－30～＋55℃、－40～＋55℃、－5～＋55℃。

灭火器在使用温度范围内应能可靠使用，操作安全，喷射滞后时间不应大于 5s，喷射剩余率不应大于 15%。

⑤ 灭火性能

a. 灭 A 类火（固体有机物质燃烧的火，通常燃烧后会形成炙热的灰烬）的性能以级别表示。它的级别代号由数字和字母 A 组成，数字表示级别数，字母 A 表示火的类型。灭火器灭 A 类火的性能，不应小于表 11-10 的规定。

表 11-10 灭火器灭 A 类火的性能

级别代号	干粉/kg	水基型/L	洁净气体/kg
1A	≤2	≤6	≥6
2A	3～4	>6～≤9	
3A	5～6	>9	
4A	>6～≤9		
6A	>9		

b. 灭 B类火（液体或可融化固体燃烧的火）的性能以级别表示。它的级别代号由数字和字母 B 组成，数字表示级别数，字母 B 表示火的类型。灭火器 20℃时灭 B 类火的性能，不应小于表 11-11 的规定。灭火器在最低使用温度时灭 B 类火的性能，可比 20℃时灭火性能降低两个级别。

表 11-11 灭火器灭 B 类火的性能

级别代号	干粉/kg	洁净气体/kg	二氧化碳/kg	水基型/L
21B	1～2	1～2	2～3	
34B	3	4	5	
55B	4	6	7	≤6
89B	5～6	>6		>6～9
144B	>6			>9

c. 灭 C 类火（气体燃烧的火）的性能。灭 C 类火的灭火器，可用字母 C 表示。C 类火国家标准无试验要求，也没有级别大小之分，只有干粉灭火器、洁净气体灭火器和二氧化碳灭火器才可以标有字母 C。

d. 灭 E 类火（燃烧时物质带电的火）的性能。灭 E 类火的灭火器，可用字母 E 表示，E 类火没有级别大小之分，干粉灭火器、洁净气体灭火器和二氧化碳灭火器，可标有字母 E。对于水基型的喷雾灭火器，如标有 E 的，应按要求进行试验。当灭火器喷射到带电的金属板时，整个过程，灭火器提压把或喷嘴与大地之间，以及大地与灭火器之间的电流不应大于 0.5mA。

11.1.3.2 推车式灭火器

（1）驱动气体　用于贮压式和贮气瓶式推车式灭火器的驱动气体应是具有最大露点－55℃的空气、氩气、二氧化碳、氦气、氮气或这些气体的混合气体。用于贮压式水基型推车式灭火器的驱动气体不需要满足露点的要求。

（2）充装量

① 推车式二氧化碳灭火器的充装密度不应大于 0.74kg/L；推车式洁净气体灭火器的充装密度不应大于推车式灭火器筒体设计的充装密度值。

② 推车式灭火器的灭火剂充装误差应符合下列要求。

a. 推车式水基型灭火器：额定充装量的－5%～0%。

b. 推车式干粉灭火器：额定充装量的－2%～＋2%。

c. 推车式二氧化碳灭火器和推车式洁净气体灭火器：额定充装量的－5%～0%。

③ 推车式灭火器的额定充装量（即规格）

a. 推车式水基型灭火器：20L、45L、60L 和 125L。

b. 推车式干粉灭火器：20kg、50kg、100kg 和 125kg。

c. 推车式二氧化碳灭火器和推车式洁净气体灭火器：10kg、20kg、30kg 和 50kg。

（3）型号　推车式灭火器的型号编制方法如下：

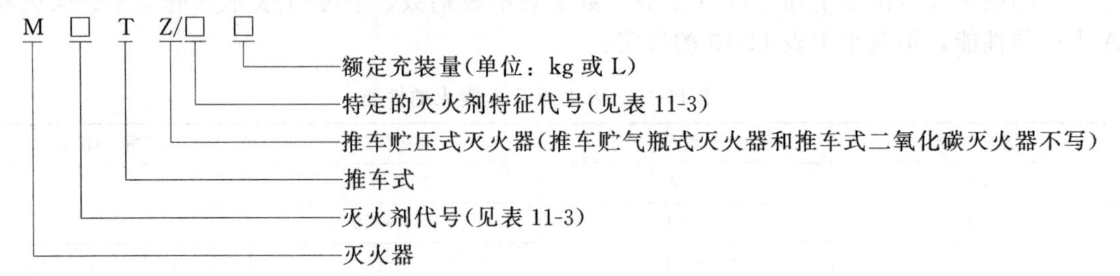

如产品结构有改变时，其改进代号可加在原型号的尾部，以示区别。

（4）使用温度范围　推车式灭火器的使用温度应取下列规定的某一温度范围：＋5～＋55℃、－5～＋55℃、－10～＋55℃、－10～＋55℃、－30～＋55℃、－40～＋55℃、－5～＋55℃。

（5）有效喷射时间

① 推车式水基型灭火器的有效喷射时间不应小于 40s，且不应大于 210s。

② 除水基型外的具有扑灭 A 类火能力的推车式灭火器的有效喷射时间不应小于 30s。

③ 除水基型外的不具有扑灭 A 类火能力的推车式灭火器的有效喷射时间不应小于 20s。

(6) 喷射距离　具有灭 A 类火能力的推车式灭火器，当按《推车式灭火器》(GB 8109—2005) 的要求进行试验时，其喷射距离不应小于 6m。对于配有喷雾喷嘴的水基型推车式灭火器，其喷射距离不应小于 3m。

11.2 灭火器的选择

11.2.1 灭火器配置场所的火灾种类和危险等级

11.2.1.1 火灾种类

(1) 灭火器配置场所的火灾种类应根据该场所内的物质及其燃烧特性进行分类。

(2) 灭火器配置场所的火灾种类可划分为以下五类。

① A 类火灾：固体物质火灾。

② B 类火灾：液体火灾或可熔化固体物质火灾。

③ C 类火灾：气体火灾。

④ D 类火灾：金属火灾。

⑤ E 类火灾（带电火灾）：物体带电燃烧的火灾。

11.2.1.2 危险等级

(1) 工业建筑灭火器配置场所的危险等级，应根据其生产、使用、储存物品的火灾危险性、可燃物数量、火灾蔓延速度、扑救难易程度等因素，划分为以下三级。

① 严重危险级：火灾危险性大，可燃物多，起火后蔓延迅速，扑救困难，容易造成重大财产损失的场所。

② 中危险级：火灾危险性较大，可燃物较多，起火后蔓延较迅速，扑救较难的场所。

③ 轻危险级：火灾危险性较小，可燃物较少，起火后蔓延较缓慢，扑救较易的场所。

工业建筑灭火器配置场所的危险等级举例见附录 B 的表 B-1。

(2) 民用建筑灭火器配置场所的危险等级，应根据其使用性质、人员密集程度、用电用火情况、可燃物数量、火灾蔓延速度、扑救难易程度等因素，划分为以下三级。

① 严重危险级：使用性质重要，人员密集，用电用火多，可燃物多，起火后蔓延迅速，扑救困难，容易造成重大财产损失或人员群死群伤的场所。

② 中危险级：使用性质较重要，人员较密集，用电用火较多，可燃物较多，起火后蔓延较迅速，扑救较难的场所。

③ 轻危险级：使用性质一般，人员不密集，用电用火较少，可燃物较少，起火后蔓延较缓慢，扑救较易的场所。

民用建筑灭火器配置场所的危险等级举例见附录 B 的表 B-2。

11.2.2 灭火器的选择

11.2.2.1 选择灭火器时应考虑的因素

(1) 灭火器配置场所的火灾种类　每一类灭火器都有其特定的扑救火灾类别，如水型灭火器不能灭 B 类火，碳酸氢钠干粉灭火器对扑救 A 类火无效等。因此，选择的灭火器应适应保护场所的火灾种类。这一点非常重要。

(2) 灭火器的灭火有效程度　尽管几种类型的灭火器均适应于灭同一种类的火灾，但它们在灭火程度上有明显的差异。如一具 7kg 二氧化碳灭火器的灭火能力不如一具 2kg 干粉灭火器的灭火能力。因此选择灭火器时应充分考虑灭火器的灭火有效程度。

(3) 对保护物品的污损程度　不同种类的灭火器在灭火时不可避免地要对被保护物品产生程度不同的污渍，泡沫、水、干粉灭火器较为严重，而气体灭火器（如二氧化碳灭火器）则非常轻微。为了保证贵重物质与设备免受不必要的污渍损失，灭火器的选择应充分考虑其对保护物品的污损程度。

(4) 设置点的环境温度　灭火器设置点的环境温度对灭火器的喷射性能和安全性能均有影响。若环境温度过低，则灭火器的喷射性能显著降低；若环境温度过高，则灭火器的内压剧增，灭火器本身有爆炸伤人的危险。因此，选择时其环境温度要与灭火器的使用温度相符合。各类灭火器的使用温度范围见表 11-12。

表 11-12　灭火器的使用温度范围

灭火器类型		使用温度范围/℃	灭火器类型	使用温度范围/℃
水型、泡沫型灭火器		4～55	卤代烷型灭火器	−20～55
干粉型灭火器	储气瓶式	−10～55	二氧化碳型灭火器	−10～55
	储压式	−20～55		

(5) 使用灭火器人员的素质　灭火器是靠人来操作的，因此选择灭火器时还要考虑到建筑物内工作人员的年龄、性别、职业等，以适应他们的身体素质。

11.2.2.2　灭火器类型的选择

灭火器类型选择原则如下。

① 扑救 A 类火灾应选用水型、泡沫型、磷酸铵盐干粉型和卤代烷型灭火器。

② 扑救 B 类火灾应选用干粉、泡沫、卤代烷和二氧化碳型灭火器。

③ 扑救 C 类火灾应选用干粉、卤代烷和二氧化碳型灭火器。

④ 扑救带电设备火灾应选用卤代烷、二氧化碳和干粉型灭火器。

⑤ 扑救可能同时发生 A、B、C 类火灾和带电设备火灾应选用磷酸铵盐干粉和卤代烷型灭火器。

⑥ 扑救 D 类火灾应选用专用干粉灭火器。

11.2.2.3　选择灭火器时应注意的问题

(1) 在同一配置场所，当选用同一类型灭火器时，宜选用相同操作方法的灭火器。这样可以为培训灭火器使用人员提供方便，为灭火器使用人员熟悉操作和积累灭火经验提供方便，也便于灭火器的维护保养。

(2) 根据不同种类火灾，选择相适应的灭火器。

(3) 配置灭火器时，宜在手提式或推车式灭火器中选用，因为这两类灭火器有完善的计算方法。其他类型的灭火器可作为辅助灭火器使用，如某些类型的微型灭火器作为家庭使用效果也很好。

(4) 在同一配置场所，当选用两种或两种以上类型灭火器时，应选用灭火剂相容的灭火器，以便充分发挥各自灭火器的作用。不相容的灭火剂见表 11-13。

表 11-13　不相容的灭火剂

灭火剂类型	不相容的灭火剂	
干粉与干粉	磷酸铵盐	碳酸氢钠、碳酸氢钾
干粉与泡沫	碳酸氢钠、碳酸氢钾	蛋白泡沫
泡沫与泡沫	蛋白泡沫、氟蛋白泡沫	水成膜泡沫

(5) 非必要场所不应配置卤代烷灭火器，宜选用磷酸铵盐干粉灭火器或泡沫灭火器等其他类型灭火器。

11.3 灭火器的配置

11.3.1 灭火器配置的设计与计算

11.3.1.1 一般规定

（1）灭火器配置的设计与计算应按计算单元进行。灭火器最小需配灭火级别和最少需配数量的计算值应进位取整。

（2）每个灭火器设置点实配灭火器的灭火级别和数量不得小于最小需配灭火级别和数量的计算值。

（3）灭火器设置点的位置和数量应根据灭火器的最大保护距离确定，并应保证最不利点至少在1具灭火器的保护范围内。

11.3.1.2 计算单元

（1）灭火器配置设计的计算单元应按下列规定划分。

① 当一个楼层或一个水平防火分区内各场所的危险等级和火灾种类相同时，可将其作为一个计算单元。

② 当一个楼层或一个水平防火分区内各场所的危险等级和火灾种类不相同时，应将其分别作为不同的计算单元。

③ 同一计算单元不得跨越防火分区和楼层。

（2）计算单元保护面积的确定应符合下列规定：

① 建筑物应按其建筑面积确定；

② 可燃物露天堆场，甲、乙、丙类液体储罐区，可燃气体储罐区应按堆垛、储罐的占地面积确定。

11.3.1.3 配置设计计算

（1）计算单元的最小需配灭火级别应按下式计算：

$$Q=K\frac{S}{U} \tag{11-1}$$

式中 Q——计算单元的最小需配灭火级别（A或B）；

S——计算单元的保护面积，m^2；

U——A类或B类火灾场所单位灭火级别最大保护面积，m^2(A)或m^2(B)；

K——修正系数，按表11-14的规定取值。

表11-14 修正系数

计算单元	K	计算单元	K
未设室内消火栓系统和灭火系统	1.0	可燃物露天堆场	0.3
设有室内消火栓系统	0.9	甲、乙、丙类液体储罐区	
设有灭火系统	0.7	可燃气体储罐区	
设有室内消火栓系统和灭火系统	0.5		

（2）歌舞娱乐放映游艺场所、网吧、商场、寺庙以及地下场所等的计算单元的最小需配灭火级别应按下式计算：

$$Q=1.3K\frac{S}{U} \tag{11-2}$$

（3）计算单元中每个灭火器设置点的最小需配灭火级别应按下式计算：

$$Q_e=\frac{Q}{N} \tag{11-3}$$

式中 Q_e——计算单元中每个灭火器设置点的最小需配灭火级别（A或B）；

N——计算单元中的灭火器设置点数，个。

（4）灭火器配置的设计计算可按下述程序进行。

① 确定各灭火器配置场所的火灾种类和危险等级。

② 划分计算单元，计算各计算单元的保护面积。

③ 计算各计算单元的最小需配灭火级别。

④ 确定各计算单元中的灭火器设置点的位置和数量。

⑤ 计算每个灭火器设置点的最小需配灭火级别。

⑥ 确定每个设置点灭火器的类型、规格与数量。

⑦ 确定每具灭火器的设置方式和要求。

⑧ 在工程设计图上用灭火器图例和文字标明灭火器的型号、数量与设置位置。

11.3.2 灭火器的配置

11.3.2.1 灭火器的最低配置基准

（1）A类火灾场所灭火器的最低配置基准应符合表11-15的规定。

表11-15 A类火灾场所灭火器的最低配置基准

危险等级	严重危险级	中危险级	轻危险级
单具灭火器最小配置灭火级别	3A	2A	1A
单位灭火级别最大保护面积/m^2(A)	50	75	100

（2）B、C类火灾场所灭火器的最低配置基准应符合表11-16的规定。

表11-16 B、C类火灾场所灭火器的最低配置基准

危险等级	严重危险级	中危险级	轻危险级
单具灭火器最小配置灭火级别	89B	55B	21B
单位灭火级别最大保护面积/m^2(B)	0.5	1.0	1.5

（3）D类火灾场所的灭火器最低配置基准应根据金属的种类、物态及其特性等研究确定。

（4）E类火灾场所的灭火器最低配置基准不应低于该场所内A类（或B类）火灾的规定。

（5）一个计算单元内配置的灭火器数量不得少于2具。

（6）每个设置点的灭火器数量不宜多于5具。

（7）当住宅楼每层的公共部位建筑面积超过100m^2时，应配置1具1A的手提式灭火器；每增加100m^2时，增配1具1A的手提式灭火器。

11.3.2.2 灭火器的保护距离

灭火器设置点（位置）的确定，应符合灭火器最大保护距离要求。

（1）灭火器的最大保护距离 灭火器的保护距离指从灭火器设置点到配置场所任一着火点的行走距离。它确定了灭火器设置点的服务范围。为便于快速取用灭火器，保证及时扑救初起火灾，灭火器的保护距离不能太大。不同配置场所灭火器的最大保护距离应符合下列要求。

① 设置在A类火灾场所的灭火器，其最大保护距离应符合表11-17的规定。

表11-17 A类火灾场所的灭火器最大保护距离 单位：m

危险等级	手提式灭火器	推车式灭火器
严重危险级	15	30
中危险级	20	40
轻危险级	25	50

② 设置在B、C类火灾场所的灭火器，其最大保护距离应符合表11-18的规定。

表11-18 B、C类火灾场所的灭火器最大保护距离 单位：m

危 险 等 级	手提式灭火器	推车式灭火器
严重危险级	9	18
中危险级	12	24
轻危险级	15	30

③ D类火灾场所的灭火器，其最大保护距离应根据具体情况研究确定。

④ E类火灾场所的灭火器，其最大保护距离不应低于该场所内A类或B类火灾的规定。

⑤ 可燃物露天堆场，甲、乙、丙类液体储罐，可燃气体储罐等灭火器配置场所灭火器的最大保护距离按有关标准、规范的规定执行。

（2）灭火器设置点及保护范围　灭火器设置点指灭火器的放置位置，其确定应保证配置场所任何一点得到至少一个灭火器设置点的保护。设置点的保护范围视设置点的具体位置而定，如图11-5所示。

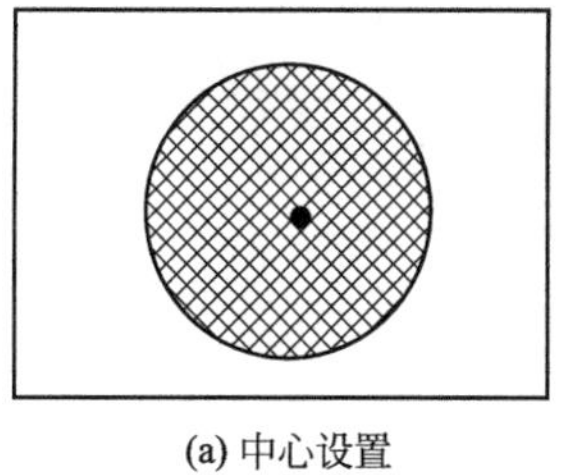

(a) 中心设置

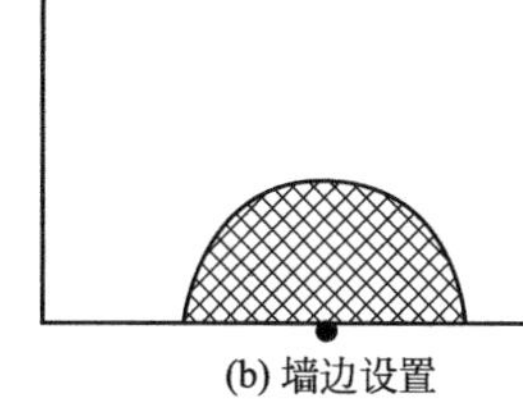

(b) 墙边设置

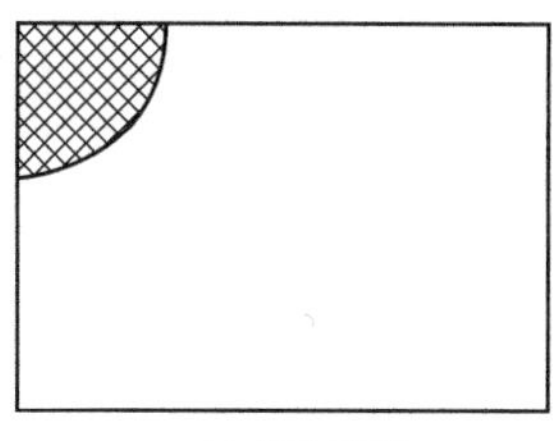

(c) 墙角设置

图11-5 灭火器保护范围示意

判定灭火器设置点是否合理，有两种方法：一是以设置点为圆心，以最大保护距离为半径画圆，要求将整个配置场所覆盖；二是运用实际测量方法，判断两点距离是否小于最大保护距离。

12 消防系统供电

12.1 消防电源及其配电

12.1.1 消防电源系统组成

向消防用电设备供给电能的独立电源称为消防电源。工业建筑、民用建筑、地下工程中的消防控制室、消防水泵、消防电梯、防排烟设施、火灾自动报警、自动灭火系统、应急照明、疏散指示标志和电动的防火门、卷帘门、阀门等消防设备用电的电源，都应该按照《供配电系统设计规范》(GB 50052—2009)、《低压配电设计规范》(GB 50054—2011)的规定设计。

若消防用电设备完全依靠城市电网供给电能，火灾时一旦失电，则势必影响早期报警、安全疏散和自动（或手动）灭火操作，甚至造成极为严重的人身伤亡和财产损失。因此，建筑电气设计中，必须认真考虑火灾消防用电设备的电能连续供给问题。图 12-1 为一个典型的消防电源系统方框图，由电源、配电部分和消防用电设备三部分组成。

12.1.1.1 电源

电源是将其他形式的能量（如机械能、化学能、核能等）转换成电能的装置。消防电源往往由几个不同用途的独立电源以一定的方式互相连接起来，构成一个电力网络进行供电，这样可以提高供电的可靠性和经济性。为了分析方便，一般可按照供电范围和时间的不同把消防电源分为主电源和应急电源两类。主电源指电力系统电源，应急电源可由自备柴油发电机组或蓄电池组担任。对于停电时间要求特别严格的消防用电设备，还可采用不停电电源（UPS）进行连续供电。此外，在火灾应急照明或疏散指示标志的光源处，需要获得交流电时，可增加把蓄电池直流电变为交流电的逆变器。

消防用电设备如果完全依靠城市电网供给电能，火灾时一旦失电，势必给早期火灾报警、消防安全疏散、消防设备的自动和手动操作带来危害，甚至造成极为严重的人身伤亡和财产损

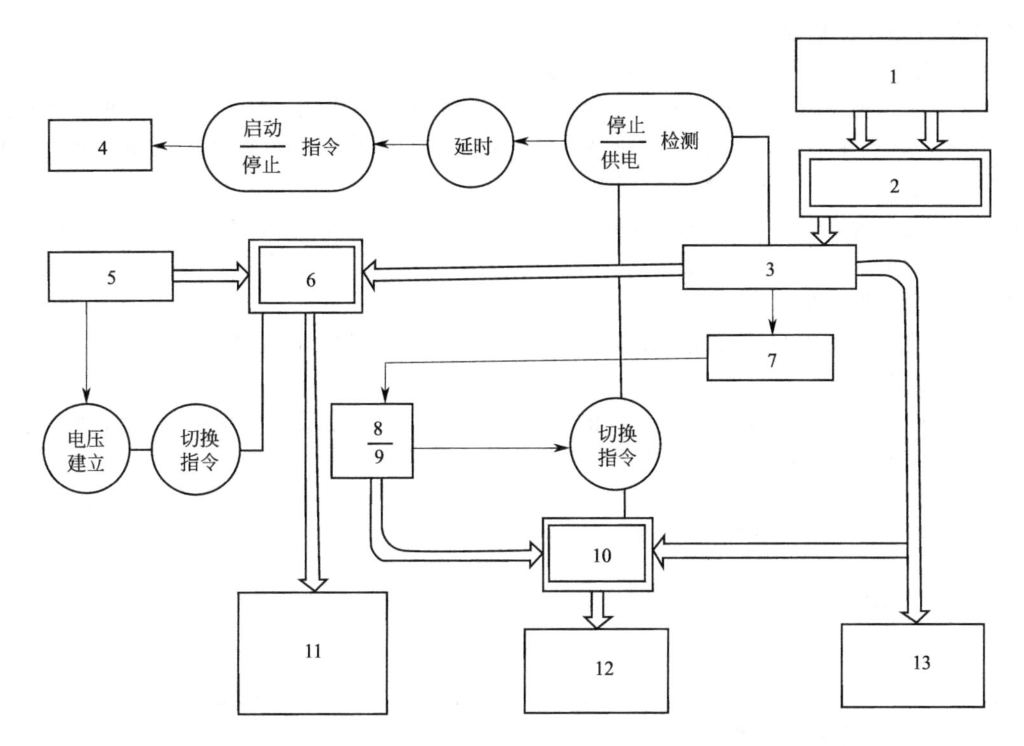

图 12-1 消防电源系统方框图

1—双回路电源；2—高压切换开关；3—低压变配电装置；4—柴油机；5—交流发电机；6,10—应急电源切换开关；7—充电装置；8—蓄电池；9—逆变器；11—消防动力设备（消防泵、消防电梯等）；12—应急事故照明与疏散指示标志；13— 一般动力照明

失。这样的教训国内外皆有之，教训深刻，不可疏忽。所以，电源设计时，必须认真考虑火灾时消防用电设备的电能连续供给问题。

12.1.1.2 配电部分

它是从电源到用电设备的中间环节，其作用是对电源进行保护、监视、分配、转换、控制和向消防用电设备输配电能。配电装置有：变电所内的高低压开关柜、发电机配电屏、动力配电箱、照明分配电箱、应急电源切换开关箱和配电干线与分支线路。配电装置应设在不燃区域内，设在防火分区时要有耐火结构，从电源到消防设备的配电线路，要用绝缘电线穿管埋地敷设，或敷设在电缆竖井中。若明敷时应使用耐火的电缆槽盒。双回路配电线路应在末端配电箱处进行电源切换。值得注意的是，正常供电时切换开关一般长期闲置不用，为防止对切换开关的锈蚀，平时应定期对其维护保养，以确保火灾时能正常工作。

12.1.1.3 消防用电设备

（1）消防用电设备的类型 消防用电设备，又称为消防负荷，可归纳为下面几类。

① 电力拖动设备。如消防水泵、消防电梯、排烟风机、防火卷帘门等。

② 电气照明设备。如消防控制室、变配电室、消防水泵房、消防电梯前室等处所，火灾时需提供照明灯具；人员聚集的会议厅、观众厅、走廊、疏散楼梯、安全疏散门等火灾时人员聚集和疏散处所的照明和指示标志灯具。

③ 火灾报警和警报设备。如火灾探测器、火灾报警控制器、火灾事故广播、消防专用电话、火灾警报装置等。

④ 其他用电设备。如应急电源插座等。

（2）消防用电设备的设置要求 自备柴油发电机组通常设置在用电设备附近，这样电能输配距离短，可减少损耗和故障。电源电压多采用 220/380V，直接供给消防用电设备。只有少数照明才增设照明用控制变压器。

为确保火灾时电源不中断，消防电源及其配电系统应满足如下要求。

① 可靠性。火灾时若供电中断，会使消防用电设备失去作用，贻误灭火战机，给人民的生命和财产带来严重后果，因此，要确保消防电源及其配电线路的可靠性。可靠性是消防电源及其配电系统诸要求中首先应考虑的问题。

② 耐火性。火灾时消防电源及其配电系统应具有耐火、耐热、防爆性能，土建方面也应采用耐火材料构造，以保障不间断供电的能力。消防电源及其配电系统的耐火性保障主要是依靠消防设备电气线路的耐火性。

③ 安全性。消防电源及其配电系统设计应符合电气安全规程的基本要求，保障人身安全，防止触电事故发生。

④ 有效性。消防电源及其配电系统的有效性是要保证规范规定的供电持续时间，确保应急期间消防用电设备的有效获得电能并发挥作用。

⑤ 科学性。在保证消防电源及其配电系统具有可靠性、耐火性、安全性和有效性前提下，还应确保其供电质量，力求系统接线简单，操作方便，投资省，运行费用低。

12.1.2 消防设备供电系统

对电力负荷集中的高层建筑或一、二级电力负荷（消防负荷），一般采用单电源或双电源的双回路供电方式，用两个10kV电源进线和两台变压器构成消防主供电电源。

12.1.2.1 一类建筑消防供电系统

一类建筑（一级消防负荷）的供电系统如图12-2所示。

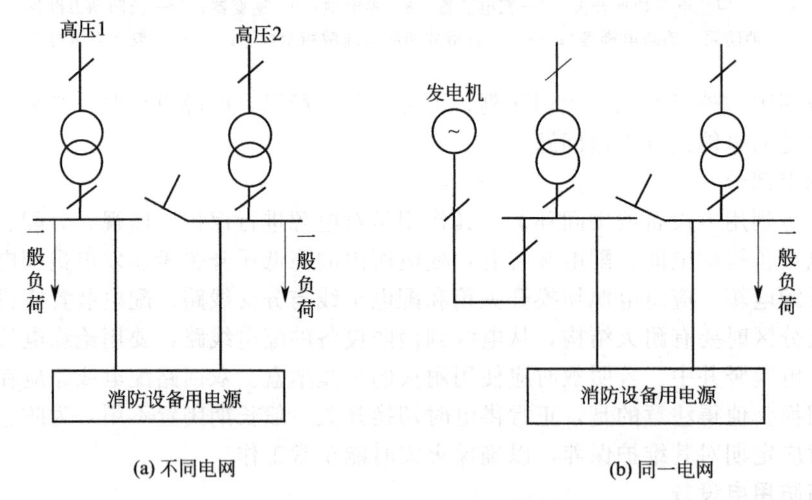

图12-2 一类建筑消防供电系统

图12-2(a) 表示采用不同电网构成双电源，两台变压器互为备用，单母线分段提供消防设备用电源。

图12-2(b) 表示采用同一电网双回路供电，两台变压器备用，单母线分段，设置柴油发电机组作为应急电源向消防设备供电，与主供电电源互为备用，满足一级负荷要求。

12.1.2.2 二类建筑消防供电系统

对于二类建筑（二级消防负荷）的供电系统如图12-3所示。

图12-3(a) 表示由外部引来的一路低压电源与本部门电源（自备柴油发电机组）互为备用，供给消防设备电源。

图12-3(b) 表示双回路供电，可满足二级负荷要求。

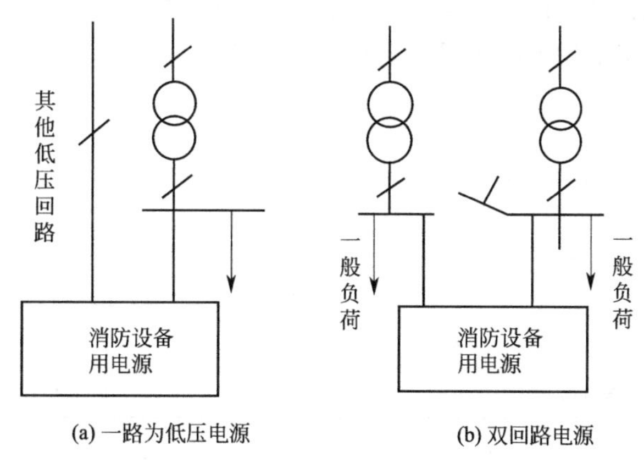

图 12-3 二类建筑消防供电系统

消防设备供电系统应能充分保证设备的工作性能，当火灾发生时能充分发挥消防设备的功能，将火灾损失降到最小。

12.1.3 消防配电系统要求

为保证供电连续性，消防系统的配电应符合如下要求。

(1) 消防用电设备的双路电源或双回路供电线路，应在末端配电箱处切换。火灾自动报警系统，应设有主电源和直流备用电源，其主电源应采用消防电源，直流备用电源宜采用火灾报警控制器的专用蓄电池。当直流备用电源采用消防系统集中设置的蓄电池时，火灾报警控制器应采用单独的供电回路，并能保证在消防系统处于最大负载状态下不影响报警控制器的正常工作。消防联动控制装置的直流操作电源电压，应采用 24V。

(2) 配电箱到各消防用电设备，宜采用放射式供电。每一用电设备应有单独的保护设备。

(3) 重要消防用电设备（如消防泵）允许不加过负荷保护。由于消防用电设备总运行时间不长，因此短时间的过负荷对设备危害不大，以争取时间保证顺利灭火。为了在灭火后及时检修，可设置过负荷声光报警信号。

(4) 消防电源不宜装漏电保护，如有必要可设单相接地保护装置动作与信号。

(5) 消防用电设备、疏散指示灯、消防报警设备、火灾事故广播及各层正常电源配电线路均应按防火分区或报警区域分别出线。

(6) 所有消防电气设备均应与一般电气设备有明显的区别标志。

12.1.4 主电源与应急电源连接

12.1.4.1 首端切换

主电源与应急电源的首端切换方式如图 12-4 所示。消防负荷各独立馈电线分别接向应急母线，集中受电，并以放射式向消防用电设备供电。柴油发电机组向应急母线提供应急电源。应急母线则以一条单独馈线经自动开关（称联络开关）与主电源变电所低压母线相连接。正常情况下，该联络开关是闭合的，消防用电设备经应急母线由主电源供电。当主电源出现故障或因火灾而断开时，主电源低压母线失电，联络开关经延时后自动断开，柴油发电机组经 30s 启动后，仅向应急母线供电，实现首端切换目的并保证消防用电设备的可靠供电。这里联络开关引入延时的目的，是为了避免柴油发电机组因瞬间的电压骤降而进行不必要的启动。

这种切换方式下，正常时应急电网实际变成了主电源供电电网的一个组成部分。消防用电设备馈电线在正常情况下和应急时都由一条线完成，节约导线且比较经济。但馈线一旦发生故障，它所连接的消防用电设备则失去电源。另外，由于选择柴油发电机容量时是依消防泵等大电机的启动容量来定的，备用能力较大，应急时只能供应消防电梯、消防泵、事故照明等少量消防负荷，从而造成了柴油发电机组设备利用率低的情况。

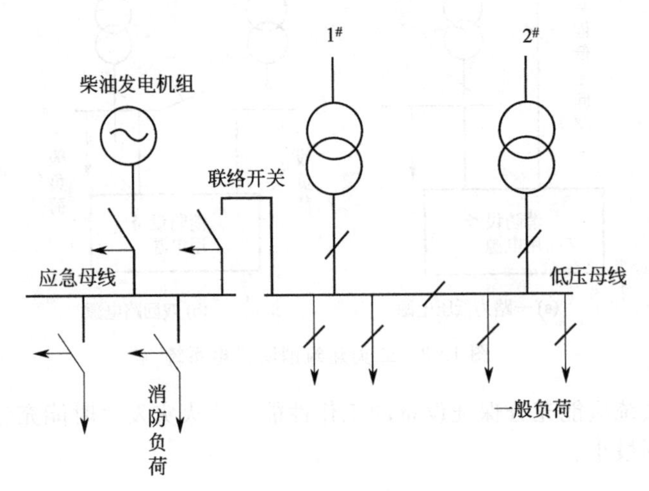

图 12-4 电源的首端切换方式

12.1.4.2 末端切换

电源的末端切换是指引自应急母线和主电源低压母线的两条各自独立的馈线，在各自末端的事故电源切换箱内实现切换，如图 12-5 所示。由于各馈线是独立的，因而提高了供电的可靠性，但其馈线数量比首端切换增加了一倍。火灾时当主电源切断，柴油发电机组启动供电后，如果应急馈线出现故障，同样有使消防用电设备失电的可能。对于不停电电源装置，由于已经两级切换，两路馈线无论哪一回路出现故障对消防负荷都是可靠的。

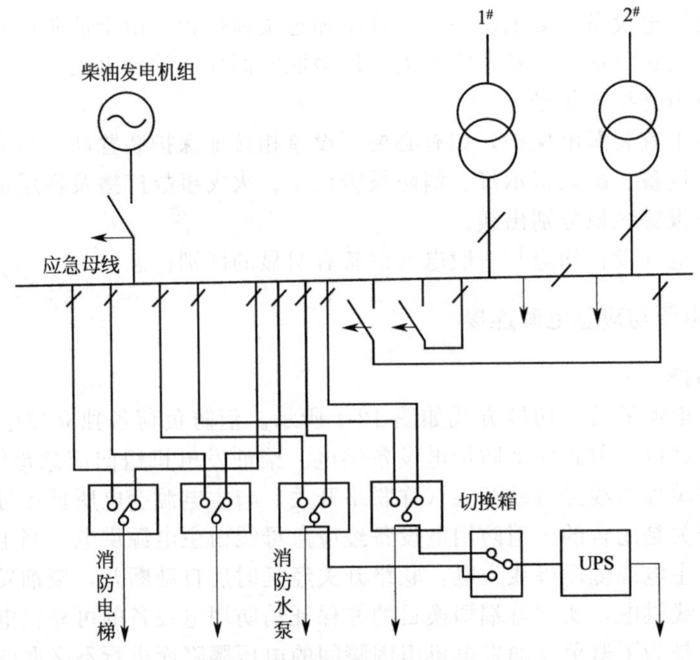

图 12-5 电源的末端切换方式

应当指出，根据建筑的消防负荷等级及其供电要求必须确定火灾监控系统联锁、联动控制的消防设备相应的电源配电方式，一级和二级消防负荷中的消防设备必须采用主电源与应急电源末端切换方式来配电。

12.1.4.3 备用电源自动投入装置

当供电网路向消防负荷供电的同时，还应考虑电动机的自启动问题。如果网络能自动投入，但消防泵不能自动启动，仍然无济于事。特别是火灾时消防水泵电动机，自启动冲击电流往往会引起应急母线上电压的降低，严重时使电动机达不到应有的转矩，会使继电保护误动作，甚至会使柴油机熄火停车，从而使网路自动化不能实现，达不到火灾时应急供电、发挥消防用电设备投入灭火的目的。目前解决这一问题所用的手段是采用设备用电源自动投入装置（BZT）。

消防规范要求一类、二类消防负荷分别采用双电源、双回路供电。为保障供电可靠性，变配电所常用分段母线供电，BZT 则装在分段断路器上，如图 12-6(a) 所示。正常时，分段断路器断开，两段母线分段运行，当其中任一电源故障时，BZT 装置将分段断路器合上，保证另一电源继续供电。当然，BZT 装置也可装在备用电源的断路器上，如图 12-6(b) 所示。正常时，备用线路处于明备用状态，当工作线路故障时，备用线路自动投入。

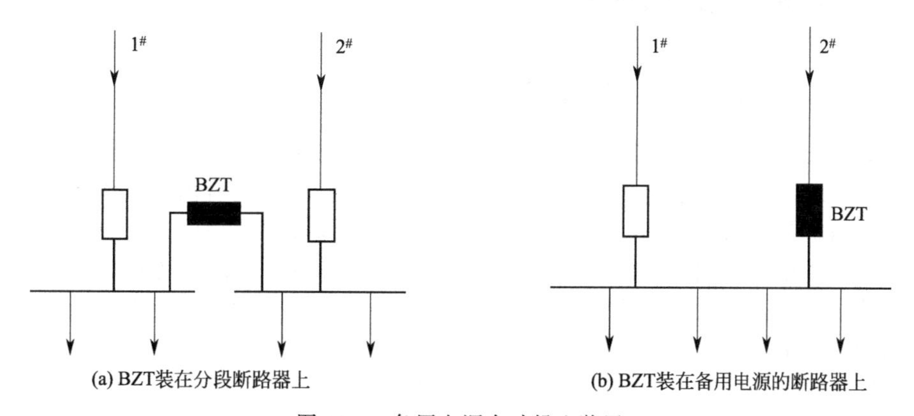

图 12-6 备用电源自动投入装置

BZT 装置不仅在高压线路中采用，在低压线路中也可以通过自动空气开关或接触器来实现其功能。图 12-7 所示是在双回路放射式供电线路末端负荷容量较小时，采用交流接触器的 BZT 接线来达到切换要求。图中，自动空气开关 1ZK、2ZK 作为短路保护用。正常运行中，

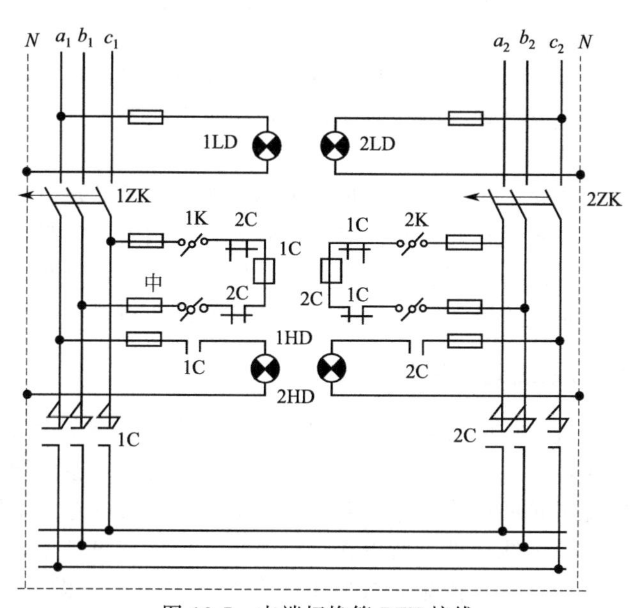

图 12-7 末端切换箱 BZT 接线

处于闭合位置；当1号电源失压时，接触器主触头1C分断，常闭接点闭合，2C线圈通电，将2号电源自动投入供电。此接线也可通过控制开关1K或2K进行手动切换电源。

必须说明，切换开关的性能对应急电源能否适时投入影响很大。目前，电网供电持续率都比较高，有的地方可达每年只停电数分钟的程度，而供消防用的切换开关常是闲置不用。正因为电网的供电可靠性较高，切换开关就容易被忽视。鉴于此，对切换开关性能应有严格的要求。归纳起来有下列四点要求。

(1) 绝缘性能良好，特别是平时不通电又不常用部分。

(2) 通电性能良好。

(3) 切换通断性能可靠，在长期处于不动作的状态下，一旦应急要立即投入。

(4) 长期不维修，又能立即工作。

12.2 消防设备的配线

12.2.1 消防设备电气配线基本措施

智能建筑消防设备电气配线的基本原则是在符合电气安全要求和供电可靠性的前提下，采用选线和配线措施使消防设备电气线路具有耐火耐热性，确保火灾时消防设备的有效供电与安全运行。根据消防有关试验，消防设备的耐火配线通常是指按照典型的火灾温升曲线对线路进行试验，从受火作用起，到火灾温升曲线达到840℃时，在30min内仍能有效供电。消防设备的耐热配线是指按照典型火灾温升曲线的1/2曲线对线路进行试验，从受火作用起，到火灾温升曲线达到380℃时，在15min内仍能有效供电。

根据《建筑防火设计规范》(GB 50016—2014)(2018版)和有关电气设计规范要求，为保证消防设备可靠获得电能，在消防工程中采用如下四项基本措施来满足消防设备耐火耐热电气配线要求。

(1) 当消防设备配电线路暗敷时，配电线路通常采用普通电线电缆，并将其穿金属管或氧指数LOI (Limited Oxygen Index) 不小于35的阻燃型硬质塑料管埋设在非燃烧体结构内，且穿管暗敷保护层厚度不小于30mm。这一指标是根据国家有关消防科研机构提供的钢筋混凝土构件内钢筋温度与保护层的关系曲线确定的。

(2) 当消防设备配电线路明敷时，应穿金属管或金属线槽保护且采用防火涂料提高线路的耐燃性能，或直接选用经阻燃处理的电线电缆和铜皮防火电缆等并敷设在电缆竖井或吊顶内有防火保护措施的封闭式线槽内。

(3) 当消防设备配电线路采用绝缘层和护套为不延燃的电缆并敷设在竖井中时，可不穿金属管保护；但当与延燃电缆敷设在同一竖井时，两者间必须用耐火材料隔开。

(4) 在建筑物吊顶内的消防电气线路，宜采用金属管或金属线槽布线；在难燃型材料吊顶内，可采用难燃型（最好是氧指数≥50）硬质阻燃塑料管或塑料线槽布线。

12.2.2 消防设备分系统配线方法

智能建筑消防设备电气配线防火安全的关键，是按具体消防设备或自动消防系统确定其耐火耐热配线。在智能建筑消防电气设计中，原则上应从建筑变电所主电源低压母线或应急母线到具体消防设备最末级配电箱的所有配电线路都是耐火耐热配线的考虑范围。因为目前我国还没有制定电线电缆耐火耐热配线标准，所以在火灾监控系统工程设计中，消防设备耐火耐热配线可遵循上述配线原则和四项基本措施，按照下列各个分系统并按图12-8确定具体配线措施来考核是否达到相应的性能要求。

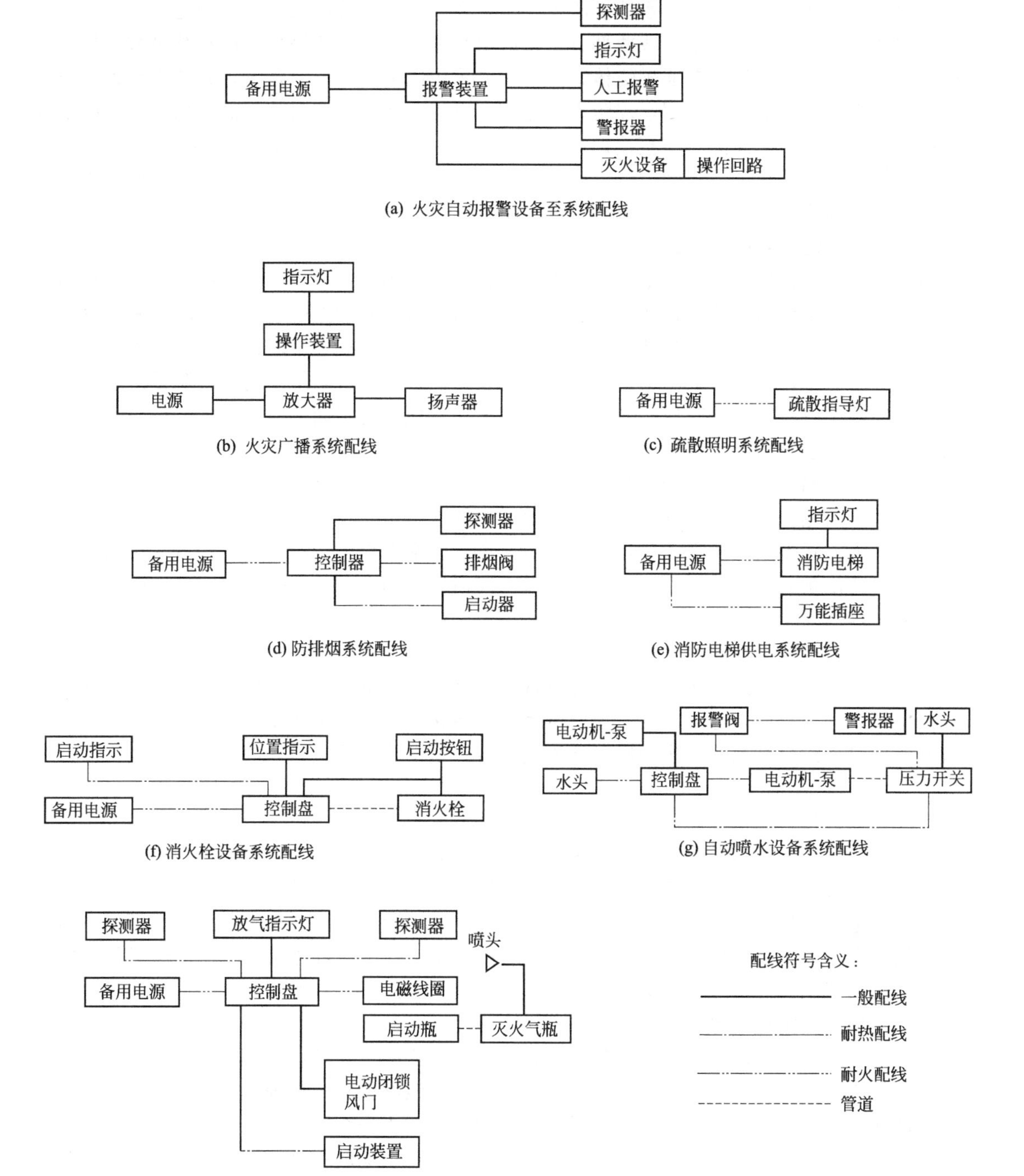

图 12-8 消防设备耐火耐热配线示意

12.2.2.1 火灾监控系统配线保护

火灾监控系统的传输线路应采用穿金属管、阻燃型硬质塑料管或封闭式线槽保护，消防控制、通信和警报线路在暗敷时最好采用阻燃型电线穿保护管敷设在不燃结构层内（保护层厚度不小于 30mm）。总线制系统的干线，需考虑更高的防火要求，如采用耐火电缆敷设在耐火电缆桥架内，或有条件的可选用铜皮防火型电缆。

12.2.2.2 消火栓泵、喷淋泵等配电线路

消火栓系统加压泵、水喷淋系统加压泵、水幕系统加压泵等消防水泵的配电线路包括消防电源干线和各水泵电动机配电支线两部分。一般水泵电动机配电线路可采用穿管暗敷，如选用阻燃型电线穿金属管并埋设在非燃烧体结构内；或采用电缆桥架架空敷设，如选用耐火电缆并最好配以耐火型电缆桥架或选用铜皮防火型电缆，以提高线路耐火耐热性能。水泵房供电电源一般由建筑变电所低压总配电室直接提供；当变电所与水泵房贴邻或距离较近并属于同一防火分区时，供电电源干线可采用耐火电缆或耐火母线沿防火型电缆桥架明敷；当变电所与水泵房距离较远并穿越不同防火分区时，应尽可能采用铜皮防火型电缆。

12.2.2.3 防排烟装置配电线路

防排烟装置包括送风机、排烟机、各类阀门、防火阀等，一般布置较分散，其配电线路防火既要考虑供电主回路线路，也要考虑联动控制线路。由于阻燃型电缆遇明火时，其电气绝缘性能会迅速降低，所以，防排烟装置配电线路明敷时应采用耐火型交联低压电缆或铜皮防火型电缆，暗敷时可采用一般耐火电缆；联动和控制线路应采用耐火电缆。此外，防排烟装置配电线路和联动控制线路在敷设时应尽量缩短线路长度，避免穿越不同的防火分区。

12.2.2.4 防火卷帘门配电线路

防火卷帘门隔离火势的作用是建立在配电线路可靠供电使防火卷帘门有效动作基础上的。一般防火卷帘门电源引自建筑各楼层带双电源切换的配电箱，经防火卷帘门专用配电箱向控制箱供电，供电方式多采用放射式或环式。当防火卷帘门水平配电线路较长时，应采用耐火电缆并在吊顶内使用耐火型电缆桥架明敷，以确保火灾时仍能可靠供电并使防火卷帘门有效动作，阻断火势蔓延。

12.2.2.5 消防电梯配电线路

消防电梯一般由高层建筑底层的变电所敷设两路专线配电至位于顶层的电梯机房，线路较长且路由复杂。为提高供电可靠性，消防电梯配电线路应尽可能采用耐火电线；当供电可靠性有特殊要求时，两路配电专线中一路可选用铜皮防火型电缆，垂直敷设的配电线路应尽量设在电气竖井内。

12.2.2.6 火灾应急照明线路

火灾应急照明包括疏散指示照明、火灾事故照明和备用照明。一般疏散指示照明采用长明普通灯具，火灾事故照明采用带镍镉电池的应急照明灯或可强行启动的普通照明灯具，备用照明则利用双电源切换来实现。所以，火灾应急照明线路一般采用阻燃型电线穿金属管保护暗敷于不燃结构内且保护层厚度不小于 30mm。在装饰装修工程中，可能遇到土建结构工程已经完工，应急照明线路不能暗敷而只能明敷于吊顶内，这时应采用耐热型或耐火型电线。

12.2.2.7 消防广播通信等配电线路

火灾事故广播、消防电话、火灾警铃等设备的电气配线，在条件允许时可优先采用阻燃型电线穿保护管单独暗敷；当必须采用明敷线路时，应对线路做耐火处理。

智能建筑消防设备电气配线直接关系到智能建筑的防火安全性，必须结合工程实际考虑耐火耐热配线原则并选择合适的电气配线，以确保消防设备供电的可靠性和耐火性。当前，智能建筑消防设备电气配线应具有一定的超前性并向国际标准靠拢，如配线时可较多地采用耐火型或阻燃型电线电缆、铜皮防火型电缆等产品。我国应尽快制定智能建筑设计规范和电线电缆耐火耐热技术标准，对不同建筑中各类消防设备电气配线做出具体的规定，以提高工程设计质量和消防设备电气配线的防火性能。

13 建筑消防系统的布线及接地

13.1 系统布线要求

13.1.1 系统布线的一般要求

布线工程不仅要求安全可靠，而且要求线路布局合理、整齐、美观、牢固，电气连接应可靠。系统布线一般要求如下。

13.1.1.1 材料检验

进入施工现场的管材、型钢、线槽、电缆桥架及其附件应有材质证明和合格证，并应检查质量、数量、型号规格是否与设计和有关标准的要求相符合，填写检查记录。

钢管要求壁厚均匀，焊缝均匀，没有劈裂和沙眼棱刺，没有凹扁现象。金属线槽和电缆桥架及其附件，应采用经过镀锌处理的定型产品。线槽内外应光滑平整，没有棱刺，不应有扭曲翘边等变形现象。

13.1.1.2 导线检验

火灾自动报警与消防联动控制系统布线时，应根据设计施工图和有关国家规范的规定，对导线的种类、电压等级进行检查和检验。

（1）系统传输线路应采用铜芯绝缘导线或铜芯电缆。

（2）额定工作电压不超过 50V 时，导线电压等级不应低于交流 250V。

（3）额定工作电压为 220/380V 时，导线电压等级不应低于交流 500V。

13.1.1.3 导线接头

导线在线管内或线槽内，不应有接头或扭结现象；导线的接头，应在接线盒内焊接或用接线端子连接。导线连接的接头不应增加电阻值，受力导线不应降低原机械强度，亦不能降低原绝缘强度。

13.1.1.4 吊顶内敷设管路

在吊顶内敷设各类管路和线槽（或电缆桥架）时，应采用单独的卡具吊装或支撑物固定。

13.1.1.5 吊装线槽

吊装线槽的吊杆直径不应小于6mm。线槽的直线段应每隔1～1.5m设置吊点或支点；同时在下列部位也应设置吊点或设置固定支撑支点，包括：线槽连接的接头处；距接线盒或接线箱0.2m处；转角、转弯和弯形缝两端及丁字接头的三端0.5m以内；线槽走向改变或转角等处。

13.1.1.6 绝缘电阻

火灾自动报警与联动控制系统的导线敷设完毕后，应对每回路的导线用250V或500V的兆欧表测量绝缘电阻，其绝缘电阻值不应小于20MΩ，并做好参数测试记录。

13.1.1.7 建筑物变形缝

管线经过建筑物的变形缝（包括沉降缝、伸缩缝、抗震缝等）处，为防止建筑物伸缩沉降不均匀而损坏线管，线管和导线应采取补偿措施。补偿装置连接管的一端拧紧固定（或焊接固定），而另一端无需固定。当采用明配线管时，可采用金属软管补偿。而导线跨越变形缝的两侧时应固定，并留有适当余量。

13.1.1.8 导线色别

火灾自动报警与联动控制系统的传输线路应选择不同颜色的绝缘导线，探测器的正极“＋”线为红色，负极“－”线应为蓝色，其余线应根据不同用途采用其他颜色区分。但同一工程中相同用途的导线颜色应一致，接线端子应有标号。

13.1.1.9 顶棚布线

在建筑物的顶棚内必须采用金属管或金属线槽布线。

13.1.2 线管及布线要求

13.1.2.1 管内穿线

在管内或线槽内的穿线，应在建筑抹灰及地面工程结束后进行。在电线、电缆穿管前，应将管内或线槽内的积水及杂物清除干净。管口应有保护措施，不进入接线盒（箱）的垂直管口穿入电线、电缆后，管口应密封。

13.1.2.2 线管容积

穿管绝缘导线或电缆的总面积不应超过管内截面积的30%，敷设于封闭式线槽内的绝缘导线或电缆的总面积不应大于线槽的净截面积的40%。

13.1.2.3 同线穿管

不同系统、不同电压等级、不同电流类别的线路，不应穿在同一线管内或线槽的同一槽孔内，且管内电线不得有接头。

13.1.2.4 线管入盒

金属线管入盒时，盒外侧应套锁母，内侧应装护口，在吊顶内敷设时，盒的内外侧均应套锁母。

13.1.2.5 线管长度

当管路较长或转弯较多时，应适当加大管径或加装拉线盒（应便于穿线），两个接线盒或拉线点之间的允许距离应符合表13-1的规定。

表13-1 两个接线盒或拉线点之间的允许距离

管路情况	两个接线盒或拉线点之间的允许距离
无弯管路	≤30m
两个拉线点之间有一个转弯时	≤20m
两个拉线点之间有两个转弯时	≤15m
两个拉线点之间有三个转弯时	≤8m

13.1.2.6 导线余量

导线或电缆在接线盒、伸缩缝、消防设备等处应留有足够的余量。

13.1.2.7 管口护口

在管内穿线时管口应带上塑料护口。

13.1.2.8 线管连接

金属导管严禁对口熔焊；镀锌和壁厚小于或等于 2mm 的钢导管不得套管熔焊连接。

13.1.2.9 接地连接

金属的导管和线槽必须接地（PE）或接零（PEN）。镀锌的钢导管、可挠型导管和金属线槽不得熔焊跨接接地线，以专用的接地卡，跨接的两卡间连线为铜芯软导线，截面不小于 $4mm^2$；金属线槽不作设备的接地导体，当设计无要求时，金属线槽全长不少于 2 处与接地（PE）或接零（PEN）连接。

13.1.2.10 剔槽埋设

当绝缘导管在砌体上剔槽埋设时，应采用强度等级不小于 M10 的水泥砂浆抹面保护，保护厚度大于 15mm。

13.1.2.11 传输网络

火灾自动报警系统的传输网络不应与其他系统的传输网络合用。

13.2 导线的连接和封端

13.2.1 导线的连接

13.2.1.1 导线连接要求

导线接头的质量是造成传输线路故障和事故的主要因素之一，所以在布线时应尽可能减少导线接头。其布线的连接应符合表 13-2 要求。

表 13-2 导线连接要求

项　目	要　求
机械强度	导线接头的机械强度不应小于原导线机械强度的 80%。在导线的连接和分支处，应避免受机械力的作用
绝缘强度	导线连接处的绝缘强度必须良好，其绝缘性能至少应与原导线的绝缘强度一致。绝缘电阻低于标准值的不允许投入使用
耐蚀性能	导线接头处应耐腐蚀性能良好，避免受外界腐蚀性气体的侵蚀
接触紧密	导线连接处应接触紧密，接头电阻应尽可能小，稳定性好，与同长度、同截面导线的电阻比值不应大于 1
布线接头	穿管导线和线槽布线中间不允许有接头，必要时可采用接线盒（如线管较长时）或分线盒、接线箱（如线路分支处）。导线应连接牢靠，不应出现松动、反圈等现象
连接方式	当无特殊规定时，导线的线芯应采用焊接连接、压板压接和套管压接连接

13.2.1.2 导线连接方式

火灾自动报警与联动控制系统常用的导线连接方式有导线焊接连接、管压连接和压接帽压接等，现多采用压接帽压接和管压连接法。

① 管压接法。管压接法是采用并头管进行压接，如图 13-1 所示。也可采用套管压接，方法是将导线穿入导线连接套管后，再用压接钳压接。

② 压接帽压接。LC 安全型压线帽是铜线压线帽，分为黄、白、红三色，分别适用于 $1.0m^2$、$1.5m^2$、$2.5m^2$、$4mm^2$ 的 2～4 根导线的连接。

其操作方法如下。

a. 将导线绝缘层剥去 10～13mm（按帽的型号决定），清除氧化物，按规定选用适当的压线帽，将线芯插入压线帽的压接管内，若填不实，可将线芯折回头（剥长加倍），填满为止。

b. 线芯插到底后，导线绝缘层应与压接管的管口平齐，并包在帽壳内，然后用专用压接钳压实即可，如图 13-2 所示。

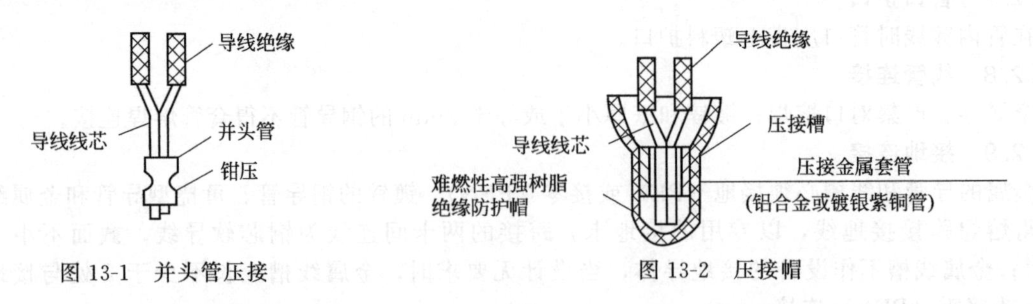

图 13-1 并头管压接　　图 13-2 压接帽

③ 焊接连接。焊接方法有气焊连接法和电阻焊连接法，即利用低电压大电流通过连接处的接触电阻而产生热量将其熔接在一起。一般适用于接线盒内的导线并接，其焊接后的接头如图 13-3 所示。

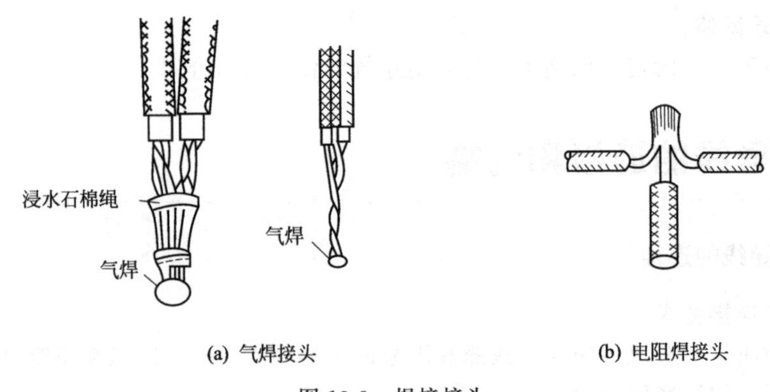

图 13-3 焊接接头

13.2.2 导线的封端

13.2.2.1 导线出线端的连接要求

导线出线端（终端、封端）与消防电气设备的终端连接，其接触电阻应尽可能小，安装牢固，并能耐受各种化学气体的腐蚀。其连接具体要求如下。

（1）截面为 10mm² 及以下的单股铜线、截面为 2.5mm² 及以下的多股铜线可直接与电器连接。

（2）截面为 10mm² 及以上的多股导线，由于线粗、载流量大，为防止接触面小而发热，应在接头处装设铜质接线端子，再与电器设备进行连接。这种方法一般称之为封端。

（3）截面为 4～6mm² 的多股导线，除设备自带插接式端子外，应先将接头处拧紧后或压接接线端子后（即导线封端），再直接与电器连接，以防止连接时导线松散。

13.2.2.2 导线的封端方法

布线后的出线端，最终要与消防电气设备相连接，其方法一般有直接连接法和封端连接法。封端连接法一般用于导线截面较大的电源线路，即在接头处装设接线端子，再与电器或设备进行连接。

（1）螺栓压接法　螺栓压接法可用于单股铜芯导线，先将导线端部线头弯圈，再用螺栓将线端压接在设备接线端子上；当设备上带有压接片时，可直接将导线用螺栓和压接片固定在设备上；如是多股铜芯导线应先拧紧、镀锡后再行连接。

（2）螺钉压接法　其方法与导线之间连接的螺钉压接法相同（将导线穿入电器的线孔内，再把压接螺钉拧紧固定即可）。如火灾探测器、控制模块、消火栓启动按钮、接线端子箱等消防报警电器，多为此类压接方式。

铜芯单股导线与针孔式接线桩连接（压接）时，要把连接的导线的线芯插入接线桩头针孔内，导线裸露出针孔 1～2mm；当针孔大于线芯直径 1 倍时，需要折回头插入压接。

如果是多股软铜丝，应扭紧，擦干净再压接。多股铜芯软线用螺钉压接时，应将软线芯扭紧做成眼圈状，或采用压接，然后将其压平，再用螺钉加垫紧牢固。

（3）封端连接　将导线端部装设接线端子，然后再与设备相连即为封端连接，一般可用于高层建筑的火灾报警系统的电源回路或消防设备的主电源进线，其导线封端连接示意如图 13-4 所示。

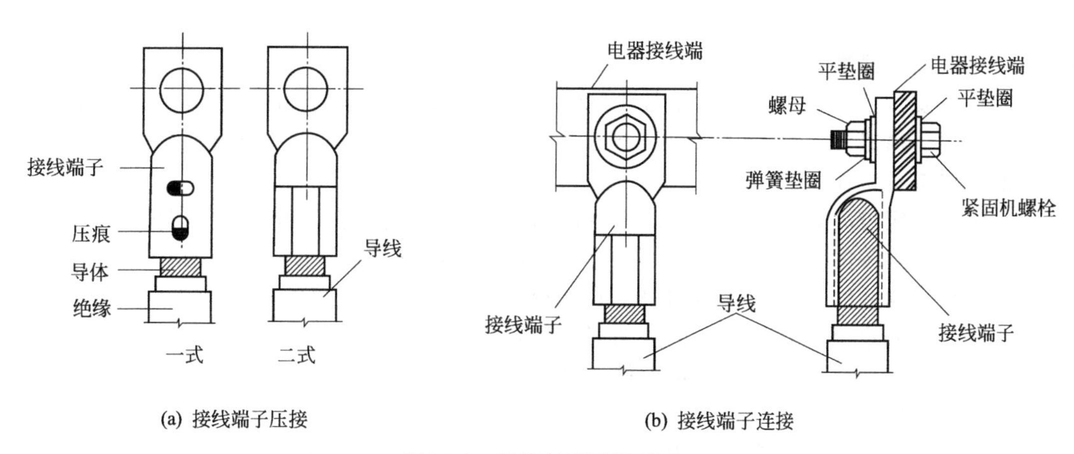

图 13-4　导线封端连接示意

13.3 线槽、线管、电缆的布线

13.3.1 线槽的布线

13.3.1.1　线槽的布线形式

线槽的布线形式主要有沿墙敷设、吊装敷设和地面内暗设等。

（1）沿墙敷设　将线槽安装固定在建筑物的表面即称为沿墙敷设，可用于塑料线槽和金属线槽的配线方式。目前多用于原有建筑物火灾报警系统的改造和加装。

（2）吊装敷设　将线槽吊装固定在建筑物的顶棚或构架上，主要用于金属线槽的配线方式，它适用于系统回路数量多且用户多的场合。

（3）地面内暗装　将金属暗装线槽安装固定在建筑物的地面内（地板内），它可用于火灾探测器在地板内安装的场所。

13.3.1.2　线槽的布线要求

线槽的布线要求如下。

（1）线槽接口应平直、严密，槽盖应齐全、平整、无翘角。

（2）线槽应敷设在干燥和不易受机械损伤的场所。金属线槽的连接处不应在穿过楼板或墙壁等处进行。

（3）金属线槽及其附件，应采用经过镀锌处理的定型产品。线槽镀锌层内外应光滑平整无损，无棱刺，不应有扭曲翘边等变形现象。

（4）导线在接线盒、接线箱及接头等处，一般应留有余量，以便于连接消防电器或设备。

(5) 要求线槽内的导线要理顺，尽可能减少挤压和相互缠绕。在线槽内不应设置导线接头，必要时应装设分线盒或接线盒。

(6) 固定或连接线槽的螺钉或其他紧固件紧固后其端部都应与线槽内表面光滑相接，即螺母放在线槽壁的外侧，紧固时配齐平垫和弹簧垫。

(7) 吊装线槽敷设宜采用单独卡具吊装或支撑物固定，吊杆的直径不应小于6mm，固定支架间距一般不应大于1～1.5m。

(8) 线槽敷设应平直整齐，水平和垂直允许偏差为其长度的2‰，且全长允许偏差为20mm，并列安装时槽盖应便于开启。

(9) 金属管或金属线槽与消防设备采用金属软管和可挠性金属管作跨接时，其长度不宜大于2m，且应采用卡具固定，其固定点间距不应大于0.5m，且端头用锁母或卡箍固定，并按规定接地。

13.3.1.3 线槽布线准备

为使线路安装整齐、美观，沿墙敷设的线槽一般应紧贴在建筑物的表面，并应尽量沿房屋的线脚、墙角、横梁等敷设，且与建筑物的线条平行或垂直。

线槽布线准备工作主要有定位、划线及预埋件施工等工序。

(1) 定位　定位时，先按施工图确定线槽的敷设路径，再确定穿越楼板和墙壁以及布线的起始、转角、终端等的固定位置，最后确定中间固定点的安装位置，并做好标记。

(2) 划线　划线时应考虑线路的整洁和美观，要尽可能沿房屋线脚、墙角等处逐段划出布线的走线路径、固定点和有关消防电器的安装位置。

(3) 预埋　预埋线槽固定点的预埋件，其吊点或支点的间距应符合相关规范要求。

13.3.1.4 线槽的安装

线槽的安装过程包括线槽的选用、线槽的固定和吊装线槽的固定，详述如下。

(1) 线槽的选用　安装线槽时，应将平直的线槽用于明显处，而弯曲不平的用于隐蔽处。且线槽内不得有损伤导线绝缘的毛刺和其他异物。吊装敷设的线槽应具有足够的结构强度。

(2) 线槽的固定　线槽在砖和混凝土结构上固定时，一般可使用塑料胀管和木螺钉固定；当抹灰层允许时，也可用铁钉或钢钉直接固定。

(3) 吊装线槽的固定　线槽吊装敷设时，应先将固定线槽的卡具（吊装器）用机螺栓固定在吊装线槽的吊杆上，固定连接时应牢固可靠；再将线槽底板安装固定在线槽卡具上。

13.3.1.5 敷设导线和固定盖板

线槽底板安装完毕后，即可根据需要将绝缘导线或管路敷设在线槽内。

(1) 放线　敷设导线时，如线路较长或导线根数较多，可采用放线架，将线盘放在线架上，从线盘上松开导线。如线路较短，可采用手工放线。放线中应按需要套好保护管。

(2) 导线敷设　敷设和固定导线从一端开始，可先将绝缘导线敷设于线槽内，所敷设的导线不得有扭曲和相互缠绕现象，并应做好回路标记。

(3) 固定盖板　导线敷设完毕后，即可将线槽盖板扣装在线槽底板上，也可将敷设导线与固定盖板一并进行。

13.3.2 线管的布线

13.3.2.1 线管的敷设

(1) 线管敷设方式　明配线管有吊装敷设和沿墙敷设等方式，如图13-5所示。

暗配线管及墙壁接线盒的敷设方式如图13-6所示，也可用铁钉将接线盒固定在木模板上。

(2) 线管敷设方法　暗配线管一般可预埋敷设，但线管与箱体在现浇混凝土内埋设时应固定牢靠，以防土建振捣混凝土或移动脚手架时使其移位。有时也可在土建墙壁粉刷前凿沟槽、孔洞，将线管和接线盒等器件埋入墙壁后，再用水泥砂浆抹平。

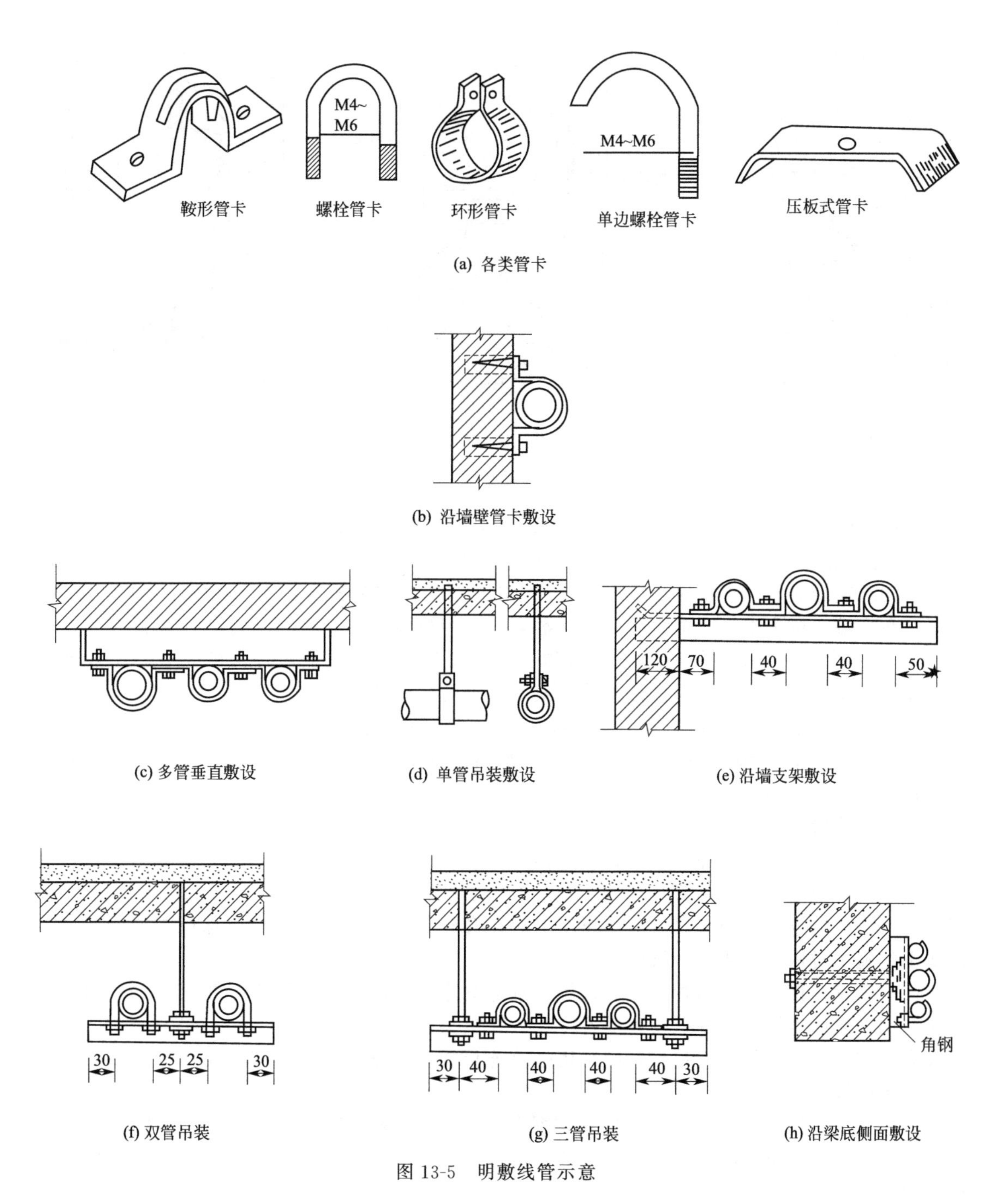

图 13-5 明敷线管示意

(3) 线管敷设要求 导管敷设应符合如下要求。

① 金属线槽和钢管明配时，应按设计要求采取防火保护措施。管路敷设经过建筑物的变形缝（包括沉降缝、伸缩缝、抗震缝等）时应采取补偿措施。

② 水平或垂直敷设的明配导管安装允许偏差 1.5‰，全长偏差不应大于管内径的 1/2。

③ 明配导管使用的接线盒和安装消防设备接线盒应采用明装式接线盒。

④ 明配导管敷设与热水管、蒸汽管同侧敷设时应敷设在热水管、蒸汽管的下面，有困难时可敷设在其上面，相互间净距离应符合规范的要求。

⑤ 明配导管与水管平行净距不应小于 0.10m。当与水管同侧敷设时宜敷设在水管上面

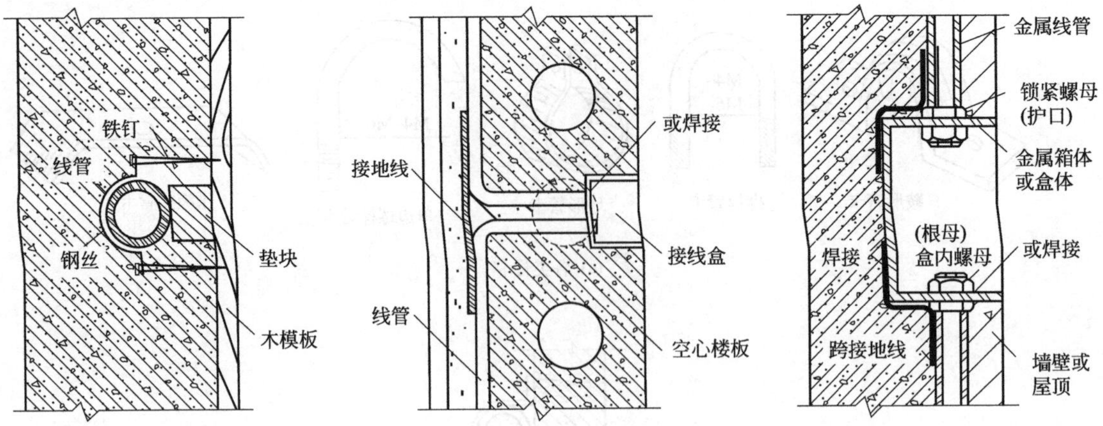

(a) 管线固定　(b) 在空心楼板内敷设　(c) 在墙壁内敷设

图 13-6　暗敷管线示意

(不包括可燃气体及易燃液体管道)。当管路交叉时距离不宜小于相应上述情况的平行净距。

⑥ 当管路暗配时，导管宜沿最近的线路敷设并应尽可能减少弯曲部分，其埋设深度与建筑物、构筑物表面的距离不应小于 15mm；明配的导管应排列整齐，固定点间距应均匀，安装牢固；在终端、弯头中点或柜、台、箱、盘等边缘的距离 150～500mm 内设有管卡。

⑦ 暗配管在没有吊顶的情况下，探测器接线盒的位置就是安装探头的位置，不能调整，所以要求确定接线盒的位置应按探测器的安装要求定位准确。

⑧ 管路敷设经过建筑物的变形缝（包括沉降缝、伸缩缝、抗震缝等）时应采取补偿措施。

⑨ 弱电线路的电缆竖井应与强电线路的竖井分别设置，如果条件限制合用同一竖井时，应分别布置在竖井的两侧。

13.3.2.2　线管的连接

金属线管一般有套管焊接连接、管箍连接和接地连接。

(1) 套管焊接连接　套管焊接连接主要适用于暗敷线管间的连接。先截取稍大管径作为焊接套管，将两端连接管插入套管后，再用电焊在套管两端密焊。焊接时应保证焊缝的严密性，以防土建施工时水泥砂浆渗入管内。

(2) 管箍连接　明配钢管一般应采用管箍螺纹连接，特别是防爆场所的线管必须采用管箍连接。钢管螺纹连接时管端螺纹长度不应小于管接头长度的 1/2，连接后螺纹宜外露 2～3 扣，螺纹表面应光滑无缺损。镀锌钢管应采用螺纹连接或套管紧固螺钉连接，不应采用熔焊连接，以免破坏镀锌层。

(3) 接地连接　金属的导管和线槽必须接地（PE）或接零（PEN）可靠，特别是管箍连接会降低线管的导电性能，保证不了接地的可靠性。为使线路安全可靠，管间及管盒间的连接处应焊接跨接地线。

13.3.3　电缆的布线

13.3.3.1　电缆敷设的方式

常用的电缆敷设方式有电缆隧道、电缆沟、排管、壕沟（直埋）、竖井、桥架、吊架、夹层等，各种方式的特点及其选用要求如下。

(1) 电缆隧道和电缆沟　电缆隧道是一种用来放置电缆的、封闭狭长的构筑物，高 1.8m 以上，两侧设有数层敷设电缆的支架，可放置多层电缆，人在隧道内能方便地进行电缆敷设、更换和维修工作。电缆隧道适用于有大量电缆配置的工程环境，其缺点是投资大，耗材多，易积水。

电缆沟是有盖板的沟道，沟宽与沟深不足1m，敷设和维修电缆必须揭开水泥盖板，很不方便，且容易积灰、积水，但施工简单、造价低，走向灵活且能容纳较多电缆。电缆沟有屋内、屋外和厂区三种，适于电缆更换机会少的地方。电缆沟要避免在易积水、积灰的场所使用。

电缆隧道（沟）在进入建筑物（如变配电所）处，或电缆隧道每隔100m处，应设带门的防火隔墙（对电缆沟只设隔墙），以防止电缆发生火灾时烟火蔓延扩大，且可防小动物进入室内。电缆隧道应尽量采用自然通风，当电缆热损失超过150～200W/m时，需考虑机械通风。

（2）电缆排管　电缆敷设在排管中，可免受机械损伤，并能有效防火，但施工复杂，检修和更换都不方便，散热条件差，需要降低电缆载流量。电缆排管的孔眼直径，电力电缆应大于100mm，控制电缆应大于75mm，孔眼中电缆占积率为65%。电缆排管材料选择，高于地下水位1m以上的可用石棉水泥管或混凝土管；对潮湿地区，为防电缆铅层受到化学腐蚀，可用PVC（聚氯乙烯）管。

（3）壕沟（直埋）　将电缆直接埋在地下，既经济方便，又可防火，但易受机械损伤、化学腐蚀、电腐蚀，故可靠性差，且检修不便，多用于工业企业中电缆根数不多的地方。一般电缆埋深不得小于700mm，壕沟与建筑物基础间距要大于600mm。电缆引出地面时，为防止机械损伤，应用2m长的金属管或保护罩加以保护；电缆不得平行敷设于管道的上方或下面。

（4）电缆竖井　竖井是电缆敷设的垂直通道。竖井多用砖和混凝土砌成的，在有大量电缆垂直通过处采用，如发电厂的主控室，高层建筑的楼层间等。竖井在地面设有防火门，通常做成封闭式，底部与隧道或沟相连；在每层楼板处设有防火分隔。高层建筑竖井一般位于电梯井道两侧和楼梯走道附近。竖井还可做成钢结构固定式，竖井截面视电缆多少而定，大型竖井截面为4～5m^2，小的只有0.9m×0.5m不等。

高层建筑竖井会产生烟囱效应，容易使火势扩大，蔓延成灾。因此，在高层建筑的每层楼板处都应隔开；穿行管线或电缆孔洞，必须用防火材料封堵。

（5）电缆桥架　电缆架空敷设在桥架上，其优点是无积水问题，避免了与地下管沟交叉相碰，成套产品整齐美观，节约空间；封闭桥架有利于防火、防爆、抗干扰。缺点是耗材多，施工、检修和维护困难，受外界引火源（油、煤粉起火）影响的概率较大。

（6）电缆穿管　电缆一般在出入建筑物，穿过楼板和墙壁，从电缆沟引出地面2m、地下深0.25m内，以及与铁路、公路交叉时，均要穿管给予保护。保护管可选用水煤气管，腐蚀性场所可选用PVC管。管径要大于电缆外径的1.5倍。保护管的弯曲半径不应小于所穿电缆的最小允许弯曲半径。

13.3.3.2　电缆敷设的要求

（1）电缆质量　电缆敷设严禁有绞接、铠装压扁、护层断裂和表面划伤等缺陷。

（2）检验电缆　电缆敷设施工前，应检验电缆电压系列、型号、规格等是否符合设计要求，表面有无损伤。对于低压电力电缆和控制电缆，应用兆欧表测试其绝缘电阻值。500V及以下电缆应选用250V或500V兆欧表，其绝缘电阻值应符合规范规定，并将测试参数记录在案，以便与竣工试验时作对比。

（3）电缆排列要求　电缆敷设排列整齐，电力电缆和控制电缆一般应分开排列；当同侧排列时，控制电缆应敷设在电力电缆的下面，一般电压低的电缆敷设在电压高的电缆的下面。

（4）电缆保护管　电缆在屋内埋地敷设或通过墙壁、楼板和进出入建筑物、上下电线杆时，均应穿电缆保护管加以保护，保护管管径应大于1.5倍电缆外径。

（5）电缆标志牌　电缆的首端、末端和分支处应设置标志牌。

(6) 电缆敷设环境温度　电缆敷设的环境温度不宜过低。当环境温度太低时，可采用暖房、暖气或电流将电缆预加热。如提高环境温度加热，当温度为5～10℃时，约需72h；当温度为25℃时，需24～36h。如通电流加热，加热电流不应超过电缆额定电流的70%～80%，但电缆的表面温度不应超过35～40℃。电缆敷设的最低温度见表13-3。

表13-3　电缆敷设的最低温度

电缆类型	电缆结构	最低允许敷设温度/℃
油浸纸绝缘电力电缆	充油电缆	−10
	其他油纸电缆	0
橡皮绝缘电力电缆	橡皮或聚氯乙烯护套	−15
	裸铅套	−20
	铅护套钢带铠装	−17
塑料绝缘电力电缆	全塑电缆	0
控制电缆	耐寒护套	−20
	橡皮绝缘聚氯乙烯护套	−15
	聚氯乙烯绝缘聚氯乙烯护套	−10

13.3.3.3　电缆敷设的步骤

电缆敷设的步骤为：搬运电缆→检验电缆→预埋件→电缆敷设→电缆绞线→电缆接线。详述如下。

(1) 搬运电缆　电缆一般包装在专用的电缆盘上，搬运时，可采用人工滚动的方法进行，一般不允许将电缆盘平放。

(2) 检验电缆　按规定检验电缆的电压、型号、规格、绝缘电阻等参数，并应符合设计施工图和规范的要求。

(3) 预埋件　在土建施工时，应按设计要求埋设电缆保护管及电缆支架等预埋件和固定件等（当其工作由土建人员进行时，应及时检查，发现问题及时纠正）。

(4) 电缆敷设　少数控制电缆的放线形式及方法与导线放线相类似，电缆放线时不应使电缆产生缠绕现象，电缆敷设时应按要求固定牢靠。土建施工完毕后，即可进行电缆敷设，电缆敷设时应按要求固定牢靠。

(5) 电缆绞线　电缆敷设完毕后，即可按导线的绞线方法进行电缆绞线工作，并做好导线终端接线端子标号牌。

(6) 电缆接线　电缆绞线工作完毕后，即可按施工图和导线终端要求，将电缆与消防电气设备连接起来。

13.4 消防系统的接地

13.4.1 接地的种类

为了保证设备的可靠运行和人身、设备的安全，电力设备应该接地。接地就是把设备的某一部分通过接地装置和大地相连接；其中，把设备正常工作时不带电的金属部分先和低压电网的中性线相连接，并通过中性线的接地部分与大地连成一体，这也是一种接地的形式。

按接地的作用可分为工作接地、保护接地、重复接地、防雷接地和防静电接地等。

13.4.1.1　工作接地

在正常工作或事故的运行情况下，为保证电气设备可靠地运行，把电气设备的某一部分进行接地，称为工作接地。例如：电力变压器中性点的接地，某些通信设备及广播设备的正极接地，共用电视接收天线用户网络的接地，电子计算机的工作接地等不属于这一类接地。

13.4.1.2 保护接地

电气设备的金属外壳，由于绝缘损坏有可能带电。为防止这种电压危及人身安全而设置的接地称为保护接地。

13.4.1.3 重复接地

变压器中性线的接地，一般在变电所内作接地装置。在其他场合，有时把中性线再次与地作连接，称为重复接地。当电网中发生绝缘损坏使设备外壳带电时，重复接地可以降低中性线的对地电压；当中性线发生断线故障时，重复接地可使危害的程度减轻。

13.4.1.4 防雷接地

防雷接地的作用是将接闪器引入的雷电流泄入地中；将线路上传入的雷电流通过避雷器或放电间隙泄入地中。此外，防雷接地还能将雷云静电感应产生的静电感应电荷引入地中以防止产生过电压。

13.4.1.5 防静电接地

静电主要由不同物质相互摩擦而产生，静电所造成的危害是多方面的，最主要的危害是由于静电电压引起火花放电，造成易爆易燃建筑物的爆炸或起火。接地是消除静电危害的最有效和最简单的措施。

13.4.2 低压配电系统接地型式

低压电网接地系统的设计与用电安全有密切的关系。按照国际电工委员会（IEC）的规定，低压配电系统常见的接地形式有三种，即 TT 系统、IT 系统和 TN 系统。工业与民用建筑中的 380/220V 低压配电系统，为防止用电设备因绝缘损坏而使人触电的危险，多采用中性点直接接地系统。

13.4.2.1 TT 系统

TT 系统是指电源中性点直接接地，而用电设备正常不带电的外露可导电（金属）部分，通过保护线与电源直接接地点无直接关联的接地体做良好的金属性连接，如图 13-7 所示。

13.4.2.2 IT 系统

IT 系统是指电源中性点不直接接地，而用电设备正常不带电的外露可导电部分，通过保护线（PE）与接地体做良好的金属连接，如图 13-8 所示。

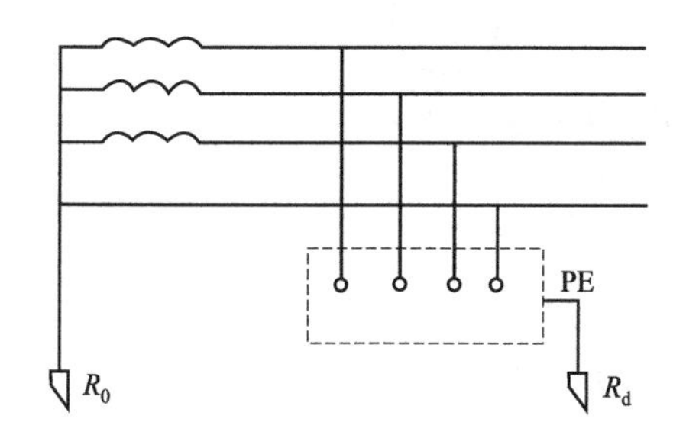

图 13-7 TT 系统

R_0—变压器接地电阻；R_d—电气设备外壳接地电阻

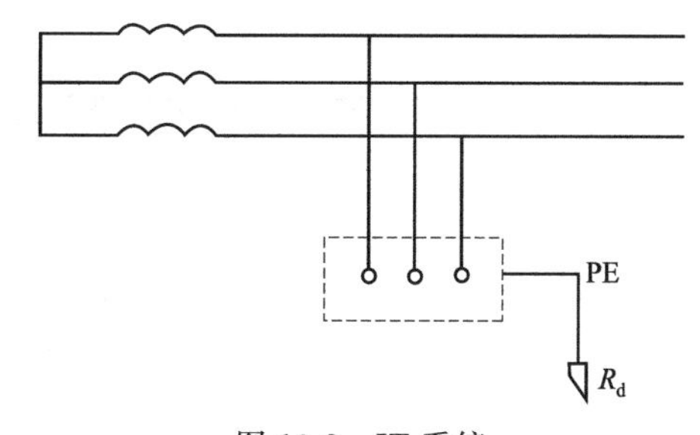

图 13-8 IT 系统

R_d—电气设备外壳接地电阻

13.4.2.3 TN 系统

TN 系统是指电力系统有一点（如电源中性点）直接接地，用电设备外露可导电部分，通过保护线（PE）与接地点做良好的金属性连接。TN 系统按照中性线（N）与保护线（PE）组合的情况，又分为三种形式，如图 13-9 所示。

(1) TN-C 系统 该系统中，中性线（N）与保护线（PE）合用一根导线。合用导线称

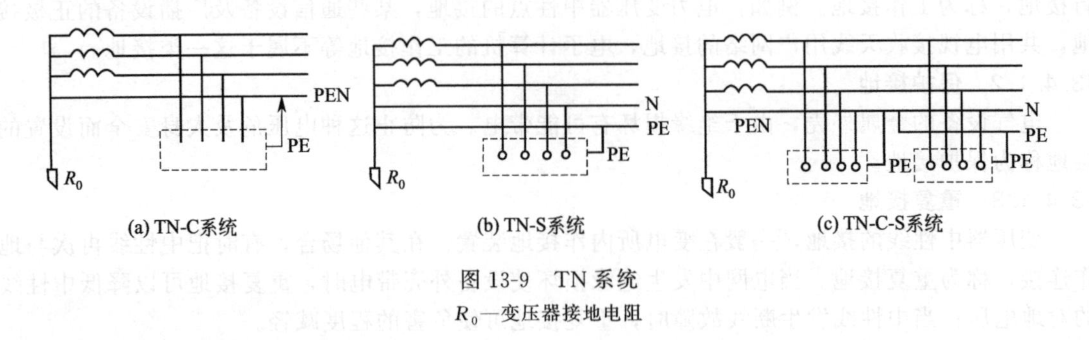

图 13-9 TN 系统

R_0—变压器接地电阻

PEN 线，如图 13-9(a) 所示。

(2) TN-S 系统 该系统中，中性线（N）与保护线（PE）是分开的，如图 13-9(b) 所示。

(3) TN-C-S 系统 该系统靠电源侧的前一部分中性线与保护线是合一的，而后一部分则是分开的，如图 13-9(c) 所示。

13.4.3 接地系统的安全运行

13.4.3.1 IT 系统

在 IT 系统中，应将电气设备外壳接地，形成保护接地方式，以有效提高设备安全性。

但是，在 IT 系统采用保护接地时，若同一台变压器供电的两台电气设备同时发生碰壳接地，则两台设备外壳都要承受大于 $0.866U_X$（U_X 是相电压）的电压，对人身安全不利，而且容易对周围金属构件（如电线管）发生火花放电，引起火灾。解决方法是：采用金属导线将两个保护接地的接地体直接连接（图 13-10），形成共同接地方式，使两相分别接地变成相间短路，促使保护装置迅速动作，切除设备电源，以达到安全目的。

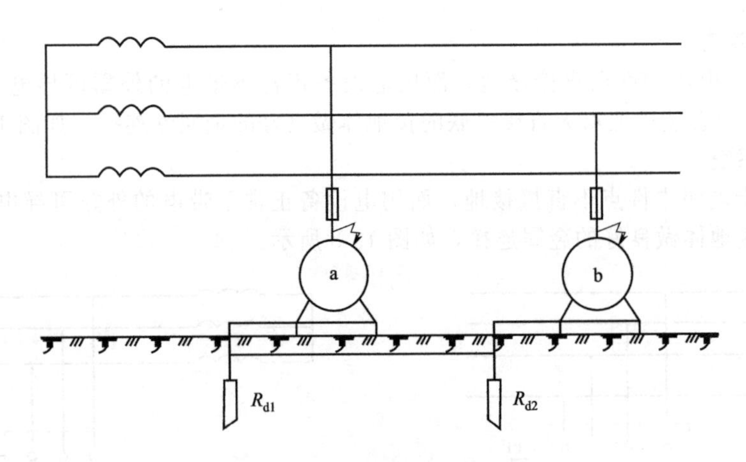

图 13-10 双碰壳时共同接地

R_{d1}，R_{d2}—两台设备沿接地体流过的电阻

13.4.3.2 TN 系统

在 TN 系统中，应对电气设备采取保护接零，同时需与熔断器或自动空气开关等保护装置配合应用，才能起到有效的保护作用。

在 TN 系统中，不能采用有些设备保护接地、有些设备保护接零的不合理接地方式。其原因是，由同一台发电机，或同一台变压器，或同一段母线供电的线路不应采用两种工作制，否则，当采用保护接地措施的设备发生碰壳接地时，设备外壳和接地线上会长期存在危险电压，也会使采用保护接零措施的设备外壳电压升高，扩大故障范围。

13.4.3.3 重复接地

TN 系统将电气设备外壳与 N（PEN）线相接，可以使漏电设备从线路中迅速切除，但并不能避免漏电设备对地危险电压的存在，同时当 N（PEN）线断线的情况下，设备外壳还存在着承受接近相电压的对地电压，继电保护的动作时间也没有达到最低程度。为了使 TN 系统中电气设备处于最佳的安全状态，还必须对其 N（PEN）线进行重复接地，也就是将 TN 系统中 N（PEN）线上一处或多处通过接地装置与大地再次连接，如图 13-11 所示。

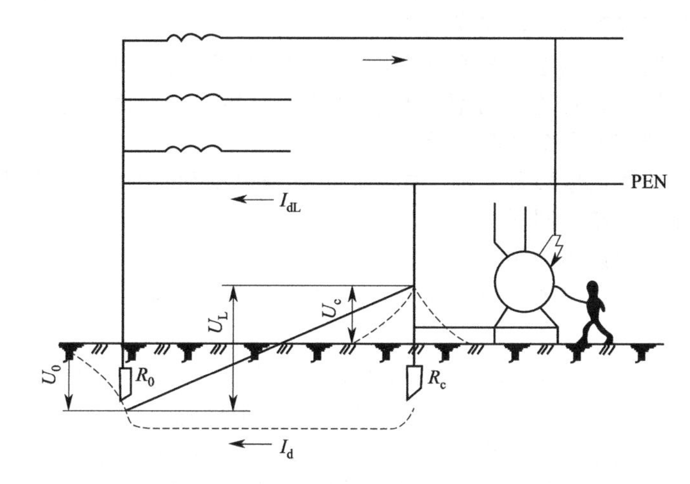

图 13-11 有重复接地的 TN 系统

PEN—保护中性线；I_{dL}—保护中性线电流；I_d—故障电流；R_0—接地电阻；U_0—零线对地电压；U_L—相电压；U_c—对地电压；R_c—保护接地电阻

当电网中发生绝缘损坏使电气设备外壳带电时，与单纯接零措施相比较，重复接地可以进一步降低中性线的对地电压，安全性提高了；如果能使重复接地电阻值降低，则安全性更高，因而在线路中多处重复接地可以降低总的重复接地电阻。当中性线（PEN 线）发生断线故障时，重复接地可使危害的程度减轻，对人身安全有利。

一般，重复接地可以从 PEN 线上直接接地，也可以从电气设备外壳上接地。户外架空线宜在线路终端接地，分支线宜在超过 200m 的分支处接地，高压与低压线路宜在同杆敷设段的两端接地。以金属外皮作中性线的低压电缆，也要重复接地。工厂车间内宜采用环型重复接地，中性线与接地装置至少有两点连接。

13.4.3.4 中性线的选择

变压器中性点引出的中性线可采用钢母线；工厂车间若为 TN-C-S 系统，则行车轨道、金属结构构件可选作保护接地线，设备外壳都与它相连，外壳不会有危险电压。

专用中性线的截面应大于相线截面的一半；四芯电缆的中性线与电缆钢铠焊接后，也可作为 TN 系统的 N（PEN）线；金属钢管也可以作为中性线使用，但爆炸危险环境 N 线和 PEN 线必须分开敷设。

严格讲，在 TN 系统的 PEN 线上不允许装设开关和熔断器，否则会使接零设备上呈现危险的对地电压。在 380/220V 系统中的 PEN 线和具有接零要求的单相设备，不允许装设开关和熔断器。如果装设自动开关，只有当过流脱扣器动作后能同时切断相线时，才允许在 PEN 线上装设过流脱扣器。

13.4.4 接地故障火灾的预防措施

13.4.4.1 接地故障火灾成因

接地装置是由接地体和接地线两部分组成的，其基本作用是给接地故障电流提供一条经大地通向变压器中性接地点的回路；对雷电流和静电电流唯一的作用是构成与大地间的通路。无论哪种电流，当其流过不良的接地装置时，均会形成电气点火源，引起火灾。由接地故障形成电气点火源的常见现象如下。

(1) 当绝缘损坏时，相线与接地线或接地金属物之间的漏电，形成火花放电。

(2) 在接地回路中，因接地线接头太松或腐蚀等，使电阻增加形成局部过热。

(3) 在高阻值回路，流通的故障电流沿邻近阻抗小的接地金属结构流散时，若是向煤气管道弧光放电，则会将煤气管击穿，使煤气泄漏而着火。

(4) 在低阻值回路，若接地线截面过小，会影响其热稳定性，使接地线产生过热现象。

因此，一般要求接地装置连接可靠，具有足够的机械强度、载流量和热稳定性，采用防腐、防损伤措施，达到有关安全间距要求。

必须说明的是，即使接地装置完善，如果接地故障得不到及时的切除，故障电流会使设备发热，甚至产生电弧或火花，同样会引起电气火灾。

13.4.4.2 接地故障火灾预防措施

(1) 基本保护措施　在接地系统设计时，要按下列基本原则综合考虑保护措施，确保系统安全。

① TT 系统、IT 系统中，电气设备应采用保护接地或共同接地措施。

② TN 系统中，电气设备应采用保护接零或重复接地措施。

③ TN 系统中，不能采用有些设备接地、有些设备接零的不合理接地方式。

④ TN 系统中，在 PEN 线上不要装设开关和熔断器，防止接零设备上呈现危险的地电压。

(2) 保证接地装置安全　一般对接地装置的安全要求如下。

① 可靠性连接。为保证导电的连续性，接地装置必须连接可靠。一般均采用焊接，其搭接长度，扁钢为其宽度的 2 倍，圆钢为其直径的 6 倍。当不宜于焊接时，可以用螺栓和卡箍连接，并应有防松措施，确保电气接触良好。在管道上的表计和阀门法兰连接处，可使用塑料绝缘垫，以提高密封性，并用跨接线连通电气道路；建筑物伸缩缝处，同样要敷设跨接线。

② 机械强度。接地线和零线宜采用钢质材料，有困难时可用铜、铝，但埋地时不能用裸铝，因易腐蚀。对移动设备的接地线和零线应采用 0.75～1.5mm^2 以上的多股铜线。电缆线路的零线可用专用芯线或铅、铝皮。接地线最小截面应符合有关规定。

③ 防腐与防损伤。对于敷设在地下或地上的钢制接地装置，最好采用镀锌元件，焊接部位应作防腐处理，如涂刷沥青油或防腐漆等；在土壤的腐蚀性比较强时，应加大接地装置的截面特别在使用化学方法处理土壤时，要注意提高接地体的耐腐蚀性。

在施工设计中，接地线和零线要尽量安在人易接触且又容易检查的地方。在穿越铁路、墙或跨越伸缩缝时可用角钢、钢管加以保护，或弯成弧状，以防机械损伤和热胀冷缩造成机械应力，将其破坏。对明敷接地线应涂成黑色，零线涂成淡蓝色，这样既可作为接地线和零线的标志，又可防腐。

④ 安全距离。接地体与建筑物的距离不宜小于 1.5m，接地线与独立避雷针接地线之地中距离不应小于 3m。独立避雷针及其接地装置与道路或建筑物出入口等的距离应大于 3m。接地干线至少应在不同的两点与接地网相连接。自然接地体至少应在不同的两点与接地干线相连接。

有时防雷接地与电气设备接地装置要连接在一起，这时每个接地部分应以单独接地线与接地干线相连，不得在一个接地线中串接几个需要接地部分。

⑤ 足够的载流量和热稳定性。在小接地短路电流系统中，与设备和接地极连接的钢、铜、铝接地线，在流过单相短路电流时，由于作用的时间较长，会使接地线温度升高，所以规定接地线敷设在地上部分不超过 150℃，敷设在地下的不超过 100℃，并以此允许温度校验其载流

量和选择截面。

小接地短路电流系统中设备接地线载流量的校验式为：

$$I_t = I_e \sqrt{\frac{t_1 - t_0}{t_e - t_0}} \tag{13-1}$$

式中　I_t——温度按 150℃（或 100℃）考虑时，该接地线的接地电流允许值，A；

I_e——按额定温度 70℃考虑时，查出的接地线额定电流，A；

t_1——接地线的规定允许温度，℃，取 150℃或 100℃；

t_0——周围介质温度，℃；

t_e——导体的额定温度，℃，取 70℃。

对中性点不接地的低压电气设备，接地干线的截面按供电电网中容量最大线路的相线允许载流量的 1/2 确定；单独用电设备接地支线的截面不应低于分支供电相线的 1/3。实际上，接地线的截面面积一般不大于下列数值：钢 $100mm^2$、铝 $35mm^2$、铜 $25mm^2$。这时无论从机械强度还是热稳定角度，都能满足要求。

对中性点接地系统的接地线截面，应按下式进行热稳定校验：

$$S_{jd} \geqslant I_{jd} / (C\sqrt{t_d}) \tag{13-2}$$

式中　S_{jd}——接地系统的最小截面面积，mm^2；

I_{jd}——流过接地线的单相短路电流，A；

t_d——短路的等效持续时间，s；

C——接地线材料的热稳定系数（铝为 55，铜为 270，钢为 90）。

(3) 等电位连接　低压配电系统实行等电位连接，对防止触电和电气火灾事故的发生具有重要作用。等电位连接可降低接地故障的接触电压，从而减轻由于保护电器动作带来的不利影响。

等电位连接有总等电位连接和辅助等电位连接两种。所谓总等电位连接，是在建筑物的电源进户处将 PE 干线、接地干线、总水管、总煤气管、采暖和空调立管相连接，建筑物的钢筋和金属构件等也与上述部分相连，从而使以上部分处于同一电位。总等电位连接是一个建筑物或电气装置在采用切断故障电路防人身触电和火灾事故措施中必须设置的。

所谓辅助等电位连接则是在某一局部范围内将上述管道构件做再次相同连接，它作为总等电位连接的补充，用以进一步提高用电安全水平。

(4) 装设漏电保护器　在低压配电系统中，有时熔断器和自动开关不能及时、安全地切除故障电路，为此低压电网中可使用漏电保护器防止漏电引起的触电和火灾事故。

装设漏电保护器，可进一步提高用电安全水平，大大提高 TN 系统和 TT 系统单相接地故障保护灵敏度；可以解决环境恶劣场所的安全供电问题；可以解决手握式、移动式电器的安全供电问题；可以避免相线接地故障时设备带危险的高电位以及避免人体直接接触相线所造成的伤亡事故。装设漏电保护器对防止电气火灾意义重大，数值不大的故障电流长时间通过木材表面或非防火绝缘材料时，都有可能引起燃烧或短路而造成火灾，采用漏电保护器可及时检测到这些情况。

漏电保护器是针对低压电路的接地故障，利用对地短路电流或泄漏电流而自动切断电路的一种电气保护装置。漏电保护器按其工作原理分为电压型和电流型两种，目前使用最多的是电流型漏电保护器，其原理如图 13-12 所示。

除以上接地故障火灾预防措施外，还可通过降低接地电阻来降低接触电压。降低接地电阻的方法有换土法、深埋接地体法、外引式接地装置法、长效降阻剂法等。一般在建筑工程竣工验收和消防监督检查中都要测量接地电阻，如不符合要求应采取措施。

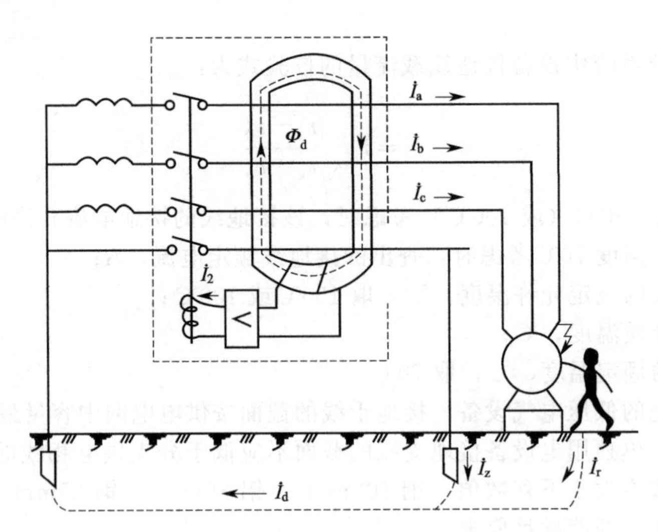

图 13-12　电流型漏电保护器原理

注：$\dot{I}_a$、$\dot{I}_b$、$\dot{I}_c$—三相交流矢量电流；$\dot{I}_r$—人体电流；$\dot{I}_d$—故障电流；

$\dot{I}_z$—漏电电流相量；$\dot{I}_2$—保险丝电流；Φ_d—磁通量

13.4.5　消防系统的接地

13.4.5.1　消防系统接地的要求

(1) 消防控制室一般应根据设计要求设置专用接地装置作为工作接地（是指消防控制设备信号地域逻辑地）。当采用独立工作接地时电阻不应大于 4Ω，当采用联合接地时，接地电阻不应大于 1Ω。

(2) 火灾自动报警与联动系统应设置专用接地干线（或等电位连接干线），由消防控制室穿管后引至接地体或总等电位连接端子板。

(3) 控制室引至接地体的接地干线应采用一根截面不小于 $16mm^2$ 的铜芯软质绝缘导线或单芯电缆，穿入保护管后，两端分别压接在控制设备工作接地板和室外接地体上。

(4) 消防控制室的工作接地板引至各消防控制设备和火灾报警控制器的工作接地线应采用截面积不小于 $4mm^2$ 的铜芯绝缘线，穿入保护管后构成一个零电位的接地网络，以保证火灾报警设备的工作稳定可靠。

(5) 接地装置在施工过程中，分不同阶段应做电气接地装置隐检、接地电阻遥测、平面示意图等质量检查记录。

13.4.5.2　消防控制室（中心）的系统接地

消防控制室内火灾自动报警系统采用专用接地装置时，其接地电阻值应不大于 4Ω，采用共用接地装置时，接地电阻值应不大于 1Ω。

火灾自动报警系统应设置专用的接地干线，并应在消防控制室设置专用接地板。为了提高可靠性和尽量减少接地电阻，专用接地干线从消防控制室专用接地板用线芯截面面积不小于 $25mm^2$ 的铜芯绝缘导线穿钢管或硬质塑料管埋设至接地体。由消防控制室专用接地板引至各消防设备的专用接地线采用线芯截面积不小于 $4mm^2$ 铜芯绝缘导线。

采用交流供电的消防电子设备的金属外壳和金属支架等应做保护接地，此接地线应与电气保护接地干线（PE 线）可靠相连。

设计中采用共用接地装置时，应注意接地干线的引入段不能采用扁钢或裸铜排等，以避免接地干线与防雷接地、钢筋混凝土墙等直接接触，影响消防电子设备的接地效果。接地干线应从接地板引至建筑最底层地下室的钢筋混凝土柱基础作共用接地点，而不能从消防控制室上直接焊钢筋引出。

火灾自动报警系统接地装置如图 13-13 所示。

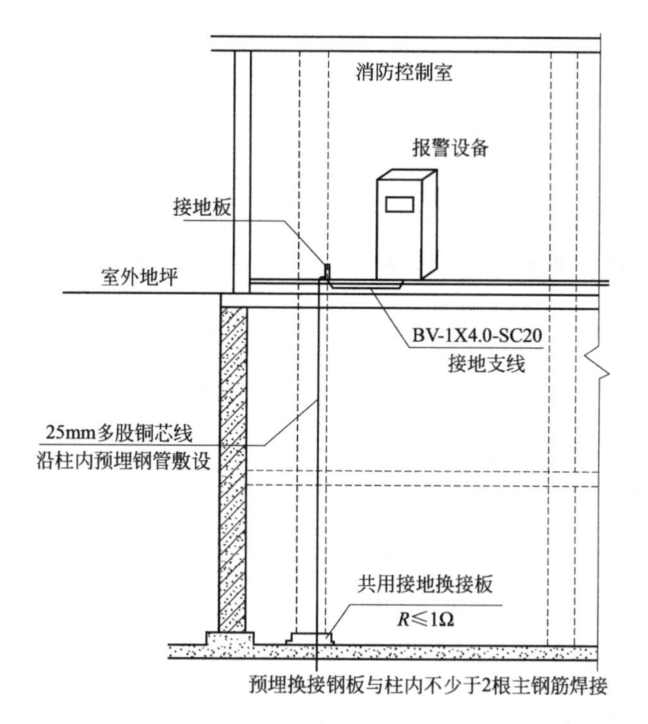

(a) 共用接地装置

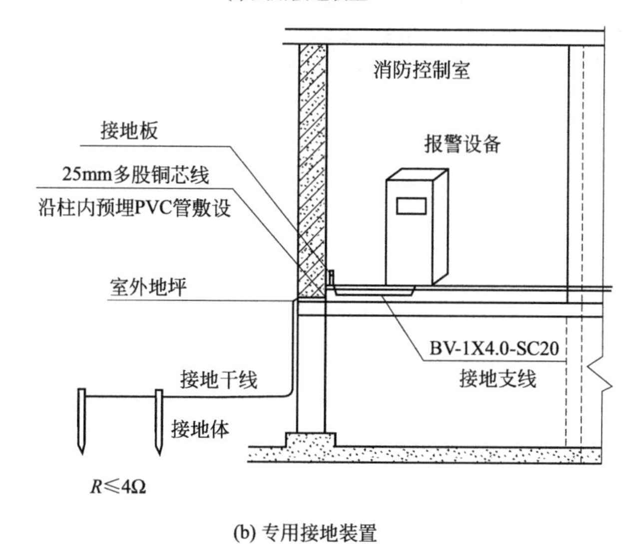

(b) 专用接地装置

图 13-13 火灾自动报警系统接地装置示意

R—电阻

参考文献

［1］ 中华人民共和国住房和城乡建设部．建筑设计防火规范（GB 50016—2014）（2018 年版）［S］．北京：中国标准出版社，2018.

［2］ 中华人民共和国住房和城乡建设部．火灾自动报警系统设计规范（GB 50116—2013）［S］．北京：中国标准出版社，2014.

［3］ 中华人民共和国住房和城乡建设部．二氧化碳灭火系统设计规范（2010 年版）（GB 50193—1993）［S］．北京：中国计划出版社，2010.

［4］ 中华人民共和国住房和城乡建设部．泡沫灭火系统设计规范（GB 50151—2010）［S］．北京：中国计划出版社，2011.

［5］ 中华人民共和国住房和城乡建设部．自动喷水灭火系统设计规范（GB 50084—2017）［S］．北京：中国计划出版社，2018.

［6］ 中华人民共和国住房和城乡建设部．自动喷水灭火系统施工及验收规范（GB 50261—2017）［S］．北京：中国标准出版社，2018.

［7］ 张志勇．建筑设备施工技术系列手册——消防设备施工技术手册［M］．北京：中国建筑工业出版社，2012.

［8］ 李亚峰．建筑工程消防实例教程［M］．北京：机械工业出版社，2011.

［9］ 王建玉．消防报警及联动控制系统的安装与维护［M］．北京：机械工业出版社，2011.

［10］ 本林根．消防联动系统施工：建筑智能化专业［M］．北京：中国建筑工业出版社，2006.

［11］ 徐志嫱．建筑消防工程［M］．北京：中国建筑工业出版社，2009.

［12］ 张培红．建筑消防［M］．北京：机械工业出版社，2008.

［13］ 孙萍．建筑消防与安防［M］．北京：人民交通出版社，2007.